超函数の理論

原書第3版

L. シュワルツ 著
岩 村 聯
石 垣 春 夫 訳
鈴 木 文 夫

岩 波 書 店

THÉORIE DES DISTRIBUTIONS

Laurent Schwartz

1966

This book is published in Japan by arrangement
with Hermann & Cie, in Paris.

訳者のまえがき

本書は，Laurent Schwartz 著 Théorie des Distributions の改訂増補版(1966年)を翻訳したものである．この版では，旧版以後の進歩を反映して，諸所に改訂が散在し，第8章と第9章が追加されている．旧版の翻訳からすでに相当な年月がたって，訳文のことば使いなどにも改めるべき点が多くなっているので，この機会に，原著では変更がない部分についても旧訳に手を加えた．

原著者 Schwartz 氏は，この理論を確立した功績によって，1950年の世界数学者会議において Fields 賞を受けた．以後，この理論は広く普及して，Schwartz の超函数(distribution)という概念は現代数学における基礎概念のひとつとみなされるようになった．その間に佐藤幹夫氏の超函数(hyper-function)などへの発展があって，解析学はさらに新しい局面を迎えたが，それにもかかわらず Schwartz 超函数は，初等的であるという性格のゆえもあって，簡易で有効な概念としての地位を失なっていない．

この理論の意義の一端は，純粋数学以外の数理科学との交渉にもある．そのためか，本書の構成には，数学を専攻しない読者にも読み易いようにとの配慮が多い．それにしても，数学上の術語で馴染みの薄いものが気にかかることもあろうかと思われるので，そのようなもののうち，全巻に関係する位相ベクトル空間についての術語は“訳者のあとがき”で解説し，その他のもので手軽に説明できる術語はそれぞれの個所の訳注で説明しておいた．訳注は第3章以後ではなるべく少数にとどめた．また第9章のための予備知識を手軽に理解しやすく提供することは断念せざるをえなかった．

翻訳に当たっては，石垣と鈴木が分担して訳稿を作り，これに岩村が手を入れ，最後に三者で点検・調整した．ことば使い等の偏向は岩村の癖が残ったものである．

1971年5月

訳　　者

第7刷にあたっての追記

原書第3版を1971年に訳出したものについて，早稲田大学理工学部の小島順教授からの懇切な御批判があった．それを検討して最小限の修正を施し，さらに修正箇所の一覧(404頁)をつけ加えたものが，この訂正本である．この形の訂正本を実現させるには，岩波書店編集部の荒井秀男氏の御尽力があった．小島教授と荒井氏に，ここを借りて御礼を申し上げる．

1990年2月

訳　　者

序

1. 50年以上前に，工学者 Heaviside[1] は，演算子法の規則を或る大胆な論文において導入したが，その論文では，ほとんど正当と認められない数学的計算が物理学の問題の解決に用いられていた．その記号的，あるいは作用素的，計算はその後進展を続けて，電気工学者の理論的研究の基礎に役立っている．技術家はこれを，各人の解釈に従い，あまり細かいことを気にしないで，系統的に利用している．それは，“厳密ではないが，うまく行く”方法となった．Dirac[2] が彼の有名な函数 $\delta(x)$，すなわち $x=0$ 以外では函数値が 0，$x=0$ では函数値が無限大で $\int_{-\infty}^{\infty}\delta(x)dx=+1$ になるという函数，を導入して以来，演算子法の諸公式は数学者の厳密性には益々受入れられ難いものとなった．$x<0$ では 0，$x\geqq 0$ では 1 である Heaviside の函数 $Y(x)$ の微係数が，数学的には定義の矛盾した Dirac の函数 $\delta(x)$ であると言ったり，この実在しない函数の逐次微係数 $\delta'(x), \delta''(x), \cdots$ について語ることは，我々に許される範囲を逸脱することである．これらの方法が成功しているのは，一体どう説明したらよいであろうか？ このような矛盾した状態になったときに，物理学者の用語を変形して正当化する数学の新しい理論が生じないことはすこぶる稀である．いやむしろそこに数学と物理学の進歩の 1 つの重要な源泉が存するのである．実際，演算子法の正当化は数々行われた．その主なものは，Carson と van der Pol[3] によるものである．しかし，これらの正当化は数学的に全く厳密であっても，物理学者はそれに満足しなかった；Laplace 変換をするので問題をすっかり変形してしまったり，δ 函数やその逐次微係数を消去して，必ず成功していた方法を禁止してしまうからである．

2. 私は函数の概念を先ず測度，次に超函数[4] の概念にまで拡張した．δ は測

1) Heaviside [1].
2) Dirac [1].
3) Carson [1]; van der Pol et Niessen [1].
4)〔訳注〕 この 1 節は超函数の原語 distribution（分布）を念頭に置いて読まれたい．

度であって函数ではなく，δ' は超函数であって測度ではないということになる．なお，磁気ポテンシャルの理論家は大分前から双極子，二重層などを用いているが，それらはまたそれらで，電気学者の演算子法と無関係な別の，定義も曖昧な物である．本書の第1章では，超函数の一般的な定義を与える．

3. 次には超函数についての計算の規則を，微分計算および演算子法の普通の法則と整合するように定めることが必要である．何よりもまず，微係数をうまく定義しなければならない．かなり面白いことには，この新しい定義は，以前の考察とは全く独立に，偏微分方程式論においてだんだんと導入されて来たのである．偏微分方程式 $\dfrac{\partial^2 U}{\partial x^2}-\dfrac{\partial^2 U}{\partial y^2}=0$ の一般解は，$U=f(x+y)+g(x-y)$ の形に書ける；しかしこの形の函数 U が偏微分方程式を満たし得るのは，f と g が2回微分可能な場合に限る．そうでない場合には U をこの偏微分方程式の“広義の解”と称することもできる．広義の解という言葉の一般的定義はいろいろな著者によって，互にかなり独立に，与えられた(広義の解が函数であるときには，それらは私の定義と一致する)：Leray[1)](偏微分方程式の solutions “turbulentes” に関するテーゼで)，Hilbert-Courant[2)], Bochner[3)] (“weak Solution”) および私自身[4)]．U をこのように $\dfrac{\partial^2 U}{\partial x^2}-\dfrac{\partial^2 U}{\partial y^2}=0$ の広義の解と定義するのに，$\dfrac{\partial^2 U}{\partial x^2}$ と $\dfrac{\partial^2 U}{\partial y^2}$ には正確な意味をつけていないということを注意しておこう．同様な考え方で，これも偏微分方程式に関連して Soboleff, Friedrichs および最近には Kryloff[5)] が函数の“広義の微係数”を研究している(その定義は本書でのと同じであるが，函数の広義微係数がそれ自身函数である場合に局限されている)．本書の第2章では超函数の微分法とその性質を与える．そこでは，Hadamard[6)] がこれも偏微分方程式論で導入した“有限部分”が，自然に現れる．発散積分の有限部分によって，ポテンシャル論での多

---

1) Leray [1], p. 204–209.

2) Hilbert-Courant [1], p. 469, 第II巻.

3) Bochner [2]; [3], p. 158–182.

4) Schwartz [5]. これは超函数の直前のもので，超函数のもとになった論文である.

5) Soboleff [1], [2]; Friedrichs [1]; Kryloff [1]. 前の注で示した論文の中には，超函数の理論が考えられた後に出たものもあるが，印刷や，外国との文通，あるいは私の論文の出版が捗らなかったために，それらの著者が超函数を知らなかったのである．なお Soboleff [4] の汎函数も参照.

6) Hadamard [1], p. 184–215.

重層とはかなり異った新種の超函数が定義される.

4. Fourier 級数と Fourier 積分の理論ではいつも大きな困難が生じ，収束問題を片付けるために重要な数学的な道具立を必要とした．Fourier 級数は総和法の発展をひき起したが，Fourier 級数と Fourier 級数でない三角級数とを常に区別しなければならないのでこの発展から満足な解決は得られなかった．Fourier 積分には，そのままの形にせよ偽装した形にせよ，超函数の導入は避けられない．Bochner, Carleman(解析 Fourier 変換)，Beurling(調和 Fourier 変換)[1]の諸方法は本書の方法にごく近い．Bochner の“分布”は要するに，普通の微係数を持たない連続函数の微係数と定義される．本書第3章の定理21はまさに超函数が局所的には連続函数の微係数であることを示す．私には，この性質を定義とするよりは定理とする方が良いと思われる(というのは，微分の階数とその連続函数が，殊に多変数の場合に，定まらないから)[2]．本書第7章では超函数の Fourier 変換を扱うが，その結果は，演算 $\mathscr{F}$ と $\overline{\mathscr{F}}$ の連続性と相反性の面では申し分のないものである.

5. 最後に，全く別の一領域でも超函数が一役を演ずる．代数的位相幾何で，可微分多様体のホモロジーは“singular chain”によっても微分形式によっても与えられ，前者では“境界”演算が，後者では“外微分”演算が用いられる．そこで，この2種類のものを統一しようという自然な考えが起きる．鎖体と微分形式を特殊の場合として含む“カレント”および，(場合によっては符号をつけかえれば)鎖体には境界演算となり，微分形式には外微分演算となるような1つの演算を導入しようと考えたのは，de Rham[3] である．カレントの理論は，P. Gillis[4] の理論をも包括する多様体上の超函数微分形式の理論によって単純かつ完全にされる．カレントの完全な理論(超函数微分形式の意味で)は

---

1) Bochner [1], p. 110–144; Carlman [1], p. 36–52; Beurling[1], p. 9–14.

2) H. König [1] と S. Silva [1] の研究では，超函数を純粋に代数的に導入するためにあらたに Bochner の定義を利用した.

3) de Rham [1], [2].

4) Gillis [1].

de Rham の最近の書物[1] に述べられている．本書では新版第 9 章でカレントを取り扱う．

6. 超函数の先祖或は近親としては，これまでに挙げたものでは確かに不十分である(例えば変分法で用いる L. C. Young[2] の広義の曲面，Fantappié[3] の解析汎函数，Mikusinski[4] の作用素は，類似の着想から出ている)．

私はこれらの例で，超函数の理論が全く“革命的に新しいもの”なのではないということを示したかったのである．多くの読者がこの理論においても，前から馴染んでいる考え方に出会うであろう．この理論は，実に多様な領域で用いられていた実に異質的でしばしば不当であったやり方を，単純で正当な方法によって包括するものである．これは綜合であり単純化である．もちろん，この綜合は完全に行わねばならなかった．この新しい対象，超函数，に一般の使用における市民権を与えうるようにするためには，それをきちんと定義し十分組織的に研究する必要があった．それだけではない．私が挙げた諸例では，各専門家が自分に適したように凝り過ぎて，超函数が多くの場合余り明白でない現われ方をしている(そのためこそ，別の理論に使われる同じ超函数が，しばしば同じ著者にも，同じものと認められなかったのである)．私の超函数は，それとは反対に頗る初等的な性質のもので，そのために各理論の最初に基礎としておくことができる．教育的な見地からは偏微分方程式，調和ポテンシャルと調和函数，合成積[5]，Fourier 級数と Fourier 積分は，初学者にとっては先ず超函数の角度から研究するのが有利なように思われる．また，本書でこれらの問題を取り扱っている章では予備知識はごく僅かしか必要でない．さらに私は物理学の数学的方法の教科書[3] (Schwartz [15]) をすでに出版したが，これには工学者や物理学者のために，超函数とその主要な性質を初歩的なしかたで述べてある．

---

1) de Rham [3]; Kodaira-de Rham [1].

2) Young [1].

3) Fantappié [1].

4) Mikusinski [1], [2] その他.

5) 〔訳注〕 produit de convolution.

6) 〔訳注〕 文献番号 [15] は [14] の誤りらしい．訳本参照: 邦題“物理数学の方法”; 訳者 吉田耕作，渡辺二郎; 岩波書店．

7. 本著は論文ではなく書物，超函数概論である．それゆえに長いのである．その意味では，十分に長くはないとも言えるのであって，証明なしに述べた性質も多い．特に，多くの定理が技巧上の小さな変更だけで類似の方法によって証明される場合がしばしば起るが，そのときには証明は唯一度しか示さない．しかし，もちろん，どんな変更が必要かは読者の判断に委せるにしても，私自身に完全な証明がないようなことは述べなかった．重要な定理は詳細に証明し，それよりも精しい副次的な定理はもっと手短かに証明してある．というわけでいささか矛盾したことであるが，ときには易しいことを詳しく証明し，難しいことをただ概略だけ述べているということになっている．しかしそれによって叙述を大いに明瞭にし，概観し易くしているのである．同様に，定理のすこぶる強い(そして難解な)形よりもむしろ簡単で弱い方の形を採用した所がある．定理を精しくすることは注意または証明の途中で述べておいた．

例においては計算を詳述しなかったことを言っておく必要がある．その中には，古典的な著作[1]に計算してあるのもあるが，どこにも書いてないものもある．しかしそれが難しいのは技巧の点だけである．それを説明したら，本書をずいぶん長くしなければならなかったであろう．

各章の冒頭にある梗概では，最も重要な諸結果を示してある．それ以外の結果は，初めて読むときに飛ばしてもよいものか，或は利用するときに参考として見ればよいものである．

節と定理には章ごとの番号が付けてある．式には，順に章，節，式を表わす三重の番号が付けてある．

8. 本書の理論的な部分ではどこでも，一般位相幾何[2]と函数解析(位相ベクトル空間)をかなりよく知っている必要がある．技術家諸氏はそのような問題を無視してもよいであろう．しかしこの方面についてはつぎのような重大な難点がある．ここで現われるベクトル空間はいずれも Banach 空間ではなく，可算箇の基本近傍系を持つ局所凸な完備ベクトル空間(Fréchet 空間)あるいは

1) 例えば WATSON [1] に．
2)〔訳注〕 topologie générale；位相空間の一般理論．あとがき参照．

もっと複雑な空間(Fréchet 空間の帰納的極限[1] 空間)，およびそれらの共役空間である．

Banach 空間については前から知られていて，上のようなさらに一般な空間についても成り立つ定理で，第1版の時点ではその証明がまだ出版物として発表されていなかったものを，しばしば使わねばならなかった．このような欠陥は今日では埋められ，きちんとした引用文献がどれにも与えられる．現今では，このような空間を扱った函数解析の書物が数多くある．

9. 上のことについて，ここで或る種の言い廻しをきちんと説明しておく必要がある．絶対に正確にするためには，収束の問題ではすべて H. Cartan[2] のフィルターを用いるべきであろうが，本書を重苦しくしないために，"素朴"な言葉を用いた．

"超函数 T_j が 0 に収束する" と，あたかも(整数 j によって定まり $j\to\infty$ のとき 0 に収束する)列 T_j のことのように書くが，それは厳密には任意の収束フィルターのことと解釈すべきなのである．これに反して，定理の或るものは列についてだけ成り立つが，そのときには "もし超函数列 T_j が 0 に収束すれば" と書く．実際上の問題では，列(あるいは少くも，可算箇の底か有界な底を持つフィルター)だけで足りるものが沢山あるし，定理を一般のフィルターについて証明するのは列について証明することより難しくなるであろう．そのようなときには，おりおり，定理を一般のフィルターについて述べ，証明を列についてだけ記すに止める．

双線型汎函数[3]については，準連続性[4]の概念を導入せねばならなかった(第3章，定理 11)；出て来る双線型汎函数の大部分は，準連続であるが連続でない．応用上はいつも準連続性だけで足りるということは，ありそうなことである．おりおり，連続性もあるような場合にそれを指摘しながら，もっと簡単な準連続性だけを示したのは，このためである．なお，Dieudonné-Schwartz

1) 〔訳注〕 limite inductive.

2) Bourbaki [1]，第1章，I，§2, 6.

3) 〔訳注〕 forme bilinéaire; "双1次形式" は日本ではもっと狭義に用いる習慣になっている．

4) この準連続性は，第1版では分離連続性 "conitnuité séparée" としてあった．〔訳注〕 準連続性 hypocontinuité は一般に分離連続性より強いが，本書で扱われる空間では両者は一致する．

の論文に，後者から前者に移る方法を記してある(E, F, G **が 3 つとも Fréchet 空間か 3 つとも回帰的 Fréchet 空間の共役空間であれば，**$E\times F$ **から** G **の中への準連続な双線型写像は連続である**).

10. 超函数に関して私がすでに発表したものは，証明抜きに主な結果を記した要約[1]である．さらに Halperin[2]の本を付け加えることが出来る．他方，König と Silva[3]の論文では抽象的，代数学的な方法によって，超函数の定義と性質を述べている．

超函数の用いられている研究の表をここで与えることが有益であるとは思わないが，超函数それ自身についての諸研究を指摘しておこう．

1° 無限回可微分多様体上のカレント，いいかえれば超函数微分形式は de Rham の書物[4]に詳細に論ぜられている，そこにはさらに可微分多様体それ自身と，Riemann 空間上の調和微分形式とについての研究が記されている；これらが，本書の新版では，第 9 章の題材である．

2° 局所コンパクト群上の超函数は Riss によって，さらに Bruhat によって研究された[5]．

3° 超函数の変数変換は Cugiani, Albertoni および Scarfiello によって研究されたが[6]，これを本書の新版では第 9 章第 5 節に述べる．

4° 超函数どうしの乗法については，一般の場合には(超函数の理論と異る理論であっても，微分演算が常に可能で要素 δ が存在するような理論においては)乗法が不可能であることを示す私の論文[7]，また全然別の考えにもとづいた乗法を与えている König の論文[8]を挙げておこう．乗法が一般には不可能であることが場の量子論における主要な数学的困難のひとつであると，今日では，思われる．

---

1) Schwartz [1], [2], [3].
2) Halperin [1].
3) König [1], e Silva [1].
4) de Rham [3].
5) Riss [1]; Bruhat [1].
6) Albertoni-Cugiani [1]; Scarfiello [1].
7) Schwaetz [6].
8) König [2].

5° 超函数の Laplace 変換は初版より後で世に出た．それは Marcel Riesz 記念出版[1]に掲載された．新版の第8章にそれを再録することを許して下さった Lund 大学の好意に感謝する．

6° 超函数核，すなわち，作用素に関連した2変数超函数および位相テンソル積と核型空間[2]については Grothendieck と私自身の研究[3]がある．

7° Gel'fand および彼のスクールの“一般函数”[4]は超函数の一般化であって，とりわけ偏微分方程式に有用である．それらについては数巻の注目すべき書物があるが，そこでは一般函数の性質が，超函数の性質とともに，非常に豊富に与えられている[5]．

8° Martineau の解析的汎函数[6]，Roumieu の一般超函数[7]や佐藤の“超函数”[8]は，超函数のさまざまな拡張であり，これと平行した理論であって，初版の後に発表されたのであるが，これらを 1°, 2°, 3°, 4°, 5°, 6° に付け加えると，以前と現在の発展の表が完成する．その他にも数多くの新しい本が，あるいは超函数そのものについて，あるいは応用についての立場から出版されている[9]．

11. この第3版は，第2章から第7章までについては第2版と同じであり，第8章と第9章が新しい．

---

1) Schwartz [7].
2)〔訳注〕 espace nucléaire.
3) Schwartz [7], [9], [10], [11]; Grothendieck [1], [2].
4)〔訳注〕 fonction généralisée.
5) Gel'fand-Shilov-Graev-Vilenkin [1].
6) Martineau [1],〔訳注〕 fonctionnelle analytique.
7) Roumieu [1],〔訳注〕 distribution généralisée.
8) Sato [1].
9) 全部を挙げる望みをすてて，本文中に引用するものと，前例となっているものを加えて示す：Arsac [1]; A. Friedman [1]; B. Friedman [1]; Courant-Hilbert [1]; Edwards [1]; Erdelyi [1], [2]; Garsoux [1]; Hörmander [3]; Liverman [1]; Marinescu [1]; Treves [1]; Yoshida [1].

目　次

訳者のまえがき

序……………………………………………………………………………v

第1章　超函数の定義と一般的性質 ……………………………1

梗　概 ……………………………………………………………1

§1　函数概念の1つの拡張: 測度すなわち質量の概念 ……………2

記法(2)　測度(3)　台(6)　函数と測度(7)　開集合に制限すること(9)

§2　測度概念の拡張. 超函数 ……………………………………10

双極子(10)　空間$(\mathcal{D})$(11)　単位の分解(12)　位相空間$(\mathcal{D}_K)$(13)　超函数(14)　超函数と測度(15)

§3　局所化の原理. 超函数の台 ………………………………16

或る開集合で0になる超函数(16)　"寄せ集め"の原理(17)　超函数の台(18)

§4　正の超函数 ……………………………………………………19

§5　種々の一般化 …………………………………………………20

ベクトル値超函数(20)　無限回可微分多様体における超函数(21)

第2章　超函数の微分法 ……………………………………………23

梗　概 ……………………………………………………………23

§1　微係数の定義 …………………………………………………24

正則な函数の微係数(24)　超函数の微係数(25)

§2　微分演算の例. 1変数の場合$(n=1)$ ………………………26

不連続函数. Heavisideの函数$Y(x)$の逐次微係数(26)　区分的に正則な函数の逐次微係数(27)　擬函数. Hadamardの有限部分(28)　重要な注意(30)　単項擬函数(32)

§3 微分法の例. 多変数の場合 ……33
面上で不連続な函数 (33) 距離の函数 (34) 有理型函数 (38) 双曲距離 (39) 多様体上の微分法 (41)

§4 超函数の原始超函数. 1変数の場合 ……42
超函数の原始超函数 (42) 測度の原始超函数 (44)

§5 超函数の原始超函数. 多変数の場合 ……45
x_1 に独立な超函数 (45) 原始超函数を求めること (47) 函数を微係数とする超函数 (48)

§6 数箇の偏微係数が知られた超函数 ……50
微係数が連続函数である超函数 (51)

第3章 超函数の位相空間, 超函数の構造 ……54

梗 概 ……54

§1 位相空間($\mathscr{D}$) ……55
($\mathscr{D}_K$) の位相 (55) ($\mathscr{D}$) の位相 (56) ($\mathscr{D}_K$) の位相と ($\mathscr{D}$) の位相の間の関係 (57)

§2 ($\mathscr{D}$)における有界集合 ……59
共役空間の位相 (59) ($\mathscr{D}$)における有界集合 (60) 有界集合とコンパクト集合 (61)

§3 超函数の位相空間($\mathscr{D}'$) ……62
($\mathscr{D}'$)における収束 (62) 位相の諸性質 (63) ($\mathscr{D}'$)における有界集合とコンパクト集合: 回帰性 (65) 1つの近似定理 (67) 1つの収束判定条件 (67) 収束は局所的性質である (68)

§4 微分法の位相的定義 ……69
1階微係数 (69) 任意階の微係数 (70) 単調函数 (71)

§5 連続線型演算としての微分法 ……72
微分法の連続性 (72) 収束判定条件 (73)

§6 超函数の局所的構造 ……74
超函数と, 連続函数の微係数 (74) 超函数の有界集合 (77) 超函数の収束列 (77)

§7　コンパクトな台をもつ超函数 ……79

φ が任意の台をもつときの $T(\varphi)$ の定義 (79)　空間$(\mathcal{E})$，$(\mathcal{E}')$ (80)　$(\mathcal{E})$ と $(\mathcal{E}')$ の双対性 (81)　コンパクトな台をもつ超函数の構造 (82)

§8　超函数の大域的構造 ……87

§9　正則な台 ……89

§10　台が部分多様体に含まれる超函数の構造……91

1点を台とする超函数 (91)　台が R^n のベクトル部分空間であるような超函数 (92)　無限回可微分多様体 V^n に正則的に嵌め込まれた無限回可微分部分多様体 U^h に載っている超函数 (93)

第4章　超函数のテンソル積 ……95

梗　　概 ……95

§1　パラメタに依存する積分 ……95

問題の所在 (95)　パラメタについての連続性 (96)　可微分性 (96)

§2　2つの超函数のテンソル積 ……97

§3　テンソル積の一意性，存在，計算 ……99

1つの近似定理．テンソル積の一意性 (99)　テンソル積の存在と計算 (100)

§4　テンソル積の性質……101

台 (101)　連続性 (101)　微分演算 (104)　1つの近似定理 (104)

§5　諸　　例……104

x_1 に独立な超函数 (104)　部分ベクトル空間で定義された超函数の拡張 (106)　Heaviside 函数と Dirac 測度 (106)

第5章　超函数の乗法 ……107

梗　　概……107

§1　超函数と無限回可微分函数の乗法積……107

任意の2つの超函数の積というものは定義できないこと (108) 定義 (108)

§2 乗法積の性質 ……109

台. 階数 (109) 連続性 (110) 微分演算 (111) テンソル積と乗法積 (111) 数箇の超函数の積 (112)

§3 諸 例 ……112

§4 除法の問題. 1変数($n=1$)の場合 ……114

問題の設定 (114) x による除法 (114) x^l による除法 (116) 1つの函数 H による除法 (117)

§5 多変数の場合の除法問題の概説 ……117

§6 常微分方程式と偏微分方程式への応用 ……119

定義 (119) 常微分方程式 (121) 偏微分方程式の解の1性質 (123) Cauchy の問題 (124) 素解 (127) 素核 (129) 楕円型連立方程式の解の正則性 (133)

第6章 合 成 積 ……139

梗 概 ……139

§1 普通の合成積の定義 ……140

2つの函数の合成積 (140) 函数と測度との合成 (141) 2つの測度の合成 (142)

§2 R^n 上の2つの超函数の合成積 ……143

汎函数的定義. 2つの函数の場合 (143) 2つの超函数の場合 (144) 台についての制限 (144) 存在と計算 (145)

§3 合成積の性質 ……146

台 (146) 連続性 (147) 合成積とテンソル積 (148) 結合律, 交換律 (149) 合成, 平行移動, 微分演算 (149) 合成, 平行移動の結合 (151) 微分演算と可換な演算 (152) 微分演算の多項式 (154)

§4 超函数の正則化 ……155

定義 (155) 連続性 (157) スカラー積, 合成積のトレース (158) 公式 1, 2, 3 (159)

§5　台がコンパクトでない場合の合成積……………………………160

定義と諸性質 (160)　可換性, 結合律 (161)　結合律を満たさない例 (162)　1変数 ($n=1$) の演算子法の諸演算 (162)　応用: 非整数階の微分演算 (164)　多変数の演算子法の諸演算 (167)

§6　積分の研究への合成積の応用……………………………………171

原始超函数を求めることへの応用 (171)　1階微係数が測度であるような超函数 (171)　Lipschitz 条件 (176)　高階微係数 (179)　提出される諸問題 (182)

§7　超函数あるいは超函数族の正則性の研究への合成積の応用…183

測度および有限階超函数の特徴づけ (183)　諸注意と諸結果 (184)　超函数の有界集合 (185)　超函数の収束列 (188)　応用: 定理 10 の改良 (188)　応用: 解析函数の特徴づけ (189)

§8　超函数の新空間 $(\mathscr{D}'_{L^p})$ ……………………………………………191

空間 $(\mathscr{D}_{L^p})$ (191)　超函数空間 $(\mathscr{D}'_{L^p})$ (191)　$(\mathscr{D}'_{L^p})$ の超函数の特徴づけ (193)　注意 (194)　$(\mathscr{B})$ と $(\mathscr{D}'_{L^1})$ の間の共役関係 (194)　$(\mathscr{D}'_{L^p})$ における乗法と合成 (195)　有界超函数の別な定義, 拡張 (197)

§9　概周期超函数………………………………………………………197

定義 (197)　演算と性質 (198)　平均と合成 (199)　Fourier 展開 (200)

§10　偏微分方程式と積分方程式への応用 …………………………201

合成方程式 (201)　合成方程式の解の一般性質 (202)　素解 (203)　素解の利用 (204)　Newton ポテンシャル. Poisson 公式 (206)　楕円型連立斉次方程式の解の解析性 (207)　特別な場合: 調和函数と正則解析函数 (208)　合成不等式. F. Riesz の分解式 (211)　優調和函数への応用 (212)　注意と一般化 (213)

第7章　Fourier 変換 …………………………………………………215

梗　概……………………………………………………………………215

§1　Fourier 級数…………………………………………………………216

トーラス上の超函数 (216)　Fourier 級数 (217)　例

と応用，1° 楕円函数の Fourier 級数 (219)　2° 定差方程式 (220)　トーラス上の超函数と R^n 上の周期超函数 (221)

§2 n 次元空間における普通の Fourier 変換……222

普通の Fourier 変換 (222)　超函数の場合 (224)

§3 R^n 上の急減少無限回可微分函数の空間 $(\mathcal{S})$ ……225

空間 $(\mathcal{S})$ (225)　幾何学的解釈 (227)

§4 緩増加なあるいは緩い超函数の空間 $(\mathcal{S}')$ ……229

$(\mathcal{S})$ の共役 $(\mathcal{S}')$ (229)　$(\mathcal{S}')$ の幾何学的解釈 (230)　緩い超函数の，増加による特徴づけ (230)　緩い正測度 (233)　1 つの拡張定理 (234)

§5 緩い超函数の空間 $(\mathcal{S}')$ における代数的演算……235

緩増加な無限回可微分函数，空間 $(\mathcal{O}_M)$ (235)　急減少な超函数，空間 $(\mathcal{O}'_C)$ (236)　重要な注意 (236)　$(\mathcal{S}')$ における乗法 (238)　$(\mathcal{S}')$ における合成積 (238)

§6 緩い超函数の Fourier 変換……241

Fourier 変換と X^n および Y^n の自己同型対応 (244)

§7 諸　例……245

例 1. (245)　例 2. Fourier 級数と Fourier 積分 (246)　例 3. 測度の Fourier 変換 (247)　例 4. $(\mathcal{D}'_{L^p})$ における Fourier 変換 (248)　例 5. 距離の函数 (249)　例 6. 有理型函数 (253)　例 7. Fourier 変換と Hermite 多項式 (253)　例 8. 双曲距離 (255)　例 9. 1 つの，逐次積分による計算 (258)

§8 Fourier 変換の諸性質……260

テンソル積 (260)　乗法と合成 (260)　例 (262)　スペクトルがコンパクトな超函数．一般化した Paley-Wiener の定理 (264)

§9 正型の超函数……266

函数 $\gg 0$ (266)　超函数 $\gg 0$ (267)　超函数 $\gg 0$ と測度 $\geqq 0$ (268)　超函数 $\gg 0$ についての演算 (270)　超函数 $\gg 0$ の構造 (272)　例 (273)

§10　偏微分方程式と積分方程式とへの応用 ……274

合成方程式の Fourier 変換 (274)　斉次合成方程式 (274)　素解を求めること (278)　例 1. 楕円型方程式 (279)　例 2. 高階 Laplace 方程式 (280)　例 3. 高階の熱の方程式 (281)　例 4. 双曲型方程式 (282)　例 5. 積分方程式 (283)　例 6. (284)　例 7. Fredholm の定理 (285)　任意の緩い右辺をもった方程式を解くこと (288)　例 1. (288)　例 2. (288)　除法問題の解決からの結果 (290)

第 8 章　Laplace 変換 ……291

梗　概 ……291

§1　超函数と指数函数の積 ……291

§2　Ξ^n の空でない凸集合 Γ に関する超函数空間 $\mathscr{S}'_x(\Gamma)$ ……295

§3　$\mathscr{S}'_x(\Gamma)$ 上の Laplace 変換 ……296

諸注意 (298)

§4　Laplace 変換に基づく超函数の台の考察 ……299

第 9 章　多様体上のカレント ……303

梗　概 ……303

§1　無限回可微分多様体上の偶形式と奇形式 ……303

偶または常形式 (303)　奇または捩形式 (306)　向きづけられた多様体上の偶形式と奇形式 (307)　形式の外積 (308)　R^n 上の形式 (309)　形式の逆像 (310)　C^∞ 級形式のコホモロジー (311)

§2　多様体上の偶および奇カレント ……312

カレント (312)　例 (313)　カレント ≧0 (325)　向きづけられた多様体上の偶および奇カレント (326)　カレントと超函数 (326)　ベクトルをファイバーとするファイバー空間の超函数断面 (327)

§3　カレントに対する基本的な演算 ……329

第 1 の演算: C^∞ 級形式とカレントとの外積 (329)　第 2 の演算: C^∞ 級多重ベクトル場による内積 (330)　第

3の演算: カレントの双対境界(331) 境界のある多様体V上でのカレントの双対境界(337) 第4の演算: 無限小変換によるカレントの微分(338) コホモロジー論のde Rhamの定理(340)

§4 C^∞写像によるカレントの順像 ……348

向きづけられた多様体の場合(356) 微分同相写像の場合. 構造の転写(357)

§5 変数変換. カレントの逆像……359

変数変換(359) 無限回可微分奇形式の順像(360) 偶カレントの逆像(361) 逆像の基本的性質: 推移性, 台, 乗法積, 双対境界(362) Hが局所微分同相写像の場合(364) U^mからV^mへの階数nの写像の場合におけるカレントの逆像(375) 応用と例(376)

文 献 ……385

訳者のあとがき ……399

1990年修正箇所一覧 ……404

索 引(術語索引, 記号索引)……405

第1章　超函数の定義と一般的性質

梗　概

この章では，後の部分を理解するのに必要な記法と定義を述べる．

n 次元空間の1変数に関する記法を導入した後に，§1で測度を導入する．測度 μ というのは以前は完全加法的集合函数として定義されていたが，いまではコンパクト集合の外で0となる連続函数の空間 $(\mathscr{C})$ における汎函数 $\mu(\varphi)=\int\int\cdots\int\varphi d\mu$ と定義される．この汎函数は線型，かつ5頁で正確に定める意味において，連続とするのである．測度の空間は空間 $(\mathscr{C})$ の共役空間 $(\mathscr{C}')$ である．連続函数 φ および測度 μ に対してそれの台を定義する(6頁)が，台の概念は超函数にも拡張され，これによって全く局所的な研究ができる．測度概念は函数概念の1つの拡張である(7頁)；なぜならば，局所的に積分可能な函数 $f(x)$ を，

$$\mu(\varphi)=\int\int\cdots\int f(x)\varphi(x)\,dx$$

となるような，密度 $f(x)$ をもつ測度 μ に1対1に対応させることができるからである．波動力学に Dirac の函数という名で導入された Dirac の測度 δ (8頁)は函数ではない．

§2では超函数が定義される．“双極子”を定義しようとすれば(10頁)，それに汎函数 $T(\varphi)=\varphi'(0)$ を対応させるということになるが，これは φ が微分可能であることを仮定するのである．こうして $(\mathscr{C})$ の代りに，コンパクトな台を持つ無限回可微分函数 φ の空間 $(\mathscr{D})$ を導入することになるが，定理1と2 (11頁，12頁)において，この空間の性質で後に始終用いられるもの($(\mathscr{C})$ における $(\mathscr{D})$ の稠密性と，単位の分解)を与える；さて(14頁)超函数 T は $\varphi\in(\mathscr{D})$ に対して定義され，適当な意味で連続な線型汎函数 $T(\varphi)$ である．超函数の空間は $(\mathscr{D})$ の共役空間[1] $(\mathscr{D}')$ である．測度は，従ってもちろん函数は，超函数の特殊なものである(15頁，定理3)．

§3では台の概念(18頁)および局所的性質の概念を超函数に拡張する．“寄せ集め”

---

1)〔訳注〕 収束の定義されたベクトル空間 X があって，$x_j\to0,\ y_j\to0$ のときには $x_j+y_j\to0,\ ax_j\to0$ であり，$a_j\to0$ のときには $a_jx\to0$ であるとしよう．たとえば $(\mathscr{C})$ にはこの性質がある．X における連続線型汎函数全体の集合を Y とし，$T_1\in Y, T_2\in Y$ および複素数 α に対し $T=T_1+T_2$, $S=\alpha T_1$ を $T(x)=T_1(x)+T_2(x)$, $S(x)=\alpha\cdot T_1(x)\ (x\in X)$ と定義すれば，$T_1+T_2\in Y$, $\alpha T_1\in Y$ となる．この加法 T_1+T_2, 乗法 αT_1 に関して Y はベクトル空間を成す．このベクトル空間を X の共役(dual)という．

の原理(17頁，定理4)によれば局所から大域への移行が可能になる：超函数は，各点の近傍で定まれば全体として定まるのである．

§4では超函数 $\geqq 0$[1] を調べるが，それは必然的に測度となり(19頁，定理5)，そのことから，或る超函数が測度であることを証明する判定条件が得られる．

§5は多少独立している．そこではいくつかの拡張が行われるが，それは概略だけが述べられ，後では例外的にしか用いられない；しかし22頁の(3°)は別で，これは折々用いられる．

§1　函数概念の1つの拡張：測度すなわち質量の概念

記　法

n 箇の実変数 $x_1, x_2, \cdots, x_n$ の複素数値函数 $f(x_1, x_2, \cdots, x_n)$[2] という概念を拡張することを試みる．

各点 x が n 箇の座標 $x_1, x_2, \cdots, x_n$ で定義される n 次元ベクトル空間を R^n と呼ぼう．今後つねに次の規約に従う．

1°　$x+y$ は座標が

$$x_1+y_1, x_2+y_2, \cdots, x_n+y_n$$

の点である；kx (k は実数)は座標が $kx_1, kx_2, \cdots, kx_n$ の点である．

2°　$x\geqq 0$ は $x_1\geqq 0, x_2\geqq 0, \cdots, x_n\geqq 0$ の意味．

$x\geqq y$ は $x-y\geqq 0$ の意味．

3°　$|x|$ はユークリッド的な長さ $\sqrt{x_1{}^2+x_2{}^2+\cdots+x_n{}^2}$ を表わす；誤る恐れがなければ，これを r とも書く．$|x-y|$ は2点 x, y のユークリッド的距離である．

体積要素 $dx_1dx_2\cdots dx_n$ を dx で表わす．函数の偏微分の記法もまた簡単にする必要が起る：p は整数 $\geqq 0$ の組 $\{p_1, p_2, \cdots, p_n\}$ とする．整数 $p_1, p_2, \cdots, p_n$ の中で最大なものを P(p の位数[3])，和 $p_1+p_2+\cdots+p_n$ を $|p|$(p の階数[4])と呼び，D^p を偏微分の記号

---

1)〔訳注〕 $T\geqq 0$ であるような超函数 T．この種の略記法はしばしば用いられる．

2)　記号 f を函数に用い，$f(x_1, \cdots, x_n)$ を点 $(x_1, \cdots, x_n)$ におけるそれの値に用いるのが慣用である．しかしときには，混乱のおこらない場合，函数 f のかわりに函数 $f(x_1, \cdots, x_n)$ とかくことがある．

3)〔訳注〕 rang.

4)〔訳注〕 ordre.

$$D^p = \frac{\partial^{p_1+p_2+\cdots+p_n}}{\partial x_1{}^{p_1}\partial x_2{}^{p_2}\cdots\partial x_n{}^{p_n}}$$

とする．そして次のように置く．

$$(1,1;1)\qquad \frac{\partial}{\partial x} = \frac{\partial^n}{\partial x_1 \partial x_2 \cdots \partial x_n};\qquad \frac{\partial^m}{\partial x^m} = \frac{\partial^{mn}}{\partial x_1{}^m \partial x_2{}^m \cdots \partial x_n{}^m}$$

もちろん $p+q$ は整数

$$p_1+q_1, p_2+q_2, \cdots, p_n+q_n$$

の組である；また $p \geqq q$ は $p_1 \geqq q_1, p_2 \geqq q_2, \cdots, p_n \geqq q_n$ の意味である．最後に，$p_1!p_2!\cdots p_n!$ を $p!$ と書き，$x_1{}^{p_1}x_2{}^{p_2}\cdots x_n{}^{p_n}$ を x^p と書くことがある．こうすれば $f(x_1, x_2, \cdots, x_n)$ の Maclaurin 展開は

$$(1,1;2)\qquad f(x) = \sum_p D^p f(0) \frac{x^p}{p!}$$

という簡単な形になる．

また，

$$C_{p_i}{}^{q_i} = \frac{p_i!}{q_i!\,(p_i-q_i)!}$$

を用いて，$C_p{}^q = C_{p_1}{}^{q_1} C_{p_2}{}^{q_2} \cdots C_{p_n}{}^{q_n}$ と置く．

これらの記法は，つじつまがよく合っているわけではないが，今後の書き方をすこぶる簡単にする．

測　度[1)]

R^n 上で定義された複素数値の測度 μ とは"完全加法的集合函数"である；すなわちそれは R^n における おのおの の有界な[2)] Borel 集合[3)] (特に，有界な開集合あるいは有界な閉集合[4)]) A に，A の測度と呼ばれて次の性質を持つ複素数 $\mu(A)$ を対応させるものである：

---

1)〔訳注〕この概念は質量分布や電荷の分布の一般化と考えてよい点がある．たとえば"A の測度"は A の質量．

2)〔訳注〕十分大きな球に含まれる．

3) すべての連続函数を含み，それに属する函数の収束列の極限を必ず含むような集合の中で最小の集合を Borel 族という．Borel 族に属する函数を Borel 函数と呼ぶ(普通は Baire の函数族，Baire 函数という――訳者)．特徴函数(その集合で 1，それ以外で 0 という値をとる函数――訳者)が Borel 函数であるような集合を Borel 集合という．

4)〔訳注〕一般に，位相空間の部分集合 A が開集合であるというのは，A の各点に対しそれの或る近傍が A に含まれてしまうことである．また，その位相空間の点で A に属さないものの全体が開集合となるとき，A を閉集合という．

A が有界な Borel 集合であって，どの2つも共通点を持たない可算無限箇[1]の Borel 集合 A_i の和であれば，右辺が絶対収束する式 $\mu(A)=\sum_i \mu(A_i)$ が成り立つ．

このとき，φ が R^n 上の複素数値連続函数であって，或るコンパクト集合[2]の外では0ならば，μ によって φ に1つの複素数，すなわち積分[3]

$$(1,1;3)\qquad \mu(\varphi)=\int\int\cdots\int_{R^n}\varphi d\mu$$

が対応する．そのような函数 φ 全体の集合を $(\mathscr{C})$[4]で表わす．もちろんそれ以外に或る種の不連続な，また全空間で $\neq 0$ かも知れない函数 φ についても $\mu(\varphi)$ を定義することができる；古典的な拡張方法で $\mu(\varphi)$ を定義できる函数 φ は，μ に関して**可積分**な函数と呼ばれている．

測度 μ に関して可積分な函数の族はもちろん μ に依存する；しかし，φ が連続(あるいは Borel 函数でもよいが)で，或るコンパクト集合の外では0となるならば，φ はすべての測度 μ に関して可積分であるということは確実に言える．

測度 μ は，すべての集合の測度が実数であるときに，あるいは，同じことになるが，実数値の $\varphi\in(\mathscr{C})$ に対して $\mu(\varphi)$ が実数となるときに，実数値の測度と呼ばれる．

μ が任意の複素数値測度ならば，それは実部，虚部に $\mu=\mu_1+i\mu_2$ と分けることができる．この μ_1, μ_2 は，実数値の φ に対して

$$(1,1;4)\qquad \mu(\varphi)=\mu_1(\varphi)+i\mu_2(\varphi)$$

によって定義される実数値測度である[5]．

---

1)〔訳注〕 或る種の対象に $A_1, A_2, \cdots, A_i, \cdots$ と自然数の番号をもれなく付けて区別できるとき，対象が可算箇であるという．

2)〔訳注〕 位相空間の部分集合 A がコンパクトであるとは，“或る無限箇の開集合の和集合に A が含まれるときには，必ずその中の適当な有限箇の和集合に A が含まれてしまう” ことをいう．ユークリッド空間では，有界閉集合であることと同値である．

3)〔訳注〕 積分 $\int_E \varphi d\mu$ は Darboux 和 $s_j=\sum_i \varphi(x^{(i)})\mu(E_i)\,(x^{(i)}\in E_i)$ の極限として定義される．この極限が存在するときに $(\varphi\in(\mathscr{C})$ でなくても)，φ が E において μ に関して可積分であるという．ただし Darboux 和を作るときの，E の分割 j としては，E をどの2つも共通点のないような有限箇または可算無限箇の有界 Borel 集合 E_i に分割するものを採る．

4) 本書の初版で $(\mathscr{C}), (\mathscr{D}), (\mathscr{E}), (\mathscr{S})$ 等と表現した空間は，今日の記法としては括弧がなくなってしまっているので，それに従い新しい第8章，第9章では $\mathscr{C}, \mathscr{D}, \mathscr{E}, \mathscr{S}$ 等と記す．

5)〔訳注〕 実数値の φ に対して決めれば測度は決まってしまう．

測度 μ が $\geqq 0$ とは，すべての集合の測度が $\geqq 0$ であるときに，あるいは，同じことになるが，実数値函数 $\varphi \geqq 0$, $\in (\mathscr{C})$[1]に対しては $\mu(\varphi) \geqq 0$ となるときに言う．すべての実数値測度は2つの測度 $\geqq 0$ の差である．

φ が $(\mathscr{C})$ に属するときに定義される汎函数[2] $\mu(\varphi)$ には，次の性質がある：

1°　線型である，すなわち

$$(1,1;5) \qquad \begin{cases} \mu(\varphi_1+\varphi_2) = \mu(\varphi_1)+\mu(\varphi_2) \\ \mu(k\varphi) = k\mu(\varphi), \qquad k \text{ は複素数.} \end{cases}$$

2°　次の意味で"連続"である：

R^n における或る一定のコンパクト集合 K の外では函数 φ_j がすべて0であり，φ_j が一様に $\varphi \in (\mathscr{C})$ に収束すれば，$\mu(\varphi_j)$ は $\mu(\varphi)$ に収束する．

第3章で $(\mathscr{C})$ に位相を導入するが，それによると測度は位相空間 $(\mathscr{C})$ 上の連続線型汎函数[3]になる．この位相はいくらか複雑なので，ここでは次のような考察にとどめる．$(\mathscr{C}_K)$ を R^n 上の連続函数で R^n のコンパクト集合 K の外では0であるものからなる線型空間とする．$(\mathscr{C})$ は，K を変えるときの，$(\mathscr{C}_K)$ の和集合である．$(\mathscr{C}_K)$ には一様収束の位相を与えておく：$\varphi_j \in (\mathscr{C}_K)$ は，R^n 上で一様に0に収束するとき，$(\mathscr{C}_K)$ で0に収束[4]する．$(\mathscr{C}_K)$ は，ノルム $\|\varphi\| = \operatorname{Max}_{x \in R^n} |\varphi(x)|$ について Banach 空間である．そのとき上記の"連続性"は，μ の $(\mathscr{C}_K)$ への制限が連続ということにまったく一致する．混乱がおこる恐れがない場合には，次のような簡略な表現をしよう：μ は $(\mathscr{C})$ で連続．

逆に，F. Riesz[5] の有名な定理によれば，$(\mathscr{C})$ 上のおのおのの線型連続汎函数 $L(\varphi)$ に対して，$L(\varphi) = \mu(\varphi)$ となるような，ただ1つの決まった測度 μ を対応させることができる．

Riesz の定理はますます重要さを増してきている．いまでは，それは測度 μ を $(\mathscr{C})$ 上の線型汎函数として**定義**するために欠くことができない；汎函数 $\mu(\varphi)$ から出発して，必要に応じ，完全加法的集合函数 $\mu(A)$ に到るのであっ

---

1)〔訳注〕　実数値函数 φ で，到る所で $\varphi(x) \geqq 0$ となり，しかも $\varphi \in (\mathscr{C})$ であるもの．

2)〔訳注〕　函数あるいは函数類似のものに数を対応させる一意対応を普通に**汎函数** (fonctionelle) と呼ぶ．

3)〔訳注〕　forme linéaire continue sur $(\mathscr{C})$．

4)〔訳注〕　φ_j が φ に収束することは，$\varphi_j - \varphi$ が0に収束することと定義する．今後現われる諸種のベクトル空間でも同様．

5)　F. Riesz [1] と Banach [1]，60頁参照．

て，古い方法の逆なのである；しかし大概はそれすらも不要であって，μ の諸性質は $\mu(\varphi), \varphi \in (\mathscr{C})$，について見る方が $\mu(A)$ についてよりは容易である.[1)]

測度 μ の全体は1つのベクトル空間を作る（2つの測度を加え合わせることも，測度に複素数を乗ずることもできる）；その空間を $(\mathscr{C}')$ と表わす.

台[2)]

R^n 上の連続函数 f の**台**とは，$f(x) \neq 0$ となる点 $x \in R^n$ 全体の集合の閉包[3)]となっている閉集合 F をいう．F の点は R^n の点で，その点のいかなる近傍においても $f(x) \equiv 0$ とはならず，またこのことの逆も成り立つのである.

F の補集合[4)]は，そこでは f が0であるような，R^n における開集合の中で最大[5)]なもの（そのような開集合の和集合）である.

$(\mathscr{C})$ に属する函数とは，コンパクトな台をもつ連続函数に他ならない.

μ が R^n 上の測度，Ω が R^n における開集合で，台が Ω に含まれる φ に対してはつねに $\mu(\varphi)=0$ となるときに，μ が Ω において0であるという．1つの測度 μ がいくつか（無限箇でもよい）の開集合の おのおの において0であれば，それらの和集合においても μ は0であることが証明される.

次のように定義される R^n における閉集合 F を R^n 上の測度 μ の**台**という（測度 μ が F に置かれているあるいは F 上に載っている[6)]ともいう）：**F の点は，その点のいかなる近傍においても μ が0でないような R^n の点であり，また逆にそのような点は F の点である.**

F の補集合は，そこでは μ が0であるような，R^n における開集合の中で最大なもの（そのような開集合の和集合）である.

μ の台と φ の台とに共通点がなければ $\mu(\varphi)=0$ となることがわかる．それどころか，μ の台上で φ が0になっているときには $\mu(\varphi)=0$ である.

---

1)　これは Bourbaki [7] で用いられている方法である.

2)〔訳注〕 support；吉田耕作氏は担い手と訳された.

3)〔訳注〕 ある集合 A の**閉包**とは，$x_j \in A$ の極限として表わされるような点全体の集合をいう．このような点を A の**触点**という．A の閉包は A を含む閉集合であり，また A を含む閉集合は必ず A の閉包を含む．一般に位相空間でも同様.

4)〔訳注〕 考える空間で F に属さない点全体の集合.

5)〔訳注〕 A が B の部分集合であるときに，A が B より小，B が A より大であるという.

6)〔訳注〕 supportée ou portée par F.

函数と測度

いかなる意味で測度概念は函数概念の拡張になっているか？ R^n において，Lebesgue 測度[1]という特別な測度に特殊な役割を与えよう．体積要素を dx あるいは $dx_1dx_2\cdots dx_n$ で表わす．

μ を“絶対連続”[2]な測度とする．そのような μ に対しては，いかなるコンパクト集合においても Lebesgue 測度に関して可積分な，“密度”という函数 $f(x)=f(x_1, x_2, \cdots, x_n)$ があって，有界な Borel 集合 A に対しては

$$(1,1;6)\qquad \mu(A)=\int\!\!\int\cdots\int_A f(x)\,dx =\int\!\!\int\cdots\int_A f(x_1, x_2, \cdots, x_n)\,dx_1dx_2\cdots dx_n,$$

$\varphi\in(\mathscr{C})$ については

$$(1,1;7)\qquad \begin{cases} \mu(\varphi)=\displaystyle\int\!\!\int\cdots\int_{R^n} f(x)\varphi(x)\,dx \\ \qquad\;=\displaystyle\int\!\!\int\cdots\int_{R^n} f(x_1,x_2,\cdots,x_n)\varphi(x_1,x_2,\cdots,x_n)\,dx_1dx_2\cdots dx_n. \end{cases}$$

この函数 $f(x)$ は到る所で定義されているわけではなく，ただ**殆ど到る所で**(すなわち Lebesgue 測度が0の或る集合の外では)定義されているのである[3]．

逆に，R^n のいかなるコンパクト集合においても可積分[4]であるような函数 $f(x)$ に対しては，f を密度とする絶対連続な測度 μ を一意に対応させることができる；その測度は

$$(1,1;8)\qquad \mu(\varphi)=\int\!\!\int\cdots\int_{R^n} f(x)\varphi(x)\,dx,\qquad \varphi\in(\mathscr{C})$$

で定義される．

こうして，絶対連続測度が作る，$(\mathscr{C}')$ の部分ベクトル空間と，いかなるコンパクト集合においても可積分な函数の“類”(おのおの の類は，一定の函数にほ

1)〔訳注〕 おのおのの $\varphi\in(\mathscr{C})$ に普通の重積分 $\int\!\!\int\cdots\int_{R^n}\varphi(x_1, x_2, \cdots, x_n)\,dx_1dx_2\cdots dx_n$ を対応させる汎函数．n 次元区間 $a_i\leqq x_i\leqq b_i\,(i=1, 2, \cdots, n)$ の Lebesgue 測度は体積 $\Pi_i(b_i-a_i)$ になる．

2)〔訳注〕 Lebesgue 測度が0な有界 Borel 集合 A に対しては $\mu(A)=0$ となること．

3)〔訳注〕 g が μ の密度であるとき，f について(1,1; 6)が成り立つための必要十分条件は，ほとんど到る所で $f(x)=g(x)$ となることである．

4)〔訳注〕 単に積分あるいは可積分といえば，Lebesgue 測度についていう．

とんど到る所で一致する函数全体の集合)，が作るベクトル空間との間に，1対1の対応がつけられた．

この対応を完全な同一化に利用しよう．すなわち，**今後は絶対連続な測度 μ とそれの密度 f は同じものとみなすのである．** そして $\mu=f$ と書き，$\mu(\varphi)$ と同じ意味で $f(\varphi)$ と書くことにする．それは(1,1;8)が成り立つということである．そこで，いかなるコンパクト集合においても可積分で，Lebesgue 測度0の集合を除いて定義された函数は，測度の1つの場合となる．

1つの連続函数 f はまったく異る2つの見地から考察できて，決して混同してはならない，ということに注意しておこう．

一方には，それは各点 x において決まった値 $f(x)$ をとる普通の意味での**函数**である；その意味では，もし台がコンパクトならば，$(\mathcal{C})$ の1要素 φ と考えられる．

他方には，それは或る絶対連続測度 μ の密度である；そのとき f は1つの汎函数 $\mu(\varphi)=f(\varphi)$ (式(1,1;8)) として定義され，その意味で $(\mathcal{C}')$ の要素 μ と考えられる．

いずれの考え方によっても，R^n における f の台は同じである．

R^n の原点 $x=0$ に置いた質量 $+1$ で作られる測度を **Dirac 測度**[1] δ と呼ぶことにする．$\varphi\in(\mathcal{C})$ に対しては

(1,1;9)
$$\delta(\varphi)=\varphi(0).$$

同様に，R^n の点 x_ν に置いた質量 $+1$ で作られる測度を $\delta_{(x_\nu)}$ で表わす．

$\varphi\in(\mathcal{C})$ に対しては

(1,1;10)
$$\delta_{(x_\nu)}(\varphi)=\varphi(x_\nu).$$

上に言ったことによって，δ は函数でない測度の最も簡単な例である．物理学者がこれを相変らず **Dirac 函数**と呼ぶならば，それは，函数にだけ定義されて測度には定義されない或る種の(たとえば微分)演算を δ に施しうるようにするためである；しかし我々はちょうどそれらすべての演算を測度に施しうるようにし，函数である測度とそうでない測度とを細心に区別しておこう．曲線上や曲面上に載っていて線密度や面密度をもつ“特異”測度は，函数ではない．

1)　普通 Dirac 函数と呼ばれるこの測度は，波動力学の必要のために導入された．Dirac [1] 参照．

また，測度の概念が函数概念の拡張であるというのは適切ではなく，いかなるコンパクト集合においても可積分な函数の類の概念の拡張にすぎないことによく注意しよう．$1/x$ のような1変数 ($n=1$) の函数はいかなる測度にも対応しない; $1/x$ は $x=0$ のいかなる近傍でも可積分でないからである．また一方，ほとんど到る所で等しい2つの函数は，測度と考えれば，区別されないということを思いだそう．f と g がほとんど到る所で等しいときには，$f=g$ と書く．測度0の集合において適当に値を変更すれば f が連続あるいは凸あるいは調和な函数になるというときに，われわれは f が連続，凸，あるいは調和であると言う．

開集合に制限すること

これまで述べたことは，R^n の開集合 Ω_0 において定義された測度の場合に拡張される．

R^n の開集合 Ω_0 に台が含まれる函数 φ が作る，$(\mathscr{C})$ の部分ベクトル空間を $(\mathscr{C}_{\Omega_0})$ としよう．Ω_0 における測度とは，$(\mathscr{C}_{\Omega_0})$ 上の線型汎函数で，Ω_0 に含まれる任意のコンパクト集合 K について，$(\mathscr{C}_K)$ への制限が連続になるもののことである．このような測度全体の空間を $(\mathscr{C}_{\Omega_0}')$ と表わす．Ω_0 における測度には R^n における測度と同様の性質がある．そこでわれわれは Ω_0 を $\Omega_0=R^n$ にしておくが，それによってわれわれの研究に何等本質的な制限は加わらない．いうまでもなく，Ω_0 における測度は一般には R^n における測度まで拡張できない．たとえば函数 $1/x$ (1変数，$n=1$) は，R^1 から原点を取除いた開集合 Ω_0 における測度を定義するが，これは，原点の近傍では可積分でないので，R^1 における測度には拡張されない．Ω_0 における測度 μ が R^n における測度に拡張され得るためには，R^n におけるいかなるコンパクト集合 K についても $\int\int\cdots\int_{K\cap\Omega_0}|d\mu|$ が有限になることが，必要かつ十分である[1]．

---

1)〔訳注〕 $\int_E fd\mu$ の定義(4頁，脚注)において，Darboux 和 $\sum f(x^{(i)})\mu(E_i)$ の $\mu(E_i)$ の代りに $|\mu(E_i)|$ を用いて $\int_E f|d\mu|$ を定義する．

§2 測度概念の拡張. 超函数

昔から，ポテンシャル論において，物理学者は質量概念より複雑な“多重分布”[1](多重極，多重層)の概念を用いている．それらの概念の考察には，集合函数としての測度の定義をさっぱりと捨て汎函数としての定義を採るのでなければ，はっきりした意味がつかない．

双極子

実数軸上 ($n=1$) で，原点0にあって“モーメント”(静電モーメントあるいは磁気モーメント)が $+1$ の“双極子”とは何であろうか？

それは，$\varepsilon>0$ が0に近づくときの，座標 ε の点における質量 $+1/\varepsilon$ と原点における質量 $-1/\varepsilon$ との組の“極限”[2] である．従って，それは“測度の極限”であるが，測度ではない．双極子を集合の測度函数として定義しようとしたら，どうにもならない困難にあうであろう．すなわち，各区間の測度は0，ただし区間の端が原点である場合だけは例外であって，この場合には測度が不定になるであろう．

汎函数としての測度の定義を用いよう．この2つの質量の組 T_ε は

$$T_\varepsilon=\frac{\varphi(\varepsilon)-\varphi(0)}{\varepsilon},\quad \varphi\in(\mathscr{C}) \tag{1,2;1}$$

で定義される．

そこで，**もし φ が可微分ならば，** $\varepsilon\to0$ の極限に移って双極子を汎函数

$$T(\varphi)=\varphi'(0) \tag{1,2;2}$$

と定義すべきであることがわかる．

そこで，双極子に対応する線型汎函数 $T(\varphi)$ は，原点で可微分な函数 φ が作る，$(\mathscr{C})$ において稠密な[3] 部分ベクトル空間だけで定義される．しかも，$\varphi_j(x)$ が0に一様収束しても $\varphi_j'(x)$ は0に収束するとは限らないから，$T(\varphi)$ は“不連続”な線型汎函数である．そこで，$(\mathscr{C})$ の部分ベクトル空間を考えね

1)〔訳注〕“couche multiple”.

2) 超函数の空間に位相を入れたとき(第3章)には，ちょうど本当の極限についての話になる．

3)〔訳注〕一般に，A の各点が A の部分集合 B の触点になっていることを，B が A において稠密であるという．

ばならなくなる. 任意階数の“多重分布”を考えられるようにするためには, **無限回可微分**な φ だけを考えねばならなくなる.

空　間 $(\mathcal{D})$

無限回可微分で台がコンパクトな, n 箇の実変数の複素数値函数 φ が作るベクトル空間を $(\mathcal{D})$ で表わす. m 階までの連続な微係数を持ち, 台がコンパクトな函数が作るベクトル空間を $(\mathcal{D}^m)$ とすれば, $(\mathcal{D})$ はあらゆる $(\mathcal{D}^m)$ の共通部分である.

0 以外に函数 $\varphi\in(\mathcal{D})$ が存在することは古典的ではあるが, まったく明白だというわけではないことに注意しよう. $\varphi\neq 0$ ではあるが台の境界であらゆる逐次微係数が 0 になるという函数は, 決して初等的なものではない! そのような函数についていくつかの性質を述べよう.

補題　任意の $\varepsilon>0$ に対して, 球体 B_ε: $r\leqq\varepsilon$, を台とする函数 $\rho_\varepsilon(x)\in(\mathcal{D})$, $\geqq 0$ があって $r<\varepsilon$ においては $\rho_\varepsilon(x)>0$, かつ

$$\iint\cdots\int\rho_\varepsilon(x)\,dx=+1. \tag{1,2;3}$$

函数

$$\rho_\varepsilon(x)=\begin{cases}0 & (r\geqq\varepsilon)\\ \dfrac{k}{\varepsilon^n}\exp\left(\dfrac{-\varepsilon^2}{\varepsilon^2-r^2}\right) & (r<\varepsilon)\end{cases} \tag{1,2;4}$$

をとればよい; ただし定数 k は,

$$k\iint\cdots\int_{r\leqq 1}\exp\left(\frac{-1}{1-r^2}\right)dx=1 \tag{1,2;5}$$

となるように選ぶ.

定理 1. K を R^n のコンパクト集合, H を R^n における K のコンパクト近傍とすれば, $(\mathcal{C}_K)$ のどの函数も, $(\mathcal{D})$ に属する函数列の $(\mathcal{C}_H)$ における極限である. 用語の流用をゆるせば, $(\mathcal{D})$ は $(\mathcal{C})$ で稠密であるということができる.

なぜならば, $\varphi\in(\mathcal{C})$ のとき, φ を“正則化した”[1] 函数

---

1) 正則化(régularisation)はよく行われる合成積の応用で, 超函数については第6章で詳細に調べる. A. Weil [1], 第3章参照.

$$
(1,2;6)\qquad
\begin{cases}
\varphi*\rho_\varepsilon=\displaystyle\iint\cdots\int\varphi(\xi)\,\rho_\varepsilon(x-\xi)\,d\xi\\[2mm]
\qquad=\displaystyle\iint\cdots\int\varphi(\xi_1,\xi_2,\cdots,\xi_n)\,\rho_\varepsilon(x_1-\xi_1,x_2-\xi_2,\\
\qquad\qquad\qquad\qquad\cdots,x_n-\xi_n)\,d\xi_1d\xi_2\cdots d\xi_n
\end{cases}
$$

は φ のコンパクトな台の ε 近傍[1]に含まれる台を持ち，無限回可微分(積分記号下で直接に微分できる)，従って$(\mathcal{D})$に属する．しかも (1,2;3) を参照すれば

$$
(1,2;7)\qquad (\varphi*\rho_\varepsilon)-\varphi=\iint\cdots\int[\varphi(\xi)-\varphi(x)]\rho_\varepsilon(x-\xi)\,d\xi.
$$

$\rho_\varepsilon(x-\xi)\neq0$ となるのは $|x-\xi|<\varepsilon$ のときに限るが，また ε と共に 0 に近づく数 $\eta_\varepsilon>0$ (φ の振幅)があって，$|x-\xi|\leqq\varepsilon$ のときには $|\varphi(\xi)-\varphi(x)|\leqq\eta_\varepsilon$ となるから，(1,2;7)の右辺は η_ε を超えないことがわかる．従って $\varphi\in(\mathcal{C}_K)$ はたしかに，$\varepsilon\to0$ のときの $\varphi*\rho_\varepsilon\in(\mathcal{D})$ の，$(\mathcal{C}_H)$ における極限である．

単位の分解[2]

定理 2. **R^n の開集合 Ω において，開集合 Ω_i の添字 i が有限または無限集合 I を動くとき，$\{\Omega_i\}$ が Ω の被覆[3]ならば，同じ添字の集合に依存して次の性質を持つ無限回微分可能な函数 α_i を定めることができる．**

(1,2;8)
a) $\alpha_i(x)\geqq0$ **で，** α_i **の** Ω **における台が** Ω_i **に含まれ，**
b) Ω **のいかなるコンパクト集合上でも，有限箇の** α_i **だけを除いて他は恒等的に 0 であり，** Ω **において** $\sum_i\alpha_i(x)=1.$

これらの函数 α_i が**単位の分解**を構成する，すなわちすこぶる小さな台を持つ無限回微分可能な函数 $\geqq0$ の和による，函数 1 の分解を構成するのである．この分解を**被覆** $\Omega_i, i\in I$, **に従属する**という．まず被覆 $\{\Omega_i\}$ が局所有限[4]で，

1)〔訳注〕 集合 A の ε 近傍とは，A の点を中心とする半径 ε の球体(球の内部)の(中心を A 上で動かして作った)和集合をいう．

2) 被覆，Urysohn の定理，単位の分解に関する問題についてはすべて DIEUDONNÉ [2], BOURBAKI [2], §4 参照．

3)〔訳注〕 Ω_i 全部の和集合が Ω を含むときに，$\{\Omega_i\}$ を Ω の被覆という．

4) 開集合による被覆が局所有限とは，いかなるコンパクト集合も，それらの開集合の有限箇だけと共通点を持つことをいう．

どの Ω_i も Ω で相対コンパクト[1]としよう．そうすると，同じ集合に属する添字に依存する新しい局所有限被覆 $\{\Omega_i'\}$ で，$\{\Omega_i\}$ に従属するもの，すなわち $\overline{\Omega_i'}\subset\Omega_i$ となる[2]ものを作ることができる．さらに $\{\Omega_i'\}$ に従属する被覆 $\{\Omega_i''\}$ を考えよう．さて β_i を(Urysohn の拡張法で定義される) R^n 上の連続函数で，0と1との間にあり，$\overline{\Omega_i''}$ では $+1$ に，Ω_i' の補集合では0に等しいものとする．$\overline{\Omega_i'}$ はコンパクトであるから，十分小さい ε_i に対しては $\overline{\Omega_i'}$ の ε_i 閉近傍[3]は Ω_i に含まれ，従って，すぐ上の補助定理で定義した函数 ρ_{ε_i} を用いれば，正則化した函数 $\in(\mathcal{D})$

$$\gamma_i=\beta_i*\rho_{\varepsilon_i} \tag{1,2;9}$$

は確かに $\overline{\Omega_i''}$ 上では >0 であり，それの R^n での台は Ω_i に含まれる．和 $\sum_\nu\gamma_\nu(x)$ は Ω の各点で定義され，Ω の点 x の近傍においてはこの和の項の中で有限箇だけが $\neq 0$ である；この和は無限回可微分であり，Ω_i'' が Ω の被覆を成しているから，Ω 上到る所で >0 である．そこで

$$\alpha_i(x)=\gamma_i(x)\Big/\Big(\sum_\nu\gamma_\nu(x)\Big) \tag{1,2;10}$$

は所要の性質をすべてもっている．

さて，被覆 $\{\Omega_i\}$ を任意としよう．Ω はパラコンパクトであるから，もとの被覆の細分になっている局所有限被覆 (Ω_j) でつぎのようなものを作ることができる：それの添字は他の集合 J をうごき，J から I への写像 $j\to i(j)$ があり，さらに Ω_j は Ω で相対コンパクトで，各 $j\in J$ に対して $\Omega_j\subset\Omega_{i(j)}$ となる．すでに考察してきたように，(Ω_j) に従属する単位の分解 (α_j) が存在する．そこで，すべての $i\in I$ につき $\alpha_i=\sum_{i(j)=i}\alpha_j$ と置く．Ω の点 x には，α_j の有限箇だけが0と異なるような近傍がある，したがって α_i は無限回微分可能であり，それの(Ω での)台は $i(j)=i$ となるような α_j の台全体の和集合と一致し，したがって Ω_i に含まれる．そこで α_i は所要の性質をすべてもっている．

位相空間 $(\mathcal{D}_K)$

R^n のコンパクト集合 K に台が含まれるような函数 φ の作る $(\mathcal{D})$ の部分空

1)〔訳注〕 Ω_i の閉包がコンパクトで，その閉包が Ω に含まれること．
2)〔訳注〕 $\overline{A}$ は A の閉包．
3)〔訳注〕 $\overline{\Omega_i'}$ からの距離が $\leqq\varepsilon_i$ となる点の集合．

間を $(\mathcal{D}_K)$ で表わす．$(\mathcal{D}_K)$ に，$(\mathcal{C}_K)$ から誘導された位相よりも強い位相を入れよう．函数 $\varphi_j \in (\mathcal{D}_K)$ が $(\mathcal{D}_K)$ において 0 に収束[1] するとは，函数 φ_j とその各階微係数が R^n 上で一様に 0 に収束することをいう．言い換えれば，整数の任意一定の組 $p_1 \geqq 0$, $p_2 \geqq 0$, …, $p_n \geqq 0$ に対して，

$$\frac{\partial^{p_1+p_2+\cdots+p_n}}{\partial x_1{}^{p_1} \partial x_2{}^{p_2} \cdots \partial x_n{}^{p_n}} \varphi_j(x_1, x_2, \cdots, x_n)$$

が R^n において 0 に一様収束するというのである（が，あらゆる階数の微係数全体についての一様性は要求しない）．この位相は，次のような半ノルム N_p の族で定義される；

$$N_p(\varphi) = \sup_{x \in R^n} |D^p \varphi(x)|, \quad \text{ここに } p = (p_1, p_2, \cdots, p_n).$$

階数 $\leqq m$ の微係数だけを考えて $(\mathcal{D}^m)$ の部分空間 $(\mathcal{D}_K{}^m)$ を導入し，同様な位相を入れることもできる．再び定理 1 の証明を用いれば，$\int$ 記号下の微分を行なって，階数 $|p| \leqq m$ の偏微分 D^p と $(\mathcal{D}_K{}^m)$ の函数 φ とに対して，$D^p(\varphi * \rho_\varepsilon) = D^p \varphi * \rho_\varepsilon$；したがって，定理の証明を $D^p \varphi$ に適用すれば，ε が 0 に収束するときに，$\varphi * \rho_\varepsilon$ の階数 $\leqq m$ の微係数は φ のこれに対応する微係数に一様収束することが示される；言い換えれば $(\mathcal{D})$ は，すでに $(\mathcal{D}^0) = (\mathcal{C})$ で稠密であったのと同様に "$(\mathcal{D}^m)$ で稠密" である．

超 函 数

超函数 T とは $(\mathcal{D})$ における線型汎函数で，R^n の任意のコンパクト集合 K に対して，$(\mathcal{D}_K)$ への制限が連続なものをいう． 略して言えば，$(\mathcal{D})$ 上の連続線型汎函数である．そこで，普通の言い方をすれば，超函数 T とは，すべての函数 $\varphi \in (\mathcal{D})$（コンパクトな台を持つ無限回可微分な函数）に対して定義された汎函数 $\varphi \to T(\varphi)$ または $T \cdot \varphi$ または $\langle T, \varphi \rangle$（各函数 φ に対応する複素数），であって次の性質を持つものである：

a)　T は線型である：

$$(1,2\,;11) \qquad \begin{cases} T(\varphi_1 + \varphi_2) = T(\varphi_1) + T(\varphi_2), \\ T(k\varphi) = kT(\varphi), \qquad (k \text{ は複素数}). \end{cases}$$

---

1)〔訳注〕ベクトル空間 $(\mathcal{D}_K)$ の点として $\varphi_j \to 0$ という意味．

b)　T は"連続"である：

$\varphi_j \in (\mathscr{D})$ の台がすべて R^n の一定なコンパクト集合に含まれて，φ_j およびその各階微係数が 0 に一様収束すれば，複素数 $T(\varphi_j)$ が 0 に収束する．

超函数 T はそれら全体でまた 1 つのベクトル空間を作る（2 つの超函数を加えたり超函数に複素数をかけたりできる）．そのベクトル空間を $(\mathscr{D}')$ で表わす．

R^n における測度 μ はまさしく超函数の一種を定義する；なぜならば，$\varphi \in (\mathscr{D})$ について $\mu(\varphi)$ は線型であり，$\mu(\varphi)$ は単に前記の位相をもった $(\mathscr{D}_K)$ においてのみならず，これより粗い $(\mathscr{C}_K)$ から導かれる位相を入れた空間 $(\mathscr{D}_K)$ においてさえも連続である．言い換えれば，R^n の一定なコンパクト集合に台が含まれるような $\varphi_j \in (\mathscr{D})$ が R^n において 0 に一様収束すれば，その微係数はどうであろうとも，$\mu(\varphi_j)$ は 0 に収束するのである．逆も成り立つ：

超函数と測度

定理 3.　超函数 T が或る測度 μ によって定義されうるためには，$(\mathscr{C}_K)$ から導かれる位相を入れた各 $(\mathscr{D}_K)$ において T が連続であることが，必要かつ十分である．この場合 μ はただ一通りに定められる．

上に述べたように，この条件は必要である．それはまた十分でもある．なぜならば，H を R^n のコンパクト集合としよう．もし T が $(\mathscr{D}_H)$ で $(\mathscr{C}_H)$ から導入された位相で連続ならば，T は $(\mathscr{C}_H)$ における $(\mathscr{D}_H)$ の閉包 $\overline{(\mathscr{D}_H)}$ の上の，$(\mathscr{C}_H)$ から導入された位相で連続な線型汎函数 $\bar{T}_H$ に一意的に拡張される．もし $H_1 \supset H_2$ ならば，$\overline{(\mathscr{D}_{H_1})} \supset \overline{(\mathscr{D}_{H_2})}$ で，$\bar{T}_{H_1}$ は $\bar{T}_{H_2}$ の拡張である．それゆえさまざまな拡張 $\bar{T}_H$ は $\overline{(\mathscr{D}_H)}$ の和集合への T の拡張 $\bar{T}$ を定める：定理 1 により，そのような和集合は $(\mathscr{C})$ にほかならず，そして $\bar{T}$ は各 $(\mathscr{C}_K)$ への制限が連続であるような $(\mathscr{C})$ 上の線型汎函数（H が K の近傍ならば $\overline{(\mathscr{D}_H)}$ は $(\mathscr{C}_K)$ を含むから），すなわち或る測度 μ であり，T はその測度から定義される超函数である；しかも，このような測度はただ 1 つである．

こうして，測度の空間 $(\mathscr{C}')$ と超函数の空間 $(\mathscr{D}')$ の或る部分空間との間に 1 対 1 の対応のあることが示される．§1 でしたのと同様に，測度から定義された超函数とその測度とを**すっかり同一視**しよう．測度は超函数の一種である；

各コンパクト集合において可積分であるような(測度0の集合以外で定義された)函数 f は測度であり，したがって超函数であって，その超函数は

$$(1,2;12) \qquad f(\varphi)=\iint\cdots\int f(x)\varphi(x)\,dx, \qquad \varphi\in(\mathcal{D})$$

で定義される.

双極子，式(1,2;2)，は測度でない超函数のもっとも簡単な一例である；というのは，それは原点が K の内部にあれば $(\mathcal{C}_K)$ から位相を導き入れた $(\mathcal{D}_K)$ において不連続な線型汎函数であるから．また同様に，$(\mathcal{D}^m)$ 上の線型汎函数であって，どの $(\mathcal{D}_K{}^m)$ に制限しても連続になるものが作る空間 $(\mathcal{D}'^m)$ を，$(\mathcal{D}')$ の或る部分空間と同視することができる．双極子は $(\mathcal{D}'^1)$ に属する. $(\mathcal{D}'^m)$ に属する超函数を，**階数** $\leqq m$ であると言う.

§3 局所化の原理．超函数の台

或る開集合で0になる超函数

$\varphi\in(\mathcal{D})$ の台が R^n の開集合 Ω に含まれれば必ず $T(\varphi)=0$ になるという時に，超函数 T が Ω において0であるという．Ω において T_1-T_2 が0であるときに，2つの超函数 T_1, T_2 は，Ω において等しいという．この定義によって超函数を，測度や函数と同様に，**局所的な見方で**考えることができる；空間 R^n 全体でどうなっているかを全然考えておかなくても，R^n の開集合 Ω における超函数どうしの相等関係を書くことができよう.

測度のときと同様に，R^n の開集合 Ω_0 における超函数を研究することもできよう．台が Ω_0 に含まれる函数 φ からなる $(\mathcal{D})$ の部分空間を $(\mathcal{D}_{\Omega_0})$ と呼ぶ. Ω_0 における超函数は $(\mathcal{D}_{\Omega_0})$ 上の線型汎函数で，Ω_0 に含まれるコンパクト集合 K に対しては，$(\mathcal{D}_K)$ へ制限したとき連続となるものである．この超函数の空間を $(\mathcal{D}_{\Omega_0}')$ と表わす.

もちろん Ω_0 における超函数は必ずしも R^n における超函数 T まで拡張できない．たとえば，$x>0$ で定義された函数 $\exp\left(\dfrac{1}{x}\right)$ などは実数軸 R^1 上の超函数には拡張できない.

1点を含むある開集合において超函数が0であるとき，その超函数はその点の近傍において0であるという.

超函数を或る開集合において考察できるだけでは不十分で，さらに超函数についての局所的な知識から“寄せ集め”[1] によって全体についての知識を導くことができなければならない．

“寄せ集め”の原理

定理 4. **$\{\Omega_i\}$ を，和が Ω になる有限箇あるいは無限箇の開集合の族とする；また $\{T_i\}$ を，同じ集合 I に属する添字で定まる超函数の族とする．T_i は開集合 Ω_i において定義されている[2]；さらに，Ω_i と Ω_j の共通部分が空でなければその共通部分では T_i と T_j が一致すると仮定する．このとき Ω において定義された 1 つの超函数 T で，各 Ω_i において T_i と一致するものがただ 1 つ存在する．**

定理 2 (単位の分解)を適用しよう；Ω において条件(1, 2 ; 8)を満たす函数 $\alpha_i(x) \in (\mathcal{D}_\Omega)$ を作ることができる．K_i を α_i の台とする．いま $\varphi \in (\mathcal{D}_\Omega)$ としよう．R^n において

$$\varphi = \sum_i (\alpha_i \varphi) \tag{1, 3 ; 1}$$

と書くことができる．

右辺の和でただ有限箇の項だけが $\neq 0$ である．それは，φ のコンパクトな台で $\neq 0$ となる α_i はただ有限箇だけしかないからである．さて，上のような T があればそれは，

$$T(\varphi) = \sum_i T(\alpha_i \varphi) = \sum_i T_i(\alpha_i \varphi) \tag{1, 3 ; 2}$$

を満たすから，完全に決まってしまう．

逆にこの式によって $T(\varphi)$ が $(\mathcal{D}_\Omega)$ における線型汎函数として定義される．コンパクトな $K \subset \Omega$ に対しこの線型汎函数を $(\mathcal{D}_K)$ へ制限したものは連続である；なぜならば φ が $(\mathcal{D}_K)$ において 0 に収束すれば，各 $\alpha_i \varphi$ は $(\mathcal{D}_{K \cap K_i})$ において 0 に収束し，したがって $T_i(\alpha_i \varphi)$ は 0 に収束する；φ の台はコンパクト集合 K に含まれるから或る決まった有限箇の i しか式(1, 3 ; 2)に関与しないので，$T(\varphi)$ は 0 に収束する；したがって T は Ω における超函数である．

---

1) 〔訳注〕 あるいは“断片の貼り合せ”．recollement des morceaux.

2) 〔訳注〕 “T_i は Ω_i における超函数と仮定する”のであろう．

Ω_i において $T=T_i$ であることを証明しよう．φ を，台が Ω_i に含まれる函数 $\in(\mathcal{D}_\Omega)$ とする；$\alpha_j\varphi$ の台は共通部分 $\Omega_i\cap\Omega_j$ に含まれ，この共通部分において T_j と T_i は一致するから $T_i(\alpha_j\varphi)=T_j(\alpha_j\varphi)$ となり，したがってたしかに

$$T_i(\varphi)=\sum_j T_i(\alpha_j\varphi)=\sum_j T_j(\alpha_j\varphi)=T(\varphi) \tag{1,3;3}$$

となる．それ故，超函数 T は所要の条件をすべて満たしている．

すべての T_i が0という特別な場合には，$T=0$ が問題に適する唯一の超函数である；換言すれば，**或る開集合族のすべての開集合で0になる超函数は，それらの和において0になる．**さらに換言すれば，**1つの開集合 Ω の各点の近傍で0になる超函数は，Ω において0である．**

注意　いま $(\mathcal{D}')$ について証明した定理は $(\mathcal{D}'^m)$ についても成り立つ．超函数 $T\in(\mathcal{D}')$ **が或る開集合族の各開集合** Ω_i **で階数** $\leqq m$ **ならば，それらの和** Ω **において** T **の階数は** $\leqq m$ **である．**

超函数の台

定理4によって，超函数 T の台を定義することが可能になる．T がそこでは0になるような開集合全体の和は，T がそこでは0になるような開集合であり，しかもそのような開集合の中で最大である．それの補集合を T の台とする．したがって T の台は，それの外では T が0になるような閉集合の最小なものである．さらに，測度について言ったように，次のようにも言える；R^n の1点 x は，x の如何なる近傍でも T が0にならなければ T の台 F に属し，また逆も成り立つ．

超函数の台は R^n の任意の閉集合である．T の台と φ の台とに共通な点がなければ $T(\varphi)=0$ である．もっと後でさらに，T の台において φ およびそれのあらゆる微係数が0であれば $T(\varphi)=0$ となることをも証明する(第3章，定理33)．T が測度 μ ならば，T の台は以前に定義した意味でのその測度の台である．なぜならば，Ω_1 および Ω_2 をそれぞれ測度および超函数としての μ の台の補集合となっている開集合とするとき，次のことが成り立つから：

a)　$\mu(\varphi)=0$ が，$\varphi\in(\mathcal{C}_{\Omega_1})$ のときには，したがって特に $\varphi\in(\mathcal{D}_{\Omega_1})$ のときには，成り立つ．このことは $\Omega_2\supset\Omega_1$ を示している．

b)　$\varphi\in(\mathcal{D}_{\Omega_2})$ ならば $\mu(\varphi)=0$ であるが，もし $\varphi\in(\mathcal{C}_{\Omega_2})$ で H を φ の台 K

の Ω_2 におけるコンパクトな近傍とすると定理1より φ は $(\mathscr{C}_H)$ の中で $(\mathscr{D}_H)$ の閉包に属し，そして μ は $(\mathscr{D}_H)$ 上で0となるから，$\mu(\varphi)=0$ である．ゆえに $\Omega_1\supset\Omega_2$.

局所的な定義を持つあらゆる問題について，Ω_0 における超函数には R^n における超函数と同じ性質がある．われわれはつねに $\Omega_0=R^n$ にしておくが，それによって考察の一般性に何等の実質的な制限も加えられない．

§4 正の超函数

実数値の $\varphi\in(\mathscr{D})$ に対してつねに $T(\varphi)$ が実数となるときに，超函数 T が**実数値**であるという．任意の超函数 T は，測度と同様に，$T=T_1+iT_2$ と実部，虚部に分けられる；T_1, T_2 は実数値の φ に対し

$$T(\varphi) = T_1(\varphi)+iT_2(\varphi)$$

で定義される実数値超函数である．

すべての $\varphi\in(\mathscr{D}), \geqq 0$ に対し $T(\varphi)\geqq 0$ となるときに，超函数 T が $\geqq 0$(正) であるという．$T_1-T_2\geqq 0$, すなわち $\varphi\geqq 0$ ならば $T_1(\varphi)\geqq T_2(\varphi)$ となるときに，超函数 T_1 が超函数 T_2 より大，$T_1\geqq T_2$, であるという．

定理 5. 超函数 $\geqq 0$ は測度 $\geqq 0$ である．

その証明に，T を超函数 $\geqq 0$ とする．T が，$(\mathscr{C}_K)$ から位相を導入した $(\mathscr{D}_K)$ において連続な線型汎函数であることを示そう．$\varphi_j\in(\mathscr{D}_K)$ が $(\mathscr{C}_K)$ において0に収束すると仮定しよう；それらの φ_j は，R^n の一定なコンパクト集合 K に含まれる台を持ち，0に一様収束する．$\psi\in(\mathscr{D})$ を R^n で $\geqq 0$, K では $\geqq 1$ となる決まった函数とする．そのとき，0に収束する或る ε_j について

$$|\varphi_j(x)| \leqq \varepsilon_j\psi(x) \tag{1, 4 ; 1}$$

となる．

$\varphi_j=u_j(x)+iv_j(x)$, u_j と v_j は実数値函数，と置こう．

u_j, v_j は2つとも $\in(\mathscr{D})$ で，

$$-\varepsilon_j\psi \leqq u_j \leqq \varepsilon_j\psi, \quad -\varepsilon_j\psi \leqq v_j \leqq \varepsilon_j\psi, \tag{1, 4 ; 2}$$

したがって，$T\geqq 0$ であるから，

$$-\varepsilon_j T(\psi) \leqq T(u_j) \leqq \varepsilon_j T(\psi), \quad -\varepsilon_j T(\psi) \leqq T(v_j) \leqq \varepsilon_j T(\psi), \tag{1, 4 ; 3}$$

したがって

(1, 4 ; 4) $|T(u_j)| \leqq \varepsilon_j T(\psi)$, $|T(v_j)| \leqq \varepsilon_j T(\psi)$, $|T(\varphi_j)| \leqq 2\varepsilon_j T(\psi)$

となる．

このことは，望み通り，$T(\varphi_j)$ が0に収束することを示している．

そこで，定理3によって，T は1つの測度 μ である．一方 $\varphi \in (\mathcal{D})$, $\geqq 0$ に対しては $\mu(\varphi) \geqq 0$ である；φ が任意の函数 $\in (\mathcal{E})$, $\geqq 0$ であれば，それの正則化 $\varphi * \rho_\varepsilon$(定理1参照)は $\in (\mathcal{D})$, $\geqq 0$，したがって $\mu(\varphi * \rho_\varepsilon) \geqq 0$ である；$\varepsilon \to 0$ のとき $\varphi * \rho_\varepsilon$ は $(\mathcal{E}_H)$ において φ に収束し，したがって $\mu(\varphi) \geqq 0$，μ は測度 $\geqq 0$ となる．証明了．

この定理は，それによって或る超函数が測度であることを示すことができるので，重要である．或る函数が優調和ならば，それのラプラシアンは $\leqq 0$，したがって測度 $\leqq 0$ であり，このことから Riesz の分解が得られる(第6章，§10，定理30参照)．

しかし同時にこの定理は，$(\mathcal{D}')$ に導入した大小の順序には限られた意義しかないことをも示している；それは測度の範囲をでない．T が測度でなければ，T は符号を持たないばかりか，如何なる測度とも比較できず，2つの超函数 $\geqq 0$ の差でもない．

超函数の比較は局所的にできる．各点の近傍で $\geqq 0$ な超函数は $\geqq 0$ である；開集合 Ω において $\geqq 0$ な超函数は Ω において $\geqq 0$ な測度である．(しかし R^n において定義され Ω において $T \geqq 0$ な超函数 T が Ω において，**R^n に拡張できない測度** $\mu \geqq 0$ に等しいこともあり得る．30頁注意の例参照)．

§5 種々の一般化

1° ベクトル値超函数

E を完備で局所凸な位相ベクトル空間とし，それの要素をベクトルと呼び，太字で表わすとしよう．R^n におけるベクトル値函数 $\boldsymbol{f}(x)$；$x \in R^n$，という概念は頻繁に用いられる．$\boldsymbol{f}(x)$ はベクトル $\in E$ である．連続函数，可微分函数，解析函数の概念は直ちに拡張される．そこでこれらの函数を**ベクトル値超函数** $\boldsymbol{T}$ に一般化して，**数を値とする**無限回可微分でコンパクト台を持つ函数 $\varphi(x)$ に対して，すなわち今まで考えてきたベクトル空間 $(\mathcal{D})$ の要素に対して $\boldsymbol{T}(\varphi)$ がベクトル $\in E$ であるようにすることができる．そのようなベクトル値超函数とは，$(\mathcal{D})$ から E の中への連続な線型写像である．ベクトル値連続函数 $\boldsymbol{f}(x)$ は，いつもの式

$$(1,5;1) \qquad \boldsymbol{f}(\varphi)=\int\int\cdots\int \boldsymbol{f}(x)\varphi(x)\,dx$$

によってそのような超函数を定義する．

本書で複素数値超函数について与える代数的な結果の大部分は，ときには E についての補足的な条件[1] を用いて，ベクトル値超函数に拡張される．それに反して，位相的な問題については，新たな困難が生ずる．

2° ここでも E を完備で局所凸なベクトル空間とし，E' をその共役空間とする．$e\in E$ と $e'\in E'$ とのスカラー積[2]を $\langle e,e'\rangle$ で表わす．つぎに T を複素数値超函数，したがって今まで考えてきた超函数の空間 $(\mathcal{D}')$ に属するもの，とする．このとき，$T(\varphi)$ を複素数値函数 φ に対して定義できるだけでなく，E の中の値を取る函数 $\boldsymbol{\varphi}(x)$ に対しても，$\boldsymbol{\varphi}$ が無限回可微分でコンパクトな台を持てば，定義できる．その場合，$T(\boldsymbol{\varphi})=T\cdot\boldsymbol{\varphi}$ はベクトル $\in E$ である．そのベクトルは，すべての $e'\in E'$ に対して

$$(1,5;2)^{3)} \qquad \langle(T\cdot\boldsymbol{\varphi}),e'\rangle=T\cdot\langle\boldsymbol{\varphi}(x),e'\rangle$$

を満たすものとすべきである．

逆にこの式で $T\cdot\boldsymbol{\varphi}$ が，E を弱位相により完備化した空間，言い換えれば E' の代数的な共役空間 E'^{*} に属するものとして定義される；$T\cdot\boldsymbol{\varphi}$ は E に属する[4] ことが証明される．

T が，数を値とする函数 $f(x)$，あるいは Dirac の測度 δ であれば，

$$(1,5;3) \qquad f\cdot\boldsymbol{\varphi}=\int\int\cdots\int f(x)\boldsymbol{\varphi}(x)\,dx$$

$$(1,5;4) \qquad \delta\cdot\boldsymbol{\varphi}=\boldsymbol{\varphi}(0).$$

3° 無限回可微分多様体における超函数

V^n を n 次元の無限回可微分多様体とする．V^n において，函数，あるいは

1) SCHWARTZ [9], [10] を参照.

2) 〔訳注〕 $e\in E$ は E' における線型汎函数 $e(e')=e'(e)$ とも考えられる．e, e' を対称的に考えて複素数 $e(e')=e'(e)$ をそれらのスカラー積という．

3) 〔訳注〕 $T(\boldsymbol{\varphi})$ を $T\cdot\boldsymbol{\varphi}$ とも $T\cdot\boldsymbol{\varphi}(x)$ とも書くことに注意．(1,5;2)の右辺は $\varphi(x)=\langle\boldsymbol{\varphi}(x), e'\rangle$ に対する $T\cdot\varphi$ を表わす．

4) SCHWARTZ [9] 参照.

微分形式，あるいは勝手な性質のテンソル場をも一般化して，超函数を定義できる．超函数微分形式はカレントと言われている．これについては第9章に述べる．ここではただ，V^n における無限回可微分で台がコンパクトな函数の作る空間 $(\mathcal{D})_{V^n}$ を考えるだけにしよう．$(\mathcal{D})_{V^n}$ をもとにして V^n 上の超函数の空間 $(\mathcal{D}')_{V^n}$ を定義する；これは $(\mathcal{D}')_{R^n}$ と同様な性質を持つであろう．しかし重要な差違がある：

a)　偏微分の場，すなわち無限回可微分なベクトル場を定めてからでなければ，V^n における偏微分を定義できない［式(2, 3 ; 35)参照］．

b)　測度 μ は超函数の一種であるが，函数 $f(x)$ はもはや超函数の一種を定めはしない．そうなるのは，或る体積要素 dx を決めてそれに特別な資格を与えたときに限る．

U^m と V^n をそれぞれ m 次元および n 次元の無限回可微分多様体とする．$y=H(x)$ を U^m から V^n の中への無限回可微分な写像で，∞ において連続[1)]なもの，すなわち V^n のコンパクト集合の原像がすべて U^m のコンパクト集合であるようなもの，とすればおのおのの函数 $\varphi\in(\mathcal{D})_{V^n}$ の反転像[2)] $H^*\varphi$ を定義できる；それは $(\mathcal{D})_{U^m}$ に属する函数である：

(1, 5 ; 5)　　$$H^*\varphi(x)=\varphi[H(x)],\qquad x\in U^m.$$

次に U^m における超函数 T の H による順像[3)]を定義できる；それは V^n における超函数 HT である：

(1, 5 ; 6)　すべての $\varphi\in(\mathcal{D})_{V^n}$ に対して　$HT\cdot\varphi=T\cdot H^*\varphi$.

特に，H が逆写像と共に無限回可微分な位相写像ならば，H は $(\mathcal{D}')_{U^m}$ と $(\mathcal{D}')_{V^n}$ の間の同型対応を定義する．多様体 U^m が V^n に正則に含まれていれば，H として U^m から V^n の中への恒等写像を採用することができる．そのとき $\varphi=H^*\bar{\varphi}$ は V^n 上で定義された函数 $\bar{\varphi}$ を U^m に縮少したものであり，$\bar{T}=HT$ は U^m 上で定義された超函数 T を V^n に拡張したものである；$\bar{\varphi}\in(\mathcal{D})_{V^n}$ については，$\bar{T}(\bar{\varphi})$ は定義によって $T(\varphi)$ に等しい．

---

1)〔訳注〕 continu à l'infini. 後出の数箇所では“無限遠で正則(régulier à l'infini)”という用語に変わっている．

2)〔訳注〕 image transposée. 第9章では逆像 image réciproque.

3)〔訳注〕 image directe.

第2章　超函数の微分法

梗　概

§1では超函数の微分法を定義し，連続的可微分な函数の場合には普通の微分法と一致するようにする：$\dfrac{\partial T}{\partial x_k}(\varphi)=-T\left(\dfrac{\partial \varphi}{\partial x_k}\right)$ [式(2, 1 ; 6)]．超函数はすべて(特に局所的に可積分[1]な函数はすべて)無限回微分可能で，微分する順序を交換することができる(25頁)．これが超函数の導入を理由づける本質的な性質である．

§2では1変数の場合，($n=1$)，における例を挙げる．その中で最も重要なのは最初のもので，それによれば函数の不連続性の影響が示され，この不連続性は微係数には点測度の形で現われる；Heaviside の函数 $Y(x)$ (26頁)の微係数は Dirac の測度 δ (2, 2 ; 3)であり，δ の逐次微係数 $\delta', \delta'', \cdots$ は厳密に定義される：$\delta^{(p)}(\varphi)=(-1)^p\varphi^{(p)}(0)$ (2, 2 ; 5)．こうして演算子法の多数の古典的な演算が正当化される．

第2の例はさらに微妙である(28頁)；それは，偏微分方程式論で用いられる Hadamard 氏の有限部分と Cauchy の主値とを自然な方法で導入する；式(2, 2 ; 31)の擬函数 Y_m は第6章，§5で階数が整数でない微分法において用いられ，偏微分方程式論に現われる諸公式の最も簡単な表現である．

§3では n 次元空間における微分法の例を挙げる．それによって Ostrogradsky, Stokes, Green の諸公式に新しい解釈がつく．例2には特別な重要性がある．函数 $(1/r)^{n-2}$ [$n=2$ のときは $\log(1/r)$] が原点以外では調和函数であることが知られている；ここではそれのラプラシアンを計算し，$-N\delta$ (すなわち原点に置かれた質量 $-N$) に等しいことを知る(2, 3 ; 9)；その公式は，Poisson の公式およびポテンシャルと優調和函数の研究の基礎になるであろう．この§における他の例も応用には等しく重要であるが，むしろ最初の一読には飛ばして引用の時に読むに止める方がよい．

§4では1次元($n=1$)での原始超函数[2]を求めることを取扱う．定理1 (42頁)で函数についての古典的結果が拡張される．いかなる超函数も無数に多くの原始超函数をもち，2つの原始超函数は定数だけ異なる．

§5は任意な n への拡張で，定理4 (45頁)は定理1の拡張である．

§6では，数箇の微係数 $\dfrac{\partial T}{\partial x_j}=S_j$ が与えられた超函数 T を求めることを取り扱う；

---

1) 〔訳注〕 いかなるコンパクト集合においても可積分．

2) 〔訳注〕 la primitive；原始函数に相当するもの．

そこでは古典的な積分条件 $\dfrac{\partial S_i}{\partial x_j}=\dfrac{\partial S_j}{\partial x_i}$ (2, 6 ; 2) が導入される (50頁，定理6).

いままで挙げた諸性質の他に§§4, 5, 6には特別な定理(2, 3, 5, 7)があって，超函数の性質をその微係数によって与えている．原始函数を求めるこれら一系の問題(§§4, 5, 6)はそれだけで独立したもので，後には利用されない．

§1　微係数の定義

正則な[1]函数の微係数

これから，すべての超函数に対して $x_1, x_2, \cdots, x_n$ に関する“偏微係数”を対応させる；x_k に関する T の偏微係数に記号 T_{x_k}' あるいは $\dfrac{\partial T}{\partial x_k}$ を用いる $\left(n=1\right.$ なら，$\dfrac{dT}{dx}$ あるいは T' と書く$\left.\right)$．微係数の概念が興味のあるものであるためには，T が(普通の意味で)連続な偏微係数を持つ函数 f ならば，$\dfrac{\partial T}{\partial x_k}$ が函数 $\dfrac{\partial f}{\partial x_k}$ であることが必要である．ここでは微係数の，直接的ではあるがやや技巧的な，定義を与える．第3章§4であらためて普通の概念にもっと即した定義を与えるであろう．

$\varphi\in(\mathscr{D})$ に対しては(1, 2 ; 12)によって

(2, 1 ; 1)

$$\left\{\begin{aligned}\frac{\partial f}{\partial x_k}(\varphi) &= \int\int\cdots\int\frac{\partial f}{\partial x_k}(x_1, x_2, \cdots, x_k, \cdots, x_n)\\ &\qquad\qquad \varphi(x_1, x_2, \cdots, x_k, \cdots, x_n)\,dx_1dx_2\cdots dx_k\cdots dx_n\\ &= \int\cdots\int dx_1dx_2\cdots dx_{k-1}dx_{k+1}\cdots dx_n\left(\int_{-\infty}^{+\infty}\frac{\partial f}{\partial x_k}\varphi dx_k\right)\end{aligned}\right.$$

である．

括弧の中の積分は部分積分で計算できる；φ は或るコンパクト集合の外では0であるから，完全に積分された部分は消える：すなわち

(2, 1 ; 2)
$$\int_{-\infty}^{+\infty}\frac{\partial f}{\partial x_k}\varphi dx_k = -\int_{-\infty}^{+\infty} f\frac{\partial \varphi}{\partial x_k}dx_k$$

そして，

(2, 1 ; 3)
$$\frac{\partial f}{\partial x_k}(\varphi) = -\int\cdots\int dx_1dx_2\cdots dx_{k-1}dx_{k+1}\cdots dx_n\left(\int_{-\infty}^{+\infty} f\frac{\partial\varphi}{\partial x_k}\right)dx_k$$

1)〔訳注〕複素函数論で言う1価解析的の意味ではない．

$$= -\int\int\cdots\int f\frac{\partial\varphi}{\partial x_k}dx.$$

結局［これも定義(1, 2 ; 12)にしたがって］

(2, 1 ; 4)
$$\frac{\partial f}{\partial x_k}(\varphi) = -f\left(\frac{\partial\varphi}{\partial x_k}\right).$$

超函数の微係数

ところが f と $\dfrac{\partial f}{\partial x_k}$ の間のこの関係には，f の代りに任意の超函数 T を考えても意味がつく．

(2, 1 ; 5)
$$S(\varphi) = -T\left(\frac{\partial\varphi}{\partial x_k}\right)$$

で定義される汎函数 S は，明らかに $(\mathcal{D})$ 上の線型汎函数であって，各 $(\mathcal{D}_K)$ において連続である．なぜならば，$\varphi_j \in (\mathcal{D}_K)$ が 0 に収束すれば $\dfrac{\partial\varphi_j}{\partial x_k}$ も同様で，また T は $(\mathcal{D}_K)$ で連続であるから，$-T\left(\dfrac{\partial\varphi_j}{\partial x_k}\right)$ は 0 に収束するのである．したがって S は 1 つの新しい超函数であり，これを $\dfrac{\partial T}{\partial x_k}$ と定義する；したがって $\dfrac{\partial T}{\partial x_k}$ は

(2, 1 ; 6)
$$\frac{\partial T}{\partial x_k}(\varphi) = -T\left(\frac{\partial\varphi}{\partial x_k}\right) \quad \text{すなわち} \quad T_{x_k}'(\varphi) = -T(\varphi_{x_k}')$$

という式で **定義** されるのである．

この関係は変換

$$\varphi \to -\frac{\partial\varphi}{\partial x_k} \quad \text{と} \quad T \to \frac{\partial T}{\partial x_k}$$

が，$(\mathcal{D})$ と $(\mathcal{D}')$ の共役関係において，互いに他方の反転であることを示している．

もちろん，これに続いて逐次微係数を考えることができる；**いかなる超函数も無限回微分できる．なお，微分する順序を交換できる**［なぜならば，函数 $\varphi \in (\mathcal{D})$ についてはできるから］，そして

(2, 1 ; 7)
$$D^pT(\varphi) = (-1)^{|p|}T(D^p\varphi)$$

となる．

注意　それゆえ，いかなるコンパクト集合においても可積分であるような函数は，無限回微分できるようになる．しかし，それが普通の意味の微係数を持

たなければ，微係数は函数ではなく，また一般には測度でもない．それは超函数になる．なおまた，f が，すこぶる不正則な(たとえば積分不能な)微係数 $\frac{\partial f}{\partial x_k}$ (普通の意味での微係数)を持つ連続函数であるとき，この導函数と導超函数 $\frac{\partial f}{\partial x_k}$ の間には簡単な関係はない．**導超函数**については必ず $\frac{\partial^2 f}{\partial x_k \partial x_l}=\frac{\partial^2 f}{\partial x_l \partial x_k}$ となるのに(普通の意味の)**導函数**については，それが不正則なときには，$\frac{\partial^2 f}{\partial x_k \partial x_l} \neq \frac{\partial^2 f}{\partial x_l \partial x_k}$ となることもあるのは，このためである．

微分は局所的な性格を持つ演算である．R^n の或る開集合 Ω において超函数が決まれば，R^n 全体では決まっていなくても，Ω においては微係数がすべて決まってしまう．T の導超函数の台は T の台に含まれる．

§2 微分演算の例．1変数の場合 ($n=1$)

すでに，f が連続函数で連続な(普通の意味の)微係数 f' を持てば，その導超函数は導函数に一致することを知った．f か(普通の意味で定義された) f' かが不連続ならば，もはや同様にはいかない．

例 1. 不連続函数．Heaviside の函数 $Y(x)$ の逐次微係数

電気学や演算子法では，$x<0$ に対し 0，$x>0$ に対し 1 に等しい函数 $Y(x)$ を échelon-unité あるいは Heaviside 函数と呼ぶ．これは $x=0$ に対しては定義されていないが，このことは重要でない；超函数と考えれば，函数はほとんど到る所で定義されているだけでよいからである．

$$(2,2\,;1) \qquad Y(\varphi)=\int_0^\infty \varphi(x)\,dx\,.$$

微係数 Y' は

$$(2,2\,;2) \qquad Y'(\varphi)=-Y(\varphi')=-\int_0^\infty \varphi'(x)\,dx=\varphi(0)=\delta(\varphi)$$

で定義される．ここで δ は Dirac の測度を表わす．したがって

$$(2,2\,;3) \qquad Y'=\delta\,.$$

この式は演算子法ではすでに久しく知られ，用いられている；しかし正しい根拠は示されなかった．

原点の補集合である開集合においては Y が連続函数であり，連続でしかも 0 に等しい(普通の意味の)微係数を持つことに注意しよう；したがって，Y'

の台が原点だけであることは計算に先立って予め知ることができるのである．

逐次の微係数を計算するのは容易である．

(2, 2 ; 4) $$Y''(\varphi)=\delta'(\varphi)=-\delta(\varphi')=-\varphi'(0).$$

したがって $Y''=\delta'$ は原点に置かれて“モーメント”が -1 の双極子である．もっと高階の微係数は“多重極”である；p 階の微係数 $\delta^{(p)}$ は

(2, 2 ; 5) $$\delta^{(p)}(\varphi)=(-1)^p\varphi^{(p)}(0)$$

で定義される．

以上のことは直ちに一般化できる：

区分的に正則な函数の逐次微係数

f を“区分的に正則”な函数とする．それは，1系の相継ぐ区間 $(x_{\nu-1}, x_\nu)$ ($\lim_{\nu\to\pm\infty} x_\nu=\pm\infty$) のおのおのにおいては普通の意味で無限回可微分な函数で，おのおのの点 x_ν において f およびその(普通の意味での)逐次微係数が第1種の不連続性を呈するものである．$f_\nu^{(p)}$ を普通の意味の p 階微係数の x_ν における飛躍[1]とする．したがって f はほとんど到る所(可算箇の点 x_ν の集合を除いて到る所)で定義された函数である．超函数 f の導超函数 $f', f'', \cdots, f^{(n)}$ と，区間 $(x_{\nu-1}, x_\nu)$ では普通の意味での f の逐次微係数に一致する(点 x_ν では定義されない)函数になっている超函数 $[f'], [f''], \cdots, [f^{(n)}]$ とを区別する必要がある．$f=Y$ に対しては $f'=\delta$ で $[f']=0$ というわけである．部分積分でただちに

(2, 2 ; 6) $$f'(\varphi)=-f(\varphi')=\sum\varphi(x_\nu)f_\nu+\int_{-\infty}^{+\infty}\varphi(x)[f'(x)]dx$$

が示され，これは

(2, 2 ; 7) $$f'=[f']+\sum f_\nu\delta_{(x_\nu)}$$

と書かれる．

f の不連続性は1階微係数においては点質量の形で現われる．以後の微分では，これは決して消えない．実際，上のことから順次に

(2, 2 ; 8)
$$f^{(p)}=[f^{(p)}]+\sum f_\nu{}^{(p-1)}\delta_{(x_\nu)}+\sum f_\nu{}^{(p-2)}\delta'_{(x_\nu)}+\cdots+\sum f_\nu\delta_{(x_\nu)}{}^{(p-1)}$$

が導かれるからである．

---

1) 〔訳注〕 $f^{(p)}(x_\nu+0)-f^{(p)}(x_\nu-0)$．

例 2. 擬函数. Hadamard の有限部分

$x<0$ に対しては 0, $x>0$ に対しては $1/\sqrt{x}$ に等しい($x=0$ に対しては定義されない)函数 $f(x)$ の微係数を計算しよう.

それの微係数はたしかに, 開集合 $]-\infty, 0[$ において[1]は 0 であり, 開集合 $]0, +\infty[$ においては函数 $-\dfrac{1}{2}x^{-3/2}$ に等しい. それは, この 2 つの開集合のおのおのにおいて f は連続な(普通の意味での)微係数を持つ連続函数だからである.

$$(2,2\,;9)\qquad f'(\varphi) = -f(\varphi') = -\int_0^{+\infty} \varphi'(x)\, x^{-1/2} dx$$
$$= -\lim_{\varepsilon\to 0} \int_\varepsilon^{+\infty} \varphi'(x)\, x^{-1/2} dx.$$

部分積分しよう:

$$(2,2\,;10)\qquad f'(\varphi) = \lim_{\varepsilon\to 0} \left[\frac{\varphi(\varepsilon)}{\sqrt{\varepsilon}} + \int_\varepsilon^\infty \varphi(x)\left(-\frac{1}{2}x^{-3/2}\right)dx\right].$$

$\varepsilon\to 0$ のとき $\varphi(\varepsilon)=\varphi(0)+O(\varepsilon)$ であるから, 結局

$$(2,2\,;11)\qquad f'(\varphi) = \lim_{\varepsilon\to 0} \left[\int_\varepsilon^{+\infty} \varphi(x)\left(-\frac{1}{2}x^{-3/2}\right)dx + \varphi(0)\,\varepsilon^{-1/2}\right]$$

を得る.

ここに, Hadamard 氏[2] が偏微分方程式論の必要から導入した 1 つの概念: 発散積分の "有限部分" の概念, に遭遇する.

$g(x)$ をすべての区間 $(a+\varepsilon, b)$, $\varepsilon>0$, において可積分で, (a, b) においては可積分ではない函数とする. $g(x)$ が $\dfrac{1}{x-a}$ の多項式と (a, b) で可積分な函数 $h(x)$ との和:

$$(2,2\,;12)\qquad g(x) = P\left(\frac{1}{x-a}\right) + h(x)$$
$$= \sum_\nu \frac{A_\nu}{(x-a)^{\lambda_\nu}} + h(x)$$

であるという場合がある.

多項式という言葉は広義に解する: すなわち, 任意な複素指数 λ_ν, $\Re(\lambda_\nu)>1$,

---

1) 〔訳注〕 開区間: $\alpha<x<\beta$ を $]\alpha, \beta[$ と書く. Bourbaki の記法である.

2) HADAMARD [1], 184–215 頁.

の単項式の和である. **最初は指数が整数でないということも仮定しなければならない.** そのとき

$$(2,2;13)\qquad \int_{a+\varepsilon}^{b} g(x)\,dx = I(\varepsilon)+F(\varepsilon)$$

と書けることがわかる. ただし $I(\varepsilon)$ (これを積分の"無限部分"というが) は $1/\varepsilon$ の多項式, すなわち単項式——ただし整数でない複素数を指数とする——の和

$$(2,2;14)\qquad I(\varepsilon) = \sum \frac{A_\nu}{\lambda_\nu-1}\left(\frac{1}{\varepsilon}\right)^{\lambda_\nu-1}$$

であり, $F(\varepsilon)$ は $\varepsilon\to 0$ のときに極限 F を有する. この F が, Hadamard 氏が積分 $\int_a^b g(x)\,dx$ の"有限部分"と呼ぶものであり, これをわれわれは

$$(2,2;15)\qquad F = \mathrm{Pf.}\int_a^b g(x)\,dx = -\sum \frac{A_\nu}{\lambda_\nu-1}\left(\frac{1}{b-a}\right)^{\lambda_\nu-1} + \int_a^b h(x)\,dx$$

と表わす.

このような一般化された積分の主要な性質は次のものである:

1° それの定義は変数変換に際して不変である. $x=x(t)$, $t=t(x)$ が**無限回可微分な位相的対応**[1) ならば,

$$(2,2;16)\qquad \mathrm{Pf.}\int_a^b g(x)\,dx = \mathrm{Pf.}\int_{t(a)}^{t(b)} g[x(t)]x'(t)\,dt.$$

2° 積分 $\int_a^b g(x)(x-a)^\lambda dx$ を計算しよう. λ が十分大きな実部 >0 を持つ複素数であるとき, これは可積分函数の普通の積分である.

$$(2,2;17)\qquad F(\lambda) = \int_a^b g(x)(x-a)^\lambda dx$$
$$= -\sum \frac{A_\nu}{\lambda_\nu-\lambda-1}\left(\frac{1}{b-a}\right)^{\lambda_\nu-\lambda-1} + \int_a^b h(x)(x-a)^\lambda dx.$$

第1項は解析接続できる; それは複素全平面で λ の有理型函数で, 有限箇の極 $\lambda=\lambda_\nu-1$ を持つ. 第2項は $\Re(\lambda)>0$ では正則解析的[2), $\lambda\to 0$ で連続である.

そこで, $F(\lambda)$ は $\Re(\lambda)>0$ では有理型である; λ_ν が整数でないから, $F(\lambda)$ は $\lambda\to 0$ で連続であり, 極限が

1) 〔訳注〕 1対1で, 逆対応と共に連続なものを位相的であるという.
2) 〔訳注〕 複素函数論の意味で"正則".

$$(2,2\,;18)\qquad F(0)=-\sum\frac{A_\nu}{\lambda_\nu-1}\left(\frac{1}{b-a}\right)^{\lambda_\nu-1}+\int_a^b h(x)\,dx=\mathrm{Pf.}\int_a^b g(x)\,dx$$

である．**積分の有限部分はこうして普通の積分の解析接続となる．**

3° $\varphi(x)$ が無限回可微分ならば，函数 $g(x)\varphi(x)$ は区間 (a,b) において g と同様な性質を持ち，有限部分 Pf. $\int_a^b g(x)\varphi(x)\,dx$ を定義できる．これは $\varphi\in(\mathscr{D})$ の**連続線型汎函数**であることが容易にわかる．したがって $g(x)$ は，(a,b) において可積分でないにもかかわらず，1つの超函数を定める．これを**擬函数**と呼び Pf. g で表わす．

$$(2,2\,;19)\qquad \mathrm{Pf.}\,g(\varphi)=\mathrm{Pf.}\int_a^b g(x)\varphi(x)\,dx.$$

有限区間 (a,b) の外では0で，a において特異な函数 g について述べたことはすべて，全実数軸において定義された函数 g に拡張される．もし $g(x)$ が，いかなる有限区間にも有限箇しかないような諸点 a_l の近傍を除けばすべてのコンパクト集合において可積分な函数であって，各点 a_l の近傍では a_l の右でも左でも，整数でない複素指数の，$(1/|x-a_l|)$ の多項式と可積分函数との和であれば(その多項式は a_l の右と左で同じでなくてもよいが)，そのときには積分

$$(2,2\,;20)\qquad \mathrm{Pf.}\,g(\varphi)=\mathrm{Pf.}\int_{-\infty}^{+\infty} g(x)\varphi(x)\,dx,\qquad \varphi\in(\mathscr{D})$$

を一意的に定義できる(この積分は，一方の端点以外ではその区間で g が特異でないような，有限区間における積分の和として計算される)．

そこで，$g(x)$ が28頁で定義した函数 $f(x)$ の普通の意味での導函数 $[f']$ $\left(x<0\text{ に対しては }[f']=0,\ x>0\text{ に対しては }[f']=-\frac{1}{2}x^{-3/2}\right)$ であれば，式 (2,2;11) で定義される導超函数は擬函数 Pf. $[f']$ に他ならないことがわかる．

$$(2,2\,;21)\qquad f'(\varphi)=\mathrm{Pf.}\int_0^{+\infty}\varphi(x)\left(-\frac{1}{2}x^{-3/2}\right)dx=\mathrm{Pf.}\,[f'](\varphi).$$

重要な注意

函数 $[f']$ は普通の意味で $\leqq 0$ であるが，擬函数である超函数[1] $f'=\mathrm{Pf.}\,[f']$ は，超函数 $\leqq 0$ ではない．$\varphi\geqq 0$ に対して必ずしも $f'(\varphi)\leqq 0$ とは限らない．

1)〔訳注〕 distribution pseudo-fonction.

$[f']$ は原点の近傍では可積分でないから, f' は測度 $\leqq 0$ でないのである. これに反して f' はたしかに, 原点の補集合である開集合 Ω における超函数 $\leqq 0$ (測度$\leqq 0$) である. したがって, R^1 において定義された f' は, Ω においては $\leqq 0$ である; それは Ω においては, R^1 における測度には拡張できないような, Ω で定義された測度 $\leqq 0$ に等しい.

さて, 指数 λ_ν のどれかが整数である場合にはどうなるかを見よう.

1° こんども

$$g(x)=\sum_\nu \frac{A_\nu}{(x-a)^{\lambda_\nu}}+h(x)=\sum_{\nu\neq 1}\frac{A_\nu}{(x-a)^{\lambda_\nu}}+\frac{A_1}{x-a}+h(x) \tag{2, 2 ; 22}$$

と置こう. このときには

$$I(\varepsilon)=\sum_{\nu\neq 1}\frac{A_\nu}{\lambda_\nu-1}\left(\frac{1}{\varepsilon}\right)^{\lambda_\nu-1}+A_1\log\frac{1}{\varepsilon}, \tag{2, 2 ; 23}$$

(2, 2 ; 24)

$$F=\mathrm{Pf.}\int_a^b g(x)\,dx=-\sum_{\nu\neq 1}\frac{A_\nu}{\lambda_\nu-1}\left(\frac{1}{b-a}\right)^{\lambda_\nu-1}+A_1\log(b-a)+\int_a^b h(x)\,dx$$

と置くべきである.

したがって $I(\varepsilon)$ はもはや多項式ではなく, 整数も含む (が $\neq 0$ の) 複素数を指数とする $1/\varepsilon$ の多項式と, 対数項との和である.

2° 有限部分はもはや変数変換に対して不変ではない. たとえば無限回可微分な位相対応 $x=2t$, $t=x/2$ で一方から他方に移ると,

$$\mathrm{Pf.}\int_0^1\frac{dx}{x}=0\,;\qquad \mathrm{Pf.}\int_0^{1/2}\frac{dt}{t}=-\log 2 \tag{2, 2 ; 25}$$

である.

3° F はもはや, $F(\lambda)$ の $\lambda=0$ までの解析接続ではない.

λ が 0 に近づくとき $F(\lambda)$ は ∞ に近づくことが直ちにわかる; 有限部分 $\mathrm{Pf.}\int_a^b g(x)\,dx$ は, λ が 0 に近づくときの $F(\lambda)-\dfrac{A_1}{\lambda}$ の極限である.

指数 λ_ν のどれか, たとえば λ_1 が 1 に等しいときにだけこれらの困難が生ずるように見えるかもしれない. しかし, どの指数も 1 に等しくないとしても, どれかが整数であれば, $\varphi\in(\mathcal{D})$ に対して $g(x)\varphi(x)$ を考えるときには指数のどれかが 1 に等しくなるのである.

単項擬函数

m を複素数として，

$$\text{(2,2;26)}\quad \text{Pf. } (x^m)_{x>0}\cdot\varphi = \text{Pf.} \int_0^{+\infty} \varphi(x)\, x^m dx$$
$$= \lim_{\varepsilon\to 0}\left[\int_\varepsilon^{+\infty} x^m\varphi(x)\,dx + \varphi(0)\frac{\varepsilon^{m+1}}{m+1} + \varphi'(0)\frac{\varepsilon^{m+2}}{m+2} + \cdots + \frac{\varphi^{(k)}(0)}{k!}\frac{\varepsilon^{m+k+1}}{m+k+1}\right]$$

で定義される擬函数の超函数を Pf. $(x^m)_{x>0}$ と呼ぼう[1]．

記号 Pf. は $\Re m>-1$ のときには不要であり，括弧の中で採るべき項の箇数は m の値に依存する[2]；m が整数 <0 ならば，$\dfrac{\varepsilon^0}{0}$ の項は $\log \varepsilon$ で置き換えねばならない．

Pf. $(x^m)_{x>0}\cdot\varphi$ は，m が整数 <0 の所を除いて複素変数 m の解析函数である．m が整数 $\leqq 0$ でなければ，明らかに

$$\text{(2,2;27)}\qquad \frac{d}{dx}[\text{Pf. } (x^m)_{x>0}] = \text{Pf. } m(x^{m-1})_{x>0}$$

である．

言い換えれば，この擬函数の微係数は単項式の普通の微分法則で得られる．実際，この式は $\Re m>0$ に対しては正しい；S と T をそれぞれ上の等式の両辺に現れる超函数とすれば $S(\varphi)$ と $T(\varphi)$ は，$\Re m>0$ に対しては等しく，共に変数 m の解析函数であり，したがって全く同じものである．しかし m が整数 $\leqq 0, m=-l$, ならば，もはやこの解析接続の方法はあてはまらず，直接の計算で

$$\text{(2,2;28)}\quad \begin{cases} \dfrac{d}{dx}\left[\text{Pf.}\left(\dfrac{1}{x^l}\right)_{x>0}\right] = \text{Pf.}\left(\dfrac{-l}{x^{l+1}}\right)_{x>0} + (-1)^l\dfrac{\delta^{(l)}}{l!} \\[2ex] \dfrac{d}{dx}\left[\text{Pf.}\left(\dfrac{1}{x^l}\right)_{x<0}\right] = \text{Pf.}\left(\dfrac{-l}{x^{l+1}}\right)_{x<0} - (-1)^l\dfrac{\delta^{(l)}}{l!} \end{cases}$$

となることがわかる．

擬函数の超函数 Pf. $\dfrac{1}{x}$ は，これは $\log|x|$ の微係数であるが，v. p. $\dfrac{1}{x}$ と書くこともできる；というのは

1)〔訳注〕g: $g(x)=0$ $(x<0)$, $g(x)=x^m$ $(x>0)$, を $(x^m)_{x>0}$ と書いたことになっている．

2)〔訳注〕k を $\Re m+k+2>0$ に取る．

$$(2,2;29)\qquad \mathrm{Pf.}\,\frac{1}{x}\cdot\varphi=\lim_{\varepsilon\to0}\left[\int_{-\infty}^{-\varepsilon}\frac{\varphi(x)}{x}dx+\int_{-\varepsilon}^{+\infty}\frac{\varphi(x)}{x}dx\right]$$
$$=\mathrm{v.\,p.}\int_{-\infty}^{+\infty}\frac{\varphi(x)}{x}dx$$

となるからである. ただし v. p. は Cauchy の主値を表わし, それの存在は φ の可微分性によって保証される.

(2, 2 ; 28) の 2 つの等式を組み合わせて

$$(2,2;30)\qquad \frac{d}{dx}\mathrm{Pf.}\left(\frac{1}{x^l}\right)=\mathrm{Pf.}\left(\frac{-l}{x^{l+1}}\right)$$

を得る.

一般に擬函数の族

$$(2,2;31)\qquad \begin{cases} Y_m=\dfrac{1}{\Gamma(m)}\mathrm{Pf.}\ (x^{m-1})_{x>0}, & \text{整数} \leqq 0 \text{ 以外の } m \text{ に対し;} \\ Y_{-l}=\delta^{(l)}, & \text{整数 } m=-l\leqq 0 \text{ に対し} \end{cases}$$

を考える必要がある.

単項擬函数の定義を見れば, m が整数 $\leqq 0$ に近づくとき, Y_m は係数 $1/\Gamma(m)$ のおかげで連続函数になっていることがわかる. したがって $Y_m(\varphi)$ は複素変数 m の整函数である. 他方, 微分公式

$$\frac{d}{dx}Y_m=Y_{m-1}$$

が常に成り立つ.

これらの注意は, 階数が整数でない微係数と原始超函数[1] との理論の基礎になる (第 6 章 §5 参照).

§3 微分法の例. 多変数の場合

例 1. 面上で不連続な函数

$f(x)$ を, 無限回可微分な閉超曲面 S で囲まれた閉集合 V において, 普通の意味で無限回可微分で, **S の外では** 0 となる函数とする. したがって f および その導函数 $[D^p f]$ は, S に沿って第 1 種の不連続性を呈する. 直ちに

1) 〔訳注〕 primitive. 微分法の逆演算で得られる, 原始函数に相当するもの.

(2, 3 ; 1)

$$\begin{cases} \dfrac{\partial f}{\partial x_1}\cdot\varphi = -f\cdot\dfrac{\partial\varphi}{\partial x_1} = -\displaystyle\iint\cdots\int_V f(x)\frac{\partial\varphi}{\partial x_1}dx \\ \qquad = -\displaystyle\int\cdots\int_S f(x)\varphi(x)\,dx_2dx_3\cdots dx_n + \iint\cdots\int_V \frac{\partial f}{\partial x_1}(x)\varphi(x)\,dx \end{cases}$$

を得るが，θ_1 を S の外側法線と Ox_1 軸との角とすれば，面積分は

$$-\int\cdots\int_S f(x)\varphi(x)\cos\theta_1 dS \qquad (2, 3 ; 2)$$

とも書ける．これは導超函数 $\dfrac{\partial f}{\partial x_1}$ が普通の導函数 $\left[\dfrac{\partial f}{\partial x_1}\right]$ と，超曲面 S 上に置かれ面密度 $-f(x)\cos\theta_1$ の特異な測度との和であることを示している．

同様にして次々の微係数が計算されるであろう．f の m 階微係数は，それに対応する普通の微係数と，階数 $\leqq m$ の多重層から成り S における f の階数 $\leqq m-1$ の（普通の）微係数を用いて表わされる S 上の超函数と，の和である．この例から，Stokes あるいは Green の型の公式はすべて不連続函数の導超函数を表わす別の表わし方であることがわかる．

たとえば，古典的な公式

$$\iint\cdots\int_V f(x)\Delta\varphi dx = \iint\cdots\int_V \varphi[\Delta f]dx + \int\cdots\int_S f\frac{d\varphi}{d\nu}dS - \int\cdots\int_S \varphi\left[\frac{df}{d\nu}\right]dS \qquad (2, 3 ; 3)$$

は，ラプラシアン Δf が普通のラプラシアン $[\Delta f]$ と，面密度 $-\left[\dfrac{df}{d\nu}\right]$ で S 上に置かれた測度と，S 上に置かれてモーメントの面密度が f に等しく S の法線方向に向いた双極子超函数[1]との和であることを表わしている．このような積分の或るものはポテンシャル論と偏微分方程式論にすこぶる重要である；なお，それらの公式の直接証明は，これらの等式から Green の公式をあらためて導くさらに直観的な方法を与える．

例 2.　距離の函数

$r=\sqrt{x_1{}^2+x_2{}^2+\cdots+x_n{}^2}$ とし，m を複素数とする．擬函数の超函数 Pf. r^m を公式

---

1)〔訳注〕 distribution de doublets: 双極子分布．

$$(2,3;4)\quad \begin{cases} (\mathrm{Pf.}\, r^m)\cdot\varphi = \mathrm{Pf.}\displaystyle\iint\cdots\int r^m\varphi(x)\,dx \\ \qquad = \displaystyle\lim_{\varepsilon\to 0}\left[\iint_{r\geq\varepsilon}\cdots\int r^m\varphi(x)\,dx - I(\varepsilon)\right] \end{cases}$$

で定義する．ただし $I(\varepsilon)$ は[1]，複素指数 $\neq 0$ を持つ ε の多項式，ときにはそれに $\log\varepsilon$ の項を加えたものである．次のことがわかる．

(2, 3 ; 5)

$$(\mathrm{Pf.}\, r^m)\cdot\varphi = \lim_{\varepsilon\to 0}\left[\iint_{r\geq\varepsilon}\cdots\int r^m\varphi(x)\,dx + \sum_k H_k\Delta^k\varphi(0)\frac{\varepsilon^{m+n+2k}}{m+n+2k}\right],$$

$$(2,3;6)\quad H_k = \frac{\pi^{n/2}}{2^{2k-1}k!\,\Gamma\left(\dfrac{n}{2}+k\right)};\qquad \Delta = \frac{\partial^2}{\partial x_1{}^2}+\frac{\partial^2}{\partial x_2{}^2}+\cdots+\frac{\partial^2}{\partial x_n{}^2}.$$

括弧 [ ] の中の項の箇数は m に依存する；$\Re m > -n$ に対しては記号 Pf. は不要である；最後に，$m+n$ が偶数 $\leqq 0$ ならば，$\dfrac{\varepsilon^0}{0}$ の項は $\log\varepsilon$ で置き換えねばならない．

$F(m) = (\mathrm{Pf.}\, r^m)\cdot\varphi$ は複素変数 m の解析函数である，ただし $m+n$ が偶数 $\leqq 0$ である所だけを除外して；m のこれら除外の値はその函数の1位の極であり，$F(\lambda)$ について見たのと同様に (31 頁参照) ここでも $m=-n-2h$ のとき

$$(2,3;7)\qquad (\mathrm{Pf.}\, r^{-n-2h})\cdot\varphi = \lim_{u\to 0}\left[F(-n-2h+u) - \frac{A}{u}\right]$$

が成り立つ．

これらの式で球面 $r=\varepsilon$ を他の任意の，十分に正則な曲面の族で置き換えることができる；無限部分 $I(\varepsilon)$ は言うまでもなく採用する曲面族に依存するが，有限部分は，$m+n$ が偶数 $\leqq 0$ でなければ，曲面族に依存しない；(2, 3 ; 7) 式は必ずしも適用されない．また，$m+n$ が偶数 $\leqq 2$ でないときには式

$$(2,3;8)\qquad \Delta(\mathrm{Pf.}\, r^m)\cdot\varphi = m(m+n-2)\,\mathrm{Pf.}\, r^{m-2}$$

を書くこともできる．実際，この式は十分大きな $\Re m$ に対し，したがって解析接続によってそれら除外値以外の m のすべての値についても，成り立つのである．h を整数 $\geqq 0$ として，

$$m+n = -2h+2$$

1)〔訳注〕(2, 3 ; 4) の第3辺の極限が存在するように定める．

に対しては

$$(2,3;9)\qquad \Delta(\mathrm{Pf.}\, r^m) = m(m+n-2)\,\mathrm{Pf.}\, r^{m-2} + \frac{(2-n-4h)\,\pi^{n/2}}{2^{2h-1}h!\,\Gamma\left(\frac{n}{2}+h\right)}\Delta^h\delta$$

となることがわかる．最も重要なのは $m=2-n$ の場合である：

$$(2,3;10)\qquad \Delta\left(\frac{1}{r^{n-2}}\right) = -\frac{(n-2)\,2\,(\sqrt{\pi}\,)^n}{\Gamma(n/2)}\delta = -N\delta\,;$$

N は，R^n における半径1の球面の面積 H_0 の $(n-2)$ 倍である．$r\neq 0$ のときに函数 $\left(\frac{1}{r}\right)^{n-2}$ が調和函数であることは，よく知られている；しかし，当然なことであるが，通常 $r=0$ のときのことは考えないことにしている．

いまやわれわれは，$\Delta\left(\frac{1}{r^{n-2}}\right)$ は原点に置かれた点質量 $\leqq 0$，すなわち点質量 $-N$，であると言うことができるわけである．この結果の重要さを述べたから，それの直接証明をしよう．

(2, 3 ; 11)

$$\Delta\left(\frac{1}{r^{n-2}}\right)(\varphi) = \int\!\!\int\cdots\int \Delta\varphi\frac{1}{r^{n-2}}dx = \lim_{\varepsilon\to 0}\int\!\!\int_{r\geqq\varepsilon}\cdots\int\Delta\varphi\frac{1}{r^{n-2}}dx.$$

球面 $r=\varepsilon$ の外側法線を ν，面積要素を $\varepsilon^{n-1}d\Omega$ で表わして，Green の公式を適用しよう；

(2, 3 ; 12)

$$\Delta\left(\frac{1}{r^{n-2}}\right)\cdot(\varphi) = \lim_{\varepsilon\to 0}\left[\int\!\!\int_{r\geqq\varepsilon}\cdots\int\varphi\Delta\left(\frac{1}{r^{n-2}}\right)dx + \int_{r=\varepsilon}\cdots\int\varphi\frac{d}{d\nu}\left(\frac{1}{r^{n-2}}\right)\varepsilon^{n-1}d\Omega - \int_{r=\varepsilon}\cdots\int\frac{1}{r^{n-2}}\frac{d\varphi}{d\nu}\varepsilon^{n-1}d\Omega\right].$$

最初の積分は0である（$1/r^{n-2}$ は調和函数）．第2の積分の値は $-(n-2)\times\int_{r=\varepsilon}\cdots\int\varphi d\Omega$ で，$\varepsilon\to 0$ のときのそれの極限は $-(n-2)H_0\varphi(0)$ である．

第3の積分は $\left(\varphi\right.$ が可微分で $\dfrac{d\varphi}{d\nu}$ は $\displaystyle\sum_{i=1}^{n}\frac{x_i}{r}\frac{\partial\varphi}{\partial x_i}$ だから$\left.\right)$ $O(\varepsilon)$ で抑えられる；それの極限は0である．

こうして結局得られる (2, 3 ; 10) と同値な式

$$(2,3;13)\qquad \Delta\left(\frac{1}{r^{n-2}}\right)(\varphi) = -(n-2)\,H_0\varphi(0) = -N\varphi(0)$$

は，したがって，調和函数論のごく初等的な計算の結果である；それはポテン

シャルに関する Poisson 公式の計算そのものである(ここでは，φ が可微分だから，その計算は明白である)．$n=2, N=0$ のとき，$\dfrac{1}{r^{n-2}}$ の役目をするのは $\log\dfrac{1}{r}$ である，

(2, 3 ; 14) $$\varDelta \log\frac{1}{r} = -2\pi\delta.$$

これらの式から容易に超函数 Pf. r^m の高階ラプラシアン[1]を導くことができる．しかし，Laplace 方程式の場合に $n=2$ のときすでに起ることであるが，高階 Laplace 方程式の "素解"[2]を得るには函数 $r^m \log r$ を考察する必要がある．k が整数 >0 ならば，

(2, 3 ; 15)
$$\varDelta^k (r^{2k-n}) = (2k-n)(2k-2-n)\cdots(4-n)(2-n)2^{k-1}(k-1)!\frac{2(\sqrt{\pi})^n}{\Gamma(n/2)}\delta$$

となるから，$2k-n$ が <0 か，あるいはそれが $\geqq 0$ で n が奇数であるかのときには，

(2, 3 ; 16) $$\varDelta^k (B_{k,n} r^{2k-n}) = \delta,$$

すなわち Dirac 測度となるような定数 $B_{k,n}$ が存在することになる．

さて $2k-n$ が $\geqq 0$ で偶数ならば，その場合だけに有効な式

(2, 3 ; 17)
$$\varDelta^k (r^{2k-n} \log r) = [[(2k-n)(2k-2-n)\cdots(4-n)(2-n)]]2^{k-1}(k-1)!\frac{2(\sqrt{\pi})^n}{\Gamma(n/2)}\delta$$

を用いる．ただしこの式で，**2重括弧 [[ ]] の中の因数 0 は除外する**と規約する．そこで，

(2, 3 ; 18) $$\varDelta^k (A_{k,n} r^{2k-n} \log r) = \delta$$

となるような定数 $A_{k,n}$ が存在する．以上のことから，任意の k と n に対し，定数 $A_{k,n}$ と $B_{k,n}$(どの場合にも 2 つの定数のうち 1 つは 0 である)で

(2, 3 ; 19) $$\varDelta^k [r^{2k-n}(A_{k,n} \log r + B_{k,n})] = \delta$$

となるものの存在が導かれる．最後に次の例を記そう．

---

1)〔訳注〕 Laplaciens itérés, $\varDelta$ をくりかえしほどこしたもの．

2)〔訳注〕 solution élémentaire, 微分方程式の右辺を δ にしたものの解．

$$(2,3;20)\quad \begin{cases} L_m = 2\dfrac{\pi^{m/2}}{\Gamma(m/2)}\mathrm{Pf.}\,[r^{(m-n)/2}K_{(n-m)/2}(2\pi r)], \\ \qquad\qquad m\text{ が偶数} \leqq 0 \text{ であるとき以外,} \\ L_{-2k} = \left(1-\dfrac{\Delta}{4\pi^2}\right)^k \delta, \quad m=-2k \text{ が偶数} \leqq 0 \text{ の場合} \end{cases}$$

と置く．ここで K は Bessel 函数の理論において古典的な函数である．K は原点以外では解析函数であり，無限遠では指数函数の速さで0に近づく：$m \geqq 0$ のときは $\geqq 0$ である．$L_m(\varphi)$ は，係数を $1/\Gamma(m/2)$ に採ってあるので，複素変数 m の整函数である．

$$(2,3;21)\qquad \left(1-\frac{\Delta}{4\pi^2}\right)L_m = L_{m-2}; \qquad \left(1-\frac{\Delta}{4\pi^2}\right)^k L_m = L_{m-2k}$$

が成り立つ．

特に

$$(2,3;22)\qquad \left(1-\frac{\Delta}{4\pi^2}\right)^k L_{2k} = \delta$$

は Dirac 測度である：L_{2k} は作用素 $\left(1-\dfrac{\Delta}{4\pi^2}\right)^k$ の素解である．

例 3. 有理型函数

$n=2$ の場合には，R^2 の点は，2つの座標(それを x, y とする)によって，あるいはその点に対応する複素数 $z=x+iy$ によって表わされる．それの共役は $\bar{z}=x-iy$. 次のように置く．

$$(2,3;23)\quad \begin{cases} \dfrac{\partial}{\partial z} = \dfrac{1}{2}\left(\dfrac{\partial}{\partial x}-i\dfrac{\partial}{\partial y}\right); & \dfrac{\partial}{\partial x} = \dfrac{\partial}{\partial z}+\dfrac{\partial}{\partial \bar{z}} \\ \dfrac{\partial}{\partial \bar{z}} = \dfrac{1}{2}\left(\dfrac{\partial}{\partial x}+i\dfrac{\partial}{\partial y}\right); & \dfrac{\partial}{\partial y} = i\left(\dfrac{\partial}{\partial z}-\dfrac{\partial}{\partial \bar{z}}\right). \end{cases}$$

$f(z)$ が z の正則解析函数ならば，R^2 上の函数としても超函数としても，

$$(2,3;24)\quad \begin{cases} \dfrac{\partial f}{\partial \bar{z}} = 0 \quad (\text{Cauchy の条件}) \\ \dfrac{\partial f}{\partial z} = f'(z) \quad (z\text{ についての普通の意味の微分}) \end{cases}$$

が成り立つ．

有理型函数について極の近傍ではもはや同様には行かない．

前と同様に超函数 Pf. $\frac{1}{z^m}$ (m は整数) ($m \leqq +1$ ならば記号 Pf. は不要) を定義する：

$$\left(\text{Pf.}\,\frac{1}{z^m}\right)\cdot\varphi=\lim_{\varepsilon\to 0}\left[\iint_{r\geqq\varepsilon}\frac{\varphi(x,y)}{z^m}dx\,dy\right]=\left(\text{v. p.}\,\frac{1}{z^m}\right)\cdot\varphi, \tag{2, 3 ; 25}$$

ただし v. p. は Cauchy の主値を表わす(この式は，無限部分 $I(\varepsilon)$ が 0 であることから導かれる).

結果は次の通り：一方では

$$\frac{\partial}{\partial z}\left(\text{v. p.}\,\frac{1}{z^m}\right)=\text{v. p.}\left(\frac{-m}{z^{m+1}}\right) \tag{2, 3 ; 26}$$

(この見方からすれば，v. p. $\frac{1}{z^m}$ は普通の正則解析函数と同様に行動する)，他方

$$\frac{\partial}{\partial \bar{z}}\left(\text{v. p.}\,\frac{1}{z^m}\right)=(-1)^{m-1}\frac{\pi}{(m-1)\,!}\frac{\partial^{m-1}\delta}{\partial z^{m-1}} \tag{2, 3 ; 27}$$

となる.

特に，$m=1$ のとき，式

$$\frac{\partial}{\partial \bar{z}}\left(\frac{1}{z}\right)=\pi\delta \tag{2, 3 ; 28}$$

は解析函数論において，式(2, 3 ; 10)が調和函数論で果すと同じ役割を果す. これは留数の理論の基礎とすることができ，多複素変数の場合にも拡張される[1].

同じ考え方で f を，正則な周囲 C で囲まれた閉面分 S において連続，S の内部で正則解析的，外では 0 になる函数とする. 例 1 のときと同じく，f は C に沿って第 1 種の不連続性を呈する.

導超函数 $\frac{\partial f}{\partial \bar{z}}$ は C 上に置かれた測度であって，C を正の向きに廻るときの微分 $-\frac{1}{2i}f(z)\,dz$ で表わされる. 言い換えれば，$\varphi\in(\mathcal{D})$ に対して

$$\frac{\partial f}{\partial \bar{z}}\cdot\varphi=-\frac{1}{2i}\int_C f\varphi dz. \tag{2, 3 ; 29}$$

例 4. 双曲距離[2]

R^n において，$x_n \geqq 0$ で $\sqrt{x_n{}^2-x_1{}^2-x_2{}^2-\cdots-x_{n-1}{}^2}$ が実数になるときにだけ

---

1) この方法は Dolbeault [1] の第 4 章，Kodaira [1], Schwartz [8] に示されている.

2) 〔訳注〕 distances hyperboliques.

$s=\sqrt{x_n^2-x_1^2-x_2^2-\cdots-x_{n-1}^2}$ と置き，それ以外の場合には $s=0$ と置こう．Hadamard が示したように[1)]，1つの超函数 Pf. s^m を

$$(2,3;30)\qquad (\text{Pf. } s^m)\cdot\varphi=\text{Pf.}\iint\cdots\int s^m(x)\varphi(x)\,dx$$

で定義できる．

ここで有限部分は，$\Re m>-2$ のときには不要であるが，$\Re m<0$ のときに函数 s^m が"波円錐"面 $x_n^2-x_1^2-x_2^2-\cdots-x_{n-1}^2=0$ 上全域において特異なので，有限部分の定義はやや困難である．$(\text{Pf. } s^m)\cdot\varphi$ が複素変数 m について，極になっている2通りの無限箇の値

a)　$m=-2,-4,\cdots$；m 偶数 $\leqq 0$,

b)　$m=-n,-(n+2),\cdots$；$m+n$ 偶数 $\leqq 0$

を除いて，解析函数であることが知られる．

n が偶数ならばこの2系列には共通の値があり，共通の値はこの解析函数の2位の極である．単項函数の例と同様に，Marcel Riesz[2)] に倣って，特異点でない $l-n$ に対し超函数

$$(2,3;31)\qquad Z_l=\frac{1}{\pi^{(n-2)/2}2^{l-1}\Gamma\left(\dfrac{l}{2}\right)\Gamma\left(\dfrac{l+2-n}{2}\right)}\text{Pf. } s^{l-n}$$

を考えるのは興味あることである．

$l-n$ の特異値に対しては，各 $\varphi\in(\mathcal{D})$ について $Z_l(\varphi)$ の極限に移って定義される超函数を採用する．ところがちょうど，解析函数 Pf. $s^m(\varphi)$ の極で0になる係数のために，この場合には $Z_l(\varphi)$ は複素変数 l の**整函数**になっている．特異でない $l-n$ に対しては，Z_l の台は函数 s の台である；特異値の系列 b) に対しては Z_l は原点に置かれていて，k が整数 $\geqq 0$ のとき

$$(2,3;32)\qquad Z_{-2k}=\square^k\delta\quad;\quad\square=\frac{\partial^2}{\partial x_n^2}-\frac{\partial^2}{\partial x_1^2}-\frac{\partial^2}{\partial x_2^2}-\cdots-\frac{\partial^2}{\partial x_{n-1}^2}$$

---

1) Hadamard [1], 220-230頁．そこでは $m=2-n$；n 偶数，に対してだけ計算がしてある．その計算を簡単にし任意の m,n に拡張することができる．ここでは，この有限部分の正確な定義は与えない．41頁の注1)をみよ．

2) Marcel Riesz [1]．諸証明は Marcel Riesz [2] にある．式(2,3; 31), (2,3; 33)と解析接続の組織的使用とは氏に負う．しかし，われわれの場合には Z_l が作用素でなくて超函数であり，解析接続なしに正確に定義できるということを注意する必要がある．作用素と超函数の関係は第6章，式(6,5; 21)に見られる．

である．

系列 a) の特異値で b) のと一致しないものについては，Z_l は波円錐の面を台としている (Huyghens の原理)．

つねに

(2, 3 ; 33)
$$\square Z_l = Z_{l-2}\,; \qquad \square^k Z_l = Z_{l-2k}$$

である．何となれば，この式は $\Re l$ が十分大きいときには明白であり，したがって解析接続によってつねに成り立つのである．特に

(2, 3 ; 34)
$$\square Z_2 = \delta, \qquad \square^k Z_{2k} = \delta.$$

Z_2 は波動方程式の素解で，Z_{2k} は k "重" の波動方程式の素解である．言うまでもなく，これらの公式を確立するのに偏微分方程式論について特別な知識は必要でなく，かえってこれらを確立したことを偏微分方程式の研究の基礎にできるのである[1]．

例 5.　多様体上の微分法

無限回可微分な多様体 V^n においては(第1章，§5参照)，無限回可微分なベクトル場によって，1階の微分演算 ∂ が定義される．超函数の微分を式

(2, 3 ; 35)
$$\partial T\cdot\varphi = -T\cdot\partial\varphi$$

によって定義する．

局所座標では，このような微分演算を座標に関する偏微係数の函数として表わす表わし方は，函数と超函数について同じではない．なお，R^n においても，そのベクトル場によって定義された無限小変換に対して体積要素 dx が不変でないときは，同様である．たとえば，R^n において0の補集合である開集合 Ω 上で定義された偏微分演算 $\dfrac{\partial}{\partial r}$ を考えよう：

(2, 3 ; 36)
$$\frac{\partial\varphi}{\partial r} = \sum_k \frac{x_k}{r}\frac{\partial\varphi}{\partial x_k}.$$

超函数については，乗法(第5章参照)の記号を使えば

(2, 3 ; 37)
$$\frac{\partial T}{\partial r}\cdot\varphi = -T\cdot\frac{\partial\varphi}{\partial r} = -\sum_k T\cdot\frac{x_k}{r}\frac{\partial\varphi}{\partial x_k} = \sum_k \frac{\partial}{\partial x_k}\left(\frac{x_k}{r}T\right)\cdot\varphi$$

---

1)　これらすべての計算は，Methée の論文において，Lorentz 群のもとで不変な式で，示されている．また Eliana Rocha de Brito [1] も参照．

(2, 3 ; 38)
$$\frac{\partial T}{\partial r}=\sum_k \frac{\partial}{\partial x_k}\left(\frac{x_k}{r}T\right)=\frac{n-1}{r}T+\sum_\kappa \frac{x_k}{r}\frac{\partial T}{\partial x_k}.$$

R^n においては $x_1, x_2, \cdots, x_n$ 以外の座標を用いるときには最も注意せねばならない.

§4　超函数の原始超函数. 1変数の場合

超函数の原始超函数

定理 1.　1変数 $x\,(n=1)$ の超函数には必ず無限箇の原始超函数がある；2つの原始超函数の間には定値函数だけの差がある.

定理の後半は，微係数が0である超函数は定値函数であるということに帰着する.

S を与えられた超函数とする．超函数 T が S の原始超函数，言い換えれば $T'=S$, であるためには，函数 $\psi\in(\mathcal{D})$ の微係数である函数 $\chi\in(\mathcal{D})$ に対しては必ず

(2, 4 ; 1)
$$T(\chi)=T\left(\frac{d\psi}{dx}\right)=-S(\psi)$$

となることが，必要かつ十分である．そのような函数 χ すなわち完全微分係数は $(\mathcal{D})$ の，1つの超平面である部分ベクトル空間 $(\mathcal{H})$ を作る：実際，それらの函数はただ1つの線型な条件

(2, 4 ; 2)
$$\int_{-\infty}^{+\infty}\chi(t)\,dt=0$$

を満たし，この条件によれば原始函数

(2, 4 ; 3)
$$\psi(x)=\int_{-\infty}^{x}\chi(t)\,dt$$

の台はたしかにコンパクトとなる.

そこで T は $(\mathcal{H})$ においては定まった，$(\mathcal{D})$ 上の連続な線型汎函数である；$(\mathcal{H})$ に属さない $(\mathcal{D})$ の1つの要素 φ_0 における値 $T(\varphi_0)$ が定まれば T は完全に定まる．φ_0 をたとえば

(2, 4 ; 4)
$$\int_{-\infty}^{+\infty}\varphi_0(t)\,dt=+1$$

となるようにとろう．任意の $\varphi\in(\mathcal{D})$ に対し，一意的分解：

$$(2,4;5)\qquad \begin{cases} \varphi=\lambda\varphi_0+\chi \\ \lambda=\displaystyle\int_{-\infty}^{+\infty}\varphi(t)\,dt \\ \chi=\varphi-\lambda\varphi_0\in(\mathscr{H})\quad \text{したがって}\quad =\dfrac{d\psi}{dx},\ \psi\in(\mathscr{D}) \end{cases}$$

が得られ，これによって

$$(2,4;6)\qquad T(\varphi)=\lambda T(\varphi_0)-S(\psi)$$

となる．逆に，T が(2,4;1)によって定義された $(\mathscr{H})$ 上の線型汎函数ならば，T は $(\mathscr{H})\cap(\mathscr{D}_K)$ 上で連続である；なぜならば，$\chi\in(\mathscr{H})\cap(\mathscr{D}_K)$ が $(\mathscr{D}_K)$ において0に収束すれば，その原始函数 ψ は $(\mathscr{D}_H)$ (H は K を含む最小の区間)において0に収束し，$S(\psi)$ はたしかに0に収束するからである．さて $T(\varphi_0)$ を任意に選んで，$(\mathscr{D})$ における線型汎函数を定義するが，それはたしかに $(\mathscr{D}_K)$ で連続である；なぜならば，$(\mathscr{D}_K)$ において $\varphi\to0$ ならば，$\lambda\to0$ となるから $(\mathscr{H})\cap(\mathscr{D}_L)$ (ここに L は K と φ_0 の台の和集合)において $\varphi-\lambda\varphi_0=\chi\to0$ 従って $T(\varphi)\to0$ となるからである．こうして作られた超函数は，(2,4;1)を満たすから，たしかに S の原始超函数である．

2つの原始超函数の差 T_1-T_2 は $T(\varphi_0)$ の相異る選び方から生ずる，すなわち

$$(2,4;7)\qquad T_1(\varphi)-T_2(\varphi)=C\lambda=\int_{-\infty}^{+\infty}C\varphi(x)\,dx$$

となるから，T_1-T_2 は定値函数 C である．

普通の理論では，1つの函数の特定の原始函数を選ぶには，特定の点 x_0 におけるそれの値を定める．ここでは，明らかに，そのようなことはない．特定の原始超函数 T を選ぶには，$(\mathscr{H})$ に属さない特定の函数 $\varphi_0\in(\mathscr{D})$ における T の値を定めるのである．

定理1は，明らかに，大局的であると共に局所的な性格を持っている．しかしながら開集合 Ω において微係数が0であるような超函数は，Ω の**各連結部分において**定値函数に等しいが，必ずしも Ω 全体で同一の定数に等しくはない．たとえば Y($x<0$ で0，$x>0$ で1に等しい函数)は，原点の補集合である開集合において微係数が0である．

系. **超函数にはつねに無限箇の p 階原始超函数がある；それらの2つの間には次数 $\leqq p-1$ の多項式だけの差がある.**

測度の原始超函数

定理 2. **超函数の微係数が測度であるためには，その超函数が有限区間においては有界変動な函数であることが，必要かつ十分である.**

1°　この条件で十分である.

f を，有限区間においては有界変動な函数とする．$\varphi \in (\mathcal{D})$ に対しては，Stieltjes 積分について部分積分が適用できて，

$$-\int_{-\infty}^{+\infty} f(x)\frac{d\varphi}{dx}dx = \int_{-\infty}^{+\infty} \varphi(x)\,df(x). \tag{2, 4 ; 8}$$

これは，函数 f の微係数が，その有界変動函数によって定義される測度 (df) であることを示している．**有限区間では有界変動な函数 f と，それが定める測度 (df) とを区別するのが肝要であることがわかる；その測度はその函数の微係数である.**

2°　この条件は必要である.

μ を測度とする．$f(x)=\int_a^x d\mu$ (a は μ について測度0の点) で定義される，有限区間では有界変動であるような函数 f は，上のことによって，μ の原始函数である；それ以外の原始超函数はすべて f と定値函数だけの差があるから，それ自身，有限区間では有界変動の函数である.

定理を特殊化して次のように書ける：

超函数が測度 $\geqq 0$ を微係数とするためには，増加函数であることが必要かつ十分である.

同様に次のことも証明される：

超函数が測度 $\geqq 0$ を2階微係数とするためには，凸函数であることが必要かつ十分である.

そこで，2つの凸函数の差というものを，2階微係数が測度であるような超函数として特徴づけることができる.

微分法に関する本章の冒頭で，連続函数 f に対して連続な(普通の意味での)微係数 g があれば，超函数 f は超函数 g を微係数としていることを知った.

定理2の証明によればこれは次のように拡張される：

定理3. **1°　連続函数 $f(x)$ がほとんど到る所で，（普通の意味の）微係数 $g(x)$ を持ち有限区間では g が可積分で f が g の不定積分であれば，超函数 f は超函数 g を微係数としている．**

2°　超函数が函数 g を微係数としていれば，その超函数は絶対連続な函数 f である，すなわち g の不定積分である；$f(x)$ は $g(x)$ をほとんど到る所で，また g のあらゆる連続点 x で，（普通の意味で）微係数としている．

系．逐次微係数がみな測度であるような超函数は，普通の意味で無限回可微分な函数である．

なぜならば，$k+2$ 階の微係数が測度なら，k 階の微係数は連続函数である；そこで，f の微係数は，それらがみな連続であるから，普通の意味で f の微係数になっている．

この定理は，あらゆる微係数の階数[1]が一定の m 以下であるような超函数にも（第3章，定理21の系）また多変数の場合にも（第6章，定理19）拡張できる．

§5　超函数の原始超函数．多変数の場合

定理4. **S_1 が R^n 上で与えられた超函数ならば，未知の超函数 T に関する方程式**

$$\frac{\partial T}{\partial x_1}=S_1 \qquad (2,5;1)$$

には無数の解がある；2つの解の間には，"x_1 に独立な" 任意超函数だけの差がある．

証明は定理1の証明にならうが，もう少し複雑である．

x_1 に独立な超函数

まず "x_1 に独立な" 超函数の意味を定義しよう．

$\varphi\in(\mathscr{D})$ とし $h=\{h_1, h_2, \cdots, h_n\}$ を R^n の点とする．

$h\in R^n$ だけ φ を平行移動した函数 $\tau_h\varphi$ を，$\tau_h\varphi(x)=\varphi(x-h)$ と定義する．

1)〔訳注〕 超函数としての階数（16頁参照）．

超函数 T を h だけ平行移動した $\tau_h T$ を，式

(2, 5 ; 2)　　$\tau_h T\cdot\tau_h\varphi = T\cdot\varphi$　すなわち　$\tau_h T(\varphi) = T(\tau_{-h}\varphi)$

で定義する．これは，$(\mathcal{D})$ と $(\mathcal{D}')$ において2つの線型演算 $\varphi\to\tau_h\varphi$，$T\to\tau_h T$ が互に反傾であるということに他ならない；$\varphi\to\tau_{-h}\varphi$ と $T\to\tau_h T$ は互に反転[1]である．T が(ほとんど到る所で定義され，コンパクト集合では可積分な)函数 f であれば，$\tau_h T$ は普通の平行移動した函数 $\tau_h f$ である．1つの超函数 T が x_1 軸に平行などんな移動

$$h = \{h_1, 0, 0, \cdots, 0\}$$

によっても不変であるときに，T が x_1 に独立である，あるいは $x_2, x_3, \cdots, x_n$ だけに従属するという．したがって

(2, 5 ; 3)　　任意の $h = \{h_1, 0, 0, \cdots, 0\}$　に対して　$\tau_h T = T$

ということになる．

T が連続函数 f ならば，これは x_1 に独立な函数の普通の概念に一致する；T が，コンパクト集合では可積分な，函数 f であれば，容易に f は x_1 に独立な或る函数にほとんど到る所で等しいことがわかる．

T が x_1 に独立であるということは，関係 $\dfrac{\partial T}{\partial x_1}=0$ と同値である．

なぜならば，一定の T，一定の φ と変数 $h=\{h_1, 0, 0, \cdots, 0\}$ に対して h_1 の函数

(2, 5 ; 4)　　$\psi(h_1) = \tau_h T\cdot\varphi = T\cdot\varphi(x+h)$

を考えよう．

以下では，h_1(および h_1+dh_1) は有界開区間 $]a, b[$ にとどまるとする．そのとき，固定された φ に対し $\tau_{-h}\varphi$ の台は R^n の固定されたコンパクト集合に入る．$\varphi(x+h)$ を函数値が位相空間 $(\mathcal{D}_K)$ に属する h_1 の函数と考えれば，それは連続，しかも無限回可微分である．極限を位相空間 $(\mathcal{D}_K)$ におけるものとして，

(2, 5 ; 5)　$$\lim_{dh_1\to 0}\frac{\varphi(x+h+dh)-\varphi(x+h)}{dh_1} = \frac{\partial}{\partial h_1}\varphi(x+h) = \frac{\partial}{\partial x_1}\varphi(x+h).$$

しかし，T が $(\mathcal{D}_K)$ における連続線型汎函数であるから，$\psi(h_1)$ は h_1 の普通の意味で無限回可微分な複素数値函数であって，

---

1)〔訳注〕 transposé.

$$\text{(2, 5 ; 6)}\qquad \frac{d\psi}{dh_1}=\frac{d}{dh_1}[T\cdot\varphi(x+h)]=T\cdot\left(\frac{\partial}{\partial h_1}\varphi(x+h)\right)$$
$$=T\cdot\left(\frac{\partial}{\partial x_1}\varphi(x+h)\right)=-\frac{\partial T}{\partial x_1}\cdot\varphi(x+h)$$

となる．

さて $\dfrac{\partial T}{\partial x_1}$ が0ならば，上の値は0；この結論は有界区間 $]a, b[$ のとりかたとは無関係であるから，$\psi(h_1)$ は，到る所で微係数が0である連続函数で，定数となり，T は x_1 に独立である．逆に，T が x_1 に独立ならば，ψ の $h_1=0$ における微係数は0であり，このことは $\dfrac{\partial T}{\partial x_1}$ が0であることを示す．(2, 5 ; 1) の2つの解の差は $\dfrac{\partial T}{\partial x_1}=0$ をみたし，したがって x_1 に独立な超函数である．

原始超函数を求めること

問題の定理は，1変数に関する定理と同様に証明されることが容易にわかる．もっとも，ここでは函数 $\chi_1=\dfrac{\partial\psi_1}{\partial x_1}$ の作るベクトル部分空間 $(\mathscr{H}_1)$ はもはや超平面ではない；というのは，χ_1 は無数の線型な条件

$$\text{(2, 5 ; 7)}\qquad \int_{-\infty}^{+\infty}\chi(t_1, x_2, \cdots, x_n)\,dt_1=0$$

を満たすものに限られるからである．

φ_0 が式(2, 4 ; 4)を満たす1変数の(きまった)函数ならば，次の一意的分解が得られる：

$$\text{(2, 5 ; 8)}\qquad \begin{cases}\varphi(x_1, x_2, \cdots, x_n)=\lambda_1(x_2, \cdots, x_n)\varphi_0(x_1)+\chi_1(x_1, x_2, \cdots, x_n)\\ \lambda_1(x_2, x_3, \cdots, x_n)=\displaystyle\int_{-\infty}^{+\infty}\varphi(t_1, x_2, \cdots, x_n)\,dt_1\,;\ \chi_1\in(\mathscr{H}_1).\end{cases}$$

よって，(2, 5 ; 1)の解である超函数 T はすべて次の式をみたす．

$$\text{(2, 5 ; 9)}\qquad T(\varphi)=T(\lambda_1\varphi_0)-S_1(\psi_1)=\textstyle\sum_1(\lambda_1)-S_1(\psi_1).$$

λ_1 は，無限回微分可能で，コンパクトな台をもつ $n-1$ 変数 $x_2, x_3, \cdots, x_n$ の函数の空間 $(\mathscr{D})_{x_2, x_3, \cdots, x_n}$ 全体をうごく．K' を，変数 $x_2, x_3, \cdots, x_n$ で定められる $n-1$ 次元ユークリッド空間のコンパクト集合としよう；もし λ_1 が $(\mathscr{D}_{K'})$ で0に収束すれば，$\lambda_1\varphi_0$ は $(\mathscr{D}_K)$ で0に収束する；ここに $K=H\times K'$ で，H は実数直線上で φ_0 の台である；そのとき，$\sum_1(\lambda_1)=T(\lambda_1\varphi_0)$ も0に収束する

ことになる；よって $\sum_1$ は $(\mathscr{D})_{x_2,x_3,\cdots,x_n}$ 上の線型汎函数であって各 $(\mathscr{D}_{K'})$ 上で連続，したがって $(\mathscr{D}')_{x_2,x_3,\cdots,x_n}$ に属する超函数である．逆にもし $\sum_1$ を $(\mathscr{D}')_{x_2,x_3,\cdots,x_n}$ の任意の超函数とすれば，(2,5;8)の右辺は R^n 上の超函数である T を定義し，T は(2,5;1)を満たすことが直ちにわかる．同時に，こうして，問題の完全な解および定理4の証明とともに，x_1 に独立な超函数 U の一般形が得られる：

(2,5;10)
$$U\cdot\varphi(x_1, x_2, \cdots, x_n) = \textstyle\sum_1\cdot\displaystyle\int_{-\infty}^{+\infty}\varphi(t_1, x_2, \cdots, x_n)\,dt_1.$$

これが(2,4;7)を $n>1$ に一般化した式である．

函数を微係数とする超函数

定理5.　1°　局所可積分[1]函数 f がほとんどすべての x_1 軸に平行な直線において[2] x_1 について絶対連続で，ほとんど到る所で(普通の意味の)微係数 $\left[\dfrac{\partial f}{\partial x_1}\right]=g_1$ を持ち g_1 が局所可積分函数であるとすれば，超函数の理論の意味においても $\dfrac{\partial f}{\partial x_1}=g_1$ である．

2°　超函数の理論の意味で函数 f の微係数 $\dfrac{\partial f}{\partial x_1}$ が函数 g_1 ならば，f は[3]すべての x_1 軸に平行な直線において x_1 について絶対連続であり，ほとんど到る所で函数 g_1 を普通の意味での微係数 $\left[\dfrac{\partial f}{\partial x_1}\right]$ としている．特に，f と g_1 が開集合 Ω において連続ならば，Ω において到る所で f が g_1 を普通の意味での微係数としている．

1°　次のことがすぐわかるから：

(2,5;11)
$$\frac{\partial f}{\partial x_1}(\varphi) = \int\!\!\int\cdots\int f(x)\left(-\frac{\partial\varphi}{\partial x_1}\right)dx = \int\cdots\int dx_2dx_3\cdots dx_n\int f(x)\left(-\frac{\partial\varphi}{\partial x_1}\right)dx_1$$
$$= \int\cdots\int dx_2dx_3\cdots dx_n\int g_1\varphi dx_1 = \int\!\!\int\cdots\int g_1(x)\,\varphi(x)\,dx = g_1(\varphi).$$

例　$r=\sqrt{\sum_i x_i^2}$ なら，$0\leqq\lambda<n-1$ に対し

1)〔訳注〕コンパクト集合においては可積分．

2)〔訳注〕x_1 の函数 $f(x_1, x_2, \cdots, x_n)$ が絶対連続でない点 $(x_2, x_3, \cdots, x_n)$ の集合 (R^{n-1} における)の測度が0．

3)　例の通り必要に応じ，測度が0の集合における函数値を変更して．

(2, 5 ; 12)
$$\frac{\partial}{\partial x_i}\frac{1}{r^\lambda}=-\frac{\lambda x_i}{r^{\lambda+2}}.$$

2°

(2, 5 ; 13)
$$f_1(x)=\int_{a_1}^{x_1}g_1(t_1, x_2, \cdots, x_n)\,dt_1$$

と置こう．g_1 が局所可積分であるから，f_1 はほとんど到る所で定義され，ほとんどすべての x_1 軸に平行な直線において x_1 について絶対連続であり，またコンパクト集合においては可積分である；一方，f_1 はほとんど到る所で g_1 を普通の意味での微係数とし，したがって，上に証明した1° によって，超函数の意味でも f_1 の微係数は g_1 である．ゆえに，超函数の意味で

(2, 5 ; 14)
$$f=f_1+\Sigma_1$$

であり，ここで Σ_1 は x_1 に独立な**超函数**である；**f と f_1 が函数であるから Σ_1** も函数である．必要に応じ測度0の集合において函数値を変更すれば Σ_1 を実際に普通の意味で x_1 に独立にできて，それはすべての Ox_1 に平行な直線において x_1 について絶対連続となり，しかも普通の微係数 $\left[\frac{\partial\Sigma_1}{\partial x_1}\right]$ が到る所で0になる．これが証明すべきことであった．

g_1 と f が1点 $a(a_1, a_2, \cdots, a_n)$ の近傍で連続ならば，f_1 は a の近傍で連続，したがって Σ_1 もそうであり，また Σ_1 は x_1 に独立だから，あらかじめ測度0の集合上で函数値を変えておかなくても，a の近傍で到る所0になる普通の微係数 $\left[\frac{\partial\Sigma_1}{\partial x_1}\right]$ がある；一方 f_1 は a の近傍において到る所で函数 g_1 を普通の微係数 $\left[\frac{\partial f_1}{\partial x_1}\right]$ としているから，f もまたそうなっている．証明終．

注意1． Σ_1 は超函数であるから，f 自身が函数であると仮定する必要がある．このことは $\frac{\partial f}{\partial x_1}$ が函数であることからは導かれない．

注意2． 超函数 T の第1階微係数がすべて函数であれば，T 自身が1つの函数であることがわかるであろう(第6章，定理15)．

もしすべての微係数 $\frac{\partial T}{\partial x_i}$ が連続函数ならば，T が1つの連続函数 $f(x)$ であることがわかるであろう(定理7)；このとき f は到る所で，超函数としての微係数 $\frac{\partial f}{\partial x_i}$ を普通の意味での微係数としていて，したがって f 自身が普通の意味で連続可微分である．これらの結果は第6章，§6で完全なものにされる．

§6　数箇の偏微係数が知られた超函数

定理 6.[1]　T に関する k 箇の方程式

$$\frac{\partial T}{\partial x_1}=S_1,\quad \frac{\partial T}{\partial x_2}=S_2,\quad \cdots,\quad \frac{\partial T}{\partial x_k}=S_k \tag{2, 6 ; 1}$$

が同時に成り立ち得るには，すべての $i\leqq k$，$j\leqq k$ に対し

$$\frac{\partial S_i}{\partial x_j}-\frac{\partial S_j}{\partial x_i}=0 \tag{2, 6 ; 2}$$

となることが必要かつ十分である．このとき，はじめの連立方程式には解が無数にある；2つの解の差は任意の，$x_1, x_2, \cdots, x_k$ に独立($x_1, x_2, \cdots, x_k$ の作る部分ベクトル空間に平行な移動では不変)な超函数 U であって，その一般形は，Σ_k を変数 $x_{k+1}, \cdots, x_n$ の空間 R^{n-k} における任意超函数とするとき，

(2, 6 ; 3)

$$U(\varphi)=\Sigma_k(\lambda_k),\quad \text{ただし}\quad \lambda_k=\underbrace{\int\cdots\int}_{k}\varphi(t_1, t_2, \cdots, t_k, x_{k+1}, \cdots, x_n)\,dt_1\cdots dt_k$$

である．

$k=n$ のとき，すべての変数に独立な超函数は定値函数

$$U(\varphi)=\Sigma_n(\lambda_n)=C\lambda_n=\int\int\cdots\int C\varphi(t_1, t_2, \cdots, t_n)\,dt_1\cdots dt_n \tag{2, 6 ; 4}$$

である．

証明　この定理は定理4と同じ方法で証明されるから，詳しくは述べない．ただ1つ新しいのは，連立の条件(2, 6 ; 2)に関することである．この条件は，$\dfrac{\partial S_i}{\partial x_j}$ も $\dfrac{\partial S_j}{\partial x_i}$ も $\dfrac{\partial^2 T}{\partial x_i \partial x_j}$ に等しいはずだから，明かに必要である．それが十分であることを示そう．まず，前§で示したようにして，(2, 6 ; 1)の最初の方程式を解く．T_1 がその1つの解ならば一般解は，Σ_1 を $n-1$ 箇の変数 $x_2, x_3, \cdots, x_n$ の空間における超函数とすれば，式

$$T(\varphi)=T_1(\varphi)+\Sigma_1(\lambda_1) \tag{2, 6 ; 5}$$

で与えられる．このとき(2, 6 ; 1)の第2の方程式は

---

1)　この定理は，実は，カレントの外微分と原始微分形式とを扱っているのである(一般化されたポアンカレの定理)．第9章，§3，定理1参照．

(2, 6 ; 6)
$$S_2(\varphi) = \frac{\partial T_1}{\partial x_2}(\varphi) + \frac{\partial \Sigma_1}{\partial x_2}(\lambda_1)$$

と書かれる．ところが超函数 $S_2 - \dfrac{\partial T_1}{\partial x_2}$ は x_1 に独立である；というのは，(2, 6 ; 2) によってそれの x_1 に関する偏微係数が 0 だからである：

(2, 6 ; 7)
$$\frac{\partial}{\partial x_1}\left(S_2 - \frac{\partial T_1}{\partial x_2}\right) = \frac{\partial S_2}{\partial x_1} - \frac{\partial^2 T_1}{\partial x_1 \partial x_2} = \frac{\partial}{\partial x_2} S_1 - \frac{\partial^2 T_1}{\partial x_1 \partial x_2} = \frac{\partial}{\partial x_2}\left(S_1 - \frac{\partial T_1}{\partial x_1}\right) = 0 .$$

したがって，変数 $x_2, x_3, \cdots, x_n$ の空間における超函数 $S_{1,2}$ で

(2, 6 ; 8)
$$S_2(\varphi) - \frac{\partial T_1}{\partial x_2}(\varphi) = S_{1,2}(\lambda_1)$$

となるものが存在し (2, 6 ; 6),

(2, 6 ; 9)
$$\frac{\partial \Sigma_1}{\partial x_2} = S_{1,2}$$

と書かれる．これは Σ_1 を未知超函数とする方程式であって，前§で解いたのと同じである (が変数は 1 つだけ少い)．以下同様に続ける．

系．もし 1 つの超函数の m 階微係数がすべて 0 ならば，その超函数は次数 $\leqq m-1$ の多項式である．

(なぜならば $m-1$ 階微係数は，それの 1 階微係数が 0 だから，定数である．$m-2$ 階微係数は 1 次の多項式である，等々．)

§4 の定理 2, 3 を拡張して，T のあらゆる 1 階微係数の或る種の性質がわかっているときに，T の性質を与えるようにできる．しかし，$n=1$ から任意の n に移るとき，それらの定理で述べていることに重要な変更をしなければならない．特に，ずっと前に言ったように，函数 f が連続はおろか有界でもないのに，それのあらゆる微係数 $\dfrac{\partial f}{\partial x_i}$ がコンパクト集合においては可積分な函数に等しいということがあり得る (例：式 (2, 5 ; 12))．

微係数が連続函数である超函数

定理 7．超函数 T のあらゆる 1 階微係数 $\dfrac{\partial T}{\partial x_i}$ が連続函数 $g_1, g_2, \cdots, g_n$ ならば，T は普通の意味で連続的可微分な函数 $f(x)$ で，g_i はそれの普通の微係数である．0 と x を結ぶ任意な，長さのある曲線の上で積分することにして，次

の式が成り立つ:

(2, 6 ; 10) $$f(x)-f(0)=\int_0^x [g_1(t)dt_1+g_2(t)dt_2+\cdots+g_n(t)dt_n].$$

実際，前定理の積分方法をまた採用しよう．T_1 として，普通の不定積分

(2, 6 ; 11) $$f_1(x)=\int_0^{x_1} g_1(t_1, x_2, \cdots, x_n)dt_1$$

で定義される函数 $f_1(x)$ をとる．すでに知ったように，この場合には $g_2-\dfrac{\partial f_1}{\partial x_2}$ は x_1 に独立な超函数である；それがここでは連続函数であることを示そう．$\varphi(x_1, x_2, \cdots, x_n)=u(x_1)v(x_2, x_3, \cdots, x_n)$ をとろう．そのとき

(2, 6 ; 12) $$\left(g_2-\frac{\partial f_1}{\partial x_2}\right)\cdot\varphi=\int u(x_1)dx_1\int\cdots\int\left(g_2v+f_1\frac{\partial v}{\partial x_2}\right)dx_2dx_3\cdots dx_n$$
$$=\int h(x_1)u(x_1)dx_1,$$

ただし $h(x_1)$ は，函数 v を固定すれば，x_1 の1つの**連続**函数である．ところが，$g_2-\dfrac{\partial f_1}{\partial x_2}$ が x_1 に独立であるということは，上の最後の積分が $\int u(x_1)dx_1$ に比例するということに他ならない(定理1)．ゆえに，v を固定する限り，$h(x_1)$ は定数である．このとき $h(x_1)$ を $x_1=0$ における値で置き換えることができるが，その場合には f_1 は0であるから

(2, 6 ; 13)
$$\left(g_2-\frac{\partial f_1}{\partial x_2}\right)\cdot\varphi=\int\int\cdots\int u(x_1)v(x_2, x_3, \cdots, x_n)g_2(0, x_2, \cdots, x_n)dx$$

となり，方程式(2, 6 ; 9)は，$u=\varphi_0, v=\lambda_1$ として，

(2, 6 ; 14) $$\frac{\partial\Sigma_1}{\partial x_2}=S_{1,2}=g_2(0, x_2, \cdots, x_n)$$

となり，その第2辺はまた変数 $x_2, x_3, \cdots, x_n$ の連続函数である．こうして次々に，連続函数を積分することになり，結局

(2, 6 ; 15)
$$f(x)=\int_0^{x_1} g_1(t_1, x_2, \cdots, x_n)dt_1+\int_0^{x_2} g_2(0, t_2, x_3, \cdots, x_n)dt_2+\cdots$$
$$+\int_0^{x_n} g_n(0, 0, \cdots, t_n)dt_n+f(0)$$

となる．そこで，定理5, 2° によって，f は連続的可微分であり，g_i が f の普通の微係数である．

つぎに式(2, 6 ; 10)は直ちに得られる：それは，長さのある曲線の上では f は普通の微係数の不定積分だからである．

興味ある注意であるが，いま考えた場合には，f および g_i は連続函数であって，g_i から f を与える式(2, 6 ; 10)では連続函数の範囲をでない；しかし，それらの函数 g_i が或る同じ函数 f の偏微係数であるという条件 $\frac{\partial g_i}{\partial x_j}=\frac{\partial g_j}{\partial x_i}$ は，g_i が一般には普通の意味で可微分ではないので，超函数を用いているのである[1]．もちろん，この条件は結局連続函数の言葉に翻訳される：それは，任意の $\varphi \in (\mathcal{D})$ に対して

(2, 6 ; 16) $$\iint\cdots\int\left(g_i\frac{\partial\varphi}{\partial x_j}-g_j\frac{\partial\varphi}{\partial x_i}\right)dx = 0$$

となることを表わしている．

次の問題を考えることが出来る：微係数 $\frac{\partial T}{\partial x_i}=S_i$ がすべて階数 $\leqq m\,(m\geqq 1)$，すなわち $\in (\mathcal{D}'^m)$，ならば T は階数 $\leqq m-1$ であろうか？ 1変数 ($n=1$) の場合には答は明らかに肯定的である(第3章，定理21の系)．$n\geqq 2$ の場合に答は否定的である，Ornstein [1] 参照．

1) Gillis [1] 参照．

第3章　超函数の位相空間，超函数の構造

梗　概

本章ではこれから，一方には超函数の収束を研究し，他方には超函数の局所的および全局的構造を研究するのである．これは明らかに理論的にも実際的にもすこぶる重要である；その諸定理は，そのおおむね函数解析(位相ベクトル空間)の領域に属する証明を知らなくても，実際上にすこぶる役に立つ[1]．

§1では空間 $(\mathcal{D})$ の位相を定義する．

§2では $(\mathcal{D})$ における有界集合を扱う．有界集合が，後で超函数の収束を定義するものである．場合によっては，有界集合の定義(60頁，定理4)だけを見て§1と§2のそのほかの部分をすべて飛ばしてもよい．

§3では超函数の収束を定義する：超函数 T_j が0に収束するとは，$(\mathcal{D})$ における任意一定の有界集合を φ が動くとき $T_j(\varphi)$ が0に一様収束する場合にいうのである．

位相空間 $(\mathcal{D}')$ の諸性質が述べられる；それは技術的応用には興味のないもので，理論的価値があるだけである．特に挙げれば定理14(66頁，$(\mathcal{D})$ および $(\mathcal{D}')$ の回帰性)と定理15(67頁，$(\mathcal{D}')$ における $(\mathcal{D})$ の稠密性)である．これに反して，定理16(67頁)で与える収束の判定法は理論的ならびに実際的なすべての応用において不可欠であるが，また明白なことでもある．

§4では微分法の新しい定義を与えるが，それは普通の定義 $f'(x)=\lim\limits_{h\to 0}\dfrac{f(x+h)-f(x)}{h}$ の一般化となっている；微係数は差商の極限である．このことからいくつかの容易な結論を導く．

§5では1つの基本性質(72頁，定理18)，すなわち微分演算の連続性を証明するが，この性質によって列，級数，収束積分の，項別あるいは $\int$ 記号下の微分演算が許される；これこそ，無限回微分できることと共に，超函数の本質的な利益の存する所である．この性質から，収束の主な実際的判定法(73頁，定理19)を導く．

§6では超函数の局所的構造を研究する．局所的には，超函数は或る連続函数の微係数である(74頁，定理21)；そこで，すべての連続函数を無限回可微分にするための最小限度の新しい数学的対象を導入したことになる．証明が微妙な定理23(78頁)は，定理19(73頁)の逆であり，理論にも実際にも有用である．

---

1)　位相ベクトル空間の問題にかんすることはすべて BANACH [1]，BOURBAKI [5] と [6]，DIEUDONNÉ-SCHWARTZ [1]，KÖTHE [3]，MACKEY [1] と [2]，GROTHENDIECK [5]，EDWARDS [1]，TREVES [1]，HORVATH [1]，YOSIDA [1]，SCHWARTZ [18] を参考にせよ．

§7では，任意の台を持つ無限回可微分函数の空間 ($\mathscr{E}$) とコンパクトな台を持つ超函数の空間 ($\mathscr{E}'$) との双対性(81頁，定理25)を確立する．

定理26(82頁)は，定理27(83頁)における その変形と共に，超函数の全局的構造を与える．定理28は微細にわたる定理で，§10において用いられる．

§8では超函数の全局的構造を研究する；それは省きたくなかったのであるが，後には用いない．

同じく§9も全く超函数の台の微細にわたる研究である．定理34(90頁)の証明には微妙な方法が使われる．この定理はときには有用であるが，さらに詳しく調べると一般には，それなしに済ませることができて，それほど強くない結果ともっと初等的な証明を使えることがわかる；この定理は多分専門家だけに委せてよいものであろう．

§10は正則な多様体を台とする超函数の構造を与える．本質的な結果は定理35(91頁)である；原点を台とする超函数は Dirac 測度の微係数の有限箇の和である．

技術者は本章を急速に読み飛ばすのが有利であろう(ただし§5は例外で，不可欠である)．

§1 位相空間($\mathscr{D}$)

($\mathscr{D}_K$) の位相

われわれは ($\mathscr{D}_K$) に，函数 φ とその微係数のおのおのに対する一様収束の位相を導入した．($\mathscr{D}_K$) における，函数 0 の 1 つの基本近傍系が，整数 $m\geqq 0$，実数 $\varepsilon>0$ に対する $V(m;\varepsilon;K)$ で定義される[1]：ただし

$V(m;\varepsilon;K)$ は，階数 $|p|\leqq m\,(0\leqq |p|=p_1+p_2+\cdots+p_n\leqq m)$ の微係数 $D^p\varphi$ の絶対値がすべて ε 以下であるような函数 $\varphi\in(\mathscr{D}_K)$ の集合である．この位相を定義する半ノルムの基本系の 1 つは次の N_p からなる：

$$N_p(\varphi)=\operatorname*{Sup}_{x\in R^n}|D^p\varphi(x)|.$$

($\mathscr{D}_K$) は近傍の可算基をもち，局所凸で完備，よって，Fréchet 空間である．

($\mathscr{D}_K{}^m$) 上では，それの位相，0 の近傍，半ノルムも同様に定義されるが，φ の階数 $\leqq m$ の微係数だけを考える；($\mathscr{D}_K{}^m$) はノルム

$$\|\varphi\|_m=\operatorname*{Sup}_{x\in R^n,\,|p|\leqq m}|D^p\varphi(x)|$$

をもった Banach 空間である．

---

1)〔訳注〕 m,ε を変えて生ずるさまざまな $V(m;\varepsilon;K)$ をすべて 0 の近傍とする．

$(\mathcal{D})$ の位相

今度は $(\mathcal{D})$ 自身に位相を導入しよう．それはさまざまな $(\mathcal{D}_K)$ の上の位相から成るシステムと同じ役目をする．

$\Omega=\{\Omega_0=\phi, \Omega_1, \Omega_2, \cdots, \Omega_\nu, \cdots\}$ を[1]，$\bar{\Omega}_{\nu-1}\subset\Omega_\nu$ であって，R^n のいかなるコンパクト集合 K も十分大きな ν から先のすべての Ω_ν に含まれてしまうような，開集合の無限列とする．たとえば Ω_ν として球 $|x|<\nu$ をとってよい．$\{\varepsilon\}$ が 0 に収束する正数の減少列 $\{\varepsilon\}=\{\varepsilon_0, \varepsilon_1, \varepsilon_2, \cdots, \varepsilon_\nu, \cdots\}$ を表わし，$\{m\}$ が $+\infty$ に収束する整数 $\geqq 0$ の増加列 $\{m\}=\{m_0, m_1, m_2, \cdots, m_\nu, \cdots\}$ を表わすとして，どの ν についても $x\notin\Omega_\nu$ に対し

(3, 1 ; 1)　　$|p|\leqq m_\nu$　のとき　$|D^p\varphi(x)|\leqq\varepsilon_\nu$

を満たすような函数 $\varphi\in(\mathcal{D})$ 全体の集合を

$$V(\{m\};\quad\{\varepsilon\};\quad\{\Omega\})$$

と名づける．

あきらかに，列 $\{m\}$，$\{\varepsilon\}$，$\{\Omega\}$ があらゆる可能なしかたで変化するとき，$V(\{m\};\{\varepsilon\};\{\Omega\})$ は，$(\mathcal{D})$ のベクトル空間としての構造に整合する[2]或る位相における 0 の基本近傍系を作る．

これは局所凸で**近傍の非可算底を持つ**位相である(数列の全体は可算集合を作らない)．K が R^n のコンパクト集合ならば，この位相は $(\mathcal{D}_K)$ に既知の位相を導入する(が，それは近傍の可算底を持つ)．

$\bar{\Omega}_\nu$ がコンパクトでありさえすれば，$(\mathcal{D})$ の位相を変えることなくつねに同一な列 $\{\Omega\}$ を採用することができる；たとえば Ω_ν として球 $|x|<\nu$ をとってよい．今後はそうすることにして，$\{\Omega\}$ に言及せず $V(\{m\},\{\varepsilon\})$ と書く．

$(\mathcal{D})$ の位相を定義する半ノルムの1つの基本系は $N(\{m\};\{\varepsilon\})$：

$$N(\{m\};\{\varepsilon\})(\varphi)=\operatorname*{Sup}_{\nu}\Big(\operatorname*{Sup}_{\substack{|x|\geqq\nu\\|p|\leqq m_\nu}}|D^p\varphi(x)|/\varepsilon_\nu\Big)$$

からなる．

0 の近傍 $V(\{m\};\{\varepsilon\})$ はちょうど

$$N(\{m\};\{\varepsilon\})(\varphi)\leqq 1$$

で定義される．

1)〔訳注〕ϕ は空集合．
2)〔訳注〕compatible. その位相について $(\mathcal{D})$ が位相ベクトル空間になるような．

定理 1. 位相空間 $(\mathcal{D})$ は完備である.

$\varphi_j \in (\mathcal{D})$ が位相空間 $(\mathcal{D})$ 上の Cauchy 列あるいは Cauchy フィルターを作れば φ_j が或る無限回可微分な極限 φ に一様収束することと，任意一定の p についても $D^p\varphi_j$ が $D^p\varphi$ に一様収束することとは直ちに知られる．つぎに，φ の台がコンパクト［したがって $\varphi \in (\mathcal{D})$］であることがわかる：なぜならば，任意の列 $\{\varepsilon\}$ に対し，i, j が十分大きければ

$$|x| \geqq \nu \quad \text{のとき} \quad |\varphi_i(x) - \varphi_j(x)| \leqq \varepsilon_\nu \tag{3, 1 ; 2}$$

したがってまた，j が十分大きければ

$$|x| \geqq \nu \quad \text{のとき} \quad |\varphi(x) - \varphi_j(x)| \leqq \varepsilon_\nu; \tag{3, 1 ; 3}$$

また，φ_j の台はコンパクトであるから，任意の列 $\{\varepsilon\}$ に対し，ν が十分大きければ

$$|x| \geqq \nu \quad \text{のとき} \quad |\varphi(x)| \leqq \varepsilon_\nu; \tag{3, 1 ; 4}$$

ところが，もし φ の台がコンパクトでなければ，$\varphi(x_\nu) \neq 0$ であるような点列 $x_\nu \in R^n$, $|x_\nu| \geqq \nu$, が存在し，$\varepsilon_\nu = \dfrac{1}{2}|\varphi(x_\nu)|$ で定義される列 $\{\varepsilon\}$ については式 (3, 1 ; 4) が成り立たなくなる．最後に，φ_j が位相空間 $(\mathcal{D})$ において φ に収束することは直ちにわかる.

$(\mathcal{D}_K)$ の位相と $(\mathcal{D})$ の位相の間の関係

$(\mathcal{D}_K)$ の位相と $(\mathcal{D})$ の位相の間に次の関係がある：

定理 2. $(\mathcal{D})$ は $(\mathcal{D}_K)$ の“狭義帰納的極限”[1]である：$(\mathcal{D})$ の凸集合が 0 の近傍であるための必要十分条件は，R^n の各コンパクト集合 K に対して，その凸集合と $(\mathcal{D}_K)$ との共通部分が $(\mathcal{D}_K)$ の 0 の近傍になることである．空間 $(\mathcal{D})$ は有界型[2] かつ樽型[3] である.

定理 3. $(\mathcal{D})$ から局所凸位相ベクトル空間 F への線型写像（とくに $(\mathcal{D})$ 上の線型汎函数）が連続であるための必要十分条件は，各 $(\mathcal{D}_K)$ への制限が，$(\mathcal{D}_K)$ の位相について連続となることである.

系. $(\mathcal{D})$ 上の連続な線型汎函数は，前に定義した超函数である．$(\mathcal{D}')$ は

1) 帰納的極限については，54 頁の注 1) に引用した書物を参照.
2)〔訳注〕 bornologique.
3)〔訳注〕 tonnelé.

$(\mathcal{D})$ **の位相的共役**[1]**である.**

定理3は，定理2から容易に結論される：$(\mathcal{D})$ から F への線型写像が連続であるための必要十分条件は，F での凸近傍の逆像が，$(\mathcal{D})$ における0の近傍となることである；この像は凸集合であるから，定理2により，必要十分条件はどの $(\mathcal{D}_K)$ との共通部分も0の近傍であるということである；よってこの写像をどの $(\mathcal{D}_K)$ への制限したものも連続である．一方，定理2の最後の部分は最初の部分からの結果である：Fréchet 空間の狭義帰納極限は有界型かつ樽型である[2].

さて定理2の最初の部分の証明をしよう．$V(\{m\};\{\varepsilon\})$ と $(\mathcal{D}_K)$ との共通部分はすべて $(\mathcal{D}_K)$ 位相の0の近傍であることは明らかである．逆に W が凸集合でそれと各 $(\mathcal{D}_K)$ との共通部分が $(\mathcal{D}_K)$ 位相の0の近傍であるとする．すべての整数 $\nu\geqq 0$ に対して，整数 $m_\nu\geqq 0$ と，数 $\eta_\nu>0$ が存在して，次のような函数 $\varphi\in(\mathcal{D})$ はすべて W に属する：$|p|\leqq m_\nu$ のとき $|D^p\varphi(x)|\leqq\eta_\nu$ となり，かつ φ の台はコンパクト集合 $|x|\leqq\nu+2$ に含まれる．この $\{m\}$ を増加列，$\{\eta\}$ を減少列であるように選ぶことができる．

函数 α_ν の列を，

$$\alpha_\nu\in(\mathcal{D}), \qquad \alpha_\nu\geqq 0, \qquad \sum_\nu \alpha_\nu=1,$$

で，その台がコンパクト集合 $\nu\leqq|x|\leqq\nu+2$ に含まれるように選んで，固定しておく．$\varphi\in(\mathcal{D})$ に対して，

$$\varphi=\sum_\nu \frac{1}{2^{\nu+1}}(2^{\nu+1}\alpha_\nu\varphi),$$

と書くことができるので，W が凸集合であることから，もしも各 $2^{\nu+1}\alpha_\nu\varphi$ が W に属していれば φ は W に属する．Leibnitz の公式により，$D^p(\alpha_\nu\varphi)$ は α_ν と φ の，階数 $\leqq|p|$ の微係数有限箇の1次結合である；函数列 α_ν は固定されており，φ の $\nu\leqq|x|\leqq\nu+2$ における値だけが関与することを考慮に入れれば，次のような定数 k_ν が存在することがわかる：条件

“$|x|\geqq\nu$ で $|p|\leqq m_\nu$ ならば $|D^p\varphi(x)|\leqq\varepsilon_\nu$”

から，$|p|\leqq m_\nu$ に対して $|2^{\nu+1}D^p(\alpha_\nu\varphi)|\leqq k_\nu\varepsilon_\nu$ が導かれる．

1)〔訳注〕 le dual topologique.

2) Bourbaki [6]，第18分冊，第3章，§1, n°2，予備定理2の系2；および Bourbaki [5] 参照.

それゆえ，数列 $\{\varepsilon\}$ をすべての ν に対して $k_\nu \varepsilon_\nu \leqq \eta_\nu$ となるように選べば，$\varphi \in V(\{m\};\{\varepsilon\})$ のとき $2^{\nu+1}\alpha_\nu \varphi \in W$，したがって $\varphi \in W$；よって W が ($\mathcal{D}$) の 0 の近傍であることがわかる．証明終．

($\mathcal{D}$) の位相から誘導された ($\mathcal{D}_K$) の位相は ($\mathcal{D}_K$) のもとの位相である，という注意をしておこう；このことは，このような型の帰納極限ではつねに成り立つ[1]．($\mathcal{D}$) が完備であることについては，直接に証明した(定理 1)；これはまた Köthe[2] の定理からの結論でもある．

($\mathcal{D}$) について述べたすべての事柄はいずれも ($\mathcal{D}^m$) にまで拡張できる；それには数列 $\{m\}$ を，すべて m に等しい整数の列におきかえれば十分である．

この節の最後に，($\mathcal{D}$) のように近傍の可算でない底をもつ空間では Baire のカテゴリー定理は成立しない，という注意をしておこう：($\mathcal{D}_K$) は ($\mathcal{D}$) で**稠密でない閉じた**部分ベクトル空間であるが，しかし ($\mathcal{D}$) は可算無限箇の ($\mathcal{D}_K$) の和集合である．

§2　($\mathcal{D}$) における有界集合

共役空間の位相

位相ベクトル空間の共役空間にも位相を導入することは普通に行われている．

(E) が Banach 空間(完備ノルム空間)ならば，連続線型汎函数 L のノルム $\|L\|$ を

$$\|L\| = \operatorname*{Max}_{\|e\| \leqq 1} |L(e)| \tag{3,2;1}$$

で定義する．

このとき (E) の共役空間 (E') もまた Banach 空間になる．

ここでは，($\mathcal{D}$) がノルム空間でないから，このようなやり方は意味がない．位相ベクトル空間で，Banach 空間での球 $\|e\| \leqq 1$ に代わるのは，**有界集合**である．

位相ベクトル空間における有界集合 B とは，0 の如何なる近傍にも，十分小さい比による，中心ゼロの相似変換で入れることができるような集合をいう．Banach 空間では，球は有界集合である；逆に，局所凸なベクトル空間で 0 の

1) Dieudonné-Schwartz [1]，予備定理 2, 68 頁．
2) Köthe [2]．

有界な近傍があれば，その空間はノルム空間である(その空間の位相を定義するノルムがある)．収束列は有界である．

$(\mathscr{D})$ における有界集合

K を R^n のコンパクト集合とし，

$$\{M\} = \{M_0, M_1, \cdots, M_m, \cdots\}$$

を正数の増加列とする．

(3, 2 ; 2)　　$|p| \leqq m$　に対し　$|D^p\varphi| \leqq M_m$

を満たす函数 $\varphi \in (\mathscr{D}_K)$ の集合を $B(\{M\} ; K)$ と名づける．

定理4．位相空間 $(\mathscr{D})$ において1つの集合が有界であるためには，それが適当な $B(\{M\} ; K)$ に含まれることが必要かつ十分である．言い換えれば，その集合に属する函数 φ の台は R^n の一定なコンパクト集合に含まれ，それらの φ が全体として有界，また各階の微係数も全体として有界であることが，必要かつ十分である．

この条件は明かに十分である．それが必要であることを示そう．集合 B に属する φ の台が一定のコンパクト集合には含まれなかったとすれば，R^n の点列 x_ν, $|x_\nu| \geqq \nu$，および函数列 $\varphi_\nu \in B$ で，$\varphi_\nu(x_\nu) \neq 0$ となるものがあることになる．$\{m\}$ は任意，$\{\varepsilon\}$ は列 $|\varphi_\nu(x_\nu)/\nu|$ とすれば，如何なる比による相似変換も B を $V(\{m\} ; \{\varepsilon\})$ に入れることができない．B は有界でなかったことになる．

ゆえに，K は適当なコンパクト集合として，$B \subset (\mathscr{D}_K)$．$B$ が相似変換で $(\mathscr{D}_K)$ における近傍 $V(m ; \varepsilon ; K)$ に入り得るには，$|p| \leqq m$ のとき $\varphi \in B$ に対して $|D^p\varphi|$ が有界でなければならない；したがって結局，各 p についてそうなる．証明終．

$(\mathscr{D})$ の位相の考察を避けようとするならば，この定理が $(\mathscr{D})$ の有界集合の**定義**と考えられる．

定理5．$(\mathscr{D})$ の各有界集合上で有界であるような，$(\mathscr{D})$ 上の線型汎函数は連続である．

その汎函数は，Fréchet 空間 $(\mathscr{D}_K)$ に制限すると，$(\mathscr{D}_K)$ の各有界集合上で有界であるから連続になる；そこで，定理3より $(\mathscr{D})$ 上で連続である．これはまた，有界型[1]空間の帰納的極限である $(\mathscr{D})$ は有界型である，ということからも結論される．

定理 6. $(\mathscr{D})$ **において，ある集合が有界であるためには，超函数がいずれもその集合において有界であることが，必要かつ十分である．**

$(\mathscr{D})$ 上に弱位相 $\sigma(\mathscr{D}, \mathscr{D}')$ を導入しよう；定理 6 は，弱有界な集合はいずれも有界である，ということに帰着し，これは局所凸な分離位相ベクトル空間では必ず成立する性質である (Mackey の定理)[2]．

有界集合とコンパクト集合

定理 7. $(\mathscr{D})$ **においては有界集合と相対コンパクト集合は一致する：** $(\mathscr{D})$ **は Montel 空間である．**

どんな位相ベクトル空間でも，コンパクト集合は有界である；実際，原点の一定な開近傍 V に相似な[3]集合とそのコンパクト集合との共通部分は全体としてそのコンパクト集合の開被覆を成すから，有限な部分被覆があり，したがって V と相似な或る集合がそのコンパクト集合を含む．逆は空間 $(\mathscr{D})$ に特有で，Ascoli の定理による．一様有界な函数の集合で 1 階微係数が一様有界であるものは，位相ベクトル空間 $(\mathscr{D}_K{}^0)$ で相対コンパクトである；ゆえに，m 回連続可微分函数の空間 $(\mathscr{D}_K{}^m)$ における有界集合は $(\mathscr{D}_K{}^{m-1})$ において相対コンパクトである．したがって $(\mathscr{D})$ における有界集合は $(\mathscr{D})$ において相対コンパクトである．$(\mathscr{D})$ は (正則解析函数の作る空間と同様な) Montel 空間[4] であることがわかった．

それゆえ $(\mathscr{D})$ では(無限次元の Banach 空間で起る事情とは反対に)弱コンパクト集合と強コンパクト集合は一致する(なぜならば弱コンパクト集合は，弱有界したがって強有界で，定理 7 によって，強コンパクトになるから)．$(\mathscr{D})$ **のコンパクト集合あるいは有界集合においては，強位相と弱位相は一致し，それらより弱い［たとえば** $(\mathscr{D}')$ **から導かれた］分離位相**[5]**とも一致する．**

1) Bourbaki [5]，定理 3，11 頁参照．
2) Mackey [2]，524 頁，定理 7，および Bourbaki [6]，第 2 巻，定理 2 の系，70 頁．
3) 〔訳注〕 αV(V の要素を全部 α 倍したもの．$\alpha>0$) と表わされる集合を，V に相似という．
4) Bourbaki [6]，第 18 分冊，第 4 章，§3，n° 9，89 頁．〔訳注〕 有界集合がすべて相対コンパクトになっている樽型の位相ベクトル空間を Montel 空間という．
5) 〔訳注〕 Hausdorff の分離公理が成り立つ位相．

なお，**強位相と弱位相の区別はフィルターについてしか重要性がない：**$(\mathscr{D})$ において弱収束する**列**は有界であり，したがって強収束する．同じ理由で，弱 Cauchy 列は有界で，したがって強 Cauchy 列であり，$(\mathscr{D})$ は強完備だからその列は強収束する．これをもっと具体的に言うことができる：

函数列 $\varphi_j \in (\mathscr{D})$ が任意の超函数 T に対して $T(\varphi_j)$ の極限 $L(T)$ があるようになっていれば，$L(T)=T(\varphi)$ の成り立つ函数 $\varphi \in (\mathscr{D})$ があって，$(\mathscr{D})$ において φ_j が φ に強収束し，それらの台は1つのコンパクト集合に含まれる．

有界な底あるいは可算な底を持つフィルターを列の代りに置き換えて同じ定理が成り立つ．有限箇の実数値パラメタ λ_ν に，$(\mathscr{D})$ の弱位相の意味で連続的に依存する[1]函数 $\varphi \in (\mathscr{D})$ は，それらのパラメタに $(\mathscr{D})$ の強位相の意味でも連続的に依存する．

§1と§2で証明した諸性質は直ちに m 回連続可微分函数の空間 $(\mathscr{D}^m)$ に持ちこまれる；しかし定理7も，またそれから導かれるものも成り立たない．

§3　超函数の位相空間 $(\mathscr{D}')$

$(\mathscr{D}')$ における収束

いまや超函数のベクトル空間 $(\mathscr{D}')$ の位相を適当に定義することが可能である；その定義は，任意の位相ベクトル空間の共役空間に適用される．

任意の $\varphi \in (\mathscr{D})$ について，しかも $(\mathscr{D})$ の函数 φ から成る各有界集合 B において一様に，$T_j(\varphi)$ が0に収束するときに，$T_j \in (\mathscr{D}')$ が $(\mathscr{D}')$ において0に収束するという．

B が $(\mathscr{D})$ における有界集合で T が超函数なら，$\varphi \in B$ のとき $T(\varphi)$ は有界であり，したがって

$$T(B)=\operatorname*{Sup}_{\varphi \in B}|T(\varphi)| \tag{3,3;1}$$

と置くことができる．

$T_j \in (\mathscr{D}')$ が0に収束するのは $T_j(\varphi)$ が $\varphi \in B$ について一様に0に収束するとき，したがって，任意の B に対して $T_j(B)$ が0に収束するときである．

こうして $(\mathscr{D}')$ には，半ノルムの基本系として N_B：$N_B(T)=T(B)$，を有す

1)〔訳注〕$(\lambda_1, \cdots, \lambda_k)$ によって函数 $\varphi \in (\mathscr{D})$ が一意に定まり，この対応 $R^k \ni (\lambda_1, \cdots, \lambda_k) \to \varphi \in (\mathscr{D})$ が連続．

る位相が定義され(なお注意しておこう；この定義には $(\mathcal{D})$ の位相を知ることは不要であり，$(\mathcal{D})$ の有界集合を知るだけでよい)次のような $V(B;\varepsilon)$ の全体(B は $(\mathcal{D})$ の有界集合；ε は実数 >0) によってこの位相における0の1つの基本近傍系が構成される：

$V(B;\varepsilon)$ とは，$T(B)\leqq\varepsilon$ すなわち $\varphi\in B$ に対して $|T(\varphi)|\leqq\varepsilon$ の成り立つ $T\in(\mathcal{D}')$ の集合である．$(\mathcal{D}')$ は近傍の非可算底をもつ局所凸ベクトル空間である．

位相の諸性質

定理 8. 共役位相空間[1] $(\mathcal{D}')$ は完備である.

これは Banach 空間の古典的性質の $(\mathcal{D})$ への拡張であるが，また有界型位相ベクトル空間についてもつねに成り立つ.

直接証明：T_j が Cauchy フィルターを成せば各 $\varphi\in(\mathcal{D})$ について $T_j(\varphi)$ は或る極限 $T(\varphi)$ に収束する；T は $(\mathcal{D})$ の任意の有界集合で有界な線型汎函数，したがって超函数であり(定理 5)，$(\mathcal{D}')$ において T_j は T に強収束する.

$(\mathcal{D}')$ において有界な集合を $(\mathcal{D})$ においてと全く同様に定義できる．そのとき超函数の有界集合とは，$(\mathcal{D})$ の各有界集合において有界な値をとる超函数の集合のことであることがわかる.

次の両定理を証明抜きで承認しておく：

定理 9. $(\mathcal{D}')$ における或る集合 B' が有界であるためには,

a) $\varphi\in V$, $T\in B'$ に対して $|T(\varphi)|$ が有界であるような，$(\mathcal{D})$ における0の近傍 V が存在することが必要であり,

b) 各 $\varphi\in(\mathcal{D})$ につき $T\in B'$ に対して $|T(\varphi)|$ が有界(明らかにその上界は φ に依存するが)であることが十分である.

a)は，$(\mathcal{D})$ が Fréchet 空間の帰納的極限であり，樽型であることから導かれる；それゆえ $(\mathcal{D}')$ の任意の有界集合は同程度連続[2]である；

b)は，もし $(\mathcal{D})$ 上に弱位相 $\sigma(\mathcal{D}',\mathcal{D})$ を導入すれば，$(\mathcal{D}')$ の任意の弱有界集合は強有界であるということを意味している；このことは $(\mathcal{D})$ が完備であ

1) 〔訳注〕 le dual topologique, 共役空間に上記の位相(それを強位相という)を入れたもの.

2) Bourbaki [6]，第18分冊，定理2，27頁参照.〔訳注〕 同程度連続は équicontinue.

ることから結論される[1]．

この定理は，各 $\varphi\in(\mathscr{D})$ に対して有界な値をとる超函数の集合は，$(\mathscr{D})$ の0の適当な近傍で有界な値をとる，ということを示している．

定理 10. **$\varphi_j\in(\mathscr{D})$ が $(\mathscr{D})$ において0に収束するためには，$T(\varphi_j)$ が任意の $T\in(\mathscr{D}')$ に対して，しかも超函数 T の各有界集合 B' に対して一様に，0に収束することが必要かつ十分である．**

また次のようにも言える：B' を $(\mathscr{D}')$ における有界集合とする；$\varphi(B')=\sup_{T\in B'}|T(\varphi)|$ と置こう；いかなる有界集合 B' に対しても $\varphi_j(B')$ が0に収束するときに，φ_j が $(\mathscr{D})$ において0に収束するのである．こうして，$(\mathscr{D}')$ の位相を $(\mathscr{D})$ の有界集合から定義したのと同じやり方で，$(\mathscr{D})$ の位相を $(\mathscr{D}')$ の有界集合から定義できる．

定理10は定理9からただちに導かれる．もし φ が $(\mathscr{D}')$ のどの有界集合 B' の上でも一様に0に収束していれば，φ は $(\mathscr{D})$ で0に収束する；というのは，$(\mathscr{D})$ における円型凸[2]で閉じた0の近傍 V に対して，それの極集合[3] V^0 は $(\mathscr{D}')$ の有界集合であるが，$\varphi(V^0)$ が1でおさえられれば，φ は V に含まれるからである．逆に，もし φ が $(\mathscr{D})$ で0に収束すれば，さらに与えられた $\varepsilon>0$ に対し，B' を $(\mathscr{D}')$ の有界集合としたとき，定理9 a) により $(\mathscr{D})$ における0の近傍 V で，$\varphi\in V$ に対して $\varphi(B')\leqq\varepsilon$ となるものが存在する；よって $\varphi(B')$ は0に収束する．

ここに証明した性質は任意の樽型空間についても成立する[4]，なぜならばそれは単に $(\mathscr{D}')$ の強有界集合が同程度連続であることを表わしているからである．

定理9, 10の結果と $(\mathscr{D}')$ での収束の定義を次のようにまとめられることがわかる：

定理 11. **$T\in(\mathscr{D}')$ と $\varphi\in(\mathscr{D})$ が共に（T は $(\mathscr{D}')$ において，φ は $(\mathscr{D})$ において）有界な範囲に留まれば，$|T(\varphi)|$ は有界である：もし一方だけ（T か φ か）が有界な範囲に留まり，他方が0に強収束すれば，$T(\varphi)$ は0に収束する．**

---

1) Bourbaki [6]，第18分冊，定理1の系1，22頁．

2)〔訳注〕 convex équilibré.

3)〔訳注〕 polaire.

4) Bourbaki [6]，第18分冊，注釈，第4章，§3，n° 2，87頁．

この性質を, $T\in(\mathscr{D}'), \varphi\in(\mathscr{D})$ の**双線型汎函数** $T(\varphi)$ **が準連続**[1]であると言い表わそう.

しかし $T(\varphi)$ は2変数 T, φ の組については不連続な双線型汎函数である; T, φ が共に0に収束しても $T(\varphi)$ は必ずしも0に収束しない. 収束列の場合にはそうでないことはたしかである, なぜならば収束列は有界だから. 他方, 弱位相の場合に言えるのは次のことだけである:

1° 一方(T あるいは φ)が一定で, 他方が0に収束すれば, $T(\varphi)$ は0に収束する.

2° 収束列(あるいは, 有界な底または可算な底を持つ収束フィルター)の場合には, 強位相についてと同じことが弱位相についても言える. それは, $(\mathscr{D})$ においても(62頁) $(\mathscr{D}')$ においても(66頁)弱収束列は強収束するからである.

各 $\varphi\in(\mathscr{D})$ によって, $(\mathscr{D}')$ において連続な線型汎函数

$$L(T)=T(\varphi) \tag{3, 3; 2}$$

が定義される.

それゆえ $(\mathscr{D})$ は $(\mathscr{D}')$ の共役空間 $(\mathscr{D}'')$, それを $(\mathscr{D})$ の複共役空間ともいうが, の部分ベクトル空間である; 定理10は, $(\mathscr{D}'')$ に $(\mathscr{D}')$ の共役位相空間としての強位相を導入すれば, $(\mathscr{D}'')$ から $(\mathscr{D})$ に導かれる位相は $(\mathscr{D})$ の元来の位相であることを, 示している.

$(\mathscr{D}')$ における有界集合とコンパクト集合：回帰性

定理 12. $(\mathscr{D}')$ **においては, 有界集合と相対コンパクト集合とは一致する: $(\mathscr{D}')$ は Montel 空間である.**

一般に, Montel 空間の共役空間は Montel 空間である. 定理7と $(\mathscr{D})$ が樽型であることとから定理12が導かれる[2]. 証明を述べよう: B' を $(\mathscr{D}')$ の有界集合とする. B' 上の極大フィルター[3]は $(\mathscr{D})$ 上で1つの極限に単純収束[4]し,

---

1) BOURBAKI [6], 第18分冊, 第3章, §4, 38-44頁を参照. “任意の有界集合に関して準連続”というかわりに, 要約して“準連続(hypocontinue)”と言う.

2) BOURBAKI [6], 第18分冊, 予備定理7, 90頁参照.

3) 〔訳注〕 ultrafiltre: 如何なる要素を追加してもフィルターでなくなるような, フィルター. “極大フィルターは必ずその空間の或る点に収束する”という性質をそなえた空間がコンパクトな空間に他ならない.

4) 〔訳注〕 converge simplement, 各点収束の意味.

その極限は $(\mathscr{D})$ 上の線型汎函数である；B' は同程度連続である(定理9a)から，この線型汎函数は連続であり，1つの超函数である．一方この極大フィルターは $(\mathscr{D})$ の任意のコンパクト集合上で一様に収束し，よって定理7より，$(\mathscr{D})$ のどんな有界集合の上でも一様に収束する；そこで，$(\mathscr{D}')$ における収束の定義から，この極大フィルターは T に強収束し，B' はたしかに相対コンパクトである．

この定理から，$(\mathscr{D})$ と同様に，$(\mathscr{D}')$ において弱コンパクト集合と強コンパクト集合は一致するという結果になる．

$(\mathscr{D}')$ の有界集合では弱位相と強位相が一致する．弱収束列あるいは弱 Cauchy 列は強収束する．

もっと具体的に言えば：

定理 13. **超函数列 T_j が各 $\varphi \in (\mathscr{D})$ に対し $T_j(\varphi)$ が極限 $T(\varphi)$ を持つようになっていれば，T は超函数であって T_j は T に強収束する．**

有界な底または可算な底をもつフィルターについても同様である．

有限箇の実数値パラメタ λ_ν の弱連続函数となっている超函数 T は，それらのパラメタの強連続函数である．

注意 定理13において，T が超函数であるという事実は，Banach-Steinhaus[1)]の定理からも結論される；この定理は，$(\mathscr{D})$ が樽型であるので適用できる．ここではその事実を定理12から導いた．

定理 14. $(\mathscr{D})$ **および** $(\mathscr{D}')$ **は回帰的である；おのおのが他方の共役位相空間である．**

Banach の或る定理は，Banach 空間はそれの閉球が弱コンパクトなとき回帰的であるということを述べている．Mackey, Arens 両氏による拡張によれば，有界集合が相対弱コンパクトであるような局所凸位相ベクトル空間は半回帰的である；半回帰的な樽型空間は回帰的である[2)]．

したがって定理14は定理7と定理10からの帰結である．この定理は $(\mathscr{D}^m)$ と $(\mathscr{D}'^m)$，特に台がコンパクトな連続函数の空間 $(\mathscr{C})$ と測度の空間 $(\mathscr{C}')$ については，正しくない．

---

1) Bourbaki [6]，第18分冊，定理1，88頁参照

2) Bourbaki [6]，第18分冊，定理1，88頁．〔訳注〕(半)回帰的は(semi)-réflexif.

1つの近似定理

定理 15. ベクトル空間 $(\mathscr{D})$ は，$(\mathscr{D}')$ の部分ベクトル空間として，$(\mathscr{D}')$ において稠密である.

これは，いかなる超函数も台がコンパクトな無限回可微分函数の極限であるということに他ならない．それは $(\mathscr{D})$ の回帰性に由来する．$(\mathscr{D}')$ における連続線型汎函数は函数 $\varphi \in (\mathscr{D})$ によって定義される．もしそれが，台がコンパクトな無限回可微分函数が作る $(\mathscr{D}')$ の部分空間 $(\mathscr{D})$ の各要素と直交するならば，すなわちすべての $f \in (\mathscr{D})$ に対し

$$\iint \cdots \int f(x)\varphi(x)\,dx = 0$$

ならば，それは明らかに0である；このことから，$(\mathscr{D})$ が $(\mathscr{D}')$ の稠密な部分空間であることになる.

合成積の章において，与えられた超函数に収束する無限回可微分函数の**列**が得られるような，“正則化”の1方法を知るであろう(第6章，§4，定理 11).

同様に，**点測度の有限1次結合は $(\mathscr{D}')$ の稠密な部分ベクトル空間を成すことがわかる.**

1つの収束判定条件

$(\mathscr{D}')$ における収束の定義が複雑なのは見掛けの上だけである；実用上は，それをたしかめるのは一般に容易である．しかし簡単な収束判定条件を知っておくことは有用である．次のものは最も簡単で，その他はすべてこれから導かれる.

定理 16. 函数 f_j がいかなるコンパクト集合 K についても L^1_K において，すなわち K 上で可積分な函数の作る空間[1]において0に収束するならば(特に f_j が連続函数であって各コンパクト集合で0に一様収束すれば)，超函数 f_j は $(\mathscr{D}')$ において0に収束する.

---

1)〔訳注〕 $\iint\cdots\int_K |f|^p dx$ が有限な f の全体を $L^p{}_K$, K 上の L^p と呼び，この積分の p 乗根を f のノルム $\|f\|_{L^p}$ とする；ただし $1 \leqq p < \infty$. $p=\infty$ のときは積分の代りに，ほとんど到る所で $|f(x)| \leqq \alpha$ となるような α をとり，このような α 全体の下限を $\|f\|_{L^\infty}$ とする．K が有界ならば $\|f\|_{L^\infty} = \lim_{p\to\infty} \|f\|_{L^p}$.

実際，B を $(\mathcal{D})$ の有界集合としよう．函数 $\varphi\in B$ は台がすべて R^n の一定なコンパクト集合 K に含まれ，K においてはそれらの絶対値がすべて1つの定数 $M>0$ を超えない．

$$(3,3;3)\quad \begin{cases} f_j(B)=\operatorname*{Sup}_{\varphi\in B}|f_j(\varphi)|=\operatorname*{Sup}_{\varphi\in B}\left|\int\int_K\cdots\int f_j(x)\varphi(x)\,dx\right| \\ \qquad \leqq M\int\int_K\cdots\int|f_j(x)|dx=M\|f_j\|_{L^1{}_K} \end{cases}$$

したがってたしかに $f_j(B)$ は0に収束する．

もっと一般に，f_j が $L^1{}_K$ において0に弱収束し $L^1{}_K$ で有界ならば，$(\mathcal{D}')$ において f_j は有界で0に弱収束，したがって強収束する．

第1章，定理4と同じ方法を用いて(単位の分解を用いて)，1系の超函数が R^n の各点の近傍で或る極限超函数に収束すれば，それらは R^n において或る極限超函数に収束することがわかる：

収束は局所的性質である

特に，超函数 T_j の極限の台は T_j の台の和集合の閉包に含まれる．台が R^n において無限に遠ざかるような，すなわち R^n のいかなる相対コンパクトな開集合においてもついには0になるような1系の超函数は，$(\mathcal{D}')$ において0に収束する．

これまでの定理は12, 13, 14, 15を除けばすべて，$(\mathcal{D}^m)$ の共役空間 $(\mathcal{D}'^m)$ についても成り立つ．

注意 超函数 T_j が或る極限 T に収束するとき：

1° T_j が測度 $\geqq 0$ ならば T もそうである；$T_j(\varphi)\geqq 0$ から $T(\varphi)\geqq 0$ が出るからである；

2° T_j が測度 μ_j であって，閉包がコンパクトな R^n の開集合 Ω を任意に定めるときそれら μ_j のノルム $\int\int_\Omega\cdots\int|d\mu_j|$ が一定数 >0 を超えないならば，T についてもそうである；$|T_j(\varphi)|\leqq k(\mathrm{Max}|\varphi|)$ から $|T(\varphi)|\leqq k(\mathrm{Max}\,|\varphi|)$ が出るからである．“測度”の代りに，各 Ω 上で $L^p(1<p\leqq\infty)$ に属して各 Ω 上で L^p ノルムが或る定数 >0 を超えないような函数で置き換えても，同じことが成り立つ；なぜならば

$$|T_j(\varphi)| \leqq k\|\varphi\|_{L^{p'}} \qquad [p'=p/(p-1)]$$

から $|T(\varphi)|\leqq k\|\varphi\|_{L^{p'}}$ が導かれるからである[1]. この注意は明らかに連続函数の空間 $(\mathscr{C})$, あるいは可積分函数の空間 L^1(それらは Banach 空間の共役空間でない)については成り立たない.

§4 微分法の位相的定義

1階微係数

いまや $(\mathscr{D}')$ の位相を用いて微係数のもっと自然な定義を与えることができる. 函数 f については普通の意味で

(3, 4 ; 1)

$$\frac{\partial f}{\partial x_k}=\lim_{h_k\to 0}\frac{f(x_1, x_2, \cdots, x_{k-1}, x_k+h_k, \cdots, x_n)-f(x_1, x_2, \cdots, x_k, \cdots, x_n)}{h_k}$$

である.

$h=\{0, 0, \cdots, 0, h_k, 0, \cdots, 0\}$ (h は k 番目の座標が h_k で他の座標がすべて 0 の点)と置き, f を**平行移動**した函数の概念(45 頁参照)を用いよう.

(3, 4 ; 2) $$\frac{\partial f}{\partial x_k}=\lim_{h_k\to 0}\frac{\tau_{-h}f-f}{h_k}$$

定理 17. ***T* を任意の超函数とすれば**

(3, 4 ; 3) $$\frac{\partial T}{\partial x_k}=\lim_{h_k\to 0}\frac{\tau_{-h}T-T}{h_k}$$

である.

$h_k\to 0$ のときに

(3, 4 ; 4) $$S_{(h_k)}=\frac{\partial T}{\partial x_k}-\frac{\tau_{-h}T-T}{h_k}$$

が 0 に収束することを証明せねばならない.

(3, 4 ; 5) $S_{(h_k)}(\varphi)=T(\psi_{(h_k)})$, ただし $\psi_{(h_k)}=-\dfrac{\partial\varphi}{\partial x_k}-\dfrac{\tau_h\varphi-\varphi}{h_k}$.

---

1) 〔訳注〕 $p=\infty$ なら $p'=1$ とする. $1<p\leqq\infty$ のとき, 任意の Borel 集合 E について $L^p{}_E$ は $L^{p'}{}_E$ の共役空間である. $f\in L^p{}_E$ のノルムは, $\|g\|_{L^{p'}}=1$ なる $g\in L^{p'}{}_E$ 全体に関する

$$\operatorname*{Max}_g |f(g)| = \operatorname*{Max}_g \left|\int\int_E\cdots\int f(x)g(x)\,dx\right|$$

に一致する.

一定の φ に対して，$h_k\to 0$ のとき $\psi_{(h_k)}$ およびその各微係数が0に一様収束し，したがって $\psi_{(h_k)}$ が $(\mathcal{D})$ において0に収束することが，ただちにわかる．T は連続線型汎函数であるから，h_k が0に収束するとき $T(\psi_{(h_k)})$，すなわち $S_{(h_k)}(\varphi)$ は0に収束する．ゆえに $S_{(h_k)}$ は $(\mathcal{D}')$ において0に弱収束，したがってまた定理13により強収束する（なお，強収束は容易に直接証明される）．

任意階の微係数

T の逐次階差を導入して定理17を一般化するのは容易である．

ここでも $h=\{0, 0, \cdots, 0, h_k, 0, \cdots, 0\}$ として

(3, 4 ; 6)
$$\Delta_{h_k} T=\tau_{-h}T-T$$

と置こう．増分 h_k がすべて相等しいときの，x_k に関する p_k 番目の階差とは

(3, 4 ; 7)
$$\begin{cases} \Delta_{h_k}{}^{p_k}T=\Delta_{h_k}(\Delta_{h_k}{}^{p_k-1}T) \\ \qquad =\tau_{-p_k h}T-C^1{}_{p_k}\tau_{-(p_k-1)h}T+C^2{}_{p_k}\tau_{-(p_k-2)h}T \\ \qquad\qquad +\cdots+(-1)^{p_k}T \end{cases}$$

のこととする．

また，たとえば，相異なる変数 $x_1, x_2, \cdots, x_n$ について相異なる増分を考えることができる；$p=\{p_1, p_2, \cdots, p_n\}$ で，h が増分の系 $h=\{h_1, h_2, \cdots, h_n\}$（$h_k$ は変数 x_k の増分）ならば，

(3, 4 ; 8)
$$\Delta_{h_1}{}^{p_1}\Delta_{h_2}{}^{p_2}\cdots\Delta_{h_n}{}^{p_n}T=\Delta_h{}^pT$$

と定義する；容易に知られるように，

(3, 4 ; 9)
$$D^pT=\lim_{h\to 0}\frac{\Delta_{h_1}{}^{p_1}\Delta_{h_2}{}^{p_2}\cdots\Delta_{h_n}{}^{p_n}T}{h_1{}^{p_1}h_2{}^{p_2}\cdots h_n{}^{p_n}}=\lim_{h\to 0}\frac{\Delta_h{}^pT}{h^p}$$

を得る．各微係数 D^p はこうして，途中の微係数 $D^qT, q\leqq p$, を経由する必要なく，階差の極限として表わされる．

(3, 4 ; 9)のような諸公式は（$p=2$ について），三角級数の Riemann の研究で重要な歴史的役割を演じた．Schwarz の有名な定理によると，1変数 ($n=1$) の連続函数 $f(x)$ がすべての x について

(3, 4 ; 10)
$$\lim_{h\to 0}\frac{f(x+h)+f(x-h)-2f(x)}{h^2}=0$$

を満たせば，$f(x)$ は1次函数である．

(3, 4 ; 9) に類似の等式によっては，このことは証明されない．なぜならば，(3, 4 ; 10) の左辺は $(\mathscr{D}')$ において2階微係数 f'' に収束せねばならないが，函数が各点で0に収束しても，超函数の空間 $(\mathscr{D}')$ において0に収束するとは限らないから，"f'' が0したがって f が1次函数である" とは確言できない．それゆえ超函数についての初等的考察は，Schwarz の定理ほど詳しい結果は与えない．なお，この定理は，ここで考えた特殊な式に特有なものであり，彼の劣調和函数への拡張のように，本質的に函数の凸性と最大値の原理とに結びついている．

しかしこれに反して，はるかに一般的な結果も得られる：

1° 定理16によって，1系の函数が各コンパクト集合において有界であってほとんど到る所で0に収束すれば，それらは $(\mathscr{D}')$ において0に収束する．

ゆえに多変数の函数について，$\dfrac{\Delta_h{}^p f}{h^p}$ が $h\to 0$ のときほとんど到る所で0に収束して，各コンパクト集合上で x に無関係に十分小さい h については有界であるときには，$D^p f=0$ である；そして $n=1$ (1変数の場合) ならば f は次数 $\leqq p-1$ の多項式である．

2° R^n の到る所で函数列が0に収束すれば，R^n において稠密な或る開集合に属する各点の近傍で，それらの函数が全体として有界である．ゆえに，$f(x)$ が連続で $\dfrac{\Delta_h{}^p f}{h^p}$ が到る所で0に収束すれば，$D^p f$ は R^n において稠密な或る開集合において0で，その台は或る疎な閉集合に含まれる．1変数の場合 $(n=1)$ には，その閉集合に隣接する[1]各区間において，f は次数 $\leqq p-1$ の多項式(それは区間ごとに異なるかも知れない)である．もちろんここで $D^p f=0$ という結論は，超函数理論の意味にとるべきである；f は通常の意味の微係数を持たないかも知れない．

単調函数

他方，この頁に掲げた各点での収束と $(\mathscr{D}')$ での収束の差異に基づく難点が現われない場合もある．たとえば，S. Bernstein 氏の古典的な定理[2]の述べる所では，区間 $]a, b[$ において "完全単調" な1変数の函数はその区間で解析的

1) 〔訳注〕 contigu: それ自身はその閉集合の点をもたないが，少しでも延ばすとその閉集合の少くとも1点を含むような，開区間．

2) S. BERNSTEIN, [1], 196-197頁．

である．まずそのような函数 $f(x)$ が(普通の意味で)無限回可微分で，各微係数が $\geqq 0$ であることを証明せねばならないが，それはいまや明白である．なぜならば，$f(x)$ が完全単調であるから任意の h に対して $\Delta_h{}^p f/h^p \geqq 0$ である．そして測度 $\geqq 0$ の $(\mathcal{D}')$ における極限は $\geqq 0$ であるから，h を0に近づけて，f の微係数がすべて $\geqq 0$ であることがわかる．そこで，f はたしかに普通の意味で無限回可微分である(第2章，定理3の系)．この定理は多変数についても真である．一般に“差商”と微係数との関係についての多くの労作は，超函数理論によって相当に簡単化され，さらによく解釈される[1]．

注意　46, 47頁の諸公式には別の解釈も可能である．T を固定すると，対応 $h \to \tau_h T$ はベクトル値函数である，すなわち n 変数 $h_1, h_2, \cdots, h_n$ の函数で超函数空間 $(\mathcal{D}')$ の値を取る．この函数は無限回可微分で，

$$\left[\frac{\partial}{\partial h_k}(\tau_h T)\right]_{h=0} = -\frac{\partial T}{\partial x_k}; \quad \frac{\partial}{\partial h_k}(\tau_h T) = -\frac{\partial}{\partial x_k}(\tau_h T). \tag{3, 4 ; 11}$$

§5　連続線型演算としての微分法

微分法の連続性

定理18．超函数の微分法は連続線型演算である；しかもそれは準同型写像である[2]．

$(\mathcal{D}')$ における線型演算 $T \to \dfrac{\partial T}{\partial x_1}$ は，$(\mathcal{D})$ における連続線型演算 $\varphi \to -\dfrac{\partial \varphi}{\partial x_1}$，実は準同型写像，の**反転**である．

B を $(\mathcal{D})$ における有界集合とする．φ が B の中を動くとき $\dfrac{\partial \varphi}{\partial x_1}$ は或る有界集合 B' の中を動く．このとき公式

$$\frac{\partial T}{\partial x_1}(\varphi) = T\left(-\frac{\partial \varphi}{\partial x_1}\right)$$

は，$\dfrac{\partial T}{\partial x_1}(B) = T(B')$ であることを示している；T_j が $(\mathcal{D}')$ において0に収束すれば $T_j(B')$ は，したがって $\dfrac{\partial T_j}{\partial x_1}(B)$ は0に収束する；したがって $\dfrac{\partial T_j}{\partial x_1}$ は $(\mathcal{D}')$ において0に収束する：微分法は連続な線型演算である．

さて，積分に関して第2章定理4で述べたことに立ちもどろう．各超函数 S

1) Choquet [1]; Dieudonné [3]; Popoviciu [1]; Boas [1]; Whitney [2].

2) 〔訳注〕開集合の像が必ず像空間における開集合となるような連続線型写像を準同型写像という．

に対して，$\dfrac{\partial T}{\partial x_1}=S$ となる1つの超函数 $T=I_1(S)$ を特定の方法で対応させることができる．

超函数 $\sum_1$ (47頁)を0に取ることによって，写像 $S\to I_1(S)$ として1つの連続線型写像が得られる．それゆえ演算 $\dfrac{\partial}{\partial x_1}$ に対して少くも1つの**連続**な右"逆"演算 $I_1\left(\dfrac{\partial}{\partial x_1}I_1(S)=S\right)$ が見出された；これは演算 $\dfrac{\partial}{\partial x_1}$ が準同型であることを示すものである．

定理18は基本的である．これは微分法を解析学の簡単な演算，つねに可能で連続な演算，として"復権"させる．これは，$(\mathscr{D}')$ における収束を証明する最も容易な方法の1つを与える：**超函数 T_j が0に収束することを証明できたならば，$\dfrac{\partial T_j}{\partial x_1}$ も0に収束する．**

古典的なことであるが，函数 f_j が0に一様収束しても，その微係数 $\dfrac{\partial f_j}{\partial x_1}$ は同じ性質を持つとは限らない：これは，微係数の使用に不適当な位相を考えることによる；$\dfrac{\partial f_j}{\partial x_1}$ は $(\mathscr{D}')$ **において**0に収束するのである．言うまでもなく，もっと階数の高い微分法も連続線型演算である．

収束判定条件

定理16は次のように拡張され，**実際に用いられる $(\mathscr{D}')$ における収束判定条件の主要なもの**を与える：

定理19．函数 f_j が，いかなるコンパクト集合 K についても，K 上で可積分な函数の空間 $L^1{}_K$ において0に収束するならば(特に f_j が連続函数で各コンパクト集合において0に一様収束するならば)，複合した任意の微分記号

$$D=\sum_p a_pD^p,\qquad a_p=\text{複素定数},$$

に対し，Df_j は $(\mathscr{D}')$ において0に収束する．

これらの定理はとりわけ，超函数の空間 $(\mathscr{D}')$ において0に収束する無限和と無限積に適用されるであろう．

無限和 $\sum_j T_j$ が収束するというのは，添字の有限集合の包含順序にしたがって有限和が収束する[1)]ときであることを想起しよう；級数 $\mathop{\mathrm{S}}_{\nu=1}^{\nu=\infty} T_\nu$ が収束するの

1)　Bourbaki [4]，第3章，§4 参照．$(\mathscr{D}')$ における0の任意の近傍 V に対し，添字の集合の有限部分集合 J があって，添字の集合の任意な有限部分集合 $K\supset J$ に対し $\left(T-\sum_{j\in K}T_j\right)$ が V に属する．

は，和 $S_m=\sum_{\nu\leqq m} T_\nu$ が極限を持つときである；級数 $\underset{\nu}{\mathrm{S}}T_\nu$ が可換収束(項のいかなる順序についても収束)するならば，それは収束和 $\sum_\nu T_\nu$ で置き換えられ，有限和の主要な諸性質をもつ.

$(\mathscr{D}')$ において収束する級数や和は，何等特別な注意なしに，項別に微分できる.

これは調和解析(Fourier 変換，Laplace 変換)に多くの貢献をするであろう.

§6　超函数の局所的構造

超函数と，連続函数の微係数

定理 20. ***T が超函数，K がコンパクト集合ならば，$\varphi_j\in(\mathscr{D}_K)$ およびその階数 $\leqq m$ の各微係数が 0 に一様収束するとき $T(\varphi_j)$ が 0 に収束するような，整数 $m\geqq 0$ が存在する.***

実際 T は，その位相をすでに知っている(§1)ベクトル空間 $(\mathscr{D}_K)$ の上の，連続線型汎函数を定める．ゆえに任意の $\varepsilon>0$ に対して，$\varphi\in V(m;\eta;K)$ ならば $|T(\varphi)|\leqq\varepsilon$ となるような $(\mathscr{D}_K)$ における 0 の近傍 $V(m;\eta;K)$ が存在する．そして任意の $k\geqq 0$ に対し，$\varphi\in V(m;k\eta;K)$ ならば $|T(\varphi)|\leqq k\varepsilon$ である．これで定理が証明された.

定理 21. ***R^n 上の超函数 T は，閉包 $\bar{\Omega}$ がコンパクトな R^n の開集合 Ω においては或る連続函数の或る微係数に等しく，その函数の台は $\bar{\Omega}$ の任意な近傍の中にとることができる.***

実際，上に述べたことを $K=\bar{\Omega}$ に適用しよう.

$$|p|\leqq m \quad に対し \quad |D^p\varphi|\leqq\eta \tag{3,6;1}$$

という1系の不等式から $\varphi\in(\mathscr{D}_{\bar{\Omega}})$ については $|T(\varphi)|\leqq\varepsilon$ が導かれるような，m と η がある.

ところがすべての函数 $\theta\in(\mathscr{D}_{\bar{\Omega}})$ とすべての i について

$$\theta(x_1,x_2,\cdots,x_n)=\int_{-\infty}^{x_i}\frac{\partial\theta}{\partial t_i}(x_1,x_2,\cdots,x_{i-1},t_i,x_{i+1},\cdots,x_n)\,dt_i. \tag{3,6;2}$$

そこで，l が $\bar{\Omega}$ の最大幅を超える数 $\geqq 1$ ならば，(3,6;1)の不等式はすべてただ1つの不等式

(3, 6 ; 3)
$$\left|\frac{\partial^m \varphi}{\partial x^m}\right| = \left|\frac{\partial^{mn}\varphi}{\partial x_1{}^m \partial x_2{}^m \cdots \partial x_n{}^m}\right| \leqq \eta/l^{mn}$$

から導かれるし，この不等式自身は

(3, 6 ; 4)
$$\int\int\cdots\int\left|\frac{\partial^{m+1}\varphi}{\partial x^{m+1}}\right| dx \leqq \eta/l^{mn}$$

から導かれる．函数 $\varphi_j \in (\mathcal{D}_{\bar{\Omega}})$ に対して $T(\varphi_j)$ が 0 に収束するためには，$\bar{\Omega}$ 上で可積分な函数の Banach 空間 $L^1{}_{\bar{\Omega}} = L^1{}_K$ の要素として函数 $\dfrac{\partial^{m+1}\varphi_j}{\partial x^{m+1}}$ が 0 に収束すれば十分であることがわかる．

(3, 6 ; 5)
$$\psi = \frac{\partial^{m+1}\varphi}{\partial x^{m+1}}$$

と置こう．ψ と φ との対応は 1 対 1 である：微分演算によって φ から ψ が定まり，(3, 6 ; 2) のような積分の繰返しによって ψ から φ が定まる．ゆえに線型汎函数 $T(\varphi)$ は 1 つの線型汎函数 $L(\psi)$ である．$L(\psi)$ が定義されている ψ のベクトル空間 $(\varDelta)$ は $L^1{}_K$ の部分ベクトル空間であるが，それは全空間ではない，というのは

1°　ψ は R^n において無限回可微分，

2°　ψ は $\dfrac{\partial^{m+1}\varphi}{\partial x^{m+1}}$ の形で，この φ の台は $\bar{\Omega}$ に含まれる

からである．

$L^1{}_K$ から導かれた位相をもつ $(\varDelta)$ において線型汎函数 $L(\psi)$ は連続である．ゆえに Hahn-Banach の定理によって，それは $L^1{}_K$ 上の連続線型汎函数まで，無限に多くのしかたで，拡張される．その拡張は $\bar{\Omega}$ 上の有界可測函数 f で定義される：

(3, 6 ; 6)
$$L(\psi) = \int\int\cdots\int f\psi dx :$$

このときすべての $\varphi \in (\mathcal{D}_{\bar{\Omega}})$ について，したがってなおのこと，すべての $\varphi \in (\mathcal{D}_{\Omega})$ について

(3, 6 ; 7)
$$T(\varphi) = L(\psi) = f\left(\frac{\partial^{m+1}\varphi}{\partial x^{m+1}}\right)$$

であり，これは開集合 Ω において

(3, 6 ; 8)
$$T = (-1)^{(m+1)n}\frac{\partial^{m+1}f}{\partial x^{m+1}}$$

であることを示している．あきらかに，f は1通りに定まりはしない，というのは Ω において偏微分方程式

(3, 6 ; 9)
$$\frac{\partial^{m+1}g}{\partial x^{m+1}}=0$$

を満たす任意函数 g を，それに加えてよいからである．いま函数

(3, 6 ; 10)
$$F(x_1, x_2, \cdots, x_n)=\int_{-\infty}^{x_1}\int_{-\infty}^{x_2}\cdots\int_{-\infty}^{x_n}f(t_1, t_2, \cdots, t_n)\,dt_1dt_2\cdots dt_n$$

を考えよう．これは R^n 上で連続な，一般には台がコンパクトでない，函数である．

他方，第2章，定理5で知ったように，超函数の意味で

(3, 6 ; 11)
$$\frac{\partial F}{\partial x}=\frac{\partial^n F}{\partial x_1\partial x_2\cdots\partial x_n}=f$$

である．そこで，R^n の開集合 Ω において

(3, 6 ; 12)
$$T=(-1)^{(m+1)n}\frac{\partial^{m+2}F}{\partial x^{m+2}}$$

である．いま U を $\bar{\Omega}$ の任意な近傍とすれば，$\bar{\Omega}$ 上では1に等しくなっている函数 $\alpha\in(\mathcal{D}_U)$ を掛けて，(3, 6 ; 12) において F を $G=\alpha F$ で置き換えることができるが，これは定理を証明するものである．

定理21はすこぶる重要である．われわれは連続函数を微分できるようにと超函数を導入した．局所的に見ればすべての超函数は連続函数の微係数であるから，余計なものまで導入したのではないことがわかる．

この定理は特に，第1章，§2，16頁で導入した超函数の階数の概念を用いれば，**閉包がコンパクトな R^n の開集合 Ω 上では，R^n 上で定義された各超函数の階数が有限である**ことを示している．

なお1変数 ($n=1$) の場合には定理21の証明を簡単にできる．$L^1_{\bar{\Omega}}$ の代りに $(C_{\bar{\Omega}})$ をもちこんで，もっと速かに次の系を得ることができるのである：

系．閉包がコンパクトな R^1 の開集合 Ω 上では，超函数 T は有限な階数 m をもつ．Ω においてそれは或る測度の m 階微係数である；その k 階微係数は階数 $\leqq m+k$ ($m>0$ なら階数 $=m+k$) であり，$m+2$ 階以上の原始超函数は連続函数である．あらゆる微係数の階数が一定の m 以下であるような超函数は，普通の意味で無限回可微分な函数である．

超函数の有界集合

1つの超函数 T ではなく，超函数の集合 B' で $(\mathcal{D}')$ において有界なものを考えて，定理21をもう一度とりあげよう．このとき定理9によって，$(\mathcal{D}_{\bar{\Omega}})$ における0の**或る同じ近傍** $V(m\,;\varepsilon\,;\bar{\Omega})$ において，すべての汎函数 $T\in B'$ が全体として或る上界 η をもつ．

それらの T に対応する，$\phi\in(\Delta)$ に対して定義された線型汎函数 $L(\phi)$ は全体として有界である；任意の $\phi\in(\Delta)$, $T\in B'$ に対し，

$$\int\int\cdots\int|\phi|dx \leqq \eta/l^{mn} \tag{3, 6 ; 13}$$

から $|L(\phi)|\leqq\varepsilon$ が導かれることがわかる；ゆえに

$$|L(\phi)| \leqq \frac{\varepsilon l^{mn}}{\eta}\|\phi\|_{L^1_K}. \tag{3, 6 ; 14}$$

ところが Hahn-Banach の定理によって $L^1{}_K$ の部分ベクトル空間 (Δ) 上の連続線型汎函数は，全空間 $L^1{}_K$ 上の連続線型汎函数に，しかも，もとと**同じノルムを持つ**もの，に拡張できる．

ゆえに，汎函数 L を表現する函数 $f\in L^\infty{}_K$ で次のようなものを選ぶことができる：

$$\|L\| = \operatorname*{Max}_{\phi\in\Delta}\frac{|L(\phi)|}{\|\phi\|} = \operatorname*{Max}_{x\in\bar{\Omega}}|f(x)| \leqq \frac{\varepsilon l^{mn}}{\eta}. \tag{3, 6 ; 15}$$

ここで f から F に移れば，超函数 T に対応するそれらの連続函数 F は R^n 上で一様有界であることがわかる．ゆえに，逆の方は明白だから次の定理を述べることができる：

定理 22. 超函数の集合 B' が $(\mathcal{D}')$ において有界であるためには，R^n における相対コンパクトな開集合 Ω をどうとっても，ある p と，Ω 上の連続函数の一様有界[1] な集合とによって，すべての $T\in B'$ がそれらの函数の微係数 D^p として表わされる，ということが必要かつ十分である．

超函数の収束列

こんどは有界集合 B' の代りに，$(\mathcal{D}')$ において0に収束する**列** T_j を考える．

1)〔訳注〕 連続函数は Ω と T に依存するが，その絶対値は Ω だけに依存する上界をもつ．

このとき T_j は有界，したがって

$$T_j=(-1)^{(m+1)n}\frac{\partial^{m+1}}{\partial x^{m+1}}f_j \tag{3,6;16}$$

で，これらの f_j は有界である．

ここで $L^1{}_K$ を Hilbert 空間 $L^2{}_K$ で置き換えるのは興味あることである．$L^1{}_K$ から位相が導かれた $(\varDelta)$ において連続な $L_j(\phi)$ は，$L^2{}_K$ から位相が導かれた $(\varDelta)$ ではなおさら連続である．なお，$(\varDelta)$ 上で連続な L を拡張するには，連続性によって $L^2{}_K$ における $(\varDelta)$ の閉包 $(\bar{\varDelta})$ に L を拡張し，$(\varDelta)$ に垂直な $L^2{}_K$ の部分ベクトル空間においては L を 0 に取ればよいから，Hahn-Banach の定理は要らない．このとき f_j は有界函数 $\in L^\infty{}_K$ ではなく，全体としてノルムの有界な函数 $\in L^2{}_K$ である．

しかしもっと進んだことが言える．一定の $\phi\in(\varDelta)$ に対し

$$\lim_j L_j(\phi)=\lim_j T_j(\varphi)=0. \tag{3,6;17}$$

L_j のノルムは全体として有界であるから，$L^2{}_K$ における $(\varDelta)$ の閉包 $(\bar{\varDelta})$ の上でも，一定の ϕ に対しては $L_j(\phi)$ はやはり収束する；任意の $\phi\in L^2{}_K$ についても，部分空間 $(\bar{\varDelta})$ への ϕ の正射影を θ とすれば，$L_j(\phi)=L_j(\theta)$ であるから，やはりこのことが成り立つ．

これらの $f_j\in L^2{}_K$ には次の性質がある：

1°　$L^2{}_K$ において $\|f_j\|$ は有界；

2°　任意の $\phi\in L^2{}_K$ について，$\int\int\cdots\int f_j\phi dx$ は 0 に収束する．

ところが x を定めれば，$K_x(t)\in L^2{}_K$ を $t\leqq x$, $t\in\bar{\Omega}$ では 1，他の所では 0 に等しい函数として

$$F_j(x)=\int_{-\infty}^{x_1}\int_{-\infty}^{x_2}\cdots\int_{-\infty}^{x_n}f_j(t)\,dt=\int\int_{\bar{\Omega}}\cdots\int K_x(t)f_j(t)\,dt. \tag{3,6;18}$$

それゆえ $F_j(x)$ は各点で 0 に収束する；しかも，$L^2{}_K$ において $\|f_j\|$ は有界であり，函数 $K_x(t)$ 全体は $L^2{}_K$ のコンパクト集合を成すから，この収束は $x\in R^n$ について一様である．

それゆえ次の定理を述べることができる：

定理 23.（定理 19 の逆）．

超函数 T_j が $(\mathcal{D}')$ において 0 に収束する列を成せば，R^n で相対コンパク

トな開集合をどのようにとっても，ある p によって，Ω における T_j は，R^n で 0 に一様収束する列を成す連続函数 F_j の微係数 $D^p F_j$ として表わされる．

有界な底あるいは可算底をもつフィルターについても同様であるが，任意のフィルターについてはあきらかにそうでない．

特に，有限箇の実数値パラメタ λ_ν に連続的に依存する超函数 $T\in(\mathcal{D}')$ は，閉包がコンパクトな R^n の開集合の中を x が動き，λ_ν が有界な範囲に留まるときには，x と λ_ν との或る連続函数 F の或る微係数 $D_x{}^p F(x;\lambda_\nu)$ に等しい．

定理 21, 22, 23 は第 6 章 (22, 23) において再び証明される．

§7 コンパクトな台をもつ超函数

φ が任意の台をもつときの $T(\varphi)$ の定義

T を，台がコンパクト集合 K_0 である超函数とする．φ を，**任意の台**をもつ無限回可微分函数とする；α が K_0 の或るコンパクトな近傍では 1 に等しい函数 $\in(\mathcal{D})$ ならば，$T(\alpha\varphi)$ が φ には依存するが，α にはよらないことは全く明らかである；というのは，α, β が K_0 の或るコンパクトな近傍においては 1 に等しい函数 $\in(\mathcal{D})$ ならば，$(\alpha-\beta)\varphi$ は K_0 の補集合に含まれる台をもつので，

(3, 7 ; 1) $$T(\alpha\varphi)-T(\beta\varphi)=T[(\alpha-\beta)\varphi]=0$$

となるからである．

線型汎函数 $T(\alpha\varphi)$ は，φ がコンパクトな台をもつときには，$T(\varphi)$ と一致する；これを，φ がいかなる台をもつときにも，$T(\varphi)$ と呼ぶ；したがって今後，T の台がコンパクトならば，φ が無限回可微分でいかなる台をもつときにも $T(\varphi)$ が定義される．$T(\varphi)$ は K_0 の近傍における φ の値だけに依存する．

特に $\varphi(x)\equiv 1$ にとることができる；$T(1)$ は T の**積分**と呼ばれ，これをしばしば $\iint\cdots\int T$ で表わす．T が(コンパクトな台を持つ)測度 μ あるいは函数 f ならば，

(3, 7 ; 2)

$$\iint\cdots\int T=\iint\cdots\int d\mu \quad \text{あるいは} \quad \iint\cdots\int T=\iint\cdots\int f(x)\,dx$$

である．T がコンパクトな台をもつ超函数の微係数ならば，その積分は 0:

(3, 7 ; 3) $$T(1)=D^p S(1)=(-1)^{|p|}S(D^p 1)=0,$$

であることに注意しよう．

定理 24. T **がコンパクトな台** K_0 **をもつ超函数ならば，次のような数** $m \geqq 0$ **がある：任意の台をもつ** φ_j **およびそれの階数** $\leqq m$ **の微係数がすべて** K_0 **の近傍で 0 に一様収束すれば，** $T(\varphi_j)$ **は 0 に収束する．**

実際，これらの仮設によって，$\alpha\varphi_j$ およびそれの階数 $\leqq m$ の微係数は 0 に一様収束して，その台はすべて一定のコンパクト集合に含まれ，したがって定理 20 により，m が十分大きければ $T(\alpha\varphi_j)=T(\varphi_j)$ は 0 に収束する．この定理は，コンパクトな台をもつ超函数の階数が有限——詳しく言うと，この定理に現われる m の最小値に等しい——ことを示している．

空　間 $(\mathcal{E})$, $(\mathcal{E}')$

$(\mathcal{E})$ を R^n 上の無限回可微分函数 φ（台は任意）の全体が作るベクトル空間とする；φ_j が各コンパクト集合上で 0 に一様収束し，φ_j の各微係数もそうであるときに，φ_j が $(\mathcal{E})$ において 0 に収束すると言うことにして，$(\mathcal{E})$ に位相を入れることができる．$(\mathcal{E})$ における 0 の 1 つの基本近傍系は次のような $V(K; m; \varepsilon)$ 全体で与えられる（K はコンパクト，m は整数 $\geqq 0$, $\varepsilon > 0$）．コンパクト集合 K 上で φ の階数 $\leqq m$ の微係数 $(D^p\varphi, |p| \leqq m)$ の絶対値がすべて ε 以下のときに，$\varphi \in V(m; \varepsilon; K)$ とする．この位相を定義する半ノルムの 1 つの基本系は次の $N(K; m)$ からなる：

$$N(K; m)(\varphi) = \operatorname*{Sup}_{\substack{x \in K \\ |p| \leqq m}} |D^p\varphi(x)|.$$

$(\mathcal{E})$ は局所凸，完備で，近傍の可算底を持つ：Fréchet 空間である．$(\mathcal{E})$ における有界集合とは，各コンパクト集合 K 上で各添字 p に対して $|D^p\varphi|$ が有界[1]であるような函数 φ の集合に他ならない．

明らかに，コンパクトな台 K_0 を持つ超函数 T は $(\mathcal{E})$ 上の連続線型汎函数を，すなわち $(\mathcal{E})$ の共役空間 $(\mathcal{E}')$ の要素を定義する．

逆に，$L(\varphi)$ を $(\mathcal{E})$ 上の連続線型汎函数とする．$(\mathcal{D})$ が $(\mathcal{E})$ の部分ベクトル空間であるから，これは $(\mathcal{D})$ 上の線型汎函数 $L(\varphi)$ を定める．ところが，

---

1)〔訳注〕p を固定し φ を動かすとき，それら φ 全体について一様に有界．

φ_j が位相空間 $(\mathcal{D}_K)$ において 0 に収束すれば，φ_j は $(\mathcal{E})$ においても 0 に収束し，したがって $L(\varphi_j)$ は 0 に収束する：L は位相空間 $(\mathcal{D})$ 上で連続である；すべての $\varphi \in (\mathcal{D})$ に対して

$$L(\varphi) = T(\varphi) \tag{3, 7 ; 4}$$

であるような，$T \in (\mathcal{D}')$ がある．

T はコンパクトな台 K_0 を持つ；もしそうでなかったとすれば，

$$\begin{cases} |x| \leqq \nu \quad \text{のとき} \quad \varphi_\nu(x) \equiv 0, \\ T(\varphi_\nu) = 1 \end{cases}$$

であるような函数 $\varphi_\nu \in (\mathcal{D})$ の列を作れるはずであるが，φ_ν は $(\mathcal{E})$ において 0 に収束し(台が無限に遠ざかる)，したがって $L(\varphi_\nu) = T(\varphi_\nu)$ は 0 に収束せねばならないから，このようなことはあり得ない．

$(\mathcal{D})$ は $(\mathcal{E})$ において稠密である：任意の $\varphi \in (\mathcal{E})$ に対して，$(\mathcal{E})$ において φ に収束し K_0 のコンパクトな近傍で φ に等しい $\varphi_j \in (\mathcal{D})$ を作れる；このとき $L(\varphi_j)$ は $L(\varphi)$ に収束するが $T(\varphi_j) = T(\varphi)$ であり，したがって任意の $\varphi \in (\mathcal{E})$ について(3, 7 ; 4)が成り立つ．それゆえ：

$(\mathcal{E})$ と $(\mathcal{E}')$ の双対性

定理 25.　コンパクトな台をもつ超函数全体の空間は，$(\mathcal{E})$ の共役空間 $(\mathcal{E}')$ に一致する．

言うまでもなく，$(\mathcal{E}')$ に $(\mathcal{E})$ の共役空間の位相を入れることができる；それは明らかに，$(\mathcal{D}')$ から $(\mathcal{E}')$ に導かれた位相と異なり，それより精しい：共役空間の位相を入れた $(\mathcal{E}')$ は完備であるが，$(\mathcal{D}')$ から導かれた位相では $(\mathcal{E}')$ は $(\mathcal{D}')$ において稠密である．別に断わらなければ，$(\mathcal{E}')$ にはつねに，$(\mathcal{E})$ の有界集合によって定義された，共役空間の位相を入れて考える．

$(\mathcal{D})$ と $(\mathcal{D}')$ について証明したのと類似な諸定理が，$(\mathcal{E})$ と $(\mathcal{E}')$ について容易に証明される．特に，$(\mathcal{E})$ および $(\mathcal{E}')$ は回帰的でおのおのが他方の共役空間であることが証明される；それらは有界型(かつ樽型)な Montel 空間である．

B' を $(\mathcal{E}')$ における有界集合とする；定理 9 に類似な定理によれば，$(\mathcal{E})$ における 0 の近傍 $V(m ; K ; \varepsilon)$ で，すべての超函数 $T \in B'$ がそこでは 1 で抑えられるようなものがある(このことは単に，Fréchet 空間である $(\mathcal{E})$ は樽型で

あること，よって $(\mathscr{E}')$ の有界集合は同程度連続であることを示している)．それゆえ，すべての $T\in B'$ は開集合 $\complement K$ で0である(なぜならば，φ の台が $\complement K$ にあれば，任意の k に対し $k\varphi$ が $V(m\,;K\,;\varepsilon)$ に入るからである)；よってその台は K に含まれる．R^n のコンパクト集合 K に台をもつ超函数から成る $(\mathscr{E}')$ の閉部分空間を $(\mathscr{E}_K')$ とすると，$(\mathscr{E}')$ は $(\mathscr{E}_K')$ の和集合であり，$(\mathscr{E}')$ の任意の有界集合は或る $(\mathscr{E}_K')$ に含まれる；$(\mathscr{E}')$ の有界集合は，或る $(\mathscr{E}_K')$ に含まれて $(\mathscr{D}')$ で有界な集合である．これは任意の収束列についても，また有界な底あるいは可算な底をもつ任意のフィルターについても，同様である．

さらに，$(\mathscr{E}')$ は $(\mathscr{E}_K')$ の帰納的極限としての位相をもっている．なぜならば，$(\mathscr{E}')$ とこの帰納的極限位相とが同じ有界集合，すなわち $(\mathscr{E}_K')$ の有界集合を持つ[1]；帰納的極限位相は $(\mathscr{E}_K')$ の位相を誘導する最も精しい局所凸位相であり，したがって $(\mathscr{E}')$ の位相より精しい；しかしまた $(\mathscr{E}')$ は回帰的な Fréchet 空間の共役空間であるから有界型であり[2]，その有界集合と適合する最も精しい局所位相をもち，よって $(\mathscr{E}')$ の位相は帰納的極限位相よ精しく，これら2つの位相は確かに一致する．

この§の冒頭で用いた手続きは自然に拡張することができる．任意の超函数 T と無限回可微分函数 φ について，もし T の台と φ の台とがコンパクト集合 K_0 で交わるならば必ず $T(\varphi)$ を定義できる．K_0 の或るコンパクトな近傍で1に等しい函数 $\in(\mathscr{D})$ を α とし，$T(\varphi)=T(\alpha\varphi)$ と置く．右辺は α に依存しない：実際，α および β が K_0 の或るコンパクトな近傍で1に等しい2つの函数 $\in(\mathscr{D})$ ならば，$(\alpha-\beta)\varphi$ の台は φ の台に含まれるが，K_0 の外にある $\alpha-\beta$ の台にも含まれ，したがって T の台の外にあるので，(3,7；1)が成り立つ．

コンパクトな台をもつ超函数の構造

ここで，全空間 R^n で全局的に考えたコンパクトな台を持つ超函数の構造についての，いくつかの定理を与えよう．

定理 26.　コンパクトな台 K_0 をもつ超函数 T は，無限に多くのしかたで，

1)　Bourbaki [6]，第18分冊，予備定理6，8頁．
2)　Grothendieck [4]，定理7，73頁．

全空間 R^n において，K_0 の任意な近傍 U に台が含まれる連続函数の微係数の有限箇の和として表わすことができる.

実際，定理 21 によって，Ω が K_0 の近傍であってその閉包 $\bar{\Omega}$ がコンパクトで U に含まれるならば，T は Ω において，台が U に含まれる連続函数の微係数 D^pG に等しい.

それゆえ，φ の台が Ω に含まれれば，

$$T(\varphi)=(-1)^{|p|}\int\int\cdots\int GD^p\varphi dx. \tag{3,7;5}$$

$\alpha(x)$ を，K_0 の近傍で 1 に等しく台が Ω に含まれる函数 $\in(\mathcal{D})$ とする．任意の $\varphi\in(\mathcal{E})$ に対し

$$T(\varphi)=T(\alpha\varphi)=(-1)^{|p|}\int\int\cdots\int GD^p(\alpha\varphi)dx. \tag{3,7;6}$$

Leibniz の公式によって，$D^p(\alpha\varphi)$ は

$$D^p(\alpha\varphi)=\sum_{q\leqq p}C_p{}^qD^{p-q}\alpha D^q\varphi \tag{3,7;7}$$

という形の 1 次結合であり，したがって

$$T(\varphi)=(-1)^{|p|}\sum_{q\leqq p}\int\int\cdots\int(C_p{}^qGD^{p-q}\alpha)D^q\varphi dx \tag{3,7;8}$$

すなわち

$$T=\sum_{q\leqq p}D^q[(-1)^{|q+p|}C_p{}^qGD^{p-q}\alpha]=\sum_{q\leqq p}D^qG_q(x) \tag{3,7;9}$$

であり，また函数 $G(x)D^{p-q}\alpha(x)$ の台はたしかに U に含まれる.

いま用いた証明から，$(\mathcal{E}')$ において有界な超函数集合，あるいは $(\mathcal{E}')$ において 0 に収束する超函数列については p を一定に，函数 G_q を一様有界あるいは 0 に一様収束するようにできることが結論される.

定理 27.　コンパクトな台 K_0 をもつ階数 $\leqq m$ の超函数はいずれも測度の，階数 $\leqq m$ の微係数の有限和であり，それらの測度の台を K_0 の任意な近傍 U の中に取れる；逆も成り立つ.

逆は明らかである；定理を証明しよう．他方，T は $(\mathcal{D}'^m)$ に属するときに階数 $\leqq m$ の超函数であることを思いだそう；そうなっているためには，K_0 の各点の近傍で T の階数が $\leqq m$ ならば十分である．V を，K_0 を含む開集合で $\bar{V}\subset U$ となるものとする．各函数 $\varphi\in(\mathcal{E})$ に N_m 箇の，$\bar{V}$ 上の連続函数

$$\psi_p = D^p\varphi, \qquad |p| \leqq m,$$

の組を対応させよう．その組 $\{\psi_p\}$ は φ によって決定されるが，また逆に $\bar{V}$ 上では，$\varphi=\psi_0$ であるから，φ を決定する．$\varphi\in(\mathcal{E})$ に対応する組 $\{\psi_p\}$ は，N_m 箇の $\bar{V}$ 上の連続函数の任意な組ではない；φ が $(\mathcal{E})$ 中を動くとき $\{\psi_p\}$ は，N_m 箇の $\bar{V}$ 上の連続函数の組全体が作る空間 Γ^{N_m} の或る部分ベクトル空間 $(\varDelta)$ 中を動く．Γ^{N_m} は，$\bar{V}$ 上の連続函数の空間 Γ に同型な N_m 箇の空間の積である．T の階数が $\leqq m$ ならば $T(\varphi)$ は，$\{\psi_p\}\in(\varDelta)\subset\Gamma^{N_m}$ に対して，$\{\psi_p\}$ の或る線型汎函数 $L(\{\psi_p\})$ である．Γ に $\bar{V}$ 上での一様収束の位相を，Γ^{N_m} には積の位相を導入しよう；N_m 箇の $\bar{V}$ 上の連続函数の組は，それらの函数がコンパクト集合 K_0 で0に一様収束するときに，0に収束するというのである．他方，φ に対応する組 $\{\psi_p\}$ が Γ^{N_m} において0に収束すれば，$T(\varphi)$ は0に収束する．それゆえ $L(\{\psi_p\})$ は $(\varDelta)$ 上の連続線型汎函数である．Hahn-Banach の定理によって，L を Γ^{N_m} 上の連続線型汎函数に拡張できる．Γ 上の連続線型汎函数は或る測度 μ で，μ の台は $\subset\bar{V}\subset U$；Γ^{N_m} 上の連続線型汎函数は N_m 箇のそのような測度 μ_p の組である．

$$(3,7\,;10)\qquad T(\varphi)=L(\{\psi_p\})=\sum_p \mu_p(\psi_p)=\sum_p \mu_p(D^p\varphi)$$

が成り立つ，すなわち

$$(3,7\,;11)\qquad T=\sum_p (-1)^{|p|}D^p\mu_p.$$

定理26, 27を2通りの方法でもっとよくしようと試みることもできよう：

1°　“微係数の有限和”を“1つの函数(あるいは測度)の1つの微係数”で置き換えることによって．

これはできるが，そのときにはその函数あるいは測度は一般にはコンパクトな台をもたず，全然興味外になる．たとえば，$n=1$ のとき，超函数 $\delta+\delta'$ はコンパクトな台をもつが，これを台がコンパクトな測度 μ で $\dfrac{d^p}{dx^p}\mu$ と表わすことはできない．なぜならば，この μ は，原点以外では次数 $\leqq p-1$ の多項式であるはずだが，μ がコンパクトな台を持ち得るのは原点以外では0である場合に限り，この場合 μ は δ に比例するが，$k\dfrac{d^p}{dx^p}\delta=\delta+\delta'$ は決して成り立たないからである．

2°　“K_0 の任意な近傍に台が含まれるような”を“K_0 に台が含まれるよう

な”で置き換えて.

このような拡張は K_0 が任意では不可能であることが示される．しかし K_0 が十分に正則ならば次のことが証明できる：T の階数が $\leqq m$ で台が $\subset K_0$ ならば T は，台が K_0 に含まれる測度の，階数 $\leqq m'$ の微係数の和に等しく，この m' は $\geqq m$ で，K_0 の性質に依存するが T の性質には関係しない(定理 34 参照).

定理 28. 階数 $\leqq m$ の超函数 T がコンパクトな台 K_0 をもつとき，$\varphi\in(\mathcal{E})$ およびその階数 $\leqq m$ の微係数がすべて K_0 上で 0 ならば，$T(\varphi)$ は 0 である.

この定理は，K_0 の任意近傍での値でなく K_0 の上だけでの φ および φ の微係数の値が関与するので，興味がある.

φ が或る 1 系の函数 ψ_d のおのおのに K_0 の或る近傍[1]において等しく，ψ_d およびその各階微係数が，d が 0 に収束するとき R^n において 0 に一様収束する，ということを示そう.

K_0 までの**距離**が $\leqq d$ であるような点全体の集合を V_d と呼ぼう．φ の m 階**微係数はすべて** K_0 上で 0 である；したがって，任意の $\eta>0$ について，d が十分小ならばそれら微係数の絶対値は V_d 上で $\leqq\eta$ である．つぎに V_d の点 x において，階数 $<m$ の微係数を考えよう；それは，K_0 の 1 点 x_0 から x に到る直線径路で，それの微分を逐次に積分して得られる；実際 φ の，階数 $\leqq m$ の微係数は K_0 上で 0 であるから，$|p|<m$ のとき

$$(3,7\,;12)\qquad D^p\varphi(x)=\int_{x_0}^{x}\left[\frac{\partial}{\partial t_1}D^p\varphi(t)\right]dt_1+\cdots+\left[\frac{\partial}{\partial t_n}D^p\varphi(t)\right]dt_n.$$

x_0 を x までの距離が $\leqq d$ であるように選べば，$x\in V_d$ について，順次に $|p|=m-1, m-2, \cdots$ に対し

$$(3,7\,;13)\qquad |D^p\varphi(x)|\leqq(d\sqrt{n})^{m-|p|}\eta$$

が得られる.

α が K_0 の或る近傍の上で 1 に等しい函数 $\in(\mathcal{D})$ であれば，任意の $\varphi\in(\mathcal{E})$ について $T(\varphi)=T(\alpha\varphi)$ である．α を次のように決めよう.

まず $\beta_d(x)$ を，0 と 1 の間にあって，$V_{d/2}$ 上では 1 に，$V_{3d/4}$ の外では 0 に等しい，連続函数とする．第 1 章，定理 1 で定義した函数 $\rho(x)$ を用いてこれを正則化しよう.

---

1)〔訳注〕 その近傍は ψ_d ごとに異るかも知れない.

(3,7;14) $$\alpha_d = \beta_d * \rho_{d/4}$$

と置こう；α_d はたしかに $\in(\mathcal{D})$ で，0と1の間にある；それは $V_{d/4}$ 上では1，V_d の外では0に等しい．

α_d の逐次微係数を評価しよう：

(3,7;15)
$$\begin{cases} D^d\alpha_d = \beta_d * D^p\rho_{d/4} \\ \text{したがって} \\ |D^p\alpha_d| \leqq \int\int\cdots\int|D^p\rho_{d/4}|dx \\ \quad = \int\int\cdots\int\dfrac{1}{\left(\dfrac{d}{4}\right)^n}\dfrac{1}{\left(\dfrac{d}{4}\right)^{|p|}}\left|D^p\rho_1\left(\dfrac{x}{d/4}\right)\right|dx \\ \quad = \left(\dfrac{4}{d}\right)^{|p|}\int\int\cdots\int|D^p\rho_1(x)|dx. \end{cases}$$

結局，$|p|\leqq m$ であるから，或る普遍定数 C_m に対して

(3,7;16) $$|D^p\alpha_d| \leqq \frac{C_m}{d^{|p|}}.$$

$\psi_d=\alpha_d\varphi$ と置けば，Leibniz の公式を用いて ψ_d の逐次微係数を評価できる．

(3,7;17) $$D^p\psi_d = \sum_{q\leqq p} C_p{}^q(D^{p-q}\alpha_d)D^q\varphi,$$

すなわち，$|p|\leqq m$ に対し(3,7;13 および 16)を参照して

(3,7;18) $$|D^p\psi_d| \leqq C\,\mathrm{Sup}_q \frac{1}{d^{|p-q|}}d^{m-|q|}\eta \leqq C\eta d^{m-|p|}$$

ただし C は m だけに依存する．

任意の d について，$T(\varphi)=T(\alpha_d\varphi)=T(\psi_d)$ である；ところで d が，したがって η も，0に近づけば(3,7;18)によって ψ_d の階数 $\leqq m$ の微係数がすべて0に一様収束し，したがって定理24によって $T(\psi_d)$ は d と共に0に収束する；このことは，$T(\varphi)=0$ であることを示している．

しかし，φ_j およびその各微係数が K_0 上で0に一様収束しても $T(\varphi_j)$ が0に収束することにはならないということに注意する必要がある；そうなるためには，**K_0 の或る近傍で** φ_j およびその各微係数が0に収束することが必要である(定理34参照)．

例　次の式で定義される R^1 上 $(n=1)$ の超函数 T を考えよう：

$$(3,7\,;19)\qquad T(\varphi)=\lim_{m\to\infty}\left[\left(\sum_{\nu\leqq m}\varphi\left(\frac{1}{\nu}\right)\right)-m\varphi(0)-(\log m)\varphi'(0)\right].$$

T の台 K はコンパクトである；それは点 $1/\nu$ ($\nu=1,2,\cdots$) およびその極限 0 から成る.

φ が K 上で 0 ならば，また $\varphi'(0)=0$ となり，$T(\varphi)=0$ となる．しかし，

$$(3,7\,;20)\qquad \varphi_j(x)=\begin{cases}\dfrac{1}{\sqrt{j}} & x\geqq\dfrac{1}{j}\ \text{のとき}\\[2ex] 0 & x\leqq\dfrac{1}{j+1}\ \text{のとき}\end{cases}$$

となるような函数 $\varphi_j\in(\mathcal{D})$ を定義しよう．$j\to\infty$ のとき，$|\varphi_j|\leqq\dfrac{1}{\sqrt{j}}$ は 0 に一様収束する；それの微係数はすべて K 上で 0 である．それにもかかわらず

$$(3,7\,;21)\qquad T(\varphi_j)=\frac{j}{\sqrt{j}}=\sqrt{j}\to\infty.$$

§8　超函数の大域的構造

閉包がコンパクトでない開集合 Ω においては，特に R^n においては，超函数は必ずしも函数の微係数ではない$\left(\text{例：}T=\sum_\nu\dfrac{d^\nu}{dx^\nu}(\delta_{(x_\nu)})\text{，ただし列 } x_\nu \text{ は } +\infty \text{ に収束するとして}\right)$.

定理 29. **$\{\Omega_\nu\}$ が超函数 T の台 F の，開集合 Ω_ν による被覆ならば，T を台が $\Omega_\nu\cap F$ に含まれる T_ν の局所有限な収束和**

$$(3,8\,;1)\qquad T=\sum_\nu T_\nu$$

に分解することができる：

実際，$\{\Omega_\nu\}$ に F の補集合 Ω_0 を付け加えれば，R^n の被覆が得られる．$\{\alpha_\nu\}$ をその被覆に従属する 1 の分解とする（第 1 章，定理 2）．そして

$$(3,8\,;2)\qquad T_\nu(\varphi)=T(\alpha_\nu\varphi)$$

と置こう．あきらかに $T_0(\varphi)=T(\alpha_0\varphi)=0$. T_ν は超函数で，その台 F_ν は $\Omega_\nu\cap F$ に含まれる.

$$\sum_\nu\alpha_\nu(x)\equiv 1$$

であるから，無限和 $\sum_\nu T_\nu$ ($\nu\to\infty$ のとき T_ν の台は無限に遠ざかる) は収束して，$T=\sum_\nu T_\nu$.

F のすべての点がただ1つの開集合 Ω_ν に含まれる場合をのぞき，分解(3, 8 ; 2)は無限通りある．

定理 30．任意の超函数 T は，G_j の台がコンパクトで，無限に遠ざかり，また T の台 F の任意の近傍 U に含まれるような，連続函数 G_j の微係数の収束和

(3, 8 ; 3)
$$T=\sum_j D^{p_j}G_j$$

に分解される．

実際，相対コンパクトな Ω_ν をもって，前定理を用いよう．定理26によって，コンパクトな台 F_ν をもつ各超函数 T_ν は，台が F_ν の任意な近傍に，特に U に含まれるような，連続函数の微係数の有限和に分解される．こうしてたしかに(3, 8 ; 3)が得られる．

定理 31．或る超函数が開集合 Ω において階数 $\leqq m$ ならば，その超函数は Ω においては測度の階数 $\leqq m$ の微係数の有限和に等しい；逆も成り立つ．

実際，ふたたび相対コンパクトな Ω_ν をもって分割(3, 8 ; 1)を考えれば，各超函数 T_ν の階数は $\leqq m$，台はコンパクトである；そこで定理27によってそれは測度の階数 $\leqq m$ の微係数の和

(3, 8 ; 4)
$$T_\nu=\sum_{|p|\leqq m} D^p\mu_{p,\nu}$$

である；同添字 p の微係数をすべて同じ項にまとめれば，

(3, 8 ; 5)
$$\mu_p=\sum_\nu \mu_{p,\nu}$$

(3, 8 ; 6)
$$T=\sum_p D^p\mu_p.$$

注意　$n=1$，すなわち直線上，では有限和をただ1項で置き換えることができる．定理21の系参照．

定理 32．$\{F_\nu\}$ が閉集合による R^n の有限被覆または可算被覆ならば，任意の超函数 T には，台が F_ν に含まれるような T_ν による

(3, 8 ; 7)
$$T=\sum_\nu T_\nu$$

の形の分解が可能である．

実際，式(3, 8 ; 3)を用いよう．各函数 G_j は，台が F_ν に含まれる $G_{j,\nu}$ によって，和

(3, 8 ; 8)
$$G_j=\sum_\nu G_{j,\nu}$$

に分解される($G_{j,\nu}$ は一般には不連続). 各々の和(3, 8 ; 8)は(F_ν が可算被覆をなすから)L^∞ において, したがって ($\mathcal{D}'$) において, 弱収束することがわかる. そこで

$$T=\sum_{j,\nu} D^{p_j}G_{j,\nu}\,; \tag{3, 8 ; 9}$$

右辺の和は, 相対コンパクトな開集合においては収束和の有限和であるから, 収束する. ゆえに,

$$T_\nu=\sum_{j} D^{p_j}G_{j,\nu} \tag{3, 8 ; 10}$$

によって(3, 8 ; 7)が得られる.

この定理は定理29よりずっと詳しく, それを特別な場合として含んでいる.

定理32によって次のように考えるかも知れない: 超函数 T の台が閉集合 F であり $\{F_\nu\}$ が閉集合による F の局所有限被覆ならば, T は F_ν に台が含まれる T_ν の和 $T=\sum_\nu T_\nu$ である; しかし**そうはならない**. なぜならば, 証明に現われる G_j の台は必ずしも F に含まれず, ただ F の任意の近傍に含まれるだけだからである.

そのような分解は F が十分に正則ならば可能であることは証明できる. 定理34参照.

定理33. φ およびその微係数がすべて T の台において 0 ならば, $T(\varphi)$ は 0 である.

実際, 式(3, 8 ; 1)を用いよう. T_ν の台は T の台に含まれ, しかもコンパクトである; φ およびその微係数はすべて T_ν のコンパクトな台において 0, したがって定理28により $T_\nu(\varphi)=0$, ゆえに $T(\varphi)=0$.

T の階数が R^n において $\leqq m$ ならば, φ の階数 $\leqq m$ の微係数がすべて T の台において 0 であるときには, $T(\varphi)$ が 0 である.

§9 正 則 な 台

超函数 T の台 F 自身ではなく F の任意な近傍が関与する性質に, 本章では数回遭遇した. F が十分に“正則”ならば, それらの性質を改良して F の近傍を F 自身で置き換えることができる.

閉集合 F の各点 x_0 に対して次のような数 $d>0$, $\omega\geqq 0$ および $q\geqq 1$ が存在

するときに，F を“正則”であるという：x_0 からの距離が d を超えない任意の2点 $x, x' \in F$ は，F に含まれて x, x' の距離の q 乗根の ω 倍を超えない長さ

$$L \leqq \omega|x'-x|^{1/q} \tag{3, 9 ; 1}$$

を持つ曲線で結ばれる．

F の各点 x_0 に対して，このような不等式が成立するような q の最小値 $q(x_0)$ をとろう．そのとき $x_0 \to q(x_0)$ は1つの上半連続(整数値)函数である．F の任意のコンパクト集合 K に対し，K の点 x_0 が動くときの，対応する数 $q(x_0)$ の上限を $q(K) < +\infty$ と表わす．

正則集合の概念は，Whitney 氏の労作の結果に由来する[1)]．正則集合 F について証明できる基本的な性質は次のもの(性質 W)である：

K を F のコンパクトな集合，U を K のコンパクトな近傍とする．次の性質をもつ数 k (F, K, U, m のとりかただけに依存する)が存在する：R^n 上で m' 回連続的微分可能，$m' \geqq q(K)m$ で，その階数 $\leqq m'$ の微係数が F 上で M で抑えられる任意の函数 φ に対しては，R^n で m 回連続的可微分な函数 ψ があって，それの階数 $\leqq m$ の微係数が，K 上では φ のそれに対応する微係数と一致し，U 上では kM で抑えられる．

凸な閉集合は正則であることに注意しよう．正則な集合は局所弧状連結であり，任意のコンパクト集合に対し，それと交わる弧状連結成分を有限箇しかもたない．

正則性の条件は，次の定理が適用されるのに十分ではあるが，恐らく必要ではあるまい；とにかく，1点で無限次の接触をしている2曲線から成る集合——これはその接点で不正則である——は，容易にわかるように，次に証明なしで述べる性質のどれ1つももたない．

定理 34.　1°　階数 m の超函数 T の台 K_0 がコンパクトかつ正則であり，$m' \geqq q(K_0)m$ であるときには，もしも $\varphi_j \in (\mathscr{E})$ およびその m' 階までの微係数が K_0 上で0に一様収束すれば必ず $T(\varphi_j)$ が0に収束する．

---

1)　WHITNEY [3]．WHITNEY 氏の性質 P は，ここに述べた性質と完全に一致するものでなく，またちょうど同じ問題に関するものではない．本書の第1版で述べた性質 W には誤りがあった；というのは $q(x_0)$ は $x_0 \in F$ で必ずしも有界ではないのに，局所的にすべき所を大域的にしたのである．この §9 の性質は，近く出版される M. GLAESER の論文の中でさらに詳しく調べられている．

2°　正則な閉集合 F_0 に載っている[1]**超函数は，F_0 上の測度の微係数の収束無限和（F_0 がコンパクトならば有限和）**

(3, 9 ; 2)　$$T=\sum_j D^{p_j}\mu_j$$

に分解される（定理 27, 30 参照）．

3°　F が正則な集合，$\{F_\nu\}$ が閉集合による F の有限被覆または可算被覆ならば，F に台が含まれる超函数 T は，F_ν に台が含まれるような T_ν によって有限和または収束無限和

(3, 9 ; 3)　$$T=\sum_\nu T_\nu$$

に分解される（定理 32 参照）．

§10　台が部分多様体に含まれる超函数の構造

1 点を台とする超函数

定理 35.　原点を台とする超函数は，Dirac 測度の微係数の 1 次結合

(3, 10 ; 1)　$$T=\sum_{|p|\leqq m} c_p D^p\delta \qquad c_p=\text{複素定数}$$

として，ただ 1 通りに，分解される．

実際，原点は正則な台であるから，定理 34, 2° を適用すればよい；原点を台とする測度は Dirac 測度の何倍かである．

しかし Whitney 氏の精細な理論を援用せず，定理 28を用いて証明することもできる．T の階数が $\leqq m$ ならば，φ およびその m 階までの微係数が原点で 0 であるときには $T(\varphi)$ は 0 である．$\varphi\in(\mathcal{E})$ に対し，

(3, 10 ; 2)　$$\varphi=\sum_{|p|\leqq m}\frac{x^p}{p!}D^p\varphi(0)+R_m(x)$$

で R_m の m 階までの微係数は O において 0 である．そこで $T(R_m)=0$，したがって

(3, 10 ; 3)　$$T(\varphi)=\sum_{|p|\leqq m}\frac{D^p\varphi(0)}{p!}T(x^p)=\sum_{|p|\leqq m}(-1)^{|p|}c_pD^p\varphi(0)$$

となるが，これは (3, 10 ; 1) と同じことである．

このような分解は 1 通りしかない．なぜならば，$T=0$ なら $T(x^p)=0$ であ

---

1)〔訳注〕 portée par F_0: 台が F_0 に含まれること．

り，これによって(3, 10 ; 1)のような式では $c_p=0$ となるからである．

この式を一般化しよう：

台が R^n の部分ベクトル空間であるような超函数

記法を簡単にするために R^n を積 $X^h\times Y^k$, $h+k=n$, と考え，R^n の点を (x, y) で表わす，ただし $x=\{x_1, x_2, \cdots, x_h\}\in X^h$, $y=\{y_1, y_2, \cdots, y_k\}\in Y^k$ とする．$(x, 0)$ 型の点から成る部分ベクトル空間 $X^h\times 0$ に載っている R^n 上の超函数 T の一般的な表わし方を求めようとするのである．T_x, T_y, $T_{x,y}$ はそれぞれ X^h, Y^k, R^n 上の超函数を表わすことにする．

第1章，§5(3°)で言ったように，函数 $\bar{\varphi}(x, y)\in(\mathscr{D})_{R^n}$ の X^h への縮少 φ とは，函数 $\varphi(x)=\bar{\varphi}(x, 0)$ である；X^h 上の超函数 T の R^n への拡張 $\bar{T}$ は，$\varphi\in(\mathscr{D})_{R^n}$ に対する

$$(3, 10 ; 4)\qquad \bar{T}_{x,y}\cdot\varphi(x, y)=T_x\cdot\varphi(x, 0)$$

で定義される．以下 q は変数 y についての微分演算の添字 $q=\{q_1, q_2, \cdots, q_k\}$ を表わすことにする；この微分演算を，部分ベクトル空間 $X^h\times 0$ についての **transversal** な微分演算と呼ぶことにする．

定理 36. 部分ベクトル空間 $X^h\times 0$ に台が含まれる超函数 $T_{x,y}$ は，X^h 上で定義された超函数の R^n への拡張の transversal な微係数の局所有限な1次結合

$$(3, 10 ; 5)\qquad T_{x,y}=\sum_q D_y{}^q(\bar{T}_q)_{x,y}, \qquad (T_q)_x\in(\mathscr{D}')_{X^h}$$

に分解される．

T_q の台は T の台に含まれる．

各超函数 T_q は T に連続的に依存する．

実際，分解(3, 10 ; 5)が可能であると仮定しよう：そのとき T_q は一意に定まる，というのは，$\varphi_q(x, y)=\psi(x)\dfrac{y^q}{q!}$, $\psi\in(\mathscr{D})_x$ と置けば(φ_q の台は T の台および T_q の台とコンパクト集合で交わる)，

$$(3, 10 ; 6)\qquad T_{x,y}\cdot\varphi_q(x, y)=(-1)^{|q|}(T_q)_x\cdot\psi(x)$$

であることがわかり，これによって T_q が完全に定まる．逆にこの式で定められた T_q は T に連続的に依存し，その台は T の台に含まれる；Ω での T の階数が m であるような相対コンパクトな開集合 Ω においては，$|q|>m$ のと

き T_q は 0 である；なぜならば，そのとき φ_q の m 階までの微係数が T の台において 0 になるからである(定理 28)；最後に，台が Ω に含まれるような $\varphi(x, y) \in (\mathcal{D})_x$ については

$$\varphi(x, y) = \sum_{|q|\leq m} \frac{y^q}{q!} D_y{}^q \varphi(x, 0) + R_m(x, y), \tag{3, 10 ; 7}$$

したがって

$$T \cdot \varphi = \sum_{|q|\leq m} D_y{}^q (\bar{T}_q)_{x,y} \cdot \varphi + T \cdot R_m \tag{3, 10 ; 8}$$

であるが，$|q|>m$ に対しては $T_q=0$ で $T \cdot R_m=0$ となるから，これは(3, 10 ; 5) と同じことである．

$D_y{}^q \bar{T}_q$ のような超函数は，$|q|+1$ 位の多重層と呼んでよいものである．

無限回可微分多様体 V^n に正則的に嵌め込まれた無限回可微分部分多様体 U^h に載っている超函数

V^n における U^h の近傍において，“U^h に関し transversal で独立な” しかも互に可換(括弧式が 0)[1]であるという性質をもった $k=n-h$ 箇の 1 階微分演算 $\partial_1, \partial_2, \cdots, \partial_k$ が定義されているとする．そのとき**局所的には** V^n を R^n に，U^h を X^h に移して，これらの ∂ が $\dfrac{\partial}{\partial y_1}$, $\dfrac{\partial}{\partial y_2}$, $\cdots$, $\dfrac{\partial}{\partial y_k}$ となるようにすることができる．そのとき $\partial^q = \partial_1{}^{q_1} \partial_2{}^{q_2} \cdots \partial_k{}^{q_k}$ と置けば，変数変換によって次の定理が得られる(それは局所的に証明される)：

定理 37. 多様体 U^h に台が含まれる超函数 T は，U^h 上で定義された超函数の V^n への拡張の transversal な微係数の，局所的に有限な，1 次結合

$$T = \sum_q \partial^q \bar{T}_q ; \qquad T_q \in (\mathcal{D}')_{U^h} \tag{3, 10 ; 9}$$

に一意的に分解される．

例 $V^n=R^n$；$U^h=S^{n-1}$ は方程式 $r=1$ の球面；$\partial=\partial/\partial r$；そのとき S^{n-1} に載っている超函数 T に対しては一意的に，有限な分解

$$T = \sum_{|q|\leq m} \left(\frac{\partial}{\partial r}\right)^q \bar{T}_q \tag{3, 10 ; 10}$$

が得られる．

1) 〔訳注〕 $\partial_i \partial_j = \partial_j \partial_i$ すなわち $[\partial_i, \partial_j]=0$.

さて T を，互に有限次の接触をする数箇の正則な部分多様体に載っている超函数とすれば，定理34(3°)によって，T はそれら部分多様体に載っている超函数の和に分解され，これによって T の一般形が得られる；しかし一意性はない，というのは2つの部分多様体の共通部分に載っている超函数はどちらに載っているとしてもよいからである．ここではその問題に詳しくは立入らない；それは微妙であり，商の問題[1)]と関連して，Lojascewicz [1] の論文で論じられている．

V^n における U^h の或る近傍全体で定義されるような微分演算 ∂ を見出し得ないということも起り得る．一般にそれは局所的には容易であろうが，そのときにはただ局所的にだけ(3, 10; 9)式が得られる．1つの開集合上で，$T_q \neq 0$ であるような階数 $|q|$ の最大値は，採用する微分演算系に無関係に定まることが，直ちにわかる．それを T の transversal な階数と呼んでよいであろう．transversal な階数が $\leqq m$ である超函数は，ポテンシャル論の形式的なやり方によって，“U^h に載っている階数 $\leqq m+1$ の多重層”とも呼び得るものである．

1) Schwartz [16]，Malgrange による報告 21，も参照せよ．

第4章　超函数のテンソル積

梗　概

本章の目的は，2つの測度のテンソル積を一般化した，2つの超函数のテンソル積[1]を定義することである．S_x, T_y がそれぞれ m 次元，n 次元ベクトル空間 X^m, Y^n 上の超函数ならば，$S_x \otimes T_y$ はベクトル空間 $X^m \times Y^n$ の上の超函数である；それらが函数 $S_x = f(x)$, $T_y = g(y)$ ならば，$S_x \otimes T_y$ は函数 $f(x)g(y)$ である．

§1では，φ が或るパラメタ λ に依存するときの $T(\varphi)$ の変化を調べる．それはパラメタに依存する積分の連続性あるいは可微分性に関する既知の結果の拡張である．

§2, §3では，$\varphi(x, y) = u(x)v(y)$ のときの式

$$S_x \otimes T_y \cdot \varphi(x, y) = S(u)\, T(v)$$

によってテンソル積を定義する(4, 3 ; 1)；§4ではテンソル積の本質的な諸性質を与える．すべてすこぶる初等的な性格のものである，ただ連続性(101頁，定理6)の証明を除いては；しかし大概は準連続性だけで済ませることができるし，分離連続性は直ちに得られるのである．

§5ではいくつかの易しい例を挙げる．

本章は速かに通読できるのであるが，その主な意義は合成積の定義(第6章，§2)にある．

§1　パラメタに依存する積分

問題の所在

この節では，パラメタに依存する函数の積分についての古典的な諸定理を超函数に拡張する．

$x = \{x_1, x_2, \cdots, x_n\} \in R^n$ とし，$\varphi(x ; \lambda)$ を x と，或る位相空間 Λ の中を動くパラメタ λ との函数とする；φ は，$x \in R^n$ の函数と考えるとき，$(\mathcal{D})$ の元であるとする．T が R^n 上のきまった超函数ならば，λ のおのおのの値に対して定義された値

$$I(\lambda) = T(\varphi) \qquad (4, 1 ; 1)$$

1)　第1版で直積と呼んで記号×で表わしたものを，ここではテンソル積と呼んで記号⊗で表わす．

は，パラメタ λ に依存する広義の積分であって，これが研究すべきものである．$T(\varphi)$ の計算において T が x の空間 R^n の上の超函数であって φ が x だけの函数と考えられていることをはっきり示すためには

$$I(\lambda) = T_x[\varphi(x;\lambda)] \tag{4,1;2}$$

と書く．

パラメタについての連続性

定理 1. **λ が λ_0 の或る適当な近傍を動くときに，φ の台が R^n の一定なコンパクト集合に含まれ，おのおのの偏微係数 $D^p\varphi(x;\lambda)$ (変数 $x_1, x_2, \cdots, x_n$ についての微係数)が変数 x, λ の組について連続であるならば，$T_x\cdot\varphi(x;\lambda)$ は $\lambda=\lambda_0$ の近傍で λ について連続である．**

実際 $D^p\varphi(x;\lambda)$ は，x と λ とについて連続であるから，λ の函数としては，x がコンパクト集合の上を動くとき x に関し一様に，連続である．そこで位相空間 $(\mathcal{D})_x$ における $\varphi(x;\lambda)$ は λ に連続的に依存し，T_x は $(\mathcal{D})_x$ 上の連続線型汎函数であるから，上の結論が得られる．

可微分性

定理 2. **λ は実数値または複素数値のパラメタとし，λ が λ_0 の或る適当な近傍を動くとき，φ の台は R^n の一定なコンパクト集合に含まれるとし，最後に，各偏微係数 $D^p\varphi(x;\lambda)$ には λ に関する(普通の意味での)偏微係数があって，それが変数 $x\in R^n, \lambda$ の組について連続であるとすれば，$\lambda=\lambda_0$ の近傍で $I(\lambda)=T_x\cdot\varphi(x;\lambda)$ は λ について(普通の意味で)可微分であり，その微係数は“積分”記号下の微分法で得られる：**

$$\frac{dI}{d\lambda} = T_x\left(\frac{\partial}{\partial\lambda}\varphi(x;\lambda)\right). \tag{4,1;3}$$

実際，

(4,1;4)

$$\frac{I(\lambda+d\lambda)-I(\lambda)}{d\lambda} - T_x\left(\frac{\partial}{\partial\lambda}\varphi(x;\lambda)\right) = T_x\left[\frac{\varphi(x;\lambda+d\lambda)-\varphi(x;\lambda)}{d\lambda} - \frac{\partial}{\partial\lambda}\varphi(x;\lambda)\right].$$

$d\lambda\to 0$ のとき [　] の中の函数は，$\dfrac{\partial}{\partial\lambda}\varphi(x;\lambda)$ の連続性によって，R^n のコンパ

クト集合の上の x に関しては一様に，0に近づく；$D^p\dfrac{\partial}{\partial\lambda}\varphi(x;\lambda)$ の連続性によって，R^n のコンパクト集合の上では，[　]内の x の函数の微係数 D^p についても同じことが成り立つ；[　]内の x の函数は，R^n の一定なコンパクト集合にその台が含まれるから，$(\mathcal{D})$ において0に収束し，線型汎函数 T の連続性によって，$d\lambda$ が0に近づくとき右辺は0に収束する．

定理2はパラメタが数箇ある場合，それらパラメタについての偏微分法の場合にも当然成り立つ．将来用いるのは次の場合である：

λ は m 次元ベクトル空間 Λ^m の点 $\{\lambda_1, \lambda_2, \cdots, \lambda_m\}$．$\varphi(x;\lambda)$ は変数 x, λ について（普通の意味で）無限回可微分で，各微係数が2変数 x, λ の組について連続．このとき $I(\lambda)=T_x[\varphi(x;\lambda)]$ は λ について（普通の意味で）無限回可微分である；$\partial_\lambda{}^q$ を Λ^m における偏微分記号 $\left(\partial_\lambda{}^q=\dfrac{\partial^{q_1+q_2+\cdots+q_m}}{\partial\lambda_1{}^{q_1}\partial\lambda_2{}^{q_2}\cdots\partial\lambda_m{}^{q_m}}\right)$ とすれば積分記号下で微分できる：

$$(4,1;5)\qquad \partial_\lambda{}^q T_x[\varphi(x;\lambda)] = T_x[\partial_\lambda{}^q\varphi(x;\lambda)].$$

§2　2つの超函数のテンソル積

X^m, Y^n をそれぞれ m 次元，n 次元のベクトル空間とする；$x=\{x_1, x_2, \cdots, x_m\}$ は前者の点，$y=\{y_1, y_2, \cdots, y_n\}$ は後者の点とする．$f(x)$ が X^m 上の複素数値函数，$g(y)$ が Y^n 上の複素数値函数のとき，それらのテンソル積 $f(x)\otimes g(y)$ と呼ぶのは，直積ベクトル空間 $X^m\times Y^n$ で定義された，変数 x, y の函数 $h(x, y)=f(x)g(y)$ である．したがって，m 箇の実変数 $x_1, x_2, \cdots, x_m$ の函数と n 箇の実変数 $y_1, y_2, \cdots, y_n$ の函数とのテンソル積は，$m+n$ 箇の実変数 $x_1, x_2, \cdots, x_m$, $y_1, y_2, \cdots, y_n$ の函数である．特に $f(x), g(y)$ が超函数論の意味での函数，すなわちほとんど到る所で定義され，いかなるコンパクト集合においても可積分な函数ならば，それらのテンソル積もそうである．

X^m 上の測度 μ_x と Y^n 上の測度 ν_y とのテンソル積も容易に定義できる．その定義は確率計算において古典的である：x が X^m の偶然点でその分布法則が X^m 上の測度 μ_x で定められ $\left(\text{そのとき } \mu_x \text{ は測度 } \geqq 0,\ \displaystyle\iint\cdots\int d\mu_x=+1 \text{ である}\right)$，同様に y が Y^n の偶然点でその分布法則が Y^n 上の測度 ν_y $\left(\nu_y\geqq 0,\ \displaystyle\iint\cdots\int d\nu_y=+1\right)$ で定められているならば，この2つの偶然点の組 (x, y)

は直積ベクトル空間 $X^m \times Y^n$ の偶然点で，その分布法則は積測度 $\mu_x \otimes \nu_y$ で定められる[1]．

このような積を拡張して，S_x, T_y がそれぞれ X^m, Y^n 上の任意超函数であるときに $S_x \otimes T_y$ を定義することができるためには，2つの函数あるいは2つの測度のテンソル積を汎函数として表わさねばならない．コンパクトな台を持つ X^m, Y^n, $X^m \times Y^n$ 上の無限回可微分函数から成る空間 $(\mathcal{D})$ をそれぞれ $(\mathcal{D})_x$, $(\mathcal{D})_y$, $(\mathcal{D})_{x,y}$ と呼ぼう；対応する超函数空間 $(\mathcal{D}')$ を $(\mathcal{D}')_x$, $(\mathcal{D}')_y$, $(\mathcal{D}')_{x,y}$ と呼ぼう．

$$W_{x,y} = S_x \otimes T_y \in (\mathcal{D}')_{x,y}$$

を定義するには，各函数 $\varphi(x, y) \in (\mathcal{D})_{x,y}$ に対して汎函数値 $S_x \otimes T_y[\varphi(x, y)]$ をきめて，S_x と T_y が2つの測度 μ_x, ν_y あるいは2つの函数 $f(x), g(y)$ ならば

$$(4,2;1)\quad \begin{cases} \mu_x \otimes \nu_y[\varphi(x, y)] = \displaystyle\iint\cdots\int\cdot\iint\cdots\int \varphi(x, y)\, d\mu_x d\nu_y \\ f_x \otimes g_y[\varphi(x, y)] = \displaystyle\iint\cdots\int\cdot\iint\cdots\int \varphi(x, y) f(x) g(y)\, dx\, dy \end{cases}$$

となるようにせねばならない．

$\varphi(x, y) \in (\mathcal{D})_{x,y}$ が

$$(4,2;2)\quad \varphi(x, y) = u(x) v(y), \qquad u(x) \in (\mathcal{D})_x,\ \ v(y) \in (\mathcal{D})_y$$

の形の積である特別な場合に局限して考えよう．

2つの測度あるいは2つの函数の場合には(4,2;1)から直ちに

(4,2;3)

$$\begin{cases} \mu_x \otimes \nu_y[u(x) v(y)] = \mu(u) \nu(v) \\ f_x \otimes g_y[u(x) v(y)] \\ \quad = \displaystyle\iint\cdots\int f(x) u(x)\, dx \cdot \iint\cdots\int g(y) v(y)\, dy = f(u) g(v) \end{cases}$$

が得られる．

そこで当然

$$(4,2;4)\qquad W_{x,y}[u(x) v(y)] = S(u)\, T(v)$$

---

1)　Bourbaki [7]，第3章，§5参照．

と置くことになる．

そうすれば線型汎函数 W の値は $\varphi(x, y)$ が(4, 2 ; 2)の形である場合に定まり，また(4, 2 ; 2)の形の函数有限箇の和

$$(4,2;5)\qquad \varphi(x, y) = \sum_j u_j(x)v_j(y)\ ;\quad u_j \in (\mathscr{D})_x,\ v_j \in (\mathscr{D})_y$$

である場合にも定まる；それは，

$$(4,2;6)\qquad W(\sum_j u_j(x)v_j(y)) = \sum_j S(u_j)\,T(v_j)$$

となるべきだからである．(4, 2 ; 4)を満たす超函数が存在して一意に定まることを，これから証明する；その超函数を積 $S_x \otimes T_y$ と呼んでよいわけである．2つの測度あるいは2つの函数の場合には，(4, 2 ; 3)と W の一意性とによって，W は(4, 2 ; 1)で定義されたテンソル積と一致する．

本章の結果は，2つの多様体 U^m, V^n の上の2つの超函数のテンソル積にも，そのまま拡張される；それは $U^m \times V^n$ 上の超函数である．

§3　テンソル積の一意性，存在，計算

1つの近似定理．テンソル積の一意性

定理 3. $(\mathscr{D})_{x,y}$ **において** $u(x)v(y)$ **の集合は total である；言い換えれば，**

$$(4,2;5)\qquad \varphi(x, y) = \sum_j u_j(x)v_j(y)$$

の形の函数 $\varphi(x, y)$ **から成る部分ベクトル空間は** $(\mathscr{D})_{x,y}$ **において稠密である**[1]．

この定理から，(4, 2 ; 4)の成り立つ W の一意性が，もし W が存在すれば，導かれる．なぜならば，W は(4, 2 ; 4)を成立させるから(4, 2 ; 6)を成立させる：そこで $W_{x,y}\cdot\varphi(x, y)$ の値は，$(\mathscr{D})_{x,y}$ の或る稠密部分空間の中を動く φ に対して定まり，したがって任意の $\varphi \in (\mathscr{D})_{x,y}$ に対して定まる．もっと一般に，$X^m \times Y^n$ 上の任意の超函数は，(4, 2 ; 2)の形の $\varphi(x, y)$ に対する値がきまれば，きまってしまう．

いまこの定理の，深みも一般性もないが手早くてここではそれで十分な，証明を与える．各コンパクト集合において $\varphi(x, y)$ に一様収束し，各コンパクト集

1) これは連続函数についてよく知られた定理に類似のものである．それは測度の積の研究に用いられるが，たとえば Dieudonné [4]，および Bourbaki [8]，定理 4，57 頁参照．

合において各微係数が φ の対応する微係数に一様収束するような，多項式の列

$$P_\nu(x_1, x_2, \cdots, x_m ; y_1, y_2, \cdots, y_n) = P_\nu(x, y)$$

を作ることができる．多項式はたしかに $\sum_j u_j(x)v_j(y)$ の形であるが，単項式 u_j および v_j の台はコンパクトでない．$\rho(x)$ と $\sigma(y)$ を，無限回可微分でコンパクトな台をもち，φ の台においては $\rho(x)\sigma(y)\equiv 1$ であるような，それぞれ一定の函数とすれば，$\rho(x)\sigma(y)P_\nu(x, y)$ は(4, 2 ; 5)の形であり，$(\mathscr{D})_{x,y}$ において $\rho(x)\sigma(y)\varphi(x, y)\equiv\varphi(x, y)$ に収束する．証明終．

テンソル積の存在と計算

定理 4.

$$W[u(x)v(y)] = S(u)\,T(v) \tag{4, 3 ; 1}$$

を満たす超函数 $W\in(\mathscr{D}')_{x,y}$ は存在し一意に定まる．それを超函数 $S_x\in(\mathscr{D}')_x$，$T_y\in(\mathscr{D}')_y$ のテンソル積と呼び，$S_x\otimes T_y$ で表わす．$\varphi(x, y)\in(\mathscr{D})_{x,y}$ に対し，それは累次積分

$$S_x\otimes T_y[\varphi(x, y)] = S_x[T_y(\varphi(x, y))] = T_y[S_x(\varphi(x, y))] \tag{4, 3 ; 2}$$

で計算される (Fubini の定理)．

実際 $\varphi(x, y)$ を，パラメタ $y\in Y^n$ に依存する，X^m 上の函数と考えよう．一定の y に対しては，それは $(\mathscr{D})_x$ に属する x の函数であり，したがって積分 $I(y)=S_x[\varphi(x, y)]$ を定義することができ，その値はパラメタ y の函数である．φ は変数 x, y について無限回可微分であり，それの台は y に無関係な R^m の或るコンパクト集合に含まれるから，§1の結果によって，

$$I(y) = S_x[\varphi(x, y)] \tag{4, 3 ; 3}$$

は y の無限回可微分函数である：一方それは，y の函数と考えれば，コンパクトな台をもち，したがって $(\mathscr{D})_y$ の元である．それゆえ

$$T_y[I(y)] = T_y[S_x(\varphi(x, y))] \tag{4, 3 ; 4}$$

を計算できる．最後に，ここでも§1の結果によって，次のことが容易にわかる：φ が $(\mathscr{D}_K)_{x,y}$ において0に収束するとき，空間 Y 上への K の射影を K_1 とすれば，$I(y)$ は $(\mathscr{D}_{K_1})_y$ において0に収束し，したがって $T_y[I(y)]$ が0に収束する．ゆえに $T_y[I(y)]$ はすべての $(\mathscr{D}_K)_{x,y}$ 上で連続な線型汎函数を定める；それをたとえば超函数 $W_{x,y}\in(\mathscr{D}')_{x,y}$ としよう．

この超函数は明らかに

$$(4,3;5)\qquad W[u(x)v(y)] = T_y[S_x(u(x)v(y))] = T_y[v(y)S_x(u(x))] = T_y[S(u)v(y)] = S(u)\,T_y[v(y)] = S(u)\,T(v)$$

を，すなわち等式(4, 3 ; 1)を成立させる．ゆえに，(4, 3 ; 1)を成り立たせる超函数がみつかったわけである；定理3はすでに，そのような超函数が1つより多くはあり得ないことを保証した．累次積分 S_xT_y，T_yS_x は，いずれも(4, 3 ; 1)を成り立たせる2つの超函数を与えるから，当然同じ結果を生ずる．

§4　テンソル積の性質

台

定理5．テンソル積の台は台の積に一致する．

言い換えれば，x が S_x の台 A に属し y が T_y の台 B に属するとき，またそのときに限って，$(x, y)\in X^m\times Y^n$ が $S_x\otimes T_y$ の台に属するのである．S_x と T_y が局所的にきまれば $S_x\otimes T_y$ も局所的にきまる．証明は直ちに得られる：もし φ の台が $\complement A\times Y^n$ または $X^m\times\complement B$ に含まれれば，(4, 3 ; 2)より $W(\varphi)=0$ である；よって W の台は $A\times B$ に含まれる．そして $A\times B$ の各点の近傍では(4, 3 ; 1)より $W\neq 0$ である．

連続性

定理6．$S_x\in(\mathscr{D}')_x$, $T_y\in(\mathscr{D}')_y$ の組に $S_x\otimes T_y\in(\mathscr{D}')_{x,y}$ を対応させる変換は強連続な双線型写像である．この性質は $(\mathscr{D}')$ の代りに $(\mathscr{E}')$ を置いても成り立つ．

それが双線型な写像であることは直ちにわかる．また S_x と T_y が有界な範囲にとどまれば，$S_x\otimes T_y$ は有界な範囲にとどまるということも，容易にわかる．S_x が一定であるか，変わるにしても $(\mathscr{D}')_x$ において有界な範囲にとどまり，また T_y が $(\mathscr{D}')_y$ において0に強収束するならば，$S_x\otimes T_y$ は $(\mathscr{D}')_{x,y}$ において0に強収束する．すなわちこの双線型写像は**準連続**である(第3章，定理11参照)．しかし，もっと強いことをこれから証明する．この写像は連続である：S_x，T_y がいずれも0に強収束すれば(としても，フィルターの場合には，それらが有界になるとは限らないが)，$S_x \otimes T_y$ は0に強収束する．まず補助定理を1つ証明しよう．

補助定理． $\{B_\nu\}$ **が，** R^n **の一定なコンパクト集合に含まれる台をもつ函数** φ **から成る，** $(\mathcal{D})$ **の有界集合可算箇の族であるならば，** $(\mathcal{D}')$ **の0の近傍** U **で，次のようなものが存在する：各** ν **に対して，** T **が** U **の中を動くとき，** $T(B_\nu)=\underset{\varphi\in B_\nu}{\mathrm{Max}}|T(\varphi)|$ **は有界な範囲にとどまる．**

実際，集合 B_ν(ν 一定)は，添字 p に関係する実数 $M_{p,\nu}>0$ の列 $\{M_\nu\}$ によって定義され，$\varphi\in B_\nu$ に対し

$$|D^p\varphi| \leqq M_{p,\nu} \tag{4, 4 ; 1}$$

であるとしてよい．

それらの列 $\{M_\nu\}$ は，ν が変化するとき，数列の可算族を作る；したがって，Dubois-Reymond の古典的な1定理によって，添字 p に依存する実数 $M_p>0$ の列 $\{M\}$ で“$p\to\infty$ のとき，どの数列 $\{M_\nu\}$ よりも速く増大する”ものがある．すなわち，ν のどの値についても，有限箇の項を除けば $\{M\}$ の項は $\{M_\nu\}$ の対応項より大きい；そこで，ν に関係する数 $k_\nu>0$ で

$$\{M_\nu\} \leqq k_\nu\{M\} \quad \text{すなわち} \quad M_{p,\nu} \leqq k_\nu M_p \tag{4, 4 ; 2}$$

となるものがある．

そこで，台が K に含まれてすべての p に対し

$$|D^p\varphi| \leqq M_p \tag{4, 4 ; 3}$$

が成り立つような函数 φ から成る，$(\mathcal{D})$ の有界集合 B を考えよう．(4, 4 ; 1) から

$$B_\nu \subset k_\nu B \text{ [1)]} \tag{4, 4 ; 4}$$

であることがわかる．

そこで U を，$|T(B)|\leqq 1$ が成り立つ超函数 T から成る，$(\mathcal{D}')$ における0の近傍とすれば，各 $T\in U$ につき

$$T(B_\nu) \leqq k_\nu T(B) \leqq k_\nu \tag{4, 4 ; 5}$$

である．証明終．

1)　有界集合の任意の列 B_ν に対してこのような集合 B と数列 k_ν が存在するというのが，Mackey の第1可算条件である．MACKEY [1]，182頁，および DIEUDONNÉ-SCHWARTZ [1]，予備定理3，69頁参照．

この補助定理を援用すれば，定理6は容易に証明される．

$\varphi(x,y)$ が $(\mathscr{D})_{x,y}$ の任意な有界集合 $B_{x,y}$ の中を動くとしよう．$\varphi(x,y)$ をパラメタ y のきまった値に対して x だけの函数と考えよう；そのとき $\varphi(x,y)$ は $(\mathscr{D})_x$ の或る，パラメタ y に無関係な，有界集合 $B_{x,(0)}$ の中を動くことが直ちにわかる．同様に，$D_y{}^q$ を y についての偏微分記号とすれば，$D_y{}^q\varphi(x,y)$ は $(\mathscr{D})_x$ の或る，パラメタ y に無関係な，有界集合 $B_{x,(q)}$ の中を動く．そこで補助定理によって，$S_x\in U_x$ のときには

(4,4;6) $$|S_x[D_y{}^p\varphi(x,y)]|\leqq k_q$$

であるような，$(\mathscr{D}')_x$ における0の近傍 U_x と数列 $k_q>0$ が存在する．

ゆえに y の函数 $I(y)=S_x[\varphi(x,y)]$ は $(\mathscr{D})_y$ に属してその台は一定なコンパクト集合に含まれる；また $S_x\in U_x$，$\varphi\in B_{x,y}$ のとき

(4,4;7) $$|D^qI(y)|\leqq k_q.$$

言い換えれば，$I(y)$ は $(\mathscr{D})_y$ において有界な範囲にとどまる．そこで

(4,4;8) $$\varphi\in B_{x,y},\qquad S_x\in U_x,\qquad T_y\in V_y$$

ならば

(4,4;9) $$|S_x\otimes T_y\cdot\varphi(x,y)|=|T_y\cdot I(y)|\leqq 1$$

となるような，$(\mathscr{D}')_y$ における0の近傍 V_y が存在する．これは，考える双線型写像の連続性を示している[1)]．

定理6で $(\mathscr{D}')$ を $(\mathscr{E}')$ で置き換えることができる．そのときは，上記の補助定理と全く同様ではあるが $\varphi\in B_\nu$ の台についての仮定を除いた，空間 $(\mathscr{E})$，$(\mathscr{E}')$ についての補助定理によるのである．定理6の主張においては，強位相についてであるという仮定が本質的である．

この双線型写像は弱不連続である．弱位相については，第3章の定理11にしたのと同じ注意ができるだけである．

最後に次のことを指摘しておこう：テンソル積は $(\mathscr{E})_x\times(\mathscr{E})_y$ から $(\mathscr{E})_{x,y}$ への連続双線型写像であるが，$(\mathscr{D})_x\times(\mathscr{D})_y$ から $(\mathscr{D})_{x,y}$ へは準連続(しかし連続でない)である．

---

1) DIEUDONNÉ-SCHWARTZ [1]，96頁，定理9参照，そこでは $(\mathscr{E}')$ の場合についてこの定理が証明され，$(\mathscr{D}')$ の場合にも容易に移る．

微分演算

定理 7. **$D_x{}^p$ が x についての偏微分記号，$D_y{}^q$ が y についての偏微分記号ならば**

$$D_x{}^p D_y{}^q (S_x \otimes T_y) = D_x{}^p S_x \otimes D_y{}^q T_y. \tag{4, 4 ; 10}$$

両辺に書いてある超函数 $\in (\mathcal{D}')_{x,y}$ の相等は直ちにわかる；実際，定理3によって，(4, 2 ; 2) の形の $\varphi \in (\mathcal{D})_{x,y}$ に対して両辺が同じ値をとることをたしかめればよいのであるが，これは明白である．

1つの近似定理

定理 8. **超函数 $S_x \otimes T_y$ の集合(ただし S_x は $(\mathcal{D}')_x$ 中を，T_y は $(\mathcal{D}')_y$ 中を動くとして)は $(\mathcal{D}')_{x,y}$ において total である．**

実際すべての超函数 $\in (\mathcal{D}')_{x,y}$ は，コンパクトな台をもつ無限回可微分函数の極限である(第3章の定理15)．ところがそのような函数は，積の1次結合である(4, 2 ; 5)の形の函数の，$(\mathcal{D})_{x,y}$ における極限，したがって $(\mathcal{D}')_{x,y}$ における極限である．

これらの性質が任意有限箇の超函数のテンソル積に困難なく拡張されることは，全く明白である；その積は結合律を満たす．実際 X^l, Y^m, Z^n がそれぞれ l, m, n 次元のベクトル空間ならば，R_x, S_y, T_z がそれぞれ X^l, Y^m, Z^n 上の超函数を表わすとき

$$R_x \otimes (S_y \otimes T_z) = (R_x \otimes S_y) \otimes T_z$$

であることがわかる．なお，$u(x) \in (\mathcal{D})_x$，$v(y) \in (\mathcal{D})_y$，$w(z) \in (\mathcal{D})_z$ については

$$R_x \otimes S_y \otimes T_z[u(x)v(y)w(z)] = R(u)S(v)T(w) \tag{4, 4 ; 11}$$

と書いて，$R_x \otimes S_y \otimes T_z$ を直接に定義できる．

§5　諸　　例

例 1. **x_1 に独立な超函数**

われわれは第2章，§5(多変数の場合の積分)においてすでに積の一例に遭遇した．

R^n において T を，$\dfrac{\partial T}{\partial x_1}=0$ の成り立つ超函数とする．それの形を新しい方

法で求めよう．$T(\varphi)$ を

$$(4,5;1)\qquad \varphi(x_1, x_2, \cdots, x_n) = u(x_1)v(x_2, x_3, \cdots, x_n)$$

について計算しよう．

$v(x_2, x_3, \cdots, x_n)$ を固定し，u だけを動かそう．

そのとき $T(uv)$ は $u \in (\mathcal{D})_{x_1}$ の連続線型汎函数，すなわち変数 x_1 の1次元空間 X^1 での超函数である．この超函数は微係数が0，したがって第2章の定理1によってこの超函数は或る(v の選び方に依存する)定数 $C(v)$ に等しい函数で，任意の u, v に対して

$$(4,5;2)\qquad T(uv) = C(v)\int_{-\infty}^{+\infty} u(x_1)\,dx_1.$$

いま

$$\int_{-\infty}^{+\infty} u(x_1)\,dx_1 \neq 0$$

となるような u を選んで一定しておき，v だけを動かそう．そのとき，$C(v)$ は $v \in (\mathcal{D})_{x_2,x_3,\cdots,x_n}$ の連続線型汎函数，したがって変数 $x_2, x_3, \cdots, x_n$ の $n-1$ 次元ベクトル空間 Y^{n-1} での或る超函数 Σ, であることがわかる．

$$(4,5;3)\qquad C(v) = \Sigma_{x_2,x_3,\cdots,x_n}[v(x_2, x_3, \cdots, x_n)] = \Sigma(v)$$

$$(4,5;4)\qquad T(uv) = \left(\int_{-\infty}^{+\infty} u(x_1)\,dx_1\right)\Sigma(v).$$

この式は T が X^1 上の定数1という超函数と Y^{n-1} 上の超函数 Σ とのテンソル積であることを示している．

$$(4,5;5)\qquad T = (1)_{x_1} \otimes \Sigma_{x_2,x_3,\cdots,x_n}.$$

Fubini の定理[公式(4,3;2)]を適用すれば(2,5;10)と次の新しい式とが得られる：

$$(4,5;6)\qquad \begin{cases} T\cdot\varphi(x_1, x_2, \cdots, x_n) = \Sigma_{x_2,x_3,\cdots,x_n}\cdot\left(\displaystyle\int_{-\infty}^{+\infty} \varphi(t_1, x_2, \cdots, x_n)\,dt_1\right) \\ T\cdot\varphi(x_1, x_2, \cdots, x_n) = \displaystyle\int_{-\infty}^{+\infty} [\Sigma_{x_2,x_3,\cdots,x_n}\cdot\varphi(t_1, x_2, \cdots, x_n)]\,dt_1. \end{cases}$$

もっと一般に空間 $X^m \times Y^n$ において，y に独立な超函数の一般形は $\Sigma_x \otimes (1)_y$ である．

例 2. 部分ベクトル空間で定義された超函数の拡張

第3章, §10 での記法を再び用いて, X^h 上の超函数 T_x の R^n への拡張 $\bar{T}_{x,y}$ については公式

$$\bar{T}_{x,y} = T_x \otimes \delta_y, \quad \text{さらに} \quad D_y{}^q \bar{T}_{x,y} = T_x \otimes D_y{}^q \delta_y \tag{4,5;7}$$

が成り立つ.

例 3. Heaviside 函数と Dirac 測度

R^n におけるテンソル積によれば Heaviside 函数と Dirac 測度との中間にあるものを定義することができる. $x \geqq 0$ (すなわち $x_1 \geqq 0, x_2 \geqq 0, \cdots, x_n \geqq 0$) に対しては $+1$, 他の場合には0に等しい函数を R^n における Heaviside 函数 $Y(x)$ と呼べば,

$$Y(x) = Y_{x_1} \otimes Y_{x_2} \otimes \cdots \otimes Y_{x_n}. \tag{4,5;8}$$

ここで

$$Y_{(k)} = Y_{x_1} \otimes Y_{x_2} \otimes \cdots \otimes Y_{x_k} \otimes \delta_{x_{k+1}} \otimes \cdots \otimes \delta_{x_n} \tag{4,5;9}$$

と置いて $Y_{(n)}(x) = Y(x)$, $Y_{(0)} = \delta$ にする. $Y_{(n)}$ は函数であるが, 他の $Y_{(k)}$ はすべて測度である; $Y_{(k)}$ は部分ベクトル空間 $Ox_1x_2\cdots x_k$ に載っていて, これは部分空間 $Ox_1x_2\cdots x_k$ 上で定義された Heaviside 函数の, R^n への拡張である. このとき

$$\frac{\partial}{\partial x_k} Y_{(k)} = Y_{(k-1)}, \tag{4,5;10}$$

したがって

$$\frac{\partial^{n-k}}{\partial x_{k+1} \cdots \partial x_n} Y = Y_{(k)}; \quad \frac{\partial^k}{\partial x_1 \partial x_2 \cdots \partial x_k} Y_{(k)} = \delta \tag{4,5;11}$$

が得られるが, これは或る偏微分方程式の“素解”を与えるものである.

第5章　超函数の乗法

梗　概

2つの任意超函数の乗法積を定義することはできない．§1では超函数 T と無限回可微分函数 α との積 αT を公式(5, 1 ; 1) $\alpha T\cdot\varphi=T\cdot\alpha\varphi$ によって定義するが，この式は，T が函数 f ならば，αT として普通の積 αf を与える．

§2ではこの積について明らかな諸性質を述べる．特に準連続性(110頁，定理3)および積についての普通の公式(5, 2 ; 3) $(\alpha T)'=\alpha' T+\alpha T'$ に注意しておこう．

§3では諸例を与える．(5, 3 ; 2から5)の諸公式は，多少姿をかえて，波動力学において普通に用いられている．例3は擬函数の実用において重要である．

§4, §5では除法の問題を扱う．1変数の場合($n=1$, §4)に x のベキによる除法は，これも波動力学において，また微分方程式の実際において，すこぶる有用である．これに反して§5は，問題を正しく提出できなかったのでいままであまり用いられなかったような考えに対応するものである．いまでは問題は正しく提出されたが，そうかと言って解かれてしまってはいない；ここでは特別な場合しか扱わない；一般の場合には非常な困難がある；多項式による除法についてはHörmanderによって，解析函数による除法にかんしてはLojasiewiczによって解かれた[1]．除法の興味は，Fourier変換によって，偏微分方程式と積分方程式の理論に本質的な問題が除法で解けることに由来する(第7章，§10)．§4, §5を読むことは，それらの問題の研究の所まで，不便を感ずることなく，延期することもできよう．

§6では，常微分方程式と偏微分方程式への，乗法の応用を与える．この§はすべて実際の応用に重要である．斉次微分方程式の解は普通の，函数である解だけになる(121頁，定理9)；楕円型偏微分方程式についても同様で(134頁，定理12)，このことは変分法の直接的方法を著しく簡単にする．双曲型の方程式ではこれに反して新しい超函数解があり，それによって，よく用いられる不連続解を正しく導入できるようになる．同様にCauchyの問題と右辺が零でない方程式との関係や，素解の正確な定義も明白にされる．

§1　超函数と無限回可微分函数の乗法積

本章では，混同を避けるために，$T\in(\mathcal{D}')$ と $\varphi\in(\mathcal{D})$ のスカラー積をつね

1) Hörmander [2], Lojasiewicz [1], Schwartz [16].

に $T\cdot\varphi$ で表わす.

任意の2つの超函数の積というものは定義できないこと

2つの超函数 $S\in(\mathcal{D}')$, $T\in(\mathcal{D}')$ の積 $ST\in(\mathcal{D}')$ を，2つの函数 $f(x), g(x)$ の場合には普通の積 $f(x)g(x)$ となるように，定義したい．S と T が任意ではこれができないことは明らかである．たとえば $f(x)$ と $g(x)$ を，いかなるコンパクト集合においても可積分であるような，2つの函数とするとき，その積 $f(x)g(x)$ は必ずしも可積分ではなく，したがって必ずしも超函数を定めない．μ が函数でない測度ならばその平方 μ^2 が決して意味をもたないことは，容易に知られる；Dirac 測度の平方 δ^2 は，意味があったとすれば(δ を鐘型の函数で近似すればわかるように)，原点における $+\infty$ の測度でなければなるまい．ST が意味をもつには，T が不正則ならば不正則なほど S が局所的にますます正則でなければならない[1)]．その積がたしかに，いつでも意味をもつと言える場合は，T は任意の超函数として，S が(普通の意味で)無限回可微分な函数 α である場合である．

定　義

$\alpha\in(\mathcal{E})$, $T\in(\mathcal{D}')$ については乗法積 $\alpha T\in(\mathcal{D}')$ を，$\varphi\in(\mathcal{D})$ に対する

$$\alpha T\cdot\varphi = T\cdot\alpha\varphi \tag{5,1;1}$$

で定義する．こう定めた αT はたしかに超函数である；というのは $(\mathcal{D}_K)$ において $\varphi_j\to 0$ ならば $\alpha\varphi_j$ も同様で，$T\cdot\alpha\varphi_j\to 0$ となるからである．T が函数 f ならば αT は普通の積 αf に一致する；それは，(5,1;1) が

$$\int\int\cdots\int[\alpha(x)f(x)]\varphi(x)\,dx = \int\int\cdots\int f(x)[\alpha(x)\varphi(x)]dx \tag{5,1;2}$$

と書かれるからである．

$T\in(\mathcal{D}')$ が任意で $S=\alpha\in(\mathcal{E})$ であるという場合以外での，2つの超函数の積 ST の数例を挙げよう．

1°　T は測度 μ．したがって，S が連続函数 f ならば ST を定義できる：

---

1)　さらに一般的な条件で積を定義することさえ不可能であることを，Schwartz [6] で証明した．まったく異なった乗法が König [2] によって定められる．

(5,1;3)　$ST = f\mu$　を，$f\mu\cdot\varphi = \mu\cdot f\varphi$, $\varphi \in (\mathscr{D})$, $f\varphi \in (\mathscr{C})$　によって.

2°　T は階数 $\leqq m$ の超函数.

S が m 回連続可微分な函数 f ならば，ST を定義できる：

$$(5,1;4)\qquad fT\cdot\varphi = T\cdot f\varphi,\qquad \varphi \in (\mathscr{D}),\ f\varphi \in (\mathscr{D}^m).$$

3°　最初には T を任意にとり S を，$S=\alpha \in (\mathscr{E})$ だから，“無限に正則”にとったのであるが，いま中間的な場合を見たわけである．こんどは S と T に同じ役割をさせるべきである；S のほうが階数 $\leqq m$ の超函数であれば T のほうは m 回連続可微分函数 f とし，S のほうが任意 $\in (\mathscr{D}')$ であれば T のほうを函数 $\alpha \in (\mathscr{E})$ とすべきである.

これらの考慮をもって，積に意味があれば ST とも TS とも書くことにする.

以下この立場を放棄して，$\alpha \in (\mathscr{E})$, $T \in (\mathscr{D}')$ の積 αT だけを考える.

$\varphi \in (\mathscr{D})$, $T \in (\mathscr{D}')$ のときあるいは $\varphi \in (\mathscr{E})$, $T \in (\mathscr{E}')$ のときには $\varphi T \in (\mathscr{E}')$ で

$$(5,1;5)\qquad T\cdot\varphi = \varphi T\cdot 1 = \int\!\!\int\cdots\int \varphi T$$

であることに注意しよう.

スカラー積は乗法積の R^n 上での積分である．したがって，もしすべての $\varphi \in (\mathscr{D})$ に対して $\varphi T=0$ であるならば，$T=0$ である.

この積は直ちに，多様体 V^n 上の超函数に拡張される.

§2　乗法積の性質

台．階数

定理 1. **αT の台は，α の台と T の台との共通部分に含まれる．αT の階数は高々 T の階数である.**

これは，或る開集合 Ω において α か T かが 0 ならば，αT がそこで 0 であるということに帰着する．α と T が局所的にわかれば αT が局所的にわかる；たとえば，開集合 Ω において α も T も $\geqq 0$ ならば，αT は Ω においては測度 $\geqq 0$ である．特に，$\alpha \in (\mathscr{D})$ または $T \in (\mathscr{E}')$ ならば $\alpha T \in (\mathscr{E}')$ である．証明は直ちに得られる.

第 3 章の定理 28 と 33 を用いて，この定理を完全にし次のことを証明するこ

とができる:

定理 2. T **がコンパクトな台** K_0 **をもち階数** m**(当然有限)ならば,** α **およびその** m **階までの微係数が** K_0 **上で** 0 **であるときには,** αT **は** 0 **である;** T **の台が任意で階数も, 有限無限を問わず, 任意ならば,** α **およびそのあらゆる微係数が** T **の台上で** 0 **であるときには,** αT **は** 0 **である.**

実際 $\alpha\varphi$ の m 階までの微係数がすべて台 K_0 上で 0(第1の場合)であるか, またはあらゆる微係数が T の台において 0(第2の場合)であり, したがって任意の $\varphi\in(\mathscr{D})$ に対して $T(\alpha\varphi)=0$ である.

連続性

定理 3. αT **は** α **と** T **との, 準連続な双線型函数である.** [$\alpha\in(\mathscr{E})$, $T\in(\mathscr{D}')$, $\alpha T\in(\mathscr{D}')$].

これは第3章の定理11から導かれる.

たとえば T_j が $(\mathscr{D}')$ において 0 に収束するとしよう. φ が $(\mathscr{D})$ の有界集合 B の中を動き, α_j が $(\mathscr{E})$ において有界な範囲にとどまるとき, $\alpha_j\varphi$ は $(\mathscr{D})$ の或る有界集合の中を動く; そこでたしかに $T_j\cdot\alpha_j\varphi$ は $\varphi\in B$ に対して一様に 0 に収束する. これに反して α_j のほうが $(\mathscr{E})$ において 0 に収束すれば, $\varphi\in(\mathscr{D})$ が B の中を動くとき, $\alpha_j\varphi$ は $(\mathscr{D})$ において 0 に一様収束する; T_j が $(\mathscr{D}')$ において有界であるから, $T_j\cdot\alpha_j\varphi$ はやはり $\varphi\in B$ に対して一様に 0 に収束する. もちろん, 双線型写像 $(\alpha, T)\to\alpha T$ は不連続である. α_j が $(\mathscr{E})$ において 0 に, T_j が $(\mathscr{D}')$ において 0 に収束しても, $\alpha_j T_j$ は必ずしも $(\mathscr{D}')$ において 0 に収束しない. $\alpha_j T_j$ の 0 への収束は, 収束列の場合——収束列は有界だから——あるいは有界な底か可算箇の底かをもつフィルターの場合にしか, たしかでない. 弱位相の場合に関しては, 第3章の定理11についてしたのと同様な注意をすることができる.

次のことを指摘しよう: 乗法積はまた $(\mathscr{E})\times(\mathscr{E}')$ から $(\mathscr{E}')$ へ, $(\mathscr{D})\times(\mathscr{D}')$ から $(\mathscr{E}')$ へ, $(\mathscr{D})\times(\mathscr{E})$ から $(\mathscr{D})$ への準連続な双線型写像で, $(\mathscr{E})\times(\mathscr{E})$ から $(\mathscr{E})$ への連続な双線型写像である.

しばしば, きまった $\alpha\in(\mathscr{E})$ に対して

$$T\to\alpha T \tag{5,2;1}$$

によって定義される，$(\mathcal{D}')$ または $(\mathcal{E}')$ からそれ自身への**連続な**双線型写像だけを研究することがある．

これは(5,1;1)によって，$(\mathcal{D})$ または $(\mathcal{E})$ からそれ自身への連続な線型写像

(5,2;2) $$\varphi \to \alpha\varphi$$

の反転に他ならない．

微分演算

定理 4. 積 αT は，積の微分法の普通の法則にしたがって微分される：

(5,2;3) $$(\alpha T)' = \alpha' T + \alpha T'.$$

この式で，記号 $'$ は或る1つの座標に関する偏微分演算 $\dfrac{\partial}{\partial x_k}$ を簡略に表わしたものである．なおこの公式は，記号 $'$ が1つの1階微分演算 ∂ を表わすとして，無限回可微分多様体 V^n においても成り立つ [(2,3;35)]．

直接証明は直ちにできる；なぜならば，

(5,2;4) $$\begin{cases} (\alpha T)'\cdot\varphi = \alpha T\cdot(-\varphi') = T\cdot(-\alpha\varphi'), \\ \alpha' T\cdot\varphi = T\cdot\alpha'\varphi, \\ \alpha T'\cdot\varphi = T'\cdot\alpha\varphi = T\cdot[-(\alpha\varphi)'] \end{cases}$$

であるから(5,2;3)は

(5,2;5) $$T\cdot(-\alpha\varphi') = T\cdot[\alpha'\varphi - (\alpha\varphi)'] \quad \text{すなわち} \quad -\alpha\varphi' = \alpha'\varphi - (\alpha\varphi)'$$

と書けるが，これは積の微分法の普通の公式である．

また定義まで戻らないですることもできる．(5,2;3)は T が函数 $f \in (\mathcal{D})$ ならば成り立つ．ところが，$f_j \in (\mathcal{D})$ が $(\mathcal{D}')$ において T に収束すれば，極限への移行で(5,2;3)が得られる．もちろん，積の高階微分法の Leibniz の公式を拡張し証明することができる．

テンソル積と乗法積

定理 5. テンソル積 $\alpha(x)\otimes\beta(y)$, $S_x\otimes T_y[\alpha(x) \in (\mathcal{E})_x,\ \beta(y) \in (\mathcal{E})_y,\ S_x \in (\mathcal{D}')_x,\ T_y \in (\mathcal{D}')_y]$ の $(\mathcal{D})_{x,y}$ **における乗法積は，乗法積のテンソル積である．**

(5,2;6) $$[\alpha(x)\otimes\beta(y)](S_x\otimes T_y) = \alpha(x)S_x\otimes\beta(y)T_y.$$

両辺にある2つの超函数の相等を示すにはそれらが，$(\mathcal{D})_{x,y}$ における線型汎函数として，(4,2;2)の形の $\varphi(x,y) \in (\mathcal{D})_{x,y}$ に対して同じ値を取ることを示

せば十分であるが，これは明白で両辺の値はともに $(S\cdot\alpha u)(T\cdot\beta v)$ である．

数箇の超函数の積

高々1箇以外がすべて函数 $\in(\mathcal{E})$ であるような有限箇の超函数の積を定義するのには，何の困難もない．

定理6. 高々1箇以外がすべて普通の意味で無限回可微分函数であるとき，超函数の積は可換律と結合律を満たす．

実際

(5, 2 ; 7) $$\alpha(\beta T)\cdot\varphi=\beta T\cdot\alpha\varphi=T\cdot\beta\alpha\varphi=(\alpha\beta)\,T\cdot\varphi$$

である．

結合律

(5, 2 ; 8) $$\alpha(\beta T)=(\alpha\beta)\,T$$

は，乗法 $T\to\alpha T$ によって空間 $(\mathcal{D}')$［あるいは$(\mathcal{E}')$］を**位相環** $(\mathcal{E})$ **上の位相加群**とすることができることを示している．

この定理における制限が満たされないときには，乗法は必ずしも結合律を満たさない．

例 3つの超函数 δ，x，$\mathrm{v.\,p.}\dfrac{1}{x}$ について：

(5, 2 ; 9) $$\delta x=0\quad だから\quad (\delta x)\,\mathrm{v.\,p.}\frac{1}{x}=0,$$

(5, 2 ; 10) $$x\ \mathrm{v.\,p.}\frac{1}{x}=1\quad だから\quad \delta\left(x\ \mathrm{v.\,p.}\frac{1}{x}\right)=\delta.$$

§3 諸　　例

例1. われわれはすでに諸例に遭遇している．たとえば(3, 8 ; 1)は1の分解

$$1\equiv\sum_\nu\alpha_\nu(x)$$

から直ちに得られる；ここで右辺の無限和は $(\mathcal{E})$ において収束する；したがって，乗法によって

(5, 3 ; 1) $$T\equiv\sum_\nu(\alpha_\nu T).$$

例2. 記号　で1階の微分演算を表わせば

(5,3;2) $$\alpha\delta = \alpha(0)\delta$$

(5,3;3) $$\alpha\delta' = \alpha(0)\delta' - \alpha'(0)\delta.$$

もっと一般に，Leibniz の公式から次の式がでる：

(5,3;4) $$\alpha D^p\delta = \sum_{q\leqq p}(-1)^{|p-q|}C_p{}^q D^{p-q}\alpha(0)D^q\delta.$$

興味ある特別な場合は

$$\alpha = x^l = x_1{}^{l_1}x_2{}^{l_2}\cdots x_n{}^{l_n}$$

の場合である：

(5,3;5) $$x^l\left((-1)^{|p|}\frac{D^p\delta}{p!}\right) = \begin{cases} 0 & l\leqq p \text{ でないとき} \\ (-1)^{|p-l|}\dfrac{D^{p-l}\delta}{(p-l)!} & l\leqq p \text{ のとき}. \end{cases}$$

(5,3;5) の特別な場合の1つは

(5,3;6) $$x^pD^p\delta = (-1)^{|p|}p!\delta.$$

いま (4,5;7) を考慮し第3章，§10 の記号を使えば

(5,3;7) $$y^l\left((-1)^{|q|}T_x\otimes\frac{D_y{}^q\delta_y}{q!}\right)$$
$$= \begin{cases} 0 & l\leqq q \text{ のときを除いて} \\ (-1)^{|q-l|}T_x\otimes\dfrac{D_y{}^{q-l}\delta_y}{(q-l)!} & l\leqq q \text{ のとき}. \end{cases}$$

例 3. Pf. g を"擬函数"とする．すなわち

(5,3;8) $$\text{Pf. } g\cdot\varphi = \text{Pf.}\int\!\!\int\cdots\int g\varphi dx.$$

擬函数 g がきちんと定義されるには，右辺の有限部分のはっきりした計算法が与えられていると仮定せねばならない．さて

(5,3;9) $$(\alpha\,\text{Pf. } g)\cdot\varphi = \text{Pf. } g\cdot\alpha\varphi$$
$$= \text{Pf.}\int\!\!\int\cdots\int g(\alpha\varphi)dx = \text{Pf.}\int\!\!\int\cdots\int(\alpha g)\varphi dx.$$

(5,3;9) の最終辺に書かれた積分の計算の，明示されていると仮定した規約によって，この積分は (Pf. αg)$\cdot\varphi$ を表わす．したがって，次のように書ける．

(5,3;10) $$\alpha\,\text{Pf. } g = \text{Pf. }\alpha g.$$

したがって擬函数には函数のように乗法が行なわれる．

かくて第2章，§3，例2は

$$r^k \,\mathrm{Pf.}\, r^m = \mathrm{Pf.}\, r^{m+k} \tag{5,3;11}$$

を与える．m は任意の複素数で k は，r^k が無限回可微分でなければならないから，偶数 $\geqq 0$ である．もしも

$$\Re(m)+k > -n$$

ならば，右辺の記号 Pf. は不要である．

§4 除法の問題．1変数 ($n=1$) の場合

問題の設定

S がきまった超函数ならば明らかに，$H(x) \in (\mathscr{E})$ がそこでは零点をもたないような開集合においては，$HT=S$ であるような超函数 T が1つ，しかもただ1つ存在する；なぜならば，$\dfrac{1}{H}$ は明らかに無限回可微分で，両辺に $\dfrac{1}{H}$ を掛ければ $T=\dfrac{1}{H}S$ が得られるからである．そこで，H が零点をもつ場合だけを問題にする．除法の問題は積分方程式や偏微分方程式の理論において非常に重要である；除法の使用は波動力学では普通のことである．

x による除法

定理7．S を R^1 上のきまった超函数とすれば，

$$xT = S \tag{5,4;1}$$

となるような超函数 T が無数にある；それらの中の2つの間には，Dirac 測度の任意倍 $C\delta$ の差がある．

実際，原点を除いた開集合においては $\dfrac{1}{x}$ が無限回可微分であるから，そこでは T が

$$T = \frac{1}{x}S \tag{5,4;2}$$

で定まることがわかる．0の近傍においてだけ，T が未知であり，その存在が初めからたしかだとは言えないのである．

これがわれわれの当面する x による**除法**の問題，1つの乗法問題の逆問題である．われわれは，微分の逆問題であった積分(第2章，定理1)に対して行なったと全く同様にする．(5,4;1)が成り立つには，$\chi(x)=x\phi(x), \phi \in (\mathscr{D})$，と

いう形のあらゆる函数 $\chi \in (\mathscr{D})$ に対して $T(\chi)=S(\psi)$ となることが，必要かつ十分である．これらの，x で割り切れる函数 $\chi \in (\mathscr{D})$ は，$(\mathscr{D})$ の超平面になっている或る部分ベクトル空間 $(\mathscr{H})$ を作る；実際，それらの函数はただ1つの条件 $\chi(0)=0$ を満たし，この条件によれば商 $\psi(x)=\chi(x)/x$ はたしかに $(\mathscr{D})$ に属する．

T は，もしそれが存在すれば，$(\mathscr{D})$ 上の連続線型汎函数で，$(\mathscr{H})$ 上ではきまっている；$(\mathscr{H})$ に属さない $(\mathscr{D})$ の1つの要素 φ_0 における値 $T(\varphi_0)$ がきまれば，T は完全にきまる．φ_0 をたとえば $\varphi_0(0)=+1$ となるように選ぼう．そのとき任意の $\varphi \in (\mathscr{D})$ に対して一意的な分解

$$(5,4;3)\qquad \begin{cases} \varphi = \lambda\varphi_0+\chi, \\ \lambda = \varphi(0), \\ \chi = \varphi-\lambda\varphi_0 \in (\mathscr{H}), \quad \text{したがって} \quad = x\psi, \quad \psi \in (\mathscr{D}), \end{cases}$$

ができ，これによって

$$(5,4;4)\qquad T(\varphi) = \lambda T(\varphi_0)+S(\psi)$$

となる．

逆に，φ_0 は一定に選んだとし，$T(\varphi_0)$ は任意に選んだとしよう．(5,4;4) によって T はたしかに $(\mathscr{D})$ 上の線型汎函数として定義される．φ が $(\mathscr{D}_K)$ において0に収束すれば，λ は0に収束し，したがって $\lambda T(\varphi_0)$ もそうなる；ψ が $(\mathscr{D})$ において0に収束することを示せば，$S(\psi)$ は0に収束し，したがって $T(\varphi)$ も0に収束することになる；$T(\varphi)$ は連続線型汎函数，すなわち超函数で，確かに(5,4;1)を満たすということになる．

ゆえに，φ が $(\mathscr{D})$ において0に収束すれば ψ もそうなることだけを示せばよい．さて $\chi=\varphi-\lambda\varphi_0$ は $(\mathscr{D}_L)$ において0に収束する；ただし L は K と φ_0 の台との和集合；したがって，結局，$\chi(x) \in (\mathscr{H})$ が $(\mathscr{D}_L)$ において0に収束すれば $\psi(x)=\chi(x)/x$ が $(\mathscr{D}_L)$ において0に収束することを示すことになる．ところが Taylor の公式を $\chi(x)$ に適用すれば，初等的な計算によって，

$$(5,4;5)\qquad \left|\frac{d^m\psi(x)}{dx^m}\right| \leq k_m \operatorname*{Max}_{|t|\leq|x|}\left|\frac{d^{m+1}\chi(t)}{dt^{m+1}}\right|$$

の形の評価を得ることができる：このことからただちに結論が導かれる．

(5,4;1)の相異なる2つの解は，$T(\varphi_0)$ に与える2つの相異なる値に対応す

る；したがって，その2つの解の差は

$$\text{(5, 4 ; 6)}\qquad \begin{cases} T_1(\varphi)-T_2(\varphi) = C\lambda = C\varphi(0) \quad \text{すなわち} \\ T_1-T_2 = C\delta \end{cases}$$

(C=複素定数，δ=Dirac 測度)．

なお，$xT=0$ となるような超函数 T が δ に比例することを先に知るのも容易にできたであろう．なぜならばそのような超函数は，(5, 4 ; 2) によって，原点を台とするはずである；そうすると [(3, 10 ; 1)] そのような超函数は

$$\text{(5, 4 ; 7)}\qquad T = \sum_{0\leqq p\leqq m} (-1)^p \frac{C_p}{p!}\delta^{(p)}$$

の形である．そこで (5, 3 ; 5) によって

$$\text{(5, 4 ; 8)}\qquad xT = \sum_{1\leqq p\leqq m} (-1)^p \frac{C_p}{(p-1)!}\delta^{(p-1)}$$

となるが，この式が0になり得るのは $p\geqq 1$ に対するすべての C_p が0であるときだけであるから，たしかに $T=C_0\delta$ となる．

x^l による除法

系．S が R^1 上のきまった超函数ならば，

$$\text{(5, 4 ; 9)}\qquad x^l T = S$$

が成り立つような超函数 T は無数にある (l は整数 >0)；それらの2つの間の差は，Dirac 測度の，階数 $\leqq l-1$ の微係数の任意な1次結合である．

実際，順を追って進むのである；S を x^l で“割る”には S を x で順次に l 回割るわけである．解の不定さは次のようにして知られる；$x^l T=0$ が成り立つ超函数 T は原点を台としているから，それは (5, 4 ; 7) の形である；そこで (5, 3 ; 5) によって

$$\text{(5, 4 ; 10)}\qquad x^l T = \sum_{l\leqq p\leqq m} (-1)^{p-l} \frac{C_p}{(p-l)!}\delta^{(p-l)}$$

であるが，これが0になり得るのはすべての C_p，$p\geqq l$，が0であるときに限り，したがって

$$\text{(5, 4 ; 11)}\qquad T = \sum_{0\leqq p\leqq l-1} (-1)^p \frac{C_p}{p!}\delta^{(p)}.$$

1つの函数 H による除法

いまやわれわれは，全実数軸上で重複の位数がおのおの有限な孤立根しかもたないような任意函数 $H(x)\in(\mathcal{E})$ による，超函数 S の除法に移ることができる．

実際，H による除法が局所的に可能ならば，それは全域的に可能であることがわかる(もっと先の§5, 2° 参照)．

さて H による除法は，H の零点でないような点 a の近傍では明らかに可能である．H の l_ν 位の零点 a_ν の近傍では

$$\frac{1}{H}=\frac{1}{(x-a_\nu)^{l_\nu}}\frac{(x-a_\nu)^{l_\nu}}{H} \tag{5, 4 ; 12}$$

と書けるが，a_ν の近傍で $(x-a_\nu)^{l_\nu}/H$ が無限回可微分であるから，H による除法は $(x-a_\nu)^{l_\nu}$ によるつねに可能な除法に帰着する．ゆえに，結局 H による除法は R^1 上で可能である．

解の不定さは諸点 a_ν における不定さから生ずる．2つの解の差は

$$H(T_1-T_2)=0 \tag{5, 4 ; 13}$$

を満たし，点測度 $\delta_{(a_\nu)}$ の，階数 $\leqq l_\nu-1$ の微係数の無限(収束)1次結合

$$T_1-T_2=\sum_{a_\nu}\left(\sum_{p\leqq l_\nu-1}(-1)^p\frac{C_{p,\nu}}{p!}\delta_{(a_\nu)}{}^{(p)}\right) \tag{5, 4 ; 14}$$

として一意的に表わされる；各点の近傍で一意的にそのように表わされるからである．

無限位の零点をもつ函数 $H(x)\in(\mathcal{E})$ による除法は，もはや必ずしも可能でないことが容易にわかる；もはや，任意の超函数が H で“割り切れる”のではない．

§5 多変数の場合の除法問題の概説

ここでは単純な場合だけを扱う．一般な除法問題は非常に困難であり；多項式による除法については Hörmander [2] によって，さらに一般に解析函数による除法については Lojasiewicz [1] によって解かれた．また Schwartz [15] も参照せよ．

1° R^n における x_n による除法はつねに可能である．前§の証明を拡張す

ればよいが，しかし $(\mathscr{H})$ はもはや超平面ではなく，$\chi(x_1, x_2, \cdots, x_{x-1}, 0)\equiv 0$ を満たす函数 χ で作られている．

2° H による除法が局所的に可能ならば，それは全局的に可能である．実際，$\{\Omega_\nu\}$ を相対コンパクトな開集合による R^n の局所有限被覆で，各 Ω_ν においては H による除法がつねに可能であるようなものとする．第3章の定理29を利用しよう；それによれば，与えられた超函数 S は，S_ν の台が Ω_ν に含まれるような和 $S=\sum_\nu S_\nu$ に分解される．そのとき，$HT_\nu=S_\nu$ であるような超函数 T_ν が存在する；T_ν の台が Ω_ν に含まれることをつねに仮定できる：そうなっていなければ，S_ν の台の近傍で1に等しい函数 $\in(\mathscr{D}_{\Omega_\nu})$ を，T_ν に乗ずるのである．そのとき無限和 $T=\sum_\nu T_\nu$ は局所的には有限で，$HT=S$ となる．

3° P を，方程式 $P(x)=0$ できまる部分多様体 U^{n-1} が $n-1$ 次元で特異点を持たず，P の1階偏微係数が U^{n-1} においてすべて同時に0とはならないような，$(\mathscr{E})$ の函数とする．このような函数 P を，正則であると言おう．U^{n-1} 外の点の近傍では，P による除法は可能であり，一意的である．U^{n-1} の各点の近傍では，変数変換によって(第1章，§5, 3°)，P が函数 x_n である場合に帰着でき，したがって P による除法はやはり可能である．結局 P による除法は，局所的に可能であるから，全局的に可能である．

4° 2つの函数 H, K による除法が可能ならば，積 HK による除法は可能で，それは2つの除法を次々にすることで行なわれる．

そこで $P, Q, \cdots$ が正則な函数 $\in(\mathscr{E})$ で $l, m, \cdots$ が整数 >0 ならば，$P^lQ^m\cdots$ による除法はつねに可能である．

さて，すぐ上に扱った場合における除法問題の不定性，すなわち $HT=0$ を満たす超函数 T の一般型を調べよう．T の台は必ず方程式 $H(x)=0$ の部分多様体に載っている．しかしこれだけでは十分でない．

公式(5, 3 ; 7)の示す所によれば，積 ${x_n}^lT$ が0であるためには，T が超平面 $x_n=0$ に載っている階数 $\leqq l$ の多重層

$$(5, 5\,;1)\qquad T=\sum_{q\leqq l-1}\left(\frac{\partial}{\partial x_n}\right)^q\bar{T}_q,\qquad T_q\in(\mathscr{D}')_{x_1, x_2, \cdots, x_{n-1}}$$

であることが，必要かつ十分である．

$P^lQ^m\cdots$ による除法については，局所的な変数変換を行う(第1章，§5, 3°)；

数箇の函数 $P, Q, \cdots$ の場合には，数箇の部分多様体の和に台が含まれる超函数を，それら部分多様体のどれかに台が含まれるような超函数の和に分解するために，第3章，定理34の3°を用いる．こうして次の定理に達する：

定理8. **V^n が無限回可微分多様体で $P, Q, \cdots$ が V^n 上の正則な函数 $\in (\mathcal{E})$ ならば，$P^l Q^m \cdots$ による除法はつねに可能である．超函数 T が $P^l Q^m \cdots T=0$ を満たすには，部分多様体 $P=0, Q=0, \cdots$ に載っているそれぞれ階数が l 以下，m 以下，… の多重層の和に T が分解されることが，つねに十分条件であり，またそのことは，これら部分多様体の幾つかに共通な点においては必ずそれらが互に独立な接超平面をもつという場合には，必要条件である** (94頁参照).

ただ1つの部分多様体にしか属さない点の近傍においては，その部分多様体上で定義された超函数の V^n への拡張の transversal な微係数の有限和として多重層を表わす仕方は，transversal な微分演算をきめると，ただ1通りになるということを想起しよう．

例　R^n において $(1-r^2)^l$ による除法はつねに可能である．方程式 $(1-r^2)^l$ $T=0$ の最も一般な解は，$\bar{T}_q$ を単位球 S^{n-1} 上で定義された超函数 T_q の R^n への拡張として，

$$T = \sum_{q \leqq l-1} \left(\frac{\partial}{\partial r}\right)^q \bar{T}_q \tag{5,5;2}$$

の形にただ1通りに分解される．

§6　常微分方程式と偏微分方程式への応用

定　　義

未知超函数 T に関する線型 m 階偏微分方程式とは

$$\begin{cases} DT = B, \quad \text{ただし} \\ DT = \sum_{|p| \leqq m} A_p(x) D^p T; \quad p = \{p_1, p_2, \cdots, p_n\}, \end{cases} \tag{5,6;1}$$

の形のものである．

すべての超函数 T に対して DT に意味があることを望めば，方程式の係数 $A_p(x)$ は（普通の意味で）無限回可微分な函数でなければならない．右辺 B はきまった超函数である；$B=0$ ならば方程式は斉次である．（もちろん他の場合も研究できる；たとえば $A_p(x)$ がただ k 回連続可微分ならば，$D^p T$ は $(\mathcal{D}'^k)$

に属さねばならず，解 T はどんな超函数でもというわけにはいかない.)

N 箇の未知超函数についての N 箇の偏微分方程式の系を得るには，$T=\{T_1, T_2, \cdots, T_N\}$ を N 次元ベクトル空間 $E=R^N$ の値をとる**ベクトル値**超函数(第1章，§5, 1°)とせねばならない．このとき $B=\{B_1, B_2, \cdots, B_N\}$ もベクトル値超函数，係数 A_p は N 行 N 列の無限回可微分な**マトリックス** $A_p=(A_{p;j,k})$ で，(5, 6 ; 1) は

$$(DT)_j = B_j; \quad j=1, 2, \cdots, N \tag{5, 6 ; 2}$$

と同値，ただし

$$(DT)_j = \sum_{|p|\leqq m} \sum_{k=1}^{N} A_{p;j,k}(x) D^p T_k \tag{5, 6 ; 3}$$

である.

$(\mathcal{D}')$ から $(\mathcal{D}')$ への連続線型写像 $T\to DT$ にはその反転写像がある；それは

$$DT\cdot\varphi = T\cdot D'\varphi \quad \text{すなわち} \quad \sum_{j=1}^{N} (DT)_j\cdot\varphi_j = \sum_{j=1}^{N} T_j\cdot(D'\varphi)_j \tag{5, 6 ; 4}$$

$$D'\varphi = \sum_{|p|\leqq m} (-1)^{|p|} D^p[{}^tA_p(x)\varphi(x)] \tag{5, 6 ; 5}$$

すなわち

$$(D'\varphi)_j = \sum_{|p|\leqq m} \sum_{k=1}^{N} (-1)^{|p|} D^p(A_{p;k,j}\varphi_k), \quad j=1, 2, \cdots, N,$$

ここに ${}^tA_p$ はマトリックス A_p の反転,

で定義される $(\mathcal{D})$ から $(\mathcal{D})$ への連続線型写像 $\varphi\to D'\varphi$ である[1]).

このとき方程式(5, 6 ; 1)は，どんな $\varphi\in(\mathcal{D})$ についても

$$T\cdot D'\varphi - B\cdot\varphi = 0 \tag{5, 6 ; 6}$$

であることを表わす．T と B が函数であっても，この関係に T の普通の微係数は入ってこない；普通の意味で可微分でないような連続函数も，このような方程式の解になることがある[2])．特に $B=0$ ならば，その斉次方程式の解は，すべての $D'\varphi$，ただし $\varphi\in(\mathcal{D})$，に直交する超函数である．方程式 $D'T=0$ は

1)　無限回可微分多様体上でもまったく容易に偏微分系を定義できる.

2)　(5, 6 ; 6)がまさしく，Leray [1]，204-206頁，Hilbert-Courant [1]，第2巻，469頁，Bochner [2] および [3]，158-182頁に述べられた偏微分方程式の“弱い解(solutions faibles)”の定義である.

普通に随伴方程式と呼ぶものである．いうまでもなく，$D'T=0$ の随伴方程式 $D''T=0$ はもとの斉次方程式 $DT=0$ に他ならない；なぜならば，作用素 D' と D'' は，$(\mathcal{D}')$ で稠密な $(\mathcal{D})$ においてきまれば $(\mathcal{D}')$ 上で完全にきまるが，どんな $\varphi, \psi \in (\mathcal{D})$ についても

$$D\psi \cdot \varphi = \psi \cdot D'\varphi = D''\psi \cdot \varphi \tag{5, 6 ; 7}$$

となるからである．

常微分方程式

ここでは N を任意にとる．変数 x の空間の次元 n が 1 ならば(5, 6 ; 1)は連立常微分方程式となる．それが $T_1, T_2, \cdots, T_N$ の最高階の微係数について解けるとき，この連立方程式は正則であるという．このときにはつねに，新しい未知超函数を追加して，これを 1 階の連立微分方程式にすることができる．それゆえ，この連立方程式が

$$\begin{cases} DT = \dfrac{dT}{dx} + AT = B, \qquad \text{すなわち} \\ (DT)_j = \dfrac{dT_j}{dx} + \displaystyle\sum_{k=1,2,\cdots,N} A_{j,k}(x)\, T_k = B_j ; \quad j = 1, 2, \cdots, N, \end{cases} \tag{5, 6 ; 8}$$

というマトリックスの形で与えられていると仮定する．

定理 9. いかなる超函数 B(右辺)に対しても，正則な連立方程式(5, 6 ; 8)には無数の解がある．2 つの解の差は，斉次連立方程式の任意解であり，それは無限回可微分函数で，斉次連立方程式の普通の解である．

この結果は全局的にも局所的にも成り立つ．

$x=0$ に対して $u(0) = \{u_1(0), u_2(0), \cdots, u_N(0)\}$ という値をとるような，斉次連立方程式の普通の解は

$$u(x) = C(x)\, u(0) \tag{5, 6 ; 9}$$

で与えられ，ここで $C(x)$ は或るマトリックス $(C_{j,k}(x))$ である：

$$u_j(x) = \sum_{k=1,2,\cdots,N} C_{j,k}(x)\, u_k(0) ; \quad j = 1, 2, \cdots, N. \tag{5, 6 ; 10}$$

係数 $A_{j,k}(x)$ が無限回可微分であるから，マトリックス $C(x)$ は無限回可微分である；それは逆マトリックスをもち ($C(x)$の行列式すなわち Wronski 行列式は $\neq 0$)，逆マトリックス $C^{-1}(x)$ は，これも無限回可微分であるが，原点

における解 u の値を点 x における u の値の函数として $u(0)=C^{-1}(x)u(x)$ によって与える．$C(x)$ は，マトリックス微分方程式

$$(5,6\,;11)\qquad \frac{dC}{dx}+AC=0 \quad \text{すなわち} \quad \frac{dC_{j,k}}{dx}+\sum A_{j,l}C_{l,k}=0$$

の，$x=0$ に対して単位マトリックス I となるような普通の解として唯一のものである．そこで(5,6;8)を“定数変化”法で解くことができる．

$$(5,6\,;12)\qquad T=CS \quad \text{すなわち} \quad T_j=\sum_k C_{j,k}S_k$$

と置く；どんな T についても，ただ1通りに，こう置くことができる；それは，S が

$$(5,6\,;13)\qquad S=C^{-1}T$$

で定まるからである．さて古典的な計算の跡を追って，(5,6;8)と同値な

$$(5,6\,;14)\qquad C\frac{dS}{dx}=B \quad \text{すなわち} \quad \frac{dS}{dx}=C^{-1}B$$

が得られる．こうして超函数の原始超函数を求めることに帰着した；どんな B についても，つねに無数の解がある．

2つの解の差は斉次連立方程式の任意の解である；ところがこれについては $B=0$ であり，したがって S は，第2章，定理1によって，或る定数 $k=\{k_1, k_2, \cdots, k_N\}$ であり，$T=Ck$ は斉次連立方程式の**普通の**解である．

斉次連立方程式が普通の解しかもたないことは，別のしかたでもわかる．斉次連立方程式の解 T が階数 $\leqq l\,(l\geqq 1)$ ならば(あるいは測度，函数，または l 回連続可微分な函数ならば)，(5,6;8)(ただし $B=0$) は $\dfrac{dT}{dx}$ もそうであることを示している；ところがそのとき，第2章，定理2, 3およびそれらからの結果によって，T は階数 $\leqq l-1$ (あるいは函数，連続函数または $l+1$ 回連続可微分な函数)である．ところが第3章，定理20によって，任意のコンパクト集合上で T は必ず階数 $<+\infty$ であるから，T は必然的に無限回可微分函数，したがって斉次連立方程式の普通の解である．もっと一般に，B が連続函数ならば連立方程式は普通の解しかもたない．

こんどは(5,6;1)が正則でないと仮定しよう．そのときは，一般には解がない．たとえば，$N=1$ に対して，1階の方程式

$$x^3\frac{dT}{dx}+2T=0 \tag{5, 6 ; 15}$$

は，原点を取除いた開集合において

$$\begin{cases} T=k_1\exp(1/x^2) & x>0 \quad \text{のとき} \\ \quad k_2\exp(1/x^2) & x<0 \quad \text{のとき} \end{cases} \tag{5, 6 ; 16}$$

だけを解としている．T を原点の近傍に拡張した超函数は(k_1 か k_2 かが $\neq 0$ ならば)，$x\to 0$ のときの T の増加が速すぎる(もっと先の，第7章，定理8参照)ので，存在しないことがわかる．この微分方程式は0以外の解をもたない．これに反して Fuchs の定理の諸条件が成り立つような場合には，N 箇より多くの定数に依存する解がある[1]．たとえば $N=1$ に対して，1階の方程式

$$x\frac{dT}{dx}-\lambda T=0 \tag{5, 6 ; 17}$$

には，2つの定数に依存する解［(2, 2 ; 27 と 28)参照］

(5, 6 ; 18)

$$\begin{cases} T=k_1(\mathrm{Pf.}\ x^\lambda)_{x>0}+k_2(\mathrm{Pf.}\ |x|^\lambda)_{x<0} & \lambda \text{が整数} <0 \text{でないとき} \\ T=k\,\mathrm{Pf.}\ x^{-l}+k'\delta^{(l-1)} & \lambda=-l \text{が整数} <0 \text{のとき} \end{cases}$$

がある．

偏微分方程式の解の1性質

定理 10. 1つの偏微分方程式の解は，超函数の空間において閉じた線状部分空間を成す．

実際 $(\mathcal{D}')$ において(j に依存する)解 T_j が或る極限超函数 T に収束すれば，作用素 D の連続性によって DT は DT_j の極限であり，したがって $DT=B$.

この定理は，すべての偏微分方程式について成り立つのに，普通は Laplace 方程式について(**調和函数の一様極限は調和函数である**)あるいは楕円型方程式についてしか証明しない．これは次の事情に由来する：たとえば双曲型方程式の場合に，たとい $B=g$ が函数であり，T_j が函数 f_j でその方程式の普通の解であって，f_j が或る函数 f に一様収束しても，f は普通の意味で可微分でないことがあり，そのとき f は普通の解でない；それは超函数論の意味での解に

---

1)　超函数に関する一般な Fuchs 型の方程式は Methée [2] で解かれた．

過ぎない．これに反して，もっと先で，楕円型方程式に対しては超函数解は必ず無限回可微分函数であることがわかる，定理12参照．普通の場合に戻るために，定理10から次のことを導きだす：

連立 m 階偏微分方程式の普通の解 f_j が或る極限函数 f に，コンパクト集合上では一様に，収束し，f が m 回連続可微分であるときには，f はその連立方程式の普通の解である． これは f_j の微係数の収束についての条件なしに成り立つのであり，また f_j の微係数は一般にはいかなる極限にも収束しないのである．

Cauchy の問題

初等的な形では Cauchy の問題は，連立 m 階偏微分方程式(5, 6 ; 1)(ただし B は或る函数 g)の普通の解 $T=f$ を，或る十分に正則な超曲面 S の上で f の $m-1$ 階までの微係数をきめておいて，求めることにある．∂ が S の近傍で定義された transversal な微分演算(第2章，§3，例5)ならば，明らかに，S 上では transversal な微係数 $\partial^k f\,(0\leqq k\leqq m-1)$ によって他の階数 $\leqq m-1$ の微係数がすべて決定される．Cauchy の問題はしばしば次のようにしてもっと精細な形で設定される：S の補集合を成す開集合 Ω において f が m 回連続可微分であり，Ω においては f が(5, 6 ; 1)を満たし，Ω において定義された transversal な微係数 $\partial^k f\,(0\leqq k\leqq m-1)$ が S 上では与えられた極限 $f^{(k)}$ をもつ，ということだけは仮定するが(“S 上での極限” という表現はすこぶる広義に解釈できる)，しかし S 上で接線方向の f の微係数が存在することは仮定しない．もちろん，局所的な Cauchy の問題だけを考えてよい．

そこで S の近傍で，ただしその片側だけで，すなわち S の近傍における Ω の2つの連結成分 Ω', Ω'' のいずれか一方において，f を求めよう．f', g' を Ω' では f, g に等しく Ω'' では0に等しい函数とする．超曲面 S および transversal な微分演算 ∂ の場[1]をたとえば m 回連続可微分と仮定し，第2章，§3，例1の方法を適用すれば，S の近傍で Df' は普通の微係数 $[Df']=g$ と，S 上に載っていて Cauchy 問題の所与 $f^{(k)}\,(k\leqq m-1)$ から完全にきまる多重層 H との

1)〔訳注〕第2章，§3，例5に述べてあるベクトル場．

和であることがわかる．これは初等的な Cauchy の問題に対しては明らかである．精細な Cauchy の問題については，S を，それに近くて Ω' の中にある，したがってその上では f が m 回連続可微分であるような，超曲面で置き換え，次いでこれを S に近づける．このとき函数 $T'=f'$ は次の3種の条件に拘束される．

1° T' は，超函数論の意味で，右辺を変形した偏微分方程式

(5, 6 ; 19)
$$DT' = g'+H$$

の解でなければならない．ただし H は所与の初期値 $f^{(k)}$ に依存する．

2° T' の台は $\bar{\Omega}'=\Omega'\cup S$ に含まれねばならない．

3° T' は或る正則性の条件を満たさねばならない：それは Ω' において m 回連続可微分な函数 f' で，その微係数 $\partial^k f'\,(k\leqq m-1)$ が S 上で極限をもたねばならない．

この新しい問題は最初の Cauchy の問題と同値であろうか？ 同値になるのは，$\partial^k f'$ の S 上の極限が与えられた函数 $f^{(k)}$ に等しいときに限る，すなわち2組の相異なる初期値によっては2つの相異なる超函数 H がきまるときに限る．S がそのどの点でも "charactéristique でない" ならば必ずそうなっていることを示すことができる；S が1つの "charactéristique な超曲面" ならば，決してそうならない．

例 a) 方程式 $(N=1)$ を

(5, 6 ; 20)
$$\frac{\partial^m T}{\partial {x_n}^m}+\sum_{|p|\leqq m,\, p_n<m} A_p D^p T = B$$

とする．S は超平面 $x_n=0$，Ω' は $x_n>0$ の範囲，$\partial=\partial/\partial x_n$ である．このとき

(5, 6 ; 21)
$$H=\sum_{\nu=1}^{\nu=m} f^{(\nu-1)}_{x_1,x_2,\cdots,x_{n-1}}\otimes\left(\frac{d}{dx_n}\right)^{m-\nu}\delta_{x_n}$$
$$+\sum_p A_p(x)\left[\sum_{\nu=1}^{\nu=p_n}\frac{\partial^{|p|-p_n}}{\partial {x_1}^{p_1}\cdots\partial {x_{n-1}}^{p_{n-1}}} f^{(\nu-1)}_{x_1,x_2,\cdots,x_{n-1}}\otimes\left(\frac{d}{dx_n}\right)^{p_n-\nu}\delta_{x_n}\right]$$

(記号 $\otimes$ は $x_1, x_2, \cdots, x_{n-1}$ についての超函数と x_n についての超函数とのテンソル積(第4章)を表わす；接線方向の $f^{(k)}$ の微係数は超函数 $\in(\mathscr{D}')_{x_1,x_2,\cdots,x_{n-1}}$ である)．$H=0$ ならば，m 階，$m-1$ 階，… の多重層を順次に 0 と置いて [分

解(3, 10 ; 5), (4, 5 ; 7)の一意性によって], $f^{(0)}=f^{(1)}=\cdots=f^{(m-1)}=0$ であることがわかる.

b)　方程式 ($N=1, n=2, m=2$) を

(5, 6 ; 22)
$$\partial^2 T/\partial x_1 \partial x_2 = B$$

とする. S と ∂ は a) と同様にとる. このとき S は charactéristique である.

(5, 6 ; 23)
$$H = \frac{\partial f^{(0)}}{\partial x_1} \otimes \delta_{x_2}$$

が成り立つ. $H=0$ からは $f^{(0)}=$定数がでるだけで, $f^{(1)}$ は任意である.

このように超函数の理論において設定した Cauchy 問題において, 条件(1°)では**もはや右辺で初期値というものが特に区別されない**; このことから偏微分方程式論の慣用の諸公式が説明される. 条件(2°)は一般には素解の台の諸性質から直ちに導かれる. ただ, 条件(3°)だけはたしかめ難い. なおそれについては, 満足な解決がないことはよく知られているが, これは, 方程式に必要となるようなものよりも強い可微分性の諸条件が所与の函数について必要だからである. 超函数の理論では, 条件1° および2° を満たす超函数 T' がみつかれば Cauchy 問題は十分に解けたと考えることができるであろう. いくつかの重要な場合には(第6章, §5(6, 5 ; 26)参照), このように定めた問題は比較的に簡単であり, 1つの, しかもただ1つの解をもつ; その解が任意超函数か十分に正則な函数(条件3°)かということは, もっと精細かつ副次的な問題である.

さて, Cauchy の問題を Ω'' に対して, 同じ右辺 g と同じ初期値 $f^{(k)}$ をもって解くならば, H は当然 $-H$ で置き換えられる. そして, 得られた超函数 T', T'' を加え合わせれば, H が消えて, 次の接続の定理が得られる:

定理 11.　もしも(5, 6 ; 1)が右辺は連続函数 g であるような連立 m 階偏微分方程式であり, S が或る超曲面, ∂ が S の近傍で定義された一定の transversal な微分演算で, S も ∂ も m 回連続可微分であって, 最後に f が, Ω' および Ω'' において m 回連続可微分で(5, 6 ; 1)を満たし, S 上では S のどちら側でも同じ Cauchy の初期条件を満たすような, 函数であるならば, f は R^n において, 超函数論の意味で, (5, 6 ; 1)を満たす.

もちろん f は, S 上では接線方向の微係数を持たないかもしれないから, そ

の連立方程式の普通の解ではないかもしれない．このために，定理10と同様に，普通はただ楕円型方程式についてだけこの定理を主張するのである：

Sのおのおのの側で定義された，S上では法線方向の微係数もこめて一致するような2つの調和函数は，互に他方の接続である．

素　解

まずただ1つのm階方程式$(N=1)$の場合を考えよう．素解を1点で或る型の特異性があるような，斉次方程式の**普通の**解としている慣用の諸定義は，われわれの意見では，まったく捨て去るべきものである．われわれは

(5, 6 ; 24) $$De_{(a)}=\delta_{(a)}=\text{点 } a \text{ にある質量 } +1$$

を満たすような超函数$e_{(a)}$をすべて，R^nの点aと微分作用素Dとに関する素解と呼ぶことにする．これは，D'が作用素Dの反転で$\varphi\in(\mathcal{D})$ならば

(5, 6 ; 25) $$e_{(a)}\cdot D'\varphi=\varphi(a)$$

であるということに他ならない．素解は，ただ局所的に点aの近傍でだけ存在することもある．aに関する素解は，明らかに，1つあれば無数にある：その中の2つの間の差は，斉次方程式$DT=0$の任意解である．

われわれは原点と微分作用素

$$D=\varDelta^k \quad (2,3;19),\qquad \left(1-\frac{\varDelta}{4\pi^2}\right)^k \quad (2,3;22),\qquad \frac{\partial}{\partial\bar{z}} \quad (2,3;28),$$

$$\square^k \quad (2,3;34),\qquad \partial^k/\partial x_1\partial x_2\cdots\partial x_k \quad (4,5;11)$$

とに関する素解をすでに与えておいた．R^nの任意の点aに関する素解は平行移動によって得られる；なぜならば，考えている作用素の係数が定数であり，したがって平行移動で不変だから．(5, 6 ; 20)の形のm階常微分方程式$(n=1)$については，(5, 6 ; 21)の示すところによれば，$x<a$のときには0に等しく，$x\geqq 0$のときには初期条件

$$f(a)=f'(a)=\cdots=f^{(m-2)}(a)=0,\qquad f^{(m-1)}(a)=1$$

(微係数は通常の意味)に対応するCauchy問題の解に等しいような函数fは，点aに関する1つの素解である；そのうえ，これは台が右半直線$x\geqq a$に含まれるただ一つのものである；なぜならば他の素解は斉次方程式の解を付け加えて得られるが，後者の台は実数軸全体になる(これは**通常の**解については明白；

実際，斉次方程式の**通常の**解が1点で0で，その階数 $\leqq m-1$ の微係数もまた0であれば，恒等的に0となる；しかも定理9によれば，解としては通常の解しかない）からである．

連立方程式（N 任意）については素解は N 行 N 列の，N^2 個の要素が超函数 $e_{(a);j,k}$ であるような，マトリックス $e_{(a)}$ であって，マトリックス方程式

(5, 6 ; 26) $\qquad De_{(a)} = I\delta_{(a)}\,;\qquad I =$ 単位マトリックス，

あるいは詳細な記法で書けば

(5, 6 ; 27) $$\sum_{|p|\leqq m\,;\,\kappa=1,\cdots,N} A_{p;j,k}(x)\,D^p e_{(a);k,l} = \begin{cases} 0 & j\neq l \text{ のとき} \\ \delta_{(a)} & j=l \text{ のとき} \end{cases}$$

を満たすものと定義される．たとえば，微分方程式(5, 6 ; 8) (n=1) については，原点に関する素解の1つは YC である，ただし Y は Heaviside 函数(第2章，§2，例1)，C は(5, 6 ; 11)で定義されるマトリックス；なぜならば

(5, 6 ; 28) $$\frac{d}{dx}(YC)+AYC = \delta I + Y\frac{dC}{dx} + YAC = \delta I.$$

a に関する1つの素解は函数

$$Y(x-a)\,C(x)\,C^{-1}(a).$$

この素解はふたたび，右半直線 $x\geqq a$ にその台が含まれるような唯一のものである．

N=1 の場合に戻ろう．φ が十分に可微分な函数で，コンパクトな台をもち，右辺のある方程式 $D'\varphi=\psi$ の解であるならば，(5, 6 ; 25) から

(5, 6 ; 29) $$\varphi(a) = e_{(a)}\cdot\psi$$

が得られる．それゆえ，随伴方程式の a に関する素解がわかれば，右辺のある方程式の解の a における値がわかる[1]．

---

1) 素解に関する文献のすべてをここに与えることはできない．HADAMARD 氏 [1] の労作は Cauchy 問題において素解の本質的な重要性を価値づけた；次元 n が奇数のときの Hadamard の素解はここでの意味のものではなく，したがって本書で与えた((2, 3 ; 34)式)ものとは何の関係もない．その他に指摘すれば：ZEILON [1], [2], HERGLOTZ [1], BUREAU(種々な方程式，とりわけ双曲型についての組織的な研究とエクスプリシットな表現：[1], [2], [3], [4]，等…)，Marcel RIESZ [2] (M. Riesz の作用素，つまり定数係数の場合の素解との合成積，によると Hadamard の方法における計算の困難をさけて Cauchy 問題が解かれる)，LERAY [2]，F. JOHN [1]，KODAIRA [1]，de RHAM [3]，GARNIR，とくに [3], [4]，GARDING [1]，SCHWARTZ [12]．定数係数の偏微分方程式はすべて素解をもつ：MALGRANGE [1], [2], EHRENPREIS [1], HÖRMANDER [1], [2].

素　核

R^n 上の核[1]とは $R^n \times R^n$ 上の超函数のことである．そのような核 $K_{x,\xi}$ は $(\mathcal{D})_{x,\xi}$ 上で連続な線型汎函数を定め，したがって当然 $(\mathcal{D})_x \times (\mathcal{D})_\xi$ 上で準連続な線型汎函数を定める：

$$(u, v) \to K_{x,\xi} \cdot u(x) v(\xi), \qquad u \in (\mathcal{D})_x, \ v \in (\mathcal{D})_\xi.$$

そこで，$u \to K \cdot uv$ は $(\mathcal{D})_x$ 上の連続な線型汎函数であり，したがって超函数 $\in (\mathcal{D}')_x$ である；この超函数は $v \in (\mathcal{D})_\xi$ に対して線型に対応するが，これを $K \cdot v$ で表わす；$v \to K \cdot v$ は $(\mathcal{D})_\xi$ から $(\mathcal{D}')_x$ への連続線型写像 ${}^tL_K$ である．同様に $v \to K \cdot uv$ は $(\mathcal{D})_\xi$ 上の連続線型汎函数，したがって超函数 $\in (\mathcal{D}')_\xi$ であり，u に対して線型に対応するが，それを $u \cdot K$ で表わす；$u \to u \cdot K$ は $(\mathcal{D})_x$ から $(\mathcal{D}')_\xi$ への連続な線型写像であり，${}^tL_K$ の反転であって，これを L_K と書く．

もし K が局所可積分な函数ならば，それは Fubini の定理により，x(あるいは ξ)のほとんどすべての値に対して ξ(あるいは x)の局所可積分函数であり，またほとんどすべての x(あるいは ξ)の値について

$$(K \cdot v)(x) = \int\int \cdots \int K(x, \xi) v(\xi) \, d\xi$$

$$(u \cdot K)(\xi) = \int\int \cdots \int K(x, \xi) u(x) \, dx.$$

${}^tL_K$ が $(\mathcal{D})_\xi$ を $(\mathcal{E})_x$ の中へ写すとき，核 K を **x につき半正則**[2]，または左側半正則であると言うが，その場合にこの写像は $(\mathcal{D})_\xi$ から $(\mathcal{E})_x$ への連続線型写像である(たとえば閉グラフの定理[3]を適用してこのことが導かれる：${}^tL_K$ は $(\mathcal{D})_\xi$ から $(\mathcal{D}')_x$ への連続写像であるから，そのグラフは $(\mathcal{D})_\xi \times (\mathcal{D}')_x$ で閉集合，まして $(\mathcal{D})_\xi \times (\mathcal{E})_x$ で閉集合である)．反転によって，これを次のように言うことができる：L_K は連続的に拡張されて $(\mathcal{E}')_x$ から $(\mathcal{D}')_\xi$ への連続線型写像になる．

同様に，L_K が $(\mathcal{D})_x$ を $(\mathcal{E})_\xi$ の中に写すとき，核 K は，**ξ につき半正則**，または右側半正則であるというが，そのときこの写像は，$(\mathcal{D})_x$ から $(\mathcal{E})_\xi$ への

1)　Schwartz [7], [9], [10], [11] 参照．[7] における $\mathcal{L}_K$ をここでは ${}^tL_K$ と書く．

2)〔訳注〕 semi-régulier en x.

3)　Bourbaki [6]，第15分冊，定理1の系5，37頁参照．閉グラフの定理は，1つの Fréchet 空間から他の空間への写像について成り立つが，明らかにまた $\mathcal{LF}$ 空間から Fréchet 空間への写像についても成り立つ．

連続線型写像である；これは，${}^tL_K$ が連続的に拡張されて $(\mathscr{E}')_\xi$ から $(\mathscr{D}')_x$ への連続線型写像になる，というのと同じことになる．

核 K が x について半正則かつ ξ について半正則のとき，核 K は**正則**[1]であるという．核が正則であるとか，半正則であるとかのための条件はここでは重要ではない[2]．

核 K が ξ につき半正則で，かつ任意の $S\in(\mathscr{E}')_\xi$ に対して，S が無限回可微分であるような R^n のすべての開集合で $K\cdot S$ が無限回可微分であるとき，K は**完全正則**[3]であると言う．このとき K は x について半正則，したがって正則となる．K が完全正則なら，$R^n\times R^n$ で対角線 $x=\xi$ の補集合において，x と ξ の無限回可微分な函数に一致する(実際，Ω_1 と Ω_2 を R^n の共通点を持たない2つの開集合とすると，もし $S\in(\mathscr{E}')_\xi$ の台が Ω_1 に含まれていれば，$K\cdot S$ は Ω_2 で無限回可微分でなければならず，したがって K は $(\mathscr{E}'_{\Omega_1})$ から $(\mathscr{E}_{\Omega_2})$ への線型写像 $({}^tL_K)_{\Omega_1,\Omega_2}$ を定める；$(\mathscr{E}')$ は回帰的な Fréchet 空間の共役，したがって有界型で完備，そして $(\mathscr{E})$ は Fréchet 空間であるから，閉グラフの定理をこの写像に適用できるので，この写像は連続である[4]；よって K は**正則化**[5]核であり，したがって $\Omega_1\times\Omega_2$ における無限回可微分函数，したがってまた対角線の補集合でそうなっている)．逆に，もし正則な核 K が対角線の補集合で無限回可微分函数ならば，K は完全正則である(実際，$S\in(\mathscr{E}')_\xi$ が R^n の或る開集合 Ω で無限回可微分函数と一致するとしよう；この Ω は相対コンパクトとしてよい．ω はその閉包が Ω に含まれる開集合とし，α はその台が Ω に含まれて ω で1に等しい $(\mathscr{D})$ の函数とする．そのとき αS は $(\mathscr{D})_\xi$ に属し，したがって $K\cdot\alpha S$ は，K が x について半正則だから，無限回可微分函数である．一方，K は ξ について半正則であるから，$K\cdot S$ と $K\cdot(1-\alpha)S$ は意味をもつ；K は，$\omega\times\complement\overline{\omega}$ で無限回可微分函数であるから，正則化核であり，いいかえれば $({}^tL_K)_{\omega,\complement\overline{\omega}}$ は $(\mathscr{E}'_{\complement\overline{\omega}})$ から $(\mathscr{E}_\omega)$ への連続線型写像であるが，また

---

1)〔訳注〕 régulier.

2) SCHWARTZ [7]，227–228頁，および [10]，予備定理23と24，55頁参照．

3)〔訳注〕 très régulier.

4) 閉グラフの定理が成り立つことについては BOURBAKI [6]，第18分冊，問題13d，36頁参照；$(\mathscr{E}')$ が有界型であることについては GROTHENDIECK [4]，73頁，定理7参照．

5) SCHWARTZ [7]，定理8，228–229頁参照．〔訳注〕正則化核は noyau régularisant.

$(K\cdot 1-\alpha)S$ は ω において無限回可微分な函数である．これで $K\cdot S$ が ω で無限回可微分な函数であること，したがって Ω でそうであることが示され，よって K は完全正則である)．もし K が完全正則であり，S が $(\mathcal{E}')_\xi$ で 0 に収束し，またこれを開集合 Ω へ制限したものが $(\mathcal{E}_\Omega)$ で 0 に収束するならば，$K\cdot S$ は $(\mathcal{D}')_x$ で 0 に収束し，またこれを Ω へ制限したものは $(\mathcal{E}_\Omega)$ で 0 に収束する(なぜならば，前記の記号をふたたび用いて，K が x につき半正則であるから，$K\cdot\alpha S$ が $(\mathcal{E})_x$ で 0 に収束するが，一方，K を $\omega\times\complement\overline{\omega}$ へ制限すれば正則化核になるから，$K\cdot(1-\alpha)S$ は $(\mathcal{E}_\omega)$ で 0 に収束する)．

核 K が ξ について半正則であり，$K\cdot S$ は S が解析函数であるような R^n のすべての開集合で解析函数になっているとき，K は**解析的完全正則**[1]であると言う．ここでは核がこの性質をもつための条件の検討はしない[2]．

定義．D を，無限回可微分な係数をもつ，R^n 上の微分作用素とする．核 E が，任意の $\varphi\in(\mathcal{D})_\xi$ で

(5, 6 ; 30)　　$E\cdot D\varphi=\varphi$　　(または $D(E\cdot\varphi)=\varphi$)

のとき，D に関して左側(または右側)の素核または逆核[3]**と言う．**

もし E が ξ について半正則ならば，連続的な拡張によって，同じ関係が，φ を $S\in(\mathcal{E}')_\xi$ で置き換えても成立する．

D を N 行 N 列のマトリックス微分作用素とするときには，素核もまたマトリックスとするが，それは核を要素として(5, 6 ; 30)の関係をみたす N 行 N 列のマトリックスである(左側の素核の場合ならば，$E\cdot D\varphi=\varphi$ は

$$\sum_{k,l}E_{j,k}\cdot D_{k,l}\varphi_l=\varphi_j,\qquad j=1,2,\cdots,N$$

を意味する)．D に左側素核が存在すれば，右辺をもった方程式 $D\varphi=\psi\in(\mathcal{D})$ の解であって $(\mathcal{D})$ に属するものは，**多くとも 1 つ**しか存在しない；なぜならば，$\varphi=E\cdot\psi$ となってしまうからである．

もし E が ξ につき半正則ならば，この結果は $(\mathcal{D})$ を $(\mathcal{E}')$ で置き換えても成立する．

D が右側素核 E をもてば，右辺のある方程式 $DT=\psi\in(\mathcal{D})$ は，**少くとも**

1)〔訳注〕 analytiquement très régulier.
2) Barros-Neto と Browder [1]，および de Barros-Neto [1] 参照.
3)〔訳注〕 noyau élémentaire à gauche, noyau inverse à gauche.

1つの解をもつ；実際，$T=E\cdot\psi$ がそのような解である．E が ξ について半正則ならば，この結論は $(\mathcal{D})$ を $(\mathcal{E}')$ で置き換えても成立する．

このように，左側素核が存在すれば一意性の定理を得，右側素核が存在すれば存在定理を得る．**両側**の素核，すなわち左側の素核かつ右側の素核であるものは非常に有用であることが認められる[1)]．

素解の概念と素核の概念の間の関係を知ることは興味深いことである．

E を x について半正則な核とする．R^n の任意の点 a で，$E\cdot\varphi$ の a における値は $\varphi\in(\mathcal{D})$ の連続な線型汎函数であり，したがって1つの超函数 $e_{(a)}$ を定める．さらに $a\to e_{(a)}\cdot\varphi=(E\cdot\varphi)(a)$ は無限回可微分な函数で，したがって，$(\mathcal{D}')$ において超函数 $e_{(a)}$ はパラメタ a につき無限回可微分である．そのとき E が D の左側素核であるということと，R^n の任意の点 a で $e_{(a)}$ が D の反転 D' に対して点 a に関する素解であるということは同値である．実際(5, 6 ; 30)は結局，次のことに帰着する：R^n のすべての点 a で，

(5, 6 ; 31) $$(E\cdot D\varphi)(a)=\varphi(a)$$

$$\text{すなわち}\quad e_{(a)}\cdot D\varphi=\varphi(a)\quad\text{すなわち}\quad D'e_{(a)}=\delta_{(a)}.$$

こうして，x について半正則な，D の左側素核が知られれば，各点 a に関して，D' の素解が知られ，その素解が a に対して無限回微分可能に対応する．逆も証明される[2)]．

同様な推論から次のことがわかる：ξ について半正則な，D の右側素核が知られれば，各点 a に関して D の素解が知られ，a に対して無限回微分可能に対応する；逆も成り立つ． また，D が定数係数で，e が D の原点に関する素解ならば，e の a への平行移動は a に関する素解であり，a への依存のしかたは無限回可微分である；それゆえ核が存在してそれは $e_{x-\xi}$ と書かれ，これは D の右側素核であって，正則である[3)]；$T\in(\mathcal{E}')$ に対し，$e_{x-\xi}\cdot T$ は合成積 $e*T$ である(第6章をみよ)．ここではこれ以上この問題を詳述しない；ただ

1) 素核は，右辺に制約を設けなければならないので，存在定理を不完全にしか解決しない：その制約とは台がコンパクトであるということである．この制約は双曲型連立方程式に関する Cauchy 問題については除くことができる(定数係数の場合は 167–170 頁を見よ，Malgrange [1], Ehrenpreis [1] も参照)．

2) Schwartz [7], 228 頁と [9], 予備定理 23, 24, 55 頁，半正則核の特徴づけ．

3) Schwartz [7], (25)式，228 頁，および [9], 予備定理 2, 4, 55–56 頁参照．

1つ付け加えれば，$N=1$ のとき，$e_{x-\xi}$ は D に関する左側の素核でもあり，したがって両側の素核である；それに対称な核 $e_{\xi-x}$ は随伴作用素 D' の両側素核である．もし e が函数なら，$e_{x-\xi}$ と $e_{\xi-x}$ は函数 $e(x-\xi)$ と $e(\xi-x)$ である．

実際には，連立偏微分作用素の素解を与えるやり方の大部分は同時に正則な素核を与えることになる．次のことを述べるにとどめよう：ここで(5, 6 ; 8) $(n=1)$ の型の連立方程式に対しては，函数

(5, 6 ; 32)
$$E(x, \xi) = Y(x-\xi)C(x)C^{-1}(\xi)$$

は両側の完全正則な素核であり，もし方程式の係数が解析的であれば解析的完全正則である．

楕円型連立方程式の解の正則性

常微分方程式 $(n=1)$ の場合に知ったこと (定理9)とは反対に，斉次$(B=0)$ の偏微分方程式 $(n>1)$ は一般には普通の解以外にも解をもつ；それは，普通の微係数がない連続函数，測度，任意超函数を解とすることがある．たとえば $B=0$ に対する方程式(5, 6 ; 22)の一般解は

(5, 6 ; 33)
$$T = U+V$$

で，U は x_1 だけに，V は x_2 だけに従属する；その条件以外には U, V は任意である．同様に，実係数の1階 $(m=1)$ の方程式 $(N=1)$ は必ず，局所的階数がいくらでも高い超函数を，解としてもっている．一般にすべての双曲型連立方程式についてそうである．なお，既に久しく前から双曲型方程式の解として不連続函数が用いられている；しかしその“解”という言葉の定義はしばしばすこぶる複雑である．

これに反して，数種の連立斉次方程式については，超函数解は必然的に無限回可微分函数で，普通の解になる．

定義．微分作用素または微分作用素マトリックス D が準楕円型[1]（解析的準楕円型）であるとは，DT がそこで無限回可微分函数（解析函数）であるような R^n の開集合においては T も無限回可微分函数（解析函数）である，ということである．そのとき，斉次方程式の任意の解 T は無限回可微分函数（解析函数）

1）“楕円型”という言葉は，初版ではあまりに混乱を招いた，それゆえ今度は“準楕円型”（〔訳注〕hypoelliptique）を用い，“楕円型”は古典的な意味のままにしておく．

である.

古典的な解析においては，微分作用素が楕円型であるというのは，その最高次数の項が正値性の或る条件を満足するとき(たとえば，2階で $N=1$ の作用素の場合，

$$D=\sum_{j,k} g_{jk}\frac{\partial^2}{\partial x_j \partial x_k}+\sum_j a_j \frac{\partial}{\partial x_j}+b,$$

2次形式 $\sum_{j,k} g_{jk}\xi_j\xi_k$ が正定値(または負定値)のとき)である．そのとき斉次方程式の解は無限回可微分であること(Bernstein の定理[1])，とくに D の係数が解析的であれば解も解析函数となることが証明される．この性質を拡張し，上述の D，とくにラプラシアン Δ が準楕円型[2]であることが証明される．もっと一般に任意階数の楕円型作用素を定義し，それは準楕円型であることが示される[3]．

定理 12. **微分作用素(マトリックス)D が無限回可微分な係数で，完全正則(または解析的完全正則)な左側素核 $E_{x,\xi}$ をもつとき，D は準楕円型(または解析的準楕円型)である．さらにもし T が $(\mathscr{D}')$ で 0 に収束し，かつ DT が $(\mathscr{E})$ で 0 に収束すれば(特に T がもし斉次方程式 $DT=0$ の解であれば)，T は $(\mathscr{E})$ で 0 に収束する[4]．**

最初，T の台はコンパクトと仮定する．そのとき E が左側素核で，右側半正則であるから，$T=E\cdot DT$ である．ところが，E が完全正則(または解析的完全正則)であることにより，T は DT が無限回可微分(または解析函数)であるような R^n の任意の開集合で同じ性質をもつ．

今度は T の台を任意とし，Ω は R^n の開集合であって，そこでは DT が無限回可微分(または，解析的)であるとする．ω を Ω にその閉包まで含まれる，

1) S. BERNSTEIN [2].

2) 超函数の意味で Laplace 方程式 $\Delta f=0$ をみたす任意の函数は無限回可微分であり，したがって Laplace 方程式の普通の意味の解となることは，調和函数の理論においてしばしば用いられてきた(Weyl の補題，H. WEYL [1])．

3) MALGRANGE [4]，SCHWARTZ [16 bis]，HÖRMANDER [3]，第3部，第7章，7.4，176頁参照．

4) 初版において与えた条件は核の概念を用いなかったので，示唆するところがすくなかった．そのうえ不十分であった：それは左側素核が x について半正則で，対角線の補集合で無限回可微分な函数であると仮定することに帰着するが，実はそのほかに，素核を ξ についても半正則，よって正則さらに完全正則，と仮定することを要する．事実，109頁の下から7-2行目における証明に誤りがある：なぜならば，その近傍で βT が無限回可微分であるような点の存在がわかっていなかった；実際，この可微分性こそ，証明しようとしていることであった！

相対コンパクト集合とする．β を $(\mathcal{D})$ に属する函数で，台が Ω に含まれ，ω では値が1であるものとする．このとき βT は台がコンパクトで，$D(\beta T)$ は ω で DT と一致し，したがって無限回可微分(または解析的)な函数である；したがって βT もそうであり，したがって T も ω においてそうなっているから，D は確かに準楕円型(または解析的準楕円型)である．

最後に T が $(\mathcal{D}')$ で0に収束し，DT が $(\mathcal{E}_\Omega)$ で0に収束するとしよう．このとき βT は $(\mathcal{E}')$ で0に収束し，$D(\beta T)$ は $(\mathcal{E}_\omega)$ で0に収束する．130頁で導いた完全正則核の性質により，$\beta T = E \cdot D(\beta T)$ は $(\mathcal{E}_\omega)$ で0に収束し，よって T が $(\mathcal{E}_\omega)$ で，したがって $(\mathcal{E}_\Omega)$ で0に収束する．証明終[1]．

注意 われわれは素核という強力な道具を使った．ここで D の完全正則な“左側パラメトリックス”[2] なるものを用いても同じ結果が得られるであろう；それは，完全正則な核 ϖ で，

(5, 6 ; 34) $$\varpi \cdot D\varphi = \varphi + L \cdot \varphi$$

を満たすもので，ここに L は $R^n \times R^n$ 上全空間で x, ξ の無限回微分可能な函数とする．もし ϖ がそのようなパラメトリックスで，$\alpha \in (\mathcal{D})$ が原点の近傍で1ならば，$\alpha(x-\xi)\varpi_{x \cdot \xi}$ もパラメトリックスである；このことによって，いくら小さい $\varepsilon > 0$ に対しても，開集合 $|x-\xi| \geqq \varepsilon$ では0であるようなパラメトリックスを用いることができる．また，DT が無限回可微分であるとき，T が何回でも微分できることを，つぎつぎに証明していくことができる；そのためには，もっと弱い条件を満たす核 ϖ を得れば十分である：無限回可微分函数，すなわち正則化核のかわりに，L は単に“修正”核，すなわち $L \cdot T$ を T よりも正則な超函数とするようなもの，であればよい．そのような核 ϖ はずっと初等的に作られるのである[3]．

ここで，この定理のいくつかの応用を見ることが残っている．

1°) D を定数係数のスカラー微分作用素 $(N=1)$ とし，e を原点に関する素解とする．このとき，すでに見たように(133頁)，$e_{x-\xi}$ は D の正則な両側

1) 収束に関するこの性質は素核を用いずとも証明できる，それは準楕円型の定義と閉グラフの定理から得られる．MALGRANGE [1]，第3章，命題2参照．

2)〔訳注〕 paramétrix à gauche.

3) これは特異積分作用素(opérateurs intégraux singuliers)の方法である．例えば SEELY [2], CARTAN-SCHWARTZ [1]，報告 11, 11.09 頁，MIZOHATA [1] 参照．

素核である．この核が完全正則である必要十分な条件は，$R^n \times R^n$ の対角線の補集合で無限回微分可能な函数であること，すなわち e が R^n の原点の補集合で無限回可微分函数となることである．

たとえば微分作用素 Δ^k, $\left(1-\dfrac{\Delta}{4\pi^2}\right)^k$, $\dfrac{\partial}{\partial \bar{z}}$ は準楕円型である((2, 3 ; 19), (2, 3 ; 22), (2, 3 ; 28) 式)．**放物型**作用素，たとえば熱伝導の作用素

$$\frac{\partial}{\partial x_n}-\sum_{j=1}^{n-1}\frac{\partial^2}{\partial x_j{}^2}$$

のようなものはまた準楕円型である；なぜならば，これの素解

$$(5,6\,;35)\qquad e(x)=\left(\frac{1}{2\sqrt{\pi x_n}}\right)^{n-1}\exp\left(-\frac{x_1{}^2+x_2{}^2+\cdots+x_{n-1}{}^2}{4x_n}\right)Y(x_n)$$

が原点の補集合で無限回可微分だからである．Hörmander 氏は定数係数の準楕円型作用素のすべてを検討した[1]．

2°)　D が定数係数であるとき，$e_{x-\xi}$ が解析的完全正則であるためには，e が原点の補集合で解析的であることが必要十分になる，ということを証明できる[2]．たとえば Δ^k, $\left(1-\dfrac{\Delta}{4\pi^2}\right)^k$, $\dfrac{\partial}{\partial \bar{z}}$ は解析的準楕円型作用素である．しかし熱伝導方程式はそうではない，なぜならばそれの素解は原点の補集合で解析的ではなく，しかもそこでは斉次方程式の解になっている．

3°)　直線上のすべての連立微分作用素 ($n=1$) は準楕円型である；それは両側素核(5, 6 ; 32)が完全正則だからである；もし連立方程式の係数が解析的であれば解析的準楕円型である．

4°)　D_1 と D_2 が準楕円型微分作用素であれば，D_1D_2 もまたそうである．なぜなら，R^n の開集合において，D_1D_2T が無限回可微分ならば，D_1 が準楕円型であるから D_2T も無限回可微分で，したがって D_2 が準楕円型であることから T も無限回可微分である．逆に，もし D_1D_2 が準楕円型ならば，D_2 は準楕円型である．なぜならば，R^n の開集合において，D_2T が無限回可微分であれば D_1D_2T もそうであり，D_1D_2 が準楕円型であるから T も無限回可微分である．それゆえ，R^2 において，$\Delta=4\dfrac{\partial}{\partial z}\dfrac{\partial}{\partial \bar{z}}$ が準楕円型であることから，作用素 $\dfrac{\partial}{\partial \bar{z}}$ が準楕円型であることが導かれる．

1)　Hörmander [1], および Hörmander [2], 第2部, 第4章, 4.1, 97頁参照.

2)　Schwartz [12], 報告 nº 6 参照.

諸注意　次のような疑問が持たれる：

1°)　連立微分作用素が，斉次方程式 $DT=0$ の解はすべて無限回可微分(または解析的)である，という性質をもつとき，この連立作用素は準楕円型(または解析的準楕円型)であるか？ 単独方程式 $(N=1)$ で係数が定数ならば正にその通りである[1)].

2°)　1つの任意な連立偏微分方程式について，それの十分に可微分な解はすべて無限回可微分(あるいは，無限回可微分な解はすべて解析的)であるとすれば，その連立方程式の超函数解はすべて無限回可微分(あるいは，解析的)であるか？ 私はこの定理を，定数係数の連立方程式について，素核もパラメトリックスも用いずに，証明するであろう(第6章，定理29).

定理12のあらゆる応用は変分計算の直接方法において想到される．たとえば，V^n を無限回可微分コンパクト可符号な Riemann 空間とする．任意の r 次微分形式 ω に $n-r$ 次の随伴微分形式 ω^* が対応していることが知られている[2)]. $\int\int\cdots\int\omega\omega^*<+\infty$ であるような r 次微分形式 ω が次のスカラー積によって作る Hilbert 空間を $(\mathscr{H})$ としよう：

$$(5,6;36)\qquad \langle\alpha,\beta\rangle=\int\int\cdots\int\alpha\beta^*\qquad [\alpha\in(\mathscr{H}),\beta\in(\mathscr{H})]$$

そのような微分形式に対して，それが可微分なときには，微分演算 d と双対微分演算 ∂ を定義する；可微分でないときには，$d\omega$ および $\partial\omega$ はカレントである．

超函数の理論の意味で $d\omega=0$ $(\partial\omega=0)$ であるときに，微分形式 ω は閉(双対閉)であるという．それは，すべての無限回可微分で0にホモログ(コホモログ)な微分形式 φ に ω が直交するということに他ならない．d および ∂ は超函数に対する連続線型作用素であるから，このことから，閉微分形式の作る部分空間は $(\mathscr{H})$ において閉じているということが結論される．

閉微分形式の周期というのは，無限回可微分な双対閉微分形式から成る，コホモロジーの意味で独立な極大集合の中を φ が動くときの，すべての積分

---

1)　Hörmander [1]，定理3.7，231頁に準楕円型の場合；217頁定理3.2の系3.1に，もし斉次方程式の解がすべて解析函数ならば，特性超平面が存在しないこと，したがってその方程式は解析的準楕円型であることが示されている．

2)　de Rham [3]，第5章，および Kodaira [1]，第3章参照．

$\int\int\cdots\int\omega\varphi^*$ のことである．$(\mathscr{H})$ におけるホモロジー類は，与えられた周期をもつ閉微分形式の集合から成り，$(\mathscr{H})$ の或る空でない**閉じた**線状部分空間 W である．したがって，$(\mathscr{H})$ の原点 O から W への正射影になっているような微分形式 $\omega\in(\mathscr{H})$ がある．この微分形式は W に属し，したがって閉である；ω は，W に平行な O を通る部分空間に，したがって 0 にホモログな微分形式 $\in(\mathscr{H})$ のすべてに直交し，したがって双対閉である．そこで，この ω は超函数論の意味で

$$\varDelta\omega = d\partial\omega+\partial d\omega = 0$$

をみたす．

ところがそのとき，定理 12 によって，この微分形式 ω は普通の意味における調和で無限回可微分(V^n が解析的ならばやはり解析的)な微分形式である．こうして，いかなるホモロジー類の中にも調和微分形式があることが，私にはその問題に最も適していると思われる方法で，証明された．これ以外の変分のいくつかの問題も問様な方法でとり扱われる．一般的に，楕円型“境界値問題”の解は，まず，定理 12 に依存するであろう[1]．

1) このような意識でとり扱われた新しい境界値問題を Lions [1] にみることができる．

第6章　合　成　積

梗　概

本章では R^n 上の函数の合成積の古典的性質を超函数に拡張する；これは理論上および実際の各種の応用上にすこぶる重要である.

§1では2つの函数 f, g の合成積の普通の定義，$h=f*g=\int\int\cdots\int f(x-t)g(t)\,dt$ [(6, 1 ; 1)]，およびこの積の本質的性質を述べる.

§2では，超函数に拡張できるような別の形の定義を述べる：超函数 S, T の合成積は $(S*T)\cdot\varphi=(S_\xi\otimes T_\eta)\cdot\varphi(\xi+\eta)$ [(6, 2 ; 4)] で定義される．その2つの超函数のどちらかがコンパクトな台をもてば，この積は必ず定義される(145頁，定理1).

§3では超函数の合成積の基本性質：連続性(147頁，定理5)，結合律および交換律(149頁，定理7)，を述べる．平行移動と微分演算は合成積の特別なものであり(149頁，定理8)，このことから合成積の平行移動や微分演算の法則が得られる(150頁，定理9)．不完全な形でよく知られているそれらの性質は，演算子法，積分方程式や偏微分方程式の理論，Fourier 変換や Laplace 変換の理論にとって基本的である．合成積は，微分演算と交換可能な連続な線型演算として唯一のものである(152頁，定理10).

§4では“正則化”を研究する：T を α で正則化したもの，すなわち超函数 T と無限回可微分函数 α との合成積 $T*\alpha$ は，それ自身1つの無限回可微分函数である(156頁，定理11)．超函数の正則化は，函数の正則化と類似の応用がある(近似定理)．この§の終りには初等的な諸例を掲げる.

§5では，どちらの超函数の台もコンパクトでない場合に合成積を拡張する．この拡張は1変数の演算子法の基礎であり，また電気への応用，非整数階の微分演算，定数係数常微分方程式や積分方程式の記号的解法に本質的である．多変数への同様な拡張は，双曲型定数係数偏微分方程式論の基礎である.

§6は“詳しい理論”，すなわち超函数の局所的性質をそれの微係数の局所的性質によって調べること，を論ずる．この§は，困難な問題を提出し，そのすべてを解決することはしないのであるが，或るすこぶる特殊で全く理論的な諸問題にしか役立たず，また本書の他の部分ではほとんど用いられない(ただし181頁，定理19は例外).

§7では超函数を正則化したものの性質からもとの超函数の性質を導く．Tauber 型の諸定理20(183頁)，21(185頁)，24(189頁)は理論上興味がある．正則化は，超函数の有界集合や収束列を特徴づけるのに著しく役立つものである：定理22(186頁)と

23(188頁)はそれ以後において理論上の各種の応用に絶えず用いられるであろう．技術家はこの§を飛ばしてよいであろう．

§8では超函数の新しい諸空間，すなわち古典的な L^p 空間に類似な $(\mathscr{D}'_{L^p})$ を導入する．それら，特に $(\mathscr{D}'_{L^\infty})$ すなわち $(\mathscr{B}')$("R^n 上で有界な" 超函数の空間)，には多数の理論上，実際上の応用がある．ここの定理の証明にはしばしば難しいものがあるが，証明を知らないでも諸定理を理解し適用することは容易にできるであろう．

§9では"概周期超函数"を研究するが，これは§8の易しい応用である．私は，この超函数は実際上に応用されることがあるかどうか知らない．

§10では偏微分方程式や積分方程式への，一般に"合成方程式"[(6, 10 ; 1)]への，合成積の応用を述べる．素解(6, 10 ; 9)を正しく定義し，その主な応用を述べる．ポテンシャル論における古典的な Poisson 公式(6, 10 ; 18)はその特別な場合である．207頁の定理29は第5章の定理12に類似し，定数係数楕円型偏微分方程式の解の解析性を示す．この§の終りでは，調和函数と共に優調和函数を研究し，F. Riesz の分解公式(6, 10 ; 32)をもっと一般な研究の特別な場合として直ちに導く．

記　法

A, B が R^n の2つの集合であるとき，$x \in A, y \in B$ による $x+y$(あるいは $x-y$) の形の R^n の要素の集合を $A+B$ (あるいは $A-B$) で表わす．A, B のどちらかが開集合ならば $A+B$ は開集合である；A と B がコンパクトならば $A+B$ はコンパクトであり，一方が閉集合で他方がコンパクトならば $A+B$ は閉集合である．

§1　普通の合成積の定義

2つの函数の合成積

合成積は解析学のますます多くの分野においてますます重要な役割を演じている：すなわち確率論，演算子法，群論，Fourier 級数，Fourier 積分，ポテンシャル論，積分方程式の諸分野においてである[1]．

合成積は群構造に結びついている．この章では群 R^n において考えるが，その結果はほとんど変更なしにトーラス T^n 上や積 $R^m \times T^n$ 上でも有効である；

1) 古典的な合成積の研究については A. Weil [1]，第3章参照．

群の交換律を用いないものは Lie 群上でも有効である[1].

R^n 上の2つの函数 $f(x), g(x)$ については，$h=f*g=g*f$ で表わす合成積は，

$$(6,1;1)\quad h(x)=\int\int\cdots\int f(x-t)g(t)\,dt=\int\int\cdots\int g(x-t)f(t)\,dt$$

で定義される R^n 上の函数である．f, g が任意の函数では，この函数 h は必ずしも定義されない．まず，f と g はどんなコンパクト集合上でも可積分でなければならない；つぎに，h を定義する積分の絶対収束を保証するために f, g は無限遠で十分速く減少せねばならない；たとえば f が任意ならば，$|x|$ が無限大になるとき，f の増加が急速なほどますます g は急速に減少せねばならない．

a) 容易にわかるように，もし $f\in L^p, g\in L^q$ で $1\leqq p\leqq+\infty$, $1\leqq q\leqq+\infty$, $\dfrac{1}{p}+\dfrac{1}{q}-1\geqq 0$ ならば，h はほとんど到る所存在し，$h\in L^r$, $\dfrac{1}{r}=\dfrac{1}{p}+\dfrac{1}{q}-1$,

(6,1;2)

$$\left(\int\int\cdots\int|h(x)|^r dx\right)^{1/r}\leqq\left(\int\int\cdots\int|f(x)|^p dx\right)^{1/p}\left(\int\int\cdots\int|g(x)|^q dx\right)^{1/q}$$

で，ここの不等号は $f\geqq 0, g\geqq 0, p=q=r=1$ のときには等号になる．$r=\infty$ のときには，h は到る所存在して連続である：この場合，$p=\infty$ または $q=\infty$ であるときを除けば，$|x|\to\infty$ に対して h は 0 に収束する．

b) 両函数 f, g の一方が各コンパクト集合で可積分，他方が各コンパクト集合上で $\in L^p$，しかもどちらかの台がコンパクトであるならば，h はほとんど到る所存在し，各コンパクト集合上で $\in L^p$；$p=\infty$ のときは，h は到る所存在して連続である．

f と g がコンパクトな台をもてば h もそうである．

注意　測度 0 の集合上で，f および g を変更しても，h は全然変わらない；h は一般にはほとんど到る所でだけ定義されるのであるから，合成積は函数そのものに対してというよりはむしろ，測度 0 の集合を除いて定まった，各コンパクト集合上で可積分な函数の類に対して，適用されるのである．

函数と測度との合成

函数 $f(x)$ と測度 μ との合成積をも定義できる；それは，

1) Riss [1] に，任意の局所コンパクト可換群上の合成積の研究がある．

(6, 1 ; 3)
$$h(x)=\iint\cdots\int f(x-t)\,d\mu(t)$$

で定義される函数 $h(x)$ である．f と μ の役割を交換するのはもう少し難しい；μ を定義するのに用いられ，すでに知ったように(第2章，定理2)，μ の原始函数になっているような，有界変動函数を導入して f と μ の役割を交換することがしばしばある．$f*\mu$ と $\mu*f$ を区別しないで書くことにする．ここでも，h が存在するためには f と μ が或る条件を満たさねばならない．f は各コンパクト集合上で可積分とせねばならない．

a) $f\in L^p$ であって μ が R^n 上で可積分ならば，h は殆ど到る所存在して $\in L^p$，

(6, 1 ; 4)
$$\left(\iint\cdots\int|h(x)|^p dx\right)^{1/p}\leqq\left(\iint\cdots\int|f(x)|^p dx\right)^{1/p}\cdot\left(\iint\cdots\int|d\mu|\right)$$

で，ここの不等号は $f\geqq 0, \mu\geqq 0, p=1$ のときには等号になる．

b) 各コンパクト集合上で $f\in L^p$ で，f か μ かの台がコンパクトならば，h はほとんど到る所存在し，各コンパクト集合上で $\in L^p$；さらに f が連続ならば，h は到る所で定義されて連続である．もしも μ が絶対連続な測度であるならば，したがってこれを或る函数 g と同一視するならば，$f*\mu$ はちょうど $f*g$ である．

注意 前に述べたことほど明白ではないが，f を測度0の集合上で変更しても h は測度0の集合上でしか変更されないことが証明される．

2つの測度の合成

つぎに μ,ν が2つの測度ならば，測度 $\lambda=\mu*\nu=\nu*\mu$ であるような合成積を定義できる(たとえば μ,ν を定める有界変動函数を用いて)．

a) μ および ν が可積分ならば積は意味があって，そのとき λ は可積分，

(6, 1 ; 5)
$$\iint\cdots\int|d\lambda|\leqq\left(\iint\cdots\int|d\mu|\right)\cdot\left(\iint\cdots\int|d\nu|\right)$$

で，ここの不等号は，測度 μ,ν が $\geqq 0$ ならば等号になる．

b) 一方の測度が任意でも，他方がコンパクトな台をもてば積は意味がある．もしも一方の測度たとえば μ が絶対連続，したがって或る函数 f と同一視さ

れるならば，合成積 $\mu*\nu$ は1つの絶対連続測度 λ であって，それは，前に定義した合成積 $f*\nu$ になっている函数 h と，同一視される.

測度の合成積は確率論において用いられる；μ および ν が R^n のベクトルの2通りの分布法則をきめるならば，μ,ν は全測度1の2つの測度 $\geqq 0$ である；これらのベクトルを2つの独立な確率変数とすれば，その和は，分布が測度 $\lambda=\mu*\nu$ できまる確率法則にしたがう；そこで λ も全測度1の測度 $\geqq 0$ であることが理解できる.

§2　R^n 上の2つの超函数の合成積[1)]

汎函数的定義．2つの函数の場合

超函数と考える f,g,h の汎函数的定義を持ちこんで，合成積の定義を変形する．$\varphi\in(\mathcal{D})$ に対して $h(\varphi)$ を計算しよう；

$$(6,2;1)\qquad h(\varphi)=\int\int\cdots\int h(x)\varphi(x)\,dx$$
$$=\int\int_{x\in R^n}\cdots\int\cdot\int\int_{t\in R^n}\cdots\int\varphi(x)f(x-t)g(t)\,dxdt.$$

変数変換 $x-t=\xi, t=\eta$ によって

$$(6,2;2)\qquad h(\varphi)=\int\int_{\xi\in R^n}\cdots\int\cdot\int\int_{\eta\in R^n}\cdots\int\varphi(\xi+\eta)f(\xi)g(\eta)\,d\xi d\eta$$

が得られる.

§1で考えたどの場合にも，積分は絶対収束で，この計算は正当である．この式の意義がつぎのようにわかる：第1にそれは直接に f と g の対称的な役割を明らかにしている；第2にそれは測度に拡張され，超函数に拡張される．実際，f と g が R^n 上のきまった函数ならば $f(\xi)g(\eta)$ は，各点 (ξ,η) の座標が $\xi_1,\xi_2,\cdots,\xi_n,\ \eta_1,\eta_2,\cdots,\eta_n$ であるような $2n$ 次元空間 $R^n\times R^n$ の上の函数である．第4章で，この $2n$ 変数の函数を**テンソル積**と呼び $f(\xi)\otimes g(\eta)$ と書いた．他方，$\varphi(x)$ は R^n 上の無限回可微分函数なので，$\varphi(\xi+\eta)$ は $R^n\times R^n$ 上のはっきり決まった無限回可微分函数である；$h(\varphi)$ は $f(\xi)\otimes g(\eta)\in(\mathcal{D}')_{\xi,\eta}$

1)　R^n を局所コンパクト群で置き換えることができる．Braconnier [1], Bruhat [1] と [2], Marianne Guillemot [1], Norguet [1], Riss [1] を見よ.

と $\varphi(\xi+\eta)\in(\mathscr{E})_{\xi,\eta}$ のスカラー積に他ならない．この性質によって $h(\varphi)$ はすべての $\varphi(x)\in(\mathscr{D})_x$ に対して定義され，h は完全に特徴づけられる．そこで，f と g を超函数で置き換えた場合にこの最後の定義を拡張するならば，それらの超函数が実は普通の合成積の定義される函数であるときには，確かに，この定義からその普通の合成積が再び得られる．

2つの超函数の場合

そこで S と T を R^n 上の2つの任意超函数とする；テンソル積 $S_\xi\otimes T_\eta$ は $R^n\times R^n$ 上の超函数として常に存在する；ξ,η の函数で $u(\xi)v(\eta)$ の形のものに対して

$$(S_\xi\otimes T_\eta)\cdot[u(\xi)v(\eta)]=S(u)T(v) \tag{6,2;3}$$

であることを思い出そう．

一方，前に言ったように，$\varphi(x)\in(\mathscr{D})_x$ ならば $\varphi(\xi+\eta)$ は無限回可微分であるが，$\varphi\equiv0$ のとき以外は，**それの台は，コンパクトでない**：実際その台は“副2等分面”$\xi+\eta=0$ に平行ないくつかの線状空間の和から作られている．この場合，S と T が任意では $(S_\xi\otimes T_\eta)\cdot\varphi(\xi+\eta)$ が意味をもたない；§1で見たように，無限遠における減少についての或る種の条件が満たされねばならない．しかしこの式は特に，**$R^n\times R^n$ における $S_\xi\otimes T_\eta$ の台と $\varphi(\xi+\eta)$ の台とがコンパクトな集合で交わるときには，**意味がある(82頁参照)．

台についての制限

ここでは超函数の一方，たとえば S，がコンパクトな台 A をもつ場合に限ろう．$\varphi(x)$ が R^n においてコンパクトな台 K をもてば，前の条件は満たされる．実際，$S_\xi\otimes T_\eta$ の台は $A\times R^n$ に含まれるが，$\varphi(\xi+\eta)$ の台は関係 $\xi+\eta\in K$ で定義され，これらの台の共通部分 I の点は $\xi\in A,\xi+\eta\in K$ を，したがって $\eta\in K-A$ を満たし，I はコンパクト集合 $A\times(K-A)$ に含まれる．82頁の方法を用いれば，無限回可微分でコンパクトな台をもち A の近傍で1に等しいような函数 $\alpha(\xi)$ を導入することになり，そうすれば第3章，§7の諸公式にしたがって

$$(S*T)_x\cdot\varphi(x)=(S_\xi\otimes T_\eta)\cdot\varphi(\xi+\eta)=(S_\xi\otimes T_\eta)\cdot[\alpha(\xi)\varphi(\xi+\eta)], \tag{6,2;4}$$

こんどは $\alpha(\xi)\varphi(\xi+\eta)$ はコンパクトな台をもち，そして $S_\xi\otimes T_\eta$ の台の近傍で $\varphi(\xi+\eta)$ に等しいのである．こうして，あらゆる $\varphi\in(\mathcal{D})_x$ に対し $(S*T)\cdot\varphi$ を定義することができた．ところで $\varphi_j\in(\mathcal{D})_x$ の台が或る同一のコンパクト集合 K に含まれ，$(\mathcal{D})_x$ において0に収束すれば，$\alpha(\xi)\varphi_j(\xi+\eta)$ は，$R^n\times R^n$ の一定なコンパクト集合に含まれる台をもち，0に一様収束し，その各微係数も0に一様収束する；ところが $S_\xi\otimes T_\eta$ は $R^n\times R^n$ 上の超函数であるから，このとき $(S_\xi\otimes T_\eta)\cdot[\alpha(\xi)\varphi_j(\xi+\eta)]$ の値は0に収束する．それゆえ，こうして定義された線型汎函数 $(S*T)\cdot\varphi$ はたしかに R^n 上の超函数である．

存在と計算

それゆえ，次の定理を述べることができる：

定理1．S と T が R^n 上の2つの任意超函数で，少くも一方がコンパクトな台をもつならば，S と T の合成積と呼ばれ $S*T$ あるいは $T*S$ で表わされる超函数があって，すべての $\varphi(x)\in(\mathcal{D})_x$ に対し

(6, 2 ; 5)　$$(S*T)_x\cdot\varphi(x)=(S_\xi\otimes T_\eta)\cdot\varphi(\xi+\eta)$$

を満たす[1]．

ずっと先で，合成積が定義される別な場合を知る機会がある(§5, §8)．

台がコンパクトな場合には何の困難もないということは，合成積における難点が無限遠での増加だけに由来し，局所的な不正則性によるのでないということを示している．これは超函数の乗法積(第5章)と正反対である；その場合には無限遠での挙動は少しも重要でなく，局所的な正則性だけが効いた．乗法積のときに2つの超函数のどちらかが局所的にまったく正則，すなわち普通の意味で無限回可微分な函数，であると仮定することになったのと同様に，ここではどちらかが無限遠においてまったく正則である，すなわちコンパクトな台をもつ，と仮定するのである．

超函数のテンソル積についてすでに知ったことから，合成積を2回の累次"積分"で計算できることが結論される(Fubini の定理；第4章，定理4参照)：

(6, 2 ; 6)

1）合成積のこの表わし方はすでに2つの測度の合成積に用いられていた．A. WEIL [1]，第3章参照．

$$(S*T)\cdot\varphi=(S_\xi\otimes T_\eta)\cdot\varphi(\xi+\eta)=S_\xi\cdot[T_\eta\cdot\varphi(\xi+\eta)]=T_\eta\cdot[S_\xi\cdot\varphi(\xi+\eta)].$$

もしも S の台がコンパクトならば，$S_\xi\cdot\varphi(\xi+\eta)$ は，無限回可微分で台がコンパクトな，η の函数 $\chi(\eta)$ であり，$T_\eta\cdot\chi(\eta)$ は計算できる；$T_\eta\cdot\varphi(\xi+\eta)$ の方は，無限回可微分で台に**制限がない** ξ の函数 $\psi(\xi)$ であるが，S の台がコンパクトであるから，やはり $S_\xi\cdot\psi(\xi)$ は計算できる．この2つの方法は同じ結果を与えるはずである．

$\varphi(\xi+\eta)$ が，$(\xi,\eta)\to\xi+\eta$ で定義された $R^n\times R^n$ から R^n への写像 H についての，函数 $\varphi(x)$ の**反転像**(第1章，§5, 3°)であることに注意しよう．そこで $S*T$ は写像 H による $S_\xi\otimes T_\eta$ の**順像**である [(1, 5 ; 6)]．ところが写像 H は無限遠では正則でなく，そのために $S*T$ は任意超函数については必ずしも意味がなく，台がコンパクトな超函数に対して常に意味があるのである．

§3 合成積の性質

台

定理 2. **S, T の台が(少くも一方はコンパクトで)それぞれ A, B ならば，$S*T$ の台は和 $A+B$ に含まれる．**

$A+B$ は閉集合である；Ω を R^n におけるその補集合とする．$\varphi(x)\in(\mathcal{D})$ の台が Ω に含まれれば $(S*T)\cdot\varphi$ が0であることを示す必要がある．$R^n\times R^n$ 上の $\varphi(\xi+\eta)$ の台は，関係 $\xi+\eta\in\Omega$ で定義された開集合に含まれる；$S_\xi\otimes T_\eta$ の台は $A\times B$ に一致し(第4章，定理5)，したがって関係 $\xi\in A, \eta\in B$ で定義されるが，この関係から

$$\xi+\eta\in A+B$$

がでる；そこで $\varphi(\xi+\eta)$ の台は $S_\xi\otimes T_\eta$ の台と共通な点をもたず，したがって $(S_\xi\otimes T_\eta)\cdot\varphi(\xi+\eta)$ は0である．

特に S, T の台が共にコンパクトならば $S*T$ の台もコンパクトである．

定理 3. **S の台が A ならば，開集合 Ω における $S*T$ の値は開集合 $\Omega-A$ における T の値にしか関係しない．**

実際，$\varphi(x)$ の台が Ω に含まれれば，関係 $\xi+\eta\in\Omega$ によって $\varphi(\xi+\eta)$ の台の1つの近傍が定義される．$S_\xi\otimes T_\eta$ の台と $\varphi(\xi+\eta)$ の台との共通部分 I を構成する点 (ξ,η) はすべて条件 $\xi\in A$ を，したがって $\eta\in\Omega-A$ を満たす：I は

積(開集合)$R^n\times(\Omega-A)$ に含まれる；ゆえに，S が到る所で決まり T が開集合 $\Omega-A$ 上で決まれば，$(S_\xi\otimes T_\eta)\cdot\varphi(\xi+\eta)$ が決まる．

特に S が**座標原点**に近い小さな台 A をもてば，$S*T$ の台は T の台の小さな近傍に含まれ，開集合 Ω における $S*T$ の値は $\bar{\Omega}$ の小さな近傍における T の値で定まる．

連 続 性

定理 4. $S\in(\mathcal{E}')$, $T\in(\mathcal{E}')$ **の組に合成積** $S*T\in(\mathcal{E}')$ **を対応させる写像は，連続な双線型写像である**[1]．

それが双線型写像であることは明白である．つぎに S, T が $(\mathcal{E}')$ において 0 に収束すれば $S*T$ が $(\mathcal{E}')$ において 0 に収束することを示す(フィルターについては S, T の収束から S, T が有界な範囲にとどまることは結論されないということを思いだそう)．証明は空間 $(\mathcal{E}')$ に対する第4章，定理6に基づく．φ が $(\mathcal{E})$ の有界集合 B の中を動くとき，$\varphi(\xi+\eta)$ は $(\mathcal{E})_{\xi,\eta}$ の或る有界集合 B_1 の中を動く．ところが S と T が $(\mathcal{E}')$ において 0 に収束すれば，$S_\xi\otimes T_\eta$ は $(\mathcal{E}')_{\xi,\eta}$ において 0 に収束し，したがって $S_\xi\otimes T_\eta\cdot\varphi(\xi+\eta)$ は $\varphi(\xi+\eta)\in B_1$ に関して一様に，すなわち $\varphi\in B$ に関して一様に 0 に収束する．証明終．

次のようにも考えられる．$(\mathcal{E}')\times(\mathcal{E}')$ から $(\mathcal{E}')_{\xi,\eta}$ への写像 $(S, T)\to S_\xi\otimes T_\eta$ は連続である；$(\mathcal{E}')_{\xi,\eta}$ から $(\mathcal{E}')$ への写像 $S_\xi\otimes T_\eta\to S*T$ は，$R^n\times R^n$ から R^n への写像 H: $(\xi,\eta)\to\xi+\eta$ で定義される順像(第1章，§5，3°)であるから，連続である．H は無限遠において正則ではないが，これは台がコンパクトな超函数についてはどうでもよいことである．

弱位相に関しては，第3章，定理11についてと同じ注意がなされる．

定理 5. $S\in(\mathcal{E}')$, $T\in(\mathcal{D}')$ **の組に** $S*T\in(\mathcal{D}')$ **を対応させる写像は，準連続な双線型写像である．S の台が一定のコンパクト集合に含まれれば，この写像は連続な双線型写像である．**

a) S の台が一定のコンパクト集合 A に含まれる(というのは，S が有界な範囲にあれば必ず成り立つ条件であるが)とすれば，(6, 2 ; 4)の函数 $\alpha(\xi)$ を

1) この双線型写像が単に準連続なだけではなく連続であるということは，序文(9°)に掲げた一般な定理からの一つの帰結である；DIEUDONNÉ-SCHWARTZ [1]，96頁，定理9を見よ．

一定に選ぶことができる．そこで，φ が $(\mathcal{D})$ の有界集合 B の中を動けば，$\alpha(\xi)\varphi(\xi+\eta)$ は $(\mathcal{D})_{\xi,\eta}$ の或る有界集合 B_1 の中を動き，前の定理のときと同様に，第4章，定理6に帰着する．

b) S が $(\mathcal{E}')$ において0に収束し T が $(\mathcal{D}')$ において有界な範囲にとどまることだけを仮定するならば，他の証明を用いねばならない．φ が $(\mathcal{D})$ の有界集合 B の中を動けば $\varphi(\xi+\eta)$ は，ξ がコンパクト集合の中を動くとき，η の函数として $(\mathcal{D})_\eta$ において有界な範囲にあり，また ξ についての φ の各偏微係数もそうである，ということに注意しよう；T が $(\mathcal{D}')$ の有界集合の中を動けば，$T_\eta\cdot\varphi(\xi+\eta)$ は ξ について各コンパクト集合上で有界であり，それの ξ に関する各階の偏微係数もそうであり，したがって $T_\eta\cdot\varphi(\xi+\eta)$ は $(\mathcal{E})_\xi$ の或る有界集合 B_1 の中を動く；そこで，S が $(\mathcal{E}')$ において0に収束すれば，$S_\xi\cdot[T_\eta\cdot\varphi(\xi+\eta)]$ は $\varphi\in B$ について一様に0に収束する．証明終．

定理5の最後の部分は，実際の応用においては十分弱い制限しか導入しない．

これに反して $(\mathcal{E}')$ を位相空間と考えればこの双線型写像は不連続であることがわかる：S が $(\mathcal{E}')$ において，T が $(\mathcal{D}')$ において0に収束しても，それらが有界な範囲にとどまらなければ，$S*T$ は必ずしも $(\mathcal{D}')$ で0に収束しない(これは，$\varphi(\xi+\eta)$ の台がコンパクトでないためである)．もっとも実用上はいつでも準連続性でことが足りる．弱位相についてすぐ上の注意と同じことが言える．

合成積とテンソル積

定理6. **X^m, Y^n が2つの m, n 次元のベクトル空間ならば，2つのテンソル積の合成積は合成積のテンソル積である：すなわち $A_x\in(\mathcal{D}')_x, B_x\in(\mathcal{D}')_x, C_y\in(\mathcal{D}')_y, D_y\in(\mathcal{D}')_y$ ならば**

(6, 3 ; 1) $$(A_x\otimes C_y)*(B_x\otimes D_y)=(A_x*B_x)\otimes(C_y*D_y).$$

両辺に現われる超函数が相等しいことを示すには，$u(x)v(y)$ の形のどんな函数 $\varphi\in(\mathcal{D})_{x,y}$ に対しても両辺の超函数が同じ値をとることを示せばよい(第4章，定理3参照)：ところがこれは明白である，すなわちどちらの値も

(6, 3 ; 2) $$(A_\xi\otimes B_\eta\otimes C_\zeta\otimes D_\theta)\cdot u(\xi+\eta)v(\zeta+\theta)$$

である．

結合律，交換律

数箇の超函数の合成積を定義することは，それらが高々1つを除いてすべてコンパクトな台をもちさえすれば，困難なしにできる．

定理 7. 高々1つを除いてすべてコンパクトな台をもつような数箇の超函数の合成積は，結合律と交換律を満たす．

実際 A, B, C が3つの超函数ならば直ちに

$$(6,3;3)\qquad (A*B*C)\cdot\varphi=(A_\xi\otimes B_\eta\otimes C_\zeta)\cdot\varphi(\xi+\eta+\zeta)$$

が得られる．結合律と交換律は，合成積によって $(\mathcal{E}')$ が可換環になり，$(\mathcal{D}')$ が $(\mathcal{E}')$ 上の位相加群になることを示している．

注意 上の定理に示した条件に適さなければ合成積は必ずしも結合律を満たさない [(6, 5 ; 3)].

合成，平行移動，微分演算

定理 8. T **と Dirac 測度との合成積** $\delta*T$ **は** T **に等しい．** T **と** h **に置かれた質量** $+1$ **との合成積** $\delta_{(h)}*T$ **は** T **を平行移動した** $\tau_h T$ **である；** T **と Dirac 測度の微係数との合成積** $\dfrac{\partial\delta}{\partial x_k}*T$ **は** $\dfrac{\partial T}{\partial x_k}$ **である．**

$$(6,3;4)\qquad \delta*T=T;\qquad \delta_{(h)}*T=\tau_{(h)}T;\qquad \frac{\partial\delta}{\partial x_k}*T=\frac{\partial T}{\partial x_h}.$$

実際，

$$(6,3;5)\qquad (\delta_{(h)}*T)\cdot\varphi=T_\xi\cdot[(\delta_{(h)})_\eta\cdot\varphi(\xi+\eta)]=T_\xi\cdot\varphi(\xi+h)$$
$$=T\cdot\tau_{-h}(\varphi)=\tau_h(T)\cdot\varphi.$$

$h=0$ と置けば特に $\delta*T=T$ が得られる；これは δ が合成積の環における単位元であることを示す．他方，$h_k=(0,0,\cdots,\varepsilon,0,\cdots,0)$ と置けば，双極子の定義そのものから

$$(6,3;6)\qquad \lim_{\varepsilon\to 0}\frac{\delta_{(h_k)}-\delta}{\varepsilon}=-\frac{\partial\delta}{\partial x_k}$$

であることをすでに知っているが，このことから，合成積の連続性と (3, 4 ; 3) とによって

$$(6,3;7)\qquad \frac{\partial\delta}{\partial x_k}*T=\lim_{\varepsilon\to 0}\left(\frac{\delta_{(h_k)}-\delta}{-\varepsilon}*T\right)=\lim_{\varepsilon\to 0}\frac{\tau_{h_k}(T)-T}{-\varepsilon}=\frac{\partial T}{\partial x_k}$$

しかし，このすこぶる重要な公式を直接に証明するのは興味あることである.

(6, 3 ; 8)

$$\left(\frac{\partial\delta}{\partial x_k}*T\right)\varphi = T_\xi\cdot\left[\left(\frac{\partial\delta}{\partial x_k}\right)_\eta\cdot\varphi(\xi+\eta)\right] = T_\xi\cdot\left(-\frac{\partial\varphi}{\partial\xi_k}\right) = \frac{\partial T}{\partial x_k}\cdot\varphi(x).$$

微分法は1つの合成演算であることがわかる．それの連続性すなわち第3章，定理18はそこで合成積の連続性の定理(定理5)の特別な場合である．定理7から直ちに次の結論が導かれる：

定理 9. 合成積を平行移動あるいは微分するには，因子のどれか1つを平行移動あるいは微分する.

これは(6, 3 ; 4)と合成積が結合律，交換律を満たすことからの直接の結果である：

(6, 3 ; 9)

$$\tau_h(S*T) = \delta_{(h)}*(S*T) = (\delta_{(h)}*S)*T = \tau_h S*T = S*\tau_h T.$$

(6, 3 ; 10)

$$\frac{\partial}{\partial x_k}(S*T) = \frac{\partial\delta}{\partial x_k}*(S*T) = \left(\frac{\partial\delta}{\partial x_k}*S\right)*T = \frac{\partial S}{\partial x_k}*T = S*\frac{\partial T}{\partial x_k}.$$

このことから，合成積を数回微分するにはそのつど1つの因子を微分するが，微分する因子を微分演算のたびごとに変えてもよい，ということになる．たとえば

(6, 3 ; 11)

$$\frac{\partial^2}{\partial x_j\partial x_k}(S*T) = \frac{\partial^2 S}{\partial x_j\partial x_k}*T = S*\frac{\partial^2 T}{\partial x_j\partial x_k} = \frac{\partial S}{\partial x_j}*\frac{\partial T}{\partial x_k} = \frac{\partial S}{\partial x_k}*\frac{\partial T}{\partial x_j}.$$

これらの公式はもちろんよく知られている；しかしそれらを用いるには普通はすこぶる制限の強い仮定が要求される：S および T が普通の意味で連続可微分であると仮定せねばならない．そうでなければ，それらの公式は普通の意味では誤りであって，補足的な項の追加が必要である；ここでは，それらはつねに正しい．簡単な一例でその間の消息が明らかにされる．S として $x\leqq 0$ では 0, $x>0$ では $+1$ の Heaviside の函数 $Y(x)$ (1変数；$n=1$) を，T として台がコンパクトな連続函数 f をとろう．すると超函数の理論の意味では

(6, 3 ; 12) $$\frac{d}{dx}(Y*f) = \frac{dY}{dx}*f = \delta*f = f$$

であるが，微係数の普通の定義を固執すれば $\dfrac{dY}{dx}$ はほとんど到る所0であって，(6,3;10)を乱暴に適用すれば誤った公式 $\dfrac{d}{dx}(Y*f)=\dfrac{dY}{dx}*f=0$ が得られる．

普通，この種の誤りを正すのに，原点で g_0 の“飛躍”をもって第1種の不連続を呈する函数 g については

$$\frac{d}{dx}(g*f)=g'(x)*f+g_0f \tag{6,3;13}$$

であると書くのであるが，これは超函数論の意味の微分演算を適用することに帰着する．こうして個々の場合のさまざまな特殊法則はすべて避けられ，同一の一般法則を用いればよいのである．

また，(6,3;4)が波動力学において次の形で普通に用いられていることも注意しよう．Dirac 測度は函数記号：Dirac 函数 $\delta(x)$ の形に書く．一方，合成積は函数についてと同じ書き方［(6,1;1)］をする．そうすると(6,3;4)は

$$\begin{cases} f(x)=\displaystyle\iint\cdots\int\delta(x-t)f(t)\,dt \\ \dfrac{\partial f}{\partial x_k}=\displaystyle\iint\cdots\int\frac{\partial\delta}{\partial x_k}(x-t)f(t)\,dt \end{cases} \tag{6,3;14}$$

と書かれる．

合成，平行移動の結合

すべての超函数 $S\in(\mathcal{E}')$ は，点質量の有限1次結合であるような測度の，$(\mathcal{E}')$ における極限：

$$S=\lim_j\sum_\nu(a_{\nu j})\,\delta_{(h_{\nu j})}=\lim_j\sum_\nu(a_{\nu j})\,\tau_{(h_{\nu j})}\delta \tag{6,3;15}$$

である（第3章，定理15およびその続き）．

そして合成積の連続性は，合成積 $S*T$ が T を平行移動したものの有限1次結合の極限であることを示す：

$$S*T=\lim_j\sum_\nu(a_{\nu j})\,\tau_{(h_{\nu j})}T; \tag{6,3;16}$$

以前の或る論文[1)]において私はこの種の性質をたびたび用いた．

1) SCHWARTZ [4].

(6, 3 ; 16)から直ちに合成積の新しい定義が示唆される．T を1つの超函数とする：それを平行移動した $\tau_h T$ は $h \in R^n$ に対して定義された函数で，その値は超函数空間 $(\mathcal{D}')$ に含まれる．72頁で知ったように，それは h の無限回可微分函数である；これを $\phi(h)$ とする．ところが，S は変数 h の空間 R^n 上の超函数であるから，$S_h \cdot \phi(h)$ が計算できて[1]，それは1つの新しい超函数である(第1章, §5, 2°)；この新しい超函数は $S * T$ に他ならない．実際，すべての $\varphi \in (\mathcal{D})$ に対して

$$\phi(h) \cdot \varphi = \tau_h T \cdot \varphi = T_x \cdot \varphi(x+h),$$

したがって Fubini の公式(6, 2 ; 6)によって

(6, 3 ; 17)

$$[S_h \cdot \phi(h)] \cdot \varphi = S_h \cdot [T_x \cdot \varphi(x+h)] = (S_h \otimes T_x) \cdot \varphi(x+h) = (S * T) \cdot \varphi$$

である．特に S が有限箇の点測度を結合した測度

(6, 3 ; 18) $$S = \sum_\nu a_\nu \delta_{(h_\nu)}$$

ならば

(6, 3 ; 19) $$S * T = \sum_\nu a_\nu \phi(h_\nu) = \sum_\nu a_\nu \tau_{h_\nu} T$$

であり，これから式(6, 3 ; 16)が生ずる．S が連続函数 $f(x)$ ならば $f * T$ が，T を平行移動したものの通常の平均

(6, 3 ; 20) $$f * T = \int\int \cdots \int f(h) \phi(h) \, dh = \int\int \cdots \int f(h) \tau_h T \, dh$$

として表わされる．

微分演算と可換な演算

定理 10. $(\mathcal{E}')$ **から** $(\mathcal{D}')$ **への連続線型作用素ですべての偏微分演算** $\partial/\partial x_k$ $(k=1, 2, \cdots, n)$ **と可換なものは，或る一定の超函数** $S \in (\mathcal{D}')$ **との合成積**

(6, 3 ; 21) $$\mathcal{L}(T) = S * T$$

1) S の台がコンパクトならば $S_h \cdot \phi(h)$ を定義するのに何の困難もない．台がコンパクトなのが T の方であるときには，これはもう少し難しい：実際 ϕ の台はコンパクトでなく，$S_h \phi(h)$ に元来意味があるわけではない．しかし，すべての $\varphi \in (\mathcal{D})$ に対して $\phi(h) \cdot \varphi$ は台がコンパクトな h の函数であるから，ϕ はスカラー的に台がコンパクトであり，$S_h \phi(h)$ を定義できるためにはこれで十分なのである．これについては SCHWARTZ [9]，135頁，proposition 21 を見よ．

である；逆も成り立つ.

逆は前に述べたことからわかる；証明の必要なのは前半である．仮定によれば

(6, 3 ; 22) $$\frac{\partial}{\partial x_k}\mathscr{L}(T)=\mathscr{L}\left(\frac{\partial T}{\partial x_k}\right).$$

作用素 $\mathscr{L}$ が平行移動 τ_h と可換であることを示そう；このことから逆に，(3, 4 ; 3) によって (6, 3 ; 22) が導かれる；

(6, 3 ; 23) $$\tau_h[\mathscr{L}(T)]=\mathscr{L}(\tau_h T)$$

すなわち

(6, 3 ; 24) $$\tau_h[\mathscr{L}(T)]\cdot\varphi(x-h)=\mathscr{L}(\tau_h T)\cdot\varphi(x-h),\qquad \varphi\in(\mathscr{D}),$$

を示すわけであるが，左辺の値は $\mathscr{L}(T)\cdot\varphi(x)$ であるから，T と φ を固定するとき h の数値函数

(6, 3 ; 25) $$\psi(h)=\mathscr{L}(\tau_h T)\cdot\varphi(x-h)$$

が h に無関係であることを示せばよい．この函数の偏微係数は 0 であることを示す．

(6, 3 ; 26) $$\frac{\partial}{\partial h_k}\psi(h)=\left[\frac{\partial}{\partial h_k}\mathscr{L}(\tau_h T)\right]\cdot\varphi(x-h)+\mathscr{L}(\tau_h T)\cdot\frac{\partial}{\partial h_k}\varphi(x-h).$$

右辺の第 1 項については $\mathscr{L}$ の連続性と (3, 4 ; 11), (6, 3 ; 22) によって

(6, 3 ; 27)

$$\frac{\partial}{\partial h_k}\mathscr{L}(\tau_h T)=\mathscr{L}\left[\frac{\partial}{\partial h_k}(\tau_h T)\right]=-\mathscr{L}\left[\frac{\partial}{\partial x_k}(\tau_h T)\right]=-\frac{\partial}{\partial x_k}\mathscr{L}(\tau_h T).$$

結局，

(6, 3 ; 28) $$\frac{\partial}{\partial h_k}\psi(h)=\mathscr{L}(\tau_h T)\cdot\left[\frac{\partial}{\partial x_k}\varphi(x-h)+\frac{\partial}{\partial h_k}\varphi(x-h)\right]=0.$$

そこで，(6, 3 ; 16) によって $\mathscr{L}$ は台がコンパクトな超函数との合成積に対してつねに可換であり，また，このことから逆に (6, 3 ; 23), (6, 3 ; 22) が導かれる．そこで

(6, 3 ; 29) $$\mathscr{L}(\delta)=S$$

と置こう．

T の台がコンパクトならば

(6, 3 ; 30) $$\mathscr{L}(T)=\mathscr{L}(T*\delta)=T*\mathscr{L}(\delta)=S*T.$$ 証明終.

注意 $\mathscr{L}$ が $(\mathscr{D}')$ から $(\mathscr{D}')$ への連続線型作用素ならば S の台は必ずコンパクトである．実際，R^n において無限に遠ざかる任意に大きな点測度 $C_\nu\delta_{(h_\nu)}$ を考える；それは $(\mathscr{D}')$ において0に収束し，したがってそれを変換した $C_\nu(S*\delta_{(h_\nu)})=C_\nu(\tau_{(h_\nu)}S)$ も $(\mathscr{D}')$ において0に収束するが，これは S の台がコンパクトでなければ不可能である．S の台がコンパクトだから，$T\in(\mathscr{E}')$ に対して成り立つ(6,3;30)は，$(\mathscr{E}')$ が $(\mathscr{D}')$ において稠密であるから極限に移って，$T\in(\mathscr{D}')$ に対して成り立つ．

拡　張

ずっと先で(188頁参照)，$\mathscr{L}$ が $(\mathscr{D})$ から $(\mathscr{D}')$ への連続線型作用素で，偏微分演算と可換ならば，$\mathscr{L}$ は或る超函数 $\in(\mathscr{D}')$ との合成積であることがわかる．この一般な定理は，遭遇する実際的な場合を尽くしている．たとえば $\mathscr{L}$ を，L^2 の可微分函数に対する微分演算と(あるいはすべての平行移動と)可換な，$L^2(R^n)$ からそれ自身への連続線型作用素とすれば，$\mathscr{L}$ は確かに $(\mathscr{D})$ から $(\mathscr{D}')$ への連続線型作用素，したがって $\mathscr{L}(T)=S*T$ の形であり，この S は，一般には函数でも測度でもないが，次の性質をもつ超函数である：$f\in(\mathscr{D})$ が L^2 において0に収束すれば，$S*f$ は L^2 において0に収束する．

例：$S=\text{v. p.}\,\dfrac{1}{x}$ ($n=1$ について)；作用素 $f(x)\to\text{v. p.}\displaystyle\int_{-\infty}^{+\infty}\frac{f(t)\,dt}{x-t}$ は L^2 において連続である[1]．この場合，S は Fourier 変換が有界函数であるような超函数であることがわかる．しかしわれわれの一般定理に Fourier 変換は用いない．

微分演算の多項式

合成積の理論全般にわたって，超函数 $\dfrac{\partial\delta}{\partial x_k}$ を表わすのに $\dfrac{\partial}{\partial x_k}$ と書くのが便利なことがしばしばあるが，そう書けば

$$\frac{\partial}{\partial x_k}*T=\frac{\partial T}{\partial x_k}. \tag{6,3;31}$$

しかしこのような式においては $\dfrac{\partial}{\partial x_k}$ と T とに異なる役割をさせる必要はない；それらは合成積が行なわれる2つの超函数であって，

1) Marcel Riesz [3] 参照．

(6, 3 ; 32)
$$T*\frac{\partial}{\partial x_k}=\frac{\partial T}{\partial x_k}$$

と書いてもよいのである．

そこで，微分演算の(定数係数)多項式は，

(6, 3 ; 33)
$$D=\sum_p A_p D^p$$

(第1章の記法)という確定した超函数になる；p は n 箇の整数 $\geqq 0$ の組 $p_1, p_2, \cdots, p_n$ で，$\sum$ は有限和である．A_p は複素定数である；D は

(6, 3 ; 34)
$$D\delta=\sum A_p D^p\delta$$

の略であって，いかなる $T\in(\mathcal{D}')$ についても

(6, 3 ; 35)
$$DT=D*T=T*D.$$

2つのこのような微分演算多項式の合成積は，文字 $\frac{\partial}{\partial x_1}, \frac{\partial}{\partial x_2}, \cdots, \frac{\partial}{\partial x_n}$ に関する多項式の積のように作られる：

(6, 3 ; 36)
$$\left(\sum_p A_p D^p\right)*\left(\sum_q B_q D^q\right)=\sum_{p,q} A_p B_q D^{p+q}.$$

そこで，合成積によって，原点を台とする超函数のベクトル空間が，多項式環と同型な環になることがわかる．

§4　超函数の正則化

定　義

μ を測度，f を連続函数(少くも一方は台がコンパクト)とする．§1で

(6, 4 ; 1)
$$\mu*f=\int\int\cdots\int f(x-t)\,d\mu(t)=\mu_t\cdot f(x-t)$$

であることを知った．

この式には，連続函数に対する線型汎函数としての，μ の汎函数的定義が用いられている；この合成積は連続函数であって，上の式によってそれは x のあらゆる値に対して定義される．この式は次のようにして一般化される．T が超函数，α が普通の意味で無限回可微分な函数(少くも一方は台がコンパクト)ならば，$\alpha(x-t)$ は x を固定するとき t の無限回可微分函数である；したがって

(6, 4 ; 2)
$$\theta(x)=T_t\cdot\alpha(x-t)$$

を計算できる；これは x の函数であるが，また，第4章，定理2によって無限回可微分函数で，

$$(6,4\,;3)\qquad \frac{\partial\theta}{\partial x_k}=\frac{\partial}{\partial x_k}[T_t\cdot\alpha(x-t)]=T_t\cdot\frac{\partial}{\partial x_k}[\alpha(x-t)].$$

ところが，この普通の意味で無限回可微分な x の函数は合成積 $T*\alpha$ に他ならない；実際，

(6,4;4)

$$\begin{cases}(T*\alpha)\cdot\varphi=T_\xi\cdot[\alpha_\eta\cdot\varphi(\xi+\eta)]=T_\xi\cdot\displaystyle\iint\cdots\int\alpha(\eta)\varphi(\xi+\eta)\,d\eta\\ \qquad\qquad =T_\xi\cdot\displaystyle\iint\cdots\int\alpha(x-\xi)\varphi(x)\,dx=T_\xi\otimes\varphi_x\cdot\alpha(x-\xi)\\ \qquad\qquad =\varphi_x\cdot[T_\xi\cdot\alpha(x-\xi)]=\varphi_x\cdot\theta_x=\theta\cdot\varphi\end{cases}$$

ゆえに，次のように述べられる：

定理 11.　超函数 T と無限回可微分函数 α との合成積は，無限遠での状態が合成積が存在するようになっているとき［$T\in(\mathscr{D}')$, $\alpha\in(\mathscr{D})$：あるいは $T\in(\mathscr{E}')$, $\alpha\in(\mathscr{E})$］には，普通の意味で無限回可微分な函数であって，T の α による正則化[1)]と呼ばれ，

$$(6,4\,;5)\qquad (T*\alpha)_x=T_t\cdot\alpha(x-t),\qquad \frac{\partial}{\partial x_k}(T*\alpha)=T*\frac{\partial\alpha}{\partial x_k}$$

で与えられる．

同様に，もしも $T\in(\mathscr{D}'^m)$, $\alpha\in(\mathscr{D}^m)$［あるいは $T\in(\mathscr{E}'^m)$, $\alpha\in(\mathscr{E}^m)$］ならば，$T*\alpha$ は(6,4;5)で与えられ連続函数であることがわかる．

この定理によって第3章，定理15がふたたび，特に洗練されたしかたで証明される．T が任意の超函数，α が台のコンパクトな無限回可微分函数ならば，**正則化** $T*\alpha$ は無限回可微分函数である；α_j が $(\mathscr{E}')$ において δ に収束すれば（たとえば α_j が $\geqq 0$ でその台が原点に一様収束し，$\iint\cdots\int\alpha_j(x)\,dx=1$ ならば），正則化 $T*\alpha_j$ は，合成積の連続性によって，$(\mathscr{D}')$ において T に収束する．正則化は無限回可微分函数の列によって超函数に近づくための正則

1)〔訳注〕 régularisée de T par α. これに régularization と同じ訳語を用いてよいであろう．

線型な手つづきを与えるのである[1]. しかも, T が連続函数ならば T を正則化したものは連続函数であって, 括弧の間に指示したように α_j を選べば, 各コンパクト集合上で一様に(T が R^n 上で一様連続ならば R^n 上で一様に) T に収束する; T が m 回連続可微分ならば, この収束は $(\mathcal{E}^m)$ における収束である: これは,

$$\frac{\partial}{\partial x_k}(T*\alpha)=\frac{\partial T}{\partial x_k}*\alpha \tag{6,4;6}$$

だからである.

T が L^p(あるいは各コンパクト集合上で L^p) $(1\leqq p<\infty)$ の函数ならば, この収束は L^p における(あるいは各コンパクト集合上で L^p における)収束である; T が有界函数(あるいは測度あるいは m 階の超函数)ならば, この収束は L^∞ [あるいは $(\mathcal{C}')$ あるいは $(\mathcal{D}'^m)$] における弱収束である.

もちろん正則化によれば台がコンパクトでない超函数 T は, 台がコンパクトでない無限回可微分函数によって近似されるのであるが, しかし後者はすこぶる容易に, 函数 $\in(\mathcal{D})$ によって近似することができる(たとえば, 台が漸次に拡大するような, しかも漸次に拡大するコンパクト集合の上で値が1に等しくなるような, 1系の函数 $\beta\in(\mathcal{D})$ を乗ずることによって[2]).

連続性

定理 12. $T\in(\mathcal{D}')$, $\alpha\in(\mathcal{D})$ **の組に正則化** $(T*\alpha)\in(\mathcal{E})$ **を対応させる写像は, 準連続な双線型写像である.**

実際, α, T の一方は有界な範囲にとどまり, 他方は0に収束すると仮定しよう; x がコンパクト集合の中を動くとき, t の函数と考えて $\alpha(x-t)$ は, α が $(\mathcal{D})$ において有界な範囲にあれば一様有界であり, また α が $(\mathcal{D})$ において0に収束すれば0に一様収束する; したがって, どちらの仮定の下でも, 函数 $\theta(x)=T*\alpha$ は x について各コンパクト集合上で, 普通の意味で一様に0に

1) 第3章, 定理15は超函数がすべて無限回可微分函数のフィルターの極限であることを示したに過ぎない.

2) 〔訳注〕 すなわち, 次のような $\beta_j\in(\mathcal{D})$ をとれば, 任意の $\varphi\in(\mathcal{E})$ に対して, $\beta_j\varphi\in(\mathcal{D})$ は $(\mathcal{E})$ において(したがって $(\mathcal{D}')$ においても) φ に収束する: いかなる球 B を取ってもついには β_j の台が B を含み, またついには B 上で $\beta_j(x)\equiv 1$ となる.

収束する；その各微係数についても同様であるから，θ は $(\mathscr{E})$ において0に収束する．

これに反して，この準連続な双線型写像は，連続ではない．それについて，また弱位相に関しては，第3章，定理11にしたのと同じ注意がなされる．

いま述べた定理(定理12)は直ちに $(\mathscr{E}')\times(\mathscr{E})$ から $(\mathscr{E})$ への，$(\mathscr{E}')\times(\mathscr{D})$ から $(\mathscr{D})$ への，および $(\mathscr{D}'^m)\times(\mathscr{D}^m)$ あるいは $(\mathscr{E}'^m)\times(\mathscr{E}^m)$ から，各コンパクト集合上での一様収束の位相を入れた，連続函数の空間 $(\mathscr{E}^0)$ への，双線型写像 $(T,\alpha)\to T*\alpha$ に拡張される．

スカラー積，合成積のトレース(trace)

(6,4;5)は，合成積に意味がありさえすれば，いかなる T,φ についても，$T(\varphi)$ が原点における $T*\varphi(-x)$ の値に他ならないことを示している．原点に関する裏返し[1]で T,φ から導かれた函数および超函数を $\check{\varphi}$, $\check{T}$ と呼べば，すなわち

(6,4;7)　$\check{\varphi}(x)=\varphi(-x)$；　$\check{T}(\check{\varphi})=T(\varphi)$；　$\check{T}(\varphi)=T(\check{\varphi})$

とすれば，また連続函数の原点における値をその函数の“トレース”，Tr. $f(x)=f(0)$，と呼べば

(6,4;8)
$$T(\varphi)=\mathrm{Tr.}\ (T*\check{\varphi})=\mathrm{Tr.}\ (\check{T}*\varphi)$$

と書けることがわかる．

この式は(5,1;5)と同じ役割を演ずる；(5,1;5)は $T(\varphi)$ を $T\varphi$ の積分として表わしたが，(6,4;8)は $T(\varphi)$ を合成積 $T*\check{\varphi}$ のトレースとして表わす．そこで，すべての $\varphi\in(\mathscr{D})$ に対して $T*\varphi=0$ ならば，T は0であるということがわかる．

原点に関する裏返しの作用素 $^\vee$ は明らかに，函数および超函数の集合のあらゆる代数的構造，特に乗法と合成，を保存する：

(6,4;9)
$$(ST)^\vee=\check{S}\check{T};\quad (S*T)^\vee=\check{S}*\check{T}.$$

合成積の混った函数および超函数のスカラー積の式においては，1要素をその裏返しで置き換えて，一方の側から他方に移せることがわかる：たとえば

1)〔訳注〕 symétrie. 訳語として“対称”はまずく，“対称変換”は他に差障りがある．

(6, 4 ; 10) $(A*B*C)\cdot(D*E*\varphi*\psi)=(A*B*\check{\varphi}*\check{\psi})\cdot(\check{C}*D*E)$

$$=\mathrm{Tr.}\,(A*B*C*\check{D}*\check{E}*\check{\varphi}*\check{\psi}).$$

($A, B, C, D, E, \varphi, \psi$ は高々 1 つを除いてすべてコンパクトな台をもたねばならない).

(6, 4 ; 10) は特に,

(6, 4 ; 11) $(S*T)\cdot\varphi=T\cdot(\check{S}*\varphi)=S\cdot(\check{T}*\varphi)$

であることを示しているが, これによって, $(\mathscr{D})$ と $(\mathscr{D}')$ の共役関係で, $(\mathscr{D})$ における $S\in(\mathscr{E}')$ との合成の反転は $(\mathscr{D}')$ における $\check{S}$ との合成であることが証明されている.

特別な場合として, (2, 1 ; 6) と (2, 5 ; 2) についてすでに述べたこと, すなわち $\dfrac{\partial}{\partial x_k}$ と $-\dfrac{\partial}{\partial x_k}$ は互に反転であり, τ_{+h} と τ_{-h} も同様に互に反転であることが, 上記のことからもわかる.

(6, 4 ; 11) はさらに, $\varphi\in(\mathscr{D})$ に対して $\check{T}*\varphi$ がきまれば合成積 $S*T$ がきまるということを示しているが, この積 $\check{T}*\varphi$ は (6, 4 ; 5) で直接に与えられるのである.

数箇の例と公式でこの§を終ろう.

公式 1. $E(x)$ と $L(x)$ がそれぞれ指数函数と 1 次函数

(6, 4 ; 12) $E(x)=\exp(a_1x_1+a_2x_2+\cdots+a_nx_n)=\exp(a\cdot x)$

(6, 4 ; 13) $L(x)=a_1x_1+a_2x_2+\cdots+a_nx_n=(a\cdot x)$

ならば, 定義を適用することによって直ちに, 合成積と乗法積の入った次の公式が証明される:

(6, 4 ; 14) $E(x)(S*T)=[E(x)S]*[E(x)T]$

(6, 4 ; 15) $L(x)(S*T)=[L(x)S]*T+S*[L(x)T].$

公式 2. 台がコンパクトな任意の超函数 T に対して, $T*1$ は定数 $T(1)=\int\int\cdots\int T$ である ($\alpha=1$ に対する (6, 4 ; 5)).

もっと一般に, $P(x)$ が次数 $\leqq m$ の多項式ならば, Taylor の公式

(6, 4 ; 16) $$P(x-t)=\sum_{|p|\leqq m}\frac{x^p}{p!}[D^pP(t)]^{\vee}$$

は,

$$T*P = T_t\cdot P(x-t) = \sum_{|p|\leq m} [T\cdot (D^p P)^\vee] \frac{x^p}{p!} \tag{6, 4 ; 17}$$

が次数 $\leqq m$ の多項式であることを示す．

それゆえ多項式 α による T の正則化は1つの多項式 $T*\alpha$ である；$(\mathscr{D}')$ において Dirac 測度 δ に収束する多項式 α_j の列を用いれば，$T*\alpha_j$ は T の多項式近似を与える．もしも T が台に制限のない超函数であったならば，閉包がコンパクトな開集合 Ω の上では，T を台のコンパクトな超函数 T_1 で置き換えることができて，それの正則化 $T_1*\alpha_j$ は Ω 上での T の多項式近似を与える．

公式3. (6, 4 ; 5) を $\alpha=E(x)$ に適用すれば，台がコンパクトな超函数と1つの指数函数との合成積はその指数函数に比例した指数函数であること：

$$E(x)*T = (T\cdot \check{E})\,E(x)\,, \tag{6, 4 ; 18}$$

が示される．

もっと一般に，T と次数 $\leqq m$ の指数函数-多項式(指数函数と次数 $\leqq m$ の多項式との積)との合成積は次数 $\leqq m$ の指数函数-多項式である；指数函数のまたは指数函数-多項式の有限1次結合との合成積は，指数函数のまたは指数函数-多項式の1次結合である．

そこで，三角多項式による T の正則化は三角多項式である(三角多項式は $a_1, a_2, \cdots, a_n$ が純虚数であるような指数函数である)；これから，$(\mathscr{D}')$ において δ に収束する三角多項式の列 α_j を用いれば，T の三角多項式近似が導かれる．

§5　台がコンパクトでない場合の合成積

定義と諸性質

S と T を，コンパクトでない台 A, B をもつ2つの超函数とする．A, B が次の性質をもてば S と T の合成積は意味がある：$\xi\in A, \eta\in B$ に対して，$\xi+\eta$ が有限距離にとどまり得るのは ξ も η も有限距離にとどまるときに限る．これは，$A\times B$ から $A+B$ への写像 $(\xi,\eta)\to\xi+\eta$ が無限遠において正則であるというのに他ならない；このことは，どんなコンパクト集合 K についても共通部分 $A\cap(K-B)$ はコンパクトであるということで言い表わされる．

実際 φ がコンパクトな台 K を持つ函数 $\in(\mathscr{D})$ であるとすれば，$R^n\times R^n$ に

おける $\varphi(\xi+\eta)$ の台と $S_\xi \otimes T_\eta$ の台との共通部分 I は，$\xi \in A, \eta \in B, \xi+\eta \in K$ が成り立つ点 (ξ, η) で構成される；したがって I はコンパクトである；そこで，82頁に述べたことにより，$(S_\xi \otimes T_\eta) \cdot \varphi(\xi+\eta)$ を定義することができる；それは $(S_\xi \otimes T_\eta) \cdot \alpha(\xi) \varphi(\xi+\eta)$ に等しくする；ただし $\alpha(\xi)$ は $A \cap (K-B)$ の近傍で1に等しい函数 $\in (\mathcal{D})$ である．

こう定義した値 $(S_\xi \otimes T_\eta) \cdot \varphi(\xi+\eta)$ はたしかに $(\mathcal{D})$ 上の連続線型汎函数であり，したがって1つの超函数 $S*T \in (\mathcal{D}')$ を定義する．**$S*T$ の台はやはり S, T の台の和 $A+B$ に含まれ，** また A, B についての仮定によって，$A+B$ は閉集合である．さらに，**合成積 $S*T$ は次の意味で S と T の連続双線型函数であることがわかる：超函数 S_j が台を一定の閉集合 A の中に保ちつつ $(\mathcal{D}')$ において0に収束し，また超函数 T_j が台を一定の閉集合 B の中に保ちつつ $(\mathcal{D}')$ において0に収束し，A と B が上記の性質をもつならば，超函数 $S_i * T_j$ は $(\mathcal{D}')$ において0に収束する．**

可換性，結合律

こうして定義した合成積は可換であるが，必ずしも結合律をみたさない．R, S, T を台がそれぞれ A, B, C である3箇の超函数とする．結合律は，

(6, 5 ; 1)　$$(R*S)*T = R*(S*T)$$

であることを意味する．

これが断言できるためには，3箇の超函数の合成積 $R*S*T$ を一挙に定義できねばならず，そのとき当然その合成積は可換でなければならない．

それは A, B, C が次の性質をもつときには可能である：$\xi \in A, \eta \in B, \zeta \in C$ として，$\xi+\eta+\zeta$ が有限距離にとどまり得るのは ξ, η, ζ がすべて有限距離にとどまるときに限る．言い換えれば，$A \times B \times C$ から $A+B+C$ への写像 $(\xi, \eta, \zeta) \to \xi+\eta+\zeta$ が無限遠において正則なときである．そこで，コンパクトな台 K をもつ任意の $\varphi \in (\mathcal{D})$ に対して，$R^n \times R^n \times R^n$ における $R_\xi \otimes S_\eta \otimes T_\zeta$ の台と $\varphi(\xi+\eta+\zeta)$ の台との共通部分はコンパクトなので，直接に

(6, 5 ; 2)　$$(R*S*T) \cdot \varphi = (R_\xi \otimes S_\eta \otimes T_\zeta) \cdot \varphi(\xi+\eta+\zeta)$$

と置くことができる．このとき (6, 5 ; 1) の両辺の共通な値は (6, 5 ; 2) で定義された $R*S*T$ の値である．

結合律を満たさない例

Y が Heaviside の函数ならば (1変数, $n=1$ の場合),

$$(6,5;3)\qquad \begin{cases} \left(1*\dfrac{d}{dx}\right)*Y=0,\ \text{なぜならば}\ \ 1*\dfrac{d}{dx}=0, \\ 1*\left(\dfrac{d}{dx}*Y\right)=1*\delta=1. \end{cases}$$

なお, 数箇の超函数の1つが全空間を台とするとき, それらの合成積が確実に意味をもつのは, 他の超函数の台がすべてコンパクトな場合に限る, ということがわかる.

ここで, 台がコンパクトでない超函数の合成積の, 実際上にすこぶる重要な2例を挙げる.

1変数 ($n=1$) の演算子法の諸演算

台が"左方で限られた"(あるいは右方で限られた), すなわち或る半直線 $(c,+\infty)$ (あるいは $(-\infty,c)$) に含まれる, 超函数を考える: c は考える超函数によって異なってもよい. 特に2つの超函数 S, T が, $(0,+\infty)$ に台が含まれる函数 f, g であるならば, 合成積 $f*g$ はすこぶる簡単な古典的な形

$$(6,5;4)\qquad h(x)=\int_0^x f(x-t)\,g(t)\,dt \qquad (\text{したがって } x\leqq 0 \text{ に対しては } 0)$$

になる.

この式で h が必ず存在することがわかる; $x\to\infty$ に対する f と g の挙動は重要でない. しかし上に述べた諸注意は, もっと一般に, 台が左方で限られた任意有限箇の超函数の合成積は必ず意味がある, ということを示している; なぜならば, いくつかの下に有界な数の和が有界な範囲にとどまるのは, それらの数がすべて有界なときに限るからである.

T は左方で限られた台をもつ超函数, φ は右方で限られた台をもつ(普通の意味で)無限回可微分な函数とすれば, T の台と φ の台がコンパクト集合で交わるから, スカラー積 $T\cdot\varphi$ は意味がある, ということに注意しよう. そこで, 次のように定義しよう:

a) $(\mathscr{D}_+)$ [または $(\mathscr{D}_-)$] は, 台が左方で(または右方で)限られた(普通の意

味で）無限回可微分な函数 φ の空間とする；$(\mathcal{D}_+)$ には $(\mathcal{E}_{(c,+\infty)})$ の和極限位相を導入する；ここで $(\mathcal{E}_{(c,+\infty)})$ は台が $(c,+\infty)$ に含まれる函数 $\varphi\in(\mathcal{E})$ の空間で，$(\mathcal{E})$ から導入された位相を持つ．

b）$(\mathcal{D}'_+)$［または $(\mathcal{D}'_-)$］は，台が左方で（または右方で）限られた超函数 $\in(\mathcal{D}')$ の空間とする．$(\mathcal{D}'_+)$ には $(\mathcal{D}'_{(c,+\infty)})$ の和極限位相を導入する；ここで $(\mathcal{D}'_{(c,+\infty)})$ は台が $(c,+\infty)$ に含まれる超函数からなる $(\mathcal{D}')$ の部分空間で，$(\mathcal{D}')$ から導入された位相を持つ．

$(\mathcal{D}'_+)$ は空間 $(\mathcal{D}_-)$ の共役である，すなわち $(\mathcal{D}_-)$ 上の連続線型汎函数の空間である；なお，$(\mathcal{D}_-)$ も $(\mathcal{D}'_+)$ の共役である[1]．

その際，$(\mathcal{D}_-)$ と $(\mathcal{D}'_+)$ は相互的な強共役の関係にあり，第3章で $(\mathcal{D})$ と $(\mathcal{D}')$ について述べた種々の性質をもつことが証明される．同様に $(\mathcal{D}_+)$ と $(\mathcal{D}'_-)$ は相互的な強共役の関係にある．

定理 13．超函数 $\in(\mathcal{D}'_+)$ の合成積は結合律と交換律を満たす．$S*T$ の台は S の台と T の台との和 $A+B$ に含まれる．S と T に $S*T$ を対応させる写像は双線型写像であり，それを $(\mathcal{D}'_{(c,+\infty)})\times(\mathcal{D}'_{(c,-\infty)})$ に制限したものは連続である．

証明は前§の証明と同様．

空間 $(\mathcal{D}'_+)\times(\mathcal{D}'_+)$ を導入すれば，定理5と同様に，準連続ではあるが連続ではない双線型函数が生ずる．

$T\in(\mathcal{D}'_+),\varphi\in(\mathcal{D}_-)$ に対して，裏返し $\check{\varphi}$ は $\in(\mathcal{D}_+)$ であり，ここでも，正則化 $T*\check{\varphi}$ は函数 $\in(\mathcal{D}_+)$ で，

$$(6,4;8)\qquad T(\varphi)=\mathrm{Tr.}\ (T*\check{\varphi})=\mathrm{Tr.}\ (\check{T}*\varphi)$$

である．$(\mathcal{D}'_+)\times(\mathcal{D}_+)$ **から** $(\mathcal{D}_+)$ **への双線型写像** $(T,\alpha)\to T*\alpha$ **は準連続である．**

空間 $(\mathcal{D}'_+)$ は $(\mathcal{E}')$ と同様に可換環である．Dirac 測度 δ はそれの単位元である．

定理 14．環 $(\mathcal{D}'_+)$ は零因子をもたない．

実際，台が左方で限られた2つの連続函数の合成積 $f*g$ が $\equiv0$ となるのは，

1）82頁を見よ．

両函数のどちらかが $\equiv 0$ となるときに限る，ということが知られている[1]．これと同じ性質を $(\mathscr{D}'_+)$ の2つの超函数 S, T について証明せねばならない．

α と β を $(\mathscr{D}_+)$ の2つの函数 $\not\equiv 0$ とする；$S*T=0$ から $(S*\alpha)*(T*\beta)=(S*T)*(\alpha*\beta)=0$ が導かれる．

ところが $S*\alpha$ と $T*\beta$ は台が左方で限られた連続函数である；その合成積が0であるからどちらか一方，たとえば $S*\alpha$，が0である．そうすると任意の $\varphi\in(\mathscr{D}_-)$ に対して

$$(S*\check{\varphi})*\alpha=(S*\alpha)*\check{\varphi}=0;$$

$S*\check{\varphi}$ と α は連続函数であるから，どちらかが0であり，また仮定によって α は0でないから，$S*\check{\varphi}$ が0である；そこで (6, 4 ; 8) によって $S(\varphi)$ はすべての φ に対して0であり，したがって S はたしかに0である．証明終．

このすこぶる重要な性質は台が同じ側で限られている2つの超函数の場合に特別なものである；この定理は台がコンパクトな2つの超函数についてはなおさら成り立つわけで，$(\mathscr{E}')$ は零因子をもたない．これに反して，一方が $(\mathscr{D}')$，他方が $\in(\mathscr{E}')$ であるような2つの超函数の合成積は，もとの超函数がどちらも0でなくても，0になることがある：たとえば

$$\frac{d}{dx}*1\equiv\frac{d}{dx}(1)=0\,. \tag{6, 5 ; 5}$$

$(\mathscr{D}'_+)$ における合成積とその合成積から生ずる方程式との研究は，通常，Laplace変換によってなされる；それが演算子法を構成する．

応用：非整数階の微分演算

$(\mathscr{D}'_+)$ の特別な超函数として，(2, 2 ; 31) で定義された超函数 Y_m を取ろう．固定した $\varphi\in(\mathscr{D}_-)$ に対しては，$Y_m(\varphi)$ は複素変数 m の整函数である；Y_m は変数 m の，$(\mathscr{D}'_+)$ の中の値をとる整函数であると言うことができる．

次の合成の公式が成り立つ：

$$Y_p*Y_q=Y_{p+q}\,. \tag{6, 5 ; 6}$$

1) この定理は先ず Titchmarsh [1], 327頁，によって，次いで Crum [1], Dufresnoy [1] および Mikusinski [7] によって証明された．
この定理を，Mikusinski 氏は，[2], [3] において，超函数論に類似の一理論の基礎とした．

実際，p と q が実数部分 >0 の複素数ならばこの公式は成り立つ，なぜならば，そのときは記号 Pf. は不要，Y_p と Y_q は函数で，上の式は

$$(6,5;7)\qquad \int_0^x \frac{(x-t)^{p-1}t^{q-1}}{\Gamma(p)\Gamma(q)}dt = \frac{x^{p+q-1}}{\Gamma(p+q)},\qquad x>0 \text{ のとき}$$

と書かれ，これは Euler の函数の諸性質からの古典的な結果である．さてこの2つの，p および q の整函数 $Y_p * Y_q$ と Y_{p+q} は，$\Re p$ および $\Re q$ が >0 のときに相等しく，結局どんな p と q に対しても相等しい．

(6,5;6) によれば Y_m は，m が整数のときには環 $(\mathscr{D}'_+)$ における Y の m 乗であるから，任意の m に対して Y^{*m} と書いてよい．そこで T の複素階数 m の原始超函数および微係数を

$$(6,5;8)\qquad I^m T = Y_m * T;\quad D^m T = Y_{-m} * T$$

で定義することができる．

次の公式が成り立つが，それらは (6,5;6) からの結果である：

$$(6,5;9)\qquad I^p(I^q T) = I^{p+q}(T);\quad D^p(D^q T) = D^{p+q}T;$$
$$D^m(I^m T) = I^m(D^m T) = T.$$

われわれは古典的な公式をここに再び見出すのである［それらは普通，可微分性について制限の強い仮定を要する：(6,3;13) 参照］が，これらは制限なしに成り立っているのである．台が左方で限られている超函数 T に対して，$I^m T$ は被積分超函数 T には連続に，複素積分階数 m には解析的に依存する．

m が整数 >0 のときには，(2,2;31) の第2式によって，$D^m S$ はたしかに普通の微係数である．$I^m S$ は S の任意の原始超函数ではない；これは，台が左方で限られている唯一のものである；それ以外のものは，$I^m S$ とは次数 $\leqq m-1$ の多項式だけの差があり，したがってその台は左方で限られていない［(6,5;24) も参照］．

これらの公式で超函数 $\in(\mathscr{D}'_+)$ の微分演算と積分演算は同性質のものであることが知られる；それらは合成演算である．

台が右方で限られた超函数について同じ諸概念を定義しようとするならば，超函数 $(\check{Y})_m = (Y_m)^\vee$ を考えて演算 $(-I)$ および $(-D)$ の m 乗を

$$(6,5;10)\qquad (-I)^m S = \check{Y}_m * S,\qquad (-D)^m S = \check{Y}_{-m} * S$$

で定義すべきであろう．

S の台が左方でも右方でも限られていれば，すなわちコンパクトならば，両演算とも定義することができる．このことから特に，$m=1$ として，S がコンパクトな台をもつ超函数ならば，S の原始超函数で台が左方で限られている唯一のものが $Y*S$ であり，S の原始超函数で台が右方で限られている唯一のものが $-\check{Y}*S$ であるということになる．

これによって，任意超函数 S の原始超函数を求める(第2章，§4)新しい方法が得られる．普通の意味で無限回可微分な，$x\leqq -c$ では0に等しく，$x\geqq c>0$ では1に等しい任意の函数 α を選ぶ；そして

$$S=\alpha S+(1-\alpha)S \tag{6,5;11}$$

と置く；αS の台は左方で限られ，$(1-\alpha)S$ の台は右方で限られている．そして

$$(Y*\alpha S)+[-\check{Y}*(1-\alpha)S] \tag{6,5;12}$$

が S の1つの原始超函数となる．この方法は直ちに，R^n において，方程式 $\dfrac{\partial T}{\partial x_1}=S$ の解を求めることに拡張される：Y を1次元測度 $Y_{x_1}\otimes\delta_{x_2x_3\cdots x_n}=Y_{(1)}$ で置き換え [(4,5;9)]，上と同じ函数 $\alpha(x_1)$ を用いるのである．

いま

$${}_aY_m=[\exp(ax)]Y_m \tag{6,5;13}$$

と置けば，(6,4;14) と (6,5;6) とから，

$${}_aY_p*{}_aY_q={}_aY_{p+q}\quad したがって\quad {}_aY_m=({}_aY)^{*m} \tag{6,5;14}$$

も成り立つことが示される．

そこで任意の複素数 m と任意の超函数 $T\in(\mathscr{D}'_+)$ に対して

$$\begin{cases} {}_aI^mT={}_aY_m*T \\ {}_aD^mT={}_aY_{-m}*T \end{cases} \tag{6,5;15}$$

と置こう；${}_aI^m$ および ${}_aD^m$ もやはり複素数階の微分演算，積分演算の型の作用素である．しかし，直ぐわかるように，

$${}_aY_{-1}=[\exp(ax)]\delta'=\delta'-a\delta \tag{6,5;16}$$

であり，したがって演算 ${}_aD$ は複合した微分演算，

$${}_aDT=\frac{dT}{dx}-aT \tag{6,5;17}$$

であり，${}_aD^m$ は演算 ${}_aD$ の m 乗である．特に，m が整数 $\geqq 0$ ならば $T={}_aI^mS$

は m 階微分方程式

$$\left(\frac{d}{dx}-a\right)^m T=S \tag{6, 5; 18}$$

の解で台が左方で限られている唯一のものである.

(6, 5; 11 および 12) に示した方法によれば, S の台が任意なときにも, S に連続的に依存するこの方程式の解が得られる.

なおこの方法は, Volterra の合成積の1つの一般化を用いて, 係数が定数でない微分方程式にも拡張される. 他方, R^n でテンソル積を用いて第4章, §5, 例3の諸公式は種々の変数 $x_1, x_2, \cdots, x_n$ についての非整数階微分演算に拡張される. なおまた, 微分方程式の演算子法へのこの§の応用を増し, 普通に用いられている諸公式を簡単にし(あるいは正しくし), また新しい公式を見出すことは容易であろう.

多変数の演算子法の諸演算

いくつかのことを指示するだけにとどめる. Γ を錐集合[1] (すなわち1点からでる半直線の和集合になっている R^n の集合. Γ はただ1つの半直線に縮むことも, 錐体[1]であることもある)で, 原点を頂点とし, 凸な閉集合であり, その頂点を通って母線を含まない超平面が存在するようなものとする. Γ を平行移動した集合に含まれるような台を, "Γ に関して左方で限られた" 台と呼ぶ; Γ の裏返し $-\Gamma=\check{\Gamma}$ を平行移動した集合に含まれる台を, Γ に関して右方で限られた台と呼ぶ.

このとき, 台が左方で限られた超函数の任意有限箇の合成積を作ることができる; それは結合律, 交換律を満たす.

定理 14 bis 環 $(\mathscr{D}'_{+\Gamma})$ は零因子をもたない.

この定理の証明は Lions [2]にある.

任意有限箇の超函数が高々1つ以外はすべて $(\mathscr{D}'_{+\Gamma})$ に属し, その $(\mathscr{D}'_{+\Gamma})$ に属さないかも知れない超函数の台が, どんなコンパクト集合 K から作った $K-\Gamma$ ともコンパクト集合で交わる(たとえばその台が或る適当な半空間)ならば, それらの超函数の合成積は意味を有し結合律と交換律を満たす, というこ

1) 〔訳注〕 錐集合: cône. 錐体: volume conique.

とがわかる.

これらの考察は，正規双曲型定数係数偏微分方程式(Volterra の合成積を一般化すれば，係数が定数でない場合にも)の理論のまぎれもない基礎である．このとき錐集合 Γ は錐体

$$x_n \geqq 0, \qquad x_n{}^2 - x_1{}^2 - x_2{}^2 \cdots - x_{n-1}{}^2 \geqq 0$$

である.

そのとき Marcel Riesz 氏の超函数 Z_m [(2, 3 ; 31)] を考えれば，それらはすべて $(\mathscr{D}'_{+\Gamma})$ に属し，Z_m は複素変数 m の，値が $(\mathscr{D}'_{+\Gamma})$ に属する整函数である．次の合成の公式が成り立つ:

(6, 5 ; 19) $$Z_p * Z_q = Z_{p+q}.$$

p および q の実数部分が $>n$ であるときには，Z_p および Z_q は連続函数であり，合成積は普通の積分で計算され，上記の式は Euler 積分の諸性質からの帰結である[1)]；したがってこの式は，両辺とも p と q の整函数であるから，任意の p と q についても成り立つ．(2, 3 ; 32) を考慮すれば (2, 3 ; 33) は (6, 5 ; 19) の，偶数 $p=-2k\leqq 0$ に対する，特別な場合になっている．

そこで

(6, 5 ; 20) $$Z_1 = Z, \qquad Z_m = Z^{*m}, \qquad Z_{-2m} = (\Box\delta)^{*m} = \Box^{*m}$$

$$\Box^{*(-m)} = \frac{1}{\pi^{(n-2)/2}2^{2m-1}\Gamma(m)\,\Gamma\left(1+m-\dfrac{n}{2}\right)}\mathrm{Pf.}\ (s^{2m-n})$$

と書くことができる[2)].

そこで，T の台が半空間 $x_n\geqq 0$ に含まれるときに(あるいはもっと一般に T の台が，錐集合 $-\Gamma$ を平行移動したものとは必ずコンパクト集合で交わるときに)

(6, 5 ; 21) $$J^m T = Z_{2m} * T; \qquad \Box^m T = Z_{-2m} * T$$

と置こう.

この積分作用素 J^m，微分作用素 $\Box^m$ は，I^m, D^m と同様な性質をもってい

---

1) この合成の公式(やはり解析的に拡張したもの)が，波の方程式についての Cauchy 問題の解決に Marcel Riesz 氏の用いたものである．M. Riesz [2], 32-33 頁参照.

2) 〔訳注〕 旧版の記号 ∇ が新版では $\Box$ に変えられた: (2, 3 ; 32)，巻末記号索引．原著新版 (6, 5 ; 20)～(6, 5 ; 32) の記法はその変更に沿っていないが，訳書では ∇^{*m} 等を $\Box^{*m}$ 等に改めた.

る [(6, 5 ; 9)]. 整数 $m>0$ に対しては,

(6, 5 ; 22) $$T=J^m S$$

が, 右辺を S とした高階の波の方程式

(6, 5 ; 23) $$\square^m T=S$$

の解 T のうちで台が半空間 $x_n\geqq 0$ に含まれる唯一のものである. 実際, S と T の台がこの半空間に含まれて, m が任意の複素数であるならば, (6, 5 ; 9) を用いてわかるように, (6, 5 ; 22) と (6, 5 ; 23) は同値である:

(6, 5 ; 24) $$\begin{cases} \square^m T=S \rightleftarrows J^m\square^m T=T=J^m S \\ J^m S=T \rightleftarrows \square^m J^m S=S=\square^m T. \end{cases}$$

作用素 J^m によって, 波の方程式についての Cauchy 問題の解は得られる. 実際, 第5章, §6で知ったように, $x_n\geqq 0$ で定義された函数に等しい解 T と超平面 $x_n=0$ 上の或る初期条件に関する, 方程式 (6, 5 ; 23) についての Cauchy 問題は, (6, 5 ; 23) を変形した方程式

(6, 5 ; 25) $$\square^m T=S+H$$

を解くことに帰着する; ここで H は, 超平面 $x_n=0$ に載っていて初期条件に依存する既知の超函数である. R^n において定義された超函数となっていて, 台が半空間 $x_m\geqq 0$ に含まれるような唯一の解 T は

(6, 5 ; 26) $$T=J^m(S+H)$$

である.

これは, T が $x_n\geqq 0$ で $2m-1$ 階までの偏微係数をもつ連続函数となるのに十分なだけ S と H が正則ならば, たしかにこの問題の解である. n が偶数 $>2m$ のときに波の拡散がないこと (Huygens の原理) は, Z_{2m} の台が波円錐面であることに由来する.

いま, λ を複素数として, $\square-\lambda\delta$ のベキを2項定理で展開すれば, 形式的に

(6, 5 ; 27)
$$(\square-\lambda\delta)^{*(-m)}=\sum_k \frac{(-m)(-m-1)\cdots(-m-k+1)}{k!}(-1)^k\lambda^k\square^{*(-m-k)}$$

を得る.

どんな複素数 m に対しても, 右辺の級数はたしかに $(\mathscr{D}'_{+\Gamma})$ において収束する; なぜならば, 十分大きい k については $\square^{*(-m-k)}=Z_{2(m+k)}$ は連続函数であ

って，それを表わす式(2,3;31)あるいは(6,5;20)から(Volterraの積分方程式の理論において古典的な)優評価が直ちに得られ，それによってこの級数がR^nの各コンパクト集合上で一様収束するのである．2項係数の間の代数的関係によってこのとき

$$(6,5;28)\qquad (\square-\lambda\delta)^{*p}*(\square-\lambda\delta)^{*q}=(\square-\lambda\delta)^{*p+q}$$

であるが，このことによって$(\square-\lambda\delta)^{*m}$と書くことが，さかのぼって，正当と認められる．こうして，“減衰波”型の方程式$\square T-\lambda T=0$に関係した超函数が得られる．計算から直ちに

(6,5;29)

$$_\lambda\square^{*(-m)}=(\square-\lambda\delta)^{*(-m)}=\frac{\mathrm{Pf.}\,s^{2m-n}}{\pi^{(n-2)/2}\Gamma(m)2^{2m-1}}\left(\sum_k\frac{\left(\frac{\lambda s^2}{4}\right)^k}{k!\Gamma\left(k+1+m-\frac{n}{2}\right)}\right)$$

が得られる：ただし特異性を呈するmの値に対しては，この超函数はmについて連続とし，極限移行で得られるものとする．λが実数のときには，

(6,5;30)

$$_\lambda\square^{*(-m)}=\frac{|\lambda|^{n/4-m/2}}{\pi^{(n-2)/2}\Gamma(m)2^{m+n/2-1}}\times\begin{cases}\mathrm{Pf.}\,s^{m-n/2}I_{m-n/2}(\sqrt{\lambda}\,s) & \lambda>0 \text{ のとき}\\ \mathrm{Pf.}\,s^{m-n/2}J_{m-n/2}(\sqrt{|\lambda|}\,s) & \lambda<0 \text{ のとき}\end{cases}$$

が得られる[1)]；ただしIおよびJはBessel函数である．$\lambda=0$に対しては再び(6,5;20)が得られる．

なおまた，作用素$(\square-\lambda\delta)*(\square-\mu\delta)$に関する素解は，1つの分数を簡単な構成要素に分ければ得られる：

$$(6,5;31)\quad [(\square-\lambda\delta)*(\square-\mu\delta)]^{*(-1)}=\frac{1}{\lambda-\mu}[(\square-\lambda\delta)^{*(-1)}-(\square-\mu\delta)^{*(-1)}]$$

すなわち

$$(6,5;32)\qquad {_\lambda\square^{*(-1)}}*{_\mu\square^{*(-1)}}=\frac{1}{\lambda-\mu}({_\lambda\square^{*(-1)}}-{_\mu\square^{*(-1)}}).$$

1) Riesz氏[2]，89–90頁，はこの計算を“記号的”なやり方で行なった．その計算が厳密に正当化され，それによって或る偏微分方程式からもう1つのに移り得るような真の方法を与える，ということがここでわかるのである．

§6　積分の研究への合成積の応用

原始超函数を求めることへの応用

合成積によって再び，超函数の積分の問題を完全に解くことができる．われわれはすでに[(6, 5 ; 2)]合成積から如何にして方程式 $\frac{\partial T}{\partial x_1}=S$ の1つの特別解が得られるかを知った；合成積によってこの問題における不定性も定まる．なぜならば，超函数 T に対して $\frac{\partial T}{\partial x_1}=0$ が成り立てば，$\alpha\in(\mathscr{D})$ によるそれの正則化 $T*\alpha$ はすべて，

$$\frac{\partial}{\partial x_1}(T*\alpha)=\frac{\partial T}{\partial x_1}*\alpha=0$$

をみたす函数であり，したがって普通の意味で x_1 に独立な連続函数である；したがって，任意の $h=\{h_1, 0, \cdots, 0\}$ に対して $\tau_h(T*\alpha)-T*\alpha=0$ すなわち，定理9によって，$(\tau_h T-T)*\alpha=0$ であるが，これは $\tau_h T-T=0$ であることを，すなわち x_1 軸に平行な移動では T が変わらないこと(第2章，定理4)を示している．同様に，T がそれのあらゆる1階微係数が0であるような超函数ならば，それを正則化した $T*\alpha$ はすべて，1階微係数がみな0であるような連続函数，したがって定数値函数である；この T は，α が $(\mathscr{E}')$ において δ に近づくときの，正則化 $T*\alpha$ の極限であるから，定数値函数の極限であるが，定数値函数は $(\mathscr{D}')$ の1次元部分空間を，したがって閉部分空間を作るから，T は定数値函数である．

しかし合成積は次の点で特に有用である；すなわち偏微係数 $\frac{\partial T}{\partial x_1}$, $\frac{\partial T}{\partial x_2}$, $\cdots$, $\frac{\partial T}{\partial x_n}$ が或る局所的正則性をもつことがわかっているような超函数 T の性質が，合成積によって与えられるのである．

1階微係数が測度であるような超函数

Soboleff 氏が証明した1つの補助定理[1)]をよりどころとする：

補助定理． $f(x)$ **がコンパクトな台をもち，** $\in L^p, p\geqq 1$, **であって** $0\leqq\lambda<n$ **ならば，**

1) Soboleff [3].

(6, 6 ; 1) $$\frac{1}{q} \geqq \sup\left(\frac{1}{q_1}, 0\right), \quad \frac{1}{q_1} = \frac{1}{p} + \frac{\lambda}{n} - 1$$

のとき合成積 $g(x) = (1/r)^\lambda * f$ は各コンパクト集合上で L^q に属する.

ただ次のときだけが例外である:

a) $p=1$. このときは, $\frac{1}{q} > \frac{1}{q_1} = \frac{\lambda}{n}$ ならば各コンパクト集合上で $g \in L^q$. しかしこのときは f を測度で置き換えてもこの性質がやはり成り立つ.

b) $\frac{1}{q_1} = 0, \lambda \neq 0$. このときはすべての有限な q に対して各コンパクト集合上で $g \in L^q$.

いずれにせよ, 各コンパクト集合上で, 優評価

(6, 6 ; 2) $$\|g\|_q \leqq C\|f\|_p$$

が成り立つ; この定数 C は q と, そこで g を優評価するコンパクト集合と, f のコンパクトな台とに依存する.

注意 "コンパクトな台をもつ" あるいは "各コンパクト集合上で" という制限を全部削除することができる. すなわち $f(x) \in L^p(R^n)$ ならば, こんどは等式 $\frac{1}{q} = \frac{1}{q_1}$ の下で, $g \in L^q(R^n)$ であるが, ただ $p=1$ あるいは $\frac{1}{q_1} \leqq 0$ のときは例外で, そのときは全域的な結論はできない.

さて次のように第2章の定理7を一般化することができる:

定理 15 (Kryloff)[1]. T の1階微係数 S_i がみな各コンパクト集合上で $\in L^p$ ならば, T は, $\frac{1}{q} \geqq \sup\left(\frac{1}{q_1}, 0\right)$, $\frac{1}{q_1} = \frac{1}{p} - \frac{1}{n}$ のときには各コンパクト集合上で L^q に属する函数であり, $p>n$ または $p=n=1$ ならば T は連続函数である.

ただ次のときだけが例外である:

a) $p=1, n \neq 1$. このときは, $\frac{1}{q} > \frac{1}{q_1}$ ならば各コンパクト集合上で $T \in L^q$. しかしこのときは S_i が測度であってもこの結果がやはり成り立つ.

b) $p=n \neq 1$. このとき T は, 有限指数でのベキがすべて各コンパクト集合上で可積分な, 函数である.

1° まず T の台がコンパクトであると仮定しよう. 和

1) Kryloff [1] 参照. Kryloff が証明した定理は, 初めから T が函数とわかっている場合だけに関するのであるが, 難しい所は同種のものである. 私の証明は Kryloff のにすこぶる類似している.

(6, 6 ; 3)　$$\sum_i \left(\frac{\partial}{\partial x_i} * \left(-\frac{1}{N}\frac{1}{r^{n-2}}\right)\right) * S_i = \frac{n-2}{N} \sum_i \left(\frac{x_i}{r^n} * S_i\right)$$

を考えよう；ただし N は(2, 3 ; 10)の定数である．この式の値は，(2, 3 ; 10)によって，

(6, 6 ; 4)

$$\sum_i \frac{\partial}{\partial x_i} * \left(-\frac{1}{N}\frac{1}{r^{n-2}}\right) * \frac{\partial}{\partial x_i} * T = \Delta * \left(-\frac{1}{N}\frac{1}{r^{n-2}}\right) * T = \delta * T = T$$

である．

したがって

(6, 6 ; 5)　$$T = \frac{n-2}{N} \sum_i \left(\frac{x_i}{r^n} * S_i\right).$$

$n=2$ については，$-\frac{1}{N}\frac{1}{r^{n-2}}$ を $-\frac{1}{2\pi}\log\frac{1}{r}$ で，また(6, 6 ; 5)において $\frac{n-2}{N}$ を $\frac{1}{2\pi}$ で置き換える必要がある．

なお，上に得た超函数が S_i を偏微係数としていることがたしかめられる：

(6, 6 ; 6)　$$\begin{aligned} \frac{\partial T}{\partial x_j} &= \sum_i \frac{\partial}{\partial x_i} * \left(-\frac{1}{N}\frac{1}{r^{n-2}}\right) * \frac{\partial S_i}{\partial x_j} \\ &= \sum_i \frac{\partial}{\partial x_i} * \left(-\frac{1}{N}\frac{1}{r^{n-2}}\right) * \frac{\partial S_j}{\partial x_i} \\ &= \sum_i \frac{\partial^2}{\partial x_i^2} * \left(-\frac{1}{N}\frac{1}{r^{n-2}}\right) * S_j = \Delta * \left(-\frac{1}{N}\frac{1}{r^{n-2}}\right) * S_j \\ &= \delta * S_j = S_j. \end{aligned}$$

S_i は仮定によって測度であり $\frac{x_i}{r^n}$ は函数であるから，T は函数である．しかも，μ がすべての S_i よりも大きい測度 $\geqq 0$ ならば，$\left|\frac{x_i}{r^n}\right| \leqq \frac{1}{r^{n-1}}$ であるから T は $C\left(\frac{1}{r}\right)^{n-1} * \mu$ を超えず，S_i についての諸仮定，あるいは同じことであるが μ についての諸仮定にしたがって Soboleff 氏の補助定理を適用することにより，定理の結果が得られる．しかしながら例外の場合 b)[1] では，T の連続性は $p>n$ のとき簡単な優評価からは導かれまい；しかし $S_i \in L^p$ でありまた，$\frac{1}{p}+\frac{1}{p'} \leqq 1$ をみたす或る p' について各コンパクト集合上で $(x_i/r^n) \in L^{p'}$ であ

---

1)〔訳注〕誤記であって，実は“$p>n$ または $p=n=1$ ならば”の部分をいう．また，2行下の p' は $p/(p-1)$ でよい．

るから，連続性は(6, 1 ; 2)に関して述べたことから導かれる．

2° さて T の台が任意であるとしよう．γ を，原点の近傍で $+1$ に等しい函数 $\in(\mathcal{D})$ とする．$\dfrac{1}{r^{n-2}}$ の代りに γ/r^{n-2} を用いる．

$$(6, 6 ; 7)\quad \Delta\left(-\frac{1}{N}\frac{\gamma}{r^{n-2}}\right)=-\frac{1}{N}\left[\frac{\Delta\gamma}{r^{n-2}}+2\sum_j\frac{\partial\gamma}{\partial x_i}\frac{\partial}{\partial x_i}\left(\frac{1}{r^{n-2}}\right)\right]+\delta=\zeta+\delta$$

で $\zeta\in(\mathcal{D})$；なぜならば $\dfrac{1}{r^{n-2}}$ は原点だけで特異であり，そこでは γ の微係数は0であるから．われわれは Laplace 方程式の素解の代りに台がコンパクトな“パラメトリックス”(135頁)を用いた．

$$(6, 6 ; 8)\quad \sum_i\frac{\partial}{\partial x_i}\left(-\frac{1}{N}\frac{\gamma}{r^{n-2}}\right)*S_i=\Delta*\left(-\frac{1}{N}\frac{\gamma}{r^{n-2}}\right)*T=T+\zeta*T$$

であって，$\zeta*T\in(\mathcal{E})$ (定理11)であるから T を局所的に論ずることは，第1辺を局所的に論ずることに帰着する．ところが $\dfrac{\partial}{\partial x_i}\left(\dfrac{\gamma}{r^{n-2}}\right)$ は或る $\dfrac{A}{r^{n-1}}$ を超えず，S_i はすべて或る同一の測度 $\mu\geqq 0$ を超えない．閉包がコンパクトな開集合 Ω の上で T を調べるとき，(6, 6 ; 8)の第1辺の合成積には，γ の台がコンパクトであるから，閉包がコンパクトな或る開集合における S_i の値だけが関与し，このことは μ の台をコンパクトと仮定することに帰着する；ここでもまた Soboleff 氏の補助定理まで戻ったわけである．

T や S_i が R^n の或る開集合 Ω においてだけ定義されているとき，γ の台を原点に十分近くとって，T をこれら S_i の函数として論ずることができる．この定理は純粋に局所的な性格をもち，したがって適当に変更すれば任意の無限回可微分多様体 V^n にも移される．

諸注意 1° これらの S_i が，台は任意として，$L^p(R^n)$ に属するならば，(6, 6 ; 5)の右辺で定義される函数が存在して $L^q(R^n)$，$\dfrac{1}{q}=\dfrac{1}{p}-\dfrac{1}{n}$，に属する；ただし $p=1$ あるいは $p\geqq n$ のときは例外で，この場合には全域的には何も結論できない．この函数は，やはりこれらの S_i を1階微係数とし[1]，したがって或る定数値函数だけの差を除いて T に等しい．たとえば，T が無限遠で0に収束するかそれとも $\in L^r$, r は任意有限，(あるいは T が“無限遠で0に収束する超函数”，§8参照)ならば，この函数はたしかに T 自身に等しい．$p>n$ の場

1) これは，後に見る定理26 $\left(\dfrac{1}{r^\lambda}\in(\mathcal{D}')_{L^k}, k>n/\lambda\right)$ によって(6, 6 ; 6)の計算にやはり意味があるということに注意すれば，わかる．

合には(6, 6 ; 8)の第1辺は，Hölder の不等式によって，R^n 上で有界である；したがって，$\zeta * T$ が R^n 上で有界な連続函数であることがわかったときには，たとえば $T \in L^r(R^n)$, r は任意 $\geqq 1$，(あるいはもしも T が“R^n 上で有界な超函数”，§8 参照)であるときには，T 自身が R^n 上で有界な連続函数である．

2° この定理は超函数の有界集合および超函数の収束列あるいは収束フィルターに拡張される．**T_j の1階微係数が各コンパクト集合上で L^p において0に収束するならば，これらの T_j は定数 C_j と，各コンパクト集合上で L^q, $\dfrac{1}{q} \geqq \dfrac{1}{p}-\dfrac{1}{n}$, において0に収束するような函数 f_j との和である**(上に掲げた，例外の場合がある)．これを示すのもやはり(6, 6 ; 8)である：第1辺はたしかに L^q において0に収束する；また第2辺で，$g_j=\zeta * T_j$ は連続函数であって，その1階微係数 $\dfrac{\partial g_j}{\partial x_k}=\zeta * S_{kj}$ は各コンパクト集合上で0に一様収束し，それゆえ g_j は定数 $C_j=g_j(0)$ と，各コンパクト集合上で0に一様収束する連続函数との和である．R^n 上の全域的性質への拡張は定理15のときと同様．この性質はしばしば次の形で用いられる：

T_j が $(\mathscr{D}')$ において0に収束し，その1階微係数が各コンパクト集合上で L^p において0に収束すれば，T_j は各コンパクト集合上で L^q において0に収束する[1]．

3° S_i がすべて函数ならば，T は(第2章，定理5)ほとんどすべての直線上で絶対連続であり，ほとんど到る所で S_i を普通の微係数としている．

4° 函数 $1/r^\lambda\ (0<\lambda<n)$ の例は，$\dfrac{1}{p}-\dfrac{1}{n}$ が下界として最良であることを示している．函数

$$\left(\log \frac{1}{r}\right)^k, \quad k<1-\frac{1}{n}, \quad (n>1)$$

の例は，$p=n$ のときには $q=\infty$ にとれないことを示している．

これに反して私は，$p=1$ のときには $\dfrac{1}{q}=1-\dfrac{1}{n}$ にとれないということを示す反例を知らない．それゆえ q のこの値も，Soboleff 氏の補助定理からは導かれないことであるが，許されるものであるかも知れない．

---

1) Schwartz [19] にある他の大域的定理を見よ．

Lipschitz 条件

定数 K で，いかなる $h\in R^n$ についても

(6, 6 ; 9) $$\|f(x+h)-f(x)\|_p \leqq K|h|^s$$

となるような K が存在するときに，函数 $f(x)\in L^p$ が L^p において s 次，$0\leqq s\leqq 1$，の Lipschitz 条件を満たすという．

$p=\infty$ については，f は連続で，これは普通の意味の Lipschitz 条件である．

各コンパクト集合上で p 乗可積分な函数 $f(x)$ に上の優評価を適用して，それがただ各コンパクト集合上で十分小さい h に対して L^p のノルムの意味で成り立つときには，f が各コンパクト集合上で L^p において s 次の Lipschitz 条件を満たすという．

定理 16. **T の 1 階微係数がすべて各コンパクト集合上で p 乗可積分な函数であって $s<1$ ならば，T は函数であって，その函数は**

$$\frac{1}{q}\geqq \sup\left(\frac{1}{q_1}, 0\right), \qquad \frac{1}{q_1}=\frac{1}{p}-\frac{1}{n}+\frac{s}{n},$$

のとき各コンパクト集合上で L^q において s 次の Lipschitz 条件を満たす．

ただ次のときだけが例外である：

a) $p=1, n\neq 1$. **このとき，$\frac{1}{q}>\frac{1}{q_1}$ ならば T は各コンパクト集合上で L^q において s 次の Lipschitz 条件を満たす．しかしこのときは T の微係数が測度であってもこの結果はやはり成り立つ．**

b) $\frac{1}{q_1}=0, n\neq 1$. **このとき，すべての有限な q に対して，T は各コンパクト集合上で L^q において s 次の Lipschitz 条件を満たす．**

実際，$0\leqq s\leqq 1$ に対して次の優評価が成り立つ：

(6, 6 ; 10) $$\left|\frac{x_i+h_i}{|x+h|^n}-\frac{x_i}{|x|^n}\right| \leqq K|h|^s\left[\frac{1}{|x|^{n-1+s}}+\frac{1}{|x+h|^{n-1+s}}\right]$$

(この評価は一定な h に対しては明らかである．h が変化するとき，分子における $|h|^s$ の存在が同次性の考察から結論される.)

まず $n>1$ とする．T の台がコンパクトなときの定理の証明だけをしよう；そうでないときにどうするかは前定理ですでに知った．(6, 6 ; 5) は，

(6, 6 ; 11) $$\tau_{-h}T-T=(\delta_{(-h)}-\delta)*T=\sum_i \frac{n-2}{N}\left((\delta_{(-h)}-\delta)*\frac{x_i}{r}\right)*S_i$$

であることを示している．

S_i が或る測度 $\mu \geqq 0$ を超えないときには，(6,6;11) から，$s<1$ に対して成り立つ優評価

(6,6;12) $$|\tau_{-h}T-T| \leqq K_1|h|^s\left[\frac{1}{r^{n-1+s}}*\mu+\delta_{(-h)}*\frac{1}{r^{n-1+s}}*\mu\right]$$

が導かれる．

[ ] の中の 2 つの式は Soboleff 氏の補助定理を援用して同様に優評価され，ただちに定理の結果が得られる．

さて $n=1$ ならば，ただ

$$T(x+h)-T(x)=\int_x^{x+h}S(t)\,dt$$

であることだけに注意すれば，いくつかの初等的な優評価によって，求める結果が得られる [(6,1;2)].

次数 $s=1$ の Lipschitz 条件の場合はこれまで放置したが，その場合には定理を強めることができる：

定理 17. **函数 $f(x)$ に対して或る函数 g_1 が（超函数論の意味での）微係数 $\partial f/\partial x_1$ であって f および g_1 が局所的に L^p に属するならば，Ox_1 に平行な変位 h に対しては f は局所的に L^p における 1 次の Lipschitz 条件を満たす；さらに，有限な p については，g_1 は各コンパクト集合上で L^p における f の強微係数[1)]になっている．**

定理中到る所から "各コンパクト集合上で"（あるいは "局所的に"）という語句を削除することができる．$L^p(R^n)$ についてその証明をしよう．f が，ほとんどすべての，Ox_1 に平行な直線の上で絶対連続であるから，$h=\{h_1, 0, \cdots, 0\}$ に対して次の式が成り立つ：

(6,6;13) $$\frac{f(x+h)-f(x)}{h_1}=\frac{1}{h_1}\int_{x_1}^{x_1+h_1}g_1(t_1, x_2, \cdots, x_n)\,dt_1.$$

この式はまた

(6,6;14) $$\frac{\tau_{-h}f-f}{h_1}=g_1*\mu=\int\tau_\xi g_1 d\mu(\xi)$$

---

1) 〔訳注〕 各コンパクト集合上で，$h=\{h_1, 0, \cdots, 0\}$, $h_1\to 0$ に対して $\frac{1}{h_1}(f(x+h)-f(x))$ が $g_1(x)$ に強収束するということ．

とも書かれ，ここで μ は軸 Ox_1 上に載っている測度であって，軸上の線分 $(-h_1, 0)$ において $1/h_1$ に等しく軸の残余の部分においては 0 に等しい 1 次元密度をもつものである．そこで f を任意の超函数 T で置き換えても (6, 6 ; 14) が成り立つ；なぜならば

$$(6,6;15)\qquad \frac{\tau_{-h}T-T}{h_1}=\frac{\delta_{(-h)}-\delta}{h_1}*T=\frac{\partial\mu}{\partial x_1}*T=\mu*\frac{\partial T}{\partial x_1}.$$

μ は 1 つの平均(すなわち，全測度が 1 であるような測度 $\geqq 0$) であるから，どんな超函数 T についても $\dfrac{\partial T}{\partial x_1}$ が測度あるいは函数 $\in L^p$ ならば $\tau_{-h}T-T$ は測度あるいは函数 $\in L^p$ であることがわかる．$g_1\in L^p$ ならば，$\|g_1*\mu\|_p$ は $\|g_1\|_p$ を超えず [(6, 1 ; 4)]，したがって f はたしかに L^p において 1 次の Lipschitz 条件を満たす，ということがわかる．ところがさらに，p が有限ならば，$\xi\to 0$ のとき $\tau_\xi g_1$ は L^p において g_1 に収束し，したがって $g_1*\mu$ も[1] g_1 に収束する．そこで，有限な p に対しては，$\dfrac{f(x+h)-f(x)}{h_1}$ は L^p において g_1 に収束する．証明終．

無限大の p に対しては，$\xi\to 0$ のとき $\tau_\xi g_1$ は L^∞ において g_1 にただ弱収束するだけである；ただ，f は 1 次の Lipschitz 条件をみたし g_1 は L^∞ における f の**弱微係数**である，としか言えない．$p=1$ については，g_1 が測度であると仮定してよい；合成公式 (6, 6 ; 14) はやはり適用できて，その公式によって，f が測度ならば f はやはり 1 次の Lipschitz 条件を満たし g_1 は測度の空間 $(\mathscr{C}')$ における f の弱微係数である，ということが示される．

逆に，函数 $f(x)$ が Ox_1 に平行な変位については(各コンパクト集合上で) L^p において 1 次の Lipschitz 条件を満たすならば，$f(x)$ の導超函数は，$p>1$ のときには(各コンパクト集合上で) L^p に属する函数であり，$p=1$ のときには測度である；なぜならば，その微係数は $(\mathscr{D}')$ における $\dfrac{f(x+h)-f(x)}{h_1}$ の極限であり，68 頁の注意 2 を適用すればよいのである．

前の定理において，$\dfrac{\partial f}{\partial x_1}$ に限らずすべての微係数 $\dfrac{\partial f}{\partial x_i}$ が測度である，あるいは函数である，と仮定すれば，あらゆる変位 $h\in R^n$ に対する Lipschitz 条件が成り立つ．

注意　このことから L^p における相対コンパクト性の 1 つの十分条件が得ら

1)〔訳注〕 $h_1\to 0$ のとき，L^p において．

れる：**1系の函数 $f(x)$ が各コンパクト集合上で L^p において有界であり，それらの1階微係数**(超函数論の意味での)**もまたそうなっていれば，それらの函数は，各コンパクト集合上での，L^p における収束について相対コンパクトな集合を作る**[1)].

高階微係数

さて超函数 T の m 階微係数がすべて測度，あるいは各コンパクト集合上で L^p に属する函数であると仮定しよう．逐次に積分してさかのぼれば，このことから T 自身の性質が導かれるであろう．T は各コンパクト集合上で L^q に属する函数であることが直ちにわかるであろう；ただし

$$\frac{1}{q} \geqq \sup\left(\frac{1}{q_1}, 0\right), \qquad \frac{1}{q_1} = \frac{1}{p} - \frac{m}{n} \tag{6, 6 ; 16}$$

であって，記号 $\geqq$ は上記の例外の場合 $\left(p=1 \text{ あるいは } \frac{1}{p}-\frac{m}{n}=0\right)$ には必要に応じ $>$ で置き換えられる．それゆえ，T のあらゆる $\left[\frac{n}{2}\right]+1$ 階微係数が各コンパクト集合上で L^2 に属すれば，T は連続函数である．

もちろん，定理15と同様な，有界集合あるいは収束列あるいは収束フィルターの場合への拡張と m 階微係数が $L^p(R^n)$ に属する場合への拡張がある(定数は次数 $\leqq m-1$ の多項式で置き換えられるだけである)．たとえば，T_j の m 階微係数が各コンパクト集合上で L^p において0に収束し，T_j が $(\mathscr{D}')$ において0に収束すれば，T_j は各コンパクト集合上で L^q において 0 に収束する，ただし $\frac{1}{q} \geqq \sup\left(\frac{1}{q_1}, 0\right)$ (上記の例外の場合は除く).

しかし注目すべきことには，階数 $m=n$ の微係数に対しては，例外の場合は消滅し，次の定理を述べることができる．

定理18. **超函数 T の，位数 $\leqq 1$ の微係数がすべて測度ならば，T は局所有界変動の局所有界函数である；位数 $\leqq 1$ の微係数がすべて函数ならば，T は絶対連続な函数である．**

微係数 D^pT に対しては，位数とは $\sup(p_1, p_2, \cdots, p_n)$ のことであった．それゆえ位数 $\leqq 1$ に関する仮定は，階数 $\leqq n$ の微係数に関する同様な仮定より

1) A. Weil [1], 52–54 頁参照.

もたしかに制限が緩い．

T を相対コンパクトな開集合 Ω の上で論ずるには，$\alpha \in (\mathcal{D})$ を Ω 上で1に等しい函数として，T を αT で置き換えてよい；ところがそのとき αT の台はコンパクトであり，Leibnitz の公式から直ちにわかるように αT の，位数 $\leqq 1$ の微係数は測度（あるいは函数）である．これは，T はそのままにして **T の台はコンパクトである**と仮定することに帰着する．ところが，T の台がコンパクトならば仮定“$S=\dfrac{\partial^n}{\partial x_1\cdots\partial x_n}T$ は或る測度 μ または或る函数 g である”だけから定理の結論が導かれる，ということをこれから証明する．$x \geqq 0$ において1，他の所で0に等しい Heaviside の函数 $Y(x)$ [(4, 5 ; 8)] を用いよう．次の式が成り立つ：

(6, 6 ; 17)

$$Y*S = Y*\frac{\partial^n}{\partial x_1\cdots\partial x_n}*T = \left(\frac{\partial^n}{\partial x_1\cdots\partial x_n}*Y\right)*T = \delta * T = T.$$

そこで，S が測度 μ ならば，測度と有界函数 Y との合成積 T は**有界**函数である；S が函数ならば，T は連続である；

$$|T| \leqq \int\int\cdots\int|d\mu|$$

が成り立つ．

上の式は次のようにも書ける：

(6, 6 ; 18) $$T = f(x) = \int\int\cdots\int_{t\leqq x} d\mu(t_1, t_2, \cdots, t_n).$$

（S が函数のときには既に76頁で用いた式；しかし(3, 6 ; 11)はここでは合成積の理論からの1結果になっている．）

また逆に，すべての有界変動函数 f は，すなわち測度の不定積分はすべて，局所的には合成積 $\mu * Y$ で表わされる；そして，Y の位数 $\leqq 1$ の微係数はすべて測度であるから f についてもそうである．

注意　T の微係数から (αT) の微係数を優評価すれば，上の証明で直ちに次のことがわかる：

T の位数 $\leqq 1$ の微係数がすべて測度（あるいは函数）であって半径 R の球上においてはそれら微係数の $(\mathcal{C}')$（あるいは L^1）におけるノルムが M を超えな

いならば，T は，半径 $R-\varepsilon$ の同心球において絶対値が $C(R,n)\varepsilon^{-n}M$ を超えないような函数である；ここで定数 C は T と ε に無関係である．

これまでのすべての定理において，或る決まった階数か決まった位数のあらゆる微係数についての仮定を入れたが，それらの微係数から成るただ1つの"楕円型"結合に関する同じ仮定から，同じ結論が得られる．たとえば，ラプラシアン $S=\varDelta T$ が各コンパクト集合上で L^p に属すれば，T はそれの2階微係数がすべて各コンパクト集合上で L^p に属するときと同じ性質をもつ：すなわち各コンパクト集合上で $T\in L^q$，ただし $\dfrac{1}{q}\geqq\sup\left(\dfrac{1}{q_1},0\right)$，$\dfrac{1}{q_1}=\dfrac{1}{p}-\dfrac{2}{n}$ $\left(p=1 \text{ あるいは } \dfrac{1}{p}-\dfrac{2}{n}=0 \text{ の場合は例外}\right)$．それには(台がコンパクトな T に対する) Poisson 公式

$$(6,6\,;19)\qquad -\frac{1}{N}\frac{1}{r^{n-2}}*S=\varDelta*\left(-\frac{1}{N}\frac{1}{r^{n-2}}\right)*T=\delta*T=T$$

を用い，Soboleff 氏の補助定理を適用する．同様に2次元の平面で，(複素)超函数 T の微係数 $S=\dfrac{\partial T}{\partial\bar{z}}$ (第2章，§3，例3参照)が L^p に属すれば，T はそれの2つの1階微係数が L^p に属するときと同じ性質をもつ：$T\in L^q$，ただし $\dfrac{1}{q}\geqq\sup\left(\dfrac{1}{q_1},0\right)$，$\dfrac{1}{q_1}=\dfrac{1}{p}-\dfrac{1}{2}$ (いつもの除外すべき場合以外)．こんどは(台がコンパクトな T に対する)次の公式を用いる：

$$(6,6\,;20)\qquad \frac{1}{\pi z}*S=\left(\frac{1}{\partial\bar{z}}*\frac{1}{\pi z}\right)*T=\delta*T=T.$$

最後に，E が重複 Laplace 方程式の，(2,3;19) の左辺で定義された"素解" $\varDelta^k E=\delta$ ならば，(T の台がコンパクトなときに) $S=\varDelta^k T$ に適用した一般 Poisson 公式

$$(6,6\,;21)\qquad E*S=E*\varDelta^k*T=\delta*T=T$$

によって，T を S の函数として直接に論ずることができる．十分大きい k に対しては，E は m 回連続可微分であり，したがって，もしも S が m 階 $[\in(\mathcal{D}'^m)]$ ならば T は連続函数である．このことから次の定理が導かれる：

定理 19．逐次微係数がすべて測度(あるいはもっと一般に $\in(\mathcal{D}'^m)$，m 一定)であるような超函数は，普通の意味で無限回可微分な函数である．

(6,6;21) はこの後で(§§7, 8, 9)，任意の台をもつ T に対する変更を受けた上で本質的な役割を演ずる．定理15の証明のときのように，E を1つの"パラ

メトリックス" γE で置き換える [γ は R^n における原点の近傍で1に等しい函数 $\in (\mathcal{D})$]; そうすれば

$$(6,6;22)\qquad \begin{cases} \Delta^k * \gamma E - \zeta = \delta, & \zeta \in (\mathcal{D}) \\ \Delta^k * (\gamma E * T) - \zeta * T = T. \end{cases}$$

たとえば，第2式で T として1つの函数 $\in L^p(R^n)$ を取り，E が連続函数となるように k を十分大きく取れば，次のことがわかる: $L^p(R^n)$ $(1 \leqq p \leqq \infty)$ **に属する函数(あるいは，ノルム $\int\int\cdots\int |d\mu|$ が有限な測度)は，$L^p(R^n)$ (あるいは $L^1(R^n)$) に属する R^n 上で連続かつ有界な函数の，しかも，$p < +\infty$ のときには無限遠で0に収束するようなものの，微係数の有限和である.**

上の演算を2度施して得られる次の公式をしばしば用いるであろう:

$$(6,6;23)\qquad \begin{cases} \Delta^{2k} * (\gamma E * \gamma E) - 2\Delta^k * (\gamma E * \zeta) + (\zeta * \zeta) = \delta \\ \Delta^{2k} * (\gamma E * \gamma E * T) - 2\Delta^k * (\gamma E * \zeta * T) + (\zeta * \zeta * T) = T. \end{cases}$$

提出される諸問題

T の1階微係数 S_i がすべて階数 $\leqq m$ の超函数ならば，$m \geqq 1$ のとき，T 自身は階数 $\leqq m-1$ の超函数であるか?

l 階微係数が階数 $\leqq m$ の超函数ならば，$m-l \geqq 0$ のとき，T は階数 $\leqq m-l$ であるか?

これは直線上 $(n=1)$ では正しいが，それ以外のときには，Ornstein [1] によれば，正しくない.

J. Deny 氏の労作[1)]によれば，T の1階微係数が測度であるときには，Riesz 氏の $\alpha < 1$ なる任意次数 α のポテンシャルの意味でなかば到る所擬連続[2)]となるように，T をきめることができる ($\alpha = 1$ に取ることもできるであろうか?) ということになる; また，それらの微係数が局所的に $\in L^2$ ならば，Newton ポテンシャル(次数2)の意味でなかば到る所擬連続となるように T をきめることができる (そのとき T は局所的に，エネルギーが有限な超函数[3)] ΔT のポテンシャルである).

---

1)　Deny [1], 171頁. Deny の結果を補う必要があり，その方法を彼は私に知らせてくれた.
2)〔訳注〕 quasi partout pseudo-continu.
3)〔訳注〕 ここでも原語 distribution が活きている.

§7 超函数あるいは超函数族の正則性の研究への合成積の応用

測度および有限階超函数の特徴づけ

定理 20. 超函数 T が測度であるためには，それを函数 $\alpha \in (\mathcal{C})$(台がコンパクトな連続函数)で正則化した $T*\alpha$ がすべて連続函数であること，が必要かつ十分である.

この条件が必要であることは§1，(2°)[1]からの結果(定理11の後で述べたことの特別な場合)である．この条件で十分であること，実はもう少し余分に，次のことを示そう：いかなる $\alpha \in (\mathcal{C})$ に対しても $T*\alpha$ が局所有界函数であるならば，T は測度である.

K を任意のコンパクト集合，H を原点のコンパクトな近傍とする．$\varphi \in (\mathcal{C})$ に対して，H への $T*\check{\varphi}$ の縮少は L_H^∞ に属する．$\varphi \to T*\check{\varphi}$ で定義される $(\mathcal{C}_K)$ から L_H^∞ への線型写像 $\mathcal{L}$ が連続であることを示そう．T が連続函数ならば明らかにそうである；そこで $\alpha_j \in (\mathcal{D})$ として T を $T_j = T*\alpha_j$ で置き換えれば，$\varphi \to T_j*\check{\varphi}$ で定義される写像 $\mathcal{L}_j$ は連続である．ところがもし $\alpha_j \geqq 0$, $\int\int\cdots\int \alpha_j(x)\,dx = 1$ で，$j\to\infty$ のとき α_j の台が原点に収束，したがって α_j が $(\mathcal{C}')$ において δ に収束するならば，$T_j*\check{\varphi} = (T*\check{\varphi})*\alpha_i$ は $T*\check{\varphi}$ に弱収束する；なぜならば，仮定によって，$T*\check{\varphi}$ はコンパクト集合上では有界な函数であるから(157頁参照)．そこで，Banach-Steinhaus の古典的な一定理[2]によって，すべての φ に対する $\mathcal{L}_j(\varphi)$ ($\mathcal{L}_j$ は連続) の弱極限 $\mathcal{L}(\varphi)$ がそれ自身連続な線型写像であると断言できる.

さて，すべての $\varphi \in (\mathcal{C})$ に対して $T*\check{\varphi}$ は各コンパクト集合上で有界なだけでなく，連続であるということを証明しよう．$\varphi \in (\mathcal{D})$ のときにはそうである；ところが $(\mathcal{D})$ は位相空間 $(\mathcal{C})$ において稠密であり(第1章，定理1)，それゆえすべての $\varphi \in (\mathcal{C})$ に対して $T*\check{\varphi}$ は連続函数の L_H^∞ における強極限，したがってそれ自身が連続函数である.

そこで，すべての $\varphi \in (\mathcal{C})$ に対して

1) 〔訳注〕 §1で“函数と測度との合成”の所.
2) Banach-Steinhaus [1].

$$(6,7;1) \qquad T(\varphi) = \mathrm{Tr.}\,(T*\check{\varphi})$$

と置けば，$(\mathscr{C})$ 上で線型，いかなる $(\mathscr{C}_K)$ 上でも連続で，(6,4;8)によって $\varphi \in (\mathscr{D})$ に対しては $T(\varphi)$ に一致するような，汎函数が定義される．これは，T が測度であることを示している．

諸注意と諸結果 1° 台がコンパクトな $\alpha \in L^p (1 \leqq p < +\infty)$ に対してはつねに，あるいは $\alpha \in (\mathscr{D}^m)$ に対してはつねに，$T*\alpha$ が局所有界函数であると仮定すれば，T は各コンパクト集合上で $L^{p'}\left(p'=\dfrac{p}{p-1}\right)$ に属する函数，あるいは階数 $\leqq m$ の超函数 $[\in (\mathscr{D}'^m)]$ である．証明は同じであって，$L^{p'}$ が L^p の共役，$(\mathscr{D}'^m)$ が $(\mathscr{D}^m)$ の共役であることから導かれる．

2° 台がコンパクトないかなる $\beta \in L^1$ に対しても正則化 $T*\beta$ が測度［あるいは各コンパクト集合上で L^p に属する函数，$1 \leqq p < +\infty$；あるいは超函数 $\in (\mathscr{D}'^m)$］であるならば，T も同じ性質をもつ．実際，連続函数になっている $(T*\beta)*\alpha$ を考える［$\alpha \in (\mathscr{C})$；あるいは α は $\in L^{p'}$ で台がコンパクト，あるいは $\alpha \in (\mathscr{D}^m)$］；それを $(T*\alpha)*\beta$ と書き直せば，前の定理または注意1°を2回適用することに帰する；すなわち各コンパクト集合上で $(T*\alpha) \in L^\infty$ となり，このことから T についての結論が出る．

この種の定理は普通は三角級数における"乗数[1)]"について研究されている："乗数 λ_l の系に対して，a_l が1つの連続函数の Fourier 係数であるときには必ず $\lambda_l a_l$ も1つの連続函数の Fourier 係数である，という条件が成り立っていれば λ_l は或る測度の Fourier-Stieltjes 係数である[2)]．"

これは，考える乗数が初めから"Fourier 係数"になっているとは限らない(それどころかしばしばこのことを証明しようとするのである)ことに起因する．実は乗数は必ず或る超函数 T の Fourier 係数なのであって(第7章，§1)，T が測度あるいは決まった種類の函数であることさえ証明すればよいのである．合成積の理論においてどうすればこれができるかは，いままでにわかってしまった．これらの定理は三角級数には関係ない．

3° **T が R^n の開集合 Ω において**測度であるためには，次のようになっていれば十分である：閉包 $\bar{\omega}$ がコンパクトで Ω に含まれるような，いかなる開

1) 〔訳注〕 multiplicateur.
2) Zygmund [1], 101頁.

集合 ω についても，$\alpha \in (\mathscr{C})$ の台が原点に十分近いときには $T*\alpha$ は ω において連続函数である.

実際，a を Ω の1点，ω を a の小さい近傍とする．$\varphi \in (\mathscr{C}_\omega)$ を取って，$T(\varphi)$ を

$$(6,7;2) \qquad T(\varphi) = \mathrm{Tr.}\left[(T*\check{\varphi}*\delta_{(a)})*\delta_{(-a)}\right]$$

で定義しよう.

$\check{\varphi}*\delta_{(a)}$ の台は原点に近い；そこで $T*\check{\varphi}*\delta_{(a)}$ は a の近傍で連続，ゆえに $(T*\check{\varphi}*\delta_{(a)})*\delta_{(-a)}$ は原点の近傍で連続である；それのトレースをとって $T(\varphi)$ をこのように $(\mathscr{C}_\omega)$ 上の連続線型汎函数として定義できるわけである．そこで T は Ω の各点の近傍で，したがって Ω において測度である．ここでしたように，台が原点に十分近いような α だけをとり Ω で相対コンパクトなすべての開集合の上での $T*\alpha$ の研究に限定することによって，**後に述べるすべての定理において，超函数の考察を或る開集合 Ω に限定することができる.** それらの定理は $\Omega=R^n$ に対して記述する.

4° 1次元空間の場合 $(n=1)$ 以外では，すべての $\alpha \in (\mathscr{D}^m)$ に対して $T*\alpha$ が m 回連続可微分函数であるような超函数 T は必ずしも測度ではない．実際，それは T の階数 $\leqq m$ の微係数が $\in (\mathscr{D}'^m)$ ということに帰着するからである；182 頁を参照のこと.

5° 測度の有界集合あるいは $(\mathscr{C}')$ において弱収束する測度列に対して定理 20 と同様な定理が成り立つ.

定理 21. 超函数 T が，適当な整数 $m\geqq 0$ をとればすべての $\alpha \in (\mathscr{D}^m)$ に対して $T*\alpha$ は普通の意味で無限回可微分な函数である，というようになっていれば，T 自身が普通の意味で無限回可微分な函数である.

実際，$\gamma E \in (\mathscr{D}^m)$ となるように k を十分大きく取って (6,6;22) を T に適用すればよい.

超函数の有界集合

超函数の有界集合を次のように特徴づけ得ることは直ちにわかる：

超函数 T の集合 B' が $(\mathscr{D}')$ において有界であるためには次のことが必要かつ十分である：いかなる $\alpha \in (\mathscr{D})$ についても，B' の中を T が動くときに正則

化函数 $T*\alpha$ 全体が各コンパクト集合上で(普通の意味で)有界である.

この条件は正則化演算の連続性(定理12)によって必要であり，また，すべての α に対して $T(\alpha)=\mathrm{Tr.}\ (T*\check{\alpha})$ は有界(第3章，定理9)であるから，十分である.

しかし，すぐ後に続くずっと精しい定理を証明できる．多数の応用(定理25；第7章，定理6, 9)において諸定理を上のように，初等的な形で述べるが，言うまでもなくそれらは，次の定理でするように，また証明の原理を同じくして，もっと精しくすることができるのである.

定理22. 1° **B' が $(\mathcal{D}')$ において有界な超函数集合ならば，R^n において相対コンパクトな任意の開集合 Ω に対して，次のような整数 $m\geqq 0$ がある：台が原点に十分近い $\alpha\in(\mathcal{D}^m)$ に対しては，$T\in B'$ のときの $T*\alpha$ の集合は Ω において連続函数の有界集合である.**

2° **$T\in B'$ のときの $T*\alpha$ の集合がいかなる $\alpha\in(\mathcal{D})$ に対しても $(\mathcal{D}')$ において有界ならば，B' は $(\mathcal{D}')$ において有界である[1)].**

定理の初めの部分は第3章，定理22から直ちにでる．しかしそれとは反対に，Hahn-Banach の定理を用いずに，上の定理および第3章，定理21, 22, 26を一挙に証明するのに合成積の諸性質を用いよう．その上に，$T\in B'$ を Ω において全体として有界な連続函数の微係数として表わすエクスプリシットな線型な方法を得るであろう.

明らかに，定理の第2の部分の仮定から次のことが導かれるということを示せばよい：Ω においてすべての $T\in B'$ を，いくつかのきまった添字 p に関する，全体として有界な連続函数[2)] f_p の微係数の有限和 $T=\sum_{|p|\leqq m} D^p f_p$ として表わしうる(この有限和は，第3章，定理26の場合を除いて，積分によってただ1つの微係数になおされる)．実際，このことから B' が有界であることが結論される；なぜならば，すべての $\varphi\in(\mathcal{D}_\Omega)$ に対して

$$T\cdot\varphi=\sum_{|p|\leqq m}(-1)^{|p|}f_p\cdot D^p\varphi.$$

---

1) これらの定理を証明するのに Fourier 変換を用いることもできようが，直接証明の方を採る；Fourier 変換が意味をもたない場合(非可換群)にも合成積は意味をもつからである.

2)〔訳注〕 $T\in B'$ と p(有限通り)とを動かして生ずるすべての f_p の絶対値が Ω 上で或る定数を超えない.

他方，このことから直ちに定理の初めの部分も結論される；なぜならばこの分解を Ω にではなく，$\bar{\Omega}$ の相対コンパクトな近傍 U に対して用いれば，α の台が原点に十分近いときには Ω において $T*\alpha$ は U における T の表現を用いて表わされ(定理 3)，

$$T*\alpha=\sum_{|p|\geqq m}f_p*D^p\alpha$$

となるからである．

それゆえ，いかなる $\alpha\in(\mathcal{D})$ を定めても $T\in B'$ に対する $T*\alpha$ は全体として有界な超函数であると仮定しよう．ω を原点を含む相対コンパクトな開集合とし，$\bar{\omega}=K$ を R^n におけるその閉包とする．一定の $\alpha\in(\mathcal{D}_K)$ に対しては，定理 12 によって，$(\mathcal{D}_K)$ から L_Ω^∞ への線型写像 $\beta\to(T*\alpha)*\beta$ は，$T\in B'$ のとき，同程度連続である．ところが同様に，一定の $\beta\in(\mathcal{D}_K)$ に対しては，$(\mathcal{D}_K)$ から L_Ω^∞ への線型写像 $\alpha\to(T*\beta)*\alpha$ は同程度連続である．そこで，Baire の一定理[1]を利用する：$(\mathcal{D}_K)\times(\mathcal{D}_K)$ から L_Ω^∞(空間 $(\mathcal{D}_K)$ および L_Ω^∞ は距離づけ可能で完備)への双線型写像 $(\alpha,\beta)\to T*\alpha*\beta$ が変数 α,β のいずれの一方を固定しても他方について同程度連続であるならば，この写像は 2 変数 α,β の組について同程度連続である．それゆえ $(\mathcal{D}_K)$ における 0 の近傍 $V=V(m;\varepsilon;K)$ で次のようなものが存在する：V に含まれる α,β と B' に含まれる T に対しては，$T*\alpha*\beta$ は Ω において絶対値が 1 を超えない連続函数である．$(\mathcal{D}_K{}^m)$ から導かれる位相を $(\mathcal{D}_K)$ に入れてもやはりこの双線型写像は同程度連続である．α と β が $(\mathcal{D}_\omega{}^m)$ に含まれるときには，(定理 11 に続く注意によって) $(\mathcal{D}_K)$ に含まれて α と β に，$(\mathcal{D}_K{}^m)$ において，したがって $(\mathcal{E}')$ においても，収束するような α_j と β_j を求めることができる；したがって $T*\alpha_j*\beta_j$ は Ω において或る連続函数に一様収束し，その連続函数は，$(\mathcal{D}')$ における極限であるところの $T*\alpha*\beta$(定理 5)に他ならない．これらの α_j,β_j は $cV(c=\operatorname{Max}_{|p|\leqq m}\{|D^p\alpha|,|D^p\beta|\}/\varepsilon)$ に含まれる；それゆえ $T\in B'$ に対し，Ω において $|T*\alpha*\beta|\leqq c^2$(こうして，拡張によって $(\mathcal{D}_\omega{}^m)\times(\mathcal{D}_\omega{}^m)$ から L_Ω^∞ への双線型写像 $(\alpha,\beta\to T*\alpha*\beta)$ は同程度連続である)．そこで(6, 6 ; 23)を用いれば，T は 2 重正則化 $T*\alpha*\beta$ の微係数の有限和として表わされるが，γE が

1) BOURBAKI [6]，第 18 分冊，第 3 章，§4，nº 5，proposition 10，43 頁.

$(\mathcal{D}_\omega{}^m)$ に含まれるのに十分なだけ k が大きければ，それらの $T*\alpha*\beta$ は Ω において全体として有界な連続函数である．証明終．

超函数の収束列

次のようにして超函数の収束列が容易に特徴づけられる：

超函数列 T_j が $(\mathcal{D}')$ において0に収束するためには，いかなる $\alpha\in(\mathcal{D})$ による正則化 $T_j*\alpha$ も各コンパクト集合上で0に一様収束することが，必要かつ十分である．

しかし，有界な底または可算な底をもつ収束フィルターについても成り立つような，ずっと精しい定理を証明できる(これについては定理22の前にある注意を参照)．

定理 23.　1°　列 T_j が $(\mathcal{D}')$ において0に収束すれば，R^n において閉包 $\bar{\Omega}$ がコンパクトな任意の開集合 Ω に対して，次のような整数 $m\geqq0$ がある．台が原点に十分近い $\alpha\in(\mathcal{D}^m)$ による正則化 $T_j*\alpha$ は，0に一様収束する連続函数列になる．

2°　T_j を，すべての $\alpha\in(\mathcal{D})$ に対して $T_j*\alpha$ が $(\mathcal{D}')$ において0に収束するような超函数列とすれば，T_j も $(\mathcal{D}')$ において0に収束する．

実際，(2°)の仮定から，任意一定の $\alpha\in(\mathcal{D})$ に対して $T_j*\alpha$ は $(\mathcal{D}')$ において0に収束し，したがって $(\mathcal{D}')$ において有界である，ということが結論される．

そこで前の定理から，前と同じ記号で，$(\mathcal{D}_\omega{}^m)\times(\mathcal{D}_\omega{}^m)$ から $L_\Omega{}^\infty$ への双線型写像 $(\alpha,\beta)\to T_j*\alpha*\beta$ が同程度連続であるような整数 $m\geqq0$ が存在する，ということが結論される；ところが，$j\to\infty$ のとき連続函数 $T_j*\alpha*\beta$ は，α と β が $\in(\mathcal{D}_K)$ のとき，すなわち $(\mathcal{D}_\omega{}^m)$ において稠密な集合を構成する α と β に対して，Ω において0に一様収束し，したがって $(\mathcal{D}_\omega{}^m)$ に含まれる α と β に対しても Ω において0に一様収束する．

そこで T_j に(6, 6 ; 23)を前の定理と同じ条件の下で適用すればよい．

応用：定理10の改良

$\varphi\to\mathcal{L}(\varphi)$ を微分演算と可換な，$(\mathcal{D})$ から $(\mathcal{D}')$ への連続線型写像とする．定

理10の証明と同じ証明によって，$\mathscr{L}$ が合成演算と可換であり，$\alpha \in (\mathscr{D})$ のとき

$$(6,7;3) \qquad \mathscr{L}(\alpha * \varphi) = \mathscr{L}(\alpha) * \varphi$$

となることが示される．

或る列 $\alpha_\nu \in (\mathscr{D})$ が $(\mathscr{E}')$ において δ に収束すれば，$\alpha_\nu * \varphi$ は $(\mathscr{D})$ において φ に収束し(定理12)，したがって $\mathscr{L}(\alpha_\nu * \varphi)$ は $(\mathscr{D}')$ において $\mathscr{L}(\varphi)$ に収束する．このことは，すべての $\varphi \in (\mathscr{D})$ に対して超函数列 $\mathscr{L}(\alpha_\nu)$ の正則化 $\mathscr{L}(\alpha_\nu) * \varphi$ が $(\mathscr{D}')$ において収束し，したがって $\mathscr{L}(\alpha_\nu)$ 自身が $(\mathscr{D}')$ において収束することを示している．S をその極限とすれば，

$$(6,7;4) \qquad \mathscr{L}(\varphi) = S * \varphi; \quad S \in (\mathscr{D}') \qquad \text{(証明終)}.$$

応用：解析函数の特徴づけ

定理 24. 超函数 T が普通の意味で解析函数であるためには，すべての函数 $\alpha \in (\mathscr{D})$ に対して正則化 $T * \alpha$ が解析函数であることが，必要かつ十分である．

1° この条件は必要である．実際，T が解析函数 $f(x)$ ならば，各コンパクト集合 K 上で次の優評価が成り立つ：

$$(6,7;5) \qquad |D^p f(x)| \leqq p![c(K)]^{|p|},$$

ただし c はコンパクト集合 K に関係した適当な定数 >0 である．ところが各コンパクト集合 K 上で，$f * \alpha$ の値は他の或るコンパクト集合 K' の上での f の値だけに関係して

$$(6,7;6) \qquad |D^p(f * \alpha)| = |D^p f * \alpha| \leqq p![c(K')]^{|p|} \int\int\cdots\int |\alpha(x)|dx$$

であり，これは $f * \alpha$ の解析性を示している．

2° この条件は十分でもある．ω を R^n における原点のコンパクトな近傍，$\overline{\omega} = K$，Ω を R^n の任意の相対コンパクトな開集合とする．

$(\mathscr{D}_K)$ の適当な開集合の中を α が動くときに解析函数 $T * \alpha$ の収束半径は Ω 上で，下に有界[1]である，ということをまず証明しよう．一定の p に対しては，

---

1) 〔訳注〕 α にも $x_0(\in \Omega)$ にも依存しない半径の球 $|x - x_0| < r_0$ の中で，x_0 のまわりの展開が収束する．

$$\operatorname*{Max}_{x\in\bar{\Omega}} \sqrt[|p|]{\left|\frac{D^pT*\alpha}{p!}\right|}$$

は $\alpha\in(\mathcal{D}_K)$ の連続函数である．$T*\alpha$ の解析性によって，p が変わるとき α のこれらの函数は，固定した α に対しては，全体として有界である．ところが $(\mathcal{D}_K)$ は Baire 空間(距離づけ可能で完備)であるから，古典的な Baire の一定理[1)]によって，それらの函数は全体として $(\mathcal{D}_K)$ の或る適当な開集合の上で有界である．c をその上限とする．

そこで各 $\alpha\in(\mathcal{D}_K)$ に対し，超函数 $\dfrac{D^p(T*\alpha)}{p!c^{|p|}}$ は全体として[2)] Ω 上で有界な連続函数である．定理 22 によって，m が十分大きければ，$\alpha\in(\mathcal{D}_\omega{}^m)$ についても同様である．言い換えれば，α の台が原点に十分近く α が m 回だけ連続可微分であれば，やはり $T*\alpha$ は Ω において解析函数である．そこで，γE を (6, 6 ; 22) のパラメトリックスとすれば，k が十分に大きいとき，$\gamma E*T$ は Ω において解析函数である；それの重複ラプラシアン Δ^k についても同様になる；$\zeta*T$ は仮定によって解析的であるから，T はたしかに Ω において解析函数である．証明終．

注意　この定理は別の形にもできる．R^n から $(\mathcal{D}')$ への写像 $h\to\tau_hT$ がつねに無限回可微分であることはすでに知ったが，それが解析的であるためには，T が普通の意味で解析的であることが必要かつ十分である．定理は直ちに次のように拡張される：(Γ) が(準解析[3)]函数の理論の意味で)無限回可微分な函数の 1 つの類であって，その類が可微分である(すなわちその類に属する函数の微係数はその類に属する)ときには，T の正則化がすべて (Γ) に属するためには T が無限回可微分函数で (Γ) に属することが必要かつ十分である．類 (Γ) が可微分でなく T を正則化したものが (Γ) に属するならば，T は，相対コンパクト開集合上では，(Γ) を微分した或る類に属するような，無限回可微分函数である．

1)　Bourbaki [2], §5, n°4, 定理 2, 111 頁参照．
2)〔訳注〕 p を動かしても．
3)〔訳注〕 quasi-analytique.

§8　超函数の新空間$(\mathcal{D}'_{L^p})$[1]

空　間$(\mathcal{D}_{L^p})$

あらゆる微係数が$L^p(R^n)$に属するような無限回可微分函数φのベクトル空間を，$(\mathcal{D}_{L^p})$と呼ぼう$(1\leqq p\leqq\infty)$．それに次の位相を入れる：$\varphi_j\in(\mathcal{D}_{L^p})$およびそれの各階の微係数がそれぞれ$L^p(R^n)$において0に収束するときに，$\varphi_j$は$(\mathcal{D}_{L^p})$において0に収束する．$(\mathcal{D}_{L^p})$は，近傍の可算底をもつ局所凸完備ベクトル空間である．

空間$(\mathcal{D}_{L^\infty})$をまた$(\mathcal{B})$（"R^n上で無限回有界可微分な函数"の空間）とも呼び，φおよびその各微係数が無限遠で0に収束するような函数φから成る$(\mathcal{B})$の部分空間を$(\dot{\mathcal{B}})$と呼ぶ．

$(\mathcal{D})$は$(\mathcal{D}_{L^p})(p<+\infty)$においても$(\dot{\mathcal{B}})$においても稠密であるが，$(\mathcal{B})$においては稠密でない．

定理18に続く注意によって，$\varphi\in(\mathcal{D}_{L^p}), p<+\infty$ならば$\varphi$は$R^n$上で有界，したがって$\in L^q, q\geqq p$，であり，無限遠において0に収束する；それの各微係数についても同様；したがって$q\geqq p$のとき$(\mathcal{D}_{L^p})\subset(\mathcal{D}_{L^q})$，$p<\infty$のとき$(\mathcal{D}_{L^p})\subset(\mathcal{B})$．さらに，$\varphi_j$が$(\mathcal{D}_{L^p})$において0に収束すれば，$q\geqq p$のとき$\varphi_j$は$(\mathcal{D}_{L^q})$においても0に収束する．$(\mathcal{D}_{L^p})$はMontel空間でない：1つの函数$\varphi\in(\mathcal{D}_{L^p})$を平行移動した$\tau_h\varphi$全体の集合は$(\mathcal{D}_{L^p})$において有界であるが，相対コンパクトでない．しかし定理25によって，$1<p<\infty$のとき$(\mathcal{D}_{L^p})$において有界集合は**弱**相対コンパクト，したがってMackey-Arensの定理[2]によって$(\mathcal{D}_{L^p})$はやはり回帰的である，ということが証明できる．$(\mathcal{D}_{L^1})$, $(\dot{\mathcal{B}})$, $(\mathcal{B})$は回帰的でない．

超函数空間$(\mathcal{D}'_{L^p})$

$$(\mathcal{D}_{L^{p'}})\qquad [p'=p/(p-1)]^{3)}$$

の共役を$(\mathcal{D}'_{L^p})$と呼び$(1<p\leqq+\infty)$, $(\dot{\mathcal{B}})$の共役を$(\mathcal{D}'_{L^1})$と呼ぶ．これらの

1)　空間$\mathcal{D}_{L^p}$と$\mathcal{D}'_{L^p}$は偏微分方程式論で始終使われるSoboleffの空間$\mathcal{H}^{s,p}$あるいは$W^{s,p}$と関連がある．$(s=+\infty$と$s=-\infty$に対応する.)

2)　66頁の注 2)参照.

3)〔訳注〕$p=+\infty$のときは$p'=1$とする.

空間には共役空間の標準的位相(第3章，§3)を入れる．これらは超函数の空間$\subset(\mathscr{D}')$である；なぜならば$(\mathscr{D}_{L^{p'}})$上$(1\leqq p'<\infty)$あるいは$(\dot{\mathscr{B}})$上の連続線型汎函数は$(\mathscr{D})\subset(\mathscr{D}_{L^{p'}})\subset(\dot{\mathscr{B}})$の上で定義され，そこで連続であるが，$(\mathscr{D})$は$(\mathscr{D}_{L^{p'}})$においても$(\dot{\mathscr{B}})$においても稠密であるから，その線型汎函数が$\varphi\in(\mathscr{D})$に対して超函数$T\in(\mathscr{D}')$と一致すれば，それは$T$によって完全に決定される．

$(\mathscr{D})$は$(\mathscr{B})$において稠密でなく，$(\mathscr{B})$の共役は超函数の空間でない．

空間$(\mathscr{D}'_{L^\infty})$を$(\mathscr{B}')$とも呼び，超函数$T\in(\mathscr{B}')$のことを$T$が$R^n$**上で有界**であると言う．$T_j\in(\mathscr{B}')$が$(\mathscr{B}')$において0に収束するときに，$T_j$が$R^n$**上で0に一様収束する**と言う．台がコンパクトな超函数の空間$(\mathscr{E}')$の，$(\mathscr{B}')$における閉包を$(\dot{\mathscr{B}}')$と呼ぶ；超函数$T\in(\dot{\mathscr{B}}')$を**無限遠で0に収束する**超函数という．$(\mathscr{D})$は，$(\mathscr{E}')$において稠密であるから，明らかに$(\dot{\mathscr{B}}')$において稠密である．明らかに$(\mathscr{D}_{L^p})\subset L^p\subset(\mathscr{D}'_{L^p})$である；$(\mathscr{D}'_{L^p})$の超函数の逐次微係数はすべて$(\mathscr{D}'_{L^p})$に属し，その微分演算は連続な線型演算である．

回帰性によって，$1<p<+\infty$のとき$(\mathscr{D}_{L^{p'}})$は$(\mathscr{D}'_{L^p})$の共役である．もっと先で，$(\mathscr{B})$は$(\mathscr{D}'_{L^1})$の共役であることがわかる．そこで$(\mathscr{D})$は$(\mathscr{D}'_{L^p})(1\leqq p<+\infty)$において稠密であるということになる(第3章，定理15)．他方，$(\dot{\mathscr{B}}')$の共役は$(\mathscr{D}_{L^1})$であることが容易にわかる．$(\mathscr{B}')$の共役は函数空間ではなく$(\mathscr{D})$は$(\mathscr{B}')$において稠密ではないが，定理25によって，$(\mathscr{B})$が$(\mathscr{B}')$において稠密であることを証明できる．$(\mathscr{D}_{L^{p'}})$上の連続線型汎函数はもとより$(\mathscr{D}_{L^{q'}})$上，$q'\leqq p'$，で定義されて，そこで連続である；したがって，$q\geqq p$のときには，$(\mathscr{D}'_{L^p})\subset(\mathscr{D}'_{L^q})\subset(\mathscr{B}')$であり，$(\mathscr{D}'_{L^p})$の位相は$(\mathscr{D}'_{L^q})$の位相より精しい．$p<+\infty$のときには，$(\mathscr{D})$が$(\mathscr{D}'_{L^p})$において稠密であるから，
$(\mathscr{D}'_{L^p})\subset(\dot{\mathscr{B}}')$．

第3章§§1, 2, 3で$(\mathscr{D})$と$(\mathscr{D}')$に関して証明した定理は，定理7と12(Montel空間)および13(有界集合上での強弱位相の一致)を除いて，すべて$(\mathscr{D}_{L^p})$と$(\mathscr{D}'_{L^{p'}})$, $1<p<\infty$，に対して成り立つ．それらの定理は，7, 12, 13および14(回帰性)を除けば，$(\mathscr{D}_{L^1})$と$(\mathscr{B}')$, $(\dot{\mathscr{B}})$と$(\mathscr{D}'_{L^1})$についても正しい．

$(\mathcal{D}'_{L^p})$ の超函数の特徴づけ

定理 25.　1°　超函数 T が $(\mathcal{D}'_{L^p})$ に属するためには，それが函数 $\in L^p(R^n)$ の微係数の有限和であることが，必要かつ十分である.

2°　超函数 T が $(\mathcal{D}'_{L^p})$ に属するためには，いかなる $\alpha \in (\mathcal{D})$ による正則化 $T*\alpha$ も $L^p(R^n)$ に属することが，必要かつ十分である.

2°をずっと精しい定理で置き換えることもできよう(定理 22 の前に述べたことを参照)．特に，$(\mathcal{D}'_{L^p})$ のどの超函数も R^n 上で有限階であることがわかる.

記述を簡単にするために $1<p\leqq\infty$ としよう；$p=1$ の場合は細部の変更が必要なだけである.

全定理を証明するのに 3 部から成る“循環的な”証明をしよう：

a)　T が函数 $\in L^p$ の微係数の有限和ならば $T\in(\mathcal{D}'_{L^p})$．明白.

b)　$T\in(\mathcal{D}'_{L^p})$ ならば，$\alpha\in(\mathcal{D})$ に対して $(T*\alpha)\in L^p$ であることを示そう.

$L^{p'}(R^n)\,[p'=p/(p-1)]$ においてノルムが 1 を超えない函数 $\varphi\in(\mathcal{D})$ の集合を B と呼ぼう．B は $L^{p'}$ の単位球において稠密である．函数 $\check{\alpha}*\varphi$ を考えよう；$\varphi\in B$ と固定した α とに対しては，それらの函数は $(\mathcal{D}_{L^{p'}})$ において有界な集合を作り，したがって数

(6, 8 ; 1)　$$(T*\alpha)\cdot\varphi = T\cdot(\check{\alpha}*\varphi)$$

は有界である．このことは $T*\alpha$ が $L^{p'}$ から導かれる位相を入れた $(\mathcal{D})$ の上の連続線型汎函数であることを示している．ゆえに $T*\alpha\in L^p(R^n)$．なお，$T*\alpha\in(\mathcal{D}_{L^p})$ であることもわかる.

c)　すべての $\alpha\in(\mathcal{D})$ に対して $T*\alpha\in L^p$ ならば，T は函数 $\in L^p$ の微係数の有限和であることを示そう．仮定 $T*\alpha\in L^p$ によって，数

(6, 8 ; 2)　$$(T*\check{\varphi})\cdot\check{\alpha} = (T*\alpha)\cdot\varphi$$

は，$\alpha\in(\mathcal{D})$ をどう固定しても，$\varphi\in B$ のとき有界である．そこで，超函数 $T*\check{\varphi}$ は $(\mathcal{D}')$ において有界であり，定理 22 によって，次のような整数 $m\geqq0$ が各コンパクト集合 K に対して，存在する：$\alpha\in(\mathcal{D}_K{}^m)$ が一定なときには (6, 8 ; 2) の左辺は，したがって右辺も，$\varphi\in B$ のとき有界である．そこで $S=T*\alpha$ は $\alpha\in(\mathcal{D}_K{}^m)$ のときやはり L^p に属し，証明を終えるには α として (6, 6 ; 22) の形の γE をとればよいのである.

この定理のもっと精しい形(定理22参照)の証明には，$\alpha \in (\mathscr{D}), \beta \in (\mathscr{D})$ に対する数値 $(T*\alpha*\beta)\cdot\varphi$ の考察と(6, 6 ; 23)とが必要であろう.

注意 1° 第3章，定理27の方法と同様な方法を用いて1°と2°とを直接に証明することもできたであろう．しかしそのような方法では Hahn-Banach の定理を用いるのであった(それについては定理22参照)．改良(6, 8 ; 6)参照.

2° その上，いま述べた証明によればこの定理を $(\mathscr{D}'_{L^p})$ **において有界な超函数集合，あるいは** $(\mathscr{D}'_{L^p})$ **において0に収束する超函数の列**(**あるいは有界な底または可算な底をもつフィルター**)に拡張することができる(定理23の方法)が，これは Hahn-Banach の定理によっては，少くも収束列については，できない．こうして，列 T_j が $(\mathscr{D}'_{L^p})$ において0に収束すれば，それらの T_j は次のような連続函数 f_j の，いくつかの決まった添字に関する微係数の有限和であることがわかる:

a) T_j が強収束するときには，f_j は L^p および L^∞ において0に収束する;

b) T_j が弱収束するときには，f_j は各コンパクト集合上で0に一様収束し，L^p および L^∞ において有界な範囲にとどまる.

3° (6, 6 ; 22)の後に述べたことによって，次のように仮定することができる：この定理の記述に現れる函数 $\in L^p(R^n)$ は連続，有界で，$p<\infty$ または $T\in(\dot{\mathscr{B}}')$ のときには無限遠で0に収束すると仮定することができる.

$(\mathscr{B})$ と $(\mathscr{D}'_{L^1})$ の間の共役関係

$(\mathscr{B})$ には，$(\mathscr{B})$ の有界部分集合の上に $(\mathscr{E})$ から導入された位相と同じ位相を導入するような局所凸位相の中で，最も精しい局所凸位相 $(\mathscr{B}_c)$ を入れよう. $(\mathscr{D})$，したがってもちろん $(\dot{\mathscr{B}})$，は $(\mathscr{B}_c)$ において稠密である．$T\in(\mathscr{D}'_{L^1})$ を可積分函数の微係数の有限和として表わせば，T は $(\mathscr{B}_c)$ 上で連続な1次形式に拡張できることがわかる；$(\dot{\mathscr{B}})$ は $(\mathscr{B}_c)$ において稠密であるから，この拡張は一意的である：したがって $(\mathscr{B}_c)$ の双対空間は位相空間 $(\mathscr{D}'_{L^1})$ である．特に，R^n**上での** T **の積分**，$T(1)=\int\int\cdots\int T$ を計算することができる；超函数 $T\in(\mathscr{D}'_{L^1})$ を R^n 上で**可積分**と呼ぶことができよう．ところが，$(\mathscr{B}_c)$ において，有界部分集合はすべて相対コンパクトである(Ascoli の定理)；したがって，Mackey-Arens の定理により(第3章，定理14)，$(\mathscr{B}_c)$ は半回帰的であり，そして$(\mathcal{D}'_{L^1})$**の双対空間は**$(\mathcal{B})$**である**；ところが，$(\mathcal{B})$上では，双対の自然な位相は最初191頁で定義されたものである．$(\mathcal{B}_c)$は$(\mathcal{D}'_{L^1})$の**コンパクト集合**の上での一様収束の位相をもつことが証明される(これが記号cの意味である)．$(\mathcal{B}')$に類似の位相$(\mathcal{B}'_c)$を入れて，双対が$(\mathcal{D}_{L^1})$になるようにすることもできよう[1)]．

$(\mathcal{D}'_{L^p})$における乗法と合成

定理 26.　1°　$T\in(\mathcal{D}'_{L^p})$, $\alpha\in(\mathcal{D}_{L^q})$ ならば，乗法積 αT は $r\geqq 1$, $(1/r)\leqq(1/p)+(1/q)$ に対する $(\mathcal{D}'_{L^r})$ に属し，このとき $(\mathcal{D}'_{L^p})\times(\mathcal{D}_{L^q})$ から $(\mathcal{D}'_{L^r})$ への双線型写像 $(T,\alpha)\to\alpha T$ は準連続である．

2°　$S\in(\mathcal{D}'_{L^p})$, $T\in(\mathcal{D}'_{L^q})$, $(1/p)+(1/q)-1\geqq 0$ ならば合成積 $S*T$ に意味がつけられる．そのとき $S*T\in(\mathcal{D}'_{L^r})$, $(1/r)=(1/p)+(1/q)-1$．$(\mathcal{D}'_{L^p})\times(\mathcal{D}'_{L^q})$ から $(\mathcal{D}'_{L^r})$ への双線型写像 $(S,T)\to S*T$ は連続である．

1°は定義$\alpha T\cdot\varphi=T\cdot\alpha\varphi$と，$\varphi\in L^{r'}[r'=r/(r-1)]$，$\alpha\in L^q$のときの積$\alpha\varphi$の，知られた諸性質とから直ちに(第5章，定理3のときと同様に)わかる．$p=q=r=\infty$のときにはαかTかが“無限遠で0に収束すれば”($\alpha\in(\dot{\mathcal{B}})$または$T\in(\dot{\mathcal{B}}')$ならば)$\alpha T$もそうである，ということを付言しよう．

(2°)は，函数$\in L^p(R^n)$の微係数の有限和への$T\in(\mathcal{D}'_{L^p})$の分解を用い，次に§1, (1°)に概述した諸性質[(6, 1 ; 2)]と(6, 3 ; 10)をその分解に適用してもわかるであろう．そうして得た合成積がSとTに対して選んだ分解に関係しないことは，もちろん示す必要があろう．

それよりも，台がコンパクトなS, T, φに対する式

(6, 8 ; 3)
$$(S*T)\cdot\varphi=S_\xi\otimes T_\eta\cdot\varphi(\xi+\eta)$$

を考察し，3重線型汎函数$(S*T)\cdot\varphi$が$(\mathcal{D}'_{L^p})$, $(\mathcal{D}'_{L^q})$, $(\mathcal{D}_{L^{r'}})$の位相について**準連続**であることを示すほうがよい．その筋道は，第7章，定理11で詳しく示すものと同様である．これによれば，$S*T\in(\mathcal{D}'_{L^r})$を拡張によって$S\in(\mathcal{D}'_{L^p})$, $T\in(\mathcal{D}'_{L^q})$に対して定義し双線型写像$(S,T)\to S*T$の準連続性を示すことが，($p=\infty$あるいは$q=\infty$のときを除いて)一挙にできる．これと共に，

1)　もっと詳しい証明は SCHWARTZ [9]，99-102 頁を見よ．

$(1/p)+(1/q)=1$ ならば $S*T$ は $(\mathscr{E}')$ の超函数の極限であり，したがって，$p=\infty$ あるいは $q=\infty$ のときを除いて，無限遠で0に収束する，ということもわかる．その他に次のこともこの拡張法で示される：決まった S と T に対して p と q の値がいく通りか可能であっても，得られる積 $S*T$ はつねに同一である；なぜならば，S がいくつかの $(\mathscr{D}'_{L^p})$ に属しても，同じ1系の，台がコンパクトな超函数 $(\alpha_j S, \alpha_j\in(\mathscr{D}))$ がそれらすべての $(\mathscr{D}'_{L^p})$ において S に収束するからである．

もちろん $(\mathscr{D}'_{L^p})$ 上で“正則化”を考察することもできる(定理11)：

$T\in(\mathscr{D}'_{L^p}), \alpha\in(\mathscr{D}_{L^q}), (1/p)+(1/q)-1\geqq 0$ **ならば，合成積** $\alpha*T$ **は**

$$T*\alpha=T_t\cdot\alpha(x-t) \tag{6, 8; 4}$$

で定義される $(\mathscr{D}_{L^r})$ **の函数，** $1/r=(1/p)+(1/q)-1$, **であって，** $(\mathscr{D}'_{L^p})\times(\mathscr{D}_{L^q})$ **から** $(\mathscr{D}_{L^r})$ **への双線型写像** $(T,\alpha)\to T*\alpha$ **は準連続である．** $\alpha\in(\mathscr{D}_{L^1})$ が $(\mathscr{D}'_{L^1})$ において δ に収束すれば，正則化した $T*\alpha\in(\mathscr{D}_{L^p})$ は $(\mathscr{D}'_{L^p})$ において T に収束する．

例　(2, 3 ; 20)の超函数 L_l を考えよう．それらの超函数は，原点以外では函数であって，無限遠で指数函数程度に減少するから，それらの合成積には意味がある．そして(第7章, §8, 例2も参照)

$$L_p*L_q=L_{p+q} \tag{6, 8; 5}$$

であることを証明できる．

(2, 3 ; 21)と(2, 3 ; 22)は，L_{-2k} を決める式も考慮すれば，上の式の特別な場合である．

さて $T\in(\mathscr{D}'_{L^p})$ ならば，$L_l\in(\mathscr{D}'_{L^1})$ であるから L_l*T が必ず存在して $(\mathscr{D}'_{L^p})$ に属する．l を $l=2k$, k は整数 $\geqq 0$, にとってみれば，$\left(1-\dfrac{\Delta}{4\pi^2}\right)^k S=T$ **となるような超函数** $S\in(\mathscr{D}'_{L^p})$ **が任意の** $T\in(\mathscr{D}'_{L^p})$ **に対して1つ，しかもただ1つ存在する**ことがわかる．ところがさらに，k が十分大きければ L_{2k} は，階数 $\leqq m$ の微係数がすべて可積分函数であるような，m 回連続可微分函数になる；そのとき，函数 $\in L^p(R^n)$ の微係数の有限和への T の分解を考慮すれば，$S=L_{2k}*T$ は L^p に属する函数であるが，定理25の後の注意(3°)によって，この函数を連続，有界，しかも，$p<+\infty$ あるいは $T\in(\dot{\mathscr{B}}')$ のときには無限遠で0に収束すると仮定してよい．

こうして T の分解がすこぶる簡単な方法で得られる：

$$(6,8;6)\qquad S = L_{2k} * T,\quad k \text{ は十分大},\quad S \in L^p(R^n)$$
$$T = \left(1 - \frac{\varDelta}{4\pi^2}\right)^k S.$$

有界超函数の別な定義，拡張

1つの超函数 T を平行移動した $\tau_h T$ 全体の集合が $(\mathcal{D}')$ において有界 (R^n から $(\mathcal{D}')$ への写像 $h \to \tau_h T$ が R^n 上で有界) なときに，T が R^n 上で有界であるということもできる；$|h| \to \infty$ に対して $\tau_h T$ が $(\mathcal{D}')$ において0に収束するときに，T が無限遠において0に収束するということもできる．このような R^n 上で有界な超函数の空間 $(\mathcal{B}')$ に次の位相を入れることができる：$\tau_h T_j$ が $h \in R^n$ について一様に $(\mathcal{D}')$ において0に収束するときに，T_j が $(\mathcal{B}')$ において0に収束する．

この新定義は前節の定義と同じである．なぜならば，各 $\alpha \in (\mathcal{D})$ に対して $\tau_h T \cdot \check{\alpha}$ が $h \in R^n$ のときに有界であるというのも，$T * \alpha$ が R^n 上で有界な函数であるというのも同じことになるからである(定理25, (2°), $p=\infty$).

同じ定理を有界集合と収束列に適用することによって，収束列あるいは，有界な底または可算な底をもつ収束フィルターだけを考える限り $(\mathcal{B}')$ に入れた新位相は前の位相と一致するということが示される．任意の収束フィルターについてもそうであることが，(もっと複雑な方法で)示される；位相の両定義は完全に一致する．

新定義には著しい諸拡張がある；この定義から，無限遠で或る与えられた様式の増加をする超函数というものを定義することができる．この方法は第7章，§§4, 5に応用するであろう．

§9　概周期超函数

定　義

Stepanoff の意味の概周期函数[1)]の概念を超函数に拡張する．

1つの函数 $\varphi \in (\mathcal{B})$ を平行移動した $\tau_h \varphi$ 全体が $(\mathcal{B})$ において或る相対コン

1)　たとえば Besicovitch [1]，77頁参照．

パクト集合を作るときに，函数 φ が $(\mathcal{B})$ において概周期的[1] (pp)であるという．これは，φ およびそのあらゆる微係数が普通の(Bohr の意味での)pp 連続函数であるということに帰着する．このような函数 φ は $(\mathcal{B})$ の閉部分ベクトル空間 $(\mathcal{B}_{\mathrm{pp}})$ を作る．$T\in(\mathcal{B}')$ であって $\tau_h T$ の集合が $(\mathcal{B}')$ において相対コンパクトなときに，超函数 T が pp であるという．これは，写像 $h\to\tau_h T$ が $h\in R^n$ の，$(\mathcal{D}')$ の中の値を取る pp 連続函数であるということに帰着する．このことから直ちに，pp 超函数の集合は $(\mathcal{B}')$ の閉部分ベクトル空間 $(\mathcal{B}'_{\mathrm{pp}})$ であることが導かれる．

演算と性質

1°　$\alpha\in(\mathcal{B}_{\mathrm{pp}}),\ T\in(\mathcal{B}'_{\mathrm{pp}})$ **ならば** $\alpha T\in(\mathcal{B}'_{\mathrm{pp}})$.

2°　$T\in(\mathcal{B}'_{\mathrm{pp}}),\ S\in(\mathcal{D}'_{L^1})$ **ならば** $(S*T)\in(\mathcal{B}'_{\mathrm{pp}})$.

pp 超函数の微係数は pp である．

明白(定理 26)．

3°　a) 超函数 T が pp であるためには，普通の pp 連続函数の微係数の有限和であることが，必要かつ十分である．

b) 超函数 T が pp であるためには，$\alpha\in(\mathcal{D})$ による正則化 $T*\alpha$ がすべて普通の pp 連続函数であることが，必要かつ十分である．

実際，$\tau_h T$ は $(\mathcal{B}')$ において有界な集合を作り，したがって，超函数の有界集合に拡張した定理 25(2°) $(p=\infty)$ によって，$(\mathcal{B}')$ における $\tau_h T$ の相対コンパクト性は L^∞ における $\tau_h(T*\alpha)=\tau_h T*\alpha$ の相対コンパクト性に一致するが，これで(b)が証明されている．T は正則化 $(T*\alpha)$ の $(\mathcal{B}')$ における極限であるから，$(\mathcal{B}'_{\mathrm{pp}})$ は $(\mathcal{B}')$ における $(\mathcal{B}_{\mathrm{pp}})$ の閉包である．ところがまた(定理 25 の精しい形を用いれば)，$\alpha\in(\mathcal{D}^m)$ で m が十分大きいとき $(T*\alpha)$ は普通の pp 連続函数であることも言えるから，(6, 6 ; 22) によって，(a)が示される．

定理 22, 25 についてしたように，この定理をもっと精しい形にし，pp 超函数の有界集合および収束列に拡張することができる．

すでに知ったように [(6, 6 ; 22)]，T を分解する最良の方法は，十分大きい k

1)〔訳注〕 presque-périodique.

に対して普通の pp 連続函数になる $S=L_{2k}*T$ と $T=\left(1-\frac{\Delta}{4\pi^2}\right)^k S$ とを作ることである．

平均と合成

4°　すべての pp 連続函数 $f(x)$ に対して，L^∞ における収束について連続な線型汎函数となっている，平均 $\mathfrak{M}(f)$ という複素数を対応させることができる，ということが知られている．これはまた $(\mathcal{B}')$ における収束について連続な線型汎函数である．なぜならば，pp 連続函数 f_j が $(\mathcal{B}')$ において 0 に収束すれば，$\alpha\in(\mathcal{D})$ のとき，$f_j*\alpha$ は $(\mathcal{B})$ において 0 に収束する；そこで $\mathfrak{M}(f_j*\alpha)$ が 0 に収束する；ところが

$$\mathfrak{M}(f*\alpha)=\mathfrak{M}(f)\left(\int\int\cdots\int\alpha(x)\,dx\right); \tag{6, 9 ; 1}$$

それゆえ，$\int\int\cdots\int\alpha(x)\,dx$ を $\neq 0$ にとれば，$\mathfrak{M}(f_j)$ も 0 に収束することがわかる．

そこで拡張によって $\mathfrak{M}(T)$ を $T\in(\mathcal{B}'_{\mathrm{pp}})$ に対して一意的に定義することができて，それは $(\mathcal{B}'_{\mathrm{pp}})$ 上の連続線型汎函数である．$T\in(\mathcal{B}'_{\mathrm{pp}}), S\in(\mathcal{D}'_{L^1})$ ならば，極限に移って，

$$\mathfrak{M}(S*T)=\mathfrak{M}(T)\int\int\cdots\int S. \tag{6, 9 ; 2}$$

5°　$T\in(\mathcal{B}'_{\mathrm{pp}}), \varphi\in(\mathcal{B}_{\mathrm{pp}})$ のとき，

$$T\odot\varphi=\mathfrak{M}(\varphi T) \tag{6, 9 ; 3}$$

と置く；これによって $(\mathcal{B}_{\mathrm{pp}})$ と $(\mathcal{B}'_{\mathrm{pp}})$ の間の準連続なカスラー積が定義される(しかしこの両空間はいずれも，他方の共役でない)．

同様に，$S\in(\mathcal{B}'_{\mathrm{pp}})$，$T\in(\mathcal{B}'_{\mathrm{pp}})$，$\varphi\in(\mathcal{B}_{\mathrm{pp}})$ ならば，$S_\xi\otimes T_\eta$ および $\varphi(\xi+\eta)$ は pp であり，

$$\begin{cases}(S\circledast T)\odot\varphi=(S_\xi\otimes T_\eta)\odot\varphi(\xi+\eta)\\ \mathfrak{M}(S\circledast T)=\mathfrak{M}(S)\mathfrak{M}(T)\end{cases} \tag{6, 9 ; 4}$$

を満たす合成積が，拡張によって定義できる．

この合成積は，pp 連続函数 f と g に対しては

$$f\circledast g=\mathfrak{M}_t[f(x-t)g(t)] \tag{6, 9 ; 5}$$

と書かれるが，$(\mathcal{B}'_{\rm pp})\times(\mathcal{B}'_{\rm pp})$ から $(\mathcal{B}'_{\rm pp})$ への準連続な双線型写像であって，§§3,4で証明した諸性質をもっている．この合成積は分解3°(a) によって容易に計算される．正則化は

$$(6,9;6)\quad \begin{cases} T \circledast \alpha = T_t \odot \alpha(x-t), & T\in(\mathcal{B}'_{\rm pp}),\ \alpha\in(\mathcal{B}_{\rm pp}) \\ T\odot\varphi = \mathrm{Tr.}\ (T * \check{\varphi}) \end{cases}$$

で定義する．

Fourier 展開

6° $\lambda=\{\lambda_1,\lambda_2,\cdots,\lambda_n\}$，$\lambda x=\lambda_1x_1+\cdots+\lambda_nx_n$ (λ_i は実数) ならば，Fourier 係数 a_λ は

$$(6,9;7)\quad a_\lambda=a_\lambda(T)=\mathfrak{M}[\exp(-2i\pi\lambda\cdot x)\,T]=T\odot\exp(-2i\pi\lambda\cdot x)$$

で定義される．

これは $T\in(\mathcal{B}'_{\rm pp})$ の連続線型汎函数である．$\exp(-2i\pi\lambda\cdot x)$ は $(\mathcal{B}_{\rm pp})$ に含まれるから，(6,9;4)から次の式がでる：

$$(6,9;8)\quad a_\lambda(S\circledast T)=a_\lambda(S)\,a_\lambda(T),\quad S \text{ および } T\in(\mathcal{B}'_{\rm pp})\,;$$

(6,9;9)

$$a_\lambda(S*T)=a_\lambda(T)\left(\iint\cdots\int\exp(-2i\pi\lambda\cdot x)S\right),\quad T\in(\mathcal{B}'_{\rm pp}),\ S\in(\mathcal{D}'_{L^1}).$$

分解(3°)(a)は，可算無限箇の a_λ だけが $\neq 0$ であることを示している．それらの a_λ が T の“スペクトル”を構成する．

$a_\lambda\neq 0$ であるような $a_\lambda\exp(2i\pi\lambda\cdot x)$ は，そしてそれらだけが，平行移動した $\tau_h T$ の1次結合の $(\mathcal{B}')$ における極限になっている三角指数函数[1]である．逆に T は，スペクトルの中を動く λ に対する $\exp(2i\pi\lambda\cdot x)$ だけから成る三角多項式の列の，$(\mathcal{B}')$ における極限である；なぜならば，$\alpha\in(\mathcal{D})$ による正則化 $T*\alpha$ についてはそうであり，T は $T*\alpha$ の極限だから，そこで，あらゆる Fourier 係数 $a_\lambda(T)$ が0ならば，T は0である．

1) exponentielle trigonométrique.

§10　偏微分方程式と積分方程式への応用

合成方程式

次の型の方程式を合成方程式と呼ぶ：

(6, 10 ; 1)
$$A*T=B,$$

ただし A(係数)と B(右辺)は与えられた超函数，T は未知超函数である．(6, 10 ; 1)の左辺が任意の $T\in(\mathcal{D}')$ に対して意味をもつように，A の台はコンパクトであると仮定する(他の場合も取り扱える；たとえば $A\in(\mathcal{D}'_{L^1})$, $B\in(\mathcal{B}')$ ならば解 $T\in(\mathcal{B}')$ を求めることができる(§8参照)；A の台が或る錐集合 Γ に関して“左方で限られ”(§5参照) B についてもそうなっていれば，台が左方で限られた解 T を求めることができる)．これから述べることは，N 箇の未知超函数に関する N 箇の方程式の組についてもあてはまる；それには，第5章，§6でしたように $T=\{T_1, T_2, \cdots, T_N\}$ と $B=\{B_1, B_2, \cdots, B_N\}$ を R^N の値をとる超函数とし，$A=(A_{jk})$ を N 行 N 列のマトリックス，$A_{jk}\in(\mathcal{E}')$，とすればよい．マトリックス記法(6, 10 ; 1)はそのとき

(6, 10 ; 2)
$$\sum_{k=1,2,\cdots,N} A_{jk}*T_k=B_j;\quad j=1,2,\cdots,N$$

と同じことになる．

記述を簡単にするために，つねに $N=1$ と仮定する．$B=0$ ならば，この方程式を斉次であるという．合成方程式は多数の重要な特別の場合を含んでいる：

1°)
$$A=D=\sum_{|p|\leqq m} a_p D^p\delta$$

が微分演算多項式［(6, 3 ; 33)］ならば，(6, 10 ; 1)はもっとも一般な定数係数偏微分方程式となる：

(6, 10 ; 3)
$$D*T=\sum_{|p|\leqq m} a_p D^p T=B.$$

それゆえこのような方程式は，一方には変数係数の偏微分方程式の特別な場合と考えられ，他方には合成方程式の特別な場合とも考えられる．

2°)　$A=\sum_{\nu} a_\nu \delta_{(h_\nu)}$ が点質量の有限和ならば，(6, 10 ; 1)はもっとも一般な定数係数定差方程式である：

(6, 10 ; 4)
$$A*T=\sum_{\nu} a_\nu \tau_{h_\nu} T=B.$$

3°) A が函数 $K(x)$ [あるいは δ と函数 $K(x)$ との和] ならば，T が函数 $f(x)$ で B が函数 $g(x)$ であるときには，(6, 10 ; 1) は積分限界の定まった第1種 [あるいは第2種] の積分方程式である：

(6, 10 ; 5)
$$\begin{cases} A = K(x) \\ A * f = \int\int\cdots\int K(x-t)f(t)\,dt = g(x)\ ; \end{cases}$$

(6, 10 ; 6)
$$\begin{cases} A = \delta + K(x) \\ A * f = f(x) + \int\int\cdots\int K(x-t)f(t)\,dt = g(x)\,. \end{cases}$$

これらの条件の下で，A も B も台が或る錐集合 Γ に関して左方で限られたものとし，同様に台が左方で限られた解 $T=f$ を求めるのならば，Volterra の積分方程式が得られるであろう．

これら種々の型の方程式を組合せれば，種々の型の積分微分方程式が得られる．

合成方程式の解の一般性質

定理 27. **1°　1つの合成方程式の解の集合は $(\mathscr{D}')$ の閉線状部分空間である．**

2°　斉次方程式の解と台がコンパクトな超函数との合成積はやはりその斉次方程式の解である．特に，解の微係数および解の正則化 (定理 11) は解である．斉次方程式の解はすべて，無限回可微分函数であるような解の極限である．

この定理は合成積の結合律と連続性および，すべての超函数がそれを正則化したものの極限であることから，明らかである．この定理は連立方程式 (N 任意) に対して成り立つ．

定数係数連立斉次常微分方程式 ($n=1$) の解は普通の解であること (第5章，定理9の特別な場合) が新たにこのことから導かれる．なぜならば，上の定理によって解の空間は普通の解の空間の $(\mathscr{D}')^N$ における閉包であるが，普通の解の空間は有限次元，したがってそれの閉包と一致するからである．

定理 28. **次元 $n=1$ の場合に，斉次合成方程式系の解はその方程式系の指数函数-多項式解の1次結合の極限である．**

この定理の証明は難しい．私はその証明を以前の論文[1]で発表した．この定理は連立方程式についても成り立つ(Nは任意；未だその証明は発表していない)．任意次元 $\boldsymbol{n}$ に対しても成り立つかどうかは，わかっていない[2]．

素　解

(6, 10 ; 7)
$$A*E=\delta$$
となる超函数 E を合成方程式の素解と呼ぶ [第5章，§6, (5, 6 ; 24) 参照]．

連立方程式 ($N>1$) に対しては，素解は次のような N 行 N 列のマトリックス超函数である：

(6, 10 ; 8)
$$\begin{cases} A*E=E*A=\delta I, \quad I=\text{単位マトリックス．すなわち} \\ \displaystyle\sum_{k=1,2,\cdots,N} A_{jk}*E_{kl}=\sum_{k=1,2,\cdots,N} E_{jk}*A_{kl}=\begin{cases} 0 & j\neq l \text{ のとき} \\ \delta & j=l \text{ のとき}. \end{cases} \end{cases}$$

或るいくつかの点以外では普通の解であり，それらの除外すべき点では或る型の特異性を呈するもの，として素解を定義する試みがここですべて失敗するにきまっていることは全く明らかである．いま定義したものは原点に関する素解である．これで応用に十分である；平行移動 τ_a で点 a に関する素解ができるからである．

$N=1$ の場合に限ろう．

素解を $A^{*(-1)}$ と呼んでよい；それは合成積についての A の1つの逆元である．しかし，素解は1つあれば無数にあって2つの素解の差は斉次方程式の任意解である，ということに注意する必要がある．素解があるときに，A を可逆であるという．微分演算多項式 $A=D$ はすべて可逆であるということが現在[3]知られている．明らかに，可逆でない超函数 A は存在する；$A\in(\mathcal{D})$ ならば，任意の $E\in(\mathcal{D}')$ に対して $A*E$ は $(\mathcal{E})$ に含まれるので，$A*E$ は決して δ に等しくない．A が点測度であるときを除けば $N=1$ のとき素解の台は決してコンパクトでない，ということを証明できる．素解はさまざまな方法で求め

1) Schwartz [4].

2) この定理は**単独**の合成方程式の解については成り立つ．Malgrange [1], (定理3, 310頁) を参照．

3) Malgrange [1], 定理1, 288頁；Ehrenpreis [1]; Hörmander [1].

られる[1][偏微分方程式論または積分方程式論の方法; Fourier 変換または Laplace 変換(第7章, §10)]. 重要なこととして特筆したいのは, 素解を明確に定義したために素解によって(合成積についての)代数的計算すなわち演算子法の諸方法が恢復することである. §5(6, 5; 27-32)で見たのがこれである.

素解の利用

1°) 素解は, 斉次と限らない方程式を**右辺の台がコンパクトなときに**解くのに用いられる. 実際, このとき $E*B$ は (6, 10; 1)の解である; なぜならば

(6, 10; 9)　$$A*(E*B)=(A*E)*B=\delta*B=B.$$

この解の台がコンパクトならば(一般にはそうでない), 台がコンパクトな解はこの解だけである; なぜならば, T の台がコンパクトで T が(6, 10; 1)を満たせば

(6, 10; 10)　$$T=\delta*T=(E*A)*T=E*(A*T)=E*B.$$

しかしこの他に, 斉次方程式の任意解を T につけ加えて得られる台がコンパクトでない解がある.

2°) これに反して, B の台がコンパクトでなければ, この方法はもはやあてはまらない; なぜならば, E と B は台がコンパクトでないので, (6, 10; 9)の第1辺は意味がないからである. 或る場合には, それでも(6, 10; 9)に意味がつく. 例: a) $E\in(\mathscr{D}'_{L^1})$(§8)ならば, この式は $B\in(\mathscr{B}')$ に対してあてはまる $\left[\text{たとえば } A=\left(1-\frac{\Delta}{4\pi^2}\right)^k\delta,\ E=L_{2k},\ (2,3;22)\right]$; b) A, E, B の台が1つの錐集合 Γ に関して左方で限られていれば(§5), E は, 環 $(\mathscr{D}'_{+\Gamma})$ に属して A の逆 $A^{*(-1)}$ になっているような, ただ1つの超函数であって, 2つの式

(6, 10; 11)　$$A*T=B,\qquad T=A^{*(-1)}*B$$

は同等である; (6, 5; 24)参照.

3°) A が可逆であることから, 任意の右辺をもつ方程式を解くのが可能であると結論される, というのは確かであろうか? それが可能であるときに, A は完全可逆であると言う[2]. B を, B_ν の台がコンパクトで無限に遠ざかって行

---

1) 素解のこの定義を用いて, Garnir 氏は種々の型の定数係数偏微分方程式に対する多数の素解を計算した. GARNIR [4] を見よ.

2) EHRENPREIS は, [3] において, 可逆な超函数はすべて完全可逆であるということを示した. 証明は発表されていない.

く[1]ような，超函数 B_ν の和 $B=\sum_\nu B_\nu$ として書き表わすことはつねにできる．$T_\nu=E*B_\nu$ と置けば，級数 $\sum_\nu T_\nu$ は一般に発散する．しかし T_ν は，或る**漸次に拡大して行く**[1] R^n **の開集合において**，斉次方程式の解になる．**ここで次のことを仮定しよう**：$(\mathcal{D}')$ において級数 $\sum_\nu(T_\nu-S_\nu)$ が収束するように，漸次に拡大する開集合において T_ν を S_ν で近似することができる，ただし S_ν は**全空間において**斉次方程式の解であるとする．

そのとき

(6, 10 ; 12) $$A*\sum_\nu(T_\nu-S_\nu)=\sum_\nu(A*T_\nu-A*S_\nu)=\sum_\nu B_\nu=B$$

となり，これで斉次と限らない方程式が解かれる．

この方法は，A がラプラシアン $\Delta\delta$ であるとき(1つの球において調和な函数は，その球に含まれる各コンパクト集合上で一様に，調和な多項式——全空間で調和な函数——の極限になっているから)あるいは重複ラプラシアン $\Delta^k\delta$ であるときには，成功する．同様に，R^2 において $A=\frac{1}{\pi}\frac{\partial\delta}{\partial\bar{z}}$ であり，B が無限に遠ざかって行く点質量の和

(6, 10 ; 13) $$B=\sum_\nu a_\nu\delta_{(h_\nu)}\,,\qquad B_\nu=a_\nu\delta_{(h_\nu)}$$

であるときには，(2, 3 ; 28) によって，$E*B_\nu=a_\nu/(z-h_\nu)$ である；上の方法は古典的な Mittag-Leffler の方法，すなわち，z の多項式を引けば級数

(6, 10 ; 14) $$\sum_\nu\left(\frac{a_\nu}{z-h_\nu}-P_\nu(z)\right)$$

が収束し，与えられた極をもつ有理型函数が作られるという，あの方法である．Ehrenpreis 氏は台が有限箇の点しか含まないような超函数(特に超函数 $D\delta$, D は定数係数微分作用素)はすべて完全可逆であるということを証明した[2]．

4°) 数箇の完全可逆な超函数の合成積は完全可逆である．

なぜならば，$A_1*A_2*T=B$ を解くには，$A_1*C=B$ を解き，つぎに $A_2*T=C$ を解くのである．

同様に，可逆な超函数 A_1 と完全可逆な超函数 A_2 との合成積は可逆である．なぜならば，$A_1*A_2*E=\delta$ を解くには，$A_1*E_1=\delta$ を解いてから $A_2*E=E_1$

1) 〔訳注〕 $\nu\to\infty$ のときに．
2) EHRENPREIS [1] と [2]．

を解くのである．これに反して，2つの可逆な超函数の合成積が可逆であるということは初等的には証明できない．204頁で引用した Ehrenpreis の結果の助けを借りればこのことが分かる．そのときこれら2つの超函数は完全可逆になるからである．

Newton ポテンシャル．Poisson 公式

連続な密度 α をもって，台がコンパクトな，質量分布を考えよう；それの Newton ポテンシャルは

(6, 10 ; 15)

$$U^{(\alpha)}=\begin{cases}\displaystyle\iint\cdots\int\frac{\alpha(t)\,dt}{N|x-t|^{n-2}}, & n\neq 2 \text{ のとき}, \quad N=\dfrac{(n-2)\,2\pi^{n/2}}{\Gamma\left(\dfrac{n}{2}\right)};\\[2ex] \displaystyle\iint\cdots\int\frac{1}{2\pi}\log\frac{1}{|x-t|}\alpha(t)\,dt, & n=2 \text{ のとき},\end{cases}$$

で与えられる．

このとき

(6, 10 ; 16)　　$U^{(\alpha)}=E*\alpha,$

ただし E は $A=-\varDelta\delta$ に対応する素解 [(2, 3 ; 10)] である．それゆえ，一般化して，超函数

(6, 10 ; 17)　　$U^{(T)}=E*T$

を超函数 T の Newton ポテンシャルと呼ぶことができる．

このポテンシャルは，T の台がコンパクトならば，定義される．それはずっと一般な場合に，たとえば

$$[T/(1+r^2)]^{(n-2)/2}\in(\mathscr{D}'_{L^1})\qquad(n\neq 2)$$

あるいは

$$[T\log(1+r^2)]\in(\mathscr{D}'_{L^1})\qquad(n=2)$$

のときには，定義できる．このとき (6, 10 ; 9 および 10) の両式はポテンシャルに対する古典的な Poisson 公式になっている；T が前の条件をみたせば

(6, 10 ; 18)

$$\begin{cases}\varDelta U^{(T)}=\varDelta*(E*T)=(\varDelta*E)*T=-\delta*T=-T,\\ U^{(\varDelta T)}=E*(\varDelta*T)=(E*\varDelta)*T=-\delta*T=-T.\end{cases}$$

普通は十分正則な函数のポテンシャルについてだけ証明するこの公式が，もっとも一般な場合に成り立つ，ということがわかる．

ラプラシアン Δ についていま述べたことはすべて微分演算 $\partial/\partial\bar{z}$ (第2章，§3，例3) についても書くことができる．そのとき Poisson 公式は，$[T/\sqrt{1+r^2}] \in (\mathcal{D}'_{L^1})$ ならば

(6, 10 ; 19)
$$\frac{\partial}{\partial\bar{z}}\left(\frac{1}{\pi z} * T\right) = \frac{1}{\pi z} * \frac{\partial T}{\partial\bar{z}} = T$$

と書かれる [(2, 3 ; 28) 参照].

T が測度 μ ならば "ポテンシャル" $\dfrac{1}{\pi z} * T$ は Cauchy の積分に他ならないことに注意しよう：

(6, 10 ; 20)　$\dfrac{1}{\pi z} * \mu = \displaystyle\iint \frac{d\mu(\zeta)}{\pi(z-\zeta)}$；　このとき　$\dfrac{\partial}{\partial\bar{z}}\displaystyle\iint \frac{d\mu(\zeta)}{\pi(z-\zeta)} = \mu.$

楕円型連立斉次方程式の解の解析性

定理 29.　或る斉次 ($B=0$) 合成方程式系が次のようになっているとする：それの解で，相対コンパクト開集合 ω を含む十分大きい相対コンパクト開集合 Ω において l 回可微分函数(あるいは無限回可微分函数)であるものは必ず，ω において無限回可微分函数(あるいは解析函数)である[1]．このとき，その方程式系の超函数解はすべて ω において無限回可微分函数(あるいは解析函数)である．

実際，T をその系の解とする．$\bar{\Omega}$ の近傍において T の階数は $\leqq m$, m は有限，である．そこで，$\alpha \in (\mathcal{D}^{m+l})$ の台が十分小さければ，$T*\alpha$ は Ω において l 回可微分である(定理 11)；それはその系の解である(定理 27)；したがって，括弧外の仮定の場合には，$T*\alpha$ は ω において無限回可微分函数である．そこで定理 21 によって T 自身が ω において無限回可微分である．それが証明すべきことであった．

括弧内の仮定の場合には，$l=m=\infty$ にする；そうすれば，定理 24 を用いて，T が ω において解析函数であることがわかる．この場合には，$\omega=\Omega=R^n$ とすることができる．

---

1)〔訳注〕 そのような一定の ω, Ω, l があると仮定する．"l 回可微分函数" を括弧内の "無限回可微分函数" に読みかえるならば以下も同様に括弧内の語句で置き換えることに注意．

この定理の適用範囲は，第5章，定理12と同じでない．

まず，これが偏微分方程式以外の方程式，たとえば積分方程式，に適用されることを，知ることができる．偏微分方程式の中では，これは定数係数のものにしか適用されない．しかしその範囲では，これは素解の存在を用いず，あるいはもっと一般な場合を含むかも知れない．

特に，定数係数の楕円型［Petrowski[1]が定義したような，楕円型という語の一般化した意味において］の斉次連立偏微分方程式には，解析函数であるような解しかない．無限回可微分函数であるような解の解析性の，Petrowskiが与えた証明は，素解の存在によっていない．

この定理は，右辺が無限回可微分函数あるいは解析函数である場合に拡張される．

さて斉次方程式(6, 10 ; 1)に無限回可微分函数でない解 T が少くも1つあれば，T のあらゆる微係数も解である(定理27)；これらの中には任意に高階の超函数になっている解がある(定理19)．たとえば斉次の双曲型偏微分方程式には任意に高階の超函数になっている解が必ずある．

特別な場合：調和函数と正則解析函数

1°　Laplaceの方程式 $\Delta T=0$ の解は普通の調和函数である；Cauchyの方程式 $\dfrac{\partial T}{\partial \bar{z}}=\dfrac{1}{2}\left(\dfrac{\partial T}{\partial x}+i\dfrac{\partial T}{\partial y}\right)=0$ (R^2 で)の解は普通の正則解析函数である(定理29と第5章，定理12)．

これらの方程式について，すこぶる簡単な新証明をすることができる．実際 α を，原点の周りの回転に対して不変で

$$\iint\cdots\int\alpha(x)\,dx=+1$$

であるような，$(\mathcal{D})$ の函数とする．調和函数あるいは正則解析函数の球面平均[2]のよく知られた性質によって，T が両方程式のいずれかの**普通の**解ならば

(6, 10 ; 21)
$$T*\alpha=T$$

であることが，知られている．

1) Petrowski [1]．最近の Malgrange [1]，Nirenberg [1] の仕事によって，この話の興味は多いに失われた．

2)〔訳注〕 moyenne sphérique．正則解析函数については円周平均とするところ．

T が超函数解であっても，明らかに同じ関係がある；なぜならば，任意の $\varphi \in (\mathcal{D})$ に対して $T*\check{\varphi}$ は普通の解であり(定理27)，したがって

$$(6, 10\,;22) \qquad (T*\check{\varphi})*\alpha = T*\check{\varphi},$$

すなわち，この両函数のトレースを等号で結び，

$$(6, 10\,;23) \qquad (T*\alpha)\cdot\varphi = T\cdot\varphi$$

となるが，これで(6, 10 ; 21)が証明されている．ところが(6, 10 ; 21)の左辺は無限回可微分函数であるから(定理11)，T もそうである．

2° 利用した球面平均の性質は次のものである：$\mu_{(R)}$ が，半径 R の球面に載っている全質量 $+1$ の均一な測度であるとき，平均 $\mu_{(R)}*f$ は，もし f が調和函数ならば，f に，すなわち $\delta*f$ に等しい．$\delta-\mu_{(R)}$ と同じ性質をもつような，すなわち f が調和函数ならば

$$(6, 10\,;24) \qquad H*f=0$$

となるような，台がコンパクトな超函数 H とはどんな超函数であろうか？

f を，これもまた調和な $\check{f}$ で置き換えて，$x=0$ にすれば，(6, 10 ; 24)から，f が調和ならば

$$(6, 10\,;25) \qquad H\cdot f=0$$

が導かれる．

調和函数を平行移動したものは調和であるから，(6, 10 ; 25)から逆に(6, 10 ; 24)が結論される．

H にこの性質があるためには，H が台のコンパクトな或る超函数のラプラシアンになっていることが必要かつ十分である[1]．

a) それで十分である；なぜならば，このとき，f を調和函数とし $H=-\Delta L$ と置けば

$$(6, 10\,;26) \qquad H*f=(-\Delta*L)*f=-L*(\Delta*f)=0$$

となるからである．

b) それは必要である．実際

$$(6, 10\,;27) \qquad L=E*H$$

と置こう；ただし E は $A=-\Delta\delta$ に対応する素解である［(6, 10 ; 15 および 16)］．B_0 を，H の台を含む閉球とする．x が B_0 に含まれなければ，L は

1) Choquet-Deny [1]，10節参照．

(6, 10 ; 28) $$L(x) = H_t \cdot E(x-t)$$

で定義される函数 $L(x)$ である(定理11).

ところが，固定した x に対し t の函数と考えれば $E(x-t)$ は B_0 の近傍で調和である．また B_0 の近傍で調和な函数は，B_0 の或る近傍の上で，調和な多項式 f_j (全空間で調和な函数) の $(\mathcal{E})_t$ における極限である．$H \cdot f_j$ は仮定によって0であるから，(6, 10 ; 28)の右辺も0である．それゆえ L は，B_0 の外では0となるから，台がコンパクトであり，Poisson 公式(6, 10 ; 18)によって $H=-\Delta * L$. 証明終.

たとえば，H を $H=\Delta\delta$ に取ることができる(そのとき $L=-\delta$)；あるいは $H=\delta-\mu_{(R)}$ に取ることができて，そのとき

(6, 10 ; 29)
$$\begin{cases} L(x) = (\delta-\mu_{(R)}) * E(x) ; \\ L(x) = \begin{cases} \dfrac{1}{N}\left(\dfrac{1}{r^{n-2}}-\dfrac{1}{R^{n-2}}\right) & r \leqq R \\ 0 & r \geqq R \end{cases} \quad n \neq 2 \text{ のとき} \\ L(x) = \begin{cases} \dfrac{1}{2\pi}\log\dfrac{R}{r} & r \leqq R \\ 0 & r \geqq R \end{cases} \quad n = 2 \text{ のとき}. \end{cases}$$

この問題を一般化して，斉次合成方程式 $A*T=0, A \in (\mathcal{E}')$，のあらゆる超函数解 T に対して $H*T=0$ となるような，超函数 $H \in (\mathcal{E}')$ を求めることができる.

条件 $H=A*L, L \in (\mathcal{E}')$，は十分であるが，この条件は，205頁で見たように A の完全可逆性が結論されるような特殊な性質を A がもっているとき $\left(A=\dfrac{\partial}{\partial \bar{z}}, A=\Delta^k \text{ など}\right)$ にだけ必要なように思われる[1]).

3° α が(1°)に記した性質をもつ函数ならば $\delta-\alpha$ は $\varpi=E*(\alpha-\delta)$ のラプラシアン $\Delta\varpi$ で，ϖ は R^n における原点の補集合において無限回可微分な，台がコンパクトな函数である．このとき $\varpi(x-\xi)$ は，第5章，§6(5, 6 ; 34)に記した意味で，Laplace 方程式の“パラメトリックス”である．それゆえ，(1°)に述べた証明はまさしく第5章にパラメトリックスをもって概示した証明なのである.

1) Malgrange は，[1] において，A として任意の定数係数微分作用素を取ることができるということを証明した；これは292頁，proposition 2 の系から結論される.

合成不等式. F. Riesz の分解式

斉次合成不等式とは次の形の不等式である:

$$A * T \geqq 0, \tag{6, 10; 30}$$

ただし $A \in (\mathscr{E}')$ は与えられた超函数, $T \in (\mathscr{D}')$ は未知超函数である.

第1章, 定理5によってこの不等式は, 右辺が任意の測度 $\mu \geqq 0$ であるような合成方程式

$$A * T = \mu \tag{6, 10; 31}$$

と同値である. もしも A が完全可逆ならば(204頁参照), この不等式は完全に解くことができる. A を可逆であるとだけ仮定しよう. E を素解とする. この場合には次の定理が成り立つ:

定理 30. 超函数 T が不等式(6, 10; 30)の解であるためには, R^n のいかなる相対コンパクト開集合 Ω に対しても次の Riesz の分解式が成り立つ, ということが必要かつ十分である[1]:

$$\begin{cases} T = E * \nu + S \\ \nu = (\Omega \text{ に載っている } R^n \text{ 上の測度} \geqq 0) \\ \Omega \text{ において } A * S = 0. \end{cases} \tag{6, 10; 32}$$

このとき, 与えられた Ω に対して ν および S は一意的に定まる.

1° Riesz の分解があるとき, 与えられた Ω に対する ν と S の一意性は明らかである. なぜならば(6, 10; 32)の第1式の右辺 (ν は台がコンパクト)を A と合成すれば, 第3式を考慮して,

$$A * T = A * E * \nu + A * S = \begin{cases} \nu + (A * S) & R^n \text{ において} \\ \nu & \Omega \text{ において} \end{cases} \tag{6, 10; 33}$$

となる; これで ν が Ω において決まるが, ν は Ω に載っているから, したがって R^n において決まり, 次に S が差 $T-(E * \nu)$ によって決まる.

2° T が(6, 10; 30)をみたすとすれば, T は(6, 10; 31)をみたす. ν を, 測度 μ の Ω に載っている部分とする(ν は, R^n 上で μ と開集合 Ω の特性函数との積として定義される測度である). このとき ν はたしかに Ω に載っている測

1) F. Riesz はこの式を優調和函数について, すなわち $A=-\Delta\delta$ についてだけ証明した. 彼の証明とその後の諸証明は, この証明に較べてずっと直観性に乏しく, またこの証明は全く一般的なのである. F. Riesz [2].

度 $\geqq 0$ である．差 $T-(E*\nu)$ を S と呼べば

(6, 10 ; 34) $$A*S=(A*T)-(A*E*\nu)=\begin{cases}\mu-\nu & R^n \text{ において}\\ 0 & \Omega \text{ において}\end{cases}$$

となるが，これは ν と S が(6, 10 ; 32)をみたすことを示している；すなわち T に対して Riesz の分解ができる．

3° T に対し，すべての相対コンパクト開集合 Ω について Riesz の分解ができるならば，(6, 10 ; 33)によって Ω において $A*T\geqq 0$，したがって R^n において $A*T\geqq 0$ であり，T は(6, 10 ; 30)をみたす．

優調和函数への応用

不等式

(6, 10 ; 35) $$-\varDelta*T\geqq 0$$

の解を優調和超函数と呼ぶ．

ここでは(6, 10 ; 30)の型の不等式の1つで $A=-\varDelta\delta$ のものが問題になっているのである．Riesz の分解で T は，Ω に載っている測度 $\nu\geqq 0$ の Newton ポテンシャル[(6, 10 ; 17)] $U^{(\nu)}$ と，Ω においては普通の調和函数であるような(定理 29)超函数 S との和として表わされる．

他方，周知のように，ほとんど到る所で任意の $R>0$ に対して

(6, 10 ; 36) $$f\geqq \mu_{(R)}*f \quad \text{すなわち} \quad (\delta-\mu_{(R)})*f\geqq 0$$

が成り立つような局所的に可積分な(或る測度0の集合以外で定義された)函数 $f(x)$ を，普通，**概優調和函数**[1]と呼んでいる(前のように，$\mu_{(R)}$ は質量 $+1$ を球面 $|x|=R$ 上に一様に分布したものである)．$\mu_{(R)}*f$ は，各点 x において中心 x，半径 R の球面上での f の平均であるような，函数である．

優調和超函数というものと普通の概優調和函数というものが同じであることを示そう．

1° f を普通の概優調和函数とする．それは，超函数として条件

(6, 10 ; 37) $$\text{任意の } R>0 \text{ に対し} \quad \frac{\delta-\mu_{(R)}}{R^2}*f\geqq 0$$

をみたす．

1) 〔訳注〕 fonction presque surharmonique.

R を 0 に近づけよう．測度 $\dfrac{\delta-\mu_{(R)}}{R^2}$ は $(\mathcal{E}')$ において $-\dfrac{1}{2n}\Delta\delta$ に収束する．

実際，$\varphi\in(\mathcal{E})$ ならば，2 次までの φ の Taylor 展開が示すように，(dS は面積要素，$S_n(R)$ は半径 R の球面の面積として)

$$(6,10;38)\quad \begin{cases} \lim\limits_{R\to 0}\dfrac{\delta-\mu_{(R)}}{R^2}\cdot\varphi=\lim\limits_{R\to 0}\dfrac{\varphi(0)-\dfrac{1}{S_n(R)}\displaystyle\int\cdots\int_{|x|=R}\varphi dS}{R^2} \\ \qquad\qquad\qquad =-\dfrac{1}{2n}\Delta\varphi(0). \end{cases}$$

さて(6, 10 ; 37)と合成積の連続性(定理 5)とから，Δ を超函数論の意味にとれば f が不等式(6, 10 ; 35)をみたすことが結論される．それゆえ普通の概優調和函数はたしかに優調和超函数である．

普通の概優調和函数を定義する技巧的なしかた(6, 10 ; 37)は，普通のラプラシアン$[\Delta f]$がこの場合には存在しないのでそれを使用できないことに帰因する，ということがわかる[1]．

2°　任意の優調和超函数 T に対して Riesz の分解ができる；しかしこのとき，$E(x)$ が R^n において函数であるから，$E(x)*\nu$ は R^n において函数である．S は Ω において函数である；したがって T は Ω において函数である．Ω は任意であるから，T は R^n において 1 つの函数 f である(したがって S もそうである)．

$L(x)$ を(6, 10 ; 29)の函数とすれば，$\delta-\mu_{(R)}=-(\Delta*L)$；したがって，$L\geqq 0$ であるから(6, 10 ; 35)によって，

$$(6,10;39)\quad [\delta-\mu_{(R)}]*T=-\Delta*L*T=L*(-\Delta*T)\geqq 0.$$

注意と一般化

a) 普通の**優調和函数**は，到る所で定義され，到る所で(6, 10 ; 36)をみたし，しかも下半連続な函数である．この見方は考慮しなかったが，その理由は，われわれにとって函数はただほとんど到る所で定義されているに過ぎないからで

---

1) Zaremba あるいは Brelot の一般ラプラシアンを用いて直接的な定義をすることができる(Brelot [1]，第 1 章，§1)．しかしその直接的な定義は超函数を用いる定義より複雑精細である．一般に，優調和函数および概優調和函数に関してはすべて，この著者のこれおよび他の論文を参照してよい：Brelot [2], [3]．Rado [1] も参照．

ある．与えられた概優調和函数にほとんど到る所で等しいような優調和函数は存在して，ただ1つに限る．

ポテンシャルを到る所で定義されているものと考えれば，(6, 10 ; 32) の右辺[1] は下半連続函数であることが直ちにわかる．f が普通の優調和函数ならば，それは (6, 10 ; 32) の右辺に到る所で等しいのである．

b) $-\Delta\delta$ や $\delta-\mu_{(R)}$ のように，すべての概優調和函数 f に対して

(6, 10 ; 40) $$H*f\geqq 0$$

であるような台がコンパクトな超函数 H は，いかなるものであろうか？

f が調和函数ならば $H*f=0$ でなければならない (f も $-f$ も優調和だから)．したがって，209 頁で知ったことによって $H=-\Delta*L$, ただし L は台がコンパクトな超函数，である．(6, 10 ; 26) のときのように，

(6, 10 ; 41) $$-(\Delta*f)\geqq 0 \quad \text{ならば} \quad H*f=L*(-\Delta*f)\geqq 0$$

でなければならない．

これは $L\geqq 0$ ならば必ず成り立つ．逆に，これが $f=E$ (すなわち $-\Delta*f=\delta$) のときに成り立つのは，$L\geqq 0$ の場合に限る．それゆえ $H=-\Delta L$, $L=$ (**台がコンパクトな測度** $\geqq 0$)，**であることが必要かつ十分である．**

c) 一般化した Volterra の合成積を用いて，D が素解を有する変数係数微分作用素であるような，偏微分不等式 $DT\geqq 0$ の解に対して Riesz の分解を得ることもできる；たとえば，無限回可微分 Riemann 空間上の優調和函数に対して．

1)〔訳注〕 (6, 10; 32)，第1式の右辺．

第7章　Fourier 変換

梗　概

函数という範囲の外にでる必要にもっとも迫られているのは，Fourier 級数と，とりわけ Fourier 積分の部門である．

§1 では Fourier 級数をとり扱う．周期超函数には，それに収束する Fourier 級数がある；係数が緩増加[1]な三角級数は或る周期超函数に収束し，もとの級数はその函数の Fourier 級数である(217 頁，定理 1)．技術的応用の大部分にはこの定理で十分である．

§2 では普通の Fourier 積分の古典的性質を再記する．相反公式(7, 2 ; 3) と Parseval の公式(7, 2 ; 4) だけが，その後の理解に必要なものである．

Fourier 変換は，あらゆる超函数に対して定義することはできず，ただ ($\mathscr{D}'$) の或る部分空間 ($\mathscr{S}'$) に属するもの，すなわち緩い超函数[2]，に対してだけ定義することができるであろう．($\mathscr{S}'$) は或る，第1章の ($\mathscr{D}$) より広い無限回可微分函数の空間 ($\mathscr{S}$) の共役である．

§3 ではこの空間 ($\mathscr{S}$)，すなわち急減少[3]無限回可微分函数の空間を定義し，本質的な性質を述べる．

§4 では緩い超函数の空間 ($\mathscr{S}'$) を定義する．230 頁の定理 6 と 234 頁の定理 7 によれば，緩い超函数を無限遠で緩増加な超函数として特徴づけることができる．この特徴づけは実際上にすこぶる有用であるが，それの証明はやや難しく，これを読まないでもよい．

§5 では ($\mathscr{S}'$) における乗法と合成を調べる．すべての緩い超函数に緩増加な無限回可微分函数(係数空間 ($\mathscr{O}_M$)) を乗ずること，すべての緩い超函数と急減少な超函数(合成作用素の空間 ($\mathscr{O}'_C$)) を合成することができる．これらの演算は連続，結合的かつ可換である(定理 10, 238 頁，と定理 11, 240 頁)．もっと速く Fourier 変換の研究に入るには，興味が特に理論的であるこの§よりも前に，§6 と§7 を読んでよいであろう．

§6 では緩い超函数の Fourier 変換を，公式 $\mathscr{F}U\cdot v=U\cdot\mathscr{F}v$ (7, 6 ; 6) で定義する．この ($\mathscr{S}'$) から ($\mathscr{S}'$) 上への変換は1対1かつ両連続である(243 頁，定理 13)．

§7 は諸例のためのものである．その中の多数の例を練習問題として扱われることは望ましいが，利用するときになって参照するだけでもよいであろう．実際上に役立つあらゆる例をただ1つの§に述べるのは私のよくするところではない．

1)〔訳注〕 à croissance lente.
2)〔訳注〕 distribution tempérée.
3)〔訳注〕 à décroissance rapide.

§8 では Fourier 変換の理論的な性質を述べる．その主要なものは，函数についてはよく知られている乗法と合成との交換(260 頁，定理 15)および，台がコンパクトな超函数の Fourier 像は指数型の整函数であり，またその逆も成り立つという，一般化した Paley-Wiener の定理(264 頁，定理 16)である．

§9 では，普通の正型函数[1]を一般化して正型超函数を論ずる．そのような超函数は，いかなる $\varphi\in(\mathscr{D})$ についても $T\cdot(\varphi*\tilde{\varphi})\geqq 0$ (7, 9 ; 7) であるということで特徴づけられる．本質的な性質は次の一般化した Bochner の定理(268 頁，定理 18)である：正型超函数は緩い測度 $\geqq 0$ の Fourier 変換であり，またその逆も成り立つ．

§10 には，合成方程式(第 6 章，§10)への Fourier 変換の実際的応用，すなわち斉次方程式，素解，任意の右辺を有する方程式，を述べる．私は例を増そうとはしなかったが，さまざまの場合が生ずることを示そうとした．超函数の Fourier 変換の表が Lavoine [1] によって作成された．他方，物理への応用が Arsac [1]，Wightman [1]，Schwartz [18][2] において組織的に発展させられた．

超函数の Fourier 変換は任意の局所コンパクト可換群において論ずることができる[3]．ここではトーラス T^n の場合(Fourier 級数が問題になる)と数空間 R^n の場合(Fourier 積分が問題になる)とに限る．

§1　Fourier 級数

トーラス上の超函数

トーラス T^n を，整数群 Z の n 乗という部分群 Z^n による R^n の剰余群として表わす．T^n の 1 点 $\mathring{x}$ は，modulo 1 の実数であるような n 箇の座標 $\mathring{x}_1$, $\mathring{x}_2, \cdots, \mathring{x}_n$ で表わされる．T^n はコンパクトな無限回可微分多様体であって，それの上には特別な資格をもった Haar 測度 $d\mathring{x}=d\mathring{x}_1 d\mathring{x}_2\cdots d\mathring{x}_n$ と偏微分演算 $\dfrac{\partial}{\partial\mathring{x}_1}, \dfrac{\partial}{\partial\mathring{x}_2}, \cdots, \dfrac{\partial}{\partial\mathring{x}_n}$ がある［第 1 章，§5，(3°) 参照］．前の諸章で R^n について証明した諸性質は，単に局所的な性格のものである限りは，T^n 上でも成り立つ．大域的考察はこれに反して，あらゆる積分問題(第 2 章)に対して代数的トポロジーの問題をひき起す(たとえば，$n=1$ に対して，超函数 T に原始超函数が

1)〔訳注〕 fonction de type positif.

2)〔訳注〕 恐らくは [17] の誤りであろう．

3) Riss [1]，Bruhat[1]．他方，有限次元のベクトル空間の上で緩いカレントの Fourier 変換を論ずることができる．Scarfiello [1] と第 9 章の §6 を見よ．

あるのは，T の積分が0であるときに限る)．第3章，定理21, 22, 23は十分小さい開集合で成り立ち，T^n でも，ただ1つの微係数の代りに微係数の有限和を置き換えれば，やはり成り立つ(第6章，定理22, 23)．合成積には R^n 上での性質と同じ性質があるが，それらの性質は T^n のコンパクト性によって簡単になっている．

トーラス T^n を空間 R^n とはっきり区別するために，トーラス上の函数や超函数を $\mathring{f}(\mathring{x})$, $\mathring{T}$ とし，スカラー積，合成積を $\mathring{T}\odot\mathring{\varphi}$, $\mathring{S}\circledast\mathring{T}$ とする．

Fourier 級数

定理 1. **1°　トーラス上の各超函数 $\mathring{T}$ に，**

$$(7,1;1)\qquad \begin{cases} a_l(\mathring{T}) = \mathring{T}\odot \mathring{\exp}(-2i\pi l\cdot\mathring{x}) \\ l=\{l_1, l_2, \cdots, l_n\},\ l_\nu \text{ は整数};\ l\cdot\mathring{x} = l_1\mathring{x}_1 + l_2\mathring{x}_2 + \cdots + l_n\mathring{x}_n \end{cases}$$

で定義される Fourier 係数を対応させることができる．

これらの係数 a_l は $|l|\to\infty$ のとき緩増加である：すなわち

$$(7,1;2)\qquad \begin{cases} \text{十分大きい } k \text{ に対して } \lim_{|l|\to\infty} |a_l|/(1+|l|^2)^k = 0, \\ |l| = \sqrt{l_1{}^2 + l_2{}^2 + \cdots + l_n{}^2}. \end{cases}$$

これらの係数で作った Fourier 級数は $(\mathscr{D}')_{T^n}$ において $\mathring{T}$ に収束する：

$$(7,1;3)\qquad \sum a_l(\mathring{T})\,\mathring{\exp}(2i\pi l\cdot\mathring{x}) = \mathring{T}.$$

2°　逆に，b_l が $|l|\to\infty$ のとき緩増加な任意の複素数列であれば，三角級数 $\sum_l b_l\,\mathring{\exp}(2i\pi l\cdot\mathring{x})$ は，b_l を Fourier 係数とする或る超函数 $\mathring{T}$ に，$(\mathscr{D}')_{T^n}$ において収束する．

三角級数が収束するのは，その係数が緩増加なときに限る．

この定理によって，Fourier 級数と，Fourier 級数でない三角級数との間に普通設けられる厄介な区別がなくなる．その上に，Fourier 級数を収束させるための"総和法"がこの定理によって無用になる．

1°　まず，(7, 1; 1)から直ちに

$$(7,1;4)\qquad \begin{cases} a_l(\mathring{S}\circledast\mathring{T}) = (\mathring{S}_\xi\otimes\mathring{T}_\eta)\,\mathring{\exp}\,[-2i\pi l\cdot(\mathring{\xi}+\mathring{\eta})] \\ \qquad\qquad = a_l(\mathring{S})\,a_l(\mathring{T}) \end{cases}$$

が得られることに注意しよう．

また

$$(7,1;5) \qquad a_l(\mathring{\delta}) = 1 ; \quad a_l\left(\frac{\partial \mathring{\delta}}{\partial \mathring{x}_k}\right) = 2i\pi l_k$$

であるから,

$$(7,1;6) \qquad a_l\left(\frac{\partial \mathring{T}}{\partial \mathring{x}_k}\right) = a_l\left(\frac{\partial \mathring{\delta}}{\partial \mathring{x}_k}\right) a_l(\mathring{T}) = 2i\pi l_k a_l(\mathring{T}).$$

超函数 $\mathring{T}$ は連続函数の微係数の有限和であり，1つの連続函数の Fourier 係数全体は有界であるから，いかなる $\mathring{T}$ についても，係数 $a_l(\mathring{T})$ は $|l|\to\infty$ のとき緩増加である．

Dirac 測度 $\mathring{\delta}$ の Fourier 級数は $(\mathscr{D}')_{T^n}$ において $\mathring{\delta}$ に収束する；実際,

$$(7,1;7) \qquad \sum_l \mathring{\exp}(2i\pi l\cdot \mathring{x}) \odot \mathring{\varphi} = \sum_l a_{-l}(\mathring{\varphi}) = \mathring{\varphi}(\mathring{0}) = \mathring{\delta} \odot \mathring{\varphi}$$

(なぜならば，$\mathring{\varphi}$ は無限回可微分であるからそれの Fourier 級数は収束し，特に $\mathring{x}=\mathring{0}$ において収束するわけである.) そこで，任意の $\mathring{T}$ について，$\mathring{T}$ の Fourier 級数は $\mathring{T}$ に収束することが合成積の連続性によって示される；なぜならば

$$(7,1;8) \qquad \sum_l a_l(\mathring{T}) \mathring{\exp}(2i\pi l\cdot \mathring{x}) = \sum_l \mathring{T}_{\xi} \odot \mathring{\exp}\,[2i\pi l\cdot(\mathring{x}-\mathring{\xi})]$$
$$= \sum_l \mathring{T} \circledast \mathring{\exp}(2i\pi l\cdot \mathring{x}) = \mathring{T} * \mathring{\delta} = \mathring{T}.$$

2° いま，b_l を緩増加な複素数列とすれば，十分大きい k に対して級数 $\sum_l |b_l|/(1+|l|^2)^k$ は収束し，したがって級数 $\sum \frac{b_l}{(1+|l|^2)^k} \mathring{\exp}(2i\pi l\cdot \mathring{x})$ は或る連続函数 $f(\mathring{x})$ に一様収束する．したがって，微分して得られる級数

$$\sum_l b_l \mathring{\exp}(2i\pi l\cdot \mathring{x})$$

も或る超函数 $\mathring{T}=\left(1-\frac{\mathring{\Delta}}{4\pi^2}\right)^k \mathring{f}$ に収束する．この超函数 $\mathring{T}$ は b_l を Fourier 係数としている；もっと一般に，或る級数 $\sum b_l \mathring{\exp}(2i\pi l\cdot \mathring{x})$ が或る超函数 $\mathring{T}$ に収束すれば，T は b_l を Fourier 係数としている (したがって b_l は $|l|\to\infty$ のとき緩増加でなければならない)；なぜならば，$a_l(\mathring{T})$ の計算は古典的な方法に従って項別に行われ，それゆえ指数函数の直交性によって $a_l(\mathring{T})$ は b_l になってしまう．

注意 1° この証明はまた同時に，トーラス上の各超函数は k が十分大きければ或る連続函数の $\left(1-\frac{\mathring{\Delta}}{4\pi^2}\right)^k$ であることを示している．

2° 級数 $\sum_l b_l \mathring{\exp}(2i\pi l\cdot \mathring{x})$ が T^n の開集合 Ω 上で収束すれば，Ω において

第6章，定理23と公式(6, 6 ; 22)を $(\mathscr{D}')_{\Omega}$ で0に収束する函数 $b_l\, e\mathring{x}p(2i\pi l\cdot\mathring{x})$ に適用したものによって，b_l は $|l|\to\infty$ のとき緩増加であることが示される；このときその級数は Ω 上だけでなく T^n 上で収束し，Fourier 級数である.

3° $c(l)$ が緩増加な列(たとえば l の多項式)ならば函数 $c(l)\, e\mathring{x}p(2i\pi l\cdot\mathring{x})$ は $|l|\to\infty$ のとき $(\mathscr{D}')_{T^n}$ において0に収束することがわかる. “函数 $\exp(2i\pi l\cdot x)$ は $|l|\to\infty$ のとき $(\mathscr{D}')_{T^n}$ において $1/|l|$ のいかなるベキよりも速く0に収束する”とも言える. しかしこの言葉は誤りに導く恐れがある. 実際，$|l|\to\infty$ のとき $|l|$ のあらゆるベキより速く増加するようないかなる列 $c(l)$ に対しても，函数列 $c(l)\, e\mathring{x}p(2i\pi l\cdot\mathring{x})$ は $(\mathscr{D}')_{T^n}$ において有界でない. $(\mathscr{D}')_{R^n}$ において，あるいはまた $(\mathscr{B}')_{R^n}$ においても函数 $c(h)\exp(2i\pi h\cdot x)$, $h\in R^n$, について同じ性質がある.

4° $\mathring{\varphi}\in(\mathscr{D})_{T^n}$ ならば $a_l(\mathring{\varphi})$ は，$|l|\to\infty$ のとき急減少(いかなる k についても $\lim\limits_{|l|\to\infty}|l|^k|a_l|=0$) な列を作る.

こうして Fourier 級数によって，$(\mathscr{D})_{T^n}$ および $(\mathscr{D}')_{T^n}$ はそれぞれ急減少数列の空間および緩増加数列の空間と対応(位相ベクトル空間の同型対応)がつけられる. $(\mathscr{D})_{T^n}$ と $(\mathscr{D}')_{T^n}$ との間の共役関係は，Parseval 公式

(7, 1 ; 9) $$\mathring{T}\odot\mathring{\varphi}=\sum_l a_l(\mathring{T})\,a_{-l}(\mathring{\varphi})$$

によって，この2つの数列空間の間の共役関係に対応する.

例と応用

1° 楕円函数の Fourier 級数 $\mathfrak{p}(z)$ を普通の，周期1および i に対応する楕円函数とする. そのとき $\mathfrak{p}(z)$ を2次元トーラス上の有理型函数と考えることができる. これは，原点の近傍で可積分でないから，超函数を定義しないが，第2章，§3，例3で知ったことによって，v. p. $\mathring{\mathfrak{p}}(\mathring{z})$ は超函数である. いま，その Fourier 展開を求めよう. (2, 3 ; 27)によって，

(7, 1 ; 10) $$\frac{\partial}{\partial\bar{\mathring{z}}}[\text{v. p. }\mathring{\mathfrak{p}}(z)]=-\pi\frac{\partial\mathring{\delta}}{\partial\mathring{z}}$$

となる.

$e\mathring{x}p\,[2i\pi(p\mathring{x}+q\mathring{y})]$ (p, q は整数)による Fourier 展開は，この偏微分方程式には付加定数を無視すれば1つしか解がないということを示している；なぜな

らば,

$$\frac{1}{2}2i\pi(p+iq)a_{p,q}[\text{v. p. }\mathring{\mathfrak{p}}(\mathring{z})] = -\pi\frac{1}{2}2i\pi(p-iq)$$

であって, これによって

$$\text{(7,1;11)}\qquad \text{v. p. }\mathring{\mathfrak{p}}(\mathring{z}) = a_{0,0}-\pi\sum_{(p,q)\neq(0,0)}\frac{p-iq}{p+iq}\,\mathring{\exp}\,[2i\pi(p\mathring{x}+q\mathring{y})]$$

となるからである.

この係数はすべて絶対値が1で有界であるから緩増加であって, この級数はたしかに収束する. 同じ方法で次のことが示される: いくつかの与えられた極およびその おのおの の近傍で与えられた極展開[1]をもつ周期 $(1, i)$ の楕円函数は, 付加定数を無視すれば, ちょうど1つだけ存在する; ただし $p+iq$ による除法が可能であるとして; それが可能であるためには(7,1;11)と同様な方程式の右辺の係数 $a_{0,0}$ が0であることだけ, すなわち留数の和が0であることだけが必要である. この楕円函数は, 対応する擬函数 v. p. の Fourier 級数で決まる.

2°　定差方程式　次の定差方程式をみたし, $p^2+q^2\to\infty$ に対して緩増加な, 2つの整数を添字とする列 $a_{p,q}$ を決めるべきものとする:

$$\text{(7,1;12)}\qquad a_{p+1,q}+a_{p-1,q}+a_{p,q+1}+a_{p,q-1}-4\lambda a_{p,q} = b_{p,q}\,,$$

ただし $b_{p,q}$ は決まっていて, $p^2+q^2\to\infty$ に対して緩増加と仮定する. $a_{p,q}$ および $b_{p,q}$ をトーラス上の超函数 $\mathring{A}$ および $\mathring{B}$ の Fourier 係数と考えれば,

$$\text{(7,1;13)}\qquad 2(\cos 2\pi\mathring{x}+\cos 2\pi\mathring{y}-2\lambda)\mathring{A} = \mathring{B}$$

が成り立たねばならない.

a) λ が実数でないか, あるいは実数であって $|\lambda|>1$ であるときには, 直ちに除法ができる; そして, **このような, $p^2+q^2\to\infty$ に対して緩増加な $a_{p,q}$ になり得るのは**

$$\mathring{A} = \frac{\mathring{B}}{2(\cos 2\pi\mathring{x}+\cos 2\pi\mathring{y}-2\lambda)}$$

の Fourier 係数だけである.

b) λ が実数, $|\lambda|<1, \lambda\neq 0$ ならば,

---

1) 〔訳注〕 développement polaire. 極 z_ν の近傍での"展開の主要部" $c_{-m}(z-z_\nu)^{-m}+\cdots+c_{-1}(z-z_\nu)^{-1}$.

$$\cos 2\pi\mathring{x}+\cos 2\pi\mathring{y}-2\lambda=0$$

で定義される多様体 V は重複点がなく，第5章，定理8によって除法が可能である；しかし $\mathring{A}$ としては解が無数にあり，2つの解の差は多様体 V に載っている1重層である．

c) $\lambda=0$ ならば，多様体 V には相異なる接線をもつ2重点があり，やはり除法によって問題を解くことができる．$\lambda=\pm1$ ならば V は孤立した2重点 $(\mathring{0},\mathring{0})$, $\left(\dfrac{\mathring{1}}{2},\dfrac{\mathring{1}}{2}\right)$ だけになり，除法は，第5章で扱った場合には入らないが，容易に行なわれる．

トーラス上の超函数と R^n 上の周期超函数

超函数を**各点の近傍で**定義し，“寄せ集める”(第1章，定理4)ことによって，次のことが直ちにわかる：トーラス上の超函数 $\mathring{T}$ と，各座標について周期1の R^n 上の超函数 T すなわち任意の $l=\{l_1, l_2, \cdots, l_n\}$, l_ν は整数，に対して

(7, 1 ; 14)
$$\tau_l T=T$$

であるような T との間に1対1の対応をつけることができる．

簡略にするために，このような超函数 T を単に“周期的”と呼ぶ；トーラス上で T に対応する超函数を $\mathring{T}$ で表わす．

この2つの超函数は局所的には同一であり，したがって同じ局所的正則性(可微分性，階数など)をもつ．そこで周期超函数は，十分大きい k に対して，或る連続な周期函数の $\left(1-\dfrac{\Delta}{4\pi^2}\right)^k$ である．

周期超函数は概周期的(第6章，§9)である．

これらの条件の下に積 $\mathring{S}⊛\mathring{T}$, $\mathring{T}\odot\mathring{\varphi}$ は R^n 上で pp 超函数に対して定義された積 $S⊛T$, $T\odot\varphi$ [(6, 9 ; 3 および 4)] であることが，直ちに知られる．同様に Fourier 係数 $a_l(\mathring{T})$ は pp 超函数 T の Fourier 係数 [(6, 9 ; 7)] で，非整数座標をもつ $\lambda=\{\lambda_1, \lambda_2, \cdots, \lambda_n\}$ に対応する a_λ は0である．

さて T を R^n 上で可積分な超函数 [$T\in(\mathscr{D}'_{L^1})$] とする．R^n から T^n 上への標準的写像 $x\to\mathring{x}$ による，トーラスの上への T の順像を定義することができる(この写像 $x\to\mathring{x}$ は無限遠において正則でないから，T には可積分という制限がある)．この像は R^n 上の或る周期超函数と同一視できる；これを T の周期変換 ϖT と呼ぶ．

$\varphi \in (\mathcal{D}_{L^1})_{R^n}$; $\mathring{\psi} \in (\mathcal{D})_{T^n}$; $S, S_1, S_2 \in (\mathcal{D}'_{L^1})_{R^n}$; $\mathring{T} \in (\mathcal{D}')_{T^n}$ とすれば

$$(7,1;15)\qquad \begin{cases} \varpi\varphi = \sum_l \varphi(x-l)\ ;\ \varpi S = \sum_l \tau_l S \\ (\varpi S)^\circ \odot \mathring{\psi} = S\cdot\psi;\ \mathring{T} \odot (\varpi\varphi)^\circ = T\cdot\varphi \\ (\varpi S)^\circ \odot (\varpi\varphi)^\circ = S\cdot\varpi\varphi = \varpi S\cdot\varphi, \end{cases}$$

(7,1;16)

$$\begin{cases} (\varpi S_1)^\circ \circledast (\varpi S_2)^\circ = (S_1 * \varpi S_2)^\circ = (\varpi S_1 * S_2)^\circ = [\varpi(S_1 * S_2)]^c \\ (\varpi S)^\circ \circledast \mathring{T} = (S * T)^\circ. \end{cases}$$

これらの公式によれば，トーラス上のスカラー積を経由せずに R^n 上の周期超函数 T の Fourier 係数を計算できる：e_l を周期変換 ϖe_l が $\exp(-2i\pi l\cdot x)$ であるような任意函数 $\in (\mathcal{D})$［あるいは $(\mathcal{D}_{L^1})$］とすれば

$$(7,1;17)\qquad a_l(T) = T\cdot e_l.$$

T が函数 f ならば普通 e_l を周期立方体上で $\exp(2i\pi l\cdot x)$，それ以外で 0 に等しくとるが，そうすれば $a_l(f)$ は周期立方体上での積分によって表わされる；T が超函数であるならば，こう選んだ e_l が不連続なためにこの方法は利用できない．

しかしまた，E_l を周期変換 ϖE_l が $\exp(2i\pi l\cdot x)$ であるような任意超函数 $\in (\mathcal{D}'_{L^1})$ とすれば

$$(7,1;18)\qquad a_l(T)\exp(2i\pi l\cdot x) = T \circledast \exp(2i\pi l\cdot x) = T * E_l$$

である．このとき E_l として，R^n において周期立方体を台とするような，普通の不連続函数をとることができる．

§2 n 次元空間における普通の Fourier 変換[1)]

普通の Fourier 変換

X^n と Y^n を R^n に同型な 2 つのベクトル空間とする；X^n の点 x の座標は $x_1, x_2, \cdots, x_n$ で，Y^n の点 y の座標は $y_1, y_2, \cdots, y_n$ であるとする．前章の 1 次元の記法を相変らず適用する；さらに，X^n と Y^n はスカラー積

$$(7,2;1)\qquad x\cdot y = x_1y_1 + x_2y_2 + \cdots + x_ny_n$$

によって共役関係がつけられていると考える．

1) 普通の Fourier 積分の古典的性質は，Bochner [1], Titchmarsh [1], Carlemann [1], A. Weil [1], Wiener [1] で見ることができよう．

X^n 上の函数 $f(x)$ の普通の Fourier 変換は,

$$(7,2;2)\qquad \begin{cases} g = \mathscr{F}f \\ g(y) = \displaystyle\int\int\cdots\int f(x)\exp(-2i\pi x\cdot y)\,dx \end{cases}$$

で定義される Y^n 上の函数であって, Fourier の相反公式

$$(7,2;3)\qquad \begin{cases} f = \overline{\mathscr{F}}g \\ f(x) = \displaystyle\int\int\cdots\int g(y)\exp(+2i\pi x\cdot y)\,dy \end{cases}$$

が成り立つ.

他方, こんご本質的な役割を演ずる Parseval 公式が成り立つ: $g_1=\mathscr{F}f_1$, $g_2=\mathscr{F}f_2$ ならば, この公式は次のようにも書かれる:

$$(7,2;4)\qquad \begin{cases} \displaystyle\int\int\cdots\int f_1(x)\bar{f}_2(x)\,dx = \int\int\cdots\int g_1(y)\bar{g}_2(y)\,dy, \text{ あるいは} \\ \displaystyle\int\int\cdots\int f_1(x)f_2(x)\,dx = \int\int\cdots\int g_1(y)g_2(-y)\,dy. \end{cases}$$

以上の諸公式は, すこぶる制限の強い条件を用いてはじめて意味がある. たとえば, Fourier 変換を定義する式(7,2;2)では $f(x)$ が X^n 上で可積分であると仮定する. この場合 $g(y)$ は連続であって, 古典的な Lebesgue の 1 定理に述べるところでは, $|y|\to\infty$ のとき $g(y)$ は 0 に収束する. しかしながら, いくつかのもっと一般な場合に, 種々の方法で, これに意味をつけることができる:

a) $f(x)$ が $|x|\to\infty$ に対して緩増加なときには, 1 次元 ($n=1$) の場合に組織的にされた Bochner 氏の方法によって, あるいは Carleman 氏の方法によって, g を定義することができる[1]. これは後の諸公式に再現するであろう.

b) その他に, $f(x)\in L^p, 1\leqq p\leqq 2$, ならば, g を定義する積分は $p\neq 1$ のときにはもはや y の個々の値に対して収束するわけではないのに, 古典的な函数解析の方法(Plancherel-Riesz 両氏の理論)によって $g(y)$ を全域的に定義することができる. そのとき $g(y)\in L^{p'}, p'=p/(p-1)$, で, 優評価

$$(7,2;5)\qquad \|\mathscr{F}f\|_{p'} \leqq \|f\|_p$$

が成り立ち, $p=2$ に対しては不等式が等式(Parseval)になる.

1) BOCHNER [1], 110–144 頁; CARLEMAN [1], 36–52 頁.

これに反して，相反公式(7, 2 ; 3)に意味があるのはいくつかの限られた場合だけである．たとえば，$f(x)$ が可積分であっても $g(y)$ は，連続ではあるが，一般には可積分でない：もしも，その函数 $g(y)$ に変換 $\overline{\mathscr{F}}$ を適用できる条件 a)あるいは b)を $g(y)$ がみたされるならば，そのときには，$\overline{\mathscr{F}}g$ が f に等しいことがわかる．

同様に Parseval 公式にも特殊な条件が必要である．両辺に意味があるということは，両辺が等しいのに十分な条件ではない．しかし，ともかくも次のことは言える：$f(x)\in L^2$ ならば $g(y)\in L^2$ によって，相反公式(7, 2 ; 3)が成り立ち，また，$\mathscr{F}$ と $\overline{\mathscr{F}}$ が $(L^2)_x$ と $(L^2)_y$ の間の互に逆な同型対応で，f と g は対称的な役割を演ずる．f_1, f_2, g_1, g_2 が L^2 に属すれば Parseval の公式は，両辺とも可積分函数の積分で，成り立つ．X^n と Y^n を同じ空間 R^n と一致させるならば，$\mathscr{F}$ と $\overline{\mathscr{F}}$ は L^2 におけるユニタリー作用素である．

また(7, 2 ; 2)において $f(x)dx$ を $d\mu$ で置き換えて，可積分 $\left(\int\int\cdots\int|d\mu|<+\infty\right)$ な測度 μ の Fourier (あるいは *Fourier-Stieltjes*)変換を定義する；それは1つの有界連続函数 $g(y)$ である．

超函数の場合

これから，超函数について Fourier 変換を定義し，互に相反な両公式を等価値のものにしよう．しかし任意超函数 $T\in(\mathscr{D}')_x$ の Fourier 変換を超函数として定義することは不可能である．実際，$\mathscr{F}T$ の適当な定義はいずれもこれに超函数の性質と相容れない性質を与えることがわかる．それを正確に言おう．Fourier 変換の適当な定義というものは次のようなものでなければならない：まず $\mathscr{F}$ は連続線型変換であり，他方，普通の Fourier 変換の1つの古典的性質を拡張するために，

(7, 2 ; 6)　$\mathscr{F}(xT)=\dfrac{-1}{2i\pi}\dfrac{d}{dy}(\mathscr{F}T)$　　(1変数，$n=1$，の場合)；

特に，$\mathscr{F}(1)=$Dirac 測度 δ であるから，

$$\mathscr{F}(x)=\left(-\frac{1}{2i\pi}\right)\delta'\,;\quad \mathscr{F}(x^m)=\left(-\frac{1}{2i\pi}\right)^m\delta^{(m)}.$$

級数 $\sum x^m/m!$ は各コンパクト集合上で一様に，したがって $(\mathscr{D}')$ において，

e^x に収束するから，級数 $\sum\left(\dfrac{-1}{2i\pi}\right)^m\dfrac{\delta^{(m)}}{m!}$ は $(\mathscr{D}')_y$ において $\mathscr{F}(e^x)$ に収束すべきところである．しかしこの級数は，その諸項が連続函数の**一定階数**の微係数ではないから，$(\mathscr{D}')_y$ において収束しない(第3章，定理 23)．それゆえ，次のようなことになる．

1°　Fourier 変換は $(\mathscr{D}')_x$ の或る部分空間 $(\mathscr{S}')_x$ に属する超函数に対してしか定義されない；函数 e^x には Fourier 変換がないことになろう．

2°　$\mathscr{F}$ が連続な線型変換となり得るように，$(\mathscr{D}')_x$ の位相より精しい位相を $(\mathscr{S}')_x$ に入れる必要がある．この新位相について級数 $\sum x^m/m!$ は収束し得ない．

緩くない超函数の Fourier 変換は Gel'fand-Shilov [1] によって一般化された函数の枠内で論じられた．

§3　R^n 上の急減少無限回可微分函数の空間 $(\mathscr{S})$

空　間 $(\mathscr{S})$

$(\mathscr{S})$ を次のような R^n 上の数値函数 $\varphi(x)$ のベクトル空間とする：$\varphi(x)$ は普通の意味で無限回可微分で，$|x|\to\infty$ のとき各微係数と共に，$1/|x|$ の何乗よりも急速に減少する，すなわち

(7, 3 ; 1)　すべての $p=\{p_1, p_2, \cdots, p_n\}$ とすべての整数 $k\geqq 0$ に対して

$$\lim_{|x|\to\infty}|x^kD^p\varphi(x)|=0.$$

次のようにも言える：$\varphi\in(\mathscr{S})$ ならば，Q を“微分演算多項式”[(6, 3 ; 33) 参照] として，多項式 $P(x)$ と $Q*\varphi$ との積は必ず R^n 上の有界連続函数であり，またこれの逆も成り立つ；あるいはまた，$\varphi\in(\mathscr{S})$ ならば，φ と任意の多項式 P との積の任意の微係数 $Q*(P\varphi)$ が有界連続函数であり，その逆も成り立つ．簡単にするために，この函数 φ を“急減少無限回可微分”と言う．$(\mathscr{D})$ は明らかに $(\mathscr{S})$ の部分空間である．

$(\mathscr{S})$ に1つの位相を導入する：$\varphi_j\in(\mathscr{S})$ が $(\mathscr{S})$ において0に収束するのは，どんな多項式 $P(x)$ と微分演算多項式 Q をとっても $P(Q*\varphi_j)$ が R^n において一様に0に収束するときである；すなわち，どんな P と Q をとっても $Q*P\varphi_j$ が R^n において一様に0に収束することである(いつものように，あらゆる P と Q についての一様性は要求しない)．$(\mathscr{S})$ における0の1つの近傍系

が次のような $V(m;k;\varepsilon)$ (m, k は整数 $\geqq 0$, ε は正の数) で定義される; $\varphi \in (\mathcal{S})$ であって

$$(7,3;2)\qquad |(1+r^2)^k D^p \varphi(x)| \leqq \varepsilon$$

が階数 $|p| \leqq m$ のあらゆる微係数について成り立つときに, $\varphi \in V(m;k;\varepsilon)$.

しかし, 次のことが容易にわかる:

(7,3;3)

$$\left|\frac{\partial^{mn}\varphi}{\partial x_1{}^m \partial x_2{}^m \cdots \partial x_n{}^m}\right| \leqq \frac{\eta}{(1+x_1{}^2)^N(1+x_2{}^2)^N\cdots(1+x_n{}^2)^N} \quad \text{あるいは} \quad \leqq \frac{\eta}{(1+r^2)^N}$$

のような R^n 上で成り立つただ1つの不等式から, m と N が十分大きく η が十分小さければ, 不等式系 (7,3;2) が導かれる.

実際, すべての函数 $\psi \in (\mathcal{S})$ に対して, ψ が

$$(7,3;4)\qquad \begin{cases} \psi = \displaystyle\int_{-\infty}^{x_1} \frac{\partial \psi}{\partial t_1}(t_1, x_2, \cdots, x_n)\,dt_1 & x_1 \leqq 0 \text{ のとき} \\ \psi = -\displaystyle\int_{x_1}^{+\infty} \frac{\partial \psi}{\partial t_1}(t_1, x_2, \cdots, x_n)\,dt_1 & x_1 \geqq 0 \text{ のとき} \end{cases}$$

と書かれることから, ψ の1つの微係数の優評価が ψ の優評価を与えるのである.

次の場合に集合 $B \subset (\mathcal{S})$ は有界である: いかなる多項式 $P(x)$ および微分演算多項式 Q をとっても, $\varphi \in B$ に対する $P(Q*\varphi)$ (あるいは $Q*P\varphi$) は全体として R^n 上で有界な連続函数である. 逆も成り立つ.

空間 $(\mathcal{S})$ は局所凸, 完備であって, 近傍の可算底をもつ. 空間 $(\mathcal{D})$ に関して第3章, §2で証明した定理はすべて空間 $(\mathcal{S})$ についても成り立つ. 特に, $(\mathcal{S})$ は, 有界集合と相対コンパクト集合が一致するという Montel 空間である. 実際, B が $(\mathcal{S})$ における有界集合ならば, いかなる P と Q を取っても, $\varphi \in B$ に対応するすべての $P(Q*\varphi)$ が或る同一の, 無限遠で0に収束する函数以下になっている; それゆえ, R^n 上での一様収束を証明するためには, 各コンパクト集合上での一様収束を証明することになる; そして第3章, 定理7のときと同様に, Ascoli の定理を使うのである.

次の性質を証明なしに認めることにする:

$(\mathcal{S})$ の集合 B が有界であるためには次のことが必要かつ十分である: $|x| \to$

∞ のとき $1/|x|$ の何乗よりも速く減少する連続函数 $k(x)\geqq 0$ と定数列 $k_p\geqq 0$ があって，すべての $\varphi\in B$ に対して

$$|D^p\varphi(x)|\leqq k_p k(x). \tag{7,3;5}$$

幾何学的解釈

空間 $(\mathscr{S})$ の別な解釈をすることは興味あることである．n 次元球面 S^n を，それが $n+1$ 次元 Euclid 空間 R^{n+1} の球面としてもっている可微分構造と共に考えよう．次のことが知られている：無限遠の1点 ω を添加して R^n を拡大した空間によって，S^n を表現することができる；ただし可微分構造は，有限距離においては R^n のものであり，ω の近傍においては，R^n の原点の近傍におけるものから原点を中心とする反転で得るものである．S^n はコンパクトであるから，$(\mathscr{D})_{S^n}$ は単に S^n 上の無限回可微分函数の空間であり，近傍の可算底をもっている(第1章，§5, 3°)．

R^n は S^n の開集合であるから，S^n 上の おのおの の函数 $\overline{\varphi}$ に対して，R^n 上の函数 φ で $\overline{\varphi}$ の縮小になっているものがある．

定理 2.　R^n 上の位相空間 $(\mathscr{S})$ は φ と $\overline{\varphi}$ との対応によって，空間 $(\mathscr{D})_{S^n}$ の，点 ω においてあらゆる逐次微係数と共に 0 であるような函数 $\overline{\varphi}$ が作る，閉部分ベクトル空間 $(\dot{\mathscr{D}})_{S^n}$ に同型である．

もちろん，S^n 上で或る函数の或る点における微係数を云々することは，どの局所座標系についてかをきめなければ，できない．しかし或る点であらゆる逐次微係数が 0 であるような函数を云々することはできる；この性質は採用する局所座標系に関わらないからである．

函数 $\varphi\in(\mathscr{S})$ に対して，$\overline{\varphi}(\omega)=0$ によって φ の S^n への拡張 $\overline{\varphi}$ を定義する．この函数 $\overline{\varphi}$ は明らかに S^n 上で無限回可微分であるが，ただ ω ではそうでないかも知れない．x が ω に近づくときに $\overline{\varphi}$ のあらゆる微係数が 0 に収束することを示そう．O を中心とする反転は点 x を x' に，函数 φ を φ' に変換する；

$$x_i=x_i'/r'^2;\quad x_i'=x_i/r^2;\quad \varphi'(x')=\varphi(x). \tag{7,3;6}$$

逐次に微分すれば，次の優評価が得られる：

$$|D_{x'}{}^p\varphi'(x')|\leqq K_m\sup_{|q|\leqq m}|D_x{}^q\varphi(x)|(1+r^2)^m,\qquad |p|\leqq m \text{ のとき}. \tag{7,3;7}$$

ところが，$|x|\to\infty$ のとき φ のあらゆる逐次微係数が $1/r$ のどの ベキよりも

速く0に収束するから，$\varphi'(x')$ のあらゆる逐次微係数は原点においてたしかに0に収束する．そこで $\bar{\varphi}'(x')$ はやはり無限回可微分で，これのあらゆる微係数が原点において0であり，したがって $\bar{\varphi}$ は $(\mathscr{D})_{S^n}$ に属し，そのあらゆる微係数が ω において0である；$\bar{\varphi}\in(\dot{\mathscr{D}})_{S^n}$.

b) 逆に，$\bar{\varphi}$ が $(\dot{\mathscr{D}})_{S^n}$ に属すれば，それの R^n への縮小は R^n 上で無限回可微分である．$\bar{\varphi}$ のあらゆる微係数が ω において0であるから，すなわち，x' が0に近づくときあらゆる p に対して $D^p\varphi'(x')$ が r' のどんなベキよりも速く0に収束するから，同じ優評価(7, 3 ; 7)で x と x'，r と r'，φ と φ' をとりかえたものによって，$|x|\to\infty$ のとき $D^p\varphi(x)$ は $1/r$ のどんなベキよりも速く0に収束することが示され，したがって R^n 上で $\varphi\in(\mathscr{S})$.

最後に，$(\mathscr{S})$ と $(\dot{\mathscr{D}})_{S^n}$ とのこの同型対応は位相的である．(7, 3 ; 7)によって，$(\mathscr{S})$ における φ の収束と $(\dot{\mathscr{D}})_{S^n}$ における $\bar{\varphi}$ の収束とは同値である．

この定理によれば，あらためて $(\mathscr{S})$ のあらゆる性質を $(\mathscr{D})_{S^n}$ の性質から導くことができる．そのときには球面 S^n は特別な役割をもたず，R^n の十分に正則な“コンパクト化”ならばどれでも同じ役割を演ずるであろう．1つの重要な場合は実射影空間 P^n，すなわち R^n と1つの“無限遠超平面”ω との和集合，の場合であろう．

$\varphi_j\in(\mathscr{D})$ が位相空間 $(\mathscr{D})$ において0に収束すれば，**なおさら** $(\mathscr{S})$ において0に収束する．その逆は成り立たない；$(\mathscr{D})$ の位相は $(\mathscr{S})$ の位相よりも真に精しいのである．

定理 3.　空間 $(\mathscr{D})$ は空間 $(\mathscr{S})$ において稠密である.

実際，コンパクトな台をもつ次のような函数 $\alpha_j, j=1, 2, \cdots$, の列を考えよう：$j\to\infty$ のとき函数 α_j-1 は各コンパクト集合上で一様に0に収束し，その各階の微係数もそうなっていて，またそれらの函数は R^n 上で一様に有界であり，各階の微係数もそうなっている．このとき任意の $\varphi\in(\mathscr{S})$ について，$j\to\infty$ に対して $\alpha_j\varphi\in(\mathscr{D})$ は $(\mathscr{S})$ の位相で φ に収束する．証明終.

この定理は球面 S^n においても明らかである：すなわち ω の近傍で0に等しい函数が作る $(\mathscr{D})_{S^n}$ の部分空間は $(\dot{\mathscr{D}})_{S^n}$ において稠密であるということに帰着するのである．

§4　緩増加なあるいは緩い超函数の空間 $(\mathcal{S}')$

$(\mathcal{S})$ の共役 $(\mathcal{S}')$

位相空間 $(\mathcal{S})$ の共役，すなわち $\varphi \in (\mathcal{S})$ に対して定義されて連続な線型汎函数 $T(\varphi)$ の空間を $(\mathcal{S}')$ と呼ぶ：φ_j が $(\mathcal{S})$ において 0 に収束し $T \in (\mathcal{S}')$ ならば，複素数 $T(\varphi_j)$ は 0 に収束するわけである．

$T \in (\mathcal{S}')$ ならば，$T(\varphi)$ はもちろん $\varphi \in (\mathcal{D})$ に対して定義される；他方，$\varphi_j \in (\mathcal{D})$ が $(\mathcal{D})$ において 0 に収束すれば，φ_j は $(\mathcal{S})$ においても 0 に収束する；したがって $T(\varphi_j)$ は 0 に収束するはずである．これは，T によって $(\mathcal{D}')$ に属する普通の超函数 T_1 が定義されることを示している．この超函数 T_1 は T を完全に決定する；なぜならば，$T(\varphi)$ はすべての $\varphi \in (\mathcal{D})$ に対してきまり，したがって，$(\mathcal{D})$ が $(\mathcal{S})$ において稠密である(定理 3)から，すべての $\varphi \in (\mathcal{S})$ に対して決まる．それゆえ，このとき T と T_1 を全く同視し，$(\mathcal{S}')$ の各要素を超函数，空間 $(\mathcal{S}')$ を $(\mathcal{D}')$ の部分ベクトル空間と考えることができる．

任意の超函数 $T \in (\mathcal{D}')$ は必ずしも $(\mathcal{S}')$ に属さない；たとえば，後に知るように，函数 e^x は $(\mathcal{S}')$ に属さない．明らかに $(\mathcal{E}') \subset (\mathcal{S}')$．

$(\mathcal{S}')$ に属する超函数を緩増加であるあるいは緩いと言う．後に(定理 6, 7)，なぜそう呼ぶかがわかるであろう．

定理 4.　超函数 $T \in (\mathcal{D}')$ が $(\mathcal{S}')$ に属するためには，T が $(\mathcal{S})$ から $(\mathcal{D})$ 上に導かれた位相について連続な $(\mathcal{D})$ 上の線型汎函数である，ということが必要かつ十分である．

この条件は明らかに必要である．これはまた十分でもある，というのはそのとき $T(\varphi)$ は $(\mathcal{S})$ の稠密部分空間 $(\mathcal{D})$ の上の連続線型汎函数なので，$(\mathcal{S})$ 上の連続線型汎函数に一意的に拡張できるからである．

$(\mathcal{S}')$ に 1 つの位相，すなわち $(\mathcal{S})$ の共役の位相(第 3 章，§3)を導入する．$(\mathcal{S}')$ は完備，局所凸で近傍の非可算底をもつ．$(\mathcal{S}')$ は $(\mathcal{D}')$ について第 3 章，§3 で証明した性質を全部(明らかに，収束判定条件，定理 16 を除いて)もっている．特に $(\mathcal{S}')$ は，有界集合は相対コンパクトであるという Montel 空間である；$(\mathcal{S})$ と $(\mathcal{S}')$ は回帰的で，互に他方の共役である．

$(\mathcal{S}')$ のもう 1 つの解釈ができる．

$(\mathscr{S}')$ の幾何学的解釈

定理3によって次のことを証明できる:

定理5. **超函数 $T\in(\mathscr{D}')$ が $(\mathscr{S}')$ に属するためには, T は球面 S^n 上の或る超函数 $\bar{T}$ の, S^n における開集合と考えた R^n への, 縮小になっているということが, 必要かつ十分である.**

1° この条件は十分である. $\bar{T}$ が S^n 上の超函数ならば, $\bar{T}(\bar{\varphi})$ は $(\mathscr{D})_{S^n}$ 上の連続線型汎函数であり, したがってなおさら, $\boldsymbol{\omega}$ においてあらゆる微係数と共に0になる函数が作る部分空間 $(\dot{\mathscr{D}})_{S^n}$ の上の連続線型汎函数である. そこで $\bar{T}$ の R^n への縮小 T は, これは $\varphi\in(\mathscr{D})_{R^n}$ に対して $T(\varphi)=\bar{T}(\bar{\varphi})$ と定義されるが, $(\mathscr{D})$ 上だけでなく $(\mathscr{S})$ 上でも定義されて連続である. それゆえ T は $(\mathscr{S}')$ に属する.

2° この条件は必要である. T が R^n 上の超函数 $\in(\mathscr{S}')$ ならば, これは $(\mathscr{S})$ 上の, したがって部分ベクトル空間 $(\dot{\mathscr{D}})_{S^n}$ 上の, 連続線型汎函数である. これは, Hahn-Banach の定理によって, $(\mathscr{D})_{S^n}$ 上の連続線型汎函数に, すなわち球面 S^n 上の超函数 $\bar{T}$ に拡張される. 明らかに, この超函数 $\bar{T}$ は一意的でない; これに任意の, $(\dot{\mathscr{D}})_{S^n}$ 上で0である超函数, すなわち1点 $\boldsymbol{\omega}$ を台とする超函数を加えてよい. なお, 定理2はただ, $(\mathscr{S})$ が $(\mathscr{D})_{S^n}$ の閉部分空間 $(\dot{\mathscr{D}})_{S^n}$ と同型であるから, その共役 $(\mathscr{S}')$ が, $(\dot{\mathscr{D}})_{S^n}$ に直交する部分空間による $(\mathscr{D}')_{S^n}$ の剰余空間に同型である, ということを述べているに過ぎない. この同型対応は位相ベクトル空間の同型対応[1]であるということが知られる.

228頁で注意したように, ここで球面 S^n は特別な役割をしない. それをたとえば射影空間 P^n で置き換えてよい.

緩い超函数の, 増加による特徴づけ

これから超函数 $\in(\mathscr{S}')$ の具体的構造を論じよう. 次の定理は $(\mathscr{S}')$ の有界集合あるいは $(\mathscr{S}')$ において0に収束する列(あるいは有界底か可算底をもつ0に収束するフィルター)に拡張される.

定理6. **1° 超函数 $T\in(\mathscr{D}')$ が緩いためには, T が普通の意味で緩増加な連続函数の, すなわち $P(x)=(1+r^2)^{k/2}$ と R^n 上の連続有界函数との積であ**

1)〔訳注〕 代数的演算を保つのみならず, 逆対応と共に連続.

るような函数の，或る微係数となっていること：

(7, 4 ; 1)　　$T = D^p[P(x)f(x)] = D^p((1+r^2)^{k/2}f(x))$

が必要かつ十分である．

2°　**超函数 T が $(\mathscr{S}')$ に属するためには，それを正則化した $T*\alpha, \alpha \in (\mathscr{D})$，がすべて緩増加連続函数であることが，必要かつ十分である；そのとき，$(T*\alpha)/(1+r^2)^{k/2}$ がすべて R^n 上の有界連続函数になるような実数 k がある．**

3°　**超函数 T が $(\mathscr{S}')$ に属するためには，超函数 $T/(1+r^2)^{k/2}$ が R^n 上で有界（$\in (\mathscr{B}')$，第6章，§8参照）であるような実数 k が存在することが必要であり，また，おのおの の $\varphi \in (\mathscr{S})$ に対して φT が R^n 上で有界なことが十分である．**

4°　**超函数 T が $(\mathscr{S}')$ に属するためには，超函数 $\tau_h T/(1+|h|^2)^{k/2}$ 全体が $(\mathscr{D}')$ において有界であるような1つの実数 k が存在することが必要であり，また，$|h|\to\infty$ のとき急減少であるような函数 $c(h)$ をどう選んでも $c(h)\tau_h T$ 全体が $(\mathscr{D}')$ において有界なことが十分である．**

この定理が，緩増加超函数の名を正当化するものである．これは特に，§2で見たように，次のことを示している：

a)　$e^x \notin (\mathscr{S}')$（1変数，$n=1$，の場合）；$e^x$ のどんな原始函数も緩増加でないから．

b)　級数 $\sum_0^\infty x^m/m!$（同じ $n=1$ の場合）は $(\mathscr{S}')$ において収束しない；部分和 $\sum_0^m$ の全体は，何回積分しても，多項式で抑えられないから．

他方，任意の緩い超函数は R^n 上で有限階である．2° をもっと精しい定理で置き換えられることを思い出そう（第6章，定理22参照）．

次の順序で定理を証明する：

a)　$T \in (\mathscr{S}')$ ならば，$T/(1+r^2)^{k/2}$ が R^n 上で有界な超函数であるような k が存在する．実際，$(\mathscr{S})$ における0の或る近傍の中を φ が動くときに $T(\varphi)$ が有界である．したがって次のような整数 m と実数 k がある[1)]：$(1+r^2)^{k/2}\varphi_j$ が $(\mathscr{D}_{L^1})$（第6章，§8）において0に収束すれば $T(\varphi_j)$ は0に収束する．ところが

1)〔訳注〕 m は不要だが，近傍 $V(m; k; \varepsilon)$ を用いる存在証明の名残りであろう．なお，(7, 3; 2)の代りに $|D^p(1+r^2)^k\varphi(x)| \leqq \varepsilon$ を用いてもよい．

(7, 4 ; 2) $$T(\varphi)=[T/(1+r^2)^{k/2}]\cdot(1+r^2)^{k/2}\varphi.$$

これは $T/(1+r^2)^{k/2}$ が $(\mathcal{D}_{L^1})$ 上の連続線型汎函数，したがって $\in(\mathcal{B}')$ であることを示す．さて R^n 上の有界超函数の構造(第6章，定理25，$p=\infty$)によればTは緩増加な連続函数の微係数の和になっていることがわかる．積分によって(しかし k の値をもっと大きくして)この和をただ1つの微係数にすることができる．逆は明白だから，これで(1°)は証明された．

注意 1つの超函数ではなくて，$(\mathcal{S}')$ において0に収束する超函数列 T_j が与えられたのならば，ただ(194頁，注意2°)，$T_j/(1+r^2)^{k/2}$ が $(\mathcal{B}')$ において0に弱収束することを証明するのである；そのことから，$T_j/(1+r^2)^{(k+\epsilon)/2}$ が $(\mathcal{B}')$ において0に強収束することを導くわけである．

b) すべての $\varphi\in(\mathcal{S})$ に対して φT が $(\mathcal{B}')$ に属するならば，また

(7, 4 ; 3) $$\varphi T=\left(\frac{1}{1+r^2}\right)^{(n+1)/2}[((1+r^2)^{(n+1)/2}\varphi)\,T]\in(\mathcal{D}'_{L^1})$$

ともなる[第6章，定理26，(1°)]．このとき $\varphi\in(\mathcal{S})$ に対して

(7, 4 ; 4) $$T\cdot\varphi=\varphi T(1)=\int\int\cdots\int\varphi T$$

と置くことができる．$T\cdot\varphi$ は $(\mathcal{S})$ 上の線型汎函数で，連続線型汎函数 $\alpha_\nu T\cdot\varphi$，$\alpha_\nu\in(\mathcal{D})$，の極限であるから連続である(Banach-Steinhaus の定理；第6章，定理20参照)．ゆえに $T\in(\mathcal{S}')$．a)とb)で(3°)が示されている．

c) $T\in(\mathcal{S}')$ ならば，(7, 4 ; 1)によって T を表わせば，$\tau_h T/(1+|h|^2)^{k/2}$ の全体は $(\mathcal{D}')$ において有界であることがわかる．逆に，このようになっていれば次のような整数 $m\geqq 0$ がある(第6章，定理22)：おのおのの $\alpha\in(\mathcal{D}_K{}^m)$ に対して，$\tau_h(T*\alpha)/(1+|h|^2)^{k/2}$ 全体が或る相対コンパクト開集合 Ω において有界な連続函数である；これは $(T*\alpha)/(1+r^2)^{k/2}$ が R^n 上の有界連続函数であるということ，すなわち $T*\alpha$ が緩増加であることに他ならない．そこで(6, 6 ; 22)によって，(7, 4 ; 1)が成り立つこと，したがって $T\in(\mathcal{S}')$ であることが示される．

d) もしも $|h|\to\infty$ のとき急減少であるようないかなる函数 $c(h)$ に対しても超函数 $c(h)\tau_h T$ が $(\mathcal{D}')$ において有界な集合を作るならば，おのおのの固定した $\varphi\in(\mathcal{D}_K)$ について，$h\in R^n$ に対して複素数 $c(h)\tau_h T\cdot\varphi$ は有界である；

言い換えれば，おのおの の $\varphi \in (\mathscr{D}_K)$ に対して，$\tau_h T\cdot\varphi$ は h の緩増加函数である．これの増加が，φ が $(\mathscr{D}_K)$ の中を動くときに一様に緩い，ということを示そう．固定した h に対し，

(7, 4 ; 5) $$\overset{+}{\log}|\tau_h T\cdot\varphi|/\log\sqrt{1+|h|^2}$$

は $\varphi \in (\mathscr{D}_K)$ の連続函数である．仮定によって，h が R^n の中を動くとき φ のこれらの連続函数は，固定した φ に対しては，全体として有界である．ゆえに，古典的な Baire の定理[1]によって，$(\mathscr{D}_K)$ の或る適当な開集合の上でこれらの函数は全体として有界である．k をその上限とする．そのとき $\tau_h T/(1+|h|^2)^{k/2}$ は おのおの の $\varphi \in (\mathscr{D}_K)$ に対して有界，それゆえ おのおの の $\varphi \in (\mathscr{D})$ に対しても有界であり，したがって $(\mathscr{D}')$ の有界集合を作り，c) によって，$T \in (\mathscr{S}')$.

さて c) と d) で 4° が証明されている．

e) おのおの の $\alpha \in (\mathscr{D})$ に対して $(T*\alpha)$ が緩増加であると仮定しよう(その増加の程度は，もともとは α に依存してよい)．そのとき おのおの の急減少函数 $c(h)$ に対して，固定した α に対しては，函数 $c(h)\tau_h(T*\alpha)$ 全体が R^n 上の各コンパクト集合上で有界である．これは，超函数 $c(h)\tau_h T$ 全体が $(\mathscr{D}')$ において有界であることを示す(第7章，定理22)；そこで d) によって $T \in (\mathscr{S}')$ が証明される．(1°) と e) で (2°) が証明されている．

注意　この定理において可能な k の値の下限は無限遠における T の増加の位数と呼ぶことができる．(1°) で微係数の**有限和**を採用すれば，どの定義も k の同じ値を与える．

緩い正測度

積分

(7, 4 ; 6) $$\iint\cdots\int\frac{|d\mu|}{(1+r^2)^l}$$

が収束するような整数 l が存在するときに，R^n 上の測度 μ が測度の空間 $(\mathscr{C}')$ において緩増加であると言う．これは，$A\to\infty$ のとき積分

(7, 4 ; 7) $$\iint\cdots\int_{r\leqq A}|d\mu|$$

1) Bourbaki [2], §5, n° 4, 定理 2, 111 頁参照.

が $O(A^{l'})$ であるような整数 l' が存在するということに他ならない；また，μ が多項式と R^n 上で可積分な測度との積であるということでもある．

定理7. μ **が** R^n **の測度であるとき，それが** $(\mathscr{S}')$ **に属するためには，**μ **が** $(\mathscr{C}')$ **において緩増加であることが十分であり，**$\mu \geqq 0$ **ならば必要でもある．**

この条件は明らかに十分である．それが必要であることを証明しよう．前定理と同じ方法を用いれば，まず，不等式

(7,4;8) $|D^p\varphi(x)|(1+r^2)^l \leqq \eta$: $|p| \leqq m$ となるすべての p に対し，

で定義される $(\mathscr{S})$ における0の近傍であって，そこでは μ が1で抑えられるようなものが存在しなければならないことがわかる．さて定理3で用いた函数 $\alpha_j \geqq 0$ を考えれば，十分小さい ε に対しては，函数 $\varepsilon\alpha_j/(1+r^2)^l \in (\mathscr{D})$ が(7,4;8)をみたす．ゆえに，すべての j に対して

$$\mu\cdot[\varepsilon\alpha_j/(1+r^2)^l] = \varepsilon\int\int\cdots\int\frac{\alpha_j d\mu}{(1+r^2)^l} \leqq 1. \tag{7,4;9}$$

$j\to\infty$ のときの極限に移れば，$\mu \geqq 0$ であるから，この式から

$$\int\int\cdots\int d\mu/(1+r^2)^l \leqq 1/\varepsilon \tag{7,4;10}$$

が導かれる．

$(\mathscr{S}')$ における1つの有界集合に属する測度 $\geqq 0$ に対しては，l と ε は一定になるであろう．収束列については，同様なことは成り立たない．他方，正でない測度に対しては上の型の必要条件は存在しない．たとえば直線上 $(n=1)$ で，

$$\mu = \sum_l a_l(\delta_{(l+\varepsilon_l)} - \delta_{(l)}) \tag{7,4;11}$$

と定義した測度 μ は，級数 $\sum_l |a_l|\varepsilon_l$ が収束すれば，$(\mathscr{D}')$ において緩増加，すなわち $\in (\mathscr{S}')$ である(なぜならば，おのおのの $\varphi \in (\mathscr{S})$ は R^1 上で有界な微係数をもつゆえ $|\mu(\varphi)|$ を $\sum_l |a_l|\varepsilon_l \operatorname{Max}|\varphi'|$ で抑えることができるから)；ところがこれには，ε_l が十分速く0に収束しさえすれば，a_l をいくらでも速く増加するようにとることができる．なお，$\sum_l b_l\delta'_{(l)}$ のような二重極の和は，級数 $\sum_l |b_l|$ が収束すれば，前のものの極限の場合である．

1つの拡張定理

定理7は超函数の拡張に関するずっと一般なもう1つの定理の特別な場合で

あるが，その定理はここに述べるに止めよう：

定理 8. **V^n が Riemann 計量をもつ無限回可微分多様体，Ω が V^n の開集合，μ が Ω 上で定義された測度ならば，μ が V^n 上の超函数 T に拡張可能なためには次のことが十分，また $\mu\geqq 0$ ならば必要である：V^n の任意のコンパクト集合 K に対して，l が十分大きければ積分**

$$(7,4\,;12)\qquad \int\int\cdots\int_{K\cap\Omega}[d(x)]^l|d\mu|$$

が収束する；ただし $d(x)$ は x から Ω の境界への距離.

明らかに，l を $=0$ に取れるときにだけ，μ を測度のままで拡張できる.

球面 S^n の場合には，点 $x\in R^n$ から ω への距離が $1/\sqrt{1+r^2}$ であるような Riemann 計量をとることができる；$V^n=S^n$, $\Omega=R^n$ として定理 7 が再び得られる.

§5 緩い超函数の空間 $(\mathscr{S}')$ における代数的演算

2つの緩い超函数のテンソル積は容易に定義できる．それはまた緩い超函数であって，第6章に証明した諸定理はやはり成り立つ．$(\mathscr{S}')$ における乗法と合成積を定義するには，新しいベクトル空間 $(\mathcal{O}_M)$ および $(\mathcal{O}'_C)$ を導入することになる.

緩増加な無限回可微分函数，空間 $(\mathcal{O}_M)$.

$(\mathcal{O}_M)$ を“緩増加な無限回可微分函数”の空間とする．$\alpha\in(\mathcal{O}_M)$ であるためには，$\alpha\in(\mathscr{E})$ であって，各微係数 $D^p\alpha$ が或る多項式(次数は p に関係してよい)で抑えられることが，必要かつ十分である；この条件は，各微係数 $D^p\alpha$ と各函数 $f\in(\mathscr{S})$ との積 $fD^p\alpha$ が R^n 上で有界であるということに帰着する．次のようにして $(\mathcal{O}_M)$ 上の位相を定義する：どのような p とどのような函数 $f\in(\mathscr{S})$ をとっても積 $f(x)D^p\alpha_j(x)$ が，R^n 上で一様に，0 に収束するときに，$\alpha_j\in(\mathcal{O}_M)$ が 0 に収束する．[この収束は，f が $(\mathscr{S})$ において有界な範囲にあれば，もちろん f について一様である.] $(\mathcal{O}_M)$ は，近傍の非可算底をもつ局所凸完備ベクトル空間である．集合 $B\subset(\mathcal{O}_M)$ が有界であるためには，おのおのの p に対して $D^p\alpha$ 全体，ただし $\alpha\in B$，が同一の多項式(p に依存してよい)で抑えられるということが，必要かつ十分である．列(あるいは有界底か可算底をもつフィルター) α_j が $(\mathcal{O}_M)$ において0に収束するためには，おのおのの p に対して $D^p\alpha_j$ が1つの多項式(p には依存するが j には無関係な) P_p と R^n 上で0に一様収束する函数との積になっていることが，必要かつ十分である．

急減少な超函数，空間 $(\mathcal{O}'_C)$

空間 $(\mathcal{O}'_C)$ とは"急減少な超函数"の空間である．超函数 T は，如何なる k に対しても $(1+r^2)^{k/2}T$ が R^n 上で有界［すなわち $\in(\mathcal{B}')$；第6章，§8参照］であるときに，$(\mathcal{O}'_C)$ に属する．$(\mathcal{O}'_C)$ に次の位相を入れる：どの k に対しても $(1+r^2)^{k/2}T_j$ が $(\mathcal{B}')$ において0に収束するときに，T_j が $(\mathcal{O}'_C)$ において0に収束する．

定理 9．超函数 T が $(\mathcal{O}'_C)$ に属するためには：

1°　いかなる $k\geqq 0$ についても T が連続函数の微係数の有限和で，それらの連続函数と $(1+r^2)^{k/2}$ との積は R^n 上で普通の意味で有界になっている，ということが必要かつ十分である；

2°　いかなる $k\geqq 0$ に対しても超函数 $(1+|h|^2)^{k/2}\tau_h T$ の集合は $(\mathcal{D}')$ において有界である，ということが必要かつ十分である；

3°　おのおのの $\alpha\in(\mathcal{D})$ に対して $T*\alpha$ が無限遠で急減少な連続函数であることが必要かつ十分である．

この定理の証明は，第6章，§7および8の方法あるいは第7章，定理6の方法を以てすれば直ちにできる．この定理はいつものやり方で，$(\mathcal{O}'_C)$ において有界な超函数集合および $(\mathcal{O}'_C)$ において0に収束する列(あるいは0に収束するフィルターで有界底または可算底をもつもの)に拡張される．

重要な注意　$T\in(\mathcal{O}'_C)$ とする．いかなる k に対しても或る整数 m があって，$\alpha\in(\mathcal{D}^m)$ のとき $T*\alpha$ は連続函数で $T*\alpha$ と $(1+r^2)^{k/2}$ との積が R^n 上で有界になる．しかし m は k と共に増加する；そして，$m=\infty, \alpha\in(\mathcal{D})$ に対しては $T*\alpha$ が急減少連続函数であるのに反して，**有限な** m に対しては，$T*\alpha$ は急減少連続函数ではあり得ない．$(\mathcal{O}'_C)$ が $(\mathcal{O}_M)$ の共役でないということも言っておこう(例参照)．

最後に空間 $(\mathscr{S})$, $(\mathscr{S}')$, $(\mathscr{O}_M)$, $(\mathscr{O}'_C)$ の間の次の関係をつけ加えよう：

超函数が $(\mathscr{S}')$ に属するためには，$\alpha \in (\mathscr{D})$ による正則化 $T*\alpha$ がすべて $(\mathscr{O}_M)$ に属することが，必要かつ十分である．超函数が $(\mathscr{O}'_C)$ に属するためには，それの正則化がすべて $(\mathscr{S})$ に属することが，必要かつ十分である．

$(\mathscr{O}_M)$ の共役 $(\mathscr{O}'_M)$ および，$(\mathscr{O}'_C)$ を共役とする無限回可微分函数の空間 $(\mathscr{O}_C)$ を考えることができよう．それらの空間は重要な役割をしないようである．その上，$(\mathscr{O}_M)$ と $(\mathscr{O}'_C)$ が第3章で $(\mathscr{D})$ と $(\mathscr{D}')$ について見たベクトル空間の一般性質をもつということは確言できない．

例　($n=1$ に対して)函数

$$f(x) = \exp(i\pi x^2) \tag{7, 5 ; 1}$$

を考えよう．

$f \in (\mathscr{E})$ である．f は R^n 上で有界であるがその微係数は有界でなく，したがって $f \notin (\mathscr{B})$．その m 階微係数が $\exp(i\pi x^2)$ と次数 m の或る多項式 $H_m(x)$ との積であって，$f \in (\mathscr{O}_M)$ であることが，直ちにわかる．

その上，$f \in (\mathscr{O}'_C)$；これは，いかなる $m \geqq 0$ に対しても，f と $(1+x^2)^m$ の積が有界超函数となっているからである．実際，$\sum_{\nu \leqq 2m} \lambda_\nu H_\nu(x)$ を多項式 $H_\nu(x)$ による $(1+x^2)^m$ の展開とすれば，

$$(1+x^2)^m \exp(i\pi x^2) = \sum_{\nu \leqq 2m} \lambda_\nu \frac{d^\nu}{dx^\nu}[\exp(i\pi x^2)] \in (\mathscr{B}'). \tag{7, 5 ; 2}$$

これを $(1+x^2)^m$ で割って，部分積分により，$\exp(i\pi x^2)$ は $C/(1+x^2)^m$ で抑えられる函数の階数 $\leqq 2m$ の微係数の有限和であることが，導かれる．しかしそれは急減少な連続函数の微係数の有限和ではない．それを $\alpha \in (\mathscr{D})$ で正則化した $T*\alpha$ は急減少であるが，$\alpha \in (\mathscr{D}^m)$ で正則化したものは急減少ではなく，ただ $|x| \to \infty$ のとき $1/|x|$ のベキと同程度に減少し，そのベキは m が大きいほど高い(少くも $1/|x|^m$ 程度)というだけのことである．

この例は，なぜ $(\mathscr{O}_M)$ と $(\mathscr{O}'_C)$ が共役の関係にないかを，明らかに示している．なぜならば，f および $\bar{f}(x) = \exp(-i\pi x^2)$ は共に $(\mathscr{O}_M)$ にも $(\mathscr{O}'_C)$ にも属し，しかも $\int_{-\infty}^{+\infty} f(x)\bar{f}(x)\,dx = +\infty$.

$(\mathscr{S}')$ における乗法

空間 $(\mathscr{O}_M)$, $(\mathscr{O}'_C)$ は $(\mathscr{S}')$ 上の作用素の空間となる；$(\mathscr{O}_M)$ は乗法作用素の空間，$(\mathscr{O}'_C)$ は合成作用素の空間として．

乗法 αT は第5章でしたように定義される．しかし，もはや $\alpha \in (\mathscr{E})$ を任意にとることはできない；任意にとったのでは，αT がもはや $(\mathscr{S}')$ に属さないであろう．次のことはすぐわかる：$T \in (\mathscr{S}'), \alpha \in (\mathscr{O}_M)$ ならば，αT は $(\mathscr{S}')$ に属する；なぜならば，式

$$\alpha T\cdot\varphi = T\cdot\alpha\varphi, \quad \varphi \in (\mathscr{S}), \tag{7,5;3}$$

は，$\alpha\varphi$ も $(\mathscr{S})$ に属するゆえ，必ず意味があるから．

この乗法積には第5章で述べた諸性質がある．特に，次の定理が明らかに成り立つ：

定理 10. **$(\mathscr{O}_M)\times(\mathscr{S}')$ から $(\mathscr{S}')$ への双線型写像 $(\alpha, T)\to\alpha T$ は準連続である．高々1つ以外がすべて $(\mathscr{O}_M)$ に属するような，任意有限箇の超函数 $\in(\mathscr{S}')$ の積は，結合律と可換律をみたす．**

$\alpha \in (\mathscr{E})$ とする．次のことが証明できる：いかなる $T \in (\mathscr{S}')$ に対しても αT がやはり $(\mathscr{S}')$ に属するならば，$\alpha \in (\mathscr{O}_M)$．言い換えれば，$(\mathscr{O}_M)$ は $(\mathscr{S}')$ 上のあらゆる乗法作用素の空間である．さらに，$\alpha_j \in (\mathscr{O}_M)$ が次のようになっていれば α_j は $(\mathscr{O}_M)$ において0に収束する：$\alpha_j T$ は，T が $(\mathscr{S}')$ において有界な範囲にあるときは一様に，$(\mathscr{S}')$ において0に収束する．

$(\mathscr{O}_M)$ はそれゆえ次のような空間 $\mathscr{L}(\mathscr{S}', \mathscr{S}')$ から導かれた位相をもっているのである：その空間は $(\mathscr{S}')$ から $(\mathscr{S}')$ へのあらゆる連続写像の空間に標準的位相，すなわち有界集合上の一様収束の位相を入れたものである．

$(\mathscr{S}')$ における合成積

合成積を定義するのはもう少し微妙である．$S \in (\mathscr{E}'), T \in (\mathscr{S}')$ について $S * T$ を考えることはつねにできるし，$S * T \in (\mathscr{S}')$ であることは難なくわかる．しかし，無限遠における T の増加が制限されているから，S は台がコンパクトである必要がない．S を $\in (\mathscr{D}_C')$ にとれることをこれから示す．実際，スカラー積

$$(S_\xi \otimes T_\eta)\cdot\varphi(\xi+\eta) \tag{7,5;4}$$

を考えよう．これは $S\in(\mathcal{E}')$, $T\in(\mathcal{S}')$, $\varphi\in(\mathcal{D})$ に対してはたしかに定義される．

次のことをこれから示す：$(\mathcal{E}')$ には $(\mathcal{O}'_C)$ から導かれた位相を，$(\mathcal{S}')$ にはそれ自身の位相を，$(\mathcal{D})$ には $(\mathcal{S})$ から導かれる位相を入れるならば，このスカラー積は準連続である，すなわち S, T, φ の中で2つが有界な範囲にあって，残りの1つが0に収束すれば，この三重線型な積は0に収束する．

たとえば，φ が $(\mathcal{S})$ において，T が $(\mathcal{S}')$ において有界な範囲にあって S が $(\mathcal{O}'_C)$ において0に収束すればこの積が0に収束する，ということを証明しよう．T は $(\mathcal{S}')$ において有界な範囲にあるから，これを次のように書くことができる：

(7, 5 ; 5)
$$T_\eta=D^p[(1+|\eta|^2)^{k/2}f(\eta)],$$
ただし p と k は一定，$f(\eta)$ は R^n 上で連続かつ一定の数で抑えられる函数[(7, 4 ; 1)]．そこで，

(7, 5 ; 6)
$$D_\xi{}^q[T_\eta\cdot\varphi(\xi+\eta)]=(-1)^{|p|}\iint\cdots\int(1+|\eta|^2)^{k/2}f(\eta)\,D^{p+q}\varphi(\xi+\eta)\,d\eta.$$

ところが，いかなる ξ, η についても，優評価

(7, 5 ; 7)
$$1+|\eta|^2\leqq C(1+|\xi|^2)(1+|\xi+\eta|^2),$$
したがって

(7, 5 ; 8)
$$|D_\xi{}^q[T_\eta\cdot\varphi(\xi+\eta)]|\leqq C_1(1+|\xi|^2)^{k/2}\iint\cdots\int|D^{p+q}\varphi(\xi+\eta)|(1+|\xi+\eta|^2)^{k/2}d\eta$$
が成り立つ．

右辺に現われる積分は ξ に独立で，値は $\iint\cdots\int|D^{p+q}\varphi(t)|(1+|t|^2)^{k/2}dt$ となり，決まった p, q, k に対しては，φ が $(\mathcal{S})$ において有界(§3)な範囲を動くとき，その積分は有界である．

そこで，無限回可微分函数 $I(\xi)=T_\eta\cdot\varphi(\xi+\eta)$ は1系の不等式

(7, 5 ; 9)
$$|D^qI(\xi)|\leqq A_q(1+|\xi|^2)^{k/2}$$
を満たす．

任意の l に対して，

$$(7,5;10) \qquad S_\xi\cdot I(\xi)=(1+|\xi|^2)^{l/2}S_\xi\cdot\frac{I(\xi)}{(1+|\xi|^2)^{l/2}}$$

と書くことができる.

ところが(7,5;9)によって, $l>k+n$ ならば函数 $I(\xi)/(1+|\xi|^2)^{l/2}$ およびその微係数はおのおの $L^1(R^n)$ において有界な範囲にある; それゆえこの函数は $(\mathscr{D}_{L^1})$ において有界な範囲にとどまる. 他方, S が $(\mathscr{O}'_C)$ において0に収束するから, $(1+|\xi|^2)^{l/2}S_\xi$ は, いかなる l についても, $(\mathscr{B}')$ において0に収束する. それゆえ右辺のスカラー積は, $(\mathscr{D}_{L^1})$ と $(\mathscr{B}')$ との共役関係によって, 0に一様収束するのである. 証明終.

他の2つの場合も同様に証明される.

そこで, 拡張によって, $(S_\xi\otimes T_\eta)\cdot\varphi(\xi+\eta)=(S*T)\cdot\varphi$ を $S\in(\mathscr{O}'_C)$, $T\in(\mathscr{S}')$, $\varphi\in(\mathscr{S})$ に対して一意的に定義できることがわかる. そのとき $S*T$ は, $(\mathscr{S})$ 上の連続線型汎函数だから, $(\mathscr{S}')$ に属する. 結局次の定理を述べることができる.

定理 11. $S\in(\mathscr{O}'_C)$, $T\in(\mathscr{S}')$ **の合成積** $S*T$ **を, 一意的に, 定義することができ, それは** $(\mathscr{S}')$ **に属する超函数である.** $(\mathscr{O}'_C)\times(\mathscr{S}')$ **から** $(\mathscr{S}')$ **への双線型写像** $(S,T)\to S*T$ **は準連続である. 高々1つ以外はすべて** $(\mathscr{O}'_C)$ **に属するような任意有限箇の** $(\mathscr{S}')$ **の超函数の積は, 結合律と可換律をみたす.**

容易にわかるように, この定理の記述において $(\mathscr{S}')$ を空間 $(\mathscr{S})$, $(\mathscr{D}_{L^p})$, $(\mathscr{D}'_{L^p})$, 特に, $(\mathscr{B}')$, の中のどの1つで置き換えてもよい. 同様に, 正則化 $(T,\alpha)\to T*\alpha$ は $(\mathscr{S}')\times(\mathscr{S})$ から $(\mathscr{O}_M)$ へ, また $(\mathscr{O}'_C)\times(\mathscr{S})$ から $(\mathscr{S})$ への準連続双線型写像であることもわかるであろう.

最後に, $(\mathscr{O}_M)\times(\mathscr{O}_M)$ から $(\mathscr{O}_M)$ への双線型写像と考えた乗法および, $(\mathscr{O}'_C)\times(\mathscr{O}'_C)$ から $(\mathscr{O}'_C)$ への双線型写像と考えた合成は準連続なだけでなく, 連続でもあることに注意しよう(これは乗法については明白である; 合成については, 前のよりは簡単でないが, 定理15によってこれらの性質は互に他方の性質に帰着する).

例 (2,3;20)の超函数 L_l は, 無限遠において指数函数的に減少するから, $(\mathscr{O}'_C)$ に属する. それゆえこれを $(\mathscr{S}')$ のすべての超函数と合成できる. l を $=2k$ にとって, このことから, **いかなる** $T\in(\mathscr{S}')$ **に対しても,** $(\mathscr{S}')$ **に属し**

て $\left(1-\frac{\Delta}{4\pi^2}\right)^k S=T$ **であるような** S **が1つあって1つに限る**ことが結論される．

十分大きい k に対しては，L_{2k} は m 回可微分であり，それの階数 $\leqq m$ の微係数は無限遠において指数函数的に減少し，したがって S は緩増加な連続函数になる．これは定理6(1°)による T の分解を特に簡単に与える：

$$(7,5;11)\qquad \begin{cases} L_{2k} * T = S \\ T = \left(1-\frac{\Delta}{4\pi^2}\right)^k S. \end{cases}$$

いま $T \in (\mathcal{O}'_C)$ とすれば，十分大きい k をとれば S は函数であって，この函数は無限遠において，k が大きければ大きいだけ速く減少する(しかし一般には，k のいかなる値に対しても，急減少でない)．

§6　緩い超函数の Fourier 変換

初等的な場合における Fourier 変換について知られている結果(§2)を拠り所にする．

緩い超函数の空間 $(\mathcal{S}')$ は特に調和解析の場である．2つの変数 x, y の役割をはっきりと区別するが，これらの役割を同じにしたいときには，そうすることは差支えないであろう．n 次元空間 X^n, Y^n の上に作った空間 $(\mathcal{S})$, $(\mathcal{S}')$ をそれぞれ $(\mathcal{S})_x$, $(\mathcal{S})_y$, $(\mathcal{S}')_x$, $(\mathcal{S}')_y$ と表わす．

$u(x)$ を函数 $\in (\mathcal{S})_x$ とする．それは可積分であり，したがって $u(x)$ には

$$(7,6;1)\qquad v(y) = \iint\cdots\int u(x)\exp(-2i\pi x\cdot y)\,dx$$

で定義される普通の Fourier 変換がある．

$v(y) \in (\mathcal{S})_y$ であることは容易にわかる．実際，

a)　(7,6;1)式は何回でも微分できる．たとえば

$$(7,6;2)\qquad \frac{\partial}{\partial y_1}v(y) = \iint\cdots\int u(x)(-2i\pi x_1)\exp(-2i\pi x\cdot y)\,dx:$$

$x_1 u(x)$ は可積分であるから右辺の積分に意味がある．v が無限回可微分であることは，u が ∞ において"急減少"であることから導かれるのである．

b)　これとは逆に，部分積分によって

$$(7,6;3)\qquad 2i\pi y_1 v(y) = \iint\cdots\int \frac{\partial u(x)}{\partial x_1}\exp(-2i\pi x\cdot y)\,dx$$

であることが示される.

右辺が可積分であるから $y_1 v(y)$ は有界である. これを繰返して, u の逐次微係数がすべて可積分であることから v が"無限遠で急減少"であることが導かれるということが, わかる. それゆえ両性質が交替するわけである. $u \in (\mathscr{S})_x$ ならば, u は急減少で, それのあらゆる微係数も急減少, したがって v のあらゆる微係数が急減少: $v \in (\mathscr{S})_y$ である.

もちろんここで相反公式

$$(7,6;4) \qquad u(x) = \iint\cdots\int v(y)\exp(+2i\pi x\cdot y)\,dy$$

があって, $(\mathscr{S})_x$ と $(\mathscr{S})_y$ に属する函数に対して Parseval の公式は成り立つ. $u \in (\mathscr{S})_x$ から $v \in (\mathscr{S})_y$ が導かれることを示す考察そのものがまた, u_j が $(\mathscr{S})_x$ において0に収束すればその Fourier 変換 v_j は $(\mathscr{S})_y$ において0に収束することを示している, ということを付言しよう:

定理 12. 位相空間 $(\mathscr{S})_x$, $(\mathscr{S})_y$ の間の普通の Fourier 変換 $\mathscr{F}$ およびその共役 $\overline{\mathscr{F}}$ は, 互に逆な2つの同型対応である(そして, 変数 x, y を同視すればこれらの変換は $(\mathscr{S})$ 上で互に逆な2つの自己同型対応を定める).

任意の緩い超函数 U の Fourier 変換を定義することは今ではすこぶる容易である. もしも U が普通の Fourier 変換があるような函数であるならば(たとえば U が平方可積分ならば), 任意の $v \in (\mathscr{S})_y$ とそれの Fourier 像

$$u \in (\mathscr{S})_x,\ \ u = \mathscr{F}v,\ \ u(x) = \int_{R^n} v(y)\exp(-2i\pi x\cdot y)\,dy$$

に対して次の式が成り立つ:

$$(7,6;5) \qquad V_y\cdot v(y) = \int v(y)\,dy\int U(x)\exp(-2i\pi x\cdot y)\,dx$$

$$= \int U(x)\,dx\int v(y)\exp(-2i\pi x\cdot y)\,dy = U_x\cdot u(x)$$

すなわち

$$(7,6;6) \qquad \mathscr{F}U\cdot v = U\cdot\mathscr{F}v.$$

しかし U が任意の緩い超函数 $\in (\mathscr{S}')_x$ であっても上の式で**一意確定的に** $(\mathscr{S})_y$ 上の1つの線型汎函数 $V = \mathscr{F}U$ が定義される.

この線型汎函数は1つの緩い超函数 $\in (\mathscr{S}')_y$ を定義するのである; なぜなら

ば，v が $(\mathscr{S})_y$ において 0 に収束すれば u は $(\mathscr{S})_x$ において 0 に収束し，したがって(7, 6 ; 6)の右辺は，U が緩いから，0 に収束し，したがって左辺も 0 に収束する：すなわち V は $(\mathscr{S})_y$ 上の連続線型汎函数である．証明終．

Fourier 変換のこのまったく一般な定義は，古典的な場合には再び古典的な Fourier 変換を与える；古典的な Fourier 変換は(7, 6 ; 6)をみたすが，この式は V を一意的に決定するからである．もちろん，V が 0 であり得るのは U が 0 であるときに限る；なぜならば，$V=0$ ならば(7, 6 ; 6)の左辺はいかなる $v \in (\mathscr{S})_y$ に対しても 0，したがって右辺はいかなる $u \in (\mathscr{S})_x$ に対しても 0 で，U は 0 である．なお，(7, 6 ; 6)は Fourier 変換 $\mathscr{F}$ をその共役 $\overline{\mathscr{F}}$ で置き換えてもやはり成り立つ；これを おのおの の場合に

$$(7, 6 ; 7) \qquad \begin{cases} \mathscr{F}U \cdot v = U \cdot \mathscr{F}v = U_x \otimes v_y \cdot \exp(-2i\pi x \cdot y) \\ \overline{\mathscr{F}}U \cdot v = U \cdot \overline{\mathscr{F}}v = U_x \otimes v_y \cdot \exp(+2i\pi x \cdot y)^{1)} \end{cases}$$

と書くことができるが，これは $(\mathscr{S}')_x$ から $(\mathscr{S}')_y$ への変換 $\mathscr{F}$ が $(\mathscr{S})_y$ から $(\mathscr{S})_x$ への変換 $\mathscr{F}$ の反転であることを表わしている．そこで

$$(7, 6 ; 8) \qquad \begin{cases} \overline{\mathscr{F}}\mathscr{F}U \cdot v = \mathscr{F}U \cdot \overline{\mathscr{F}}v = U \cdot \mathscr{F}\overline{\mathscr{F}}v = U \cdot v \\ \text{すなわち} \quad \overline{\mathscr{F}}\mathscr{F}U = U \quad \text{また} \quad \mathscr{F}\overline{\mathscr{F}}V = V: \end{cases}$$

$\mathscr{F}$ と $\overline{\mathscr{F}}$ は互に逆である；$V=\mathscr{F}U$ ならば $U=\overline{\mathscr{F}}V$ であり，その逆も成り立つ．その上に，$U_j \in (\mathscr{S}')_x$ が $(\mathscr{S}')_x$ において 0 に収束すれば，それの Fourier 変換 V_j は $(\mathscr{S}')_y$ において 0 に収束する．実際，v が $(\mathscr{S})_y$ において有界な集合の中を動けば，定理 12 によって，$u=\mathscr{F}v$ は $(\mathscr{S})_x$ において有界な集合の中を動き，$U_j \cdot u$ は 0 に一様収束し，したがって $V_j \cdot v$ も 0 に一様収束する．それゆえ次の定理を述べることができる：

定理 13. Fourier 変換 $\mathscr{F}$ とそれの共役 $\overline{\mathscr{F}}$ は 2 つの位相空間 $(\mathscr{S}')_x$, $(\mathscr{S}')_y$ の間に 2 つの互に逆な同型対応を定める．変数 x, y を同視すれば，$\mathscr{F}$ と $\overline{\mathscr{F}}$ は位相空間 $(\mathscr{S}')$ において 2 つの互に逆な自己同型対応を定める．

特に，収束級数に Fourier 変換を項別に施せるということが結論されるが，このことは普通は不可能である．

$(\mathscr{S}')$ における Fourier 変換のわれわれの定義は次のようにも述べられる．

$(\mathscr{S})$ においては Fourier 変換は古典的である；$\mathscr{F}$ は $(\mathscr{S})_x$ から $(\mathscr{S})_y$ への**連**

1) この最後の表わし方は，まったく形式的なもので，前の理論によって意味がつくのである．

続線型写像であるが，$(\mathscr{S})_x$ と $(\mathscr{S})_y$ に $(\mathscr{S}')_x$ と $(\mathscr{S}')_y$ から導かれる位相を入れてもやはり連続である：これは公式(7,6;6)によって ($u, v, U_j, V_j \in (\mathscr{S})$ かつ U_j が $(\mathscr{S}')_x$ において0に収束すると仮定すれば)示されるのである．そして $\mathscr{F}$ は一意的に $(\mathscr{S}')_x$ から $(\mathscr{S}')_y$ への連続線型写像に拡張される；これを示すのも同じ公式，ただしこの度は $(\mathscr{S})$ に属する u, v と $(\mathscr{S}')$ に属する U, V に対するもの，である．

変換 $^\vee$(裏返し，第6章，158頁参照)，$^-$(複素数値をとるものから複素共役への移行)および $^\sim$(任意の順で $^\vee$ と $^-$ を結合したもの)を用いるのがしばしば便利である．そのとき次の公式があるが，これらは $(\mathscr{S})$ において古典的なものであり，したがって $(\mathscr{S}')$ において成り立つ：

$$(7,6;9)\qquad \begin{cases} (\mathscr{F}U)^\vee = \mathscr{F}\check{U} = \overline{\mathscr{F}}U \\ (\mathscr{F}U)^- = \mathscr{F}\tilde{U} = \overline{\mathscr{F}}\bar{U} \\ (\mathscr{F}U)^\sim = \mathscr{F}\bar{U} = \overline{\mathscr{F}}\tilde{U} \end{cases}$$

超函数 $\in (\mathscr{S}')_x$ の Fourier 変換の台を，もとの超函数のスペクトルと呼ぶ．したがってそれは Y^n の閉集合であり，また閉集合であるという以外に制限はない．0でない超函数のスペクトルは空でない．

Fourier 変換と X^n および Y^n の自己同型対応

後でたいへんに拡張される[1]公式をもって，この節を終わろう．

$x \to H(x)$ を X^n からそれ自身の**上への**[2]同型対応，$y \to {}^tH(y)$ を，それの反転になっている，Y^n からそれ自身の上への自己同型対応とする．$U \in (\mathscr{S}')_x$ を，**それの Fourier 像が1つの函数 $V(y) = \mathscr{F}U_x$ である**ような超函数とする．超函数 U は，$HU \cdot u(x) = U \cdot u(H(x))$ (ここで $u(H(x)) \in (\mathscr{S})$；というのは H が同型対応であるから)で定義される HU を順像としている．これの Fourier 像は式

$$(7,6;10)\qquad \mathscr{F}(HU) = V({}^tH(y))$$

をみたす函数である．

実際，定義によって，

1) Scarfiello [1] と第9章，§6，公式(9,6;12)を参照．

2) 〔訳注〕 $H(x)$ の全体 ($x \in X^n$) が X^n になっている．

(7, 6 ; 11)

$$\begin{cases} \mathscr{F}(HU)\cdot v = HU\cdot\mathscr{F}v = HU_x\cdot\iint\cdots\int \exp(-2i\pi x\cdot y)\,v(y)\,dy \\ \qquad = U_x\cdot\iint\cdots\int \exp[-2i\pi H(x)\cdot y]v(y)\,dy \\ \qquad = U_x\cdot\iint\cdots\int \exp[-2i\pi x\cdot{}^tH(y)]v(y)\,dy \\ \qquad = U_x\cdot\iint\cdots\int \exp(-2i\pi x\cdot z)\,v({}^tH^{-1}(z))\,|\det\cdot{}^tH^{-1}|dz. \end{cases}$$

この重積分は Fourier 変換である．したがって，Parseval 公式により，また V_y は 1 つの函数 $V(y)$ であるから，この式の値は

$$(7, 6 ; 12)\qquad \begin{cases} \iint\cdots\int V(y)\,v({}^tH^{-1}(y))|\det\cdot{}^tH^{-1}|dy \\ = \iint\cdots\int V({}^tH(t))\,v(t)\,dt \end{cases}$$

となるが，このことは(7, 6 ; 10)を証明している．

注意　H が退化[1]していたら，H が“無限遠で正則”でないために HU は一般には意味をもたない．V が函数でなければ(7, 6 ; 10)は意味を欠く．U_x が函数 $U(x)$ ならば，直ちに次の式を得ることに注意しよう：

$$(7, 6 ; 13)\qquad HU(x) = U(H^{-1}(x))\,|\det\cdot H^{-1}|.$$

特に，H が相似比 λ の相似変換ならば

$$(7, 6 ; 14)\qquad \mathscr{F}(HU) = V(\lambda y)$$

となり，もしその上に U が函数 $U(x)$ ならば

$$(7, 6 ; 15)\qquad \frac{1}{|\lambda|^n}\mathscr{F}\left[U\left(\frac{x}{\lambda}\right)\right] = V(\lambda y)\,;$$

これはよく知られた公式である．

§7 諸　　例[2]

例 1. 次の公式が成り立つ：

1) 〔訳注〕 **dégénérée.** 1 対 1 でない(単に準同型)．

2) Lavoine [1] は 73 頁にわたって超函数の Fourier 像の諸例――この本が応用数学者および技術者にとって有用でありうるゆえんのもの――を含んでいる．この本は応用数学者および技術者にとって有用であろう．

$$(7,7\,;1)\quad \begin{cases} \mathscr{F}\delta = 1\,; \quad \mathscr{F}1 = \delta \\ \mathscr{F}\delta_{(h)} = \exp(-2i\pi h\cdot y)\ ;\ \mathscr{F}[\exp(2i\pi h\cdot x)] = \delta_{(h)} \\ \mathscr{F}\left(\dfrac{\partial\delta}{\partial x_k}\right) = 2i\pi y_k\,;\ \mathscr{F}(2i\pi x_k) = -\dfrac{\partial\delta}{\partial y_k} \end{cases}$$

これらの公式は直ちに得られる．たとえば3番目をたしかめよう．

$$(7,7\,;2)\quad \mathscr{F}\left(\frac{\partial\delta}{\partial x_k}\right)\cdot v(y) = \frac{\partial\delta}{\partial x_k}\cdot\int\int\cdots\int \exp(-2i\pi x\cdot y)\,v(y)\,dy$$
$$= \int\int\cdots\int (2i\pi y_k)\,v(y)\,dy = 2i\pi y_k\cdot v(y)\,.$$

次の§に証明する乗法と合成の交替の性質(定理15)によって，$U\in(\mathscr{S}')_x$, $V=\mathscr{F}U$ ならば次のように書けることが示される：

$$(7,7\,;3)\quad \begin{cases} \mathscr{F}(\tau_h U) = \mathscr{F}(\delta_{(h)} * U) = \exp(-2i\pi h\cdot y)V \\ \mathscr{F}\left(\dfrac{\partial U}{\partial x_k}\right) = \mathscr{F}\left(\dfrac{\partial\delta}{\partial x_k} * U\right) = 2i\pi y_k U. \end{cases}$$

しかしとにかくこれらの公式は直接に証明される．なお，$U\in(\mathscr{S})_x$ ならば古典的で，極限移行によって $U\in(\mathscr{S}')_x$ に対して成り立つ．これらは，すでに $(\mathscr{S})$ の函数について知ったように，Fourier 変換が可微分性についての局所的諸性質と無限遠での減少の諸性質とを入れ換えることを証明している．

例 2. Fourier 級数と Fourier 積分

$\mathring{T}$ を，R^n 上の周期超函数 T に対応する，トーラス T^n 上の超函数とする(§1)．そのとき，これは(7,1;1)で与えられる Fourier 係数 $a_l(\mathring{T})$ をもつ．それゆえ T は，$(\mathscr{B}')_x$ において収束する級数，したがって $(\mathscr{S}')_x$ において収束する級数 $\sum\limits_l a_l\exp(2i\pi l\cdot x)$ によって表わされる．そこで項別の Fourier 変換によって，R^n 上でそれの Fourier 変換 $\mathscr{F}T$ は，(7,7;1)の第2行の式を考慮すれば，$\sum\limits_l a_l\delta_{(l)}$ であることが示される；$\mathscr{F}T$ は，各点 $l=\{l_1, l_2, \cdots, l_n\}$ に置いた質量 a_l という，離散した測度から作られている．この性質は概周期超函数に，その超函数の Fourier 級数が $(\mathscr{S}')_x$ で収束すれば，拡張される．逆に，Fourier 変換 $\mathscr{F}T$ が整数を座標とする点 l に置いた質量 b_l から成るような，R^n 上の超函数 T は周期的である；なぜならば

$$\mathscr{F}(\tau_l T - T) = [\exp(-2i\pi l\cdot y) - 1]\mathscr{F}T = 0\,;$$

このとき b_l は T の Fourier 係数である．

特に $\mathring{\delta}$ を，R^n 上の周期超函数 $\sum_l \delta_{(l)}$ と同視したトーラス上の Dirac 測度とする．それの，トーラス上で計算した Fourier 係数はすべて 1 に等しく [(7, 1 ; 5)]，したがって

$$(7,7;4)\qquad \mathscr{F}\left(\sum_l \delta_{(l)}\right) = \sum_l \delta_{(l)}\,.$$

Parseval 公式を (7, 7 ; 4) に適用したものは，古典的な Poisson の総和公式である：$u(x)$ と $v(y)$ が $(\mathscr{S})$ に属して $v=\mathscr{F}u$ ならば，

$$(7,7;5)\qquad \sum_l u(l) = \sum_l v(l)\,.$$

もちろんこの公式をいくつかのもっと一般な場合に拡張することができる[1]；それを Parseval 公式の 1 つとして解釈するのは興味あることである．これを $n=1$ のときに $u(x)=\exp(-\pi t x^2)$, $v(y)=\frac{1}{\sqrt{t}}\exp(-\pi y^2/t)$ に適用したものは θ 函数の変換公式を与えることが知られている：

$$(7,7;6)\qquad \sum_{l=-\infty}^{l=+\infty} \exp(-\pi l^2 t) = \sum_{l=-\infty}^{l=+\infty} \frac{1}{\sqrt{t}} \exp\left(-\frac{\pi l^2}{t}\right).$$

例 3. 測度の Fourier 変換[2]

$U=\mu$ を緩増加な測度とする [(7, 4 ; 7)]．A が R^n の有界可測集合ならば，測度 μ の A に載っている部分 μ_A は可積分であって，これの Fourier 変換 $\mathscr{F}\mu_A$ は普通の Fourier 積分で表わされる有界連続函数 $\mathscr{G}_A(y)$ である．ところが，A があらゆる方向で無限遠に向って拡がって行きいかなる有界集合をもついには含んでしまう，というときには，緩増加の仮定によって μ_A は $(\mathscr{S}')_x$ において μ に収束する（"R^n の有界可測集合の有向集合に関する" 収束）．

このとき $\mathscr{F}\mu_A$ は $(\mathscr{S}')_y$ において $\mathscr{F}\mu$ に収束し，したがって次のように書くことができる：

$$(7,7;7)\qquad \mathscr{F}(\mu_x) = \int\int\cdots\int_{R^n} \exp(-2i\pi x\cdot y)\,d\mu(x) = \lim_{A\to R^n}\int\int\cdots\int_A .$$

無限に拡がって行く範囲 A の形に関わりなく収束し得るのは絶対収束する場合に限る，というのが重積分の古典的な概念であるが，これに反して，上の積分は $\int\int\cdots\int |d\mu(x)| = +\infty$ であっても収束する．しかしそれは y の種々

1)　たとえば Bochner [1], 33–38 頁参照．Poisson 公式が成り立つための一般的な必要かつ十分な条件は知られていない．Boas [1] および Borgen [1] 参照．

2)　$n=1$ のときに Bochner と Carleman の方法が適用されるのは，この場合である．(223 頁脚注)

の値に対して数値として収束するのではなく，y に関する緩い超函数として $(\mathscr{S}')_y$ において収束する．次のことに注意しよう：μ は $(1+r^2)$ のベキと可積分測度 ν との積 $(1+r^2)^k\nu$ であり，したがって $\mathscr{F}\mu=\left(1-\frac{\Delta}{4\pi^2}\right)^k\mathscr{F}\nu$，それゆえ(7,7;7)に現れる積分は，$\mathscr{F}\nu$ を与える或る絶対収束積分に微分演算 $\left(1-\frac{\Delta}{4\pi^2}\right)^k$ を施したものとなる；$\mathscr{F}\nu$ は有界函数であり，**したがって $\mathscr{F}\mu$ は R^n 上の有界超函数** $[\mathscr{F}\mu\in(\mathscr{B}')_y]$ **であって，もしも μ が函数 f ならば $\mathscr{F}\mu$ は無限遠で 0 に収束する** $[\mathscr{F}\mu\in(\dot{\mathscr{B}}')$，第6章，§8参照$]$(§2 で引用した Lebesgue の定理によって)．μ が多項式と函数 $\in L^p\,(1\leqq p\leqq 2)$ との積ならば，$\mathscr{F}\mu$ は函数 $\in L^{p'}$ $[p'=p/(p-1)]$ の微係数の或る和であり，したがって $\mathscr{F}\mu\in(\mathscr{D}'_{L^{p'}})$．$U$ の局所的正則性の諸性質($U=\mu$, $U=f$) から V の無限遠における減少についての諸性質 $[V\in(\mathscr{B}'),\ V\in(\dot{\mathscr{B}}')]$ が結論されることがわかる．(7,7;7)は古典的に電気，演算子法，波動力学などに用いられている．いまやこれは完全に正当化された．たとえば，$n=1$ ならば

$$\text{(7,7;8)}\qquad \delta_y=\mathscr{F}[(1)_x]=\int_{-\infty}^{+\infty}\exp(-2i\pi xy)\,dx=2\int_0^\infty\cos 2\pi xy\,dx$$

$$\frac{\partial\delta}{\partial y}=\mathscr{F}(-2i\pi x)=\int_{-\infty}^{+\infty}(-2i\pi x)[\exp(-2i\pi xy)]dx$$

$$=-2\int_0^\infty 2\pi x\sin 2\pi xy\,dx\,.$$

これらの積分は有限区間上での積分の $[(\mathscr{S}')_y$ における$]$ 極限であり，第2の積分は第1のものから $\int$ 記号下での y による微分演算で得られる．

例 4. **$(\mathscr{D}'_{L^p})$ (第6章，§8)における Fourier 変換**

今度は，V の局所的正則性に関する諸性質を定めるものは，無限遠における U の減少の諸性質，すなわち $(\mathscr{D}'_{L^p})$ への帰属である．

$U\in(\mathscr{D}_{L^1})$ ならば，$\mathscr{F}U=V$ は有界かつ連続であり，これと多項式との積もそうである：これは急減少な連続函数である．$U\in(\mathscr{D}_{L^p})$, $1\leqq p\leqq 2$，ならば，V は $L^{p'}[p'=p/(p-1)]$ に属し，これと多項式との積もそうである．

$U\in(\mathscr{D}'_{L^1})$ ならば，U は可積分函数の微係数の有限和であって[第6章，定理 25]，V は多項式と有界連続函数との積である：**これは緩増加な連続函数である．** $(\mathscr{D}'_{L^1})$ **における有界集合や収束列への拡張は直ちにできる．** $U\in(\mathscr{D}'_{L^p})$, $1\leqq p\leqq 2$，ならば V は多項式と函数 $\in L^{p'}$ との積である．前記の性質が特徴づ

けになるのは $p=2$ のときだけである："$U\in(\mathscr{D}'_{L^2})$" は "V は多項式と函数 $\in L^2$ との積である" と同値である．$U\in(\mathscr{D}'_{L^1})$ ならば次の公式が成り立つ(第6章，§8，$(\mathscr{B})$ と $(\mathscr{D}'_{L^1})$ の間の共役関係，参照)：

$$(7,7;9)\qquad V(y)=U_x\cdot\exp(-2i\pi x\cdot y);$$

右辺は y の個々の値に対しつねに意味がある．

実際，この式は $U\in(\mathscr{S})_x$ ならば成り立つ；$(\mathscr{D}'_{L^1})$ における収束列について上に述べたことによって，この式は極限移行で $U\in(\mathscr{D}'_{L^1})$ に対して成り立つ．

特に，$y=0$ のときこの公式は積分とトレースとを結びつける次の公式を与えるが，それは U が R^n 上で可積分な測度の場合には古典的である．

$$(7,7;10)\qquad \mathrm{Tr.}\,V=\int\int\cdots\int U,\qquad U\in(\mathscr{D}'_{L^1}).$$

次のことに注意しよう：$u\in(\mathscr{S})$, $U\in(\mathscr{S}')$, $v=\mathscr{F}u$, $V=\mathscr{F}U$ ならば Parseval 公式 $U\cdot\bar{u}=V\cdot\bar{v}$ は $\int\int\cdots\int U\bar{u}=\mathrm{Tr.}\,(V*\tilde{v})$ と書くことができて，これは(7,7;10)，(7,6;9)および後に証明する(7,8;4)からの結果である．

$U\in(\mathscr{S}')$, $V\in(\mathscr{S}')$, $V=\mathscr{F}U$ のとき，やはり

$$(7,7;11)\qquad V_y=U_x\cdot\exp(-2i\pi x\cdot y)$$

と書いて(7,7;7)と(7,7;9)を記号的に一般化することができる；ただし上式の右辺のスカラー積は y の種々の値に対して数値として意味があるのではなく，y に関する超函数として意味があるとする．U を台がコンパクトな，あるいは $(\mathscr{D}'_{L^1})$ に属するような積 αU で近似すれば(7,7;9)に帰着する；U を正則化した $U*\beta\in(\mathscr{O}_M)$ で近似すれば(7,7;7)に帰着する．こうして Fourier 積分の種々の "積分法" が得られる．たとえば α,β を次のようにとることができる：

$$\alpha=\exp(-\varepsilon\pi r^2),\qquad \beta=\left(\frac{1}{\sqrt{\varepsilon}}\right)^n\exp\left(-\frac{\pi r^2}{\varepsilon}\right).$$

例 5.　距離の函数

$U=1/r^k$, $0<k<n$, とする．$k>n/2$ のとき，U は $(\mathscr{D}'_{L^2})$ に属し，したがって $\mathscr{F}U=V$ は函数である．この函数は明らかに距離 r だけに従属する．他方，$1/r^k$ は $-k$ 次の斉次函数であるから，V は[(7,6;15)によって] $k-n$ 次の斉次函数すなわち C_{-k}/r^{n-k} の形をしている．$u=v=\exp(-\pi r^2)$ として Parseval

公式を適用してこの定数 C_{-k} を計算する1):

$$(7,7\,;12)\qquad \iint\cdots\int \exp(-\pi r^2)\,r^{-k}dx = C_{-k}\iint\cdots\int \exp(-\pi r^2)\,r^{k-n}dy$$

したがって，$-\dfrac{n}{2}>m>-n$ であるような実数 m に対し，

$$(7,7\,;13)\qquad \mathscr{F}r^m = \frac{1}{\pi^{(n/2)+m}}\frac{\Gamma\left(\dfrac{m+n}{2}\right)}{\Gamma\left(-\dfrac{m}{2}\right)}r^{-(m+n)}.$$

この公式は明らかに，$m=-\dfrac{n}{2}$ に対しても極限移行で成り立ち，また $0>m>-\dfrac{n}{2}$ に対しても m と $-(m+n)$ との交換で成り立つ．ところが両辺は，$\Re m>0$ あるいは $<-n$ のとき r のベキの前に記号 Pf.（有限部分）を置けば，複素変数 m の有理型函数である；それゆえ，(7,7;13) はこれら有理型函数の特異点でないような複素数 m に対しては正しい；それら例外の値（左辺については $m=-n-2h$, h は整数 $\geqq 0$；右辺については $m=2h$）に対しては，この公式は次のように変形すべきである（その計算は特異点でない m の値からの極限移行でなされる；(2,3;5 および 9) 参照）：

(7,7;14)

$$\begin{cases} \mathscr{F}(r^{2h}) = \left(-\dfrac{\Delta}{4\pi^2}\right)^h\delta \\[2ex] \mathscr{F}\left(\mathrm{Pf.}\,\dfrac{1}{r^{n+2h}}\right) = \dfrac{\pi^{(n/2)+2h}}{\Gamma\left(\dfrac{n}{2}+h\right)}2\dfrac{(-1)^h}{h!}r^{2h}\left[\log\dfrac{1}{\pi r}+\dfrac{1}{2}\left(1+\dfrac{1}{2}+\cdots+\dfrac{1}{h}-\mathscr{C}\right)\right. \\[2ex] \qquad\qquad\left.+\dfrac{1}{2}\dfrac{\Gamma'\left(\dfrac{n}{2}+h\right)}{\Gamma\left(\dfrac{n}{2}+h\right)}\right] \end{cases}$$

ただし $\mathscr{C}$ は Euler 定数；和 $1+\dfrac{1}{2}+\cdots+\dfrac{1}{h}$ は，$h=0$ のときには，0 で置き換える．

1) C_{-k} を計算するこのすこぶる簡単な方法は Deny 氏が私に示唆したのである．これは彼のテーゼ，DENY [1]，151 頁，において用いられている．

特に，$m=-n$ に対して，次の公式を得る：

(7,7;15) $$\mathscr{F}\left(\mathrm{Pf.}\,\frac{1}{r^n}\right)=\frac{2(\sqrt{\pi})^n}{\Gamma\left(\frac{n}{2}\right)}\left[\log\frac{1}{\pi r}-\frac{\mathscr{C}}{2}+\frac{1}{2}\frac{\Gamma'\left(\frac{n}{2}\right)}{\Gamma\left(\frac{n}{2}\right)}\right]$$

(7,7;16) $$\mathscr{F}\left(\log\frac{1}{r}\right)=\frac{\Gamma\left(\frac{n}{2}\right)}{2(\sqrt{\pi})^n}\left(\mathrm{Pf.}\,\frac{1}{r^n}\right)+\left(\frac{\mathscr{C}}{2}-\frac{1}{2}\frac{\Gamma'\left(\frac{n}{2}\right)}{\Gamma\left(\frac{n}{2}\right)}+\log\pi\right)\delta.$$

これらの公式は直ちに，$n\neq 2$ のとき，

(7,7;17) $$\mathscr{F}\left[\Delta\left(\frac{1}{r^{n-2}}\right)\right]=-4\pi^2r^2\mathscr{F}\left(\frac{1}{r^{n-2}}\right)=-(n-2)\frac{2\pi^{n/2}}{\Gamma\left(\frac{n}{2}\right)}$$

を与えるが，これは再び(2,3;10)を与える．$n=2$ のときは

$$\mathscr{F}\{\Delta[\log(1/r)]\}=-4\pi^2r^2\mathscr{F}[\log(1/r)]=-2\pi$$

が成り立つであろう．

$n=1$ のときは，(7,7;16)は

(7,7;18) $$\mathscr{F}(\log|x|)=-\frac{1}{2}\mathrm{Pf.}\left(\frac{1}{|y|}\right)-(\mathscr{C}+\log 2\pi)\delta$$

になる；x について微分すれば

(7,7;19) $$\mathscr{F}\left(\mathrm{v.\,p.}\,\frac{1}{x}\right)=\begin{cases}+i\pi & y<0\text{ のとき},\\ -i\pi & y>0\text{ のとき},\end{cases}$$

を得るが，これは次のことに注意すれば直接にも得られたであろう：v. p. $1/x$ は，x との積が定数1であるようなただ1つの奇超函数 ($\check{U}=-U$) であり（第5章，定理7参照），したがってそれの Fourier 変換は，$-\dfrac{1}{2i\pi}\dfrac{dV}{dy}=\delta$ となるような唯1の奇超函数 V である．つづいて微分すれば [(2,2;30)]

(7,7;20) $$\mathscr{F}\left[(-1)^l l!\,\mathrm{Pf.}\,\frac{1}{x^{l+1}}\right]=\begin{cases}+i\pi(2i\pi y)^l & y<0\text{ のとき},\\ -i\pi(2i\pi y)^l & y>0\text{ のとき}.\end{cases}$$

(7,7;19)は間接的な形でよく知られている．$V=\mathscr{F}U$ とすれば，乗法と合成との交替の性質によって

(7,7;21) $$\mathscr{F}\left[\mathrm{v.\,p.}\,\frac{1}{x}*U\right]=\pm i\pi V$$

($y<0$ のとき $+$, $y>0$ のとき $-$). この式は $U\in(\mathcal{S})$ に対して意味をもち，したがって，極限移行で，もっと一般な場合に意味をもつ：たとえば $U\in(\mathcal{D}'_{L^2})$ に対して——この場合 V は函数(各コンパクト集合上で L^2 に属する)である．$U\in L^p(1<p<+\infty)$ に対しては，v. p. $\dfrac{1}{x}*U$ が v. p. $\displaystyle\int_{-\infty}^{+\infty}\frac{U(t)}{x-t}dt$ と書かれ，この積分が x のほとんどすべての値に対して収束する，ということが示される[1)]. v. p. $1/x$ との合成が $(\mathcal{D}'_{L^p})$ から $(\mathcal{D}'_{L^q})$ へ ($1<p<+\infty, p\leqq q$, あるいは $1=p<q$) の連続線型演算であることを示して，この積分の古典的性質を直ちに一般化することができる．

一般に，函数 $U(r)$ の Fourier 変換 V を計算するには，次の古典的公式を用いる；ただし J は Bessel 函数である[2)]：

$$(7,7\,;22)\qquad V(r)=\frac{2\pi}{r^{(n-2)/2}}\int_0^{+\infty}U(t)\,t^{n/2}J_{(n-2)/2}(2\pi rt)\,dt\,.$$

U と V が函数であるとき成り立つこの公式は拡張できて，それによれば半直線 $(0,+\infty)$ 上の緩い超函数に対する Hankel 変換が定義されるであろうが，この拡張は割愛する．

$U(r)=1/(1+r^2)^{m/2}$, $\Re m>n/2$ に対しては，こうして

$$(7,7\,;23)\quad \mathcal{F}[(1+r^2)^{-m/2}]=\frac{2\pi^{m/2}}{\Gamma\left(\dfrac{m}{2}\right)}r^{(m-n)/2}K_{(n-m)/2}(2\pi r)=L_m$$

を得る；ただし(2, 3 ; 20)の記法による．ところがすべての m に対して，$1/(1+r^2)^{m/2}$ は $(\mathcal{S}')$ に属し，複素変数 m の整函数である．それゆえ，これの Fourier 変換 V は $(\mathcal{S}')_y$ に属し［しかも $(1+r^2)^{-m/2}$ の解析性によって無限遠で指数函数の程度に減少する］，$\Re m\leqq n$ に対しては m についての解析接続で得られる．この解析接続はそれゆえつねに L_m と一致し，$m=0, -2, -4, \cdots$ のときを除けば，記号 Pf. (有限部分)を付して書かれる；明らかに

$$L_{-2k}=\mathcal{F}[(1+r^2)^k]=\left(1-\frac{\Delta}{4\pi^2}\right)^k\delta\,.$$

多くの問題において $1/(1+r^{2m})$ および $\left(1+\left(-\dfrac{\Delta}{4\pi^2}\right)^m\right)$ をもって $1/(1+r^2)^m$ お

1)　Marcel RIESZ [3]. これは Hilbert 変換である．
2)　BOCHNER [1], 187 頁，公式 15.

よび$\left(1-\frac{\Delta}{4\pi^2}\right)^m$に代え得る.

例 6. 有理型函数

R^2 において $f(z)$ を複素変数 z の有理型函数とする．超函数 v. p. $f(z)$ を定義できることはすでに知った(第2章，§3，例3).

次の公式がたしかめられる；ただし R^2 はそれの共役と同視してある：

$$(7,7\,;24)\qquad \begin{cases} \mathscr{F}(z) = -\dfrac{1}{i\pi}\dfrac{\partial\delta}{\partial\bar{z}}; \quad \mathscr{F}(z^m) = \left(-\dfrac{1}{i\pi}\dfrac{\partial}{\partial\bar{z}}\right)^m\delta\,; \\ \mathscr{F}\left(\dfrac{1}{z}\right) = \dfrac{-i}{z}; \quad \mathscr{F}\left(\text{v. p. } \dfrac{1}{z^m}\right) = -\dfrac{i}{z}\dfrac{(-i\pi\bar{z})^{m-1}}{(m-1)\,!}; \end{cases}$$

これらは(2, 3 ; 27) と同値な公式である.

例 7. Fourier 変換と Hermite 多項式

まず1変数 ($n=1$) の場合を考えよう．次の式で Hermite 多項式 $H_m(x)$ 1) を定義する：

(7, 7 ; 25)

$$\frac{d^m}{dx^m}[\exp(-2\pi x^2)] = (-1)^m\sqrt{m!}\,2^{m-(1/4)}\pi^{m/2}H_m(x)\exp(-2\pi x^2)$$

それらの多項式は L^2 の正規直交系を定める；すなわち Hermite 函数 $\mathscr{H}_m(x) = H_m(x)\exp(-\pi x^2)$ から成る正規直交系である：

$$(7,7\,;26)\qquad \int_{-\infty}^{+\infty}\mathscr{H}_p(x)\,\mathscr{H}_q(x)\,dx = \begin{cases} 0 & p \neq q \text{ のとき}, \\ 1 & p = q \text{ のとき}. \end{cases}$$

他方，Fourier 変換によって

$$(7,7\,;27)\qquad \mathscr{F}[\mathscr{H}_m(x)] = (-i)^m\mathscr{H}_m(y).$$

さて $\varphi(x)\in L^2$ とする．この函数には Hermite 函数による，L^2 において収束する展開がある：

$$(7,7\,;28)\qquad \begin{cases} \varphi(x) = \sum\limits_0^\infty a_m(\varphi)\,\mathscr{H}_m(x)\,;\; a_m(\varphi) = \displaystyle\int_{-\infty}^{+\infty}\varphi(x)\,\mathscr{H}_m(x)\,dx\,; \\ \sum\limits_0^\infty |a_m|^2 = \displaystyle\int_{-\infty}^{+\infty}|\varphi(x)|^2dx \end{cases}$$

次の式で定義される互に反転な変換 $\mathscr{T}_+$ および $\mathscr{T}_-$ を考えよう：

---

1) 普通の Hermite 多項式 $P_m(x)$ は次の式によってここでの Hermite 多項式と関係づけられる：

$$\frac{d^m}{dx^m}\exp\left(-\frac{x^2}{2}\right) = (-1)^m P_m(x)\exp\left(-\frac{x^2}{2}\right); \quad H_m(x) = \frac{2^{1/4}}{\sqrt{m!}}P_m(2\sqrt{\pi}\,x)$$

$$\mathcal{T}_{\pm}\varphi = \pm\frac{d\varphi}{dx}+2\pi x\varphi. \tag{7,7;29}$$

Hermite 多項式の漸化式によって,

$$\begin{cases} \mathcal{T}_{+}\mathcal{H}_m = 2\sqrt{\pi m}\,\mathcal{H}_{m-1} \\ \mathcal{T}_{-}\mathcal{H}_m = 2\sqrt{\pi(m+1)}\,\mathcal{H}_{m+1} \end{cases} \tag{7,7;30}$$

が成り立つ.

このことから, $\varphi, \varphi', x\varphi$ が L^2 に属すれば

$$a_m(\mathcal{T}_{+}\varphi) = \mathcal{T}_{+}\varphi\cdot\mathcal{H}_m = \varphi\cdot\mathcal{T}_{-}\mathcal{H}_m \tag{7,7;31}$$

$$\begin{cases} a_m(\mathcal{T}_{+}\varphi) = 2\sqrt{\pi(m+1)}\,a_{m+1}(\varphi) \\ a_m(\mathcal{T}_{-}\varphi) = 2\sqrt{\pi m}\,a_{m-1}(\varphi) \qquad [m\geqq 1\,;\,a_0(\mathcal{T}_{-}\varphi)=0] \end{cases} \tag{7,7;32}$$

ということになるが, これらの式から和 $\sum\limits_0^\infty m|a_m|^2$ の収束が導かれる. 逆に, $\varphi\in L^2$ ならば, 級数 $\sum\limits_0^\infty a_m(\varphi)\mathcal{H}_m(x)$ は L^2 において収束し, したがって $(\mathcal{D}')$ において収束する; 演算 $\mathcal{T}_{+}$ および $\mathcal{T}_{-}$ を項別に施せば, $\mathcal{T}_{+}\varphi$ および $\mathcal{T}_{-}\varphi$ が $(\mathcal{D}')$ において Hermite 函数の級数の和であることがわかる; $\sum m|a_m|^2<+\infty$ ならば, それらの級数が L^2 において収束し, φ' および $x\varphi$ は L^2 に属する. そこで, 次の2性質は同値である:

a) $\varphi, \varphi', x\varphi$ は L^2 に属する;

b) $\sum\limits_0^\infty m|a_m(\varphi)|^2<+\infty$.

このことから, 演算 $\mathcal{T}_{+}$ および $\mathcal{T}_{-}$ の繰返しによって, 次の結論が導かれる:

1°　$\varphi\in(\mathcal{S})$ であるためには, 列 $a_m(\varphi)$ が $m\to\infty$ に対して急減少であることが, 必要かつ十分である. $\varphi\in(\mathcal{S})$ に列 $\{a_m(\varphi)\}$ を対応させる写像は, $(\mathcal{S})$ と急減少列の空間との間の(位相ベクトル空間の)同型対応である.

2°　T が緩い超函数ならば, $a_m(T)=T\cdot\mathcal{H}_m$ を計算できる. 定理6(1°)によって T が, それぞれ L^2 の函数に演算 $\mathcal{T}_{+}$ および $\mathcal{T}_{-}$ を繰返し施して得られるような超函数の有限和であるから, (7,7;32)によって, $a_m(T)$ は $m\to\infty$ に対して緩増加な列を成す. 逆に, 列 b_m が $m\to\infty$ に対して緩増加ならば, この列は $\sum|c_m|^2<\infty$ であるような列 c_m を $\sqrt{(m+1)(m+2)\cdots(m+k)}$ に掛けた積であり, このことは級数 $\sum\limits_m b_m\mathcal{H}_m(x)$ が $(\mathcal{S}')$ において或る極限 T に収束し, b_m が T の Hermite 係数であることを示している(§1, 定理1参照). 同時に

次のこともわかる：各超函数 $T\in(\mathscr{S}')$ は，k が十分大きければ $\left(\dfrac{d}{dx}+2\pi x\right)^k$ を或る函数 $f\in L^2$ に施したもの(f は1通りではなく，$\sum_0^{k-1} a_m\mathscr{H}_m(x)$ を加えてよい)，また有界連続函数に施したものでもある．

$T\in(\mathscr{S}')$ に列 $\{a_m(T)\}$ を対応させる写像は，$(\mathscr{S}')$ と緩増加列の空間との間の(位相ベクトル空間の)同型対応である．

こうして $(\mathscr{S})$ と $(\mathscr{S}')$ は，$(\mathscr{D})_{T^n}$ と $(\mathscr{D}')_{T^n}$ のように(§1)，数列空間に同型である[1]．$(\mathscr{S})$ と $(\mathscr{D})_{T^n}$ は同型，また $(\mathscr{S}')$ と $(\mathscr{D}')_{T^n}$ も同型である．Hermite 展開による $\varphi\in(\mathscr{S})$ および $T\in(\mathscr{S}')$ の表現を援用すれば，スカラー積 $T\cdot\varphi$ は，また(7, 7 ; 27)によって Fourier 変換も，すこぶる簡単に表わされる：

$$(7,7;33)\qquad \begin{cases} T\cdot\varphi=\sum_0^\infty a_m(T)\,a_m(\varphi) \\ \mathscr{F}\left[\sum_0^\infty a_m\mathscr{H}_m(x)\right]=\sum_0^\infty(-i)^m a_m\mathscr{H}_m(y)\,. \end{cases}$$

このことによって $(\mathscr{S})$ と $(\mathscr{S}')$ に

$$(7,7;34)\qquad \mathscr{F}_\omega\left[\sum_0^\infty a_m\mathscr{H}_m(x)\right]=\sum_0^\infty \omega^m a_m\mathscr{H}_m(y)$$

で定義される Fourier-Mehler 変換を拡張できる[2]；ただし ω は絶対値が1の複素数．$\mathscr{F}_\omega$ および $\overline{\mathscr{F}}_\omega=\mathscr{F}_{\overline{\omega}}$ は $(\mathscr{S})_x$ と $(\mathscr{S})_y$，あるいは $(\mathscr{S}')_x$ と $(\mathscr{S}')_y$ の間の互に逆な2つの同型写像である．

高次元に対しては，$\mathscr{H}_m$ を函数

$$(7,7;35)\qquad \begin{cases} \mathscr{H}_l(x)=\mathscr{H}_{l_1}(x_1)\,\mathscr{H}_{l_2}(x_2)\cdots\mathscr{H}_{l_n}(x_n) \\ l=\{l_1,l_2,\cdots,l_n\},\qquad l_\nu \text{ は整数} \geqq 0\,, \end{cases}$$

で置き換える．

例 8．双曲距離

ふたたび Riesz 氏の超函数

$$(7,7;36)\qquad Z_l=\frac{1}{\pi^{(n-2)/2}2^{l-1}\Gamma\left(\dfrac{l}{2}\right)\Gamma\left(\dfrac{l+2-n}{2}\right)}\mathrm{Pf.}\ (s^{l-n})$$

を考えよう．

---

1) これらの数列空間は Köthe 氏 [1] によって論ぜられた．

2) この拡張は Wiener 氏から私に口頭で知らされた．

次のことを思いだそう(第2章, §3, 例4): 上の定義は $l-n$ の特異でない値に対してだけあてはまり, そのような値に対しては有限部分は曖昧さなしに定まる. $l-n$ の特異な値に対しては, Z_l は極限移行で定義される; これは複素変数 l の, $(\mathscr{D}')$ における値をとる整函数である. 他方, Z_l の台が波円錐体 $x_n\geqq 0, x_n{}^2-x_1{}^2-\cdots-x_{n-1}{}^2\geqq 0$ に含まれることを思いだそう. $\Re(l)-n>0$ のとき, Z_l は緩増加な連続函数である; 微分公式(7,3;33)によって, l のすべての値に対し $Z_l\in(\mathscr{S}')$. その他に, $\Re(l)-n\leqq 0$ のとき Z_l が $(\mathscr{B}')$ に含まれることと, $\Re(l)<0$ の絶対値が大きければ大きいほど急速に Z_l が無限遠で減少することを, 示すこともできよう.

Laplace 変換を経由して $\mathscr{F}(Z_l)$ を計算する. 実際, $\varepsilon>0$ ならば $Z_l\times\exp(-2\pi\varepsilon x_n)\in(\mathscr{O}'_C)$ であり, $\Re(l)\geqq n$ に対して次の公式を得る:

(7,7;37)

$$\mathscr{F}[Z_l\exp(-2\pi\varepsilon x_n)]=\int\int\cdots\int Z_l(x)\exp(-2i\pi x\cdot y-2\pi\varepsilon x_n)\,dx$$
$$=\left(\frac{1}{2\pi}\right)^l[(\varepsilon+iy_n)^2+y_1{}^2+y_2{}^2+\cdots+y_{n-1}{}^2]^{-l/2}.$$

$Z_l\exp(-2\pi\varepsilon x_n)$ は複素変数 l の [$(\mathscr{O}'_C)$ における値をとる] 正則解析函数であるから, それの Fourier 変換もそうである; したがって上の式は, 右辺が[1] 函数 $\in(\mathscr{O}_M)$ (括弧の中が決して0にならないから) だから, l のすべての値に対して成り立つ.

さて $\varepsilon\to 0$ のとき $Z_l\exp(-2\pi\varepsilon x_n)$ は $(\mathscr{S}')$ において Z_l に収束し, したがって $\mathscr{F}Z_l$ は(7,7;37)の最終辺の [$(\mathscr{S}')$ における] 極限で定義される. 函数 $y_n{}^2-y_1{}^2-y_2{}^2-\cdots-y_{n-1}{}^2$ を σ^2 と呼ぼう; 波円錐の内部で(両分枝 $y_n>0$, $y_n<0$ において) $\sigma^2>0$, 外部で $\sigma^2<0$. 函数 σ^2 は波円錐の内部, $y_n\geqq 0$, では s^2 に等しいが, s^2 は波円錐の正の分枝の外部では0であるのに σ^2 は全空間を台とする.

さて $\Re(l)<0$ とする. (7,7;37)の右辺は,

$$\left\{\ \text{波円錐の外部}\ (-\sigma^2\geqq 0)\ \text{で}\quad g_1=\left(\frac{1}{2\pi}\right)^l(-\sigma^2)^{-l/2}\right.$$

1) 〔訳注〕 原文は le 2e membre となっているが, 実は第3辺のことであろう.

$$(7,7;38)\quad \begin{cases} \text{波円錐の内部}\ (\sigma^2 \geqq 0) \\ \qquad y_n \geqq 0 \quad \text{では} \quad g_2 = \left(\dfrac{1}{2\pi}\right)^l (\sigma^2)^{-l/2} \exp\left(-i\pi\dfrac{l}{2}\right) \\ \text{波円錐の内部}\ (\sigma^2 \geqq 0) \\ \qquad y_n \leqq 0 \quad \text{では} \quad g_3 = \left(\dfrac{1}{2\pi}\right)^l (\sigma^2)^{-l/2} \exp\left(+i\pi\dfrac{l}{2}\right) \end{cases}$$

に等しい函数 $g(y)$ に[各コンパクト集合上で一様に，また $(\mathscr{S}')$ においても]収束することがたしかめられる．

$\Re(l) \geqq 0$ に対しては，$\mathscr{F}Z_l$ はこうして定義された函数の l に関する解析接続で得られよう；除外値でない l の値に対してこの接続は函数 g の定義の前に記号 Pf. を置いて得られる．除外値に対しては，記号 Pf. g につける意味を明示する必要があろう．採用すべき定義は，それが複素変数 l の整函数であることを考慮に入れるのであるが，このことは求める超函数を完全に決定する．特異点がないのは Z_l の場合のように Pf. の前に係数があるためではなく，擬函数 Pf. g が波円錐面の両側で偏角の異なる複素数値を取り，そのために，3箇の擬函数 Pf. g_1，Pf. g_2，Pf. g_3 を別々にすればおのおのがもつような l についての特異性が相殺し抑えられる，ということに由るのである．

偶数 $l=2k \geqq 0$ に対しては，高階の波の方程式の素解の Fourier 像

$$(7,7;39)\qquad \mathscr{F}(Z_{2k}) = \text{Pf.}\left(\frac{-1}{4\pi^2\sigma^2}\right)^k$$

を得る；もとより(ちょうど特異値にぶつかるから)この式は Pf. の定義を明示して初めて意味がつくのである．ここではその定義は明示すまい．

とにかく，

$$(7,7;40)\qquad (-4\pi^2\sigma^2)^k\, \text{Pf.}\left(\frac{-1}{4\pi^2\sigma^2}\right)^k = 1$$

であって，これは(2,3;34)：$\square^k Z_{2k} = \delta$，に対応している．

はっきりした定義がないときに記号 Pf. に伴う曖昧さが，1つの注意によってよく示されるであろう．実数 l に対して，$\tilde{Z}_l = \check{Z}_l$ は Pf. $\bar{g}$=Pf. $\check{g}$ をその Fourier 像としているが，これは g_2 と g_3 を $\bar{g}_2$ と $\bar{g}_3$ で置き換えても，(7,7;38) で g_2 と g_3 を交換しても得られる．しかし，$l=2k$ に対しては，$\check{Z}_{2k}$ と Z_{2k} が異なる(台が原点に関して対称)にもかかわらず，$\mathscr{F}\check{Z}_{2k}$ と $\mathscr{F}Z_{2k}$ に対し同じ表

わし方 Pf. $\left(-\frac{1}{4\pi^2\sigma^2}\right)^k$ を得る．これは，この2つの場合に Pf. の定義が同じでないためである．この2つの場合に，(2, 2 ; 13) のに類する無限部分 $I(\varepsilon)$ は，原点に関して非対称な虚の，**定数項を有する** ε の多項式である．このことから，普通の函数 $\left(-\frac{1}{4\pi^2\sigma^2}\right)^k$ が原点に関して対称かつ実数値であるのに，そう定義した超函数 Pf. $\left(-\frac{1}{4\pi^2\sigma^2}\right)^k$ は原点に関して非対称な虚の超函数である（なお Z_{2k} は原点に関して非対称であり，Hermite 対称性をもたない，$\tilde{Z}_{2k}=\check{Z}_{2k}\neq Z_{2k}$），ということになる．対称で Hermite 型の素解 $\frac{1}{2}(\check{Z}_{2k}+Z_{2k})$ の Fourier 像は，これを Pf. $\left(-\frac{1}{4\pi^2\sigma^2}\right)^k$ と呼んでもよく，こんどは有限部分の定義は対称かつ実である1)．

例 9. 1つの，逐次積分による計算

重積分を逐次積分で置き換えてすこぶる古典的な方法で Fourier 像を計算できることがしばしば起きる．

たとえば，$\mathcal{F}U$ が計算すべきもの，U は $\Re k>0$ に対して

$$U_x = \text{Pf.}\left(\frac{1}{2i\pi x_n+4\pi^2({x_1}^2+{x_2}^2+\cdots+{x_{n-1}}^2)}\right)^k \tag{7, 7 ; 41}$$

で定義される擬函数，であるとする．

変数 $x=\{x_1, x_2, \cdots, x_n\}$ の空間 X^n を変数 $\xi=\{x_1, x_2, \cdots, x_{n-1}\}$ の $n-1$ 次元空間と変数 x_n の1次元空間との積と考えるのが便利であろう．

記号 Pf. のはっきりした定義はここでは次のものである．$x=0$ だけが特異点である．$\Re k<(n+1)/2$ に対しては，右辺の式が原点の近傍で可積分であるから，U は函数であって，記号 Pf. は不要である．しかし $\Re k\geqq(n+1)/2$ に対しては，U は擬函数である．$\varphi(x)\in(\mathcal{S})_x$ に対して，単積分

$$I(\xi,\varphi)=\int_{-\infty}^{+\infty}\frac{\varphi(x)\,dx_n}{(2i\pi x_n+4\pi^2|\xi|^2)^k} \tag{7, 7 ; 42}$$

を考える．$\xi\neq0$ に対してこれは定義されて連続である；ところが，$\xi\to0$ のときこれが或る有限な極限に収束することを（0 の近傍における φ の Taylor 展開を用いて）示すことができて，次のように置くことができる：

1) Lorentz 群によって不変な超函数に対して，記号 Pf. は Methée [1] において定義された；この定義によれば，われわれがここで書いた記号 Pf. は正しくない．Z_l の Fourier 像の計算は Methée [2] および Carmen-Lys Braga [1] でなされた．

(7,7;43)

$$U_x\cdot\varphi(x)=\int\cdots\int I(\xi,\varphi)\,d\xi=\int\cdots\int d\xi\int_{-\infty}^{+\infty}\frac{\varphi(x)\,dx_n}{(2i\pi x_n+4\pi^2|\xi|^2)^k}.$$

有限部分はここでは半収束積分[1]である.

そこで，$V_y=\mathscr{F}U$ を計算するとしよう．当然

(7,7;44)

$$I[\xi,\exp(-2i\pi x\cdot y)]=\exp(-2i\pi\xi\cdot\eta)\int_{-\infty}^{+\infty}\frac{\exp(-2i\pi x_n y_n)\,dx_n}{(2i\pi x_n+4\pi^2|\xi|^2)^k}$$

と置き，次いで

$$(7,7;45)\qquad W(y)=\int\cdots\int I[\xi,\exp(-2i\pi x\cdot y)]d\xi$$

$$=\int\cdots\int\exp(-2i\pi\xi\cdot\eta)\,d\xi\int_{-\infty}^{+\infty}\frac{\exp(-2i\pi x_n y_n)\,dx_n}{(2i\pi x_n+4\pi^2|\xi|^2)^k}$$

と置くことになるが，もちろん，これらの公式が意味をもつことをたしかめるという条件の下においてである．$y_n\neq0,\xi\neq0$ に対して単積分は半収束 ($k\geqq2$ に対しては絶対収束) し，その値は

$$(7,7;46)\qquad\begin{cases}0 & y_n>0\text{ のとき}\\ \dfrac{|y_n|^{k-1}}{\Gamma(k)}\exp(-4\pi^2|y_n||\xi|^2) & y_n<0\text{ のとき},\end{cases}$$

である.

$y_n\neq0$ に対して得られたこの函数は $\xi\to0$ のとき或る有限な極限をもち，重積分は次の値をとる：

$$(7,7;47)\qquad\begin{cases}0\quad y_n>0\text{ のとき},\\ \dfrac{|y_n|^{k-1}}{\Gamma(k)}\displaystyle\int\cdots\int\exp(-2i\pi\xi\cdot\eta)\exp(-4\pi^2|y_n||\xi|^2)\,d\xi\\ \qquad=\dfrac{|y_n|^{k-1}}{\Gamma(k)}\left(\dfrac{1}{2\sqrt{\pi|y_n|}}\right)^{n-1}\exp\left(-\dfrac{|\eta|^2}{4|y_n|}\right)\qquad y_n<0\text{ のとき}.\end{cases}$$

こうして計算した $W(y)$ は $y_n\neq0$ に対して (したがって，ほとんど到る所) 定義されている．それは超平面 $y_n=0$ の近傍で局所的に可積分であり，したがって1つの超函数を表わし，その超函数は函数である.

この函数 $W(y)$ が Fourier 変換 V であることを示すことが残っている.

1)〔訳注〕 intégrale semi-convergente.

その証明は純粋に代数的である．それを実行する手間は読者にまかせる．V は Parseval の等式(7, 6 ; 6)で定義するのであるが，その等式は u および v が $u(x)=u_1(\xi)u_2(x_n), v(y)=v_1(\eta)v_2(y_n)$ の形のときに適用するだけでよい(第4章，定理3)：

(7, 7 ; 48) $$V_y\cdot\bar{v}_1(\eta)\bar{v}_2(y_n)=U_x\cdot\bar{u}_1(\xi)\bar{u}_2(x_n).$$

右辺は，U_x の定義を与える(7, 7 ; 43)を用いて計算される．そして Parseval 公式を順に，まず変数 x_n, y_n，次に変数 ξ, η に対して，積分の順序を適当にとりかえつつ，適用するのである．

有限部分を援用して，$\Re k\leqq 0$ の場合に拡張できる．

§8 Fourier 変換の諸性質

テンソル積

定理 14. テンソル積の Fourier 変換は Fourier 変換のテンソル積である： $V_y=\mathscr{F}U_x$, $V'_{y'}=\mathscr{F}U'_{x'}$ **ならば**

(7, 8 ; 1) $$\mathscr{F}(U_x\otimes U'_{x'})=V_y\otimes V'_{y'}$$

(第4章参照)．

実際この公式は $(\mathscr{S})$ に属する U, U' に対しては明白，したがって $(\mathscr{S})$ から $(\mathscr{S}')$ への拡張によって成立する(§6参照)．

例 2つの n 次元空間 X^n, Y^n の上の Fourier 変換において，

(7, 8 ; 2) $$U_{x_1,x_2,\cdots,x_n}=(1)_{x_1,x_2,\cdots,x_k}\otimes S_{x_{k+1},\cdots,x_n}$$

にとろう．

このとき

(7, 8 ; 3) $$V_{y_1,y_2,\cdots,y_n}=\delta_{y_1,y_2,\cdots,y_k}\otimes(\mathscr{F}S)_{y_{k+1},\cdots,y_n}.$$

$x_1, x_2, \cdots, x_k$ に独立な超函数(第4章，§5，例1)の Fourier 変換は，$y_{k+1}, \cdots, y_n$ の空間で定義された超函数の Y^n への拡張(第4章，§5，例2)である；このことの逆も成り立つ．

乗法と合成

定理 15. 変換 $\mathscr{F}$ と $\overline{\mathscr{F}}$ は空間 $(\mathscr{O}_M)$, $(\mathscr{O}'_C)$ の間の，互に逆な2つの同型対応を定め，乗法積と合成積を入れかえる：

(7, 8 ; 4)

$$S\in(\mathcal{O}_M),\ U\in(\mathcal{S}')\rightrightarrows\mathcal{F}S\in(\mathcal{O}'_C),\ \mathcal{F}U\in(\mathcal{S}'),\ \mathcal{F}(SU)=\mathcal{F}S*\mathcal{F}U.$$

(7, 8 ; 5)

$$T\in(\mathcal{O}'_C),\ U\in(\mathcal{S}')\rightrightarrows\mathcal{F}T\in(\mathcal{O}_M),\ \mathcal{F}U\in(\mathcal{S}'),\ \mathcal{F}(T*U)=(\mathcal{F}T)(\mathcal{F}U).$$

こうして $(\mathcal{O}_M)$ と $(\mathcal{O}'_C)$ は互に同型であることがわかる.

乗法積と合成積の間の交替の性質は，そこに現われる函数がすべて $\in(\mathcal{S})$ になっている初等的な場合には古典的である. 実際，T および U が $\in(\mathcal{S})$ のとき，あるいは $\in(\mathcal{D}'_{L^1})$ のときでさえも [(6, 8 ; 3) および (7, 7 ; 9) 参照]

(7, 8 ; 6)
$$\begin{aligned}[\mathcal{F}(T*U)_x] &= (T*U)_x\cdot\exp(-2i\pi x\cdot y)\\ &= (T_\xi\otimes U_\eta)\cdot\exp[-2i\pi(\xi+\eta)\cdot y]\\ &= [T_\xi\cdot\exp(-2i\pi\xi\cdot y)][U_\eta\cdot\exp(-2i\pi\eta\cdot y)]\\ &= (\mathcal{F}T)_y(\mathcal{F}U)_y.\end{aligned}$$

$\mathcal{F}$ の逆である $\overline{\mathcal{F}}$ についても同じ式が成り立つから，$(\mathcal{S})$ において，同じく乗法積から合成積への変換も成立する.

そこで，$\mathcal{F}$ が $(\mathcal{O}_M)$ と $(\mathcal{O}'_C)$ を入れかえ，$(\mathcal{O}_M)$ における収束列を $(\mathcal{O}'_C)$ における収束列に，また $(\mathcal{O}'_C)$ の収束列を $(\mathcal{O}_M)$ の収束列に変換するということを示せば，前の記述で見た条件の下で $\mathcal{F}$ が乗法と合成を入れかえることをたしかめるのに十分である；なぜならば $(\mathcal{S})$ は $(\mathcal{O}_M)$, $(\mathcal{O}'_C)$, $(\mathcal{S}')$ において稠密 [$(\mathcal{O}_M)$, $(\mathcal{O}'_C)$ あるいは $(\mathcal{S}')$ の各元は $(\mathcal{S})$ の元の列の極限である] であり，考える演算はすべて連続であるから.

さてこの交替の性質は明白である. a) $S\in(\mathcal{O}_M)$ ならば S は多項式と可積分函数との積であり，それゆえ，§7，例 1 [(7, 7 ; 3)] によって，$\mathcal{F}S$ は有界函数の微係数の和，したがって R^n 上の有界超函数である. S の微係数もすべて同様の形であるから，$\mathcal{F}S$ と多項式との積はいずれも R^n 上で有界であり，$\mathcal{F}S$ は無限遠において急減少な超函数，$\in(\mathcal{O}'_C)$ である. b) こんどは $T\in(\mathcal{O}'_C)$ とすれば，T は可積分 [$\in(\mathcal{D}'_{L^1})$]，したがって，§7，例 4 によって，$\mathcal{F}T$ は緩増加な連続函数である；T と多項式の積も可積分，したがって $\mathcal{F}T$ の微係数はすべて緩増加な連続函数で，$\mathcal{F}T\in(\mathcal{O}_M)$. この証明に用いた諸性質は，1 つの超函数についてだけでなく 1 つの収束列についても成り立つから，$\mathcal{F}$ は $(\mathcal{O}_M)$ の収束列を $(\mathcal{O}'_C)$ の収束列に，また $(\mathcal{O}'_C)$ の収束列を $(\mathcal{O}_M)$ の収束列に変換する；これが証明すべきことであった．

定理の証明が完成していないことに注意しよう．$(\mathcal{O}_M)$ と $(\mathcal{O}'_C)$ の間の同型対応 $\mathcal{F}$ の連続性を，実は任意のフィルターに対する連続性があるのに，ただ収束列あるいは有界底または可算底をもつフィルターについてだけ証明したのである．ここでは証明を完成せずにおこう；それはもう少しこみ入っている．

注意 乗法と合成は他の条件の下でも交替する．たとえば

$S \in (\mathcal{D}'_{L^p})$, $T \in (\mathcal{D}'_{L^q})$, $1 \leqq p \leqq 2$, $1 \leqq q \leqq 2$ ならば $S * T$ の Fourier 変換は函数であって，その函数は函数 $\mathcal{F}S$, $\mathcal{F}T$ の積である．

実際，$(\mathcal{D}'_{L^p})$ および $(\mathcal{D}'_{L^q})$ は $(\mathcal{D}'_{L^2})$ に含まれるから，$p=q=2$ に対して証明すればよい．S と T を $(\mathcal{D}'_{L^2})$ において列 S_j, T_j で近似する；ただし S_j と T_j は台がコンパクトであるとする．このとき $\mathcal{F}(S_j * T_j)=(\mathcal{F}S_j)(\mathcal{F}T_j)$．ところがまず，$S_j * T_j$ は $S * T$ に $(\mathcal{D}'_{L^\infty})$ において収束し，したがって $(\mathcal{S}')$ において収束し，それゆえ $\mathcal{F}(S * T)$ は $\mathcal{F}(S_j * T_j)$ の $(\mathcal{S}')$ における極限，したがって $(\mathcal{D}')$ における極限であることが言える．他方，$\mathcal{F}S_j$ および $\mathcal{F}T_j$ は局所的に L^2 に属し（§7，例4），それぞれ $\mathcal{F}S$, $\mathcal{F}T$ に局所的に L^2 において収束し，それゆえ $(\mathcal{F}S_j)(\mathcal{F}T_j)$ は $(\mathcal{F}S)(\mathcal{F}T)$ に局所的に L^1 において収束し，したがって $(\mathcal{D}')$ において収束する．そこで，$\mathcal{F}(S * T)=\mathcal{F}(S)\mathcal{F}(T)$ でなければならない．

$S * T$ は $(\mathcal{B}')$ に属し，それの Fourier 変換 $f(y)$ は函数であって多項式と可積分函数との積である，ということに注意しよう．逆に $f(y)$ がそのような函数ならば，$f=gh$ と書いて g および h が多項式と L^2 の函数との積であるようにすることができる；すると $g=\mathcal{F}S$, $h=\mathcal{F}T$ で，この S および T が $(\mathcal{D}'_{L^2})$ に属し，それゆえ，上に述べたことによって $\mathcal{F}(S * T)=gh=f$．そこで，

緩増加な測度（定理7参照）**が函数であるためには，それが2つの超函数 $\in (\mathcal{D}'_{L^2})$ の合成積の Fourier 変換であることが，必要かつ十分である．**

例 1° われわれはすでに函数 $\exp(i\pi x^2)$ $(n=1)$ は $(\mathcal{O}_M)$ にも $(\mathcal{O}'_C)$ にも属することを知った［(7, 5 ; 1)］．

一方に属し他に属さない訳にはいかないことは，その Fourier 変換の計算がよく示している：

(7, 8 ; 7)
$$\begin{cases} \mathscr{F}[\exp(i\pi x^2)] = \displaystyle\int_{-\infty}^{+\infty} \exp(i\pi x^2 - 2i\pi xy)\,dx \\ \qquad = \left(\dfrac{1+i}{\sqrt{2}}\right)\exp(-i\pi y^2). \end{cases}$$

この式に現われる積分は，y のすべての値に対して，普通の意味で半収束する．それはまた，§7，例3によって[$\exp(i\pi x^2)$ は有界函数] $(\mathscr{S}')_y$ において収束し，また(7, 7 ; 9)によれば[$\exp(i\pi x^2) \in (\mathscr{D}'_{L^1})$] y のすべての値に対して収束する．

2° すでに，函数 $1/(1+r^2)^m$ の Fourier 像が超函数 L_{2m}[(7, 7 ; 23)] であることを知った．明らかに $(1+r^2)^{-m} \in (\mathscr{O}_M)$, $(1+r^2)^{-p}(1+r^2)^{-q} = (1+r^2)^{-(p+q)}$ であるから，このことからあらためて $L_m \in (\mathscr{O}'_C)$ および $L_p * L_q = L_{p+q}$[(6, 8 ; 5)] が導かれる．

3° われわれは $\mathscr{F}(\mathrm{Pf}.\, r^m)$ が(m の除外値以外では) $\mathrm{Pf}.\, r^{-(m+n)}$ に比例することを知った[(7, 7 ; 13)]．もし

$$\Re p < -\frac{n}{2}, \qquad \Re q < -\frac{n}{2}$$

ならば，$\mathrm{Pf}.\, r^p$ および $\mathrm{Pf}.\, r^q$ は $(\mathscr{D}'_{L^2})$ に属し，乗法合成交替の公式が成立する：

(7, 8 ; 8)
$$\mathscr{F}(\mathrm{Pf}.\, r^p * \mathrm{Pf}.\, r^q) = \mathscr{F}(\mathrm{Pf}.\, r^p)\,\mathscr{F}(\mathrm{Pf}.\, r^q).$$

これによっても，Frostman 氏と Marcel Riesz 氏[1)]がポテンシャル論に用いた古典的な(そして容易に直接証明できる)合成の諸公式があらためて与えられよう．この交替公式は $0 > \Re p > -\infty$, $0 > \Re q > -\infty$, $\Re(p+q) < -n$ のときにもやはり成り立つ；これは前に述べた諸法則の中には入らず，もっと一般な場合には意味をつけることさえもできないのであるが．

4° Marcel Riesz 氏の超函数 Z_l(第2章，§3，例4)はすべて互に合成できて $Z_p * Z_q = Z_{p+q}$[(6, 5 ; 19)] であるが，これは台が特別な方向をもっているためであって，無限遠における減少のためではない．それゆえ合成公式は p, q の適当な値(たとえば $\Re p < 0$, $\Re q < 0$)についてしか，$\mathscr{F}$ によって乗法公式に変換されない．

---

1) Frostman [1]，29頁および M. Riesz [4]．

スペクトルがコンパクトな超函数. 一般化した Paley-Wiener の定理[1)]

$F(x)$ を R^n 上の函数であって変数の複素数値 $z=x+i\xi$, x および ξ は $\in R^n$, に対して整函数 $F(z)$ に拡張できるものとする.

$$\limsup_{|z|\to\infty} \frac{\log|F(z)|}{|z_1|+|z_2|+\cdots+|z_n|} \leqq 2\pi C \tag{7,8;9}$$

のときに, $F(z)$ は指数型 $\leqq 2\pi C$ である[2)]という.

そのとき, Paley-Wiener 両氏の古典的な定理を次のように拡張できる.

定理 16. 超函数 $U_x \in (\mathscr{S}')_x$ の Fourier 変換 $V_y=\mathscr{F}U_x$ の台がコンパクトで立方体 $Q_C: |y_1|\leqq C,\ |y_2|\leqq C,\ \cdots,\ |y_n|\leqq C$, に含まれるためには, U が連続函数 $F(x)$ であって, この函数を複素数値 $z=x+i\xi$ に対し指数型 $\leqq 2\pi C$ の整函数に拡張できることが, 必要かつ十分である.

1° **必要条件.** V_y の台が立方体 Q_C に含まれれば V_y は, Q_C の任意に小さい近傍 $Q_{C+\varepsilon}$ に載っている測度の微係数の有限和である(第3章, 定理26; これほど初等的ではない定理34を用いて, それらの測度の台が Q_C 自身に含まれると仮定することもできよう; それは以下には不要である).

$$V_y = \mathscr{F}U_x = \sum_{|p|\leqq m} D_y{}^p(\mu_p)_y. \tag{7,8;10}$$

ところが $F_p=\overline{\mathscr{F}}\mu_p=\displaystyle\int\int\cdots\int \exp(2i\pi x\cdot y)\,d\mu_p(y)$ は R^n 上の有界連続函数であり, しかもこの函数は指数型 $\leqq 2\pi(C+\varepsilon)$ の整函数に拡張できる. U_x は F_p と多項式との積の和である; ゆえに U_x は, 任意の $\varepsilon>0$ に対して指数型 $\leqq 2\pi(C+\varepsilon)$ の整函数, したがってまた指数型 $\leqq 2\pi C$ であり, R^n において緩増加である. その増加の位数は V の階数 m 以下である.

2° **十分条件.**

a) $U_x \in (\mathscr{S})_x$ ならばこの定理は既知である. その証明は得られたものと考えよう.

b) $U_x \in (\mathscr{O}_M)_x$ とする. $\psi(y) \in (\mathscr{D}_{Q_\varepsilon})_y$ の台が立方体 Q_ε に含まれていれば, $\overline{\mathscr{F}}\psi=\varphi(x)$ は $(\mathscr{S})$ に属し, 条件の必要性によって, 指数型 $\leqq 2\pi\varepsilon$ の整函数である. このとき $\varphi U \in (\mathscr{S})$ は指数型 $\leqq 2\pi(C+\varepsilon)$ の整函数である. (a)によって, それの Fourier 変換 $V_y*\psi$ の台は $Q_{C+\varepsilon}$ に含まれる. それゆえ, V を

---

1) Paley-Wiener [1], 12頁. 証明は L^p に属する函数についてだけ為されている.

2) 〔訳注〕 de type exponentiel $\leqq 2\pi C$.

$\psi\in(\mathcal{D}_{Q_\varepsilon})$ で正則化したものはすべて，$Q_{C+\varepsilon}$ に含まれる台をもつ．したがって，正則化の極限 V の台は Q_C に含まれる．

c) 最後に $U_x\in(\mathcal{S}')$ と仮定しよう．それは，超函数 $\in(\mathcal{D}')$ として，指数型 $\leqq 2\pi C$ の整函数 $F(z)$ に解析的に拡張できるような函数 $F(x)$ に等しいと仮定してある．しかしこの緩い $F(x)$ が普通の意味で緩増加かどうかがわかっていない．いかなる $\varphi(x)\in(\mathcal{D}_{Q_\eta})_x$, $\mathcal{F}\varphi=\psi(y)$，についても，正則化 $G=F*\varphi$ は $(\mathcal{O}_M)_x$ に属する(定理6とその後)．これの，複素数値の z に対する値

$$(7,8\,;11)\qquad G(z)=\iint\cdots\int_{Q_\eta}F(z-t)\varphi(t)\,dt$$

は，(7, 8 ; 9)によって，任意の $\varepsilon>0$ に対し

(7, 8 ; 12)

$$|G(z)|\leqq A(\varepsilon)\exp\left[2\pi(C+\varepsilon)(|z_1|+|z_2|+\cdots+|z_n|+n\eta)\right]\iint\cdots\int|\varphi(t)|\,dt$$

をみたすが，これはその函数が指数型 $\leqq 2\pi C$ の整函数であることを示している．

さて(b)によって G は台が立方体 Q_C に含まれる $V_y\psi(y)$ をそれの Fourier 変換としている．(a)によって ψ は指数型 $\leqq 2\pi\eta$ のどんな整函数 $\in(\mathcal{S})$ にもなるから，任意に与えられた点で $\psi\neq 0$ となるように φ を選ぶことができる．ゆえに V_y の台も Q_C に含まれる［そして $U_x\in(\mathcal{O}_M)_x$］．

注意 1° $\beta(x)$ を，$\gamma=\mathcal{F}\beta$ が Q_C の近傍では1に等しいような，一定の函数 $\in(\mathcal{S})$ とする．そのとき，指数型 $\leqq 2\pi C$ のあらゆる函数 $F(x)\in(\mathcal{S}')$ に対して

$$(7,8\,;13)\qquad F*\beta=F,$$

これは，

$$\mathcal{F}(F*\beta)=(\mathcal{F}F)\gamma=\mathcal{F}F$$

だからである．

2° $(\mathcal{O}_M)$ の，指数型 $\leqq 2\pi C$ の整函数から成る部分ベクトル空間を(Exp. C) と呼ぼう．$F_j\in$ (Exp. C) が $(\mathcal{S}')$ において収束すれば，F_j は $(\mathcal{O}_M)$ において収束する［$\mathcal{F}F_j$ が $(\mathcal{E}')$ において，したがって $(\mathcal{O}'_C)$ において収束するから］，また平行移動した $\tau_k F_j$ も $(\mathcal{O}_M)$ において，$k=h+ih'$ が複素コンパクト集合

の中を動くとき一様に，収束する．極限 F もまた (Exp. C) に属し，したがって (Exp. C) は $(\mathscr{S}')$ において，また $(\mathscr{O}_M)$ において閉じている．

同様に，$F_j \in$ (Exp. C) が $(\mathscr{O}'_C)$ において収束すれば F_j は $(\mathscr{S})$ において収束し，また $\tau_k F_j$ も k が複素コンパクト集合の中を動くとき一様に $(\mathscr{S})$ において収束する．その極限は (Exp. C) に属し，したがって共通部分 (Exp. C) $\cap$ $(\mathscr{S})$ は $(\mathscr{O}'_C)$ において，また $(\mathscr{S})$ において閉じている．

3° $(\mathscr{S})$ および $(\mathscr{O}_M)$ の，指数型(不定な)の整函数から成る部分空間を (Exp. $\mathscr{S}$) および (Exp. $\mathscr{O}_M$) と呼び，そこには指数型が有界な函数の作る部分空間には $(\mathscr{S})$ あるいは $(\mathscr{O}_M)$ の位相を導入するような局所凸位相の中で最も精しいものを入れることができる．このとき $\mathscr{F}$ と $\overline{\mathscr{F}}$ は (Exp. $\mathscr{S}$) と $(\mathscr{D})$ の間の，また (Exp. $\mathscr{O}_M$) と $(\mathscr{E}')$ の間の，互に逆な，位相ベクトル空間の同型対応である．

4° $F \in$ (Exp. $\mathscr{O}_M$) のスペクトルと種々の方向における F の増加との間の関係について，もっと精密な研究をすることができる．$F \in L^p$ について知られているいくつかの結果[1)]がこうして拡張される．

§9 正型の超函数

函 数 $\gg 0$

次の場合に，R^n 上の連続函数 $f(x)$ が正型であると言い，$f \gg 0$ と書く[2)]：いかなる，R^n の点 $x_1, x_2, \cdots, x_l$ と複素数 $z_1, z_2, \cdots, z_l$ についても

$$\sum_{j,k} f(x_j - x_k) z_j \bar{z}_k \geqq 0. \tag{7, 9; 1}$$

l を $l=1$ にとり，次に $l=2$ にとり，また Hermite 形式の諸性質を用いて，直ちに次のことがわかる：まず $\bar{f}(-x) = f(x)$，これは

$$\bar{f} = \check{f} \quad \text{あるいは} \quad \tilde{f} = f \tag{7, 9; 2}$$

と書かれる (f は Hermite 対称性をもつ)，他方

$$f(0) \geqq 0 \quad \text{かつ} \quad |f(x)| \leqq f(0)\,; \tag{7, 9; 3}$$

函数 $\gg 0$ は R^n 上で有界である．

l 箇の点 x_j における質量 z_j から成る離散測度を μ とする；(7, 9; 1) は

1) Polya-Plancherel [1], Martineau [1] 参照．

2) Bochner [1], 74-82 頁および A. Weil [1], 56-60 頁参照．

$$(7,9;4)\qquad \int\int\cdots\int\int\int\cdots\int f(x-\xi)\,d\mu(x)\,d\bar{\mu}(\xi)\geqq 0$$

と書くことができる.

台がコンパクトな測度から成る空間(連続函数の空間に各コンパクト集合上での一様収束の位相を入れたものの共役と考えて)において，テンソル積 $(\mu,\nu)\to\mu_x\otimes\nu_\xi$ は収束列だけを考えれば弱連続な演算である，ということがわかっている(第3章，定理11および第4章，定理6参照). 台がコンパクトな測度 μ がすべて離散測度の列の弱極限(連続函数の積分の，Riemann の和による表示)であり，また函数 $\in(\mathcal{D})$ (μ の正則化)の列の弱極限でもあるから，(7,9;1)が成り立つときでも，また，すべての $\varphi\in(\mathcal{D})$ に対して

$$(7,9;5)\qquad \int\int\cdots\int\int\int\cdots\int f(x-\xi)\,\varphi(x)\,\overline{\varphi}(\xi)\,dx\,d\xi\geqq 0$$

であるときでも，台がコンパクトな測度に対してはつねに(7,9;4)が成り立つ. このことから特に，(7,9;1)と(7,9;5)は同値であるということになる. (7,6;9)の記法を用いて，上の式を

$$(7,9;6)\qquad \begin{cases}\displaystyle\int\int\cdots\int\int\int\cdots\int f(x+\xi)\,\varphi(x)\,\tilde{\varphi}(\xi)\,dx\,d\xi\geqq 0\\ \text{あるいは}\quad f\cdot(\varphi*\tilde{\varphi})\geqq 0\end{cases}$$

と書くことができる.

超函数 $\gg 0$

そこで，いかなる $\varphi\in(\mathcal{D})$ についても

$$(7,9;7)\qquad T\cdot(\varphi*\tilde{\varphi})\geqq 0$$

となるときに，超函数 T が正型であると言って，$T\gg 0$ と書いてよい.

超函数 $\gg 0$ は $(\mathcal{D}')$ において閉じた，しかも弱閉な集合を作ることが直ちにわかる.

$T\gg 0$ ならば $\bar{T},\check{T},\tilde{T}$ もそうであることがわかる. そこで(7,9;7)において T を $\check{T}$ で置き換えれば，この公式を次の公式で置き換えてよいことがわかる:

$$(7,9;8)\qquad \mathrm{Tr.}\ (T*\varphi*\tilde{\varphi})\geqq 0.$$

定理 17. すべての超函数 $T\gg 0$ は Hermite 対称性をもつ:

$$(7,9;9)\qquad \bar{T}=\check{T}\quad\text{すなわち}\quad \tilde{T}=T,$$

そして R^n 上の有界超函数，$T\in(\mathcal{B}')$，である．

実際，いかなる $\alpha\in(\mathcal{D})$ についても，正則化した函数 $T*\alpha*\tilde{\alpha}$ は，(7, 9 ; 8) をみたすから連続函数 $\gg 0$ である．それは Hermite 型である．α を $(\mathcal{E}')$ の位相について δ(Dirac 測度) に近づければ，このことから，極限に移って (7, 9 ; 9) が導かれる (合成積の連続性，第6章，定理5を用いて)．

ついでに，次のように述べて定義 (7, 9 ; 7) を変形することができることに注意しよう：$T\gg 0$ であるためには，2重正則化 $T*\varphi*\tilde{\varphi}$ (ただし $\varphi\in(\mathcal{D})$) がすべて連続函数 $\gg 0$ であることが必要かつ十分である．

他方 (7, 9 ; 3) によって函数 $T*\alpha*\tilde{\alpha}\gg 0$ はいずれも R^n 上で有界である．ところが，いかなる $\alpha,\beta\in(\mathcal{D})$ についても

(7, 9 ; 10)
$$4(\alpha*\beta)=(\alpha+\tilde{\beta})*(\tilde{\alpha}+\beta)-(\alpha-\tilde{\beta})*(\tilde{\alpha}-\beta)+i(\alpha+i\tilde{\beta})*(\tilde{\alpha}-i\beta)-i(\alpha-i\tilde{\beta})*(\tilde{\alpha}+i\beta),$$

それゆえ $T*\alpha*\beta$ も R^n 上で有界な函数である．そこで，第6章，定理25 (2°) (の精しい形) によれば $(T*\alpha)\in(\mathcal{B}')$，したがって $T\in(\mathcal{B}')$．証明終．

次のことに注意しよう：T が原点の近傍で連続函数ならば，公式

(7, 9 ; 11)
$$|T*\alpha*\tilde{\alpha}|\leqq \mathrm{Tr.}\,(T*\alpha*\tilde{\alpha})=T\cdot(\alpha*\tilde{\alpha})$$

は，α と $\tilde{\alpha}$ を $(\mathcal{E}')$ において δ に近づければ，R^n において T はそれのトレースで抑えられる函数であることを示している (68頁注意 (2°), $p=\infty$)．それゆえ次のように述べることができる：

原点の近傍において連続函数であるような超函数 $\gg 0$ は，R^n において連続函数 $\gg 0$ である．

同様に次のことも証明される：

超函数 $\gg 0$ の集合であって，R^n の原点の或る近傍 Ω の上では $(\mathcal{D}'_\Omega)$ において有界であるようなもの，は $(\mathcal{B}')$ において有界である．

0 に収束する $T_j\gg 0$ にも同じ性質がある．

超函数 $\gg 0$ と測度 $\geqq 0$

定理 18 (Bochner)[1]. **超函数 T が $\gg 0$ であるためには，緩増加測度 $\geqq 0$ の**

1) Bochner [1]，76頁 (定理23)，A. Weil [1]，122頁．Bochner の古典的定理は，函数 $\gg 0$ に関するものである．

Fourier 変換であることが必要かつ十分である.

1°　$T=V_y$ を超函数 $\gg 0$ とする．これは R^n 上で有界，したがって $\in (\mathcal{S}')_y$. そこでこれは或る超函数 $U_x \in (\mathcal{S}')_x$ の像 $V_y=\mathcal{F}U_x$ である．$\varphi \in (\mathcal{D})_y$ に対して成り立つ(7, 9 ; 7)は，極限移行で［定理3によって $(\mathcal{D})$ が $(\mathcal{S})$ において稠密であるから］$\varphi=v(y) \in (\mathcal{S})_y$ についても成り立つ．そこで(7, 6 ; 9)と定理15を用いれば，すべての $u \in (\mathcal{S})_x$ に対して

(7, 9 ; 12)
$$U\cdot u\bar{u} \geqq 0$$

となる．いまこのことから，

(7, 9 ; 13)
$$\psi \geqq 0,\ \psi \in (\mathcal{S})_x \quad \text{に対しては} \quad U(\psi) \geqq 0$$

であることを導こう．

$(\mathcal{D})$ が $(\mathcal{S})$ において稠密であるから，これを $\psi \in (\mathcal{D})_x$ について示せばよい．

$(\mathcal{D})_x$ の函数 $\psi \geqq 0$ がすべて $u\bar{u}$ の形になるわけではない；少くも $n>1$ に対して，$\sqrt{\psi}$ は ψ が 0 になる点の近傍では微分不能であるから．しかし ψ は $(\mathcal{D})$ において，$u\bar{u}$ の形の函数の極限である；実際，$\alpha \geqq 0$, $\in (\mathcal{D})$ で α が ψ の台の近傍で $+1$ に等しいならば，

(7, 9 ; 14)
$$\psi = \lim_{\varepsilon>0,\ \varepsilon\to 0} \alpha^2(\psi+\varepsilon)$$

であり，右辺の函数はたしかに $u\bar{u}$ の形である，ただし

(7, 9 ; 15)
$$u = \alpha\sqrt{\psi+\varepsilon}, \qquad u \in (\mathcal{D}).$$

そこで，(7, 9 ; 12)からたしかに(7, 9 ; 13)が導かれる．このことは，$U \geqq 0$, したがって第1章，定理5と第7章，定理7によって U が或る緩増加測度 $\mu \geqq 0$ であることを示している．

2°　逆に，$V=\mathcal{F}\mu$, $\mu \geqq 0$ ならば，$U=\mu$ は条件(7, 9 ; 13)をみたし，したがってなおのこと(7, 9 ; 12)をみたし，それゆえ V は(7, 9 ; 7)をみたし $\gg 0$ である．

次のことをも同時に証明してしまった：$(\mathcal{S})$ の位相について $v \in (\mathcal{D})$ に対する $v*\bar{v}$ の全体は $(\mathcal{S})$ の $\varphi \gg 0$ 全体の中で稠密であり，また，$T \gg 0$ ならば(7, 9 ; 7)のみならず

(7, 9 ; 16)
$$\varphi \in (\mathcal{S}),\ \varphi \gg 0 \quad \text{に対し} \quad T(\varphi) \geqq 0$$

が成り立つ．

こうして，2つの類似した定義を得る：

(7,9;17)

$$\begin{cases} \varphi \geqq 0,\ \varphi \in (\mathscr{D}) & \text{に対して}\quad T(\varphi) \geqq 0,\ \text{であるときに}\quad T \geqq 0 \\ \varphi \gg 0,\ \varphi \in (\mathscr{D}) & \text{に対して}\quad T(\varphi) \geqq 0,\ \text{であるときに}\quad T \gg 0. \end{cases}$$

上の証明は，古典的な場合における Bochner の定理の証明を既知と仮定してはいない.

その場合には測度 $\mu=\overline{\mathscr{F}}V$ は R^n 上で可積分であり，また逆も成り立つ；

(7,9;18)
$$\mathrm{Tr.}\ (V) = \int\int\cdots\int d\mu \geqq 0$$

である.

μ が可積分でなければ，第2辺の値が $+\infty$ であることを考えねばならない.

それゆえ T が連続函数でない超函数 $\gg 0$ であるとき

(7,9;19)
$$\mathrm{Tr.}\ (T) = +\infty$$

と置く.

超函数 $\gg 0$ についての演算

定理 19. $\alpha \in (\mathscr{E}^m)$ **および** $T \in (\mathscr{D}'^m)$ **が** $\gg 0$ **ならば，その積** αT **は** $\gg 0$ **である.**

T が連続函数ならばこの性質は古典的である；なぜならば，そのとき α および T は，R^n 上で可積分な測度 $\geqq 0$ の Fourier 像で，

(7,9;20)
$$\mathscr{F}(\alpha T) = \mathscr{F}\alpha * \mathscr{F}T$$

も R^n 上で可積分な測度 $\geqq 0$ であるから.

$T \in (\mathscr{D}'^m)$ ならば，それを正則化した $T_j = T * \beta_j * \tilde{\beta}_j$，ただし $\beta_j \in (\mathscr{D})$，は連続 $\gg 0$，したがって αT_j も連続 $\gg 0$ である. β_j を δ に収束させ，したがって T_j が $(\mathscr{D}'^m)$ において T に弱収束する(第6章，定理11)ようにすれば，αT_j も $(\mathscr{D}'^m)$ において αT に弱収束し，αT は $\gg 0$ である.

その結果：すべての超函数 $T \gg 0$ は $(\mathscr{D})$ に属する函数 $\gg 0$ の $(\mathscr{S}')$ における極限である.

実際，$\alpha \in (\mathscr{D})$ が $\gg 0$ であり原点において1という値をとれば，$j \to \infty$ のとき，$\alpha_j(x) = \alpha(x/j)$ は次の意味で1に収束する：$\alpha_j - 1$ は，R^n 上で有界なま

ま，各コンパクト集合上で一様に0に収束するが，一方それらの各微係数は R^n 上で一様に0に収束する [α_j は $(\mathscr{B}_c)$ において1に収束する；194頁参照]. そこでもし $T \gg 0$，したがって $\in (\mathscr{B}')$，ならば $\alpha_j T \gg 0$ は，R^n 上で有界なまま，閉包がコンパクトな開集合においては T に収束する．それらは $(\mathscr{S}')$ において [また $(\mathscr{B}'_c)$ において，194頁参照] T に収束する．

次に $\alpha_j T$ は2重正則化 $\gg 0$, $\in (\mathscr{D})$ の極限であるから，この定理は証明された．

定理 20. 1° $S \in (\mathscr{D}'_{L^p})$, $T \in (\mathscr{D}'_{L^q})$, $(1/p)+(1/q)-1 \geqq 0$ **で** S **および** T **が** $\gg 0$ **ならば，** $S * T \gg 0$.

2° **いかなる** $S \in (\mathscr{D}'_{L^2})$ **についても** $S * \tilde{S} \gg 0$[1]. **この形の超函数は，**$(\mathscr{S}')$ **の位相について，超函数** $\gg 0$ **の集合の稠密部分集合を作る．超函数** $\gg 0$ **が** $S * \tilde{S}$ **の形，ただし** $S \in (\mathscr{D}'_{L^2})$**，であるためには，それの Fourier 変換が函数であることが，必要かつ十分である．**

1° S および T が $\gg 0$ でそれらの台がコンパクトならば $S * T$ は明らかに $\gg 0$ である；なぜならば

(7, 9 ; 21) $$\mathscr{F}(S * T) = (\mathscr{F}S)(\mathscr{F}T)$$

は函数 $\geqq 0$ であるから．

$S \in (\mathscr{D}'_{L^p})$, $T \in (\mathscr{D}'_{L^q})$, $p < +\infty$, $q < +\infty$ ならば，S と T に $(\mathscr{D}'_{L^p})$ と $(\mathscr{D}'_{L^q})$ において収束するような $(\mathscr{E}')$ に属する $S_j = \alpha_j S$ と $T_j = \alpha_j T \gg 0$ (定理19からの結果参照) によって S と T を近似する．$S_j * T_j$ は $\gg 0$ であり $(\mathscr{D}'_{L^r})$, $(1/r) = (1/p)+(1/q)-1$，において $S * T$ に収束し(第6章，定理26)，$S * T \gg 0$. p または q が $=\infty$ のとき，この証明はいくらか変更を要する．

2° $S * \tilde{S} \gg 0$ であることは，定義(7, 9 ; 8)と

(7, 9 ; 22) $$\mathrm{Tr.}\,(S * \tilde{S} * \varphi * \tilde{\varphi}) = \int\!\!\int\cdots\int |S * \varphi|^2 dx \geqq 0$$

であることによって，明白である．

$S * \tilde{S}$ 全体が $T \gg 0$ の中で稠密であるということは，定理19からの結果と $(\mathscr{S})$ の $\beta \gg 0$ の集合における $\alpha * \tilde{\alpha}$，ただし $\alpha \in (\mathscr{D})$，の稠密性とから結論され

1) このとき T が $\gg 0$ で $(\mathscr{D}'_{L^1})$ に属すれば，Tr. $(T * S * \tilde{S}) \geqq 0$ である．これが，Deny 氏によってポテンシャルとエネルギーの概念とを拡張するのに用いられた基本関係である．J. Deny [1] 参照．

るのである.

超函数 $T\gg 0$ が $S*\tilde{S}$ の形，ただし $S\in(\mathscr{D}'_{L^2})$，であるためには，(7,6;9) と $(\mathscr{D}'_{L^2})$ に対する定理15とによって，T の Fourier 変換が多項式と函数 $\in L^2$ との積の絶対値の平方であること，すなわち函数である(Bochner の定理によって必然的に $\geqq 0$ かつ緩増加である)ことが必要かつ十分である.

超函数 $\gg 0$ の構造

(2,3;20)の超函数 L_l は，Fourier 変換が $\geqq 0$ (7,7;23)だから，すべて $\gg 0$ である．ゆえに，$T\gg 0$ ならば $L_l*T\gg 0$.

それゆえ，いかなる $T\gg 0$ についても，$\left(1-\frac{\Delta}{4\pi^2}\right)^k S=T$ **をみたす緩い超函数** S はまた $\gg 0$ であることがわかる(ここで $\mathscr{F}S=(1+r^2)^{-k}\mathscr{F}T$).

十分大きい k に対しては，S は有界連続函数である[(7,9;3)]．また S は，原点の近傍において連続函数でありさえすれば，R^n 上の連続函数になる．k を，$\left(1-\frac{\Delta}{4\pi^2}\right)^k g=T$ を原点の近傍でみたす連続函数 g が存在するような，整数とする．k のこの値に対応する超函数 S は，$S-g$ が原点の近傍で楕円型偏微分方程式

$$\left(1-\frac{\Delta}{4\pi^2}\right)^k(S-g)=0$$

の解であるようなものであり，したがって $S-g$ は解析函数(第5章，定理12)である；この S は原点の近傍で，したがって R^n 上で連続な函数である．ゆえに次の定理を述べることができる.

定理21. すべての超函数 $T\gg 0$ は連続函数 $\gg 0$ の $\left(1-\frac{\Delta}{4\pi^2}\right)^k$ (k は十分大きい整数)でありまた逆も成り立つ．超函数 $T\gg 0$ が原点の近傍で或る連続函数の $\left(1-\frac{\Delta}{4\pi^2}\right)^k$ に一致すれば，T は R^n において或る連続函数 $\gg 0$ の $\left(1-\frac{\Delta}{4\pi^2}\right)^k$ である.

他方，268頁に述べた1つの命題を次のように拡張することができる：

定理22. 超函数 $T\gg 0$ が原点の近傍で $2k$ 回連続可微分ならば，全空間 R^n においてもそうである.

実際 P を，Fourier 像 $Q=\mathscr{F}P$ が多項式 $\geqq 0$ であるような，斉 $2k$ 次の微分演算多項式とする．微係数 $P*T$ は，Fourier 像 $Q(\mathscr{F}T)$ が $\geqq 0$ だから，$\gg 0$

である．これは原点の近傍で，したがって R^n において連続な函数である．斉 $2k$ 次のいかなる多項式 Q も多項式 $Q_j \geqq 0$ の有限1次結合であるから，T の $2k$ 階微係数はすべて R^n において連続な函数である．証明終．私は，$2k$ を $2k+1$ で置き換えてもこの性質が保たれるかどうか知らない．

例 1° 実数 $m>-n$ に対して，函数 r^m は $\geqq 0$ である．ゆえに超函数 $\dfrac{1}{\Gamma\left(-\dfrac{m}{2}\right)} \mathrm{Pf.}\left(\dfrac{1}{r^{m+n}}\right)$ は $\gg 0$ である ($m=0, +2, +4, \cdots$ については，超函数 $(-\Delta)^k\delta$ が $\gg 0$ であることがわかるだけである[1])．それゆえ $2k<m<2(k+1)$ ならば $(-1)^{k+1}\,\mathrm{Pf.}\left(\dfrac{1}{r^{m+n}}\right)$ は $\gg 0$ である．これに反して $\pm\mathrm{Pf.}\left(\dfrac{1}{r^{n+2k}}\right)$ は $\gg 0$ でない．

2° こんどは超函数 $U=\mathrm{Pf.}\left(\dfrac{1}{r^{m+n}}\right), m>0,$ を考えよう．それらは測度 $\geqq 0$ ではなく，したがって Fourier 像が $\gg 0$ でない．なおまた，それらの像は，原点の近傍で連続で R^n においては有界でない函数 r^m に比例する．ところで $2k \leqq m<2(k+1)$ とする．そのとき (2, 3 ; 5) によって，φ の階数 $\leqq 2k$ の微係数がすべて原点で 0 ならば記号 Pf. は不要である．ゆえに，u の階数 $\leqq k$ の微係数がすべて原点で 0 ならば，$\mathrm{Pf.}\left(\dfrac{1}{r^{m+n}}\right)\cdot u\bar{u} \geqq 0$；そして明らかに $\Delta^{k+1}\delta\cdot u\bar{u} \geqq 0$.

それゆえ，Fourier 像 $V=\mathcal{F}U$ [(7, 7 ; 13 および 14)] は**条件的に** $\gg 0$ であると言ってよい．函数 $\varphi \in (\mathcal{S})$ の，次数 $\leqq k$ のモーメントがすべて 0 ならば，$V\cdot(\varphi * \tilde{\varphi}) \geqq 0$ となる．

φ を台がコンパクトな測度 μ で置き換えて言い換えれば：$k_1+k_2+\cdots+k_n \leqq k$ であるようないかなる整数 $k_\nu \geqq 0$ の組についても

(7, 9 ; 23)
$$\iint\cdots\int {x_1}^{k_1}{x_2}^{k_2}\cdots{x_n}^{k_n}d\mu(x) = 0$$

であるならば，

a) $2k \leqq m \leqq 2(k+1)$ ならば

(7, 9 ; 24)
$$(-1)^{k+1}\iint\cdots\int |x-\xi|^m d\mu(x)\, d\mu(\xi) \geqq 0$$

[$m=2k$ に対しては明らかに $=0$]．

1) 〔訳注〕 $k=m/2$.

b)　(7, 9 ; 25)　$$(-1)^k \int\int\cdots\int |x-\xi|^{2k} \log \frac{1}{|x-\xi|} d\mu(x)\, d\mu(\xi) \geqq 0.$$

$k=0$ に対して，(b) はポテンシャル論でよく知られた性質を与える[1]．

§10　偏微分方程式と積分方程式とへの応用[2]

合成方程式の Fourier 変換

(6, 10 ; 1) と同様な方程式

(7, 10 ; 1)　$$A * T = B$$

を考えよう；ただし A, T, B は n 次元空間 X^n 上の超函数である．

この方程式に Fourier 変換を施せるためには，B が緩いと仮定し，緩い解 T を求めるだけにせねばならない．しかしそのときには考える方程式の種類を拡げることができる；(6, 10 ; 1) においてそうであったように台がコンパクトであるという代りに，(7, 10 ; 1) においては A は急減少な超函数 [$\in (\mathcal{O}'_C)$] であるとする；そのときにはいかなる $T \in (\mathcal{S}')$ に対しても左辺が意味をもつ．

そこで，$\mathcal{A}, \mathcal{B}, \mathcal{T}$ を Fourier 変換 $\mathcal{A}=\mathcal{F}A$, $\mathcal{B}=\mathcal{F}B$, $\mathcal{T}=\mathcal{F}T$ とする．$\mathcal{A}$, $\mathcal{B}, \mathcal{T}$ は空間 Y^n 上の超函数である．(7, 10 ; 1) は

(7, 10 ; 2)　$$\mathcal{A}\mathcal{T} = \mathcal{B}$$

と全く同等である．

ここに得られたのは乗法方程式である．提出された問題は除法問題(第5章, §§4 および 5) になった；除法の重要性がこれによって認められる．$\mathcal{T}$ と $\mathcal{B}$ は緩い超函数 [$\in (\mathcal{S}')$], $\mathcal{A}$ は緩増加無限回可微分函数 [$\in (\mathcal{O}_M)$] である．

もちろん，1箇より多くの未知超函数についての連立合成方程式も考えることができよう．

斉次合成方程式

ここでは $B=0$, $\mathcal{B}=0$ と仮定する．

---

1)　任意の k についても，この性質はたしかに新しくはない．Marcel Riesz 氏は私に知らせたところによると，氏はこれを久しく前から知っていたが，かつて発表したことがない．

2)　ここでは若干の応用例しか挙げない．しかし偏微分方程式の近代的理論の全体で緩い超函数の Fourier 変換が利用されている．たとえば，Hörmander [3] を見よ．さらに Arsac [1] における古典物理への応用と，Schwartz [17] と Wightman [1] における粒子および場の量子論への応用を挙げておこう．

1° $\mathscr{A}$ が Y^n において決して 0 にならなければ，$\mathscr{A}\mathscr{T}=0$ から $\mathscr{T}=0$ が結論され，(7, 10 ; 1) には 0 という解以外に**緩い**解がない．

こうして，斉次楕円型偏微分方程式

$$(7,10;3) \qquad \left(1-\frac{\Delta}{4\pi^2}\right)^k T=\left(\delta-\frac{\Delta}{4\pi^2}\right)^{*k} * T=0$$

には，

$$\mathscr{F}\left(\delta-\frac{\Delta}{4\pi^2}\right)^{*k}=(1+r^2)^k$$

が決して 0 にならないから，0 以外に緩い解がない．これに反して，この方程式には，たとえば指数函数解

$$(7,10;4) \qquad \begin{cases} T=\exp(2\pi h\cdot x) \\ h=\{h_1,h_2,\cdots,h_n\}; \quad |h|=1, \end{cases}$$

のように，単なる Fourier 変換では得られないような**緩くない**解が無数にある，ということに注意しよう．

同様に，斉次積分方程式

$$(7,10;5) \qquad \exp(-\pi r^2) * T=0$$

には，

$$\mathscr{F}[\exp(-\pi r^2)]=\exp(-\pi r^2)$$

が決して 0 にならないから，0 以外に緩い解がない．

この方程式には多分，緩いと否とにかかわらず 0 でない解がない．

もしもこれとは反対に $\mathscr{A}$ が Y^n の少くも 1 点 a において 0 になれば (7, 10 ; 2) は少くも点測度 $\delta_{(a)}$ を解とし，(7, 10 ; 1) には緩い指数函数解

$$(7,10;6) \qquad T=\overline{\mathscr{F}}\delta_{y;(a)}=\exp(2i\pi a\cdot x)$$

がある．

2° 函数 $\mathscr{A}$ がこんどは Y^n の閉集合 F 上で 0 になっているとすれば，$\mathscr{T}$ の台は必然的に F に含まれ，したがって T のスペクトルが F に含まれる．この条件は，T を特徴づけるのには決して十分でないが，応用にはしばしば十分に精密である．

たとえば，X^n における高階 Laplace 方程式あるいは X^2 における Cauchy 方程式

$$
(7,10;7)\qquad \begin{cases} \Delta^k T = 0 \\ \text{あるいは}\quad \dfrac{\partial T}{\partial \bar{z}} = 0 \end{cases} \qquad [(2,3;23)]
$$

の場合には，変換した方程式は

$$
(7,10;8)\qquad \begin{cases} (-4\pi^2 r^2)^k \mathcal{T} = 0 \\ \text{あるいは}\ i\pi z\mathcal{T} = 0 \end{cases}
$$

と書かれ，r^{2k} あるいは z が原点だけで 0 になるから $\mathcal{T}$ は Dirac 測度の微係数の有限和であり(第3章，定理35)，したがって T は多項式である．重調和[1]あるいは正則解析的な函数であって緩いものは，重調和あるいは正則解析的な多項式に限るのである(Picard-Liouville の古典的定理の一般化)．重調和多項式を(7, 10 ; 8)を解いて求めるのは，(7, 10 ; 7)を解いて直接に求めるのより容易なのではない．ここでまた次の注意をしよう：重調和函数あるいは整函数であって緩くないものはすべて Fourier 変換の埒外にある［方程式(7, 10 ; 8)には $(\mathcal{S}')$ だけでなく $(\mathcal{D}')$ においても微分演算多項式以外の解がないにもかかわらず］.

もっと一般に，閉集合 F がただ有限箇の点になれば，T は指数函数-多項式(160頁)の有限和である．これを次のように一般化できる：

定理 23.　合成方程式系(7, 10 ; 1)の解である緩い超函数 T は，その方程式系の解である指数函数-多項式の1次結合の $(\mathcal{S}')$ における極限である.

ここでは証明はしないことにする[2].

これは第6章，定理28に類似しているが，ここでは n は任意であり $A \in (\mathcal{O}'_C)$ である．しかし T は緩いと仮定し，近似は $(\mathcal{S}')$ においてするのである.

3°　A の台がコンパクト［方程式(6, 10 ; 1)］ならば，$\mathcal{A}$ は解析函数であり(定理16, Paley-Wiener)，それの零点が作る閉集合 F は Y^n における解析的多様体[3]である．この多様体が重複点をもたなければ，第5章の方法によって完全な解決が得られる．たとえば斉次楕円型偏微分方程式

1)〔訳注〕 poly-harmonique.
2) 証明は Schwartz [15] にある.
3)〔訳注〕 variété analytique. "解析的集合(analytic set)" という訳語もあるが，それは集合論における用語と衝突する.

(7, 10 ; 9) $$\left(1+\frac{\Delta}{4\pi^2}\right)^k T = \left(\delta+\frac{\Delta}{4\pi^2}\right)^{*k} * T = 0$$

に対して，Fourier 変換は

(7, 10 ; 10) $$(1-r^2)^k \mathcal{T} = 0$$

を与える．

そこで，(5, 5 ; 2)によれば，(7, 10 ; 9)の緩い解は球面 $r=1$ に載っている階数 $\leqq k$ の多重層を Fourier 変換したものであり，またこれの逆も成り立つ．

同様に，双曲型の高階の減衰波方程式

(7, 10 ; 11) $$\begin{cases} (\Box-\lambda)^k T = (\Box-\lambda\delta)^{*k} * T = 0 \\ \Box = \dfrac{\partial^2}{\partial {x_n}^2}-\dfrac{\partial^2}{\partial {x_1}^2}-\cdots-\dfrac{\partial^2}{\partial {x_{n-1}}^2} \end{cases}$$

(実数 $\lambda\neq 0$ に対する)の緩い解を，双曲面 $4\pi^2({y_n}^2-{y_1}^2-\cdots-{y_{n-1}}^2)+\lambda=0$ に載っている階数 $\leqq k$ の多重層であるような緩い超函数 $\mathcal{T}$ を Fourier 変換したものとして，特徴づけることができる．

実数でない λ に対しては，0 でない緩い解は存在しない．

$\lambda=0$ (普通の波の方程式に対応するもの)に対しては，双曲面は原点において 2 重点をもつ波円錐 ${y_n}^2-{y_1}^2-\cdots-{y_{n-1}}^2=0$ で置き換えられる．$\mathcal{T}$ は必然的に，原点以外では，波円錐に載っている階数 $\leqq k$ の多重層である．しかし原点の近傍における $\mathcal{T}$ の特徴づけはもっと難しいであろう．

4°　次のことに注意しよう：A の台がコンパクトならば(7, 10 ; 2)の解 $\mathcal{T}$ は，その台が解析的多様体だから，決して函数でなく，したがって，たとえば定数係数偏微分方程式の解の研究には測度の Fourier 交換や超函数の Fourier 変換は避けられない．

さて，すべての超函数 $T\in(\mathcal{D}'_{L^p})$, $1\leqq p\leqq 2$, 特に台がコンパクトな超函数は，或る函数をそれの Fourier 変換 $\mathcal{T}$ としている(第 7 章，§7，例 4)．**それゆえ (6, 10 ; 1) [ただし $A\in(\mathcal{E}')$] の型の合成方程式には解 $\neq 0$ で $(\mathcal{D}'_{L^p})$, $1\leqq p\leqq 2$, に属するものはなく，またなおのこと，台がコンパクトなものはない．**

特に，A が m 階の微分演算多項式ならば，(7, 10 ; 1)は定数係数の m 階偏微分方程式である．S が m 回連続可微分なコンパクトな超曲面で，空間部分 V を囲むものならば，m **回連続可微分函数** f **でこの方程式の普通の解になっ**

ていて，それの階数 $\leqq m-1$ の微係数と共に S 上では 0 となっているものは，V において 0 である；実際，V において f に等しく V の補集合において 0 に等しい函数 f' は，このとき超函数論の意味で方程式の解であり(第5章，定理 11)，コンパクトな台を有し，したがって 0 である．このすこぶる簡単な定理は，合成方程式の一般性質の特別な場合であるから，方程式の型(楕円型，双曲型など)によらない；それは素解の存在に関係しない．この結果から f が V の補集合において 0 であるとは結論されないことに注意しよう．たとえば，座標が x, y の平面 R^2 における $f(x, y)=\alpha(x)+\beta(y)$ の形の函数は方程式 $(\partial^2 f/\partial x\partial y)=0$ の解である；α および β が区間 $|x|\leqq 1$ および $|y|\leqq 1$ においてはそのあらゆる微係数と共に 0 であり，他の所では >0 であるならば，f は正方形 $|x|\leqq 1$，$|y|\leqq 1$ においてあらゆる微係数と共に 0 であり，他の所では >0 である．私は，係数が定数でない偏微分方程式にこれらの性質をどの程度に一般化できるかは知らない[1]．

5° F がコンパクトならば T は指数型の整函数であること(定理 16, Paley-Wiener)に注意しよう．

かくして定数係数楕円型連立偏微分程式の緩い解は指数型の整函数である．

双曲型の方程式あるいは連立方程式，または連立積分方程式であって，緩い解がこの性質をもつようなものも見出されよう．

もちろん緩い解のこの解析性からは緩くない解についてのいかなる結論も導かれない：一例として，実数でない λ に対し，**双曲型の**方程式(7, 10 ; 11)には 0 以外に緩い解はないが，これの緩くない解がすべて解析的なのではない：

素解を求めること

ここでは $B=\delta$, $\mathcal{B}=1$ と仮定する．$\mathcal{A}$ による 1 の除法の問題を解かねばならない．緩い超函数 $\mathcal{E}=\dfrac{1}{\mathcal{A}}$ あるいは Pf. $\dfrac{1}{\mathcal{A}}$ を定義できるならば，(5, 3 ; 10)によって $\mathcal{A}\mathcal{E}=1$ であり，$E=\overline{\mathcal{F}}\mathcal{E}$ は**緩い**素解である．数例を挙げよう．

1) de Rham 氏は私にこの定理の Fourier 変換によらない証明を示されたが，その証明も係数が定数でない方程式に適用できそうには見えない．とにかく，この性質は上に述べたような非常に一般的な形では最早成り立たないということは確かである．反例がある．

例 1. 楕円型方程式

(7, 10 ; 12) $$A_k = \left(\delta - \frac{\varDelta}{4\pi^2}\right)^{*k}, \qquad \mathscr{A}_k = (1+r^2)^k.$$

この式から直ちに，すでに見た公式(2, 3 ; 22)にしたがって，素解

(7, 10 ; 13) $$\mathscr{E}_k = (1+r^2)^{-k}, \qquad E_k = L_{2k} = \frac{2\pi^k}{(k-1)\,!} r^{k-(n/2)} K_{(n/2)-k}(2\pi r)$$

が導かれる(公式(7, 7 ; 23)参照).

この得られた素解は $(\mathscr{O}'_C)$ に属し，ただ1つの緩い素解である．$\mathscr{E}_k = (\mathscr{E}_1)^k$, $E_k = (E_1)^{*k}$ であることに注意しよう．

相似変換によって，このことから，

(7, 10 ; 14) $$A_k = (\varDelta - \lambda\delta)^{*k}, \qquad \lambda \text{ 実数} > 0,$$

に応ずる素解は

(7, 10 ; 15) $$E_k = \frac{(-1)^k \lambda^{(n/4)-(k/2)}}{2^{(n/2)+k-1}\pi^{n/2}(k-1)\,!} r^{k-(n/2)} K_{(n/2)-k}(\sqrt{\lambda}\, r)$$

であることが導かれる．

ところがこの素解は複素変数 λ の正則解析函数［値が $(\mathscr{D}')$ に属する］で，$\lambda=0$ だけを特異点(point critique)としている．

他方，$(\varDelta - \lambda\delta)^{*k}$ は複素変数 λ の整函数［値が $(\mathscr{D}')$ に属する］である．両者の合成積は，実数 $\lambda>0$ に対して δ でありしたがって λ に無関係であり，複素数 λ に対してもやはり δ である．こうして実数 $\lambda>0$ から複素上半平面を通って実数 $\lambda<0$ に移って，これから

(7, 10 ; 16) $$A_k = (\varDelta + \lambda\delta)^{*k}, \qquad \lambda \text{ 実数} > 0,$$

に対応する素解が導かれる．

この得られた素解は実ではなく，これをその実部で置き換えることができ，

(7, 10 ; 17) $$E_k = \frac{(-1)^{k+1} \lambda^{(n/4)-(k/2)}}{2^{(n/2)+k}\pi^{(n/2)-1}(k-1)\,!} r^{k-(n/2)} Y_{(n/2)-k}(\sqrt{\lambda}\, r)$$

を得る；ただし Y は Bessel 函数を表わす．

高階 Laplace 作用素 $\varDelta^k$ の素解を求めるのに，$\lambda=0$ とすることで満足するわけにはいかない．直接な計算の方がもっと簡単である．

この解析接続の方法によって，1つの問題から他のまったく異なる問題に移り得るのに注意すべきである．実際 $A_k = \left(\delta + \dfrac{\varDelta}{4\pi^2}\right)^{*k}$ に対して

$$\mathscr{A}_k=(1-r^2)^k,\qquad \mathscr{E}_k=\mathrm{Pf.}\frac{1}{(1-r^2)^k}$$

である．$1-r^2$ は球面 $r=1$ 上で 0 であるから，この有限部分は予め定義を明示しておくべきであり，また擬函数 $\mathscr{E}_k$ の Fourier 変換を直接に計算するのは，函数 $(1+r^2)^{-k}$ の Fourier 変換よりもデリケートである．それには技巧上の困難しかなく，それをわれわれは λ に関する解析接続で避けたのである；なぜならば，理論的見地からは，$\mathscr{E}_k$ として $(1-r^2)^k$ による 1 の除法(第5章，定理8)の結果のいずれを採ってもよく，$\mathscr{E}_k$ はたしかに緩い(無限遠で 0 に収束する)からである．こうして，(7, 10 ; 12) の作用素には素解が 1 つしかないのに，(7, 10 ; 16) の作用素 A_k には無数の素解がある．なお，ここでは $\mathscr{E}_k=(\mathscr{E}_1)^k$，$E_k=(E_1)^{*k}$ と書くことはできない；これらの式は意味がないからである．

例 2. 高階 Laplace 方程式

(7, 10 ; 18)
$$A_k=\Delta^k,\qquad \mathscr{A}_k=(-4\pi^2r^2)^k.$$

(7, 10 ; 19)
$$\mathscr{E}_k=\frac{(-1)^k}{2^{2k}\pi^{2k}}\mathrm{Pf.}\,r^{-2k}$$

であって，素解 E_k は，$\mathscr{F}(\mathrm{Pf.}\,r^m)$ を与える式(7, 7 ; 13 および 14)から導かれる．

次の 2 つの場合を区別する必要がある：

a) n が奇数であるか，あるいは n が偶数で $2k<n$ であるならば，これは特異性の場合ではなく (7, 7 ; 13) を用いることができる ($2k<n$ に対しては記号 Pf. は不要)．

(7, 10 ; 20)
$$E_k=\frac{(-1)^k}{2^{2k}\pi^{n/2}}\frac{\Gamma\left(\dfrac{n}{2}-k\right)}{(k-1)\,!}r^{2k-n};$$

b) n が偶数で $2k\geqq n$ ならば，特異性の場合であって，(7, 7 ; 14) を用いねばならない：

(7, 10 ; 21)
$$E_k=\frac{(-1)^{n/2}}{2^{2k-1}\pi^{n/2}(k-1)\,!\left(k-\dfrac{n}{2}\right)!}r^{2k-n}\left(\log\frac{1}{r}+h\right).$$

定数 h は重要でなく，0 で置き換えてよい：なぜならばそれは素解に斉次方程式の解(重調和多項式)を付加することに帰着するから；言い換えれば，必要なのは(7, 7 ; 14)の中で最も易しい部分なのである．両式(7, 10 ; 20 および 21)は(2, 3 ; 15 および 17)によく合致している．

これらの例 1 および 2 において結果はその楕円型方程式の最高階の項だけに依存するのではないことに注意しよう；これは求める素解が，緩いものであるべきだから，単に局所的性格をもつだけでないということによるのである．

例 3. 高階の熱の方程式

(7, 10 ; 22) $$A_k = \left[\frac{\partial}{\partial x_n} - \lambda\left(\frac{\partial^2}{\partial {x_1}^2} + \frac{\partial^2}{\partial {x_2}^2} + \cdots + \frac{\partial^2}{\partial {x_{n-1}}^2}\right)\right]^{*k}, \qquad \lambda \text{ 実数} > 0.$$

変数

$$x = \{x_1, x_2, \cdots, x_n\}$$

の空間 X^n を変数 $\xi = \{x_1, x_2, \cdots, x_{n-1}\}$ の $n-1$ 次元空間と変数 x_n の 1 次元空間との積と考えるのが便利である．そのとき

(7, 10 ; 23) $$A_k = \left(\frac{\partial}{\partial x_n} - \lambda \Delta_\xi\right)^{*k},$$

(7, 10 ; 24) $$\mathscr{A}_k = (2i\pi y_n + 4\pi^2\lambda|\eta|^2)^k ; \qquad \eta = \{y_1, y_2, \cdots, y_{n-1}\}.$$

(7, 10 ; 25) $$\mathscr{E}_k = \mathrm{Pf.}\left(\frac{1}{2i\pi y_n + 4\pi^2\lambda|\eta|^2}\right)^k.$$

ここで§7，例 9 の方法を適用するが，そうすれば $E_k = \overline{\mathscr{F}}\mathscr{E}_k$ に対して

(7, 10 ; 26)

$$E_k(x) = \begin{cases} 0 & x_n \leqq 0 \text{ のとき} \\ \dfrac{{x_n}^{k-1}}{(k-1)!}\left(\dfrac{1}{2\sqrt{\lambda\pi x_n}}\right)^{n-1} \exp\left(-\dfrac{|\xi|^2}{4\lambda x_n}\right) & x_n > 0 \text{ のとき}, \end{cases}$$

を得るが，これはまた古典的結果である．

(7, 10 ; 27) $$E_k = \frac{{x_n}^{k-1}}{(k-1)!} E_1$$

を得ることに注意しよう．これは初めから明らかである；なぜならば，$k>1$ に対して E_k をこう定義すれば，積の微分法の普通の公式(5, 2 ; 3)によって，$k>1$ のとき

(7, 10 ; 28) $$\left(\frac{\partial}{\partial x_n} - \lambda \Delta_\xi\right) E_k = \frac{{x_n}^{k-2}}{(k-2)!} E_1 + \frac{{x_n}^{k-2}}{(k-1)!}\left[\left(\frac{\partial}{\partial x_n} - \lambda \Delta_\xi\right) E_1\right]$$
$$= E_{k-1} + \frac{{x_n}^{k-1}}{(k-1)!}\delta = E_{k-1},$$

したがって

$$(7,10;29)\qquad \left(\frac{\partial}{\partial x_n}-\lambda\Delta_\xi\right)^k E_k=\left(\frac{\partial}{\partial x_n}-\lambda\Delta_\xi\right)E_1=\delta$$

となるからである.

素解 E_k は λ に依存し, $\Re(\lambda)>0$ に対しては複素変数 λ の正則解析函数, $\Re(\lambda)\geqq 0$ に対しては λ の連続函数で $(\mathscr{D}')$ の中の値を取るものである [$\Re\lambda$ が <0 になるときは, (7, 10; 26) で定義される普通の函数はもはや原点の近傍で可積分でなく, 超函数を表わさない]. それゆえ (例 1 参照), λ を $\pm i\lambda$ で置き換えて

$$(7,10;30)\qquad A_k=\left(\frac{\partial}{\partial x_n}\pm i\lambda\Delta_\xi\right)^{*k},\qquad \lambda \text{実数}>0,$$

に対応する素解を得ることができるが, その素解は

(7, 10; 31)

$$E_k(x)=\begin{cases}0 & x_n\leqq 0 \text{ のとき},\\ \dfrac{{x_n}^{k-1}}{(k-1)!}\left(\dfrac{1}{\sqrt{2}\,(1\pm i)\sqrt{i\pi x_n}}\right)^{n-1}\exp\left(-\dfrac{|\xi|^2}{\pm 4i\lambda x_n}\right) & x_n>0 \text{ のとき},\end{cases}$$

である.

ここでも例 1 と同様に, λ についての解析接続がわれわれを 1 つの問題から他の全く異なる問題に移し, 純粋に技巧的な性質の困難を回避するのである.

例 4. 双曲型方程式

$$(7,10;32)\qquad A_k=(\Box-\lambda\delta)^{*k};\qquad \Box=\frac{\partial^2}{\partial {x_n}^2}-\Delta_\xi,$$

記号は前の例の通り.

$$(7,10;33)\qquad \mathscr{A}_k=(-4\pi^2\sigma^2-\lambda)^k;\qquad \sigma^2={y_n}^2-|\eta|^2.$$

$$(7,10;34)\qquad \mathscr{E}_k=\mathrm{Pf.}\left(\frac{1}{-4\pi^2\sigma^2-\lambda}\right)^k.$$

1° λ が実数でなければ, $4\pi^2\sigma^2+\lambda$ は Y^n において決して 0 にならず, 記号 Pf. は不要で, $\mathscr{E}_k$ は明らかに有界連続函数であり, $E_k=\overline{\mathscr{F}}\mathscr{E}_k$ は 1 つの素解を, しかも唯 1 の緩い素解を与える. さらに, $\mathscr{E}_k$ は $(\mathscr{O}_M)$ に属し, したがって E_k は $(\mathscr{O}'_C)$ に属する. この素解はここでは計算しないが, それは (7, 5; 29) において見出したものとはまったく異なる性質と用途とをもったものである. すな

わち

a)　(7, 5 ; 29) の素解の台は正方向の波円錐 $+\Gamma$ に含まれる；$(\mathscr{D}'_{+\Gamma})$ は環であるから，これがこの性質のある唯1の素解である．これは (6, 5 ; 26) によって Cauchy 問題を解くのに用いることができる．それは無限遠において指数函数的に増加し，したがって緩くなく，Fourier 変換によっては得られない；緩い右辺をもつ方程式の解をそれによって求めることはできない．

b)　素解 $\overline{\mathscr{F}}\mathscr{E}_k$ は原点に関して対称であり，したがって (6, 5 ; 26) によって Cauchy 問題を解くには役立たない．これは緩く，また，斉次方程式に緩い解がないからこれが唯1の緩い素解である；それは $(\mathscr{O}'_C)$ に属し，したがって緩い右辺をもつ方程式をすべてこれによって解くことができる．

2°　λ が実数で $\neq 0$ ならば，$\mathscr{E}_k$ は双曲面 $4\pi^2\sigma^2+\lambda=0$ 上で特異性を呈する．有限部分をはっきり定義する必要はあるが，ここでも $\mathscr{E}_k$ として $(-4\pi^2\sigma^2-\lambda)^k$ で1を除した任意の結果を採用してよい．この除法は局所的に可能(第5章，定理8)であるが，$\mathscr{E}_k$ が緩くなるように除法を行い得ることは，容易に示すことができる (288 頁参照)．(6, 5 ; 30) は，$\lambda<0$ に対してだけこうして $(\mathscr{D}'_{+\Gamma})$ に属する素解を再発見できてその素解はこの場合緩い，ということを示している．

3°　$\lambda=0$ ならば，双曲面は円錐 $\sigma^2=0$ で置き換えられる．σ^2 による除法は，原点に円錐の2重点があるために第5章，定理8には入らないが，ここではそれにもかかわらず容易に行われる．すでに (§7，例 8) 指摘したように，緩い超函数である擬函数 $\mathscr{E}_k$ を，(2, 3 ; 34) の Z_{2k} を再発見し得るように定義することができる．

$(\mathscr{D}'_{+\Gamma})$ に属する素解はどの場合にも $\exp(-kx_n), k>0$ は十分大，を乗ずれば緩くなり，Fourier 変換によって得られる，ということに注意しよう；このことはそれらの解が Laplace 変換で求められると言うのに帰着するが，これはどんな双曲型連立方程式についてもそうなのである．

これらの例が示すように，一般の場合には除法問題の理論的困難で進めなくなることがある．したがって，特に，超函数について Fourier 変換を計算できるような表の作成が有用であることがわかるであろう[1]．

例 5.　積分方程式

1)　Lavoine [1] を見よ．

(7, 10 ; 35)
$$\begin{cases} A = \exp(-\pi r^2) \\ \mathcal{A} = \exp(-\pi r^2) \end{cases}$$

に対応する積分方程式は，$\exp(+\pi r^2)$ が緩くないから，緩い素解をもたない．この方程式には多分，緩くない素解もあるまい．

例 6. A が中心 O の単位球面に均等に分布した＋1の質量である場合に対応する積分方程式を考えよう．そのとき T が函数 f ならば，$A*f$ は函数であって点 x においては中心 x，半径1の球面上での f の平均に等しい．

(7, 10 ; 36)
$$\mathcal{A} \equiv \frac{\Gamma\left(\frac{n}{2}\right)}{(\pi r)^{(n-2)/2}} J_{(n-2)/2}(2\pi r)$$

(7, 10 ; 37)
$$\mathcal{E} = \frac{1}{\Gamma\left(\frac{n}{2}\right)} \text{Pf.} \left(\frac{(\pi r)^{(n-2)/2}}{J_{(n-2)/2}(2\pi r)}\right)$$

となる．この有限部分を曖昧さなしに定義する必要はあろうが，いつもの通り，それは重要でなく，$\mathcal{E}$ は $\mathcal{A}$ による1の任意の除法の結果であり，しかも，$J_{(n-2)/2}(2\pi r)/r^{(n-2)/2}$ の r についての根は単根 $\neq 0$ であるから，第5章，定理8の範囲内にある除法の結果である．しかしやはり $\mathcal{E}$ は緩くなければならず，したがって無限遠における細心な検討が必要である．

$\mathcal{E}$ を次のように選ぶ．$\mathcal{E}$ は O のまわりの回転では不変，したがって $\mathcal{E}\cdot\varphi(y) = \mathcal{E}\cdot\psi(r)$，ただし $\psi(r)$ は球面 $|y|=r$ 上での $\varphi(y)$ の平均．

L_1 を，r_ν が Bessel 函数 $J_{(n-2)/2}(2\pi r)$ の根 $\neq 0$ の系列中を動くときの，区間 $(r_\nu-\varepsilon, r_\nu+\varepsilon)$ の和とする；L_2 を半直線 $0 \leqq r < \infty$ における L_1 の補集合とする．

$\varphi \in (\mathcal{S})$ に対して，

(7, 10 ; 38)
$$\mathcal{E}\cdot\varphi = \int_{L_2} \frac{2\pi^{n/2}}{\left[\Gamma\left(\frac{n}{2}\right)\right]^2} (\pi r)^{(n-2)/2} \frac{r^{n-1}\psi(r)}{J_{(n-2)/2}(2\pi r)} dr$$
$$+ \sum_\nu \int_{r_\nu-\varepsilon}^{r_\nu+\varepsilon} \frac{2\pi^{n/2}}{\left[\Gamma\left(\frac{n}{2}\right)\right]^2} (\pi r)^{(n-2)/2} r^{n-1} \left(\frac{r-r_\nu}{J_{(n-2)/2}(2\pi r)}\right)\left(\frac{\psi(r)-\psi(r_\nu)}{r-r_\nu}\right) dr$$

と置く．

$r \to \infty$ に対して

$$(7,10;39)\qquad \begin{cases} L_2 \text{ 上で } \left|\dfrac{1}{J_{(n-2)/2}(2\pi r)}\right| = O(\sqrt{r}) \\ L_1 \text{ 上で } \left|\dfrac{r-r_\nu}{J_{(n-2)/2}(2\pi r)}\right| = O(\sqrt{r}) \end{cases}$$

であることを考慮し，他方 $r\to\infty$ に対し $\phi(r)$ が $1/r$ の何乗よりも速く減少すること，また L_1 上では $\dfrac{\phi(r)-\phi(r_\nu)}{r-r_\nu}$ も［或る微係数 $\phi'(\rho_\nu)$, $r_\nu-\varepsilon\leqq\rho_\nu\leqq r_\nu+\varepsilon$, で抑えられるから］そうであることを考慮すれば，$\mathscr{E}\cdot\varphi$ は収束積分でたしかに定義され，$\mathscr{E}$ を緩い超函数として決定することがわかる．

$\mathscr{E}$ が $\mathscr{A}\mathscr{E}=1$ を，すなわち次の式をみたすことがわかる：

$$\mathscr{E}(\mathscr{A}\varphi) = \int\!\!\int\cdots\int\varphi(y)\,dy = 2\frac{\pi^{n/2}}{\Gamma\left(\dfrac{n}{2}\right)}\int_0^\infty \phi(r)\,r^{n-1}dr$$

$$[\mathscr{A}(r_\nu)=0 \text{ であるから}].$$

素解を得るのには，さらに $E=\overline{\mathscr{F}}\mathscr{E}$ を計算することが残っているであろう．その結果は簡単な形にできないように思われる．

同じ方法で $A_k=A^{*k}$ に対応する素解 $\mathscr{E}_k=\mathrm{Pf.}\left(\dfrac{1}{\mathscr{A}^k}\right)$ を見出すのは何の困難もない ($\mathscr{E}_k=\mathscr{E}^k$ あるいは $E^k=E^{*k}$ とは書けない；これらの式は意味がない)．

例 7. Fredholm の定理

A が，m 階微係数しか含まない m 階の楕円型の微分演算多項式であるとしよう：

$$(7,10;40)\qquad \begin{cases} A = \sum\limits_{|p|=m} a_p D^p;\ a_p \text{ は複素定数}; \\ \sum a_p y^p = 0 \quad \text{ならば}\quad y=0. \end{cases}$$

$$(7,10;41)\qquad \mathscr{A} = \sum_p a_p(2i\pi y)^p.$$

もっと一般に，l が任意の複素数であるとき，

$$(7,10;42)\qquad \mathscr{A}_l = \mathrm{Pf.}\,[\mathscr{A}^l(y)],\qquad A_l = \overline{\mathscr{F}}\mathscr{A}_l$$

と置く．

これは，Y^n において(原点以外で) $\mathscr{A}$ の偏角が決めてあることを仮定している；$n\neq2$ ならば，それを決めることは，その偏角を単位球面上で決めることによって，可能である；$n=2$ に対しては，偏角が 1 価函数でなければ［たとえば $A=\dfrac{\partial}{\partial\bar{z}}$, $\mathscr{A}=i\pi z$, (2, 3 ; 23)］，A および $\mathscr{A}$ の代りに $A*\tilde{A}$ および $\mathscr{A}\overline{\mathscr{A}}$ に

ついて考えることができよう.

記号 Pf. は $(\Re l)m+n>0$ に対しては不要である. $|y|\to 0$ に対し, $\mathscr{A}^l$ は $|y|^{m\Re(l)}$ のオーダーであり[1], $\mathscr{A}=r^2$ に対応する(2, 3 ; 4)におけると同様に, 有限部分は $\mathscr{A}^l$ **に依存しない方法で**, 同心球面 $|y|=\varepsilon, \varepsilon\to 0$, を考えることによって定義されるであろう. $\mathscr{A}_l$ は複素変数 l の, $(\mathscr{S}')_y$ の値を取る有理型函数であって, それの極は $lm+n$ が偶数 $\leqq 0$ となる l の値である: それらの特異値については(2, 3 ; 7)に類似した型の公式が得られる.

H を Y^n からそれ自身の上への同型対応とする. $(\Re l)m+n<0$ であるときには, $\mathscr{A}_l\in(\mathscr{D}'_{L^1})$, A_l は連続函数(§7, 例4)であり, (7, 6 ; 10)によって

$$\overline{\mathscr{F}}(H\mathscr{A}_l)=A_l({}^tH(x)) \tag{7, 10 ; 43}$$

となる.

この式は $(\Re l)m+n\geqq 0$ に対しては意味がないかも知れない.

しかし $(\Re l)m+n>0$ に対しては, $\mathscr{A}_l$ は函数であって, (7, 6 ; 13)によって

$$H\mathscr{A}_l(y)=|\det H^{-1}|\mathscr{A}_l(H^{-1}(y))=|\det H^{-1}|\mathscr{A}^l(H^{-1}(y)). \tag{7, 10 ; 44}$$

解析接続によってこれから, l のあらゆる非特異値に対し

$$H\mathscr{A}_l=|\det H^{-1}|\mathrm{Pf.}\,\mathscr{A}^l(H^{-1}(y)) \tag{7, 10 ; 45}$$

が導かれる.

それゆえ結局, $(\Re l)m+n<0$ であるような l のあらゆる非特異値に対して

$$\overline{\mathscr{F}}\{|\det H^{-1}|\mathrm{Pf.}\,\mathscr{A}^l(H^{-1}(y))\}=A_l({}^tH(y)) \tag{7, 10 ; 46}$$

を得る.

ところが(H の逆がある限り)超函数

$$|\det H^{-1}|\mathrm{Pf.}\,\mathscr{A}^l(H^{-1}(y))\in(\mathscr{D}'_{L^1})_y$$

はマトリックス H の係数に対して解析的に依存している(それを H の係数の複素数値に拡張するには, もちろん $|\det H^{-1}|$ を場合に応じて $\det H^{-1}$ あるいは $-\det H^{-1}$ で置き換える); それゆえ, l が特異でなく $(\Re l)m+n<0$ のとき, $A_l(H(x))$ は(各コンパクト集合上での一様収束の位相を入れた連続函数の空間に値をもつ函数と考えて)可逆なマトリックス H の係数に解析的に依存する. **このことは $A_l(x)$ が X^n における原点の補集合上で解析的であることを示し**

1) 〔訳注〕 $\mathscr{A}^l=O(|y|^{m\Re(l)})$.

ている[1]**.**

適当な極限移行で，この性質は特異値の場合に拡張され，$(\Re l)\,m+n<0$ に対し無制限に成り立つ.

ところがつねに [(5, 3 ; 10)]

$$\begin{cases} \mathscr{A}_l \mathscr{A} = \mathscr{A}_{l+1} \\ A_l * A = A_{l+1} \end{cases} \tag{7, 10 ; 47}$$

であり，これによって l から $l+1$ に移ることができる；それゆえ結局，**l のあらゆる複素数値に対して A_l は原点以外では解析函数である**（しかし A_l はもはや必ずしも X^n における函数ではない，たとえば A_1 は微分演算多項式である）.

Fredholm の定理[2]は $l=-1$ という特別な場合に対応している：

楕円型の微分演算多項式 A には，原点以外で解析函数であるような素解 A_{-1} がある.

第5章，定理12[3]の方法でこのとき，B が解析函数であるところでは方程式 $A*T=B$ の解がすべて解析函数であることが示される；なおその証明は合成積の諸公式によって簡単になるし，A_{-1} が R^n における函数であるかどうかは知る必要がない；なぜならば，(5, 6 ; 33 および 34)[4]が

$$\beta T = A_{-1} * (A * \beta T) = A_{-1} * \alpha g + A_{-1} * (1-\alpha)(A * \beta T) \tag{7, 10 ; 48}$$

と書かれるから.

その証明はその他多数の，定数係数で楕円型の，方程式あるいは連立方程式に拡張される.

なおまた或る定数係数楕円型連立方程式に素解があればその素解は，第5章，定理12によって必然的に右辺 δ が解析函数である所で，すなわち原点以外で

---

1)　実際 $x=\{1, 1, \cdots, 1\}$ とし H を対角要素 $t_1, t_2, \cdots, t_n$ がすべて $\neq 0$ で他の要素がすべて0であるマトリックスとする；そのとき $A_l(t_1, t_2, \cdots, t_n)$ は，どの t_i も0でないときは $t_1, t_2, \cdots, t_n$ の解析函数である．ゆえに A_l は座標超平面以外では解析的である；座標軸を変更して，このことから，A が原点以外では解析的であることが導かれる．

2)　Fredholm はこれらの楕円型方程式の素解を，Abel 積分で表わして詳細に研究したが，それは $n=3$ に対してだけであった，FREDHOLM [1]．上に示した方法はすこぶる一般的であり，初等的な性格のものである．

3)〔訳注〕　136頁も参照.

4)〔訳注〕　誤り：改訂前の式を引用している．(7, 10; 48)については定理12の証明を参照し，また g は解析函数，Ω において $B=g$，α は $\in(D_\omega)$ で考える点 $a\in\omega$ の近傍において $\alpha=1$ とする．

解析函数である．

しかし第6章，定理29は素解を介入させず解の解析性を証明している．

任意の緩い右辺をもった方程式を解くこと

$(\mathcal{O}'_C)$ に属する素解 E を見出せたならば，B が緩い限りは(6, 10 ; 9)が B を右辺とする方程式の緩い解 $E*B$ を与え，しかもこれが唯1のものである．

しかし E が $(\mathcal{O}'_C)$ に属さないならば，この方法は適用できない．このとき，素解を仲介とせずに Fourier 変換が公式(7, 10 ; 2)によって非斉次方程式の直接な解決を与えることは可能である．数例を与えよう．

例 1. $A=\left(\dfrac{\Delta}{4\pi^2}+\delta\right)^{*k}$ [(7, 10 ; 16)]．1つの素解は Pf. $\left(\dfrac{1}{1-r^2}\right)^k$ の Fourier 変換である．Pf. $\left(\dfrac{1}{1-r^2}\right)^k \notin (\mathcal{O}_M)$ であるから，いかなる素解も $(\mathcal{O}'_C)$ に属さない．しかし，第5章，定理8によって，$(1-r^2)^k$ での除法は $(\mathcal{D}')_y$ においてつねに可能である．商 $\mathcal{B}/(1-r^2)^k$ は球面 $r=1$ の補集合においては一意に決まる．$\mathcal{B}$ が緩いならば，すなわち "無限遠で緩増加" ならば(定理6)，どの商 $\mathcal{B}/(1-r^2)^k$ もそうである；それは，$r\to\infty$ のとき $1/(1-r^2)^k$ およびそれのあらゆる微係数が0に収束するからである．Fourier 変換によってこれから方程式の1つの緩い解 T が導かれる．こうして，A は $(\mathcal{S}')$ において "完全可逆" である(204頁)．これまでの推論から思いつかれる，素解の存在を示す推論を拡張した推論によってわかるように，これまでの諸例(ただし例5以外)の可逆な超函数 A はすべて[一般には E が $(\mathcal{O}'_C)$ に属さないにもかかわらず]完全可逆でもある．私は，$(\mathcal{S}')$ において可逆であるが $(\mathcal{S}')$ において完全可逆でない超函数の例を知らない．

例 2. 作用素 $A=(\Box-\lambda\delta)^{*k}$ (λ は実数 $\neq 0$) [(7, 10 ; 32)] に対して，すこぶる一般的な性格の新しい推論を導入することができる．

$(\mathcal{S}')$ において除法問題

(7, 10 ; 49) $$(-4\pi^2\sigma^2-\lambda)^k\mathcal{T} = \mathcal{B}$$

を解かねばならない．

有限距離においては，この除法は第5章，定理8によって可能である．しかしわれわれは $\mathcal{T}$ が緩いことを望むのであって，そのために無限遠において或る注意が必要である．

Y^n を実射影空間 P^n の開集合と考え，定理5の結果と記法を用いよう．

$\Omega_0 = Y^n$ とし，Ω_l を P^n における射影平面 $y_l=0$ の補集合となっている開集合とする．これらの $\Omega_\nu (\nu=0,1,2,\cdots,n)$ は P^n の開被覆を成す．$\{\bar{\alpha}_\nu\}$ を P^n 上での，この被覆に従属する1の分解，$\bar{\alpha}_\nu \in (\mathcal{D}_{\Omega_\nu})$ (第1章，定理2)，とする．

$\mathcal{B}$ は，緩いから，P^n 上での超函数 $\bar{\mathcal{B}}$ に拡張できる．おのおのの ν に対して，$\omega_\nu = \Omega_\nu \cap Y^n$ への縮小 $\mathcal{T}_\nu$ が等式(7,10;49)をみたすような，超函数 $\bar{\mathcal{T}}_\nu \in (\mathcal{D}'_{\Omega_\nu})$ を見出せることを示そう．

これは $\nu=0$ についてはすでに真である．$\nu=l\neq 0$ とする．Ω_l において局所座標として

(7,10;50)
$$\begin{cases} y_1' = \dfrac{y_1}{y_l},\ y_2' = \dfrac{y_2}{y_l},\ \cdots,\ y_l' = \dfrac{1}{y_l},\ \cdots,\ y_n' = \dfrac{y_n}{y_l} \\ y_1 = \dfrac{y_1'}{y_l'},\ y_2 = \dfrac{y_2'}{y_l'},\ \cdots,\ y_l = \dfrac{1}{y_l'},\ \cdots,\ y_n = \dfrac{y_n'}{y_l'} \end{cases}$$

なる $y_1', y_2', \cdots, y_n'$ をとることができる[1)]．

このとき Ω_l において除法問題

(7,10;51)
$$[-4\pi^2(y_n'^2 - y_1'^2 - y_2'^2 - \cdots - 1 - \cdots - y'^2_{n-1}) - \lambda y_l'^2]^k \bar{\mathcal{T}}_l = y_l'^{2k} \bar{\mathcal{B}}$$

が解ける；なぜならば $y_l'^{2k}\bar{\mathcal{B}}$ は Ω_l 上で決まった超函数であり，

$$-4\pi^2(y_n'^2 - y_1'^2 - \cdots - 1 - \cdots - y'^2_{n-1}) - \lambda y_l'^2$$

は Ω_l において，第5章，定理8の適用条件をみたすからである．

(7,10;51)は ω_l においても成り立っているが，y_l^{2k} は ω_l において無限回可微分であり，したがって両辺に y_l^{2k} を乗ずることができ，それは ω_l における(7,10;49)を与える．

そこで，$\bar{\alpha}_\nu$ は Ω_ν に含まれるコンパクトな台を有するから，$\bar{\alpha}_\nu\bar{\mathcal{T}}_\nu$ は Ω_ν 上の超函数であるだけでなく，P^n 上の超函数でもある．Y^n へのそれの縮小は，それゆえ Y^n 上の緩い超函数であり，ω_ν においてだけでなく，Y^n においても

(7,10;52)
$$(-4\pi^2\sigma^2 - \lambda)^k(\alpha_\nu \mathcal{C}_\nu) = \alpha_\nu \mathcal{B}$$

をみたす．

したがって和 $\mathcal{T} = \sum \alpha_\nu \mathcal{T}_\nu$ は，(7,10;49)をみたす Y^n 上の緩い超函数であ

1) P^n の局所座標としては，Descartes 座標のどんな1次分数函数を採用することもできるのである．

る.

この方法は第5章, §5, 2° の注意の応用, P^n 上の局所的解決を寄せ集めることによる除法問題の解決である.

除法問題の解決からの結果

Lojasiewicz と Hörmander が R^n において**多項式**による除法は**つねに**可能であるということを証明した[1]ので, 射影空間 P^n を用いる上の推論の助けをかりて, 次のことが導かれる.

いかなる定数係数偏微分方程式(A=微分演算多項式)についても, 少くも1つの緩い素解が存在し, また右辺が緩いときには少くも1つの緩い解が存在する.

そこで, Fredholm の定理(例7)はあらゆる楕円型偏微分方程式に拡張される. 合成方程式への Fourier 変換の応用は他にも多くあるが, ここでは若干の典型的な例を挙げるに留めた.

1) Hörmander [2], Lojasiewicz [1], Schwartz [16], exposé 21 から 25 まで, 参照.

第8章　Laplace 変換

梗　概

§1 では基本的な定義，凸集合 Γ およびその性質を導入する．§2 に進むと，Γ を空間 Ξ^n の凸集合として，どの $\xi \in \Gamma$ に対しても $\exp(-x\cdot\xi)T_x$ が $\mathcal{S}'$ に属するような X^n 上の超函数の空間 $\mathcal{S}_x'(\Gamma)$ を研究する；命題 4 はそれに大切な合成積の性質を与える．§3 で，超函数 $T \in \mathcal{S}_x'(\Gamma)$ の Laplace 変換像を定める；Γ が開集合であるという，もっとも重要な場合には，命題6 によればその像は，$p=\xi+i\eta$, $\xi \in \Gamma$ なる複素数 p の正則函数であり，無限遠では多項式で抑えられる．特に $n=1$ の場合は，299 頁，注意 5 に簡単に示される．Laplace 変換は合成積を乗法積に変換する．§4 は，Laplace 変換像の増大度の性質を基にして，超函数の台をしらべる．最後の系は次元 $n=1$ の場合のことを述べる．

1 変数の函数の Laplace 変換は Doetsch, Widder 等によって大いに研究(理論と応用)された．多変数の場合の論文はもっと近ごろのものである：Bochner, Leray, Mackey, Garding 等．なお，次のことに注意すべきである：電気工学者によって超函数が数学的基礎づけ以前に使用されたのは特に Laplace 変換においてであった($\delta, \delta', \delta'', \cdots$ はその像が $1, p, p^2, \cdots$ となるものとして使用された)．最近の論文では超函数の Laplace 変換がとり扱われている[1)]．

超函数の Laplace 変換の理論的定式化を詳細に述べることは有用であると思われた．読者は，ここには超函数についてのよくある技巧の応用しかないことを，容易に認めるであろう．

§1　超函数と指数函数の積

$X^n=R^n$ を n 次元実ベクトル空間とし，$\Xi^n=R^n$ をそれの共役空間とし，$\Pi^n=\Xi^n+i\Xi^n$ を Ξ^n 上に標準的に作られた n 次元複素空間(すなわち X^n 上の複素数値線型汎函数の空間)とする．

1) Garnir [5], e Silva [2], [3], [4], Schwartz [10], 第1巻，74頁．Laplace 変換の表は Lavoine [2] にある．この章は "Séminaire math. Univ. Lund, 1952" にあるわれわれの論文の簡単な再現である．

$x=(x^1, x^2, \cdots, x^n) \in X^n$, $p=(p^1, p^2, \cdots, p^n) \in \Pi^n$ ($p^j=\xi^j+i\eta^j$, $p=\xi+i\eta$, $\xi \in \Xi^n, \eta \in \Xi^n$) に対し，スカラー積(複素数値)を $px=p^1x^1+\cdots+p^nx^n$ とおく．

次に $T \in \mathcal{D}'_x$ を X^n 上の超函数とする．$\exp(-px)\,T$[1] が緩増加超函数 ($\in \mathcal{S}'$) であるような $p \in \Pi^n$ の集合は明かに "柱集合"$\Gamma+i\Xi^n$，すなわち $\xi \in \Gamma$ で定義される集合であり，ここに Γ は Ξ^n の適当な部分集合である；なぜなら，S が緩増加ならば任意の $\eta \in \Xi^n$ に対して明らかに $\exp(-i\eta x)S$ が緩増加だからである．

(さらに，$\Xi^n \times \mathcal{S}'$ から $\mathcal{S}'$ への写像 $(\eta, S) \to \exp(-i\eta x)S$ は連続である)．

命題1. 集合 Γ は凸集合である.

実際 ξ_1 と ξ_2 を $\in \Gamma$ とする．$0 \leqq t \leqq 1$ に対し，$\xi=t\xi_1+(1-t)\xi_2$ と置く；$\exp(-\xi x)=[\exp(-\xi_1 x)]^t[\exp(-\xi_2 x)]^{1-t}$ の値は2つの値 $\exp(-\xi_1 x)$ と $\exp(-\xi_2 x)$ の間に含まれ，したがってそれらの和で抑えられる．もし

$$(8,1;1) \qquad \alpha(x, \xi) = \exp(-\xi x)/[\exp(-\xi_1 x)+\exp(-\xi_2 x)]$$

とおけば，これは x につき有界な連続函数であり，x についての各微係数もまた有界で連続となることがわかる．言いかえれば，$\alpha \in \mathcal{B}_x=(\mathcal{D}_{L^\infty})_x$.

このとき

$$(8,1;2) \qquad \exp(-\xi x)\,T = \alpha[\exp(-\xi_1 x)\,T]+\alpha[\exp(-\xi_2 x)\,T]$$

となる．

超函数 $\in \mathcal{S}'$ と函数 $\in \mathcal{B}$ との積は $\mathcal{S}'$ に属するので，命題は証明された．

さらに一般に，$\xi_1, \xi_2, \cdots, \xi_l$ を Γ の l 箇の固定点，ξ をそれらの凸包[2]の点，$p=\xi+i\eta$ とすると，函数

$$(8,1;3) \qquad \alpha(x, p) = \exp(-px) \Big/ \left[\sum_{j=1}^{j=l} \exp(-\xi_j x)\right]$$

は $\mathcal{B}_x$ に属する．実際それは有界である；また x についての各偏微係数は，この函数と，p を $\xi_1, \xi_2 \cdots, \xi_l$ でおきかえた類似な函数(したがってすべて1で抑えられる)との積の有限な1次結合(それの係数は η が有界な範囲にあるかぎ

---

1) x を原変数，$p=\xi+i\eta$ を像変数という．第7章に反して，積分 $\int_{-\infty}^{\infty} f(x)\exp(-2i\pi xy)\,dx$ ではなく $g(y)=\int_{-\infty}^{\infty} f(x)\exp(-ixy)\,dx$ で定義される Fourier 変換を $\mathcal{F}$ とするが，これによって Laplace 変換像は $\int_{-\infty}^{\infty} \exp(-px)f(x)\,dx$ となる；このとき $\overline{\mathcal{F}}$ は $f(x)=\left(\frac{1}{2\pi}\right)^n \int_{-\infty}^{\infty} g(y)\exp(+ixy)\,dy$ となる；これは記法を単純にするのが目的である．

2)〔訳注〕 enveloppe convex.

り有界)であるから，有界な η について X^n 上で有界である．

さらにそれの x, ξ, η に関する微係数のおのおのはこれら3変数について連続であり，(η が有界ならば) x についての1つの多項式で抑えられる．これは $(\xi, \eta)\to\alpha$ が ξ, η の無限回可微分函数，ただし $(\mathscr{O}_M)_x$ に値をとる函数，であることを示す．もしさらに l 箇の点 ξ_j の凸包が Ξ^n において空でない内部をもてば，$p\to\alpha$ は p の正則函数，ただし $(\mathscr{O}_M)_x$ に値をとる函数，である．

つねに

$$\exp(-px)\,T=\sum_{j=1}^{j=l}\alpha(x,p)[\exp(-\xi_j x)\,T] \tag{8,1;4}$$

であるから，次のことが成り立つ：

命題 2. 超函数 $\exp(-px)\,T\in\mathscr{S}'_x$ は，ξ が Γ の有限箇の点 $\xi_j\,(j=1,2,\cdots,l)$ の凸包を動くかぎり，ξ と η について無限回微分可能な ($\mathscr{S}'_x$ 値の) 函数である；それは，ξ が Γ の内部 $\mathring{\Gamma}$ にあるかぎり，p の ($\mathscr{S}'_x$ 値の) 正則函数である．

次のことに注意しよう：たとえば Γ が閉球 $|\xi|\leqq 1$ から成り，ξ_0 が球面 $|\xi|=1$ の点であるとして，ξ が ξ_0 に近づくときの，($\mathscr{S}'_x$ における) $\exp(-\xi x)\,T_x$ の連続性を上の命題が保証するのは，$\xi-\xi_0$ と球面の接超平面とのなす角が或る数 $\varepsilon>0$ 以上の範囲にとどまっているときに限る．この種の制限が必要であることは反例によって示される．しかし，ξ が Γ の部分集合 A を動くとき $\exp(-\xi x)\,T$ が $\mathscr{S}'_x$ において有界であれば，それは $\xi\in A$ の $\mathscr{S}'_x$ 値連続函数である；なぜならば，それは ξ の $\mathscr{D}'_x$ 値連続函数であり，$\mathscr{S}'_x$ の有界集合(よって相対コンパクト集合)上で，$\mathscr{S}'$ と $\mathscr{D}'$ の位相が一致するからである．それの ξ に関する微係数 ($\mathscr{D}'_x$ における)は，それと x の多項式との積であるから，$\mathscr{S}'_x$ に属し $\mathscr{S}'_x$ において有界である；それは $\xi\in A$ について無限回可微分な，$\mathscr{S}'_x$ 値函数である．

命題 3. ξ が $\mathring{\Gamma}$ のコンパクト集合 K を動くとき，次のような正数 $\varepsilon>0$ が存在する：$\exp[\varepsilon\sqrt{1+|x|^2}-px]\,T_x$ は，η が有界であるかぎり，$\xi\in K$ に対して $\mathscr{S}'_x$ において有界な範囲にあり，さらに p の $\mathscr{S}'_x$ 値正則函数である．

実際，ε を十分小にとると，$\xi\in K,\ |b|\leqq\varepsilon$ に対する $\xi+b$ の集合は Γ の或る有限箇の点 $\xi_j\,(j=1,2,\cdots,l)$ の凸包の中に含まれる．

そのとき

(8, 1 ; 5)　$$\beta(x\,;p)=\exp(\varepsilon\sqrt{1+|x|^2})\,\alpha(x\,;p)$$

とおく．そうすると

$$|\beta(x\,;p)|\leqq\exp(\varepsilon)\exp(\varepsilon|x|)\,\alpha(x\,;p)$$
$$\leqq\exp(\varepsilon)\operatorname*{Max}_{|b|\leqq\varepsilon}\exp(-bx)\,\alpha(x\,;p)\leqq\operatorname*{Max}_{|b|\leqq\varepsilon}\exp(\varepsilon)\,\alpha(x\,;p+b)$$

これは，仮定により，η が有界なときには抑えられる[1]．

$\beta(x\,;p)$ の x に関する各偏微係数は同じ条件の下で有界な範囲にある；なぜならば，それは α の微係数に $\exp(\varepsilon\sqrt{1+|x|^2})$ の微係数を掛けた積の1次結合であって，α の微係数は α 自身と同様に抑えられ，$\exp(\varepsilon\sqrt{1+|x|^2})$ の微係数はもとの函数と同様に有界となるから．

よって，$\xi\in K$ であるすべての p に対して，$\beta(x\,;p)$ は $\mathcal{B}_x$ に属し，したがって $(\mathcal{O}_M)_x$ に属する；そしてこれは p の $(\mathcal{O}_M)_x$ 値正則函数である．

このとき

(8, 1 ; 6)　$$\exp[\varepsilon\sqrt{1+|x|^2}-px]\,T=\sum_{j=1}^{j=l}\beta(x\,;p)[\exp(-\xi_jx)\,T]$$

したがってこの超函数は η が有界なとき $\mathcal{S}'_x$ で有界であり，p の $\mathcal{S}'_x$ 値正則函数である．証明終．

系　$\xi\in\mathring{\Gamma}$ **に対して，**$\exp(-px)\,T$ **は** $(\mathcal{O}'_C)_x$ **に属し，**p **の** $(\mathcal{O}'_C)_x$ **値正則函数である．**

実際，それは，p の $\mathcal{S}'_x$ 値正則函数である $\exp[\varepsilon\sqrt{1+|x|^2}-px]\,T$ に，$\exp[-\varepsilon\sqrt{1+|x|^2}]\in\mathcal{S}$ を掛けた積である．

命題3において $\mathcal{S}'$ を $(\mathcal{O}'_C)$ でおきかえてもよい．

注意　局所的な正則性についてさらに制限の強い仮定を持ちこんで，$\mathcal{S}'_x$ を他の空間でおきかえることができる；そのとき命題3は容易に拡張される．

たとえば T が函数 f であり，ξ が凸集合 Γ の中を動くとき $\exp(-\xi x)f$ が $L^k(X^n)$ に属すれば，ξ が $\mathring{\Gamma}$ に属するとき $\exp(-px)f$ は L^k の函数と急減少函数（$\exp(-\varepsilon\sqrt{1+|x|^2})$，適当な ε で）との積である．もし $\xi\in\Gamma$ に対して $\exp(-\xi x)f$ が $(\mathcal{O}_M)$ に属すれば，$\xi\in\mathring{\Gamma}$ に対して $\exp(-px)f$ は $\mathcal{S}$ に属する．もちろん，$T\in\mathcal{D}'_x$ および超函数の空間 $\mathcal{S}', L^k, \mathcal{O}_M$，等々のそれぞれに凸

1)〔訳注〕ここ数行の記述はすこし混乱している．筋が通るようにするには，‘η が有界なときには’ を α の微係数についての箇所に移し，函数の挙動について ‘抑えられる’(majorée) と ‘有界’(bornée) を適当に読みかえればよい．

集合 Γ が対応し，それは空間によって異なる[1]．

§2 Ξ^n の空でない凸集合 Γ に関する超函数空間 $\mathcal{S}'_x(\Gamma)$

どの $\xi\in\Gamma$ に対しても $\exp(-\xi x)\,T$ が $\mathcal{S}'_x$ に属するような超函数 $T\in\mathcal{D}'_x$ が作る集合を $\mathcal{S}'_x(\Gamma)$ という．常用の空間 $\mathcal{S}'_x$ は $\Gamma=\{0\}$ に対応する．

$\mathcal{S}'_x(\Gamma)$ には次の位相をいれる：$T_j\in\mathcal{S}'_x(\Gamma)$ が 0 に収束するのは，どの $\xi\in\Gamma$ についても $\exp(-\xi x)\,T_j$ が $\mathcal{S}'_x$ で 0 に収束するときである（このとき命題 2 により，Γ の有限箇の点の凸包を ξ が動いて，η が有界であれば，$\exp(-px)\,T_j$ は一様に $\mathcal{S}'_x$ で 0 に収束する）；この位相は，線型写像 $T\to\exp(-\xi x)\,T$ が $\mathcal{S}'_x(\Gamma)$ から $\mathcal{S}'_x$ への連続写像であるような位相のうち最も弱いものである．空間 $\mathcal{S}'_x(\Gamma)$ は完備で分離的な局所凸位相空間である．同様にして空間 $(\mathcal{O}'_C)_x(\Gamma)$ を（あるいは，応用のもくろみがあれば，他の類似した空間も）導入する．このとき

$$(\mathcal{O}'_C)_x(\Gamma)\subset\mathcal{S}'_x(\Gamma)\subset(\mathcal{O}'_C)_x(\mathring{\Gamma})$$

であり，もしも Γ が開集合ならば空間 $\mathcal{S}'_x(\Gamma)$ と $(\mathcal{O}'_C)_x(\Gamma)$ が（ベクトル空間としても位相空間としても）一致する．

命題 4. **$S\in\mathcal{S}'_x(\Gamma)$ と $T\in(\mathcal{O}'_C)_x(\Gamma)$ に対して，合成積 $S*T$ が定義され，$\mathcal{S}'_x(\Gamma)$ に属する；$\mathcal{S}'_x(\Gamma)\times(\mathcal{O}'_C)_x(\Gamma)$ から $\mathcal{S}'_x(\Gamma)$ への双線型写像 $(S, T)\to S*T$ は準連続である．**

$S*T$ を次の式で定義する：

$$\exp(-px)(S*T)=[\exp(-px)S]*[\exp(-px)\,T] \qquad \text{ただし}\quad \xi\in\Gamma \tag{8, 2 ; 1}$$

すなわち

$$S*T=\exp(px)[(\exp(-px)S)*(\exp(-px)\,T)]. \tag{8, 2 ; 2}$$

p を 1 つだけ（$\xi=\mathcal{R}p\in\Gamma$ に）選んでおけば，式 (8, 2 ; 2) によって $S*T$ が直接に定義される；もし結果が p に無関係でありさえすれば，この定義は正当であって命題 4 はただちに証明される．

さて α_j を函数 $\in\mathcal{D}_x$ の列とし，$1-\alpha_j$ が R^n の各コンパクト集合上で 0 に一様収束し，X^n 上で有界であって，その各微係数も同じ性質を持つとする．

---

1) Γ は任意の凸集合というわけにはいかない．Authier [1] 参照．

このとき $S_j=\alpha_j S$, $T_j=\alpha_j T$ はそれぞれ $\mathscr{S}'_x(\Gamma)$, $(\mathscr{O}'_C)_x(\Gamma)$ で S, T に収束する(これは $\mathscr{E}'_x$ が，また正則化によって $\mathscr{D}_x$ も，それらの空間で稠密であることを示す)．任意の p に対して，(8,2;2)の S と T を S_j と T_j でおきかえた公式(8,2;2′)が成立する．$\xi\in\Gamma$ ならば，$\exp(-px)S_j=\alpha_j[\exp(-px)S]$ は $(\mathscr{O}'_C)_x$ で $\exp(-px)S$ に収束する．同様に，$\exp(-px)T_j$ は $\mathscr{S}'_x$ で $\exp(-px)T$ に収束する．

(8,2;2′)の右辺は $\mathscr{D}'_x$ で(8,2;2)の右辺に収束する．これは(8,2;2)の右辺が S_j*T_j の($\mathscr{D}'_x$ における)極限であることを示し，また S_j*T_j は p に無関係であるから，(8,2;2)の右辺は $\xi\in\Gamma$ のとき p に無関係である，証明終．

この証明は，こうして定義された $S*T$ が S_j*T_j の $\mathscr{D}'_x$ における極限であることをも示しているので，これによると，もし $S*T$ が他の理由から他の方法で定義されても，その結果は同一のものであることも示されている．

系 Γ **が開集合であれば，**$\mathscr{S}'_x(\Gamma)$ **は合成積に関して可換な多元環であり，合成積は** $\mathscr{S}'_x(\Gamma)\times\mathscr{S}'_x(\Gamma)$ **から** $\mathscr{S}'_x(\Gamma)$ **への連続写像である．**

これは，$\mathscr{S}'_x(\Gamma)=(\mathscr{O}'_C)_x(\Gamma)$ であること，$(\mathscr{O}'_C)$ は合成積に関して多元環であること，およびこの合成積が準連続であることから導かれる[1)]．

§3 $\mathscr{S}'_x(\Gamma)$ 上の Laplace 変換

Γ を Ξ^n の空でない凸集合とする．Γ に含まれる固定された ξ に対して，$\exp(-\xi x)T_x$ を x についての超函数と考えて，それの Fourier 変換を求めよう；その Fourier 変換を η の超函数，ただし $\mathscr{S}'_\eta(\eta\in\Xi^n)$ に属し，パラメタ $\xi\in\Gamma$ に依存するもの，とみて

(8,3;1) $$(E(\xi))_\eta=[\mathscr{F}_x(\exp(-\xi x)T_x)]_\eta$$

と書く(もし積分に意味があればこれは函数 $\int_{X^n}\exp[-(\xi+i\eta)x]T_x dx$ である．いいかえれば，もし $\exp(-(\xi+i\eta)x)T_x$ が $(\mathscr{D}'_{L^1})_x$ に属すればこの積分で表現される)．

命題 5. $\xi\to(E(\xi))_\eta$ **は** Γ **から** $\mathscr{S}'_\eta$ **への写像として，**ξ **が** Γ **の有限箇の点の凸包を動くかぎり，無限回可微分である．**d **を，**Γ **の生成する線状空間** V **に属する** Ξ^n **のベクトルの方向に沿った微分とすれば，**V **における** Γ **の内点** ξ

1) 命題4，および DIEUDONNÉ-SCHWARTZ [1]，96頁，定理9を参照．

では

(8, 3 ; 2) $$(d_\xi+id_\eta)(E(\xi))_\eta = 0$$ [1].

逆に，もし $\xi\to(E(\xi))_\eta$ が Γ から $\mathcal{S}'_\eta$ への写像で，いま述べたような性質をもっていれば，$(E(\xi))_\eta=[\mathcal{F}_{(x)}(\exp(-\xi x)\,T_x)]_\eta$ となるような $T\in\mathcal{S}'_x(\Gamma)$ がただ1つ存在する．

実際，$(T(\xi))_x=[\overline{\mathcal{F}}_\eta(E(\xi))_\eta]_x$ とおく．ξ が V における Γ の内部を動くとき，任意の $a=(a^1, a^2, \cdots, a^n)\in V$ ($\xi=(\xi^1, \xi^2, \cdots, \xi^n)$，$x=(x^1, x^2, \cdots, x^n)$ とする)に対して，(8, 3 ; 2) は

(8, 3 ; 3) $$\sum_{\nu=1}^{\nu=n} a^\nu\frac{\partial}{\partial\xi^\nu}(T(\xi))_x+\sum_{\nu=1}^{\nu=n} a^\nu x^\nu(T(\xi))_x = 0$$

と同値になる．これはまた

(8, 3 ; 4) $$\sum_{\nu=1}^{\nu=n} a^\nu\frac{\partial}{\partial\xi^\nu}[\exp(\xi x)(T(\xi))_x] = 0$$

と同値である(ただし角括弧は ξ の函数で $\mathcal{D}'_x$ に値をとるものと考える)．

これが成立するためには，ξ が V における Γ の内部を動くかぎり，したがって連続性により，ξ が Γ を動くかぎり，$\exp(\xi x)(T(\xi))_x\in\mathcal{D}'_x$ が ξ によらないということが，必要十分である；よって，

(8, 3 ; 5) $$(T(\xi))_x = \exp(-\xi x)\,T_x$$

となる超函数 $T\in\mathcal{D}'_x$ が存在することが必要十分である．証明終．

次のことに注意しよう：T_x が $\mathcal{S}'_x(\Gamma)$ で0に収束するためには，任意の $\xi\in\Gamma$ に対して $(E(\xi))_\eta$ が $\mathcal{S}'_\eta$ の要素として0に収束することが必要十分であり，このとき Γ の有限箇の点の凸包でこの収束は一様である．

定義 この Γ から $\mathcal{S}'_\eta$ への写像 $\xi\to(E(\xi))_\eta$ を $T\in\mathcal{S}'_x(\Gamma)$ の Laplace 変換像と言い，$(\mathcal{L}T(\xi))_\eta$ または簡単に $\mathcal{L}T$ と表わす．

命題 6. もし Γ が開集合ならば，$T\in\mathcal{S}'_x(\Gamma)$ の Laplace 変換像は Γ から $(\mathcal{O}_M)_\eta$ への無限回可微分写像である；さらに，

(8, 3 ; 6) $$(E(\xi))_\eta = E(\xi, \eta) = F(\xi+i\eta) = F(p)$$

において F は $\Gamma+iE^n$ での p の正則函数である；この F もまた T の Laplace

---

1) d_ξ は，ξ の $\mathcal{S}'_\eta$ 値函数としての $(E(\xi))_\eta$ に微分 d をほどこしたものである；d_η は，固定した ξ で，$\mathcal{S}'_\eta$ に属する超函数としての $(E(\xi))_\eta$ に d をほどこしたものである．

変換像と呼ぶ.

逆に, $\Gamma+i\Xi^n$ 上の任意の正則函数 $F(p)$ で, Γ のすべてのコンパクト集合 K に対し, $K+i\Xi^n$ 上で, 1つの η の多項式で抑えられるものは, あるただ1つの超函数 $T\in\mathcal{S}'_x$ の Laplace 変換像である.

1) **この条件は必要である**

これは命題5から推論することができるが, また直接にも明白である. $\mathcal{S}'_\eta$ を $(\mathcal{O}_M)_\eta$ でおきかえ得るということは命題3の系からわかる; おなじく, $\exp(-px)T_x$ は p の正則函数で $(\mathcal{O}'_C)_x$ の値をとるものであり, ここで $F(p)$ はまさに積分

$$F(p)=\int_{X^n}[\exp(-px)T_x]dx \tag{8,3;7}$$

であるから, $F(p)$ は p の正則函数である.

2) **この条件は十分である**

F が, $K+i\Xi^n$ 上で, 1つの多項式で抑えられれば, 古典的な Cauchy 積分による評価からわかるように, F の ξ または η によるどの偏微係数も η の多項式(きまった次数の)で抑えられる; このとき $\xi\to F(\xi+i\eta)$ は Γ から $(\mathcal{O}_M)_\eta$ への, したがってまた $\mathcal{S}'_\eta$ への写像として無限回微分可能である; さらに F は正則であるから, Cauchy の条件 $(d_\xi+id_\eta)F(\xi+i\eta)=0$ $\Bigl(d$ は任意のベクトルの方向への微分; もし $d=\dfrac{\partial}{\partial\xi^\nu}(\nu=1,2,\cdots,n)$ ならば $d_\xi+id_\eta=\dfrac{\partial}{\partial\xi^\nu}+i\dfrac{\partial}{\partial\eta^\nu}\Bigr)$ が成り立ち, したがって結論は命題5から導かれる.

諸注意

1) T_j が $\mathcal{S}'_x(\Gamma)$ で0に収束するためには, 次のことが十分条件である(列の場合, および有界な基底または可算箇の基底をもつフィルターの場合には必要条件でもある); $F_j(\xi+i\eta)$ が $\Gamma+i\Xi^n$ の各コンパクト集合上で一様に0に収束し, Γ の各コンパクト集合 K に対し, $K+i\Xi^n$ 上で, η についての1つの定まった多項式によって抑えられる.

2) η の多項式は, ξ が有界な範囲にとどまるかぎり p の多項式で抑えられる(なぜならそれは $A+\sum_{\nu=1}^{\nu=n}(\eta^\nu)^2$ の累乗で抑えられ, よって $B-\sum_{\nu=1}^{\nu=n}(p^\nu)^2$ の累乗で抑えられるから), したがって Γ の任意のコンパクト集合 K に対し,

$F(p)$ は $K+i\Xi^n$ 上で，p の多項式と有界正則函数 $G(p)$ との積になっている．

3) もしすべての $\xi\in\Gamma$ に対して $(E(\xi))_\eta\in(\mathscr{D}'_{L^p})_\eta$（または $(\mathscr{O}'_C)_\eta$）ならば，そのときすべての $\xi\in\mathring{\Gamma}$ に対して $(E(\xi))_\eta\in(\mathscr{D}_{L^p})_\eta$（または $\mathscr{S}_\eta$）であり，これは $\mathring{\Gamma}$ から $(\mathscr{D}_{L^p})_\eta$（または $\mathscr{S}_\eta$）への無限回可微分な写像である．

実際，命題3の証明で用いた方法をまた用いて，

$$(E(\xi))_\eta=\sum_j[\mathscr{F}_{(x)}\exp(-\varepsilon\sqrt{1+|x|^2})]*\mathscr{F}_{(x)}\beta*(E(\xi_j))_\eta.$$

さてもし $(E(\xi_j))_\eta\in(\mathscr{D}'_{L^p})_\eta$ ならば，$\mathscr{F}\beta\in(\mathscr{O}'_C)_\eta$，$\mathscr{F}\exp(-\varepsilon\sqrt{1+|x|^2})\in\mathscr{S}_\eta$，したがって $(E(\xi))_\eta\in(\mathscr{D}_{L^p})_\eta$．証明終．

4) われわれは副産物として次のことを証明した：

U_x を緩増加超函数とする；$\exp(k\sqrt{1+|x|^2})\,U_x$ が $k<R$ で有界型超函数であるためには，次のことが必要十分である：$V(y)=\mathscr{F}U$ が y については解析函数であり，また $|y'|<R$ の範囲で $z=y+iy'$ の正則函数に拡張されて，それが，$|y'|\leqq R-\varepsilon$ では（y または z についての）多項式によって抑えられる．

5) 1次元 $(n=1)$ の場合に，Γ を開集合とすればそれは或る区間 (a,b) である．そのときもし $T\in\mathscr{S}'_x(a,b)$ ならば，

$$\mathscr{L}T=F(p)=\int_{-\infty}^{+\infty}\exp(-px)\,T_x dx$$

は，$a<\xi<b$ で，$p=\xi+i\eta$ の正則函数である；$a+\varepsilon\leqq\xi\leqq b-\varepsilon$ で，それは p の多項式とある有界な正則函数 $G(p)$ との積である；またその逆も成立する．

命題 7. **Γ が Ξ^n の空でない凸集合で，$S\in\mathscr{S}'_x(\Gamma)$, $T\in(\mathscr{O}'_C)_x(\Gamma)$ とすれば，そのとき $\mathscr{L}(S*T)$ は $\mathscr{L}S$ と $\mathscr{L}T$ との積，すなわち各 $\xi\in\Gamma$ に対して作られた，$\mathscr{S}'_\eta$ の超函数と $(\mathscr{O}_M)_\eta$ の函数との積である．**

命題4から次のことが直ちに得られる．

系 **もし Γ が開集合で，S と T が $\mathscr{S}'_x(\Gamma)$ に属すれば，$p\in\Gamma+i\Xi^n$ の正則函数 $\mathscr{L}(S*T)$ は，正則函数 $\mathscr{L}S$ と正則函数 $\mathscr{L}T$ との積である．そのとき多元環 $\mathscr{S}'_x(\Gamma)$ には零因子がない．**

§4 Laplace 変換に基づく超函数の台の考察

命題 8[1]. **T_x を超函数，Γ を T に対応する凸集合（§1）として，これは空で**

1) これは Lions 氏に負う．前の部分と緊密な関係があるので，氏の同意を得てここに公表する．

ないと仮定し，$\xi_0 \in \Gamma$ とする．

T の台が半空間 $\xi x \geqq A, \xi \in \Xi^n$，に含まれるためには，次のことが必要十分である：任意の $B<A$ に対し，超函数

(8, 4 ; 1)　　$$\exp(tB)\exp(-(\xi_0+t\xi)x)\,T_x$$

は，任意の実数 $t \geqq 0$ について $\mathscr{S}'_x$ に属し，$t \geqq 0$ なる限り $\mathscr{S}'_x$ において有界となる．

1)　**この条件は必要である**

T の台が半空間 $\xi x \geqq A$ に含まれるとする．$\xi_0 \in \Gamma$ ならば任意の $t \geqq 0$ に対して $\xi_0+t\xi \in \Gamma$ となること，また(8, 4 ; 1)は $\mathscr{S}'_x$ の有界集合に属し，$t \to \infty$ のとき $\mathscr{S}'_x$ において0に収束することを示そう．そのために，もし $\varphi \in \mathscr{D}_x$ の台が原点の十分小さい近傍にあれば，φ による正則化が $(\mathscr{O}_M)_x$ に属し，また $t \to \infty$ のときこの正則化は $(\mathscr{O}_M)_x$ において0に収束する，ということを証明する．

φ の台は帯状領域 $|\xi x| \leqq \varepsilon$ に含まれると仮定することができる．そのとき

(8, 4 ; 2)　　$$\psi_{(t)}(x) = \exp(t\xi x - 2\varepsilon t)\varphi(x)$$

とおく．$\psi_{(t)}$ は $\exp(-\varepsilon t)$ で抑えられ，それの x についての各偏微係数は $\exp(-\varepsilon t)$ と t の多項式との積で抑えられ，したがって $\psi_{(t)}$ は $t \geqq 0$ に対し $\mathscr{D}_x$ において抑えられ，$t \to \infty$ のとき $\mathscr{D}_x$ で0に収束する．このとき $\xi_0 \in \Gamma$ であるから，次のことが証明される：$[\exp(-\xi_0 x)\,T_x * \psi_t]$ は[1]，台が半空間 $\xi x \geqq A-\varepsilon$ に含まれ，$t \geqq 0$ のとき $(\mathscr{O}_M)_x$ に属し，$t \to \infty$ のとき $(\mathscr{O}_M)_x$ で0に収束する．ところが

(8, 4 ; 3)　　$$\exp(tB)[\exp(-(\xi_0+t\xi)x)\,T_x]\underset{(x)}{*}\varphi(x) = [\exp(-\xi_0 x)\,T_x * \psi_{(t)}][\exp(-t\xi x+tB+2\varepsilon t)]\,;$$

右辺で第1の角括弧内の部分の台においては，第2の角括弧内の部分は，$B \leqq A-4\varepsilon$ のとき $\exp(-\varepsilon t)$ で抑えられ，さらにそれの x についての各偏微係数は $\exp(-\varepsilon t)$ と t の多項式との積で抑えられる；こういうわけで，右辺は $(\mathscr{O}_M)_x$ に属し，$t \to \infty$ のとき $\mathscr{S}'_x$ で0に収束し，したがってまた左辺も同じ性質をもつ；そして ε はどのように小さくとってもよいから，上の命題は証明された．

2)　**この条件は十分である**

---

1)〔訳注〕 $\exp(-\xi_0 x)\,T_x$ と ψ_t との合成積である．乗法積を合成積よりも先に読む．

すべての $t \geqq 0$ に対して $\xi_0 + t\xi \in \Gamma$ であると仮定し，$t \geqq 0$ なるかぎり (8, 4 ; 1) が $\mathcal{S}'_x$ で有界であると仮定する．ϕ を $\mathcal{D}_x$ の函数で，それの台が原点の十分小さい近傍，たとえば帯状領域 $|\xi x| \leqq \varepsilon$ に入るものとする．こんどは

$$\varphi_{(t)}(x) = \exp(-t\xi x - 2\varepsilon t)\phi(x) \tag{8, 4 ; 4}$$

とおこう．前と同様に $\varphi_{(t)}$ は $t \geqq 0$ のとき $\mathcal{D}_x$ において有界である．それゆえ，仮定から，(8, 4 ; 1) の $\varphi_{(t)}$ による正則化は $(\mathcal{O}_M)_x$ において有界でなければならない．ところが

$$\begin{aligned} &\exp(tB)[\exp(-(\xi_0+t\xi)x)T_x] \underset{(x)}{*} \varphi_{(t)}(x) \\ &\quad = [\exp(-\xi_0 x)T_x * \phi]\exp(-t\xi x + tB - 2\varepsilon t). \end{aligned} \tag{8, 4 ; 5}$$

右辺の角括弧の部分は t に無関係な連続函数である；それに掛ける指数函数は，もし $B \geqq A - \varepsilon$ かつ $\xi x \leqq A - 4\varepsilon$ ならば，$t \to \infty$ のとき ∞ に近づく；したがって右辺の角括弧の項の台は半空間 $\xi x \geqq A - 4\varepsilon$ に含まれる；このことは台が原点の十分小さい近傍に含まれるようなすべての $\phi \in \mathcal{D}_x$ に対して成立するので，$\exp(-\xi_0 x)T_x$ の台すなわち T_x の台はまた半空間 $\xi x \geqq A - 4\varepsilon$ に含まれる；ε は任意に小さくできるので，T の台は半空間 $\xi x \geqq A$ に含まれる．

注　意

1)　もし $\xi_0 \in \mathring{\Gamma}$ ならば，$\exp(-\xi_0 x)T_x \in (\mathcal{O}'_C)_x$ で，上の命題の中の $\mathcal{S}'_x$ は $(\mathcal{O}'_C)_x$ でおきかえることができる．

2)　T の台が半空間 $\xi x \geqq A$ に含まれるような A の最大値は，(8, 4 ; 1) が $t \geqq 0$ に対して $\mathcal{S}'_x$ で有界であるような B の上限である．したがってこの上限は $\xi_0 \in \Gamma$ の選び方には無関係である．この方法で，T の台を含むあらゆる半平面が定められ，さらに台の閉凸包が定められる．

Laplace 変換により直ちに次の系が得られる：

系　$T \in \mathcal{S}'_x(\Gamma)$ **の台が半空間** $\xi x \geqq A$ **に含まれるためには，**T **の Laplace 変換像** $(E(\xi))_\eta$ **が次の性質をもつことが必要十分である：任意の** $B < A$ **と，少くも 1 つの点** $\xi_0 \in \Gamma$ **とに対して（このとき実はどの** $\xi_0 \in \Gamma$ **に対しても）**

$$\exp(tB)(E(\xi_0 + t\xi))_\eta \tag{8, 4 ; 6}$$

がすべての $t \geqq 0$ **について** $\mathcal{S}'_\eta$ **で有界．**

注意 1.　Γ が開集合で，$(E(\xi))_\eta = F(\xi + i\eta)$ のとき，前述の条件が成立するためには，任意の $\xi_0 \in \Gamma$ と任意の $B < A$ に対して

$$\exp(tB)F(\xi_0+t\xi+i\eta) \tag{8,4;7}$$

が $t\geqq 0$ において η(または p)の1つの多項式で抑えられることが必要十分である．

注意 2. もっと強い必要条件(当然，十分条件である)を与えることができる．ここでは次元 $n=1$ の場合にだけその条件を述べよう：

C 上で正則な函数 F が，半直線 $x\geqq A$ に台が含まれるような R 上の超函数 T の Laplace 変換像であるためには，十分大きい ξ に対して $|F(p)e^{A\xi}|$ が η (または $|p|$)の多項式で抑えられることが必要十分である．

実際 $T\in\mathscr{D}'$ の台が $x\geqq A$ に含まれ，ξ_0 が次の式をみたすとする：

$$S_x=e^{-\xi_0 x}T_x\in\mathscr{D}'_{L^1}.$$

そのとき超函数 S は，台が $x\geqq A$ に含まれる可積分測度の微係数の有限和 $\sum_{k\leqq m}(\mu_k)^{(k)}$ である．(まず $[A, A+1]$ に台が含まれる超函数 S_1 と，台が $[A+1, +\infty[$ に含まれる可積分な超函数 S_2 に分解する(第3章，定理 34, 3°)；S_1 は台が $[A, A+1]$ に含まれる測度の微係数の有限和である(同じ定理の 2°)；S_2 は可積分測度の微係数の有限和であるが(第6章，定理 15)，必要に応じて，$[A, +\infty[$ に台が含まれ $[A+1, +\infty[$ の近傍で1に等しい C^∞ 級函数を乗ずることにより，それらの測度の台は $[A, +\infty[$ に含まれるとしてよい)．

さらに T の Laplace 変換像は

$$F(p)=\sum_{k\leqq m}(-1)^k\int(e^{\xi_0 x}e^{-px})^{(k)}d\mu_k(x)$$

$$=\sum_{k\leqq m}(p-\xi_0)^k\int_{x\geqq A}e^{-(p-\xi_0)x}d\mu_k(x).$$

その結果，$\xi\geqq\xi_0$ に対し

$$|F(p)|\leqq|p-\xi_0|^m e^{-A(\xi-\xi_0)}\sum_{k\leqq m}\int_{x\geqq A}e^{-(\xi-\xi_0)(x-A)}d\mu_k(x).$$

$\int d\mu_k$ は有限であるから，F に要求される評価 $|F(p)|\leqq$定数$\times e^{-A\xi}|p-\xi_0|^m$ が上の式から導かれる．逆は注意1から明白である．

第9章　多様体上のカレント

梗　概

§1(303頁)では(境界のある)可微分多様体とそれの上の常形式または捩形式の意味を想起する．人々はしばしば，捩形式を用いることを避ける；それを避けるには，多様体が単に向きづけ可能なだけでなく，向きづけされていると仮定しなければならないが，それはかなり窮屈なことである；しかも捩形式のとり扱いは非常に容易なのである．

さて，§2(312頁)では多様体上で通常の，または捩れたカレントを定義する．いくつかの例(313頁)，特に物理学からの例(電流)を述べる．向きづけされた多様体(326頁)の場合に，両種のカレントは差異がなくなる．この節の終りには，有限次元のベクトル空間をファイバーとするファイバー空間の超函数断面を定義する(327頁)．

§3(329頁)ではカレントの上での演算：外積(329頁)，ベクトル場との内積(330頁)，双対境界または外微分(331頁)と種々の例，無限小変換による微分(338頁)についてしらべる．この節の最後ではカレントのコホモロジーを述べる(一般化された de Rham の定理，342頁，定理1)．

§4(348頁)では写像によるカレントの順像を研究する．定理2でその主要な性質をまとめ，次に例を与える(352頁)．定理2の2(354頁)は実用上有用な同型写像を与える．

§5(359頁)ではカレントの逆像，すなわちカレントにおける変数変換を研究する．この逆像は順次に導入され，その性質は定理3(363頁)においてまとめられる．この定理がいかなる場合に適用可能かを見なければならない．まず局所微分同相写像の場合をとり扱い(364頁)，例を挙げる(365頁)．次に，ファイバー多様体上で，微分形式のファイバー上での偏積分の概念を研究する；これからさらに一般的な多様体 U^m から n 次元の多様体 V^n の中への階数 n の写像による変数変換の場合に導かれる(定理4，375頁)．例が与えられる(376頁)．

§6では不変な形の Fourier 変換，すなわち有限次元ベクトル空間上の偶および奇の緩いカレントの Fourier 変換を研究する．これは前に Scarfiello [1] により研究された．

§1　無限回可微分多様体上の偶形式と奇形式

偶または常形式

可微分多様体の主な性質は既知であると仮定する，そして冗長さと複雑さをさけるために，しばしば証明は概略だけを述べる[1]．特に断わらないかぎり，**次のものを多様体とよぶことにする：無限遠点で可算な，分離的な，実数体上の無限回可微分多様体．**

n 次元多様体(境界をもつものでもよい[2])の上では，m 回連続的微分可能(すなわち C^m 級)函数とか，無限回微分可能(すなわち C^∞ 級)函数という概念が定まっているのであった．さらにまた，1つの多様体から他の多様体への無限回微分可能な写像という概念も定まっている．

とくに，逆写像もまた無限回微分可能であるような無限回微分可能写像を微分同相写像[3]という．

さらに V の局所座標系とは，V の開集合——局所座標系[3]の定義域——および，その定義域から R^n または R^n_- (R^n の部分空間 $x_1 \leqq 0$) の開集合の上への微分同相写像 H の与えられた組である．V の局所座標系の全体が座標系を構成する．V の部分座標系とは，局所座標系の集合であって，それらの定義域が V の被覆をなすものをいう[3]．

さらにまた，多様体上では，p 形式，すなわち p 次の微分形式，すなわち p コベクトル場という概念も定められている；p 形式の，V の1点における値

---

1)　多様体の研究のためには，たとえば de Rham [3]，Helgason [1] を参照することができる．

2)　境界をもった無限回可微分多様体という概念は暗によく知られてはいるが，書物に必ずしもはっきり書かれてはいない．境界点の近傍の局所座標系はその近傍を位相空間 R^n_- (R^n の $x_1 \leqq 0$ なる部分空間)の開集合の上に表現するものである．そのとき V^n 上の可微分函数という概念は R^n_- 上の可微分函数という概念に帰着する；R^n_- で定義された函数に対しては，偏微係数はただちに定義できる(超平面 $x_1=0$ の点での，x_1 に関する偏微分の計算には，単に函数の定義域 $x_1 \leqq 0$ での函数値のみが関与する)．R^n_- 上の m 回連続的微分可能な任意の函数 φ は，R^n 上の m 回連続的微分可能な或る函数 Φ を R^n_- に制限したものになっている，という知識がしばしば必要となる．そのような拡張 Φ は，もし m が有限ならば，まったく初等的な方法で作ることができる：それには，$x_1>0$ に対して次のようにおく：

$$\Phi(x_1, x_2, \cdots, x_n) = \sum_{\nu=0}^{m} C_\nu \varphi(-\nu x_1, x_2, \cdots, x_{n-1}, x_n),$$

ここに C_ν は Vandermonde の連立方程式：$\sum_{\nu=0}^{m} C_\nu(-\nu)^k=1, k=0, 1, 2, \cdots, m$；が成立するように選ぶ，したがって $x_1>0$ での m 階までの微係数は，$x_1 \to 0$ のとき φ の微係数とうまく接続する．もし φ がコンパクトな台をもてば Φ もそうである．m が無限であると事情はもっと難しい．たとえば，Whitney [4] の65頁，定理1すなわち拡張定理または，Seely [1] の定理を適用することができる．Whitney は $x_1>0$ で解析的な拡張 Φ を与えたが，ここではその必要はない；もし φ がコンパクトな台をもち，α が R^n の函数で $\mathcal{D}$ に属し，φ の台の近傍で1ならば $\alpha\Phi$ もまた φ の拡張であり，その台はコンパクトである．

3)〔訳注〕　微分同相写像はdifféomorphisme，局所座標系は carte，座標系は atlas，部分座標系は atlas partiel．

が，その点における p コベクトルである；$p<0$ の場合または $p>n$ の場合は，p 形式としては 0 のみが存在すると考える．p 形式が m 回連続的微分可能(すなわち C^m 級)とか局所可積分であるということが定義される：それは，局所座標系で定義された微分同相写像によってその p 形式を写すと，その像が R^n または $R^n{}_-$ の開集合の上の p 形式として m 回連続微分可能な係数とか局所可積分な係数による p 形式になっている，ということである．ここで考える微分形式は複素微分形式である．

p 形式によって定まる p コベクトルが 0 でない点の集合の閉包をその p 形式の台という．m 回連続的可微分(または無限回可微分)な p 形式で，台がコンパクトなものからなる空間を $\overset{p}{\mathcal{D}}{}^m$(または $\overset{p}{\mathcal{D}}$) という(もし特に多様体 V を明示する必要があれば $\overset{p}{\mathcal{D}}{}^m(V)$(または $\overset{p}{\mathcal{D}}(V)$) とかく)：$V^n$ のコンパクト集合 K に台が含まれる p 形式からなる部分空間 $\overset{p}{\mathcal{D}}_K{}^m$(または $\overset{p}{\mathcal{D}}_K$) において，位相を次のように定める：$\varphi_j$ が $\overset{p}{\mathcal{D}}_K{}^m$(または $\overset{p}{\mathcal{D}}_K$) で 0 に収束するとは，局所座標系で定義された微分同相写像によるそれらの像が，R^m または $R^m{}_-$ の開集合における p 形式として，その m 階までの微係数までこめて(または，そのどの偏微係数もそれぞれ)，その開集合内の各コンパクト集合上で一様に 0 に収束することである．$\overset{p}{\mathcal{D}}{}^m$(または $\overset{p}{\mathcal{D}}$) の位相は例によって帰納的極限位相とする．$(\Omega_i)_{i\in I}$ が V の開被覆ならばそれに属する無限回可微分な単位の分解が存在する(第1章，定理2)．これの証明は R^n 上における場合とまったく同様に行なわれる．

稠密性の定理(第1章，定理1)は V^n 上でもまったく同様に成立する[1]．実際，すべての $\varphi\in\overset{p}{\mathcal{D}}{}^m$ について，それは部分座標系に対応する単位の分割 $(\alpha_i)_{i\in I}$ によって $\varphi=\sum_i \alpha_i\varphi$ の形に書かれる，そしてこれら $\alpha_i\varphi$ に対する稠密性の定理に帰着され，それは微分同相写像 H_i^{-1} で R^n または $R^n{}_-$ の部分に写すことによって簡単に証明される．

p が 0 から n まで変化するとき，p 形式の形式的な和をしばしば形式とよぶ：$\omega=\sum_{p=0}^{n}\overset{p}{\omega}$；$\overset{p}{\omega}$ は ω の p 次の成分．形式はもしそのすべての成分が，多く

1) 定理1は R^n において証明されていた，しかし $R^n{}_-$ においても同様に真である．$\varphi\in\mathcal{D}^m(R^n{}_-)$ としよう．これを $\Phi\in\mathcal{D}^m(R^n)$ にまで拡張することができる．定理1を Φ に適用し，$\mathcal{D}_H{}^m(R^n)$ で φ に収束する函数列 $\Phi_j\in\mathcal{D}(R^n)$ が与えられる．これらを $R^n{}_-$ への制限した φ_j は $\mathcal{D}(R^n{}_-)$ の函数列であり，$\mathcal{D}_{H\cap R^n{}_-}{}^m(R^n{}_-)$ で φ に収束する．

ともただ1つを除いて零であるとき同次であるという；このとき，形式が0である場合には次数が定まらないが，この場合を除いて定まった次数をもつ．形式の空間は定義から，p 形式の空間の直和である．空間 $\mathcal{D}^m$ または $\mathcal{D}$ は，$\overset{p}{\mathcal{D}}{}^m$ または $\overset{p}{\mathcal{D}}$ の位相の直和としての位相をもつ．いままで述べてきた形式すなわち常形式は，また偶類の形式とか偶形式ともよばれる[1]．

奇または捩形式[2]

こんどはさらに，奇類の形式とか，奇形式または捩形式という，形式の別の類の定義をしよう[3]．

$\tilde{V}$ を V の標準的な向きづけされた被覆としよう．それは V^n の各点と，その点における接空間の向き[4]の1つとの組合せからなる集合である．それは2重被覆である．したがって，それはまた V を底空間とするファイバー空間であり，V の点の上のファイバーは，その点における接空間の向きからなる，2要素の集合と標準的に同型である．

$\tilde{V}$ はまた標準的な向きをもった無限回可微分多様体である．実際もし $\tilde{a}$ を $\tilde{V}$ の点とすると，それは V の点 a と，a における V の接空間の1つの向き O との組 (a, O) である；$\tilde{V}$ から V の上への標準的な射影は，$\tilde{a}$ において接空間の同型対応である線型写像をともなう；その同型写像の逆写像による O の反転像は，$\tilde{a}$ における $\tilde{V}$ の接空間の向きを定める．

$\tilde{V}$ から V への射影を P で表わし，また V の1点上に位置する2点を互に交換する $\tilde{V}$ の対称変換を σ と表わす．V の形式 ω は $\tilde{V}$ 上の逆像 $P^*\omega$ をもつ．それは $\tilde{V}$ 上の形式であって σ 不変である；そして逆に，σ 不変な $\tilde{V}$ 上の形式は V 上のある形式の逆像である．それゆえ，V 上の偶形式と $\tilde{V}$ 上の σ 不変な形式との間の全単射が存在する．さらに，**σ 反対称**な $\tilde{V}$ 上の形式，すなわち対称変換 σ でそれと相反[5]なものに変換される形式を V 上の**奇形式または捩形式**という．V 上の捩形式を $\underline{\omega}$ で表わし，それが定める $\tilde{V}$ 上の σ 反対称

1)〔訳注〕 常形式は forme ordinaire，偶類は espèce paire，偶形式は forme paire.

2) de RHAM [3]，第2章，§5，21頁参照．

3)〔訳注〕 奇類は espèce impaire，奇形式は forme impaire，捩形式は forme tordue.

4) もし V^0 が1点に縮退するとき(0次元)には，その点に +，− の2つの符号をつけたものを V の向きという．

5)〔訳注〕 相反は opposé．加法についての逆元の意．

な形式を $\tilde{\omega}$ で表わす[1]. 奇形式について, 同次形式や, 次数, 台, 可微分性の概念は自明である.

V の m 回連続的微分可能な, コンパクトな台をもつ奇形式の空間を $\underline{\mathscr{D}}^m$ で表わす. これと同様に空間 $\underline{\mathscr{D}}$, $\overset{p}{\underline{\mathscr{D}}}{}^m$, $\overset{p}{\underline{\mathscr{D}}}$ を導入する, その位相は自明である.

稠密性の定理(第1章, 定理1)が明らかに成立する. さらにまた偶形式と奇形式の形式的な和を形式ということがある. "常形式, 捩形式" という名称はしばしば "偶形式, 奇形式" という名称よりも好ましい, それは偶数次または奇数次の形式との誤解をまねく恐れがあるからである.

向きづけられた多様体上の偶形式と奇形式

V が向きづけられているとき, 偶形式と奇形式の標準的な等置を定義する. このとき被覆 $\tilde{V}$ は, 実は, 互に素な多様体 $\tilde{V}_+$ と多様体 $\tilde{V}_-$ との和集合であり, 射影 P は $\tilde{V}_+$ から V への向きを保存した微分同相写像と, $\tilde{V}_-$ から V への向きを逆にする微分同相写像である. P の, $\tilde{V}_+$ と $\tilde{V}_-$ への制限をそれぞれ P_+ および P_- と表わす. さらにもし ω が偶形式, すなわち V 上の常形式ならば, $\tilde{V}_+$ 上で $P^*\omega$ と等しく, $\tilde{V}_-$ 上では $-P^*\omega$ と等しい形式は明らかに σ 反対称である; それゆえ V 上の奇形式 $\underline{\omega}$ が定義される. 逆に, もし $\underline{\omega}$ が V 上の奇形式であって, $\tilde{V}$ の σ 反対称な或る形式 $\tilde{\omega}$ で定義されれば, 微分同相写像 P_+ による $\tilde{\omega}$ の像である形式 ω は V 上の偶形式であり, それは前に示したようにして $\underline{\omega}$ を与える. 上述のように定義した対応は考えるすべての構造について, 同じ次数の偶形式の空間と奇形式の空間の間の同型対応である. したがって, 向きづけられた多様体では, 望むならば, 形式の2つの類を考えることをさけ, 偶形式とその対応する奇形式をつねに同一視することが可能である. と

---

1) 定義により実は一致する対象について2つの異なった表現があるのは奇妙なことかもしれない. 2つの表現は同じ対象を考える2つの異なる仕方を示す. たとえば: "$\underline{\omega}$ の台" は "V 上の捩形式 $\underline{\omega}$ の台" を意味し, それは V の閉集合である; "$\tilde{\omega}$ の台" は "$\tilde{V}$ 上の常形式 $\tilde{\omega}$ の台" を意味し, $\tilde{V}$ 上の閉集合である; この前者は後者の射影である. $\tilde{\omega}$ は $\underline{\omega}$ の P による逆像ではなく, その逆像は何の意味もないことに注意しよう. 写像による捩形式の逆像は存在せず, 一方 $\underline{\omega}$ は捩形式で $\tilde{\omega}$ は常形式である. しかし $\tilde{V}$ から V への向きづけられた写像 $\underline{P}$(310頁参照)が存在することは自明であり(それに付随する写像は P である), そのとき $\underline{P}^*\underline{\omega}$ は $\tilde{V}$ 上の捩形式である: $\tilde{V}$ は向きづけられているから, $\underline{P}^*\omega$ に常形式——それは $\tilde{\omega}$ に他ならない——を対応させることができるのである(307頁参照).

捩形式に下線を引くことによって, そのままで, 常形式と区別することができる; しかし必ずそうするわけではなく, しばしば下線を省略する.

くに反対の指示がある場合をのぞき，今後はつねにそのようにして，これを単に形式ということにする．このことはまた，V が向きづけ可能な連結な多様体の場合，奇形式 $\underline{\omega}$ を，V について可能な2つの向きづけ V', V'' に応ずる2つの互に相反な偶形式の組と考えるのが自然であることを示している．実際，被覆 $\tilde{V}$ は互に素な2つの多様体 $\tilde{V}'$ と $\tilde{V}''$ の和集合と考えられ，前述のようにして射影 P は $\tilde{V}'$ から V' へ，かつ $\tilde{V}''$ から V'' への向きを保存した微分同相写像となる．したがって奇形式 $\underline{\omega}$ にはつねに $\tilde{V}$ 上の σ 反対称な形式 $\tilde{\omega}$ が対応し，したがって $\tilde{V}'$ 上と $\tilde{V}''$ 上の2つの形式 $\tilde{\omega}'$ と $\tilde{\omega}''$ が対応する．これら2つの形式 $\tilde{\omega}'$ と $\tilde{\omega}''$ の P による像は，したがって，ちょうど V 上の相反な2つの形式 $\tilde{\omega}', \tilde{\omega}''$ で，V の2つの向きづけ V', V'' に属するものである．もし V が向きづけ可能なだけでなく，向きが与えられ，たとえば V' がその向きであれば，前述の偶形式と奇形式との間の対応は，$\underline{\omega}$に ω' を対応させることである．

こんどは V が必ずしも向きづけ可能ではない多様体とすれば，向きづけ可能な開集合による V の任意の被覆を考えて，それらの開集合上の奇形式の，同調な系によって V 上の奇形式を定義することができる；ただし各開集合上の奇形式は前に述べたようにして定義する．なお，p 振形式は p 振コベクトル場に他ならず，各点 $a \in V$ における p 振コベクトルとは，a における V の2つの向きに対応する，a における相反な2つの p コベクトルの組である．

形式の外積

形式の間に外積を定義することができる．2つの偶形式の外積および2つの奇形式の外積は偶形式である．偶形式と奇形式の外積は奇形式である．

2つの偶形式の場合はよく知られている．

$\alpha, \underline{\beta}$ を偶形式と奇形式としよう．そのとき $P^*\alpha$ と $\tilde{\beta}$ は $\tilde{V}$ の上で，それぞれ σ 対称と，σ 反対称な偶形式である．したがって $P^*\alpha\wedge\tilde{\beta}$ は σ 反対称である；したがってこれは V 上の奇形式 $\underline{\gamma}$ を定め，$P^*\alpha\wedge\tilde{\beta}=\tilde{\gamma}$ である．定義から $\alpha\wedge\underline{\beta}=\underline{\gamma}$．もし $\underline{\alpha}$ と $\underline{\beta}$ が V 上の2つの奇形式ならば，偶形式 $\gamma=\underline{\alpha}\wedge\underline{\beta}$ を $P^*\gamma=\tilde{\alpha}\wedge\tilde{\beta}$ で定義する．

内積に関しては，偶形式(または奇形式)に多重ベクトル場 ξ を左側あるいは右側から掛ける内積が定義できて，その結果はもとと同類の形式であり，すなわち偶(または奇)形式であるいうことを指摘するだけにとどめる[1]. ξをベクトルとすると，偶または奇の形式に対して$\omega\to\omega \llcorner \xi = i(\xi)\,\omega$[2]で定義される作用素を$i(\xi)$と表わす；これは，$\alpha$の次数が$p$ならば$i(\xi)(\overset{p}{\alpha}\wedge\beta)=i(\xi)\overset{p}{\alpha}\wedge\beta+(-1)^p\overset{p}{\alpha}\wedge i(\xi)\beta$であるという意味で，次数つき代数[3]の微分である.

R^n 上の形式

$V=R^n$ ならば，p 常形式の標準的な分解がある：

$$\omega = \sum_I \omega_I dx_I\,; \tag{9,1;1}$$

ここに ω_I は函数であり dx_I は外積

$$dx_{i_1}\wedge dx_{i_2}\wedge\cdots\wedge dx_{i_p}$$

を表わし，I は $\{1,2,\cdots,n\}$ の部分集合 $\{i_1,i_2,\cdots,i_p\}$ で $i_1<i_2<\cdots<i_p$ とする；I は $\{1,2,\cdots,n\}$ の p 箇の元からなるすべての部分集合を動く．$\underline{\omega}_I$ を捩函数とすることによって R^n 上の p 捩形式 $\underline{\omega}$ の同様な分解を得る．R^n は標準的な向きをもつので，捩函数 $\underline{f}$ は相反な 2 つの常函数 f_+，f_- の組であって，前者は R^n の標準的な向きに対応し，他はこれと相反な向きに対応する；R^n の標準的な向きによって定義されるの捩函数と常函数との間の対応は，$\underline{f}$ と f_+ とを結びつけるものである.

ここで，R 上で一般的に適用される記法にはあいまいさがあることに注意しよう．記号 dx によって，x の外微分である 1 偶形式を表わすことができて，そのとき $\int_{-\infty}^{\infty} f(x)\,dx$ は，標準的な向きをもった直線上で 1 偶形式 $f(x)\,dx$ を積分したものである．しかしこれはまた 1 奇形式としての Lebesgue 測度をも表わすことができて，そのとき $\int_R f(x)\,dx$ は，1 奇形式 $f(x)\,dx$ の，向きのない直線上での積分である．この偶および奇の 1 形式は R の標準的な向きによって対応する．同様にまた R^n 上で，dx は n 偶形式 $dx_1\wedge dx_2\wedge\cdots\wedge dx_n$ をも，また Lebesgue 測度で定義される n 奇形式をも表わすことがある．偶形式としては dx と書き，奇形式としては $\underline{dx}$ と書くことでこれらは容易に区別できる.

形式の除法がしばしば必要になる．α,β,γ を 3 つの形式(偶または奇)とし，

---

1) Bourbaki [9]，第3章，§8，n°4 参照.
2)〔訳注〕$\omega \llcorner \xi$；第1変数を ξ に固定する意.
3)〔訳注〕algèbre graduée.

$\alpha=\beta\wedge\gamma$ とする．これを $\gamma=\beta^{-1}\wedge\alpha$ と書きたいことがある．

この記法は意味がない．それでも次の2つの場合に使用することがある：

1) α と β が同じ次数だとする；したがって γ の次数は0である．もしも β が0にならなければ，α と β が与えられると γ が完全に定まり，この記法は便利である．

2) 標準的に向きづけされた R^n 上の場合．$i_1, i_2, \cdots, i_p, j_1, j_2, \cdots, j_q$ を1から n までに含まれる整数とする．次のように定める：

$$(dx_{i_1}\wedge dx_{i_2}\wedge\cdots\wedge dx_{i_p})^{-1}\wedge(dx_{i_1}\wedge dx_{i_2}\wedge\cdots\wedge dx_{i_p}\wedge dx_{j_1}\wedge\cdots\wedge dx_{j_q})$$
$$=(dx_{j_1}\wedge\cdots\wedge dx_{j_q}).$$

そこで，しばしば用いられる形式

$$(-1)^{k-1}dx_1\wedge dx_2\wedge\cdots\wedge dx_{k-1}\wedge dx_{k+1}\wedge\cdots\wedge dx_n$$

はもっと容易に次のように書かれる：

$$(dx_k)^{-1}\wedge(dx_1\wedge dx_2\wedge\cdots\wedge dx_k\wedge\cdots\wedge dx_n)=(dx_k)^{-1}\wedge dx.$$

同様に，$\alpha=\gamma\wedge\beta$ である γ を表わす記法 $\alpha\wedge\beta^{-1}$ がある．したがって：

$$dx\wedge(dx_k)^{-1}=(-1)^{n-k}dx_1\wedge\cdots\wedge dx_{k-1}\wedge dx_{k+1}\wedge\cdots\wedge dx_n.$$

奇形式についても同じ形の記法がある．

内積を利用することもできることに注意しよう．$\vec{e_k}$ が R^n の基底の第 k 番目のベクトルだとすると，$(dx_k)^{-1}\wedge dx$ はまた $i(\vec{e_k})dx$ とも表現できる．

形式の逆像

H を多様体 U から多様体 V への C^∞ 級写像とする．もし ω が V 上の p 形式であって，C^m 級ならば，その逆像[1] $H^*\omega$ を定義することができて，それは U 上の C^m 級の p 形式である．作用素 $H^*:\omega\to H^*\omega$ は線型で，形式の外積を保存し($H^*(\alpha\wedge\beta)=H^*\alpha\wedge H^*\beta$)，また外微分を保存する($H^*d\omega=dH^*\omega$)；$H^*\omega$ の台は ω の台の H による逆像に含まれる．これは常形式に対して成立する；**捩形式の逆像は存在しない．**

一方，$\tilde{H}$ を U から V への C^∞ 級で“向きづけられた写像”とする[2]．それは，σ によって不変：$\tilde{H}\sigma_{\tilde{U}}=\sigma_{\tilde{V}}\tilde{H}$，な $\tilde{U}$ から $\tilde{V}$ への C^∞ 級写像を意味する．

---

1)〔訳注〕 image réciproque.

2) de Rham [3]，第2章，§5，21頁参照．

これは，$\tilde{H}$ が U 上のファイバー空間 $\tilde{U}$ から V 上のファイバー空間 $\tilde{V}$ への射[1]であるというのに同じである．したがって $\tilde{H}$ は U から V への通常の写像 H を定める；$\tilde{H}$ は，そのような写像 H と，U の各点 x に対して，x のまわりの U の2つの向きの集合から $H(x)$ における V の向きの集合への，x とともに連続的に変化する全射とを与えることに他ならない．もし $\underline{\omega}$ を V 上の p 捩形式とすれば，$\tilde{U}$ 上の σ 反対称な p 形式 $\tilde{H}^*\tilde{\omega}$ によって，U 上の捩形式であるところの逆像 $\tilde{H}^*\underline{\omega}$ を定義できる．それゆえ，向きづけされた写像 $\tilde{H}$ から出発して，同時に，捩形式 $\underline{\omega}$ の逆像 $\tilde{H}\underline{\omega}^*$ と常形式 ω の逆像 $H^*\omega$ とを定めることができる．$\tilde{H}^*$ は d と可換で，次の等式がなりたつ．

$$(9,1;2)\qquad \begin{cases} \tilde{H}^*(\underline{\alpha}\wedge\beta)=\tilde{H}^*\underline{\alpha}\wedge H^*\beta \\ H^*(\underline{\alpha}\wedge\underline{\beta})=\tilde{H}^*\underline{\alpha}\wedge\tilde{H}^*\underline{\beta}. \end{cases}$$

(これらの等式は，U または V 上の常形式 ω を，$\tilde{U}$ または $\tilde{V}$ 上の σ 不変な反転 $P^*\omega$ と同一視すれば自明である；$\tilde{H}$ は射影 P と可換，$HP_U=P_V\tilde{H}$，であるから $\tilde{H}^*P_V{}^*\omega=P_U{}^*H^*\omega$，したがって(9,1;2)は，$\tilde{H}^*$ が $\tilde{U}$ および $\tilde{V}$ 上で σ 不変または σ 反対称または任意な常形式の積を保存することに帰着する)．

C^∞ 級形式のコホモロジー

V 上の C^∞ 級の閉じた，すなわち双対境界[2]が0であるような，p 形式から成る空間を $\overset{p}{\mathcal{Z}}$ とする；C^∞ 級 p 双対境界，すなわち C^∞ 級 $p-1$ 次形式の双対境界，の空間を $\overset{p}{\mathcal{B}}$ とする；商 $\overset{p}{\mathcal{Z}}/\overset{p}{\mathcal{B}}$ が，p 次の C^∞ 級形式に対する V のコホモロジーのベクトル空間である；これの次元が V の p 次元 Betti 数である．これは V の複素コホモロジーベクトル空間と一致すること(de Rham の定理[3])が知られている．捩コホモロジーのベクトル空間は $\underline{\overset{p}{\mathcal{Z}}}/\underline{\overset{p}{\mathcal{B}}}$ で，形式を捩形式とおきかえて得られる；これは捩複素コホモロジーベクトル空間と同形である．考える形式にそれの台がコンパクトであるという条件をつけて，台がコンパクトなコホモロジーを得る．コホモロジー類の乗法は形式自身の乗法として行なわれる；たとえばコホモロジーのベクトル空間は $p=0,1,2,\cdots$ に対する p コホモロジーのベクトル空間の直和で，C 上の代数であるが，捩コホモロジーの

1)〔訳注〕 morphisme.

2)〔訳注〕 cobord.

3) de Rham [3]，第4章，§21，定理16参照．

ベクトル空間はこの代数の上の加群である．H が多様体 U から他の多様体 V への C^∞ 級写像ならば，H^* と d，および積との交換により H^* が V のコホモロジーの代数から U のそれへの準同型写像であることが示される．もし $\tilde{H}$ が向きづけされた写像ならば，$\tilde{H}^*$ は V の捩コホモロジーのベクトル空間を U のそれに写す．もし H が固有写像(すなわち V のコンパクト集合の H による逆像がコンパクト集合)ならば，H^* は V のコンパクトな台をもつコホモロジーのベクトル空間を U のそれに写す，等々．

§2 多様体上の偶および奇カレント

カレント[1)]

$\overset{n-p}{\mathcal{D}}$ 上の連続線型汎函数を V^n 上の p 奇カレントという．$\overset{n-p}{\underline{\mathcal{D}}}$ 上の連続線型汎函数を p 偶カレントという．このようにする理由が後に(例1, 313頁)述べられる．奇カレント $\overset{p}{\underline{T}}$ の，形式 $\overset{n-p}{\varphi}$ での値を $\underline{T}(\varphi)$ または $\langle \underline{T}, \varphi\rangle$ または $\underline{T}\cdot\varphi$ と表わされる．しかし $\underline{T}$ と φ を転倒して $\langle\varphi, \underline{T}\rangle$ または $\varphi\cdot\underline{T}$ と書かないようによく気をつけねばならない．そうではなくて，次のように規約する．

$$(9,2;1)\quad \varphi\cdot\underline{T}=\langle\varphi\cdot\underline{T}\rangle=(-1)^{p(n-p)}\underline{T}\cdot\varphi=(-1)^{p(n-p)}\langle\underline{T}, \varphi\rangle.$$

偶カレントと奇形式 $\underline{\varphi}$ の場合も同様である．p 奇カレントの，p を 0 から n まで動かしたものの形式的な和を 奇カレント という．これは奇カレントの空間を，p 奇カレントの空間の，p を 0 から n まで動かしたものの直和とすることである．偶カレントに対しても同様にする．カレントは，その成分が多くとも1つを除いて0のとき，同次であるという．偶形式 $\varphi=\sum_{p=0}^{n}\overset{p}{\varphi}$，奇カレント $\underline{T}=\sum_{p=0}^{n}\overset{p}{\underline{T}}$ に対して，次のようにおく：

$$(9,2;2)\qquad \underline{T}(\varphi)=\sum_{p=0}^{n}\overset{p}{\underline{T}}(\overset{n-p}{\varphi}),$$

これは，通常のように，直和の双対空間が双対空間の直和に一致すると考えることに帰着する．奇カレントの偶形式上での値をこのようにしたうえでは，奇カレントが p 次同次であるためには，いいかえれば次数 $\neq p$ の成分が0であるためには，次数 $\neq n-p$ の同次偶形式に対して値がつねに0となることが必

---

1) カレントは超函数以前に，特別な場合に de Rham によって導入された；序文5頁参照．de Rham [3] に一般論がある．〔訳注〕 カレントは courant.

要十分である．また，偶カレントと奇カレントの形式的な和をカレントといい，

$$\langle T_1+\underline{T}_2, \varphi_1+\underline{\varphi}_2\rangle=\langle T_1, \underline{\varphi}_2\rangle+\langle \underline{T}_2, \varphi_1\rangle \tag{9, 2 ; 2-2}$$

とおくことができる．p 次の奇カレント(または偶カレント)の空間を $\overset{p}{\underline{\mathscr{D}}}{}'$(または $\overset{p}{\mathscr{D}}{}'$) と表わす；奇カレント(または偶カレント)の空間を $\underline{\mathscr{D}}'$(または $\mathscr{D}'$) と表わす．超函数の場合と同じ方法で，階数 $\leqq m$ のカレント，空間 $\overset{p}{\mathscr{D}}{}'^m$, $\overset{p}{\underline{\mathscr{D}}}{}'^m$, $\mathscr{D}'^m$, $\underline{\mathscr{D}}'^m$ を定義できる；$\mathscr{D}'^m$ と $\underline{\mathscr{D}}'^m$ はそれぞれ $\mathscr{D}'$ と $\underline{\mathscr{D}}'$ の部分空間である．**カレントの階数は，局所的な特異性を示すもので，その次数と混同してはならない．** V のカレントの，V の開集合への制限，局所化の原理(寄せ集めの原理，第1章，定理4)およびカレントの台の概念は，明らかなしかたで定義される．同様に，$\underline{T}$ が奇(または偶)カレント，φ が無限回可微分な偶(または奇)形式で，それらの台の共通部分がコンパクト集合であれば，いつでも $\underline{T}(\varphi)$ が定義できる(第3章，§7)．カレントの空間の位相については特に新しいことは起こらない．

例

例 1. 形式によって定義されるカレント

まず次のことを思い出そう：n 次元の向きづけされた多様体 V 上で，局所可積分でコンパクトな台をもつ n 次の形式 ω の積分 $\int \omega$ が定義できる．このことから次のことが容易に結論される：V が n 次元の向きづけされていない多様体であるとき，局所可積分でコンパクトな台をもつ n 奇形式 $\underline{\omega}$ の，V 上での積分が定義できる．実際，$\tilde{\omega}$ を向きづけされた被覆 $\tilde{V}$ の上で $\underline{\omega}$ から定義された形式とすると，次のようにすればよい：

$$\int_V \underline{\omega}=\frac{1}{2}\int_{\tilde{V}} \tilde{\omega}. \tag{9, 2 ; 3}$$

$\dfrac{1}{2}$ という因数をおく理由は自明である；もし V が向きづけられていれば，すでに(307 頁)見たように，$\underline{\omega}$ に対して常形式 ω を作ることができる；V 上の $\underline{\omega}$ の積分の値を，向きづけられた V 上での ω の積分に等しくしたいのである．

V が1点 a(0 次元) になってしまったとき，0 偶形式は複素数 z である；それの，± 1 という向きをもつ a 上での積分は $\pm z$ である．0 奇形式は2つの符号 $\pm$ に応じて，相反する複素数の組 $\pm z$ であり；それの，向きづけされてな

い点 a 上での積分は z である.

かならずしも同次ではない奇形式の V 上での積分を考えると, しばしば, 好都合である. それは n 次の成分の積分と定義する. そして, 向きづけられていない V 上での偶形式の積分は0と定義する. さて, ω を局所可積分な係数をもつ p 偶形式とする. もし $\underline{\varphi}$ が $\overset{n-p}{\underline{\mathcal{D}}}$ に属する奇形式ならば, 外積 $\omega\wedge\underline{\varphi}$ はコンパクトな台をもつ局所可積分な n 奇形式である. したがってそれは積分をもつ; そして

$$\omega(\underline{\varphi}) = \int_V \omega\wedge\underline{\varphi} \tag{9, 2 ; 4}$$

が $\overset{n-p}{\underline{\mathcal{D}}}$ 上の連続線型汎函数, すなわち p 偶カレントを定めることが容易にわかる. 節の始めに述べたような定義をしたのは, 局所可積分な p 偶形式が p 偶レカントを定めるというこの事実のためである(この定義は R^n 上の局所可積分函数によって定められた超函数の定義の一般化である). 2つの p 形式が同一のカレントを定義するためには, それらがほとんど到る所で一致するのが必要十分であることが容易にわかる[1]. 同じように, p 奇形式は p 奇カレントを定める:こんどは φ として $(n-p)$ 偶形式を導入すればよい. また, もし $\omega\cdot\underline{\varphi} = \int_V \omega\wedge\underline{\varphi}$ とすると, (9, 2 ; 1) で与えられた定義より $\underline{\varphi}\cdot\omega = \int_V \underline{\varphi}\wedge\omega$ である. そのうえ前述の式は, 次数を限定せずに成立する; もし ω が偶形式であれば, それの定めるカレントは, 次数を限定しない奇形式 φ に対して (9, 2 ; 4) で与えられる. その上, 偶奇性さえも指定しないでよい: 局所可積分な形式 ω(偶形式と奇形式の形式的な和)は, 任意の台がコンパクトな C^∞ 形式 φ に対して, カレント $\varphi\to\int_V \omega\wedge\varphi$ を定義する.

とくに, **V 上の局所可積分函数は0偶カレントを定義する.**

コンパクトな台をもつ C^∞ 形式は(V が境界をもつ場合にも)カレントの空間で稠密である; 実際, もし $\underline{\varphi}\in\underline{\mathcal{D}}$ が $\mathcal{D}$ に直交するならば, すなわち任意の $\omega\in\mathcal{D}$ で $\int_V \omega\wedge\underline{\varphi}=0$ ならば, $\underline{\varphi}=0$ であることが容易にわかり, よって $\underline{\mathcal{D}}$ は $\mathcal{D}'$ で弱稠密である, そしてさらに, $\mathcal{D}$ が Montel 空間で, 回帰的であることか

1) 無限回可微分多様体 V 上で "ほとんど到る所" とは次のことである: V の開集合から R^n または R^n_- の開集合への局所座標系によるすべての像が, R^n の Lebesgue 測度について測度0であるような集合を除いてということである. 1つの座標系のどの局所座標系についてもそうなっていることが, 十分条件である.

ら強稠密である.

例 2.　積分；カレントの積分

任意の $\underline{\varphi}\in\overset{n}{\mathcal{D}}$ にその積分 $\int_V\underline{\varphi}$ を対応させる線型汎函数は 0 偶カレントであり，これは定数 1 に等しい函数で定義される 0 カレント（例 1）に他ならない．また，もし T がコンパクトな台をもったカレントならば，やはり $T(1)$ が定義できる（もし $\underline{T}$ が次数 $\neq n$ の同次奇カレントまたは T が偶ならば，つねに 0 である）ことに注意しよう．これを T の積分といい，$\int_V T$ とかくのは，筋の通ったことであろう；なぜならば，T がコンパクトな台をもつ局所可積分な形式のときそうであるから（公式 (9, 2; 4) を見よ）．

例 3.　Dirac のカレント

V の点 a で k ベクトル X を与えられたとして，次のようにおこう：

$$X(\varphi)=\langle X,\varphi(a)\rangle,\quad \varphi\in\overset{k}{\mathcal{D}}. \tag{9, 2; 5}$$

$\langle X,\varphi(a)\rangle$ という記号は，点 a における k ベクトル X と k コベクトル $\varphi(a)$ との内積を表わす；$\varphi(a)$ は k 形式 φ の a における値である．

こうして点 a を台とする $(n-k)$ 奇カレントが定義されたが，これは，ある点における Dirac 測度というものの一般化である．Dirac 測度にもどるには，$k=0$ とおき，X としてスカラー 1 に等しい 0 ベクトルをとることになる；Dirac 測度は n 奇カレントである．

k ベクトルのかわりに，a における k 捩ベクトルをおきかえることができる；それは台が a である $(n-k)$ 偶カレントを定める．

“捩”れた対象に下線をつけ，“通常”の対象に下線をつけないとすることの難点がこの種の場合に現われる：a における常（または捩）k 接ベクトルが，台が a である $(n-k)$ 捩（または常）カレントである．もしそのような規則を守ろうとするならば，なにから発生したものであろうとも，捩**カレント**に下線を引き，常**カレント**には引かないとせねばならないであろう；そのような規則にあまり厳格にはしたがうわけにいかない．

Dirac のカレントの有限箇の 1 次結合は，カレントの空間で稠密である；実際もし $\varphi\in\mathcal{D}$ が Dirac のカレントのすべてと直交すれば，それは 0 である．

例 4.　測度

V^n 上の Radon 測度 $\underline{\mu}$ は 0 階の n 奇カレントである，すなわち $\mathcal{D}'^0$ に属

する．そのとき $\underline{\mu}(\varphi)$ は φ の $\underline{\mu}$ に関する積分である．こうして局所可積分な函数(例1の $p=0$ の場合)と測度は同じ形のカレントではあり得ない，ということに注意しよう；これが R^n 上では同じ形であったのは，函数 f と，R^n 上で与えられた Lebesgue 測度 dx によって定義される測度 $f(x)\underline{dx}$ とを同一視したことが原因である．多様体上で，Radon 測度の特別な場合になるのは，局所可積分な n 奇形式である．

例 5.　鎖体

Γ を k 次元の(可微分)特異鎖体[1]とする．鎖体 Γ は，定義によって，**向きづけられた** k 次元の1階連続的可微分な多様体 W と，W から V への1階連続的可微分な固有写像 H の組 $(W;H)$ である；Γ の台は像 $H(W)$ であって，これは H が固有写像であるから閉集合である．

[コンパクト集合の逆像がコンパクトなとき，写像 H を固有写像という．これから閉集合の像は閉集合である(ただし，ここでのように，局所コンパクト空間の場合に)．固有写像というかわりに“無限遠で連続”ともいう．実際，これは W の“無限遠に収束する”フィルターの基の，H による像が V の無限遠に収束するフィルターの基であることを表わす]．Γ のような鎖体は，次の式のようにして $(n-k)$ 奇カレントを定義する：

$$\underline{\Gamma}(\varphi)=\int_{\Gamma}\varphi=\int_{W}H^{*}\varphi,\qquad \varphi\in\overset{k}{\mathcal{D}}\ ^{2)}. \tag{9,2;6}$$

Γ が k 次元であるから，p **次のカレントを** $n-p$ **次元であるというのは自然である．もし** T **が** p **次あるいは** $n-p$ **次元のカレントであれば，それを** $\overset{p}{T}$ **あるいは** T_{n-p} **あるいは** $\underset{n-p}{T}$ **と表わすことができる**．次のことに注意しよう：1点は0次元の鎖体を定め，これには，その点における Dirac 測度である n 奇カレントが対応する．

われわれが導入した鎖体は常鎖体または偶鎖体といわれるもので，これは代数的位相幾何学でもっともよく使われる．具合がわるいことにそれは奇すなわち捩カレントを定義する！

---

1)〔訳注〕 chaîne singulière

2) H が固有写像であるから，φ の H による逆像である $H^*\varphi$ は $\overset{k}{\mathcal{D}}(W)$ に属する．$\int_W H^*\varphi$ は**向きづけられた**多様体上の常形式の積分である．

次に，可微分多様体 W と，W から V への，向きづけされた C^1 級の固有写像 $\tilde{H}$ とが与えられたとき，これを奇または捩鎖体 Γ とよぶ．ここでは，向きづけられているのは W でなく $\tilde{H}$ である．そのとき Γ は次の式のように偶カレント Γ を定義する．

(9, 2 ; 6-2) $$\langle \Gamma, \underline{\varphi} \rangle = \int_{\Gamma} \underline{\varphi} = \int_{W} \tilde{H}^{*} \underline{\varphi} \text{ [1]}.$$

特に V^n と V^n での恒等写像との組は V 上の n 次元捩鎖体である；よってこれは 0 偶カレントを定め，このカレントは函数 1 で定義されるもの，すなわち積分 $\underline{\varphi} \to \int_{V} \underline{\varphi}$ (例 2) で定義されるものに他ならない．従って $V : \underline{\varphi} \to \langle V, \underline{\varphi} \rangle$ と表現することができる．この例を一般化することができて，de Rham が 1936 年に導入したカレントを得る[2]．Γ を p 次元の鎖体，ω を V 上の連続な q 形式とする；そのとき，$\varphi \to \int_{\Gamma} \omega \wedge \varphi$ は $(n-p+q)$ カレント Γ である；後に示す理由 (§3) により，このカレントを $\Gamma \wedge \omega$ と表わす．ω が V 上全域で定義されている必要はなく，Γ の台上で与えられれば十分であることは当然である．

鎖体はベクトル空間を構成しない；そのため，前のような形の鎖体の有限箇の 1 次結合をまた鎖体という．そのとき，それらはカレントの空間で稠密な部分空間を構成する；実際，もし $\varphi \in \mathcal{D}$ がすべての鎖体と直交すれば，それは 0 である．

Dirac のカレントはそれゆえ鎖体の極限である；しかし，とくに簡単な方法でそれをみることができる．R^n にもどって，R^n の基底の最初の k 箇を掛けた k ベクトル $e_1 \wedge e_2 \wedge \cdots \wedge e_k$ を O に置いたもので定義される Dirac の $(n-k)$ カレント X を考える．さらに B_ε を，その k ベクトルで生成される部分空間で，体積が ε であるような O を中心とする球であるとすると，それの R^n への単射が鎖体を定義する，そして $\varphi \in \mathcal{D}$ に対して明らかに：

$$\lim_{\varepsilon \to 0} \left\langle \frac{1}{\varepsilon} B_\varepsilon, \varphi \right\rangle = dx_1 \wedge dx_2 \wedge \cdots \wedge dx_k \text{ の係数},$$

ただし，$\varphi(O) = \langle e_1 \wedge e_2 \wedge \cdots \wedge e_k, \varphi(O) \rangle = \langle X, \varphi \rangle$ における係数．

1) これは向きづけされていない k 次元多様体の上での，奇形式の積分である．
2) de RHAM [1], [2].

例 6.　双極子

これまでのカレントはすべて0階，すなわち $\mathcal{D}'^0$ に属していた．次にはそうでないものを述べる．

V の1点 a におけるモーメント $\overrightarrow{\mathfrak{M}}$ の双極子は，次のようにして定まる1階の n 奇カレントである：

$$(9,2;7)\qquad \overset{n}{\underline{T}}\cdot\overset{\circ}{\varphi} = \overrightarrow{\mathfrak{M}} \text{ に沿う } \varphi \text{ の微係数} = \langle\overrightarrow{\mathfrak{M}}, d\varphi(a)\rangle.$$

当然，これと $k=0$ に対して(9,2;5)で定義した位数0の $(n-1)$ 奇カレント：

$$(9,2;8)\qquad \overset{n-1}{\underline{S}}\cdot\overset{1}{\psi} = \langle\overrightarrow{\mathfrak{M}}, \psi(a)\rangle,$$

とを混同してはならない．もっと後で述べるように，これらのカレントのうち前者は，後者の外微分に $(-1)^n$ の符号をつけたものに他ならない(336頁参照)．

例 7.　電流

習慣にしたがうと，空間に分布する電流は，強さのベクトル場 $\vec{J}$(時間に依存する)によって定義される．もし Σ が連続的に変化する通過方向(横断方向)をともなう C^1 級の閉超曲面(ときには境界をもつ場合も考える)ならば，Σ を与えられた方向に横断する**流量**は次のように与えられる：

$$(9,2;9)\qquad \Phi(\Sigma) = \int_\Sigma J_\nu dS,$$

ここに J_ν は Σ の，与えられた通過方向によって向きづけされた法線 $\vec{\nu}$ への，$\vec{J}$ の射影であり，そして dS は Σ の面積要素である；たとえば $\vec{J}$ が連続と仮定するが，そのとき Σ がコンパクトであればこの積分は意味をもつ．

R^n のかわりに Riemann 空間すなわち Riemann 計量 ds^2 をもった多様体 V^n としてもこれらはすべて意味をもつ．しかし任意の多様体の上では(9,2;9)はもはや何も意味がない．

このとき電流の強さは $(n-1)$ 奇形式(時間に依存する) $\overset{n-1}{\underline{\omega}}$ と定義する．ところで，通過方向をともなう閉超曲面 Σ は，V の $n-1$ 次元の捩鎖体を定める；**なぜならば，それの V への単射は向きづけされた写像である**(310頁参照)：Σ のすべての点 a で，Σ の通過方向によって Σ の a における向きと，V の a における向きとの間の1対1の対応が定まる．ただし，いつものように，Σ の通過方向の後に，Σ の向きをつけて，対応する V の向きとする．このとき，もし，たとえば $\underline{\omega}$ が連続で Σ がコンパクトならば $\overset{n-1}{\underline{\omega}}$ を Σ 上で積分できる；積

分 $\int_{\Sigma}\overset{n-1}{\underline{\omega}}$ はまた Σ から V への向きづけされた単射による $\underline{\omega}$ の逆像の Σ 上での積分である；この逆像は Σ の通過方向によって $\underline{\omega}$ から導入された Σ 上の $(n-1)$ 奇形式である；それはまた，1 偶カレント Σ ($n-1$ 次元の捩鎖体によって定義される，例 5 参照)の，形式 $\underline{\omega}$ での値 $\langle\Sigma, \overset{n-1}{\underline{\omega}}\rangle$ であり，その値は $\underline{\omega}$ が連続で Σ がコンパクトなら意味がある.

次のようにおくことができる.

(9, 2 ; 10)
$$\Phi=\int_{\Sigma}\underline{\omega}.$$

もし V が Riemann 空間であれば，$\underline{\omega}$ を与えることと $\vec{J}$ を与えることは同値である．実際，V 上の体積測度が存在する；すなわち Riemann 構造によって定義される n 奇形式 $\underline{\tau}$ が存在する；もし場 $\vec{J}$ に対して $(n-1)$ 奇形式

(9, 2 ; 10-2)
$$\underline{\omega}=i(\vec{J})\underline{\tau}$$

を対応させれば，ベクトル場と $(n-1)$ 奇形式との間の対応 $\vec{J}\to i(\vec{J})\underline{\tau}$ は全単射である.

もし $V=R^n$ が，標準的な基底，向き，Euclid 空間としての構造をもち，$\vec{J}$ が成分 $J_1, J_2, \cdots, J_n$ をもつならば，上の対応は $\vec{J}$ に対して形式

(9, 2 ; 11)
$$\underline{\omega}=\sum_{k=1}^{n}J_k(dx_k)^{-1}\wedge\underline{dx}$$

を対応させることになる．すべての超曲面 Σ に対し次のことが成り立つ：

(9, 2 ; 12)
$$\int_{\Sigma}J_\nu dS=\int_{\Sigma}i(\vec{J})\underline{\tau}.$$

一般に，電流と共に電荷の分布があると考えるが，その分布は R^n または Riemann 空間においては連続な密度 ρ (時間に依存する)で定義され，また任意の多様体 V^n においては n 奇形式 $\overset{n}{\underline{\varpi}}$ (時間に依存する)で定義される；Riemann 空間では，$\rho\underline{\tau}=\underline{\varpi}$ であり，R^n では $\rho\underline{dx}=\underline{\varpi}$ である．形式 $\underline{\omega}$ と $\underline{\varpi}$ は独立ではない；そこには，各瞬間に涌きだす電荷の量に依存したある関係がある．もし電荷の涌きだしがなければ，そのとき V の，C^1 級の超曲面 Σ で限られたすべての領域 Ω における電荷の単位時間当りの増加，すなわち $\frac{d}{dt}\int_{\Omega}\underline{\varpi}$ は，Σ から Ω に入ってくる電流の流量，$-\int_{\Sigma}\omega$ に等しい(Σ の通過方向は Ω の境界としての向きである)．任意の Ω で方程式

(9, 2 ; 13) $$\frac{d}{dt}\int_{\Omega}\underline{\varpi} = -\int_{\Sigma}\underline{\omega} = -\int_{\Omega}d\underline{\omega}$$

が成立することは，電荷分布の連続の方程式すなわち保存を示す方程式

(9, 2 ; 13-2) $$d\underline{\omega}+\frac{\partial\underline{\varpi}}{\partial t} = 0$$

が成立することと同値である．

Riemann 空間では，$d\underline{\omega}=d(i(\vec{J})\underline{\tau})=\theta(\vec{J})\underline{\tau}$[1]$=(\mathrm{div}\,\vec{J})\underline{\tau}$ で，(9, 2 ; 13-2) は次のように書かれる：

(9, 2 ; 13-3) $$\mathrm{div}\,\vec{J}+\frac{\partial\rho}{\partial t} = 0.$$

ここに得られた結果は，"流体"の電気的な性質に結びついたことではなく，流体力学についても成立する．もちろん，さまざまな場合に生ずる他の諸関係もある(たとえば Maxwell の方程式)．

次のことが成り立つとき，電流は速度の場 $\vec{v}$ (時間に依存した，V^n 上のベクトル場)をもつという：

(9, 2 ; 13-4) $$\underline{\omega} = i(\vec{v})\underline{\varpi},$$

または Riemann 空間で

(9, 2 ; 13-5) $$\vec{J} = \rho\vec{v}.$$

この場合に，電荷の保存の方程式は次のようになる：

(9, 2 ; 13-6) $$\theta(\vec{v})\underline{\varpi}+\frac{\partial\underline{\varpi}}{\partial t} = 0$$

(なんとなれば，$\theta(\vec{v})\underline{\varpi}=di(\vec{v})\underline{\varpi}=d\underline{\omega}$)；Riemann 空間では：

(9, 2 ; 13-7) $$\mathrm{div}(\rho\vec{v})+\frac{\partial\rho}{\partial t} = 0;$$

これは $\underline{\varpi}$ (または ρ) と $\vec{v}$ との関係である．速度ベクトル場の存在は，かなり強い制限である．これが存在しない簡単な例を後に挙げる．もし形式 $\underline{\varpi}$ がどの点でも 0 にならなければ，$\underline{\omega}=i(v)\underline{\varpi}$ となるようなベクトル場 $\vec{v}$ がただ1つ存在する；このベクトル場は $\underline{\varpi}$ と $\underline{\omega}$ が C^m 級ならば C^m 級である．しかし $\underline{\varpi}$ がどの点でも 0 でないと仮定すべき理由はない；$\underline{\varpi}$ の孤立した 0 点は一般に $\vec{v}$ の特異点である．

1)　$\theta(\vec{J})$ は $\vec{J}$ で定義される無限小変換で；$\theta(\vec{J})=di(\vec{J})+i(\vec{J})d$.

さらに一般に多様体 V^n 上の電流は任意の $(n-1)$ 奇カレント $\overset{n-1}{\underline{\Omega}}$ であると考えることができる；それと電荷分布を表わす n 奇カレント $\overset{p}{\underline{\Pi}}$ とを対応させることができる(どちらも時間に依存する)．電荷保存の方程式は $d\underline{\Omega}+\dfrac{\partial\underline{\Pi}}{\partial t}=0$ (カレントの双対境界はさらに後で定義する，(9,3;10)参照)．もし $\Omega=i(\vec{v})\underline{\Pi}$ (カレントとベクトル場の内積，(9,3;6)参照)ならば，速度ベクトル場が存在するであろうが，この条件は $\vec{v}$ が C^∞ 級でなければ意味をもたない等式であり，一般には実現しない強い条件である；そして，そのとき，電荷保存の方程式は $\theta(\vec{v})\underline{\Pi}+\dfrac{\partial\underline{\Pi}}{\partial t}=0$ (無限小変換のカレントへの作用式(9,3;29))である．超函数ベクトル場 $\vec{J}$ と，超函数 P による，R^n 上での対応する方程式がある：$\underline{\Pi}=P\underline{dx}$ で，$\overset{n-1}{\Omega}=\sum_{k=1}^{n} J_k(dx_k)^{-1}\wedge\underline{dx}$ (R^n 上のカレントの表現，式(9,3;2)参照)．それは

$$\varphi=\sum_{k=1}^{n}\varphi_k dx_k\in\overset{1}{\mathcal{D}}\quad および\quad \overset{0}{\psi}\in\overset{0}{\mathcal{D}}$$

に対し，次のように表わされる：

$$\text{(9,2;13-8)}\qquad \begin{cases} \overset{1}{\varphi}\cdot\overset{n-1}{\underline{\Omega}}=\sum_{k=1}^{n} J_k(\varphi_k)\,, \\ J_k(\overset{0}{\psi})=\overset{0}{\psi}dx_k\cdot\overset{n-1}{\underline{\Omega}}. \end{cases}$$

電流の例について以下に述べる：

例 7 a.　線電流

たとえば1次元の連続的可微分な閉部分多様体 Γ で表わされるような“線”を考え，そして $\underline{j}$ をその多様体 Γ 上の局所可積分な捩実函数とする．それはしたがって Γ の各点で，その点の近傍で可能な2つの流れの方向のそれぞれに対応して相反な2つの実数の組を定める．線 Γ を流れる強さ $\underline{j}$ の電流というものを考えることができる；それは Γ の向きをある向きにするか，他の向きにするかにしたがって，相反する符号のついた強さを与える；たとえばもし Σ が通過方向をともなった曲面であり，Γ を点 a で横切るとすれば，Σ を横切る電流 $\Phi(\Sigma)$ は，Γ の向きが Σ の通過方向と一致すれば，点 a で $\underline{j}$ の値をとると定義する．まず，次のようにして局所的に，前述の電流が，強さのベクトル場で以前のように定義された電流の極限と考えられることを示す．局所座標系によって，Γ が x_1 座標軸と対応するように R^n の開集合上で表現するために，十分小さい開集合を考える．その座標軸をとりまく円筒形の管を考え，

そしてベクトル場 $\vec{j}_\varepsilon$ を，管の外では0，管の内部では Ox_1 と平行なベクトルで，超平面 $x_1=c_1$ 上ではその長さが $\varepsilon^{-1}j_+(c_1)$(Γ の点 c_1 における Γ の Ox_1 方向の向きづけに対する $\underline{j}$ の値)であるとする．管の切口は $n-1$ 次元としての面積が ε と仮定する．もしそのとき Σ が Γ を点 $a(Ox_1$ 上の $x_1=a_1)$ で切断すれば，流量は，もし Σ の通過方向が $\overrightarrow{Ox_1}$ であって，Σ の向きが $\overrightarrow{Ox_1}$ と R^n の向きから定められていれば：

$$\Phi_\varepsilon(\Sigma)=\varepsilon^{-1}\int_\Sigma j_+(x_1)\,dx_2\cdots dx_n \tag{9, 2 ; 14}$$

である．管の太さを0に近づけるとき，$\varepsilon\to 0, \Phi_\varepsilon(\Sigma)$ は $j_+(a_1)=\Phi(\Sigma)$ に収束する．したがって Γ と $\underline{j}$ を与えることによって定義される電流は，考える局所座標系では，ベクトル場 $\vec{j}_\varepsilon$ で定義される電流の極限[1]であると述べることは正当である．ところで $\vec{j}_\varepsilon$ は，$(n-1)$ 奇形式 $\overset{n-1}{\underline{\omega_\varepsilon}}$ を形成し，それは管の外で0，内部では $\varepsilon^{-1}j_+(x_1)(dx_1)^{-1}\wedge d\underline{x}$ である．$(n-1)$ 奇カレントとして，この奇形式については

$$\begin{aligned}\overset{1}{\varphi}\cdot\underline{\omega}&=(\Sigma\varphi_k dx_k)\cdot\underline{\omega}\\&=\varepsilon^{-1}\int_{\mathrm{tube}} j_+(x_1)\,\varphi_1(x_1, x_2, \cdots, x_n)\,d\underline{x}\end{aligned} \tag{9, 2 ; 15}$$

が成り立ち，これは $\varepsilon\to 0$ のとき $\int_\Gamma \underline{j}\varphi$ に収束する．

それゆえ，Γ と Γ 上の捩函数 j とで形成される $(n-1)$ 奇カレントの正確な定義を次の式によって導入する：

$$\overset{1}{\varphi}\cdot\overset{n-1}{\underline{\Omega}}=\int_\Gamma \underline{j}\varphi. \tag{9, 2 ; 16}$$

右辺は，もし j が曲線 Γ 上で局所可積分ならば意味をもつ($\underline{j}\varphi$ が Γ 上の1捩形式で，それの積分は意味をもつ)，そして $(n-1)$ 奇カレントを定義する．(左辺はまた $(-1)^{n-1}\underline{\Omega}\cdot\varphi$ に等しい)．このカレントは317頁の例5では $(-1)^{n-1}\Gamma\wedge j$ と表わされた．

R^n においてそれは超函数ベクトル場 $\vec{J}$ を形成し(こんどは Γ は任意で，向きもまた前述の局所座標系における Ox_1 とはかぎらない)，それの成分は超函数 J_k である：

1)　カレントの空間における極限である．

$$(9,2;17) \qquad J_k(\varphi)=\int_{\Gamma^-} j\varphi dx_k, \qquad \varphi\in\mathcal{D}.$$

例 7 b. 速度をもった微小点電荷による電流

与えられた瞬間に点 a で速度 $\vec{v}$——V^n の a における接ベクトル——をもつ点電荷 e が定める電流を考える．これをふたたび局所座標系で考えて，点 a を含む体積 ε の中で $\varepsilon^{-1}e\vec{v}$ の値をとり，その外で 0 であるような強さのベクトル場の，$\varepsilon\to 0$ としたときの極限とみなせば，その電流は次のような $(n-1)$ 奇カレント $\overset{n-1}{\underline{\Omega}}$ で定義することができることがわかる：

$$(9,2;18) \qquad \overset{1}{\varphi}\cdot\overset{n-1}{\underline{\Omega}}=e\langle\vec{v},\overset{1}{\varphi}(a)\rangle,$$

これは，$\vec{X}=e\vec{v}$ で符号 $(-1)^{n-1}$ をつければ，315 頁例 3($k=1$ の場合)に与えたものに他ならない．R^n において，それは超函数ベクトル場 $\vec{J}$ で定義され，それの成分は $ev_k\delta(a)$ で，v_k は速度の成分である．以前に例 6 で指摘したが，式 (9, 2 ; 5) と (9, 2 ; 7) で定義した 2 つのカレントを混同してはならない．後者は電荷で双極子であり，n 奇カレントである；前者は電流の強さであり，移動している電荷によって定義され，$(n-1)$ 奇カレントである．

ここでは $a\in V, e, \vec{v}$ を固定して考えてきた，しかし次のように想像することもできる：点 a が時間の函数として V 上を移動し，$\vec{v}$ はその各瞬間における速度である．そのとき各瞬間に $e\delta(a)$ で定義される n 奇カレント $\underline{\Pi}$ を電荷とよぶならば，$\underline{\Pi}$ と $\underline{\Omega}$ は 321 頁で述べたように関係づけられていることがわかる．このとき，速度ベクトル場が存在するが，それは点 a ではその点 a の速度 $\vec{v}$ に等しい C^∞ ベクトル場でありさえすればよい．証明は読者にまかせるが，後に与える定義によって，$d\underline{\Omega}+\dfrac{\partial\underline{\Pi}}{\partial t}=0$，かつ $\underline{\Omega}=i(\vec{v})\,\underline{\Pi}\left(\dfrac{\partial\underline{\Pi}}{\partial t}\right.$ はモーメント $e\vec{v}$ で a にある双極子$\Big)$．C^∞ の速度ベクトル場 $\vec{w}$ をもった C^∞ 形式 $\overset{n-1}{\underline{\omega}}$ と，a について $\vec{w}(a)$ と異なる速度 $\vec{v}$ に対応する上のようなカレントとの和を取れば，それは，どんな連続な速度ベクトル場とも結びつかないカレントである．

例 7 b は，例 7 a で Γ の長さが 0 に収束し，函数 j が適当なしかたで無限に大きくなるとき(R^n では，Γ として線分 $(a, a+\vec{v}\varepsilon)$, $j=$大きさ$\dfrac{e}{\varepsilon}$ で $\vec{v}$ の向き)の極限となるが，これも証明は読者にまかせる．

例 7 c. スピンをもつ動かない粒子で定義されるカレント

R^3 の原点におかれ，Oz を軸とするスピン S をもった点電荷 e を考える．

これを次のようなものの $r\to 0$ とした“極限”として理解する：それは，平面 $z=0$ 上で，原点を中心とする半径 r の円周上を，線速度 $v=\dfrac{S}{mr}$ で回転している慣性質量 m の電荷 e，したがって O のまわりの回転モーメントが Oz 軸方向を向き，大きさが S．もし r が固定し，速度が大きいと想像すれば，つまり r が小さい場合には，各瞬間に単独の電荷 e で作られる電流を，円 Γ_r を正の向きに流れる“平均電流”に“代える”ことができる；ただし，その平均電流の強さ j_r は e と毎秒の回転数との積に等しく，したがって

$$j_r=\frac{ev}{2\pi r}=\frac{eS}{2\pi mr^2}.$$

このような置き換えで，円周 Γ_r と強さ j_r で定義される電流に対応する数学的なカレントは，式(9,2;16)で定められる $\overset{2}{\underline{\Omega}}_r$ である

$$(9,2;19)\qquad (\alpha dx+\beta dy+\gamma dz)\cdot\overset{2}{\underline{\Omega}}_r=\int_{\Gamma_r}\frac{eS}{2\pi mr^2}(\alpha dx+\beta dy).$$

原点の近傍で Taylor 展開

$$(9,2;20)\qquad \begin{aligned}\alpha(x,y)&=\alpha_{0,0}+\alpha_{1,0}x+\alpha_{0,1}y+O(r^2)\\ \beta(x,y)&=\beta_{0,0}+\beta_{1,0}x+\beta_{0,1}y+O(r^2)\end{aligned}$$

を得る；また

$$(9,2;21)\qquad \begin{aligned}&\int_{\Gamma_r}dx=\int_{\Gamma_r}dy=\int_{\Gamma_r}xdx=\int_{\Gamma_r}ydy=0\\ &\int_{\Gamma_r}xdy=\pi r^2,\qquad \int_{\Gamma_r}ydx=-\pi r^2\end{aligned}$$

であるから

$$(9,2;22)\qquad (\alpha dx+\beta dy+\gamma dz)\cdot\overset{2}{\underline{\Omega}}_r=(-\alpha_{0,1}+\beta_{1,0})\frac{eS}{2m}+O(r).$$

r を 0 に近づければわかるように，スピンをもつ粒子には次の 2 奇カレントを対応させることになる：

$$(9,2;23)\qquad \begin{aligned}(\alpha dx+\beta dy+\gamma dz)\cdot\overset{2}{\underline{\Omega}}&=(\beta_{1,0}-\alpha_{0,1})\frac{eS}{2m}\\ &=\left(\frac{\partial\beta}{\partial x}(0,0,0)-\frac{\partial\alpha}{\partial y}(0,0,0)\right)\frac{eS}{2m}.\end{aligned}$$

対応する超函数ベクトル場 $\vec{J}$ を求めれば，それの 3 箇の成分は R^3 における次の 3 箇の超函数であることがわかる：

(9, 2 ; 24)

$$J_x(\varphi) = -\frac{\partial\varphi}{\partial y}(0,0,0)\frac{eS}{2m}, \qquad J_y(\varphi) = \frac{\partial\varphi}{\partial x}(0,0,0)\frac{eS}{2m}, \qquad J_z = 0.$$

別のいいかたをすれば，J_x(または J_y)は，R^3 において原点にあって，Oy (または Ox)方向を向き，モーメントが -1(または $+1$)の双極子である．ここで導かれたカレントは明らかに Oz のまわりのどんな回転についても不変である．これは超函数ベクトルと考えることができて，Oz 方向の直交成分は0，そして平面 $z=0$ 上のどの方向の直交成分も原点における，垂直方向を向いた，モーメントの値が $-\dfrac{eS}{2m}$ の双極子で表わされる R^3 の超函数である．

このような例は超函数やカレントのもたらす複雑さと豊富さをすべて示している．319頁に述べたように $\underline{\Omega}$ に対応する電荷 $\underline{\Pi}$ を求めるならば，必然的に $\underline{\Pi}=e\underline{\delta}$ に到達する．この電荷は“自転”しているだけであるから“動かない”; $\underline{\Pi}$ は時間によらず，$\dfrac{\partial\underline{\Pi}}{\partial t}=0$，そして容易に $d\underline{\Omega}=0$ を得る．ここには $\underline{\Omega}=i(\vec{v})\,\underline{\Pi}$ をみたすような C^∞ 級速度ベクトル場 $\vec{v}$ はない．

この種々の例によって de Rham は，超函数以前にカレントをいくつか導入したとき (317頁参照)，それにまさしく**カレント**という名称をつけたのである．

カレント $\geqq 0$

2つのカレントが複素共役であるということの定義は自明である．$\varphi \geqq 0$, $\varphi \in \mathring{\mathscr{D}}$ に対して $\underline{T}(\varphi) \geqq 0$ となる n **奇カレント** $\underline{T}$ **を，$\geqq 0$ であるという．** n 奇形式が $\geqq 0$ であるという概念は次のように定義できる：n 奇形式は，$\tilde{V}$ 上でそれを定義する n 常形式が $\tilde{V}$ の向きに関して $\geqq 0$ であるとき，$\geqq 0$ であるという．このとき局所可積分な n 奇形式が $\geqq 0$ であるためには，それによって定められるカレントが前述の意味で $\geqq 0$ となることが必要十分である．次に，もし $\underline{\varphi} \geqq 0, \underline{\varphi} \in \overset{n}{\underline{\mathscr{D}}}$ に対してつねに $T(\underline{\varphi}) \geqq 0$ ならば，**0偶カレント T は $\geqq 0$ であるという．** たとえば局所可積分な函数 $\geqq 0$ は1つの0偶カレント $\geqq 0$ である．測度 $\geqq 0$ は n 奇カレント $\geqq 0$ である．**正値なカレントは0階である**ことが示される(第1章，定理5)．

向きづけされた多様体上の偶および奇カレント

もし V が向きづけされていれば，偶カレントの空間と奇カレントの空間の間には，偶・奇形式の間の同型対応の反転として，標準的な同型対応が存在して，それは形式の空間では上記と同一の同型対応を誘導する．また同様にわかることであるが，もし V が連結で向きづけ可能であれば，V 上の偶カレントを V の 2 つの向きに対応した相反な 2 つの奇カレントの組と定義することもできよう．(奇形式は，相反な 2 つの偶形式の組と定義した．そのとき偶形式を V の 2 つの向きに関係した相反な 2 つの奇形式の組というように定義することは考えなかった；偶形式の概念のほうが単純な概念だからである．しかしもちろんそう定義することも可能であった．同じように，ここでは，偶カレントは V の可能な 2 つの向きに関係して相反な 2 つの奇カレントの組と定義する；この場合に奇カレントの概念のほうが単純になっているからである．しかし明らかに，反対の作り方もたしかに可能である．[1])

カレントと超函数

α を無限回可微分な n 振形式で，全域で >0(いいかえると，$\geqq 0$ で，V の各点で $\neq 0$) であるとする．そのとき，$\varphi \to \underline{\alpha}\varphi$ は，$\overset{\circ}{\mathscr{D}}$ から $\overset{n}{\underline{\mathscr{D}}}$ への同型写像である．したがってまた反転によって，$T \to T\underline{\alpha}$ と表わされる，$\overset{\circ}{\underline{\mathscr{D}}}{}'$ から $\overset{n}{\mathscr{D}}{}'$ への同型写像を定めることができる：$T\underline{\alpha}(\varphi) = T(\underline{\alpha}\varphi)$[2]．こうして，$\underline{\alpha}$ のような形式の存在によってある同一視が可能になる．とくに，局所可積分な函数 f は 0 偶カレントであるが，測度 $\underline{\alpha}f$ という n 奇カレントと同一視することができる．

もし V が向きづけられていて，$\underline{\alpha}$ が上のような n 奇形式ならば，そのとき同一次数の偶形式と奇形式，同一次数の偶カレントと奇カレントの間に標準

---

1)　多様体 V 上の偶カレントは，奇カレントというもっと単純な概念によって，また別のしかたで表現することができる．$\underline{\mathscr{D}}(V)$ から $\mathscr{D}(\tilde{V})$ への写像 $\underline{\varphi} \to \tilde{\varphi}$ の反転は $\underline{\mathscr{D}}'(\tilde{V})$ から $\mathscr{D}'(V)$ への写像である；容易にわかるように σ 反対称な奇カレントの作る $\underline{\mathscr{D}}'(\tilde{V})$ の部分空間へのその写像の制限は，その空間から $\mathscr{D}'(V)$ 上への同型写像である．よって V 上の偶カレント T は ($\tilde{V}$ 上の奇形式 $\underline{\omega}$ が，$\tilde{V}$ 上の σ 反対称な偶形式 $\tilde{\omega}$ であったように) $\tilde{V}$ 上の奇カレント $\underline{\tilde{T}}$ で表現される．因数 $\frac{1}{2}$ を導入して，$T \in \mathscr{D}'(V)$，$\underline{\varphi} \in \underline{\mathscr{D}}(V)$ に対して，$T(\underline{\varphi}) = \frac{1}{2}\underline{\tilde{T}}(\tilde{\varphi})$ というようにして対応づける．もしとくに T が V 上で局所可積分な形式 ω で定義されていれば，さらに $\int_V \omega \wedge \underline{\varphi} = \int_{\tilde{V}} (P^*\omega) \wedge \tilde{\varphi}$((9,2; 3) による)を得る．よって $\underline{\tilde{T}}$ は，$\tilde{V}$ の向きで偶形式 $P^*\omega$ に対して構成された奇形式で定義さる奇カレントである．

2)　このような記法 $T\underline{\alpha}$ は §3 で正当化される(カレントと C^∞ 形式の積)．

的な同一視が可能であり，さらに他方で0次と n 次を同一視することができる．この場合には，カレントを偶と奇にかかわらず，0次か n 次かを無視して，単に V 上の超函数という．R^n では，R^n の標準的な向きをとり，$\underline{\alpha}$ として Lebesgue 測度 $\underline{dx}$ をとって，このことが行なわれた．第1章に与えた超函数の定義はむしろ，n 奇カレントの定義に対応し，それは φ として函数をとったからである．さらにまた局所可積分な函数 f は超函数を定義するとも考えられるから，超函数はまた，むしろ0偶カレントである．実際にはこれらの区別をする必要はなかった．これに反して，もし V が向きづけされていなくて，$\underline{\alpha}$ のような基礎的な形式を選ばなければ，超函数という言葉はあいまいである．それは論文によっては，函数が特別な超函数となるように0偶カレントを表わし，または φ として函数が持ちこまれるように n 奇カレントを表わす．**以下では V 上の超函数はいつも0偶カレントとする：超函数は函数の一般化である．超函数を n 奇カレントとして定義した第1章，5節，3°の定義には反することに注意しよう．**

ベクトルをファイバーとするファイバー空間の超函数断面[1]

V^n を多様体，E を有限次元ベクトル空間をファイバーとする V 上の C^∞ 級ファイバー空間；π を E から V への射影とする．V の各点 x の上で，ファイバー $\pi^{-1}(\{x\})$ を E_x と表わす．このとき E の C^m 級断面の空間 $\mathcal{E}^m(V;E)$，C^∞ 級断面の空間 $\mathcal{E}(V;E)$，およびコンパクトな台をもつ断面から成るそれらの部分空間 $\mathcal{D}^m(V;E)$, $\mathcal{D}(V;E)$ を定義することができる；これらの空間の位相は明白である；それは読者が自身で定義されたい．一方，もし E と F をそのような2つの V 上のファイバー空間とすると，それらにファイバーテンソル積 $E\otimes_V F$ を定義し V の各点 x でファイバーが $E_x\otimes F_x$ であるようにできる；そして E に共役なファイバー空間 E' を定義し，x 上のファイバーが E_x の共役 E_x' であるようにできる．もし E が V の p 接コベクトルのファイバー空間 $\overset{p}{\Omega}$ ならば，$\mathcal{E}^m(V,\overset{p}{\Omega})$ は m 回連続的可微分な p 形式の空間に他ならない；もし $\underline{\overset{p}{\Omega}}$ が p 振接コベクトルのファイバー空間［$x\in V$ のとき；射影 $P\colon \tilde{V}\to V$ による逆像 $P^{-1}(\{x\})$ は V の向きづけされた被覆 V の2点の組である；x に

1）〔訳注〕 sections-distribution.

おける p 振接コベクトルは $P^{-1}(\{x\})$ の2つの点における $\tilde{V}$ の2つの σ 反対称な p 接コベクトルの組である．x における V の2つの向きに応ずる，x における相反な2つの p 接**コベクトル**の組ということもできる．x における p 振接コベクトルは明らかに1つのベクトル空間 $\overset{p}{\underline{\Omega}}_x$ を形成する，そして $\overset{p}{\underline{\Omega}}_x$ の族 $\overset{p}{\underline{\Omega}}$ は当然 V 上のファイバー空間 $\overset{p}{\underline{\Omega}}$ としての構造をもつ］ならば，$\mathcal{E}^m(V;\overset{p}{\underline{\Omega}})$ は V 上の C^m 級 p 振形式の空間である．**ファイバーテンソル積 $E\otimes_V\overset{p}{\Omega}$（または $E\otimes_V\overset{p}{\underline{\Omega}}$）の断面を，$V$ 上の，ファイバー空間 E による断面 p 常（または振）形式と呼ぶ**[1]．

次に，コンパクトな台をもつ，E' による断面 C^∞ 級 $(n-p)$ 形式の空間 $\overset{n-p}{\mathcal{D}}(V;E')=\mathcal{D}(V;E'\otimes\overset{n-p}{\Omega})$ を導入しよう；それの共役空間を **V 上の E による断面 p 奇カレント**[2] の空間といい $\overset{p}{\underline{\mathcal{D}}}'(V;E)$ と表わす．同様に

$$\overset{n-p}{\underline{\mathcal{D}}}(V;E')=\mathcal{D}(V;E'\otimes\overset{n-p}{\underline{\Omega}})$$

の共役空間を，**E による断面 p 偶カレント**といって，$\overset{p}{\mathcal{D}}'(V;E)$ で表わす．

ω を局所可積分な，E による断面 p 形式とする．もし $\underline{\varphi}\in\overset{n-p}{\underline{\mathcal{D}}}(V;E')$ ならば，外積 $\omega\wedge\underline{\varphi}$ を作ることができて，それは $\overset{n}{\underline{\Omega}}\otimes_V E\otimes_V E'$ の断面であり，これを V の各点 x で E_x' と E_x の間の双対性で定義される $E_x'\otimes E_x$ から C への標準的な線型写像で $\overset{n}{\underline{\Omega}}$ の断面に，いいかえれば n 奇形式に，縮約することができるが，これもまた $\omega\wedge\underline{\varphi}$ と表わす；それは局所可積分で台がコンパクト，したがって V 上で積分できる．このとき $\underline{\varphi}\to\int_V\omega\wedge\underline{\varphi}$ は $\overset{n-p}{\underline{\mathcal{D}}}(V;E')$ 上の連続な線型汎函数である，よって E による断面 p 偶カレントである．したがって **1つの E による断面 p 偶形式はちょうど E による断面 p 偶カレントを定める；** 奇形式と奇カレントでも同様で，われわれの定義は一貫している．もし，そうしてきたように，0偶カレントを V 上の超函数というなら，そのとき E による断面超函数は，E による断面0偶カレントであり，$\overset{0}{\mathcal{D}}'(V;E)$ すなわち $\overset{n}{\underline{\mathcal{D}}}(V;E')=\mathcal{D}(V;E'\otimes\overset{n}{\underline{\Omega}})$ の共役の元である；**これは E の局所可積分な通常の断面の一般化である**[3]．これ以上このような議論は続けないことにする．

---

1)〔訳注〕 ファイバー空間 E による断面 p 常形式は p-forme ordinaire, section de l'espace fibré E.

2)〔訳注〕 p-courant impair sur V, section de E.

3) 無限次元のファイバーに対してこれと同じ意味をもつファイバーの超函数断面を定義する他の方法は，SCHWARTZ [11]，第2章，§5，例2，140頁参照．

§3 カレントに対する基本的な演算

第1の演算: C^∞ 級形式とカレントとの外積

$\overset{p}{T}$ と $\overset{q}{\alpha}$ をそれぞれ, 常または捩の, p 次のカレントと C^∞ 級 q 次形式とする. 外積 $T\wedge\alpha$ と $\alpha\wedge T$ を, もし T が局所可積分形式 ω ならば $\omega\wedge\alpha$ と $\alpha\wedge\omega$ になるような方法で, $p+q$ 次のカレントとして定義する. それは次のようにすれば十分である: (9,2;4) から

(9,3;1) $$\langle T\wedge\alpha, \varphi\rangle = \langle T, \alpha\wedge\varphi\rangle;$$

そして $$\overset{q}{\alpha}\wedge\overset{p}{T} = (-1)^{pq}\overset{p}{T}\wedge\overset{q}{\alpha}.$$

この積の性質は第5章の性質と同様, そして通常の形式の外積についての性質と同様である.

さて $\overset{p}{T}$ を R^n の開集合 U 上の p カレント(偶または奇)とする. それはちょうど形式のように, 一意的な分解

(9,3;2) $$\overset{p}{T} = \sum_I T_I dx_I$$

ができる; ここに $I=\{i_1, i_2, \cdots, i_p\}$ は $\{1, 2, \cdots, n\}$ の p 箇の元からなる組で $i_1<i_2<\cdots<i_p$, また T_I は0カレント(偶または奇), そして dx_I は p 形式 $dx_{i_1}\wedge dx_{i_2}\wedge\cdots\wedge dx_{i_p}$.

T_I は $R^n\supset U$ 上の通常の超函数 $\mathring{T}_I$ と同一視することができる. それは次のように定義される: $\varphi\in\mathcal{D}(U)$ なら

(9,3;3) $$\langle\mathring{T}_I, \varphi\rangle = (-1)^{\rho(I,J)}\langle T, \varphi dx_J\rangle,$$

ここに $J=\{j_1, j_2, \cdots, j_{n-p}\}$ は $\{1, 2, \cdots, n\}$ における I の補集合で $j_1<j_2<\cdots<j_{n-p}$, また $\rho(I, J)$ は $(1, 2, \cdots, n)$ の置換 $(i_1, i_2, \cdots, i_p, j_1, j_2, \cdots, j_{n-p})$ の符号である; 実際, (9,3;2) だとして, たとえば $\underline{T}$ が捩カレントのとき (9,3;1) から

(9,3;4) $$\langle\underline{T}, \varphi dx_J\rangle = \sum_{I'}\langle\underline{T}_{I'}dx_{I'}, \varphi dx_J\rangle = \sum_{I'}\langle\underline{T}_{I'}, \varphi dx_{I'}\wedge dx_J\rangle$$
$$= (-1)^{\rho(I,J)}\langle\underline{T}_I, \varphi dx\rangle = (-1)^{\rho(I,J)}\langle\mathring{\underline{T}}_I, \varphi\rangle.$$

これは多様体 V 上のカレントの新しい定義, 双対性によらずに完備化の方法による定義を可能にする. それを以下に述べる. カレント $\overset{p}{S}$ が $\overset{p}{\mathcal{D}}'(V)$ で0に収束するために必要十分な条件は, R^n の[1]開集合 $U=\Phi(\Omega)$ への局所座標

1) または R^n_- の; あとではとくにことわらない.

系 Φ の定義域である V の開集合 Ω に対しては $\overset{p}{S}$ の Ω への制限が 0 に収束することである．このためには，変換されたカレント $\overset{p}{T}=\Phi(\overset{p}{S})$ (構造の変換による) が $\overset{p}{\mathcal{D}}'(U)$ で0に収束することが必要十分である．さらにもし開集合 U 上で分解 (9, 3 ; 2) を用いれば，カレント $\overset{p}{T}$ が0に収束するのは，各成分 $\overset{0}{T}_I$ が U 上の超函数の空間 $\mathcal{D}'(U)$ で0に収束することと同値である．それゆえ，$\overset{p}{\mathcal{D}}'(V)$ の位相は R^n の開集合 U 上の超函数の空間 $\mathcal{D}'(U)$ の位相に帰着される．一方すでに (314頁) みたように $\mathcal{E}(\overset{p}{V})$ は $\mathcal{D}'(\overset{p}{V})$ で稠密である：いいかえれば $\overset{p}{\mathcal{D}}'(V)$ は $\overset{p}{\mathcal{E}}(V)$ の，$\overset{p}{\mathcal{D}}'(V)$ から導かれる位相による，完備化と同一視できる．したがって $\overset{p}{\mathcal{D}}'(V)$ を次のように直接に定義することができる．$\omega\in\overset{p}{\mathcal{E}}(V)$ がカレントとして0に収束するとは，V の開集合 Ω から R^n の開集合 U への各局所座標系 Φ に対し，$\varpi=\Phi\omega$ がカレントの意味で0に収束するということである；そして $\varpi=\sum\varpi_I dx_I$ がカレントとして0に収束するとは，ϖ_I (函数または擬函数) が**超函数の空間** $\mathcal{D}'(U)$ **で**0に収束することである．このことは V 上の C^∞ 級 p 形式の空間 $\overset{p}{\mathcal{E}}(V)$ に1つの位相を導入する；その位相による $\overset{p}{\mathcal{E}}(V)$ の完備化を $\overset{p}{\mathcal{D}}'(V)$ と定義する．これは偶カレントにも奇カレントにも同じく有効である．局所座標系のすべてについてという代りに，それを1つの座標系に限定することができる．このような完備化による定義によって，通常は，最初の双対性による定義より以上には利益があるわけではない．しかし，カレント上での多くの初歩的な演算を，双対性と反転による定義のかわりに，普通の形式について知られている諸性質を，連続性によって，$\mathcal{E}(V)$ から $\mathcal{D}'(V)$ に拡張して定義できるのである．たとえば q 次の C^∞ 形式との積，$\overset{p}{\omega}\to\overset{p}{\omega}\wedge\overset{q}{\alpha}$ は，各局所座標系についてすぐわかるように，$\overset{p}{\mathcal{E}}(V)$ から $\overset{p+q}{\mathcal{E}}(V)$ へカレントの位相で連続線型である；したがってただ一通りのしかたで，$\overset{p}{\mathcal{D}}'(V)$ から $\overset{p+q}{\mathcal{D}}'(V)$ への写像として，積 $\overset{p}{T}\to\overset{p}{T}\wedge\overset{q}{\alpha}$ に拡張され，これで双対性も反転も用いずに積の定義が与えられる．

第2の演算：C^∞ 級多重ベクトル場による内積

無限回可微分な**ベクトル**場 ξ の場合に限定する．$\overset{p}{\omega}$ を局所可積分な偶または奇の p 形式とし，$\overset{n-p+1}{\varphi}$ をそれとは偶奇の異なる，コンパクトな台をもつ C^∞ 級 $(n-p+1)$ 形式とする．

このとき $\overset{p}{\omega}\wedge\varphi$ は，$n+1$ 次となって 0 である．よって：

$$(i(\xi)\overset{p}{\omega}\wedge\varphi)+(-1)^p(\omega\wedge i(\xi)\varphi)=i(\xi)(\omega\wedge\varphi)=0.$$

したがって：

(9, 3 ; 5) $$\int_V i(\xi)\,\omega\wedge\varphi=(-1)^{p-1}\int_V \omega\wedge i(\xi)\varphi$$

(コンパクトな台をもった局所可積分な n 奇形式の積分).

そこで，p カレントに対し $i(\xi)\,T$ を次のように定義する：

(9, 3 ; 6) $$\langle i(\xi)\overset{p}{T},\varphi\rangle=(-1)^{p-1}\langle\overset{p}{T},i(\xi)\varphi\rangle.$$

この内積はまた，形式についての対応する積を連続性によって拡張しても定義でき，そして予想されるような性質をもっている．

第 3 の演算：カレントの双対境界

V **が境界をもたないとする．** $\overset{p}{\omega}$ を偶または奇の C^1 級の p 形式とし，φ をそれと偶奇の異なる，コンパクトな台をもつ C^∞ 級 $(n-p-1)$ 形式とする．そのとき

(9, 3 ; 7) $$d(\omega\wedge\varphi)=d\omega\wedge\varphi+(-1)^p\omega\wedge d\varphi.$$

さらに，Stokes の公式と，$\omega\wedge\varphi$ の台がコンパクトで，C^1 級であり，V が境界をもたないことから，次のようになる：

(9, 3 ; 8) $$\int_V d(\omega\wedge\varphi)=\int_{bV}\omega\wedge\varphi=0.$$

よって

(9, 3 ; 9) $$\int_V d\omega\wedge\varphi=(-1)^{p-1}\int_V\omega\wedge d\varphi.$$

それゆえ，偶または奇の p カレント T に対して次のようにおく：

(9, 3 ; 10) $$\langle d\overset{p}{T},\varphi\rangle=(-1)^{p-1}\langle\overset{p}{T},d\varphi\rangle,$$

このようにすれば，$\overset{p}{T}$ が C^1 級の形式 ω であるとき $d\overset{p}{T}$ は普通の形式 $d\omega$ である．

明らかに $ddT=0$ である．

一方，もし α が C^∞ 級の形式ならば，期待されるように次の公式が成り立つ：

(9, 3 ; 10-2) $$d(\overset{p}{T}\wedge\alpha)=d\overset{p}{T}\wedge\alpha+(-1)^p\overset{p}{T}\wedge d\alpha.$$

証明は読者に残す(第 5 章の定理 4 の方法による；また，さらに後で，もっと

複雑な，V が境界をもつ場合にこれを示す：(9, 3 ; 25) 参照).

もし $V^n=R^n$ で，T の分解を (9, 3 ; 2) とすれば，常用の公式

$$\text{(9, 3 ; 10-3)} \qquad \begin{cases} d\left(\sum\limits_I T_I dx_I\right) = \sum dT_I \wedge dx_I, \\ dT_I = \sum\limits_{k=1}^{n} \dfrac{\partial T_I}{\partial x_k} dx_k \end{cases}$$

および

$$\text{(9, 3 ; 10-4)} \qquad dT = \sum_{k=1}^{n} dx_k \wedge \frac{\partial T}{\partial x_k}$$

が任意の次数の T に対して得られる.

また完備化の方法で多様体上の dT を直接定義することもできる．写像 $\omega \to d\omega$ は，局所座標系上ですぐわかるように，カレントの位相について $\overset{p}{\mathcal{E}}(V)$ から $\overset{p+1}{\mathcal{E}}(V)$ への連続写像である；それはしたがって，連続性により，一意的に $\overset{p}{\mathcal{D}}{}'(V)$ から $\overset{p+1}{\mathcal{D}}{}'(V)$ への写像 $T \to dT$ にまで拡張される．公式 (9, 3 ; 10-2, 10-3, 10-4) はそのとき連続性より明らかである.

$\overset{p}{\mathcal{Z}}{}'$ を閉じた，すなわち双対境界が 0 の，p カレントの空間とする；$\overset{p}{\mathcal{B}}{}'$ を $p-1$ 次カレントの双対境界からなる空間とする：そのとき $\overset{p}{\mathcal{Z}}{}'/\overset{p}{\mathcal{B}}{}'$ はカレントに対する V の p 次のコホモロジーベクトル空間である．同様に捩コホモロジーや，コンパクトな台のコホモロジーを定義する．さらに後で (341 頁，定理 1)，もし V が境界をもたなければ，カレントのコホモロジーと，C^∞ 形式のコホモロジーとが一致することがわかる．等式 (9, 3 ; 10-2) からつねに明らかなように，カレントのコホモロジー・ベクトル空間，すなわち種々の次数のコホモロジー空間の直和は，C^∞ 形式のコホモロジー代数の上の加群である.

例 1.　不連続性をもった形式

公式 (9, 3 ; 10) は明らかに公式 (2, 1 ; 6) と同類のものである．したがって第 2 章のそれと同様な例を与えることができる.

たとえば ω を，C^1 級の閉じた超曲面 Σ に沿って飛躍がある p 形式とする．よって ω は $\complement\Sigma$ で C^1 級とし，Σ の片側 Σ_1 から $x \in \complement\Sigma$ が $a \in \Sigma$ に近づくとき p コベクトル $\omega(x)$ は極限 $\omega_1(a)$ をもち，他の側 Σ_2 から x が a に近づくとき $\omega(x)$ は他の極限 $\omega_2(a)$ をもつとする．ω の飛躍は，$\Sigma_1 \to \Sigma_2$ の方向に Σ を横

切るとき，点 a において $\omega_2(a)-\omega_1(a)$ である．これはまったく局所的なことであることに注意すべきである；大域的には，Σ の両側を区別することは不可能なことがある (例: R^3 における Möbius の帯).

とにかく，それら2つの函数 ω_1, ω_2 はただ局所的に定義されたものとする；それらは連続である．さらに，ω の係数の第1階の微係数も Σ に沿って第1種の不連続性をもつと仮定する．形式 ω はそのとき“通常の双対境界” $\{d\omega\}$ をもち，それは次のように計算される: $d\omega$ を $\complement\Sigma$ で計算すると，それは V 上ほとんど到る所で定義される $(p+1)$ 形式で，V 上で可測かつ局所有界で，したがって $(p+1)$ カレント $\{d\omega\}$ を定める．ω の，カレントとしての微分 $d\omega$ と $\{d\omega\}$ との関係をもとめて，等式(2, 3 ; 1)を一般化しよう．等式

$$d\omega=\{d\omega\}+\Sigma\wedge\sigma \tag{9, 3 ; 11}$$

を証明する；ここに σ は Σ に沿っての ω の飛躍である．まずこの等式の意味を正確にすることから始める．はじめは Σ が大域的に2面 Σ_1 と Σ_2 をもつと仮定する．Σ の通過方向を $\Sigma_1\to\Sigma_2$ にえらぶ．通過方向を与えると Σ のすべての点 a において，V の向きと Σ の向きとの全単射を得ることを以前に知った(318頁，例7を参照).

したがって Σ と，Σ から V への向きづけられた標準的な(すなわち，向きの間の上記の対応をともなう)単射とを与えることによって，V 上の $n-1$ 次元奇鎖体てとしての Σ が，したがって1偶カレント Σ が定まる(等式(9, 2 ; 6-2))．そのとき σ を Σ 上の形式 $\omega_2-\omega_1$ とすれば，すでに317頁で遭遇したように，$\Sigma\wedge\sigma$ は ω にしたがって偶または奇の $(p+1)$ カレントであり，次のように定義される．

$$\langle\Sigma\wedge\sigma,\varphi\rangle=\int_\Sigma\sigma\wedge\varphi, \tag{9, 3 ; 12}$$

ここに φ は $n-p-1$ 次で，ω と偶奇が反対である．等式(9, 3 ; 11)はしたがって次式と同値である，

$$(-1)^{p-1}\int_V\omega^p\wedge\overbrace{d\varphi}^{n-p}=\int_V\left\{\overbrace{d\omega}^{p+1}\right\}\wedge\overset{n-p-1}{\varphi}+\int_\Sigma\overset{p}{\sigma}\wedge\overset{n-p-1}{\varphi}. \tag{9, 3 ; 13}$$

この等式を証明するのは容易である．単位の分解によって，それは局所的にすれば十分である．$\complement\Sigma$ の任意の点の近傍では自明である．よって $a\in\Sigma$ とす

る．Ω は a の近傍とし，Ω における Σ の補集合が2つの連結成分 Ω_1 と Ω_2 をもち，それを Σ の2側面によって番号づけたとする．$\omega_i (i=1,2)$ は Ω_i で ω と等しく，他では0に等しい形式とし，また Ω においてコンパクトな台をもつ φ に対し，$\omega_i \wedge \varphi$ なる $(n-1)$ 奇形式を ψ_i とする．Stokes の公式より

(9, 3 ; 14)
$$\int_{\Omega} d\psi_i = \int_{\Omega_i} d\psi_i = \int_{b\Omega_i} \psi_i .$$

$i=1$ なら，$b\Omega_1$ は，$\Sigma_1 \to \Sigma_2$ の通過方向に対応して，以前に定義した $n-1$ 次元の奇鎖体 Σ とちょうど一致する；$i=2$ に対しては，$b\Omega_2$ はその奇鎖体と相反な $-\Sigma$ である．したがって，$\psi = \omega \wedge \varphi$ のとき

(9, 3 ; 15)
$$\int_{\Omega} d\psi = \sum_{i=1,2} \int_{\Omega_i} d\psi_i$$
$$= \int_{\Sigma} (\psi_1 - \psi_2) = \int_{\Sigma} (\omega_1 - \omega_2) \wedge \varphi$$

である．

$d\psi$ をくわしく書けば，次の式を得る

$$\int_V \{d\omega\} \wedge \varphi + (-1)^p \int_V \omega \wedge d\varphi = -\int_{\Sigma} \sigma \wedge \varphi ,$$

これはまさしく(9, 3 ; 13)である．

等式(2, 2 ; 7)の本質は明らかに部分積分であった；ところでそれは等式 $\int_a^b dF = F(b) - F(a)$ と，積の微分の公式 $d(FG) = dF \cdot G + F \cdot dG$ との組み合せに他ならない；ここではそれらの等式の一般化がちょうど Stokes の公式と，形式の積の双対境界の式になっている．

もし Σ の横断方向を変えると，奇鎖体 Σ の符号がかわるが，飛躍 σ もまたそうであるから，$\Sigma \wedge \sigma$ は不変である．Σ は局所的にはつねに2側面をもつから，$\Sigma \wedge \sigma$ はつねに局所的に定義でき，その定義は局所的な番号のつけ方には独立であり，したがって $\Sigma \wedge \sigma$ は大域的に固有な意味があり，等式(9, 3; 11)は，Σ が大域的に2側面をもたなくとも，つねに成立する．なお，この式は次のように変形することができる．

$a \in \Sigma$ とし，Σ' は a の近傍の Σ における1側面とする．ω' を Σ 上で Σ' 側からの ω の値の極限とする．面 Σ' は，Σ'の反対側から Σ' の側への通過の方向を定め，したがって $(n-1)$ 次元の奇鎖体を定め，よって1偶カレント Σ' を

定める；そのとき $\Sigma'\wedge\omega'$ は ω と偶奇を同じくする $(p+1)$ カレントである．Σ'' を a の近傍における Σ の他の側面とすれば，同様に $\Sigma''\wedge\omega''$ が定義される．$\Sigma_1=\Sigma'$, $\Sigma_2=\Sigma''$ とすれば，前に Σ と呼んだものは $\Sigma''=-\Sigma'$ であり，したがって

$$\Sigma\wedge\sigma = \Sigma'\wedge\omega'+\Sigma''\wedge\omega'', \tag{9, 3 ; 16}$$

そして(9, 3 ; 11)は次の式おきかえられる．

$$d\omega = \{d\omega\}+\Sigma'\wedge\omega'+\Sigma''\wedge\omega'', \tag{9, 3 ; 17}$$

ここでは，Σ の2側面の役割は対称的である；$\Sigma'\wedge\omega'$ と $\Sigma''\wedge\omega''$ は局所的にしか定義されないが，両者の和は大域的に意味をもつ．

たとえば，Ω を V の開集合，その境界 Σ は C^1 級の超曲面とし，Σ の各点の近傍で，Ω が Σ の一方の側にあるとする．f を $\bar{\Omega}=\Omega\cup\Sigma$ における C^1 級函数で，$\complement\bar{\Omega}$ では0とする．Σ は Ω の境界としての通過方向をもち，したがってそれは $n-1$ 次元奇鎖体で，1偶カレント Σ である．そのとき0偶カレント f の双対境界は

$$df = \{df\}-f\Sigma. \tag{9, 3 ; 18}$$

双対境界で表わせば，第2章の公式(2, 2 ; 7)は次のように書かれる：

$$df = \{df\}+\sigma_0\delta, \tag{9, 3 ; 19}$$

ここに δ は，1奇カレントであるところの Dirac 測度 δ に対して R の標準的な向きにより構成された1偶カレントである．

例 2. Γ を偶または奇の k 次元鎖体，したがって次数が $p=n-k$ (316頁，例5を参照)の鎖体とする．Stokes の公式を Γ に適用して次の式を得る：

$$\begin{aligned}\langle d\Gamma,\varphi\rangle &= (-1)^{p-1}\langle\Gamma, d\varphi\rangle = (-1)^{n-k-1}\int_\Gamma d\varphi \\ &= (-1)^{n-k-1}\int_{b\Gamma}\varphi = (-1)^{n-k-1}\langle b\Gamma,\varphi\rangle.\end{aligned} \tag{9, 3 ; 20}$$

よって

$$d\Gamma = (-1)^{n-k-1}b\Gamma = (-1)^{p-1}b\Gamma.$$

これから，すべての p 次，いいかえれば k 次元，$p+k=n$，のカレント T に対して，それの境界 bT が次のようにして定義される：

$$b\overset{p}{T} = (-1)^{p-1}dT. \tag{9, 3 ; 21}$$

そうすると，つねに

(9,3;22)
$$\langle bT, \varphi \rangle = \langle T, d\varphi \rangle,$$

が成り立ち，“境界”演算はちょうど“双対境界”演算の反転であって，符号は変わっていない．(9,3;18)でしらべた例においても，もし $\bar{\Omega}$ で $f=1$ ならば，0偶カレント f は $\bar{\Omega}$ と，それの V への向きづけられた標準的な埋め込みとによって定義された，n 奇鎖体に他ならない；そのとき(9,3;18)は $df=-\Sigma$ となり，$p=0$ のとき $bf=b\bar{\Omega}=+\Sigma$ とちょうど対応する．

例 3.　Dirac のカレントの双対境界(315頁，例3参照)

$\overrightarrow{\mathfrak{M}}$ を a における V の1接ベクトルとする．これは $(n-1)$ 奇カレント $\underline{S}$ (式(9,2;5))を定める．これの双対境界 $d\underline{S}$ は n 奇カレントであり，(9,2;7)にしたがって，a におけるモーメント $\overrightarrow{\mathfrak{M}}$ の双極子に対して構成されたカレント $\underline{T}$ の $(-1)^n$ 倍である．実際，式(9,2;7および8)から：

$$\langle d\overset{n-1}{\underline{S}}, \varphi \rangle = (-1)^n \langle \underline{S}, d\varphi \rangle = (-1)^n \langle \underline{T}, \varphi \rangle$$

すなわち

$$d\underline{S} = (-1)^n \underline{T}.$$

例 4.　立体角

再び n 次元 Euclid ベクトル空間 V において式(9,2;11および12)を考える．J として単位長さの半径ベクトルの場を考える．V の O と異なる点 M における面素 dS に対して，半径ベクトル $\overrightarrow{OM}$ と，S 上で定められた通過方向による向きの法線との成す角を θ とすれば，$J_\nu dS=\cos\theta dS$ である．r が距離 OM ならば，O から dS をのぞむ立体角の大きさは

$$\frac{1}{r^{n-1}} \cos\theta dS = \left(\frac{\vec{J}}{r^{n-1}}\right)_\nu dS$$

である．言いかえれば，通過方向の定まった，O を通らない超曲面 Σ を O からのぞむ立体角は

$$\int_\Sigma \frac{1}{r^{n-1}} \cos\theta dS = \int_\Sigma \underline{\omega}$$

で，ここに $\overset{n-1}{\underline{\omega}}$ は“立体角”微分形式といわれる $(n-1)$ 奇微分形式である．

$V=R^n$ で標準的な Euclid 構造がつけられていて，

$$r^2 = {x_1}^2 + \cdots + {x_n}^2$$

とすると，$\vec{J}$ の成分は $\vec{J}_k = \dfrac{x_k}{r}$ で，そのとき

(9, 3 ; 22-2) $$\overset{n-1}{\underline{\omega}} = \sum_{k=1}^{n} \frac{1}{r^{n-1}} \cdot \frac{x_k}{r} dx_k{}^{-1} \wedge \underline{dx}.$$

形式 $\underline{\omega}$ は, R^n のほとんど到る所で定義されたものとして, 局所可積分であり, したがってカレントである.

R^n において, これの双対境界 $d\omega$ を求めよう. それは

(9, 3 ; 22-3) $$d\omega = \sum_{k=1}^{n} \frac{\partial}{\partial x_k}\left(\frac{x_k}{r^n}\right)\underline{dx}.$$

ところが,

$$\frac{x_k}{r^n} = \left(-\frac{1}{n-2}\right)\frac{\partial}{\partial x_k}\frac{1}{r^{n-2}}{}^{1)},$$

よって (2, 3 ; 10) を用いて,

(9, 3 ; 22-4) $$d\overset{n-1}{\underline{\omega}} = \frac{-1}{n-2}\Delta\left(\frac{1}{r^{n-2}}\right)\underline{dx} = S_n \overset{n}{\underline{\delta}},$$

S_n は R^n の単位球の表面積.

境界のある多様体 V 上でのカレントの双対境界

(9, 3 ; 10) と同じ定義式を採用する.

ここで, ω が V 上の C^1 級の p 形式ならば, そのカレントとしての双対境界 $d\omega$ は, **ω が C^∞ であるときでさえも,** 普通の双対境界 $\{d\omega\}$ と一致しない. 実際, Stokes の公式から次式を得る:

(9, 3 ; 23)
$$\begin{aligned}\langle d\omega, \varphi\rangle &= (-1)^{p-1}\langle \omega, d\varphi\rangle \\ &= (-1)^{p-1}\int_{\underline{V}} \omega \wedge d\varphi \\ &= \int_{\underline{V}} d\omega \wedge \varphi - \int_{\underline{V}} d(\omega \wedge \varphi) \\ &= \int_{\underline{V}} d\omega \wedge \varphi - \int_{\underline{bV}} \omega \wedge \varphi,\end{aligned}$$

したがって

(9, 3 ; 24) $$d\omega = \{d\omega\} - bV \wedge \omega,$$

ここに bV は, $n-1$ 次元奇鎖体 bV によって定義される 1 偶カレントとする.

---

1) $n \neq 2$ のときである; $n=2$ のときは, $\dfrac{-1}{n-2}\dfrac{1}{r^{n-2}}$ を $\log r$ でおきかえる. 最終的な結論は同じ.

あたかも多様体 V がその境界の向うまで拡張され，ω はそこで0であるとしたようになる：そのとき，これは bV に沿って第1種の不連続性をもち，(9, 3 ; 24) は (9, 3 ; 11) の結果である．ω が V の中で C^1 級であって V の境界上で0となるときだけ，$d\omega=\{d\omega\}$ である．

それゆえ dT の定義式は，あいまいさを避けるために，次のように書かねばならない：

$$(9,3;24\text{-}2) \qquad \langle d\overset{p}{T}, \varphi\rangle = (-1)^{p-1}\langle T, \{d\varphi\}\rangle.$$

いつでも $ddT=0$ である．もし T が p カレントで，α が C^∞ 級 q 形式ならば，次式を得る：

$$\begin{aligned}(9,3;25) \quad \langle d(\overset{p}{T}\wedge\overset{q}{\alpha}), \varphi\rangle &= (-1)^{p+q-1}\langle T\wedge\alpha, \{d\varphi\}\rangle \\ &= (-1)^{p+q-1}\langle T, \alpha\wedge\{d\varphi\}\rangle \\ &= (-1)^{p-1}\langle T, \{d(\alpha\wedge\varphi)\}\rangle+(-1)^p\langle T, \{d\alpha\}\wedge\varphi\rangle \\ &= \langle dT, \alpha\wedge\varphi\rangle+(-1)^p\langle T, \{d\alpha\}\wedge\varphi\rangle \\ &= \langle dT\wedge\alpha, \varphi\rangle+(-1)^p\langle T\wedge\{d\alpha\}, \varphi\rangle\end{aligned}$$

これから積の双対境界の公式を得る：

$$(9,3;26) \qquad d(\overset{p}{T}\wedge\alpha) = d\overset{p}{T}\wedge\alpha+(-1)^p T\wedge\{d\alpha\}$$

(注意：ここで $T\wedge d\alpha$ と書いてはならない；こんどは $d\alpha$ は C^∞ 級でないから，$T\wedge d\alpha$ は意味をもたない)[1]．

第4の演算：無限小変換によるカレントの微分

ξ を多様体 V^n 上の C^∞ 級ベクトル場とし，ひとまず，V は境界をもたないと仮定する．p を偶または奇の C^1 級 p 形式とし，φ はそれと偶奇が反対の，コンパクトな台をもつ C^∞ 級 $(n-p)$ 形式とする．形式に施す無限小変換 $\theta(\xi)$ とは1つの微分 $(\theta(\xi)(\alpha\wedge\beta)=\theta(\xi)\alpha\wedge\beta+\alpha\wedge\theta(\xi)\beta)$ であって，$\theta(\xi)=d\cdot i(\xi)+i(\xi)\cdot d$ と表わされるのであった：

$$(9,3;27) \qquad \int_V \theta(\xi)\omega\wedge\varphi = \int_V \theta(\xi)(\omega\wedge\varphi)-\int_V \omega\wedge\theta(\xi)\,d\varphi.$$

しかるに

1) カレントの双対境界は形式の上の普通の境界を誘導しないので，式(9, 3; 26) は $\mathcal{E}(V)$ から $\mathcal{D}'(V)$ への連続性による拡張では証明されない．

$$\int_V \theta(\xi)(\omega\wedge\varphi) = \int_V d(i(\xi)(\omega\wedge\varphi)) + \int_V i(\xi)\,d(\omega\wedge\varphi)\ ;$$

$\omega\wedge\varphi$ の次数が n だから，したがってそれの双対境界は 0 であるので，上式の最後の項は 0 である； V が境界をもたないから，Stokes の定理より第 1 項も同様である．これから次の式が導かれる：

(9, 3 ; 28) $$\int_V \theta(\xi)\,\omega\wedge\varphi = -\int_V \omega\wedge\theta(\xi)\,\varphi.$$

そこで，カレント T に対して，多様体 V が境界をもっても，もたなくとも，すでに双対境界を定義したときのように

(9, 3 ; 29) $$\langle\theta(\xi)\,T, \varphi\rangle = -\langle T, \{\theta(\xi)\,\varphi\}\rangle$$

と置く．

このとき，双対境界に対して挙げた例と同様な一連の例をすべて与えることができる．特に，$\overset{p}{\omega}$ が C^1 で V が境界をもつ場合，超函数の意味で計算した $\theta(\xi)\,\omega$ は普通の意味で計算した $\{\theta(\xi)\,\omega\}$ と異なり，その差は bV に台をもつ多重層であることに注意すべきである：

$$\begin{aligned}\langle\theta(\xi)\,\omega, \varphi\rangle &= -\langle\omega, \{\theta(\xi)\,\varphi\}\rangle = -\int_V \omega\wedge\{\theta(\xi)\,\varphi\}\\ &= -\int_V \{\theta(\xi)(\omega\wedge\varphi)\} + \int_V \{\theta(\xi)\,\omega\}\wedge\varphi\\ &= -\int_V \{d(i(\xi)(\omega\wedge\varphi))\} + \int_V \{\theta(\xi)\,\omega\}\wedge\varphi\\ &= -\int_{bV} i(\xi)(\omega\wedge\varphi) + \int_V \{\theta(\xi)\,\omega\}\wedge\varphi.\end{aligned}$$

式(9, 3 ; 6)[1]を用いて

$$\begin{aligned}-\int_{bV} i(\xi)(\omega\wedge\varphi) &= -\langle bV, i(\xi)(\omega\wedge\varphi)\rangle\\ &= -\langle i(\xi)\,bV, \omega\wedge\varphi\rangle\\ &= -\langle i(\xi)(bV)\wedge\omega, \varphi\rangle\end{aligned}$$

結局：

(9, 3 ; 30) $$\theta(\xi)\,\omega = \{\theta(\xi)\,\omega\} - (i(\xi)\,bV)\,\omega.$$

1) この式では ω が C^∞ 級であることを前提としている．しかしながら，ω を C^∞ 級形式で近似して極限をとることによって，ω が単に C^1 級の場合にもこの計算が意味をもつ．

$(i(\xi)bV$ は0偶カレント，これと ω の間では記号 $\wedge$ は除いてよい.)

たとえば V が R の区間 $[0,1]$ であるとする．R の向きのおかげで，常カレントと捩カレントとを区別することが不必要になる．境界 bV は1カレント $\varphi \to \varphi(1)-\varphi(0), \varphi \in \mathscr{D}([0,1])$ である．ξ を一定な単位ベクトルの場とすると，$\theta(\xi)$ は $\dfrac{d}{dx}$ と書くことができ，そしてまた $\theta(\xi)T$ のところは T' と書くことができる．$i(\xi)bV$ は0カレント $\varphi dx \to \langle bV, \varphi\rangle = \varphi(1)-\varphi(0)$ である．もしここで f が $[0,1]$ 上の C^1 級函数ならば，$(i(\xi)bV)f$ は0カレント $\varphi dx \to f(1)\varphi(1)-f(0)\varphi(0)$ である．a における Dirac の測度を $\delta_{(a)}$ として，これを0カレントとも考え，また測度 $\underline{dx}$ の使用によって1カレントとも考えると，$(i(\xi)bV)f$ は $f(1)\delta_{(1)}-f(0)\delta_{(0)}$ である．そしてさらに(9, 3; 30)は，予想されたように次の式となる：

(9, 3; 31)
$$f' = \{f'\} - f(1)\delta_{(1)} + f(0)\delta_{(0)}.$$

これらのすべては，337頁のようにここでも，V を境界を持たない多様体に，ここでは R に，拡張し f を0で拡張した場合のようになっている．

$\theta(\xi), d, i(\xi)$ を結びつける常用の等式は，明らかに，多様体が境界をもっているかもたないかにかかわらず，その多様体上のカレントに対して成り立つ：

(9, 3; 32)
$$\theta(\xi)\overset{p}{T} = di(\xi)T + i(\xi)dT.$$

これを確かめるには，定義式(9, 3; 6)，(9, 3; 10)および(9, 3; 29)を適用する：

$$\begin{aligned}\langle \theta(\xi)\overset{p}{T}, \overset{n-p}{\varphi}\rangle &= -\langle \overset{p}{T}, \{\theta(\xi)\overset{n-p}{\varphi}\}\rangle \\ &= -\langle T, \{di(\xi)\overset{n-p}{\varphi}\}\rangle - \langle \overset{p}{T}, \{i(\xi)d\overset{n-p}{\varphi}\}\rangle \\ &= (-1)^p\langle dT, i(\xi)\varphi\rangle + (-1)^p\langle i(\xi)T, \{d\varphi\}\rangle \\ &= \langle i(\xi)dT, \varphi\rangle + \langle di(\xi)T, \varphi\rangle,\end{aligned}$$

となって前の結論になる．V に境界がないときは，次のように言ってもよかった：この等式は T が C^∞ 形式のとき成立し，C^∞ 形式はカレントの中で稠密であり，連続性によって拡張すればよいのである．

同じように，α が C^∞ 形式のとき次式を得る：

(9, 3; 33)
$$\theta(\xi)(T\wedge\alpha) = \theta(\xi)T\wedge\alpha + T\wedge\{\theta(\xi)\alpha\}.$$

コホモロジー論の de Rham の定理

$\overset{p}{\mathscr{Z}'}$ をその双対境界が0となるような V 上のカレント(p 双対輪体)の空間と

する；$\overset{p}{\mathscr{B}}'$ を $p-1$ 次のカレントの双対境界からなる空間とする；そのとき $\overset{p}{\mathscr{B}}' \subset \overset{p}{\mathscr{Z}}'$ となり，$\overset{p}{\mathscr{Z}}'/\overset{p}{\mathscr{B}}'$ はカレントに関する V の p 次コホモロジー・ベクトル空間である．偶カレントについても，あるいは奇カレントについてもこのようにすることができ，任意の台をもつカレント，あるいはコンパクトな台をもつカレント，あるいは Φ 台，すなわち次の意味で飽和な[1]，閉部分集合の集合 Φ に属する台を持つカレントについても，そうすることができる：

1° $A \in \Phi, B \subset A$ ならば $B \in \Phi$；

2° Φ の有限箇の閉集合の和集合は Φ に属する；

3° Φ のすべての閉集合は Φ に属する閉近傍をもつ．

これらのコホモロジーは一般には互に異なる．

これに反して，カレントを階数 $\leqq m$ のカレントで置きかえることはできる；$\overset{p}{\mathscr{Z}}'^{m}$ を双対境界が 0 となるような（**先に選んだ条件をみたす偶奇性と台とをもつ**）階数 $\leqq m$ の p カレントの空間とする；$\overset{p}{\mathscr{B}}'^{m}$ を階数 $\leqq m$ の p カレントで（同様な偶奇性と台とをもつ）階数 $\leqq m$ の $(p-1)$ カレントの双対境界となるものの空間とする．このコホモロジーは，はじめ，m に関係するようにみえるが，実は m **に関係しないことが証明される**．同様に局所的に L^p の形式であるようなカレントをとることができる；こうしてもまた同じコホモロジーが得られる．最後に普通の意味で C^m の（すなわち $\mathscr{E}^m(V)$ に属する）形式であるようなカレントをとることもできる；双対境界をつねに**カレントの意味に**とるならば，つねに同じコホモロジーが得られる．この点は少し注意を要するので詳しく述べよう．V を R^n の単位球体とする；境界は R^n の単位球面である．V 上で，311 頁のように，双対境界は普通の双対境界として，C^∞ 形式のコホモロジーを調べることができる．次数 0 については，コホモロジー・ベクトル空間は 1 次元，すなわち Betti 数は 1 であることがわかる；なぜなら C^∞ 級 0 形式，すなわち C^∞ 函数，であって普通の双対境界が 0 となるものは任意定数であるから．次にカレントのコホモロジーを調べよう；0 次のコホモロジー・ベクトル空間は $\{0\}$ であり，Betti 数は 0 である；なぜなら，双対境界が 0 の 0 カレントは定数函数しかないが，**この定数は 0 でなければならない，さもなければ，その双対境界は単位球面上の 1 重層 $\neq 0$ を含むからである．** したがって，C^∞

1)〔訳注〕 saturé.

形式の**普通の**コホモロジーとカレントのコホモロジーは異なる．しかし，**カレントの意味での双対境界に関する** C^∞ 形式のコホモロジーをとれば，カレントのコホモロジーと同じものが得られる；**カレントの意味で**双対境界が0となる C^∞ 級0形式は0である．

したがって $\overset{p}{\mathscr{Z}}'$ を，C^m 級の普通の p 形式であってカレントの意味で双対境界が0のもの，すなわち，$m\geqq 1$ のときは，普通の双対境界が0，かつそれ自身は **V の境界上で0となる**もの，の空間にかえなければならない；また $\overset{p}{\mathscr{B}}'$ を，C^m 級 p 形式であって C^m 級 $(p-1)$ 形式のカレントの意味での双対境界，すなわち，$m\geqq 1$ のときは，**V の境界上で0となる** C^m 級 $(p-1)$ 形式の普通の双対境界となるもの，の空間にかえなければならない．これは通常 **V の境界を法とする**[1)]，V 上の微分形式のコホモロジーと呼ばれるものである．

これら種々のコホモロジーの一致はまた次のように表現できる：

定理1(一般化された de Rham の定理)．

T を(偶あるいは奇の) p カレント，Φ を V の閉部分集合から成る飽和した集合族とする；T は双対輪体，$dT=0$，と仮定する．

1°　T が Φ 台を持つならば，C^∞ 級の形式 $\overset{p}{\omega}$ が存在し，$T-\omega$ は Φ 台をもつ $(p-1)$ カレントの双対境界である(T は C^∞ 形式に Φ コホモローグである)[2)]．

2°　T が Φ 台を持つカレントの双対境界で，さらに T が階数 $\leqq m$(あるいは C^m 級の形式 ω[3)]，あるいは局所的に L^p の形式 ω，等々)ならば，T はこれも階数 $\leqq m$ の Φ 台をもつカレント S(あるいは C^m 級の形式[4)]，あるいは局所的に L^p の形式，等々)の双対境界である．

証明

$\overset{p}{\mathscr{G}}{}'^m$ を，与えられた偶奇性をもち，**それの双対境界と共に**階数 $\leqq m$ である p カレントの芽のつくる層[5)]とする．これは精層[6)]である；なぜなら，$\alpha\in\overset{0}{\mathscr{D}}$ の

1)〔訳注〕 modulo le bord de V.

2)　これによって，ω は双対輪体，カレントの意味で $d\omega=0$，となる；したがって，$\{d\omega\}=0$ かつ ω は V の境界上で0となる．

3)　これによって，$m\geqq 1$ のとき，ω は V の境界上で0となる．

4)　これはそのとき，$m\geqq 1$ ならば，V の境界上で0となる．

5)　ここでは層の理論を完全に利用する．この証明については Godement [1]，第2章，§4，参照．境界を持たない多様体上のカレントのコホモロジーについては de Rham [3]，第4章，93頁参照．

6)〔訳注〕 faisceau fin.

とき，T がその双対境界と共に階数 $\leqq m$ のカレントならば，αT も同様である ($d(\alpha T)=\{d\alpha\}\wedge T+\alpha dT$ であるから)．双対境界は層の準同型写像の列を定義する：

(9, 3 ; 34)

$$0\longrightarrow\mathscr{F}\xrightarrow{i}\overset{0}{\mathscr{G}}{}'^m\xrightarrow{d}\overset{1}{\mathscr{G}}{}'^m\xrightarrow{d}\cdots\xrightarrow{d}\overset{p}{\mathscr{G}}{}'^m\xrightarrow{d}\overset{p+1}{\mathscr{G}}{}'^m\xrightarrow{d}\cdots,$$

ここで $\mathscr{F}$ は，V の内部の点については(考えている場合に応じて普通のあるいは捩れた)定数函数の芽からなり，V の境界の点については芽 0 からなる層である；V の連結開部分集合の上の $\mathscr{F}$ の断面は普通のあるいは捩れた定数で，この部分集合が V の境界と交わるときは 0 である．他方，i は $\mathscr{F}$ から層 $\overset{0}{\mathscr{G}}{}'^m$ の中への自然な単射である．もし $\overset{p}{\mathscr{G}}{}'$ は任意の p カレントの芽の層，$\overset{p}{\mathscr{G}}$ はその双対境界と共に C^∞ 級の p 形式であるようなカレントの芽の層とし，どちらも前に定めた偶奇性をもつならば，これらの層についても同様の準同型写像の列が得られ，単射 $\overset{p}{\mathscr{G}}\to\overset{p}{\mathscr{G}}{}'^m\to\overset{p}{\mathscr{G}}{}'$ と両立する．言い換えれば，層のあいだの準同型写像の次の図式は可換である[1]：

(9, 3 ; 35)

$$\left\{\begin{array}{ccccccccccc}
0 & \to & \mathscr{F} & \to & \overset{0}{\mathscr{G}} & \to & \overset{1}{\mathscr{G}} & \to & \overset{2}{\mathscr{G}} & \to & \cdots\\
\downarrow & & \downarrow & & \downarrow & & \downarrow & & \downarrow & & \\
0 & \to & \mathscr{F} & \to & \overset{0}{\mathscr{G}}{}'^m & \to & \overset{1}{\mathscr{G}}{}'^m & \to & \overset{2}{\mathscr{G}}{}'^m & \to & \cdots\\
\downarrow & & \downarrow & & \downarrow & & \downarrow & & \downarrow & & \\
0 & \to & \mathscr{F} & \to & \overset{0}{\mathscr{G}}{}' & \to & \overset{1}{\mathscr{G}}{}' & \to & \overset{2}{\mathscr{G}}{}' & \to & \cdots
\end{array}\right.$$

すべては層の準同型写像の水平な列が完全系列であるという事の結果であることが知られている；これにより，$\overset{p}{\mathscr{Z}}{}'/\overset{p}{\mathscr{B}}{}'$ が(考えているすべての場合について) $H^p(V,\mathscr{F})$, $\mathscr{F}$ の値をとる V の p 次コホモロジー，と同型であることが示される．われわれは，一般化された de Rham の定理[2]と呼ばれる，この層の理論の定理を認めることにしよう．

したがって，次のことを示さなければならない；$p\geqq 1$ に対して，a の近傍で双対境界が 0 となるすべての p カレント $\overset{p}{T}$ は，a の近傍で，ある $(p-1)$ カレント $\overset{p-1}{S}$ の双対境界であり，この S として，T が階数 $\leqq m$ ならば階数 $\leqq m$ のもの，T が C^m 形式ならば C^m 形式を選ぶことができる．他方，すでに知っ

1) $\overset{p}{\mathscr{G}}$ として C^∞ 級 p 形式の芽の層をとり，双対境界として普通のものをとったとすると，図式は可換でなくなる．

2) GODEMENT [1] 参照．

ているように，$p=0$ に対して，$\overset{0}{T}$ が a の近傍で双対境界が0となる0カレントならば，それは a の近傍で定数函数であり，a が V の境界上にあるときは0となる；とにかくこれもあとで証明しよう．

したがって，$V=R^n$ あるいは R^n_- で，a=原点の場合に帰着することができる；普通のカレントと捩カレントを同一視しよう．R^n においてカレントと超函数の合成積を利用する；カレント T を $\sum_I T_I dx_I$ (式(9, 3 ; 2)) と表わして，$T*S$, $S\in\mathcal{D}'$, はカレント $\sum_I (T_I*S)\,dx_I$ と定義する[1]．

T がコンパクトな台をもてば，合成積はつねに意味がある．また R^n_- 上のカレントと超函数の合成積を作ることもできる；なぜなら，加法 $(\xi,\eta)\to\xi+\eta$ のもとで R^n_- が安定であることから，定義 $U*V\cdot\varphi=U_\xi\otimes V_\eta\cdot\varphi(\xi+\eta)$ が有効だから．とにかく後に R^n_- 上のカレントを，台が R^n_- の中にある R^n 上のカレントと同一視できることを知るから(定理2の2, 354頁)，台が R^n_- の中にあるカレントと超函数の R^n における合成積に帰着される．少し気をつけさえすれば，この合成積は通常の性質をもつと言ってよい．たとえば，$\delta*V=V$, $D^p\delta*V=D^pV$, 等は正しい．測度と階数 $\leqq m$ の超函数との合成積は階数 $\leqq m$ の超函数であるということも成り立つ；局所的に L^p の函数についても同様である．これはすべて，R^n_- 上の超函数を R^n 上の超函数で台が R^n_- の中にあるものと考えれば，直ちにわかる．しかし測度 ν と C^m 級の函数 α との合成積がまた C^m 級の函数であるというのは正しくない；それは必ずしも連続函数でない．これは，R^n_- 上の連続函数を補集合で0とおいて R^n へ拡張するともはや連続ではないということに由来する；それを R^n_- の平行移動により移動しても，もはや R^n_- 上の連続函数ではない．しかし，Y が1変数の Heaviside 函数のとき，コンパクトな台をもつ R^n_- 上の C^m 級函数 f と $-Y(-x_1)\otimes\delta_{x_2,\cdots,x_n}$ との合成積は，具体的には $\int_0^{x_1} f(\xi_1, x_2, \cdots, x_n)\,d\xi_1$ という形に書かれ，R^n_- 上の C^m 級の函数である；そして必要とすることはこれだけである．

さて $\overset{p}{T}$ は R^n あるいは R^n_- ($R^n_-=\{x\in R^n;\, x_1\leqq 0\}$ であることを思いだそう) の O の近傍の p カレントであって，O のある近傍で $dT=0$ かつ階数 $\leqq m$ とする．

α は $\overset{0}{\mathcal{D}}(R^n)$ の函数で，台は原点に十分近くて，この台の近傍では $dT=0$

1) より一般的な合成積については NORGUET [1], Marianne GUILLEMOT [1], BRACONNIER [1].

かつ T は階数 $\leqq m$ とし，さらに O のある近傍では α は1に等しいとする．

Poincaré の定理の証明の古典的な方法を利用しよう．T は次のように書かれる：

$$\overset{p}{T} = dx_1 \wedge \overset{p-1}{L} + \overset{p}{M}, \tag{9,3;36}$$

ここで L と M は(9,3;2)による表現において dx_1 を含まないカレントである．α の台の近傍で T が双対輪体であるということは次のように書ける：α の台の近傍において，

$$-dx_1 \wedge d'L + dx_1 \wedge \frac{\partial M}{\partial x_1} + d'M = 0 \tag{9,3;37}$$

すなわち

$$d'L = \frac{\partial M}{\partial x_1}, \qquad d'M = 0; \tag{9,3;38}$$

d' は $x_2, \cdots, x_n$ に関する偏外微分である：

$$d'U = \sum_{k=2}^{n} dx_k \wedge \frac{\partial}{\partial x_k} U.$$

$p-1$ 次のカレント Λ を

$$\frac{\partial \Lambda}{\partial x_1} = \alpha L \tag{9,3;39}$$

となるように定めることができる．それには合成積

$$\Lambda = (-Y(-x_1) \otimes \delta_{x_2, \cdots, x_n}) * \alpha L \tag{9,3;40}$$

を作ればよい；Y は1変数の Heaviside 函数である；実際 $\dfrac{d}{dx_1}(-Y(-x_1)) = \delta_{x_1}$．カレント αL は空間全体で階数 $\leqq m$ である；ところで，$-Y(-x_1) \otimes \delta_{x_2, \cdots, x_n}$ は測度であるから，Λ は空間(R^n あるいは $R^n{}_-$)全体で階数 $\leqq m$ である．$\dfrac{\partial \Lambda}{\partial x_1} = \alpha L$ についても同様である；$d'\Lambda$ についても，したがって，$d\Lambda$ についても同様である．実際

$$\begin{aligned} d'\Lambda &= (-Y(-x_1) \otimes \delta_{x_2, \cdots, x_n}) * d'(\alpha L) \\ &= (-Y(-x_1) \otimes \delta_{x_2, \cdots, x_n}) * (\{d'\alpha\} \wedge L) \\ &\quad + (-Y(-x_1) \otimes \delta_{x_2, \cdots, x_n}) * \alpha d'L. \end{aligned} \tag{9,3;41}$$

右辺の和の第1項は測度と空間全体で階数 $\leqq m$ のカレントとの合成積であり，したがって階数 $\leqq m$ である．他方，$\alpha d'L = \alpha \dfrac{\partial M}{\partial x_1}$ だから，和の第2項は次のように書かれる：

$$(9,3;42)\qquad (-Y(-x_1)\otimes\delta_{x_2,\cdots,x_n})*\alpha\frac{\partial M}{\partial x_1}$$
$$=(-Y(-x_1)\otimes\delta_{x_2,\cdots,x_n})*\frac{\partial}{\partial x_1}(\alpha M)$$
$$+(Y(-x_1)\otimes\delta_{x_2,\cdots,x_n})*\left(\left\{\frac{\partial\alpha}{\partial x_1}\right\}M\right).$$

この最後の和において，第2項は，測度と階数 $\leqq m$ の $\left\{\frac{\partial\alpha}{\partial x_1}\right\}M$ との合成積だから，階数 $\leqq m$ である；そして第1項は

$$\left(\frac{\partial}{\partial x_1}(-Y(-x_1)\otimes\delta_{x_2,\cdots,x_n})\right)*\alpha M=\delta*\alpha M=\alpha M$$

に等しく，これも階数 $\leqq m$ である．“階数 $\leqq m$”をすべて“C^m 形式”あるいは“局所的に L^p の形式”に換えることができる(“C^m 形式”は“普通の意味で C^m の形式，すなわち $\in\mathcal{E}^m(V)$”の意味であるが，$\frac{\partial\Lambda}{\partial x_1}$ と $d'\Lambda$ はカレントの意味にとる)．

次にカレント

$$(9,3;43)\qquad S=T-d\Lambda=M-d'\Lambda$$

を考えよう．

S が，O の近傍で，あるカレントの双対境界であること，T が階数 $\leqq m$ のときこのカレントも階数 $\leqq m$，等々，であることを示せば，T についても同様のことが言える．

さて，まず $T-d\Lambda$ 自身が O の近傍で階数 $\leqq m$ である．

実際，M はそうであり，$d'\Lambda$ についてはすでに知っている．他方 S は dx_1 を含まない．さらにそれの x_1 に関する偏微分は O の近傍で 0 である．実際

$$(9,3;44)\qquad \frac{\partial S}{\partial x_1}=\frac{\partial M}{\partial x_1}-\frac{\partial}{\partial x_1}d'\Lambda=\frac{\partial M}{\partial x_1}-d'\frac{\partial\Lambda}{\partial x_1}=\frac{\partial M}{\partial x_1}-d'(\alpha L),$$

これは，O の近傍で，$\frac{\partial M}{\partial x_1}-d'L$ に等しい，すなわち 0 である．

R^n で考えている場合は，これは S が O の近傍で $1_{x_1}\otimes\tilde{S}_{x_2,\cdots,x_n}$ の形のカレントであることを意味する[1]；$dS=0$ は $d'S=0$ あるいは $d'\tilde{S}=0$ を意味する；S が階数 $\leqq m$，等々，になるには，$\tilde{S}$ がそうなることが必要十分である．

---

1)　第2章，定理4を見よ．

そこで空間の次元に関する帰納法により定理が証明される; $n=0$ の場合は明らかである，そして次元 $0, 1, 2, \cdots, n-1$ について証明されたと仮定すれば，次元 n についても証明される.

$R^n{}_-$ で考えているときは，すべてはさらに簡単になる. O の近傍で $\dfrac{\partial S}{\partial x_1}=0$ だから，$\dfrac{\partial}{\partial x_1}(1_{x_1})=-\delta_{x_1}$(境界のある多様体 $R^n{}_-$ 上であるから!)なので，必然的に $\tilde{S}$ は O の近傍で 0 であり，すぐに話がついてしまう. ("$R^n{}_-$ 上の超函数"を"R^n 上の超函数で台が $R^n{}_-$ の中にあるもの"でおきかえれば，次のようにも言うことができる: $\dfrac{\partial S}{\partial x_1}=0$ は S が x_1 軸に平行な十分小さい平行移動について O の近傍で不変であることを意味する; S の台は $x_1\leqq 0$ の中に含まれるので，負の平行移動により S が実は O の近傍で 0 であることが示される); これで定理が証明された.

注意　"階数 $\leqq m$"，"C^m 微分形式"，"局所的に L^p の微分形式"をどんなものでおきかえることができるであろうか?

$\overset{0}{\mathcal{G}}$ を $R^n{}_-$ 上の超函数の芽からなる層の部分層とする. 式(9, 3 ; 2)における係数が，超函数と同一視すれば $\overset{0}{\mathcal{G}}$ に含まれるような，偶(あるいは奇) p カレントの芽の層を $\overset{p}{\mathcal{G}}$(あるいは $\underline{\overset{p}{\mathcal{G}}}$)とする. $R^n{}_-$ の各開集合 U に対して，$\Gamma(\overset{p}{\mathcal{G}}, U)$(あるいは $\Gamma(\underline{\overset{p}{\mathcal{G}}}, U)$) を U の上の $\overset{p}{\mathcal{G}}$(あるいは $\underline{\overset{p}{\mathcal{G}}}$)の断面の作るベクトル空間とする.

$\overset{0}{\mathcal{G}}$ は次の性質を持つと仮定する:

1°　**微分同相写像に対する不変性**　H が $R^n{}_-$ の開集合 U_1 から開集合 U_2 の上への微分同相写像ならば，H は $\Gamma(\overset{0}{\mathcal{G}}, U_1)$ を $\Gamma(\overset{0}{\mathcal{G}}, U_2)$ の上へ移す.

2°　**C^∞ 函数の乗法に関する安定性**　すべての U に対して，$\Gamma(\overset{0}{\mathcal{G}}, U)$ の超函数と $\mathcal{E}(U)$ の函数の積は $\Gamma(\overset{0}{\mathcal{G}}, U)$ に属する. さらに，$\mathcal{E}(U)\subset\Gamma(\overset{0}{\mathcal{G}}, U)$ と仮定する.

3°　**測度 $\mu=-Y(-x_1)\otimes\delta_{x_2,\cdots,x_n}$ との合成積に関する安定性**　$T\in\Gamma(\overset{0}{\mathcal{G}}, R^n{}_-)$ の台がコンパクトならば，$\mu * T$ は $\Gamma(\overset{0}{\mathcal{G}}, R^n{}_-)$ に含まれる.

さて V^n を多様体とする. 次のような性質をもつ V 上の偶(あるいは奇) p カレントの集合を $\Gamma(\overset{p}{\mathcal{G}}, V)$ (あるいは $\Gamma(\underline{\overset{p}{\mathcal{G}}}, V)$) と呼ぶことにする: その性質とは，$V$ の開集合 Ω から $R^n{}_-$ の開集合(R^n の開集合を考える必要はない，なぜなら R^n の有界な開集合は平行移動により $R^n{}_-$ の中へ入れることができるから)の上へのすべての局所座標系 H について，T の Ω への制限を H で転写したものは $\Gamma(\overset{p}{\mathcal{G}}, H(\Omega))$ (あるいは $\Gamma(\overset{p}{\underline{\mathcal{G}}}, H(\Omega))$) に属することである；層 $\overset{0}{\mathcal{G}}$ の微分同相写像に対する不変性により，ある座標系に属する局所座標系についてこれを確かめればよい．

[V が境界をもたないとき，R^n_- 上の層を使うのは少し愚かなことである．しかしとにかく，性質 1°, 2°, 3° をもつ R^n_- 上の層 $\overset{0}{\mathcal{G}}$ から同じ性質をもつ R^n 上の層を作ることができる：R^n の各点において，その芽は開集合 $x_1<0$ の点における与えられた層 $\overset{0}{\mathcal{G}}$ の芽を平行移動(あるいは任意の微分同相写像)により移したものである．]

次に Φ 台をもつ $\Gamma(\overset{p}{\mathcal{G}}, V)$ (あるいは $\Gamma(\overset{p}{\underline{\mathcal{G}}}, V)$) の閉カレントの空間と，$\Phi$ 台をもつ $\overset{p-1}{\Gamma}(\mathcal{G}, V)$ (あるいは $\overset{p-1}{\Gamma}(\underline{\mathcal{G}}, V)$) のカレントの双対境界の空間と，前者の後者による商とを考えることができる．この商は任意のカレントに関するもの，あるいは C^∞ 形式(**カレントの意味の双対境界について**；あるいは V の境界上で 0 となる C^∞ 形式をとり，普通の双対境界について)に関するものと一致する．証明は前と同じである；それは，境界を持たない開集合について，n に関する帰納法を含む(347 頁を参照)．そのために，R^{n-1} 上の超函数 $\tilde{S}_{x_2,\cdots,x_n}$ であって $1_{x_1}\otimes\tilde{S}_{x_2,\cdots,x_n}$ が $\overset{0}{\mathcal{G}}$ に含まれるもの，の芽の層を導入しなければならない；これは，すべての $\alpha\in\mathcal{E}_{x_1}$ あるいはすべての $\alpha\in\mathcal{D}_{x_1}$ に対して $\alpha(x_1)\otimes\tilde{S}_{x_2,\cdots,x_n}$ が $\overset{0}{\mathcal{G}}$ に含まれるような $\tilde{S}_{x_2,\cdots,x_n}$ の層と同じである．

§4　C^∞ 写像によるカレントの順像

すでに 310 頁において，m 次元多様体 U から n 次元多様体 V の中への C^∞ 写像 H による形式の逆像の性質を見た．H が固有写像ならば，H^* は多様体 V に関する空間 $\overset{p}{\mathcal{D}}{}^h$ から多様体 U に関する空間 $\overset{p}{\mathcal{D}}{}^h$ の中への連続線型写像を定義する(h は有限でも無限大でもよい)．

さて $\underline{T}$ を U 上の奇カレントとする．$\underline{T}$ の順像 $H\underline{T}$ を次のように定義する：

$$(H\underline{T})(\varphi)=\underline{T}(H^*\varphi). \tag{9,4;1}$$

この式は H が固有写像ならば意味がある．なぜなら，そのとき，$\varphi\in\mathcal{D}$ に対して，$H^*\varphi\in\mathcal{D}$ となるからである；そしてこの式によって $H\underline{T}$ がカレントとして定義される．H が固有写像でないときは，$H\underline{T}$ を定義できるとは限らないが，しかし写像 H を $\underline{T}$ の台 A に制限すれば固有写像になるときには $H\underline{T}$ を定義することができる．

実際，この仮定により $H^*\varphi$ の台と A との交わりはコンパクト集合であるから，右辺は意味がある．そして式(9,4;1)は $H\underline{T}$ をカレントとして定義する；なぜなら $H\underline{T}$ は $\mathscr{D}(V)$ 上の連続線型汎函数だからである．H が固有写像ならば，写像 $H: \underline{T} \to H\underline{T}$ は線型である．そうでないときも，H が A では固有写像になるような閉集合 A の中に台が含まれるカレントの空間に限れば，H は線型である．コンパクトな台をもつカレントの順像はつねに存在し，このとき，式(9,4;1)は任意の台をもつ φ に対して成り立つことに注意しよう．**順像はカレントの，次数ではなく，次元を保存する．** 実際，$\underline{T}$ の次数を p としよう．U と V の次元の差を $r=m-n$ とおく；r は任意の符号の整数である．φ が次数 $n-q$ ならば，$H^*\varphi$ も次数 $n-q=m-(q+r)$，したがって，$q+r\neq p$ すなわち $q\neq p-r$ ならば，$\underline{T}(H^*\varphi)=0$；したがって $H\underline{T}$ は次数 $p-r$ (ただし $p-r\geqq 0$ のとき；$p-r<0$ ならば，$H\underline{T}=0$) である．確かに，$\dim \underline{T}=m-p=\dim H\underline{T}=n-(p-r)$ である．特に，奇 m カレントの像は奇 n カレントである．$m=n$ のときは，順像 H は次数を保存する；しかし，いかなる場合にも，保存されるのは次元である．階数 $\leqq h$ のカレントの像は階数 $\leqq h$ である，特に，階数0の奇 m カレント，すなわち測度，の像は測度であり，これがまさしく積分論において像測度と呼ばれるものである；測度 $\geqq 0$ の像は $\geqq 0$ である．(9,4;1)を $\varphi=1$ に適用すれば，$\underline{T}$ の台がコンパクトのとき，

$$\int_V H\underline{T} = \langle H\underline{T}, 1\rangle = \langle \underline{T}, 1\rangle = \int_U \underline{T}. \tag{9,4;1-2}$$

T の階数が $\leqq h$ ならば，式(9,4;1)は $\varphi\in\mathscr{D}^h$ に対して(H が $\underline{T}$ の台の上で固有写像になれば)成り立つ．

$H\underline{T}$ の台は $\underline{T}$ の台 A の H による像の中に含まれる．実際，φ の台が $\complement H(A)$ の中にあれば，$H^*\varphi$ の台は $\complement A$ の中にあり，(9,4;1)の右辺は0 (H は A 上で固有写像だから，像 $H(A)$ はつねに閉集合)であり，したがって，$H\underline{T}$ の台は確かに $H(A)$ の中にある．このことから，V の開集合 Ω において $H\underline{T}$ を知るためには，$H^{-1}(\Omega)$ において $\underline{T}$ を知ればよいということが分る(なぜなら，$H^{-1}(\Omega)$ において $\underline{T}_1=\underline{T}_2$ ならば，$\underline{T}_1-\underline{T}_2$ の台は $\complement H^{-1}(\Omega)$ の中にあ

り，したがって $H(\underline{T}_1-\underline{T}_2)$ の台は $H(\complement H^{-1}(\Omega))\subset\complement\Omega$ の中にあり，したがって Ω において $H\underline{T}_1=H\underline{T}_2$)．また H が $\underline{T}$ の台の近傍で知られていれば，$H\underline{T}$ が知られるということ，さらに，H が多様体 U 全体ではなく $\underline{T}$ の台の近傍でだけ定義されているときにも(いつものように，H の $\underline{T}$ の台への制限が固有写像であれば)，$H\underline{T}$ を定義できるということが分る．もちろん順像という演算の推移性が成り立つ：2つの写像の合成 $H_2\circ H_1$ によるカレント $\underline{T}$ の像は $(H_2\circ H_1)\underline{T}=H_2(H_1\underline{T})$ に他ならない；ただし次の仮定をする必要がある：$\underline{T}$ の台は A に含まれ，A では H_1 は固有写像であり，$H_1(A)\subset B$, B は閉集合であり，そこでは H_2 は固有写像，したがって $H_2\circ H_1$ も A 上で固有写像になり，両辺はほんらい意味がある．

α が V 上の C^∞ 形式ならば，

(9, 4 ; 2)
$$H\underline{T}\wedge\alpha=H(\underline{T}\wedge H^*\alpha).$$

実際

$$\begin{aligned}\langle H\underline{T}\wedge\alpha,\varphi\rangle&=\langle H\underline{T},\alpha\wedge\varphi\rangle\\&=\langle\underline{T},H^*(\alpha\wedge\varphi)\rangle=\langle\underline{T},H^*\alpha\wedge H^*\varphi\rangle\\&=\langle\underline{T}\wedge H^*\alpha,H^*\varphi\rangle=\langle H(\underline{T}\wedge H^*\alpha\rangle,\varphi\rangle.\end{aligned}$$

次に $\underline{T}$ は p 次，α は q 次と仮定しよう；すると $H\underline{T}$ は $p-r$ 次 $(r=m-n)$ であり

(9, 4 ; 3)
$$\begin{aligned}\alpha\wedge H\underline{T}&=(-1)^{(p-r)q}H\underline{T}\wedge\alpha\\&=(-1)^{(p-r)q}H(\underline{T}\wedge H^*\alpha)=(-1)^{rq}H(H^*\alpha\wedge\underline{T})\end{aligned}$$

すなわち

(9, 4 ; 4)
$$\alpha\wedge H\underline{T}=(-1)^{qr}H(H^*\alpha\wedge\underline{T}).$$

他方，H は境界演算と可換であるが，双対境界演算とは可換でない：

(9, 4 ; 5)
$$\begin{aligned}\langle Hb\underline{T},\varphi\rangle&=\langle b\underline{T},H^*\varphi\rangle\\&=\langle\underline{T},dH^*\varphi\rangle=\langle\underline{T},H^*d\varphi\rangle\\&=\langle H\underline{T},d\varphi\rangle=\langle bH\underline{T},\varphi\rangle\end{aligned}$$ [1)]

すなわち

(9, 4 ; 6)
$$Hb\underline{T}=bH\underline{T},$$

1)　ここでは転置をしただけである：H^* と d は可換であり，したがって，それらを転置した H と b も可換である．

したがって，p 次の $\underline{T}$ に対して

$$(9,4;7)\qquad Hd\underline{T} = (-1)^{p-1}Hb\underline{T} = (-1)^{p-1}bH\underline{T} = (-1)^{p-1+p-r+1}dH\underline{T}$$

すなわち

$$(9,4;8)\qquad Hd\underline{T} = (-1)^{r}dH\underline{T},\qquad r = m-n.$$

最後に ξ を U 上の C^∞ ベクトル場とし，V 上には，H による ξ の像である C^∞ ベクトル場 η が存在すると仮定しよう（つねに存在するとは限らない）．すると，$\varphi\in\mathscr{D}(V)$ に対して，$\theta(\xi)(H^*\varphi)=H^*(\theta(\eta)\varphi)$，すなわち $\theta(\xi)\circ H^*=H^*\circ\theta(\eta)$ である．これより転置によって

$$(9,4;8\text{-}2)\qquad \theta(\eta)H\underline{T} = H(\theta(\xi)\underline{T}).$$

以上を定理にまとめると：

定理 2. **H は U^m から V^n の中への無限回可微分写像，A は U^m の閉集合で H の A への制限は固有写像であるとする．$\underline{T}$ が U の奇カレントで，次数 p すなわち次元 $k=m-p$ であり，台が A に含まれるならば，式(9, 4 ; 1)により，V 上の次数 $p-r, r=m-n$，すなわち次元 k の，奇カレントである像 $H\underline{T}$ を定義することができる．$\underline{T}$ が階数 $\leqq h$ ならば，$H\underline{T}$ についても同様．$H\underline{T}$ の台は $\underline{T}$ の台の H による像に含まれる；そして V の開集合 Ω において $H\underline{T}$ を知るためには，$H^{-1}(\Omega)$ において $\underline{T}$ を知ればよい．写像 $\underline{T}\to H\underline{T}$ は，台が A の中にある $\underline{T}$ に対して線型である．H' が V から多様体 W の中への C^∞ 写像であり，$H(A)\subset B, B$ は閉集合，H' が B で固有写像ならば，台が A の中にある $\underline{T}$ に対して，$(H'\circ H)\underline{T} = H'(H\underline{T})$．次の式が成り立つ：**

$$(9,4;9)\qquad \begin{cases} H\underline{T}\wedge\alpha = H(\underline{T}\wedge H^*\alpha) & \alpha \text{ は } V \text{ 上の } C^\infty \text{ 形式;} \\ \overset{q}{\alpha}\wedge H\underline{T} = (-1)^{rq}H(H^*\alpha\wedge\underline{T}),\ r=m-n; & \\ bH\underline{T} = Hb\underline{T}; & \\ dH\underline{T} = (-1)^{r}Hd\underline{T},\ r=m-n; & \\ \theta(\eta)H\underline{T} = H\theta(\xi)\underline{T}, & \\ \qquad \text{ただし，} \xi \text{ は } U \text{ 上の } C^\infty \text{ ベクトル場で，} V \text{ 上に} & \\ \qquad \text{像として } C^\infty \text{ ベクトル場 } \eta \text{ をもつとする;} & \\ \displaystyle\int_V H\underline{T} = \int_U \underline{T} & \text{ただし } \underline{T} \text{ の台はコンパクトとする.} \end{cases}$$

偶カレントと U から V の中への向きづけられた写像 $\tilde{H}$ についても同様な性質が成り立つ.

この定理により H は U のコンパクトな台をもつ閉奇カレント(双対境界が0)を V の同種のカレントに, また, コンパクトな台をもつカレントの双対境界になっている U の奇カレントを V の同種のカレントに変換する. したがって H は, U のコンパクトな台をもつ捩カレントのコホモロジー・ベクトル空間から V の同種の空間への線型写像を定義する; その写像は次元を保存する. H が固有写像ならば, 任意の台をもつコホモロジーについても同様である; H が向きづけられた写像ならば, 捩れていないコホモロジーについても, そうである. このコホモロジーの順像は, 実のところ, 代数的位相幾何学において, コンパクトな台をもつ特異鎖体により定義されるホモロジーの順像に対応する; 実際, 鎖体は捩カレントである. 342頁の定理1は, 少くとも U と V が境界をもたないときには, カレントのコホモロジーと C^∞ 形式のコホモロジーが一致することを示しているから, コホモロジーに関する演算 H(ここで定義された)と H^*(311頁で定義された)とを比較することができる; 後に355頁の例6においてこれを行なうことにする.

例を挙げよう.

例1. Dirac 測度の像

$\underline{\delta}_{(a)}$ を $a \in U$ における Dirac 測度とする. これは奇 m カレントである. 次の式が成り立つ:

$$H\underline{\delta}_{(a)} = \underline{\delta}_{H(a)}\,. \qquad (9,4\,;10)$$

もっと一般に, X が U の点 a における k ベクトルならば, 315頁の例3により, X は奇 $(m-k)$ カレントを定義する; このカレントの H による像は奇 $(n-k)$ カレントであり, U の点 a において H に接する線型写像による X の像である k ベクトルにより定義される. ここでもカレントの次元は確かに保存されるが, 次数は保存されない.

例2. 定値写像

H は多様体 U 全体を V の1点 a に写す定値写像であると仮定する. $\underline{T}$ は U 上のコンパクトな台をもつ奇 m カレントとする. 次の式が成り立つ:

$$(9,4\,;11)\quad \begin{cases} H\underline{T}(\varphi)=\underline{T}(H^*\varphi)=\underline{T}(\varphi(a))=\varphi(a)\,\underline{T}(1) \\ \qquad\qquad\qquad =\left(\int_U \underline{T}\right)\underline{\delta}_{(a)}(\varphi), \\ \text{したがって,}\ H\underline{T}=\left(\int_U \underline{T}\right)\underline{\delta}_{(a)}. \end{cases}$$

この式は $\underline{T}$ が無限回可微分奇 m 形式でももちろん成り立ち，この例は，**形式により定義されたカレントの像は必ずしも形式により定義されない**ということを示している．$\underline{T}$ が U 上の次数 $<m$ の奇カレントならば，それの像は0であり，やはり(9,4;11)は成り立つ．

例3. 鎖体の像

Γ を U の k 次元の鎖体とする；Γ は U 上に奇 $(m-k)$ カレントを定義することがわかっている(316頁，例5)．それの像 $H\Gamma$ は次のように定義される：

$$(9,4\,;12)\qquad H\Gamma(\varphi)=\Gamma(H^*\varphi)=\int_\Gamma H^*\varphi=\int_{H(\Gamma)}\varphi.$$

これはちょうど，特異鎖体の理論において H による Γ の像鎖体として用いられるものにより定義されるカレントである．$H\Gamma$ はつねに同じ次元 k をもち，奇 $(n-k)$ カレントである．また，向きづけられた多様体 W と，W から V の中への写像 H とにより定義された V 上の鎖体は W 自身と W の向きとにより定義された W 上の鎖体 $\left(\text{奇0カレント}\ \overset{m}{\phi}\to\int_W \overset{m}{\phi}\right)$ の H による像に他ならない．

例4. 閉部分多様体上で定義されたカレントの拡張

U^m は V^n の閉部分多様体，J は U の V の中への単射とする．J は固有写像である．ω が V 上の形式ならば，その逆像 $J^*\omega$ は ω により U 上に誘導された形式 ω_U に他ならない．さて，$\underline{T}$ が U 上の奇カレントであるとき，$\underline{T}^V(\varphi)=\underline{T}(\varphi_U)$ により定義される $\underline{T}$ の像 $\underline{T}^V=J\underline{T}$ を $\underline{T}$ の V への拡張という．$\underline{T}^V$ の台は U の中にある；写像 $\underline{T}\to\underline{T}^V$ は線型連続単射である．この写像は次元を保存するが，一般には，次数を保存しない．U と V が同じ次元ならば次数が保存される．式(9,4;9)はここでは次のようになる：

$$(9,4\,;13)\quad \begin{cases} \underline{T}^V\wedge\alpha=(\underline{T}\wedge\alpha_U)^V \\ \alpha\wedge\underline{T}^V=(-1)^{rq}(\alpha_U\wedge\underline{T})^V, \quad r=m-n; \\ b(\underline{T}^V)=(b\underline{T})^V \\ d(\underline{T}^V)=(-1)^r(d\underline{T})^V, \quad r=m-n. \end{cases}$$

定理2の2. **V は多様体，U は同じ次元の閉部分多様体で，U の境界と V の境界は共通点をもたないとする．このとき，拡張 $J: \underline{T} \to \underline{T}^V$ は U 上のカレントの作る位相ベクトル空間 $\mathcal{D}'(U)$ から V 上のカレントで台が U の中にあるものの作る位相ベクトル空間 $\mathcal{D}'_U(V)$ の上への同型写像である．この同型写像は次数と双対境界を保存する．**

証明　1の分解により定理は局所的であるから，U が $R^n{}_-$, V が R^n の場合に帰着される；そうすればカレントは忘れて超函数について考えればよい．J が全射であることは次のようにして分る．S は R^n 上の超函数で台が $R^n{}_-$ に含まれるとする．任意の函数 $\varphi \in \mathcal{D}(R^n{}_-)$ に対して，φ を R^n 上のコンパクトな台をもつ C^∞ 函数に拡張したものを $\tilde{\varphi}$ とする；$T(\varphi)=S(\tilde{\varphi})$ とおこう．その結果は φ の拡張 $\tilde{\varphi}$ の選び方にはよらない；なぜなら，$\tilde{\varphi}_1$ と $\tilde{\varphi}_2$ がそのような拡張であるならば，$\tilde{\varphi}_1-\tilde{\varphi}_2$ およびその導函数はすべて $R^n{}_-$ で0であり，S の台は $R^n{}_-$ に含まれるから，第3章の定理33により $S(\tilde{\varphi}_1-\tilde{\varphi}_2)=0$．さて，$\varphi \to T(\varphi)$ は $\mathcal{D}(R^n{}_-)$ 上の線型汎函数である．φ_j が或る $\mathcal{D}_K(R^n{}_-)$ において0に収束するとき，$\tilde{\varphi}_j$ を $\mathcal{D}(R^n)$ において0に収束するように選ぶことができる[1)]；したがって，$\varphi \to T(\varphi)$ は連続で，T は $R^n{}_-$ 上の超函数である．$T^{R^n}=S$ である；これで全射であることが証明された．$T \to T^{R^n}$ は連続である；同型写像であることを証明するには，S_j が $\mathcal{D}'(R^n)$ で0に収束すれば，T_j は $\mathcal{D}'(R^n{}_-)$ で0に収束することを示さなければならない．これは $\mathcal{D}(R^n{}_-)$ で有界な φ に対しては $T_j(\varphi)$ は一様に0に収束するということである；ここでもまた $\mathcal{D}(R^n{}_-)$ で有界な φ は $\mathcal{D}(R^n)$ で有界な $\tilde{\varphi}$ に拡張できるが[1)]，S_j は $\mathcal{D}'(R^n)$ で0に収束すると仮定したのであるから，証明が終った．

例 5.　開集合で定義されたカレントの拡張

U を V^n の開部分集合とする．U から V の中への標準的単射 J は固有写像でないが，U に含まれる V の中で閉じている集合 F に制限すれば固有写像になる．台が F に含まれるすべての奇カレント $\underline{T}$ に対して $J\underline{T}$ を定義できる；$J\underline{T}$ の台も F である．$J\underline{T}$ は，U における $\underline{T}$ と CF における $\underline{0}$ とから断片の貼り合せにより定義された，$\underline{T}$ の V への標準的拡張に他ならない．

1)　304頁の脚注2)における φ から $\tilde{\varphi}$ への移り方を参照．そこでは，$\tilde{\varphi}$ は Φ と書かれている．

例 6. 位相的次数[1]，1 の順像

U と V は**同じ次元 n の，コンパクトな，境界のない**多様体で，V は連結であるとする．$\tilde{H}$ が U から V の中への向きづけられた C^∞ 写像ならば，$\tilde{H}$ は位相的次数 $d\in Z$ をもつ．それは次のように定めることができる．Sard の定理[2]により，微分 $H'(x)$ の階数が n でないような点 x の集合の像 B は V において測度 0 である．$y\in \complement_V B$ とする．$H^{-1}(\{y\})$ は有限集合である．$H'(x)$ による向きの移し方が $\tilde{H}(x)$ による移し方と一致するような $x\in H^{-1}(\{y\})$ の数を p，反対の移し方になるような x の数を q とすれば，$d=p-q$ である．

向きづけられた写像 $\tilde{H}$ による定数函数 1 の像 $\tilde{H}(1)$ は定数 d に他ならないことを証明しよう．まず，(9, 4 ; 9) の 4 番目の式は $\tilde{H}1$ の双対境界が 0 であることを示している；ところが，境界のないコンパクトな連結多様体では，双対境界が 0 となる偶 0 カレントは定数函数である (342 頁，de Rham の定理 1 の 1°)．

そこで，この定数 $\tilde{H}1$ を計算するには $\complement_V B$ の 1 点 b の近傍で計算すれば十分である．点 b は次のような連結開近傍 $\mathcal{V}$ をもつ：$H^{-1}(\mathcal{V})$ は有限箇の連結成分 $H_k^{-1}(\mathcal{V}), k=1, 2, \cdots, p+q$，をもち，$H$ は各 $H_k^{-1}(\mathcal{V})$ から $\mathcal{V}$ の上への微分同相写像である．この微分同相写像が $\tilde{H}$ と同じように向きを移すような k の箇数を p，反対に移すような k の箇数を q とすれば $d=p-q$．さて $\overset{n}{\underline{\varphi}}\in \overset{n}{\underline{\mathcal{D}}}(\mathcal{V})$ とすれば，$\langle \tilde{H}1, \underline{\varphi}\rangle=\langle 1, \tilde{H}^*\underline{\varphi}\rangle=\sum_{k=1}^{p+q}\int_{H_k^{-1}(\mathcal{V})}\tilde{H}^*\underline{\varphi}$．ところが，構造の転写によって，$\int_{H_k^{-1}(\mathcal{V})}\tilde{H}^*\underline{\varphi}$ の値は，H が $H_k^{-1}(\mathcal{V})$ の向きを $\tilde{H}$ と同じように移すか否かによって，$\pm\int_V\underline{\varphi}$ に等しい；したがって $\langle \tilde{H}1, \underline{\varphi}\rangle=\langle d, \underline{\varphi}\rangle$，すなわち $\tilde{H}1=d$．

そこで (9, 4 ; 9) の第 1 式は次の注目すべき結果を与える．

α を V 上の C^∞ 形式とする；次の式が成り立つ：

$$\tilde{H}(1\wedge H^*\alpha) = \tilde{H}1\wedge\alpha$$

すなわち

(9, 4 ; 13-2) $$\tilde{H}H^*\alpha = d.\alpha.$$ [3]

そこで $d\neq 0$ ならば，作用素 H^* はコホモロジー・ベクトル空間の間の作用

---

1)〔訳注〕 degré topologique, 写像度ともいう．

2) SARD [1] 参照．

3) α の双対境界と混同しないように，$d\alpha$ ではなく $d.\alpha$ と書く；これは α と d の積である．

素として左可逆である；したがって H^* は単射であり，各次数 p について，U の p 番目の Betti 数は V のそれより小さくはない．コホモロジー・ベクトル空間の間の作用素 $\tilde{H}$ は右可逆であり，このことからも Betti 数に関して同じ結論が得られる(342頁，定理1により，C^∞ 形式とカレントのコホモロジーは同じである)．Betti 数に関するこの結果は Hopf[1]により，多様体よりもっと一般的な場合に，純粋な代数的位相幾何学の方法で証明された古い定理である．

もちろん(9, 4 ; 13-2)は連続性により，単に連続な微分形式 α についても成り立つ；363頁で述べる定理3の条件 C が満たされていれば，α を V 上の任意のカレントで置き換えても成り立つ．

向きづけられた多様体の場合

U と V が向きづけられているとき，U から V へのすべての写像 H は，向きづけられた写像 $\tilde{H}$ を次のように定義する．

$\tilde{U}_+$ と $\tilde{U}_-$ を U の向きにより定められた $\tilde{U}$ の2つの成分とする；$P_{\tilde{U}}$ を $\tilde{U}$ の U の上への射影，$P_{\tilde{U}_+}$ と $P_{\tilde{U}_-}$ をそれの $\tilde{U}_+$ と $\tilde{U}_-$ への制限とする；$P_{\tilde{U}_+}$ は向きを変えない同型写像であり，$P_{\tilde{U}_-}$ は向きを逆にする同型写像である．V についても同様．次のように置こう：

$$\tilde{H}=\begin{cases}(P_{\tilde{V}_-})^{-1}\cdot H\cdot P_{\tilde{U}_-} & \tilde{U}_+ \text{ 上で}\\ (P_{\tilde{V}_+})^{-1}\cdot H\cdot P_{\tilde{U}_+} & \tilde{U}_- \text{ 上で}\end{cases}$$

(ここで得られた向きづけられた写像は必ず $\tilde{U}_+$ を $\tilde{V}_+$ の中へ，$\tilde{U}_-$ を $\tilde{V}_-$ の中へ写すのであるから，任意のものではないことに注意せよ)．H あるいは $\tilde{H}$ を用いることにより，H から出発して，奇カレントの順像だけでなく偶カレントの順像も定義できるということがわかる．なお一方から他方へ，U と V の向きにより定義された偶カレントと奇カレントの間の対応により移ることができる．もちろん2つの多様体のうち一つの向きを変え他を変えなければ，偶カレントの像の符号が変る．これは，$m=n$ の場合に，偶0カレント $\geqq 0$(たとえば函数 $\geqq 0$)の像は必ずしも偶0カレント $\geqq 0$ ではないことを示している．

---

1) Hopf [1] を参照．

微分同相写像の場合．構造の転写

こんどは H を U^n から V^n の上への微分同相写像であると仮定しよう．単に構造の転写をするだけで，$\tilde{U}$ から $\tilde{V}$ の上への向きを保存する微分同相写像が定義され，したがって向きづけられた写像 $\tilde{H}$ が定義される．したがって，前のように，奇カレントおよび偶カレントの順像を定義することができる．なおこれらの像は構造の転写 H により得られるものに他ならないから，場合に応じて $H, \tilde{H}$ と書く代りに，つねに H と書いてもよい．またこの特別な場合には，構造の転写により偶奇の**形式**の順像を定義することもでき，また偶あるいは奇の形式に同種のカレントを対応させる対応も保存される．前に H^* と呼んだものはこの場合には H^{-1} と呼ぶこともでき，構造の転写 H^{-1} により得られる．他方，f が U 上の函数，$x\in U$, $y\in V$ ならば，次の式が成り立つ:

$$(9,4;14)\qquad Hf(y)=f(H^{-1}(y)),\ Hf(H(x))=f(x).$$

それゆえ，T が偶0カレントならば，あるいは時として任意のカレントであっても，カレント T_x の H による像を $T_{H^{-1}(y)}$ と表わすことがある．他方，$\varphi\in\mathcal{D}(V)$, $\phi\in\mathcal{D}(U)$, $\underline{T}\in\mathcal{D}'(U)$ に対して，次の式が成り立つ:

$$(9,4;15)\qquad H\underline{T}(\varphi)=\underline{T}(H^{-1}\varphi),\qquad H\underline{T}(H\phi)=\underline{T}(\phi).$$

$\underline{T}\in\overset{n}{\mathcal{D}}'(U)$, $\varphi\in\overset{0}{\mathcal{D}}(V)$ ならば，(9,4;15)の最初の式は次のようにも書ける:

$$(9,4;16)\qquad H\underline{T}(\varphi)=(\underline{T})_x(\varphi(H(x))),$$

あるいは

$$(\underline{T})_{H^{-1}(y)}(\varphi(y))=(\underline{T})_x(\varphi(H(x))).$$

次のことに注意しておくとよい: H が U^n から V^n の上への微分同相写像であり，他方 U と V が向きづけられた多様体であるとき，前の2通りの手順で定義された写像 $\tilde{H}$ は必ずしも同じではない．H が U と V の向きづけられた多様体の構造の同型写像であるとき，すなわち，U の向きを V の向きに移すときに限り同じになる．さらに，H が微分同相写像で，$\underline{\alpha}$ が U 上の無限回可微分な奇 n 形式で到る所 >0 ならば，$H\underline{\alpha}$ も V 上の同種の微分形式であることに注意しよう．$\underline{\alpha}$ により定義される偶0カレントと奇 n カレントの間の対応は，H によって，$H\underline{\alpha}$ により定義される偶0カレントと奇 n カレントの間の対応に移される．

特に，V^n が無限回可微分な n 形式 $\underline{\alpha}>0$ を備えた，向きづけられた無限回可微分多様体で，H がこの構造の自己同型写像ならば，すなわち，V のそれ自身の上への微分同相写像で，向きと形式 $\underline{\alpha}$ を保存するならば，H は向きにより定義された偶と奇のカレントの間の対応も，向きと $\underline{\alpha}$ とによって定義された次数0と次数 n との間の対応も保存する．したがって，H による V の超函数の像について考えることができる．これは，たとえば，$V=G$ が左不変な向きと左不変な Haar 測度 $\underline{\alpha}=\underline{dx}$ とを備えた Lie 群であるときに起ることである．ここでは $H(x)$ は ax(あるいは，G が Abel 群で加法的に記されるときには $x+a$)とも書けるので，任意のカレントに対して，HT は $T_{a^{-1}x}$ あるいは T_{x-a} と書くこともできる．

他の重要な例として，実数体上の n 次元ベクトル空間 V^n を考え，H を V からそれ自身の中への線型写像としよう．これは無限回可微分写像であり，一般的な結果が適用される．$\det H\neq 0$ のとき，またそのときに限り，H は微分同相写像である．$\underline{dx}$ が V 上の一つの Lebesgue 測度ならば，その H による像は $\underline{dx}|\det H|^{-1}$ である．実際，

$$(9,4\,;17)\qquad H(\underline{dx})\cdot\varphi=\underline{dx}.\,(H^{-1}\varphi)=\int_V\varphi(H(x))\,\underline{dx}=$$
$$=\int_V\varphi(y)\,|\det H^{-1}|\underline{dy}=\frac{1}{|\det H|}\underline{dx}\cdot\varphi.$$

したがって，$\det H=\pm1$ のとき，そのときに限り，H に関して Lebesgue 測度は不変である．最後に，$\det H>0$ のとき，そのときに限り，H は向きを保存する．

したがって，H の行列式が $+1$ ならば，V の一つの Lebesgue 測度 $\underline{dx}$ と一つの向きとを選んだとき，H に関してこの構造は不変であり，したがって，同じ次数の偶カレントと奇カレントの同一視，および次数0と次数 n の同一視の対応も保たれる．この場合には，V 上の超函数とか，V 上の超函数の H による像とかいうことができる．

反対に，$\det H\neq 1$ のときは，“超函数”という言葉にはっきりした，たとえば327頁で言ったように偶0カレントのような意味を付与しなければ，そうすることはできない．たとえば，$V=R^n$ とし，超函数 δ と V から V の中への線型写像 H を考えよう．δ を奇 n カレント $\underset{-}{\overset{n}{\delta}}$ と考えれば，$H\overset{n}{\underline{\delta}}=\overset{n}{\underline{\delta}}$ である．偶

n カレント $\overset{n}{\delta}$ と考えるときは，H は向きづけられた写像ではないから，$H\overset{n}{\delta}$ に初めから意味があるわけではない．しかし，$\det H \neq 0$ ならば，H は微分同相写像であるから，構造の転写によりとにかく $H\overset{n}{\delta}$ を定義することはできる．$\det H>0$ ならば，H は R^n の向きづけられた多様体の構造の自己同型写像であるから，$H\overset{n}{\delta}=\overset{n}{\delta}$；$\det H<0$ ならば，H は向きを逆にするから，向きにより定義された偶と奇のカレントの間の対応は符号を除いて保存され，したがって $H\overset{n}{\delta}=-\overset{n}{\delta}$ 1)．

δ を，$\overset{n}{\mathscr{D}}$ 上に線型汎函数 $\overset{0}{\underline{\delta}}(\varphi \overset{n}{dx})=\varphi(0)$，ここに $\overset{n}{dx}$ は微分形式 $dx_1\wedge dx_2\wedge\cdots\wedge dx_n$，を定める奇 0 カレント $\overset{0}{\underline{\delta}}$ と考えれば，

(9, 4 ; 18)
$$\begin{aligned} H\overset{0}{\underline{\delta}}(\varphi \overset{n}{dx}) &= \overset{0}{\underline{\delta}}(H^*(\varphi \overset{n}{dx})) \\ &= \overset{0}{\underline{\delta}}(\varphi(Hx)(\det H)\,dx_1\wedge dx_2\wedge\cdots\wedge dx_n) = \varphi(0)(\det H) \\ &= (\det H)\,\overset{0}{\underline{\delta}}(\varphi \overset{n}{dx}),\quad \text{したがって}\quad H\overset{0}{\underline{\delta}} = (\det H)\,\overset{0}{\underline{\delta}}. \end{aligned}$$

最後に，δ を偶 0 カレント $\overset{0}{\delta}$ と考えれば，$H\overset{0}{\delta}$ は $\det H\neq 0$ のときしか意味がない；そのとき，上と同様に考えれば，$H\overset{0}{\delta}=|\det H|\overset{0}{\delta}$．

要約すると：dét $H\neq 0$ のとき，

(9, 4 ; 19)
$$\begin{aligned} &H\overset{n}{\underline{\delta}} = \overset{n}{\underline{\delta}}, &&H\overset{0}{\delta} = |\det H|\overset{0}{\delta}, \\ &H\overset{n}{\delta} = (\det H \text{ の符号})\overset{n}{\delta}, &&H\overset{0}{\underline{\delta}} = (\det H)\,\overset{0}{\underline{\delta}}. \end{aligned}$$

§5　変数変換．カレントの逆像2)

変数変換

H を U^m から V^n の中への無限回可微分写像とする．U の中を動く点を x，V の中を動く点を y とかく．写像は $x\to y=H(x)$ と書ける．V 上の函数 f に対して変数変換 $y=H(x)$ を実行するというのは，$f(y)$ において y を $H(x)$ でおきかえることである．このようにして $f(H(x))$ を得るが，これは U 上の函数 $f\circ H$ を定義する．したがって，こうして得た結果は f の H による逆像に他ならず，H^*f とも記される：$(H^*f)(x)=f(H(x))$．このような変数変換

1)　しかし，R^n の向きにより H に随伴する向きづけられた写像を $\tilde{H}$ と呼べば，$\tilde{H}\overset{n}{\delta}$ はつねに意味がある（しかし，$\det H\leqq 0$ のときは，構造の転写によっては定義されない）．そのとき，どんな H に対してもつねに $\tilde{H}\overset{n}{\delta}=\overset{n}{\delta}$ である．356 頁参照．

2)　超函数の変数変換は物理においてよく使われてきた．この問題に関する最初の数学的論文は多分 Albertoni-Cugiani [1] の論文であろう．

がカレントについても存在するであろうか？ すなわち，V 上の各カレントに，U 上のカレントである逆像 H^*T というものを対応させるような，自然な演算が存在するであろうか？ T を T_y と書けば，その逆像は $T_{H(x)}$ と書くことができるであろう．

無限回可微分奇形式の順像

これから，或る条件の下に，偶カレントについて上のような逆像が存在することを見よう．$\underline{S}$ を U 上のコンパクトな台をもつ p 次の奇カレントとする．$\underline{S}$ は順像 $H\underline{S}$ をもち，それは V 上の $p-r$ 次のコンパクトな台をもつ奇カレントである，ただし $r=m-n$. $\underline{S}$ が奇形式 $\underline{\omega}$ のとき，たとえ無限回可微分であっても，前に見たように(352 頁，例 2)，像 $H\underline{\omega}$ は必ずしも微分形式ではない．**けれどもここでは，無限回可微分でコンパクトな台をもつ奇形式 $\underline{\omega}$ により定まる奇カレントの順像 $H\underline{\omega}$ はつねに無限回可微分奇形式であると仮定しよう；このことを $H\underline{\mathcal{D}}\subset\underline{\mathcal{D}}$ と書く．** すると，こうして定義される $\underline{\mathcal{D}}_K$ から $\underline{\mathcal{D}}_{H(K)}$ の中への写像 H は連続である；ここに K は U のコンパクト集合.

実際，閉グラフの定理を適用すればよい．$\underline{\mathcal{E}}'_K(U)$ から $\underline{\mathcal{E}}'_{H(K)}(V)$ の中への，順像という写像 $H:\underline{T}\to H\underline{T}$ は連続である．したがってそれのグラフは $\underline{\mathcal{E}}'_K(U)\times\underline{\mathcal{E}}'_{H(K)}(V)$ において閉じている．このグラフと部分空間 $\underline{\mathcal{D}}_K(U)\times\underline{\mathcal{D}}_{H(K)}(V)$ の共通部分はこの部分空間の位相，誘導された位相より強い位相，に関してはなおのこと閉じている．

$\underline{\mathcal{D}}_K$ と $\underline{\mathcal{D}}_{H(K)}$ は Fréchet 空間なので，写像 H が連続であることが上のことから結論され[1]，したがって，H は $\underline{\mathcal{D}}(U)$ から $\underline{\mathcal{D}}(V)$ の中への写像としても連続である．このような情況は $m\geqq n$ のとき，すなわち $r\geqq 0$ のときしか起り得ない；実際 $m<n$ ならば，$H(U)$ は V の中で測度 0 の集合であるから(これは Sard の定理 [1])，$\varphi\in\underline{\mathcal{D}}(U)$ ならば，$H\underline{\varphi}$ の台は内点をもたないコンパクト集合となり，したがって $H\underline{\varphi}$ が C^∞ 形式となるのは 0 となるときだけである；しかしそのとき $H(\underline{\mathcal{D}})$ は 0，したがって極限をとって $H(\underline{\mathcal{D}}')$ も 0 であるが，これはすべての $a\in U$ に対して $H\overset{m}{\delta}_{(a)}=\overset{n}{\delta}_{H(a)}$ ということと矛盾する．

---

1) Bourbaki [6]，第 15 分冊，第 1 章，§3，n° 3，37 頁，定理 1 の系 5.

偶カレントの逆像

さて，V 上の p 次の偶カレント T に対して次のようにおこう：任意の $\underline{\overset{m-p}{\varphi}} \in \underline{\overset{m-p}{\mathscr{D}}}(U)$ について，

$$H^*\overset{p}{T}\cdot\underline{\varphi} = (-1)^{pr}T\cdot H\underline{\varphi}, \tag{9, 5 ; 1}$$

すなわち，

$$\underline{\varphi}\cdot H^*T = H\underline{\varphi}\cdot T \text{ [1]}.$$

こうして p 次の，すなわち T と同じ次数の，偶カレント H^*T を定義する．次に，$\underline{\varphi}$ が単に k 回連続可微分で台がコンパクトのとき $H\underline{\varphi}$ もそうなるならば，言いかえれば $H\underline{\mathscr{D}}^k\subset\underline{\mathscr{D}}^k$ ならば，H は $\underline{\mathscr{D}}_K{}^k$ から $\underline{\mathscr{D}}^k{}_{H(K)}$ の中への連続写像となる．そのとき，T が階数 $\leqq k$ ならば，H^*T もそうなり，式(9, 5 ; 1) は $\underline{\varphi}\in\underline{\mathscr{D}}^k$ についても成り立つ．

前の条件が満たされているとき，H^* は $\mathscr{D}'(V)$ から $\mathscr{D}'(U)$ の中への線型写像であり，すぐ上に示したさらに特別な場合には，$\mathscr{D}'_c{}^k(V)$ から $\mathscr{D}'_c{}^k(U)$ の中への線型写像である；H^* は，$\underline{\mathscr{D}}(U)$ から $\underline{\mathscr{D}}(V)$ の中への（あるいは，$\underline{\mathscr{D}}^k(U)$ から $\underline{\mathscr{D}}^k(V)$ の中への）連続写像 $\underline{\varphi}\to H\underline{\varphi}$ の転置であるから，連続にもなる．したがって，$\mathscr{E}(V)$ から $\mathscr{E}(U)$ の中への写像 H^* を連続性により拡張して上の H^* を得ることができる．T が連続な形式 ω であるときは，$H^*\omega$ は普通の逆像，これも $H^*\omega$ と書かれる，と一致する．これを示すには，任意の $\underline{\varphi}\in\underline{\mathscr{D}}(U)$ について，$H\underline{\varphi}\cdot\omega=\underline{\varphi}\cdot H^*\omega$ となることを見ればよい，ただしここでは $H^*\omega$ は普通の逆像である．

実際，別の記法で書いた式(9, 4 ; 1) を考えよう：$\underline{T}$ を $\underline{\varphi}$ でおきかえ，φ を ω でおきかえる．この式は $\underline{\varphi}\in\mathscr{D}'(U), \omega\in\mathscr{D}(V), \underline{\varphi}$ の台の上で固有写像となる H に対して成り立った．しかし前に見たように，$\underline{\varphi}$ がコンパクトな台をもつときは，ω は任意の台をもつとしてよい（313 頁）；階数 0 の $\underline{\varphi}\in\underline{\mathscr{D}}'^0$ に対しては，ω は連続としてよい；これでいま考えている条件のもとでちょうど求める式 $H\underline{\varphi}\cdot\omega=\underline{\varphi}\cdot H^*\omega$ が得られた[2]．

1）適切な式を得るためには，H をスカラー積の左側に，$H\underline{\varphi}\cdot T$ のように，H^*を右側に，$\underline{\varphi}\cdot H^*T$ のように，おかねばならないことが分かる．

2）ω がほとんど到る所で定義された局所可積分な形式のときはどうなるかという疑問もありえよう．$H\underline{\mathscr{D}}\subset\underline{\mathscr{D}}$ という仮定だけから，局所可積分な形式の普通の逆像が局所可積分で，式 $H\underline{\varphi}\cdot\omega=\underline{\varphi}\cdot H^*\omega$ を満足するということが導かれる可能性はすくないと思われる．

逆像の基本的性質：推移性，台，乗法積，双対境界

“逆像”演算の推移性が当然成り立つ．H_1 と H_2 がそれぞれ U から V の中への，V から W の中への写像で，これについて逆像が定義できるならば，$H_2 \circ H_1$ についても同様で，逆像 $(H_2 \circ H_1)^*$ は逆像の合成によって得られる：$(H_2 \circ H_1)^* = H_1{}^* \circ H_2{}^*$.

H^*T の台は T の台 A の逆像 $H^{-1}(A)$ の中に含まれている．実際，$\underline{\varphi}$ の台が $\complement H^{-1}(A)$ の中にあれば，$H\underline{\varphi}$ の台は $H(\complement H^{-1}(A)) \subset \complement A$ の中にある；その結果 $H\underline{\varphi} \cdot T = 0$，したがって確かに $\underline{\varphi} \cdot H^* T = 0$ となる．このことから，T が V の開集合 Ω においてわかれば H^*T は $H^{-1}(\Omega)$ においてわかる，ということになる．実際，T_1 と T_2 が V 上の2つのカレントで，Ω においては一致すれば，$T_1 - T_2$ の台は $\complement\Omega$ に含まれる．したがって，$H^*(T_1 - T_2)$ の台は $H^{-1}(\complement\Omega) = \complement H^{-1}(\Omega)$ の中にあるから，$H^{-1}(\Omega)$ において $H^*T_1 = H^*T_2$ である．

逆像の存在を保証する条件 $H\underline{\mathcal{D}} \subset \underline{\mathcal{D}}$ は U 上で純粋に局所的である．U の開被覆 $(\Omega_i)_{i \in I}$ が存在して，H の各 Ω_i への制限について逆像が存在するならば，H 自身についても逆像が存在する．

（実際，被覆 $(\Omega_i)_{i \in I}$ に従属する1の分解により $\underline{\varphi} \in \underline{\mathcal{D}}(U)$ を有限和 $\sum_i \underline{\varphi}_i$ として表わし，$\underline{\varphi}_i$ の台は Ω_i に含まれるようにすることができる．仮定により，カレント $H\underline{\varphi}_i$ は V の無限回可微分形式であるから，カレント $H\underline{\varphi} = \sum H\underline{\varphi}_i$ についても同じことが言える．）またこの場合には，H^*T は U において局所的に定義することができる：H^*T は，Ω_i においては，Ω_i から V の中への写像 H による T の逆像である；そして U においては，H^*T は各 Ω_i において定義された断片の貼り合せである．これから特に次のことがわかる：H が U から V の中への写像としては要求された条件を満たさない場合でも，もしも T の台が V のある閉集合 A に含まれ，さらに U において $H^{-1}(A)$ の開近傍 U_1 が存在して，H の U_1 への制限が要求された条件を満たせば，H^*T を定義することができる．実際，この制限 H_1 について $H_1{}^*T$ を計算すれば，その結果は台が $H^{-1}(A)$ に含まれ，$H^{-1}(A)$ は U の閉集合である；そこで $H_1{}^*T$ には $\complement H^{-1}(A)$ において0となる U のカレントへの標準的拡張がある；これをまた H^*T と呼ぶことにしよう．結果は明らかに近傍 U_1 の選び方によらない；またやはり(9, 5 ; 1)が成り立つが，ただし $\langle H\underline{\varphi}, T\rangle$ は特異台が共通点をもたないような2つのカレントのスカラー積として意味がある(T の特異台はその台 A に含まれる；$H\underline{\varphi}$ の特異台は $\complement A$ の中にある)．

それゆえ次の命題を述べることができる：

定理3． H を無限回可微分多様体 U^m から他の V^n の中への無限回可微分写像とする．H は次の条件 C(あるいは，C_k)を満たすと仮定しよう：無限回可微分(あるいは，k 回連続可微分)奇形式により定義されたコンパクトな台をもつ奇カレントの H による順像は無限回可微分(あるいは，k 回連続可微分)奇形式である．そのとき，V 上の p 次のすべての偶カレント T に対して(あるいは，すべての階数 $\leqq k$ の偶カレント T に対して)，(9, 5 ; 1)により逆像 H^*T を定義することができ，それは p 次偶カレント(あるいは，階数 $\leqq k$ の p 次の偶カレント)である．このように定義された写像 H^* は線型である．H^*T の台は T の台 A の H による逆像 $H^{-1}(A)$ に含まれる．T が V の開集合 Ω においてわかっていれば，H^*T は $H^{-1}(\Omega)$ においてわかる．H が U^m から V^n の上への微分同相写像ならば，演算 H^* はつねに存在し，H^{-1} による構造の転写と一致する．

α が無限回可微分偶形式(あるいは，k 回連続可微分偶形式で T が階数 $\leqq k$)であり，そして ξ が U^m 上の無限回可微分ベクトル場であり，これの順像 η が存在して無限回可微分ベクトル場であるとすれば，次の式が成り立つ：

$$(9, 5 ; 2)\quad \begin{cases} H^*(T\wedge\alpha) = H^*T\wedge H^*\alpha \\ H^*(\alpha\wedge T) = H^*\alpha\wedge H^*T \\ H^*dT = dH^*T \qquad (T \text{ が階数 } \leqq k-1 \text{ の場合}) \\ H^*(\theta(\eta)\,T) = \theta(\xi)\,H^*T \qquad (T \text{ が階数 } \leqq k-1 \text{ の場合}), \end{cases}$$

後の2つでは U と V は境界をもたないと仮定する[1]．

U^m と V^n が R^m と R^n の開集合で，変数はそれぞれ x_i, y_j とし，$\overset{0}{T}$ は偶0カレントであり，H は函数 $y_j=H_j(x_1, x_2, \cdots, x_m)$, $j=1, 2, \cdots, n$ で定義されているならば，"合成函数の微分"の公式が成り立つ：

1)　すべては V 上で局所的だから，U が境界をもたず $H(U)$ が V の境界と交わらなければ十分である．U が境界をもつときは次の反例がある：

V は境界を持たないとする，$U=R_-\times V$, $R_-=]-\infty, 0]$, $H=\text{projection } R_-\times V\to V$. $\overset{0}{T}=1$ とする；$dT=0$, $H^*dT=0$, $H^*T=1=\text{chaîne } U$, $dH^*T=-b(\text{chaîne } U)=-\text{chaîne } bU=-\text{chaîne}(\{0\}\times V)\neq 0$.

$$\frac{\partial}{\partial x_i}\overset{0}{T}_{H(x)}=\sum_{j=1}^{n}\frac{\partial H_j}{\partial x_i}\left(\frac{\partial \overset{0}{T}}{\partial y_j}\right)_{H(x)}. \tag{9,5;3}$$

向きづけられた写像 $\tilde{H}$ と奇カレントについても同様の結果が得られる.

(9,5;2と3)を除けば，すべては証明済みである．(9,5;2と3)は C^∞ 形式については成り立つから，連続性による拡張で，カレントについても成り立つ．

こんどは，どういう場合に定理3に示した条件 C が成り立つかを見なければならない．

H が局所微分同相写像の場合

U は V の開集合と仮定しよう．V の任意のカレント T は U 上に一つのカレントを誘導するということがわかっている．この誘導されたカレントは U から V の中への標準的単射 H に対応する逆像 H^*T に他ならない．実際，写像 $\underline{\varphi}\to H\underline{\varphi}$ は $\underline{\mathcal{D}}(U)$ から $\underline{\mathcal{D}}(V)$ の中への自然な単射に他ならない．この例と，微分同相写像の例と，H に対して要求される条件の局所的性格とを組合せると，ただちにもっと興味ある例が得られる：**H が U から V の中への局所微分同相写像ならば，偶カレントの逆像を定義することができる．** U のすべての点 a に対して近傍 U_a が存在し，$H(U_a)$ は V において開集合であり，H の U_a への制限 H_a は U_a から $H(U_a)$ の上への微分同相写像となるとき，H は局所微分同相写像と呼ばれることを思いだそう；そのとき U_a から V の中への写像 H_a は U_a から $H(U_a)$ の上への微分同相写像と，$H(U_a)$ から V の中への自然な単射との合成であり，この2つの写像のおのおのについて逆像が存在する；したがって，U_a から V の中への写像 H_a について逆像が存在し，局所的性格のゆえに，U から V の中への写像 H についても逆像が存在する．さらに，V のすべてのカレント T について，H^*T がどのように表わされるかは次のように具体的にわかる：H^*T は，U_a においては，T の $H_a(U_a)$ への制限の $H_a{}^{-1}$ による転写であり，U においては，H^*T は各 U_a で定義された断片の貼り合わせである．また，局所微分同相写像は標準的な向きづけられた写像を定義することに注意しよう．なぜなら，H_a は U_a から V の中への向きづけられた写像 $\tilde{H}_a$ を定義する(357頁を見よ)，そして $\tilde{H}$ は $\tilde{H}_a$ の貼り合わせによって定義される．したがって奇カレントの逆像を作ることもできる．

例．1次元の変数変換

実数直線 R からそれ自身の中への写像 $y=H(x)$ に対応するもっとも簡単な例に関する公式がただちに導かれる．ここでは $U=V=R$ ではあるが，原像と像に対する変数の名 x と y をつねに区別しよう．T_y は R 上のカレント，台は A とする．逆像 $H^{-1}(A)$ の各点において，微分 H' は $\neq 0$ と仮定する．そのとき $H^{-1}(A)$ の近傍 Ω があって，そこでは到る所 $H'\neq 0$ となる．ところがそのとき H は Ω から R の中への局所微分同相写像であり，したがって，H^*T が存在する．この逆像を具体的に表現しよう．

1° まず $\overset{1}{\underline{\varphi}}\in\overset{1}{\mathcal{D}}_x$ は奇1形式とする．これは $\phi\underline{dx}$ と書ける；ここで $\underline{dx}$ は奇1カレントと考えた R 上の Lebesgue 測度である．Ω_i が Ω の開集合で，H の Ω_i への制限 H_i は Ω_i から $H_i(\Omega_i)$ の上への微分同相写像であり，そして ϕ の台が Ω_i の中にあるとき，構造の転写により，次の式が成り立つ：

$$(9,5;4)\qquad H(\phi(x)\underline{dx})=\phi(H_i{}^{-1}(y))\underline{d(H_i{}^{-1}(y))}$$
$$=\phi(H_i{}^{-1}(y))\frac{\underline{dy}}{|H'(H_i{}^{-1}(y))|}.$$

次に ϕ の台が Ω の中にあり，$(\Omega_i)_{i\in I}$ が上のような開集合による Ω の被覆で，$(\alpha_i)_{i\in I}$ はそれに従属する1の分解であるとき，

$$(9,5;5)\qquad H(\phi(x)\underline{dx})=\sum_i\alpha_i(H_i{}^{-1}(y))\phi(H_i{}^{-1}(y))\frac{\underline{dy}}{|H'(H_i{}^{-1}(y))|}$$
$$=\theta(y)\underline{dy},$$

ここで θ は次のように定義される函数である：

$$(9,5;6)\qquad \theta(y)=\sum_{H(x)=y}\frac{\phi(x)}{|H'(x)|},$$

ただし，H に関する仮定により，和 $\sum$ はつねに有限な和である[1]．これは偶0カレント $\overset{0}{T}$ の逆像が次の式で定義されることを示している：

$$(9,5;7)\qquad \overset{0}{T}_{H(x)}\cdot\phi(x)\underline{dx}=\overset{0}{T}\cdot H(\phi(x)\underline{dx})=\overset{0}{T}_y\cdot\theta(y)\underline{dy}\ ^{2)}.$$

2° こんどは $\overset{1}{\varphi}\in\overset{1}{\mathcal{D}}_x$ を偶1形式で表わされるカレントとする．ここでも同

1) R 上の与えられた y に対して，逆像 $H^{-1}(\{y\})$ は無限集合かも知れないが，この集合は ϕ の台の上では限られた数の点しか含まない．なぜなら，この台は有限箇の Ω_i で覆うことができ，各 Ω_i で $H=H_i$ は全単射であるから．

2) T の次数は0だから，(9,5;1)において，符号を変えずにスカラー積の項の順序を逆にすることができる．

様の計算をすることができる(局所微分同相写像 H に付随する標準的な向きづけられた写像 $\tilde{H}$ で H をおきかえて). 今回は $\overset{1}{\varphi}=\phi(x)dx$, ここでは dx は奇形式ではなく, x の微分である1次の普通の微分形式と考えねばならない. したがって(9, 5 ; 4, 5, 6)において $|H'|$ を H' でおきかえねばならない. そして, これを除けば, 同じ最後の式が奇0カレント $\overset{0}{\underline{T}}$ についても得られる.

3° 次に $\overset{0}{\varphi}\in\overset{0}{\mathcal{D}}_x$ を普通の函数とする. φ の台が Ω_i の中にあるとき, 構造の転写により定義された φ の順像は

$$(H_i\varphi)(y)=\varphi(H_i^{-1}(y)) \tag{9, 5 ; 8}$$

である. したがって, 結局,

$$(H\varphi)(y)=\sum_i \alpha_i(H_i^{-1}(y))\varphi(H_i^{-1}(y))=\theta(y), \tag{9, 5 ; 8 - 2}$$

ただし

$$\theta(y)=\sum_{H(x)=y}\varphi(x),$$

したがって, 奇1カレント $\overset{1}{\underline{T}}_y$ の逆像 $H^*\overset{1}{\underline{T}}_y$ は次の式で与えられる:

$$\overset{1}{\underline{T}}_{H(x)}\cdot\varphi(x)=\overset{1}{\underline{T}}_y\cdot\theta(y), \qquad \underline{T}\in\overset{1}{\underline{\mathcal{D}}}'_y. \tag{9, 5 ; 9}$$

4° 最後に, $\overset{0}{\underline{\varphi}}\in\overset{0}{\underline{\mathcal{D}}}_x$ が捩函数ならば, $\overset{0}{\underline{\varphi}}=\underline{\varepsilon}\overset{0}{\phi}$ と書くことができる. ここで $\overset{0}{\phi}$ は普通の函数, $\underline{\varepsilon}$ は R の標準的な向きに対しては定数 $+1$, 逆の向きに対しては定数 -1 で表わされる捩函数である. 構造の転写 H_i に際して気をつけなければならない; 容易に分るように $H_i\underline{\varphi}$ は次の式で定義される:

$$H_i(\underline{\varepsilon}\phi(x))=\pm\underline{\varepsilon}\phi(H_i^{-1}(y)). \tag{9, 5 ; 10}$$

この式で, 符号 $\pm$ は, $H'(H_i^{-1}(y))>0$ のとき $+$, $H'(H_i^{-1}(y))<0$ のとき $-$ である. この条件の下で,

$$H(\underline{\varepsilon}\phi(x))=\underline{\varepsilon}\sum\pm\alpha_i(H_i^{-1}(y))\phi(H_i^{-1}(y))=\underline{\varepsilon}\theta(y), \tag{9, 5 ; 11}$$

ただし, $\theta(y)=\sum_{H(x)=y}\pm\phi(x)$, また $\pm$ は $H'(x)$ の符号である. 結局, 偶1カレント $\overset{1}{T}$ について:

$$\overset{1}{T}_{H(x)}\cdot\underline{\varepsilon}\phi(x)=\overset{1}{T}_y\cdot\underline{\varepsilon}\theta(y). \tag{9, 5 ; 12}$$

この4つの公式は, 得られる結果は考えているカレントの偶か奇か, 0次か1次かという性質に本質的に関係するということを示している. したがって, “超函数”という言葉の意味を正確に指定しなければ, 超函数の逆像, あるいは超函数の変数変換について考えることは不可能である; これは次の理由によ

る：函数 H は微分同相写像でないか，たといそうであったとしても，標準的な向きと標準的な Lebesgue 測度を備えた実数直線の自己同型写像ではないためである．T が R 上の与えられた超函数ならば，T は偶と奇，0 次と 1 次の 4 つのカレントを表わす．前に H について考えた条件 ($H^{-1}(A)$ のすべての点で $H'(x)\neq 0$) が満たされているとき，この 4 つのカレントは逆像をもつが，それは異なる性質の R 上のカレントである．R は標準的な向きと Lebesgue 測度を備えているから，各カレントに超函数が対応するが，この 4 つの超函数は一般には等しくない．たとえば，R 上の超函数 δ_y から出発しよう．H について要求される条件は次のようである：$H(a)=0$ となるすべての点 a について，$H'(a)\neq 0$．この条件のもとで，この超函数に対応する 4 つのカレントを $\overset{0}{\delta}, \overset{0}{\underline{\delta}}, \overset{1}{\delta}, \overset{1}{\underline{\delta}}$ と書けば，この 4 つのカレントの H による逆像は次のようである：

$$(9,5;13)\quad \begin{cases} \overset{0}{\delta}_{H(x)} = \displaystyle\sum_{H(a)=0} \frac{1}{|H'(a)|}\overset{0}{\delta}_{x-a}, & \overset{0}{\underline{\delta}}_{H(x)} = \displaystyle\sum_{H(a)=0} \frac{1}{H'(a)}\overset{0}{\underline{\delta}}_{x-a}, \\ \overset{1}{\delta}_{H(x)} = \displaystyle\sum_{H(a)=0} (\operatorname{sign} H'(a))\overset{1}{\delta}_{x-a}, & \overset{1}{\underline{\delta}}_{H(x)} = \displaystyle\sum_{H(a)=0} \overset{1}{\underline{\delta}}_{x-a}, \end{cases}$$

したがって，次の 4 つの超函数が対応する：

$$(9,5;14)\quad \begin{cases} \displaystyle\sum_{H(a)=0} \frac{1}{|H'(a)|}\delta_{x-a}, & \displaystyle\sum_{H(a)=0} \frac{1}{H'(a)}\delta_{x-a}, \\ \displaystyle\sum_{H(a)=0} (\operatorname{sign} H'(a))\delta_{x-a}, & \displaystyle\sum_{H(a)=0} \delta_{x-a}. \end{cases}$$

たとえば，次の式が成り立つ：

$$(9,5;15)\qquad \overset{0}{\delta}_{x^2-a^2} = \frac{1}{2|a|}(\overset{0}{\delta}_{x+a}+\overset{0}{\delta}_{x-a}),\qquad a\neq 0 \text{ のとき}[1].$$

したがって，δ の H による逆像，すなわち $\delta_{H(x)}$ を考えることは，どの δ を問題にしているのかを明示しなければ意味がない．前に 327 頁では，“超函数”は“偶 0 カレント”を意味するとした．しかし，δ についてはこれではあいまいである；なぜなら任意の多様体上で意味のある δ は Dirac 測度，すなわち奇 n カレント $\overset{n}{\underline{\delta}}_{(a)}, a\in V$，だけであるから；ところが，物理学者にとっては，$\delta_{H(a)}$ は実数直線 R 上の偶 0 カレント $\overset{0}{\delta}$ について考えたものなのである．

δ から出発する代りに函数 f により定義される超函数から出発すると，これ

1)　δ_{x^2} は意味をもたない．

に対応する4つのカレントは明らかに次の形式で定義されるカレントである：$f(H(x))$, $\pm\underline{\varepsilon} f(H(x))$ ($\pm=H'(x)$ の符号), $f(H(x))H'(x)dx$, $f(H(x))|H'(x)|\underline{dx}$.

このことは f が連続ならばすでに365頁以降において見たことである．しかしこれは局所可積分な f についても成り立つ；なぜなら，R の各点 a の近傍で H_a は微分同相写像であり，H^* はそこでは H_a^{-1} による構造の転写と一致し，これは確かに普通の逆像 H^* だからである．この4つのカレントに対応する超函数はまた4つの異なる超函数である：

$$f(H(x)),\ \pm f(H(x)),\ f(H(x))H'(x),\ f(H(x))|H'(x)|.$$

もう一つ興味ある例を挙げよう．

R 上で偶1カレント $\overset{1}{T}_y=\mathrm{Pf.}\ Y(y)\dfrac{dy}{y}$ を考えよう．H は R から R の上への C^∞ 微分同相写像とし，変数変換 $y=H(x)$ を行なう．簡単のため $H'>0$ と仮定しよう；そのとき H は R の向きを保存するから，偶と奇のカレントを混同してもよい．さらに $H(0)=0$ と仮定しよう．式(9, 5 ; 12)により，

(9, 5 ; 15-2)

$$\begin{aligned}\langle \overset{1}{T}_{H(x)}, \varphi(x)\rangle &= \mathrm{Pf.}\int_0^{+\infty}\varphi(H^{-1}(y))\frac{dy}{y}\\ &= \lim_{\varepsilon\to 0}\left(\int_\varepsilon^{+\infty}\varphi(H^{-1}(y))\frac{dy}{y}-\varphi(0)\log\frac{1}{\varepsilon}\right)\\ &= \lim_{\varepsilon\to 0}\left(\int_{H^{-1}(\varepsilon)}^{+\infty}\varphi(x)\frac{H'(x)}{H(x)}dx-\varphi(0)\log\frac{1}{\varepsilon}\right)\\ &= \lim_{H^{-1}(\varepsilon)\to 0}\left(\int_{H^{-1}(\varepsilon)}^{+\infty}\varphi(x)\frac{H'(x)}{H(x)}dx-\varphi(0)\log\frac{1}{H^{-1}(\varepsilon)}+\varphi(0)\log H'(0)\right).\end{aligned}$$

したがって次のように書くことができる：

(9, 5 ; 15-3)
$$\left(\mathrm{Pf.}\ Y(y)\frac{dy}{y}\right)_{y=H(x)} = \mathrm{Pf.}\ Y(H(x))\frac{H'(x)}{H(x)}dx+\log H'(0)\,\delta.$$

これは，式(2, 2 ; 25)において注意したように，有限部分による積分の方法は変数変換に関して不変でないということを意味する．

同様に：

$$(9,5;15\text{-}4)\quad \left(\mathrm{Pf.}\ Y(-y)\frac{dy}{y}\right)_{y=H(x)}=$$

$$=\mathrm{Pf.}\ Y(-H(x))\frac{H'(x)}{H(x)}dx-\log H'(0)\delta.$$

ところが，そのとき：

$$(9,5;15\text{-}5)\qquad \left(\mathrm{v.\,p.}\frac{dy}{y}\right)_{y=H(x)}=\mathrm{v.\,p.}\frac{H'(x)}{H(x)}dx.$$

もちろんこれは，$H'>0$ かつ $H(0)=0$ と仮定しなくとも成り立つ．

超函数“Cauchy の v. p.”は，変数変換に際して，対応する函数と同じように変換される．

ファイバー空間：微分形式のファイバー上の偏積分，ファイバー空間の微分形式の順像，底空間のカレントの逆像．

先に調べた局所微分同相写像の場合は非常に特殊である．逆像が存在するずっと一般的な場合は次のようである：

W^r と V^n を2つの無限回可微分多様体とし，H を $U=W\times V$ から V の上への標準的射影とする．U が多様体になるように，W と V のいずれかは境界がないと仮定する．このとき，φ が m 回連続可微分な形式ならばそれの順像 $H\varphi$ も同様であることを証明しよう．始めは，W は向きづけられていると仮定しよう．したがって，偶と奇のカレントを区別する必要はない．

まず，形式の新しい解釈を与えよう．多様体 U 上で，ω は微分形式，X は U の点 a における接多重ベクトルとする．そのとき，X と多重コベクトル $\omega(a)$ とのスカラー積 $\langle X,\omega(a)\rangle$ は1つの複素数である．X を動かすと，ω は函数 $X\to\langle X,\omega(a)\rangle$，すなわち U の接多重ベクトルのつくるファイバー空間 $\mathcal{U}$ 上の函数を定義することがわかる．

この函数を，U の点 a における接多重ベクトルの作る部分ベクトル空間へ制限したものは線型である；また逆に，$\mathcal{U}$ 上の函数で，これらのベクトル空間のおのおのへの制限が線型であるものは，U 上の形式により定義される．ω が m 回連続可微分であるためには，それが $\mathcal{U}$ 上に定義する函数が m 回連続可微分であることが必要かつ十分である．さて $\overset{p}{\omega}$ を積多様体 $W\times V$ 上の連続

p 次形式としよう．$W\times V$ の点 (a,b) における接ベクトル空間は W の点 a と V の点 b における接ベクトル空間との直和に標準的に同型であることが知られている．したがって，X が a における W の接 r ベクトルならば，任意の $b\in V$ に対して，X は (a,b) における $W\times V$ の接 r ベクトルを標準的に定義する．同様に，Y が b における V の接 $(p-r)$ ベクトルならば，任意の $a\in W$ に対して，Y は (a,b) における $W\times V$ の接 $(p-r)$ ベクトルを標準的に定義する．そこで．不厳密だが厄介でない記法で，$X\wedge Y$ を (a,b) における $W\times V$ の接 p ベクトルといってもよいであろう．したがって微分形式 $\overset{p}{\omega}$ は，W の接 r ベクトルのファイバー空間 $\mathscr{W}$ と V の接 $(p-r)$ ベクトルのファイバー空間 $\mathscr{V}$ との積空間 $\mathscr{W}\times\mathscr{V}$ 上に，函数 $(X, Y)\to\langle X\wedge Y, \omega(a, b)\rangle$ を定義する．この函数は，X と Y がそれぞれ W と V の点 a と b における接多重ベクトルの作るベクトル空間の中で動くとき，双線型である；さらに，ω が k 回連続可微分ならば，この函数は $\mathscr{W}\times\mathscr{V}$ 上で k 回連続可微分である．

多重ベクトル Y を固定しよう．そのとき上の函数は，$\mathscr{W}$ 上の連続函数で，W の点 a における接多重ベクトルの作る部分空間への制限が線型であるもの，すなわち W 上の連続な形式を定義する；それを ω_Y と書こう．これは次の式で定義される：

$$\langle X, \omega_Y(a)\rangle=\langle X\wedge Y, \omega(a, b)\rangle. \tag{9,5;15-6}$$

ω が k 回連続可微分，あるいは，連続でコンパクトな台をもつならば，ω_Y についても同様である．あとの仮定の下で，ω_Y を向きづけられた多様体 W 上で積分し $J(Y)=\int_W\omega_Y$ とおくことができる．こうして定義された函数 J: $Y\to J(Y)$ は $\mathscr{V}$ 上の函数である．明らかに，V の点 b における接多重ベクトルの作る部分ベクトル空間の上で J は線型である．J が $\mathscr{V}$ 上で連続であることを示そう．ω は連続だから，X を固定するとき Y だけについて連続，しかも X が $\mathscr{W}$ のコンパクト集合を動くとき一様に連続である．これは，$\mathscr{V}$ 上で Y が Y_0 に近づくとき，ω_Y は ω_{Y_0} に W の各コンパクト集合上で一様に収束し，したがって，コンパクトな ω の台を W の上へ射影したものを K とすれば，$\overset{0}{\mathscr{D}}_K$ において収束することを意味する；したがって $\int_W\omega_Y$ は $\int_W\omega_{Y_0}$ に収束し，これで J の連続性が証明された．**したがって J は V 上の連続な $(p-r)$ 次形式である．この形式 J を $\int_W\omega$ と書くことにする．**

いま定義した演算の若干の性質を挙げよう．

1°　ω が $\omega=\alpha\wedge\beta$ の形で，α(あるいは β)が W(あるいは V)の上の微分形式ならば[1]，次の式が成り立つ：

(9, 5 ; 16)
$$\int_W \alpha\wedge\beta = \left(\int_W \alpha\right)\beta.$$

実際：

(9, 5 ; 17)
$$\langle X\wedge Y, \alpha\wedge\beta\rangle = \langle X, \alpha(a)\rangle\langle Y, \beta(b)\rangle,$$

したがって

(9, 5 ; 18)
$$\omega_Y(X) = \langle X, \alpha(a)\rangle\langle Y, \beta(b)\rangle,$$
$$\omega_Y = \langle Y, \beta(b)\rangle\alpha,$$

これより

(9, 5 ; 19)
$$J(Y) = \int_W \omega_Y = \langle Y, \beta(b)\rangle\int_W \alpha$$

すなわち

$$\int_W \omega = \left(\int_W \alpha\right)\beta.$$

2°　W と V が R^r と R^n の開集合(R^r は標準的な向きをつけてある)ならば，ω は

(9, 5 ; 20)
$$\omega = \sum_{I,J} \omega_{I,J}(w, v)\, dw_I\wedge dv_J$$

と書ける．ここで I と J は集合 $\{1, 2, \cdots, r\}$, $\{1, 2, \cdots, n\}$ の部分集合である．

このとき容易に分るように：

(9, 5 ; 21)
$$\int_W \omega = \sum_{I,J}\left(\int_W \omega_{I,J}(w, v)\, dw_I\right) dv_J.$$

3°　次に W と V が任意の場合は，いつも，1の分解により，ω を有限和 $\sum\omega_\nu$ に分解して，各 ω_ν の台がそれぞれ R^r あるいは R^n の開集合と微分同相になるような開集合の積に含まれるようにすることができる．そのとき，演算 $\int_W$ の線型性により，$\int_W \omega$ を式(9, 5 ; 21)に帰着させて計算することができる．

1)　記法 $\alpha\wedge\beta$ は，記法 $X\wedge Y$ と同様，厳密ではない．L と M を $W\times V$ からそれぞれ W と V の上への標準的射影とすれば，実は $L^*\alpha\wedge M^*\beta$ と書かねばならない．

4°　ω が k 回連続可微分ならば，$\int_W \omega$ も同様である．これは，3° において述べたように，R^r と R^n の開集合の場合に帰着させればわかる．

5°　β が V 上の連続な微分形式のとき，β が $W\times V$ 上に定義する形式，すなわち $W\times V$ から V の上への射影 H による逆像 $H^*\beta$ を β と同一視すれば，

$$\int_W (\omega\wedge\beta) = \left(\int_W \omega\right)\wedge\beta \tag{9,5;22}$$

あるいは

$$\int_W (\omega\wedge H^*\beta) = \left(\int_W \omega\right)\wedge\beta.$$

これは 3° と同じ方法で 2° に帰着させればわかる．

6°　V も向きづけられていると仮定し，$W\times V$ には積の標準的な向きをつけよう．そのとき，ω の $W\times V$ の上での積分は 2 つの累次積分により計算される：

$$\int_{W\times V} \omega = \int_V \left(\int_W \omega\right), \tag{9,5;23}$$

これもまた 2° に帰着させ，初等的な Fubini の定理を利用すればわかる[1]．

7°　ω の次数が r ならば，$\int_W \omega$ は 0 形式，すなわち函数である．V の点 b におけるそれの値は，ω により $W\times\{b\}$ の上に誘導される形式の積分に他ならない．

8°　$\int_W d\omega$ を計算しよう．局所化して (9,5;20) の記法を使えば，次のように書ける：

$$d\omega = d_W\omega + (-1)^{\mathrm{card}\, I} d_V\omega.$$ [2]

1)　もちろん，V の方が向きづけられているときにも，同様の性質を持つ演算 $\int_V$ を定義することができる．次のようにおく：

$$\omega_X(Y) = \langle X\wedge Y, \omega(a,b)\rangle, \quad K(X) = \int_V \omega_X,$$

これによって $\int_V \omega$ を定義する．次のことが成り立つ：

$$\int_V \alpha\wedge\beta = \left(\int_V \beta\right)\alpha, \quad \int_{R^n} \sum_{I,J} \omega_{I,J}\, dw_I\wedge dv_J = \sum_{I,J}\left(\int_{R^n} \omega_{I,J}\, dv_J\right) dw_I,$$

W も向きづけられていれば，$\int_{W\times V}\omega = \int_W\left(\int_V \omega\right)$．いずれの場合にも，積 $W\times V$ において，W を V の前に書いて考えた．標準的な裏返し $W\times V \to V\times W$ を行なえば，向きが変り，したがって積の上での ω の積分も変る；ところが W と V の上での積分の定義も変るのである．

2)〔訳注〕 card I は I の要素の箇数．

ところが W 上で積分すると，card $I=r$ となる成分 $\omega_{I,J}dw_I\wedge dv_J$ しか残らない．他方，**W が境界を持たなければ，**Stokes により $\int_W d_W\omega=0$；そして d_V は $\int_W$ と可換である；したがって：

$$\int_W d\omega=(-1)^r d\int_W \omega. \tag{9, 5; 23-2}$$

この式は W が境界 bW をもつときは成り立たない；けれども，上と同じように Stokes を適用できる場合，すなわち ω が $bW\times V$ 上で0となるときにはこの式が成り立つ．実は，後に(9, 5; 24)で見るようにカレントの意味で考えれば，つねにこの式は成り立つ．

こんどは $\underline{\omega}$ を $W\times V$ 上の奇形式としよう．W は向きづけられているので，V の局所的向きと $W\times V$ の局所的向きの間に1対1の対応が定義され，したがって $(W\times V)^{\sim}$ と $W\times\tilde{V}$ の間に標準的同型写像が定義される．そこで，$\underline{\omega}$ は $W\times\tilde{V}$ 上の，$\tilde{V}$ の対称変換 σ について反対称な，常形式 $\tilde{\omega}$ を定義する．(この形式は W の向きに関係し，向きを変えれば符号が変る．) そこで，$\int_W\tilde{\omega}$ は $\tilde{V}$ 上の σ 反対称な常形式，すなわち V 上の奇形式である．これを $\int_W\underline{\omega}$ と書こう．ところが，W の向きを変えると，$\tilde{\omega}$ の符号が変り，同時に W 上の積分も符号が変るから，$\int_W\underline{\omega}$ は変らない．奇形式に対するこの演算 $\int_W$ は偶形式に対する同じ演算と同様の性質を持つ；ただし(9, 5; 16)においては $\underline{\beta}$ は奇形式，(9, 5; 20)においては $\underline{dv_J}$ は奇形式，(9, 5; 22)においては $\underline{\beta}$ は奇形式とし，(9, 5; 23)においては V と W は向きづけられていないとし，$\underline{\omega}$ は奇形式とする．

$W\times V$ から V の上への標準的射影 H と，$(W\times V)^{\sim}=W\times\tilde{V}$ から $\tilde{V}$ の上への標準的射影 $\tilde{H}$ を考えよう．$\tilde{H}$ は $W\times V$ から V の上への向きづけられた写像を与える．これも $\tilde{H}$ と書こう．したがって $W\times V$ の偶あるいは奇形式の，V の上への射影を考えることができる．そのとき，

$$\int_W\omega=\tilde{H}\omega,\qquad \int_W\underline{\omega}=H\underline{\omega}$$

であることを示そう．

上の1つ，たとえば前の式を証明すればよい；(9, 4; 1)と(9, 5; 22と23)を利用して，$\underline{\varphi}\in\mathscr{D}$ について，次の式を得る：

$$(9,5;23\text{-}3)\qquad \tilde{H}\omega\cdot\underline{\varphi} = \omega\cdot\tilde{H}^*\underline{\varphi} = \int_{W\times V}\omega\wedge\tilde{H}^*\underline{\varphi}$$
$$= \int_V\left(\int_W\omega\wedge\tilde{H}^*\underline{\varphi}\right) = \int_V\left[\left(\int_W\omega\right)\wedge\underline{\varphi}\right] = \left(\int_W\omega\right)\cdot\underline{\varphi}.$$

したがって，$\tilde{H}\omega=\int_W\omega$，これが証明しようとした式であった．

すでに見たように，$\int_W\omega$ は W の向きに依存した(さらに，U を積 $W\times V$ として書き表わすとき，W を V の前においたということにも依存した)．$\tilde{H}\omega$ において再び同じことが見られる；なぜなら，H から出発する $\tilde{H}$ の定義は同じものに依存するからである．ところが前に，$\underline{\omega}$ が奇形式のときは，$\int_W\underline{\omega}$ は W の向きには依存しないということを知った；$H\underline{\omega}$ による表現は確かにこのことを示している．すべては $U=W\times V$ 上で局所的だから，このことによって，W が向きづけ可能でなくとも，奇形式 $\underline{\omega}$ の積分 $\int_W\underline{\omega}=H\underline{\omega}$ を定義できる．今後，$\int_W\underline{\omega}$ と $H\underline{\omega}$ だけを考えることにする．

さて U^{r+n} を V^n 上の C^∞ 級のファイバー空間とする ($r\geqq 0$)．V が境界をもたないか，すべてのファイバーが境界をもたない，と仮定する(これは U が多様体になるようにするためであるが，この U は境界をもつこともある)．

V_i が V の開集合であって，V_i 上で U は積 $W\times V_i$ と同型になるとき，局所座標系により，形式 $\underline{\omega}$ の，ファイバー上の積分を定義することができ，その結果は局所座標系にはよらない；なぜならこれは H による順像だからである；1の分解により，U 全体に拡げる：$\overset{p}{\underline{\omega}}$ が U 上のコンパクトな台をもつ連続な奇 p 形式ならば，それのファイバー上の積分は V 上の連続な奇 $(p-r)$ 形式である；$\underline{\omega}$ が C^k 級ならば，これも C^k 級である；これは，H を U から V の上への標準的射影とすれば，$H\underline{\omega}$ に他ならない．そこで $\underline{T}$ が U 上のコンパクトな台を持つ奇 p カレントであるときも，それの射影 $H\underline{T}$ である奇$(p-r)$ カレントをファイバー上の積分と呼んでよいであろう，(314 頁，例 2 の拡張)．

定理 3 を適用するための条件はすべて満たされているので，V 上の任意の偶カレントの逆像 $H^*\overset{p}{T}$ が存在する；これは同じ次数 p の U 上のカレントであり，T が階数 $\leqq k$ ならばこれも階数 $\leqq k$ である．

このファイバー上の積分は，ベクトル空間をファイバーとするファイバー空間の理論において重要な役割を演ずる．E を境界を持たない多様体 V 上の，

有限な次元 r を持つベクトル空間をファイバーとする，C^∞ 級のファイバー空間とする．各ファイバー $E_x, x \in V$，上に Euclid 空間の構造を，x とともに C^∞ 的に変化するように選んであると仮定しよう．U をファイバー E_x の単位球体 B_x の作るファイバー空間とする．U は V 上の球体ファイバー空間である．$\underline{\omega}$ は U 上の C^1 級の奇 p 形式であって，**U の境界上で 0 になる**とする(U の境界は V 上の球面ファイバー空間である)．すると(9, 5 ; 23-2)を適用することができる．そして $\int_{\mathrm{fibres}} \underline{\omega}$ は V 上の奇 $(p-r)$ 形式で，$\underline{\omega}$ が閉じていればこれも閉じている．そこで**境界を法とする** U の p 次実係数振コホモロジー・ベクトル空間から V の $(p-r)$ 次実係数振コホモロジー・ベクトル空間の中への線型写像が得られる，これは **Thom-Gysin の準同型写像**と呼ばれる．

すべては **U 上で局所的**だから，U が V 上のファイバー空間であると仮定する必要はない：H は多様体 U^{n+r} から多様体 V^n の上への C^∞ 写像であり，U を V 上の**局所ファイバー**多様体にするとしよう，すなわち U の各点は次のような近傍 U_i をもつとする；U_i は $W_i \times V_i$ に微分同相で，W_i は C^∞ 多様体，V_i は V の開集合，W_i あるいは V_i が境界をもたず，微分同相写像は H を標準的な射影 $W_i \times V_i \to V_i$ に変換する．そのときすべては前と同様である．**ところが，少くとも U^m と V^n が境界をもたない多様体の場合には，これはまさに $H: U^{n+r} \to V^n$ の階数が一定で n であるということを意味する．**

H によって U は必ずしも大域的に V 上のファイバー空間になるとは限らないが，各点 $y \in V$ の逆像 $H^{-1}(\{y\})$ をファイバーと呼ぶことにする；U と V が境界をもたなければ，これは，境界をもたない多様体である．

式(9, 5 ; 16 から 23)はすでに見た式(9, 4 ; 9)に他ならないが，これを大域化して次のように述べることができる：

U^m から V^n の中への階数 n の写像の場合におけるカレントの逆像

定理 4. **U^m, V^n は C^∞ 多様体，H は U から V の中への C^∞ 写像で，H により U は V 上の局所ファイバー多様体になるとする(たとえば，U と V が境界をもたないとき，いたる所で階数 n)．**

U 上のコンパクトな台を持つすべての奇 p カレント $\underline{T}$ に対して，像 $H\underline{T}$ は V 上の奇 $(p-r)$ カレントである．これを $\underline{T}$ のファイバー上の積分とも呼

び，$\int_{\text{fibres}} \underline{T}$ と書く．V 上の偶形式 ω の逆像 $H^*\omega$ を $\omega_{H(x)}$ と書くことにすれば，次の式が成り立つ：

(9, 5 ; 24)

$$\begin{cases} \displaystyle\int_{\text{fibres}} (\underline{T} \wedge \alpha_{H(x)}) = \left(\int_{\text{fibres}} \underline{T}\right) \wedge \alpha, & \alpha \text{ は } V \text{ 上の } C^\infty \text{ 微分形式；} \\ \displaystyle\int_{\text{fibres}} (\alpha_{H(x)} \wedge T) = (-1)^{rq} \alpha \wedge \int_{\text{fibres}} \underline{T}; & \\ \displaystyle b\int_{\text{fibres}} \underline{T} = \int_{\text{fibres}} b\underline{T}; & \\ \displaystyle d\int_{\text{fibres}} \underline{T} = (-1)^r \int_{\text{fibres}} d\underline{T}; & \\ \displaystyle\int_V \int_{\text{fibres}} \underline{T} = \int_U \underline{T}. & \end{cases}$$

$\underline{T}$ が階数 $\leqq k$ のカレントならば，$\int_{\text{fibres}} \underline{T}$ も同様である．

$\underline{T}$ が(普通の意味で)C^k 級の奇 p 形式ならば，$\int_{\text{fibres}} \underline{T}$ は C^k 級の奇 $(p-r)$ 形式である．

V 上の偶カレント T の逆像 $(H^*T)_x = T_{H(x)}$ が存在する．T が偶 p カレントならば，$T_{H(x)}$ もそうである；T が階数 $\leqq k$，あるいは C^k 級の微分形式ならば，$T_{H(x)}$ もそうである．次の式が成り立つ：

(9, 5 ; 25)
$$\begin{cases} (T \wedge \alpha)_{H(x)} = T_{H(x)} \wedge \alpha_{H(x)}, & \alpha \text{ は } V \text{ 上の } C^\infty \text{ 微分形式；} \\ (\alpha \wedge T)_{H(x)} = \alpha_{H(x)} \wedge T_{H(x)}; & \\ (dT)_{H(x)} = d(T_{H(x)}), & U \text{ が境界を持たないとき}^{1)}. \end{cases}$$

前に挙げた H が局所微分同相写像の例は，$m=n, r=0$ であるような特別な場合である．

定理3は定理4よりもう少し一般的な条件の下でも，しかし"かろうじて"，成り立つと思われる．

応用と例

例1. Lie 群 G 上の偶0カレント T に対する $T_{\xi^{-1}x}$ の定義

1) U が境界をもつならば，363頁の脚注1)が反例を与える．U が境界をもたないときは，V 上で局所ファイバー多様体なので，$H(U)$ は V の境界と交わらない．

G を Lie 群とする．写像 H として，$G\times G$ から G の中への写像 $(x,\xi)\to\xi^{-1}x$ をとろう；$\overset{0}{T}\in\overset{0}{\mathscr{D}}'(G)$ とする．まず，次のように定義される $G_x\times G_\xi$ から $G_w\times G_v$ の上への同型写像 J を考えよう：

(9, 5 ; 25-2)　$w=x, v=\xi^{-1}x;\quad x=w,\ \xi=wv^{-1}.$

そのとき，H は J と $G_w\times G_v$ から G_v の上への射影 $(w,v)\to v$ との合成に他ならない．この2つの写像のおのおのについて逆像が存在するので，H についても逆像が存在する．$\overset{2n}{\underline{\varphi}}$ を $G_x\times G_\xi$ 上のコンパクトな台をもつ C^∞ 奇 $2n$ 形式とする．したがって，これは $\phi(x,\xi)\underline{dx\,d\xi}$ と書ける；ただしここで $\underline{dx}$ は G 上の1つの(左不変)Haar 測度を表わす．順像 $H\overset{2n}{\underline{\varphi}}$ を求めよう．$\overset{0}{\theta}\in\mathscr{D}_v$ とする．次の式が成り立つ：

(9, 5 ; 26)

$$\begin{aligned}H\underline{\varphi}\cdot\theta&=\underline{\varphi}\cdot H^*\theta=\iint_{G\times G}\theta(\xi^{-1}x)\phi(x,\xi)\underline{dx\,d\xi}\\&=\int_G\underline{dw}\int_G\theta(\xi^{-1}w)\phi(w,\xi)\,d\xi=\int_G\underline{dw}\int_G\theta(\eta^{-1})\phi(w,w\eta)\underline{d\eta}\ ^{1)}\\&=\int_G\underline{dw}\int_G\theta(v)\phi(w,wv^{-1})(\varDelta(v))^{-1}\underline{dv}\ ^{2)}\\&=\int_G\theta(v)(\varDelta(v))^{-1}\underline{dv}\int_G\phi(w,wv^{-1})\underline{dw}\ ^{3)}\end{aligned}$$

ゆえに，

(9, 5 ; 27)　$$H(\phi(x,\xi)\underline{dx\,d\xi})=\left[(\varDelta(v))^{-1}\int_G\phi(w,wv^{-1})\underline{dw}\right]\underline{dv}.$$

右辺が G_v 上の無限回可微分形式であることは(積分記号 $\int$ 下の微分により)容易に証明される．そこで，逆像 $H^*\overset{0}{T}$ は次のように定義される：

(9, 5 ; 28)　$$\overset{0}{T}_{\xi^{-1}x}\cdot\phi(x,\xi)\underline{dx\,d\xi}=\overset{0}{T}_v\cdot\left[(\varDelta(v))^{-1}\int_G\phi(w,wv^{-1})\underline{dw}\right]\underline{dv}.$$

特に，G 上に左不変 Haar 測度 $\underline{dx}$ を1つ選んで固定したと仮定しよう．そのとき，この Haar 測度により，原点における Dirac 測度 $\overset{n}{\underline{\delta}}$ に対応する偶0

1)　w を固定し，$\xi^{-1}w=\eta^{-1}$ すなわち $\xi=w\eta$ とおく．$\underline{d\xi}$ は左不変 Haar 測度なので，$\underline{d\xi}=\underline{d\eta}$.
2)　$\eta=v^{-1}$ とおく．ここで $\varDelta(v)$ は G の母数である(WEIL [1]，40頁参照)．
3)　$(\varDelta(v))^{-1}\theta(v)\phi(w,wv^{-1})$ は連続でコンパクトな台をもつので，積分の順序交換が許される．

カレントを $\overset{0}{\delta}$ と呼ぼう：$\underline{\overset{n}{\delta}}=\overset{0}{\delta}\underline{dx}$. 言いかえれば，$\overset{0}{\delta}\cdot\phi(x)\underline{dx}=\phi(0)$. そうすると逆像は次のように定義される：

$$\overset{0}{\delta}_{\xi^{-1}x}\cdot\phi(x,\xi)\underline{\underline{dx\,d\xi}}=\int_G\phi(w,w)\underline{dw}. \tag{9,5;29}$$

G 上に1つの左不変な Haar 測度と1つの左不変な向きとを定めておくと，あいまいさなしに G 上の超函数というものを考えることができるが，そのとき，G 上の超函数 T について，偶0カレント $\overset{0}{T}$ から定義された偶0カレント $\overset{0}{T}_{\xi^{-1}x}$ に対応する超函数を，言葉を流用して，$T_{\xi^{-1}x}$ と呼ぶことにしよう．さらに特別な場合として，V がベクトル空間で，Lebesgue 測度と向きとが与えられているとき，T を V 上の超函数とすれば，超函数 $T_{x-\xi}$ が次のように定義される：

$$T_{x-\xi}\cdot\phi(x,\xi)=T_v\cdot\int_V\phi(w,w-v)\,dw. \tag{9,5;30}$$

特に，

$$\delta_{x-\xi}\cdot\phi(x,\xi)=\int_V\phi(w,w)\,dw. \tag{9,5;31}$$ [1)]

カレント $T_{\xi^{-1}x}$ は Lie 群上のカレントの合成積において重要な役割を演ずる；Norguet [1], Marianne Guillemot [1], Braconnier [1] 参照.

例2. 有限次元ベクトル空間上の2次形式に付随するカレント

V を R 上の有限次元 n のベクトル空間とし，Q を V 上の2次形式とする．すると Q は V から R の中への C^∞ 写像である；ここで $r=n-1$. V 上のコンパクトな台をもつすべての奇 p カレント $\underline{\overset{p}{T}}$ に対して，順像 $Q\underline{T}$ が存在し，R 上の奇 $(p-n+1)$ カレントである．自明でない場合は実は $p=n-1$ と $p=n$ だけである．Q が正の定符号ならば，V は Q に関して Euclid 空間であり，$Q: V\to R$ は固有写像である；したがって T は任意の台をもつと仮定することもでき，たとえば次の式が成り立つ：

$$\left\{\begin{aligned} &Q\underline{\overset{n}{\delta}}=\underline{\overset{1}{\delta}}\\ &Q\underline{\overset{n}{\widehat{dx}}}=\frac{1}{2}S_n\,(t^{(n-2)/2})_{t>0}\underline{\overset{1}{\widehat{dt}}}, \end{aligned}\right. \tag{9,5;32}$$

1) この式の証明は Schwartz [10], 式(1,4;21), 105頁にもある．

ここで S_n は V の単位球の表面積，$\dfrac{2\pi^{n/2}}{\Gamma\left(\dfrac{n}{2}\right)}$ である．

実際，$\varphi\in\overset{0}{\mathcal{D}}(R)$ ならば，そして函数 $\sqrt{Q}$ をまた r と呼べば[1]，

$$(9,5;33)\quad \langle Q(\underline{dx}),\varphi\rangle=\langle \underline{dx},\varphi\circ Q\rangle=\int_V\varphi(r^2)\,\underline{dx}=\int_0^{+\infty}\varphi(r^2)S_nr^{n-1}dr$$
$$=\int_0^{+\infty}\varphi(t)S_nt^{(n-1)/2}\frac{dt}{2\sqrt{t}}=\left\langle S_n\frac{(t^{(n-2)/2})_{t>0}}{2},\varphi\right\rangle.$$

これらの式は，SCHWARTZ [12]，exposés 7, 8, 9 において，Q に関する直交作用素によって不変な V 上の超函数の研究のために組織的に利用された．$\overset{n}{\underline{\mathcal{D}}}{}'(V;Q)$ と同一視したこのような超函数の空間を $\mathcal{D}'(V;Q)$ と呼び，そして $\mathcal{D}'(R_+)$ を $\overset{1}{\underline{\mathcal{D}}}{}'(R_+)$ と同一視すれば，$Q:\underline{T}\to Q\underline{T}$ **は** $\mathcal{D}'(V;Q)$ **から** $\mathcal{D}'(R_+)$ **の上への同型写像である**ことが示される．

さて一般の場合に戻ろう；Q の符号は任意だが，退化していないとする．そのとき写像 $Q:V\to R$ は原点 O 以外の点においては階数1であり，原点では階数0である．したがって定理4を適用することができる；T が R 上の偶カレントならば，$T_{Q(x)}$ は $V-O$ 上の同じ次数の偶カレントであり，明らかに Q に関する V の直交群によって不変である．T_Q の性質は DE RHAM [4]，METHEE [1]，Carmen BRAGA [1] により研究された．R および $V-O$ 上の超函数を偶0カレントと同一視すれば，**Q が正の定符号でも負の定符号でもないとき，演算 $Q^*:T\to T_Q$ は $\mathcal{D}'(R)$ から $\mathcal{D}'(V-O;Q)$ の上への同型写像である**ことが証明される[2]．

Q が正の定符号あるいは負の定符号であるときは，$\mathcal{D}'(V;Q)$ を0次元の奇カレントの順像によって調べることができることに注意しよう；そうでないときは $\mathcal{D}'(V-O;Q)$ しか調べることができず，この場合は0次の偶カレントの逆像による．

例として式(9, 5; 3)を適用しよう．$V=R^n$，$Q(x_1,\cdots,x_n)=x_1{}^2+x_2{}^2+\cdots+x_{n-1}{}^2-x_n{}^2$ とする．T は R 上の偶0カレント，T',T'' はその最初の2つの導函数とする．そのとき

1)〔訳注〕 ここでは，r は次元の差でないことに注意．

2) Q が正あるいは負の定符号のときは，Q^* は $\mathcal{D}'(R_+-O)$ から $\mathcal{D}'(V-O;Q)$ の上への同型写像である．

(9, 5 ; 34) $$\frac{\partial}{\partial x_i}(T_{x_1^2+\cdots+x_{n-1}^2-x_n^2}) = \pm 2x_i T'_{x_1^2+\cdots+x_{n-1}^2-x_n^2},$$

$\pm$ は，$i=1, 2, \cdots, n-1$ のとき $+$，$i=n$ のとき $-$ である．

$$\frac{\partial^2}{\partial x_i^2}T_{x_1^2+\cdots+x_{n-1}^2-x_n^2} = 4x_i^2 T''_{x_1^2+\cdots+x_{n-1}^2-x_n^2} \pm 2T'_{x_1^2+\cdots+x_{n-1}^2-x_n^2}.$$

$\square = \sum_{i=1}^{n-1}\frac{\partial^2}{\partial x_i^2}-\frac{\partial^2}{\partial x_n^2}$(d'Alembertien) とおけば，

(9, 5 ; 35) $$\begin{aligned}\square\, T_{x_1^2+\cdots+x_{n-1}^2-x_n^2} &= 4(x_1^2+\cdots+x_{n-1}^2-x_n^2)\,T''_{x_1^2+\cdots+x_{n-1}^2-x_n^2} \\ &\quad +2nT'_{x_1^2+\cdots+x_{n-1}^2-x_n^2} \\ &= S_{x_1^2+\cdots+x_{n-1}^2-x_n^2},\end{aligned}$$

ここで，S は R 上の偶0カレント $4tT_t''+2nT_t'$ である．したがって，T が R 上で微分方程式 $4tT''+2nT'=0$ を満たすとき，そのときに限り，$T_{x_1^2+\cdots+x_{n-1}^2-x_n^2}$ の d'Alembertien が0となる．

例3. H を U^n から R の中への C^∞ 写像とする；U の各点で $H'\neq 0$ と仮定する．そのとき H の階数は一定で1であり，もしも U が境界をもたなければ定理4が適用できる．

$a \in R$ とする；$H^{-1}(\{a\})$ は U の超曲面 Σ_a である．これには標準的な通過方向，H が増加する向きが備わっている(Σ_a を横断する曲線の Σ_a の点における正の向きは H が増加する向きである)．従ってこれは $(n-1)$ 次元の捩鎖体，すなわち偶1カレント，を定義する；これも Σ_a と呼ぶことにする(318頁，例7)．この捩鎖体の定義のために，Σ_a から U の中への向きづけられた単射を利用する；この向きづけられた単射を定義するには，Σ_a の点において，正の横断方向(H が増加する向き)の後に Σ_a の1つの向きをおくとこれに対応する U 上の向きが得られるということを思いだそう．これは次のようにも言える；H は局所的に U をファイバー空間にする，すなわち U を R と Σ_a の積として表わす；積においては R を先において $R\times\Sigma_a$ と書くこととする．$\overset{n-1}{\underline{\omega}}$ が U 上の連続な奇 $(n-1)$ 形式ならば，これは Σ_a 上に奇 $(n-1)$ 形式を誘導する，そして $\langle\Sigma_a, \underline{\omega}\rangle$ はこの誘導された形式の Σ_a 上の積分である．

他方，$H\underline{\omega}$ は R 上の奇0形式，$\underline{\omega}$ のファイバー上の積分 $\int_{\text{fibres}}\underline{\omega}$ である．

この積分は369頁以下で述べた方法によって計算される．しかしそこでは，H により U を局所ファイバー空間にするとき，すなわち U を局所的に積として表現する際，$R\times\Sigma_a$ ではなく $\Sigma_a\times R$ と書かねばならない(372頁，脚注1))；したがって $\int_{\text{fibres}}\overset{n-1}{\underline{\omega}}=H\overset{n-1}{\underline{\omega}}$ は，R 上で，函数

$$x\to(-1)^{n-1}\int_{\Sigma_x}\overset{n-1}{\underline{\omega}}=(-1)^{n-1}\langle\Sigma_x,\underline{\omega}\rangle=\langle\underline{\omega},\Sigma_x\rangle$$

である．

そこで，R 上の偶1カレント $\overset{1}{T}$ の逆像 $H^*\overset{1}{T}$ は，次の式で与えられる偶1カレントである：

$$\langle\overset{n-1}{\underline{\varphi}},H^*T\rangle=\langle H\underline{\varphi},T\rangle=\langle\langle\overset{n-1}{\underline{\varphi}},\Sigma_x\rangle,T_x\rangle=(-1)^{n-1}\left\langle\int_{\Sigma_x}\overset{n-1}{\underline{\varphi}},T_x\right\rangle \tag{9,5;36}$$

これより，

$$\langle H^*\overset{1}{T},\overset{n-1}{\underline{\varphi}}\rangle=\left\langle T_x,\int_{\Sigma_x}\overset{n-1}{\underline{\varphi}}\right\rangle. \tag{9,5;37}$$

特に：

$$\langle H^*\overset{1}{\delta}_{(a)},\overset{n-1}{\underline{\varphi}}\rangle=\int_{\Sigma_a}\overset{n-1}{\underline{\varphi}} \tag{9,5;38}$$

すなわち，R の向きにより $\overset{1}{\underline{\delta}}_{(a)}$ に対応する偶1カレントを $\overset{1}{\delta}_{(a)}$ と書けば，

$$H^*\overset{1}{\delta}_{(a)}=\Sigma_a. \tag{9,5;39}$$

Y を R 上の Heaviside の函数とする；$dY=\delta$(偶カレント)である．H^* と d の可換性により：

$$d(Y\circ H)=\Sigma_0, \tag{9,5;40}$$

これは Stokes の公式(9,3;18)に他ならない．

§6　有限次元ベクトル空間上の緩いカレントの Fourier 変換[1)]

V^n を R 上の有限次元 n のベクトル空間とする．すべての p について，各導函数と共に急減少な C^∞ 級 p 形式の作る空間 $\overset{p}{\mathscr{S}}(V)=\overset{p}{\mathscr{S}}$ および捩 p 形式の作る同様な空間 $\overset{p}{\underline{\mathscr{S}}}(V)=\overset{p}{\underline{\mathscr{S}}}$ が，明らかなしかたで定義される．$\overset{n-p}{\underline{\mathscr{S}}}$ の双対空間

1)　この研究は SCARFIELLO [1] による．

は緩い偶 p カレントの空間 $\overset{p}{\mathscr{S}'}$ であり，$\overset{n-p}{\mathscr{S}}$ の双対空間は緩い捩 p カレントの空間 $\overset{p}{\underline{\mathscr{S}}'}$ である．カレントが緩いのは，V の1つの基底を選んで，(9,3;2) により表わしたとき係数が緩い超函数であるとき，そのときに限る．

$\underline{\varphi} \in \overset{n}{\underline{\mathscr{S}}}(V)$ の Fourier 変換 $\mathscr{F}$ は次のように定義される函数 $\varphi \in \overset{0}{\mathscr{S}}(V')$，ただし V' は V の双対空間，である：

$$\phi(y) = \int_V \exp(-2i\pi x \cdot y) \overset{n}{\underline{\varphi}}(x), \tag{9,6;1}$$

ここで，$x \cdot y$ は $x \in V$ と $y \in V'$ のスカラー積である．したがって，$\mathscr{F}$ は $\overset{n}{\underline{\mathscr{S}}}(V)$ を $\overset{0}{\mathscr{S}}(V')$ へ，また $\overset{n}{\underline{\mathscr{S}}}(V')$ を $\overset{0}{\mathscr{S}}(V)$ へ写す．

なお，V の基底を選べば分るように，これは同型写像である；$\overline{\mathscr{F}}$ も同じ性質を持つ．

転置

$$\langle \mathscr{F} \overset{n}{\underline{T}}, \overset{n}{\underline{\varphi}} \rangle = \langle \overset{n}{\underline{T}}, \mathscr{F} \overset{n}{\underline{\varphi}} \rangle \tag{9,6;2}$$

により，$\mathscr{F}$ は V 上の緩い奇 n カレントの空間 $\overset{n}{\underline{\mathscr{S}}'}(V)$ から V' 上の緩い偶0カレントの空間 $\overset{0}{\mathscr{S}'}(V')$ の上への同型写像である；V と V' の役割を交換しても，また $\overline{\mathscr{F}}$ についても同様である．C 上の有限次元ベクトル空間 E とのテンソル積を作れば，$\mathscr{F}$ と $\overline{\mathscr{F}}$ は $\overset{n}{\underline{\mathscr{S}}'}(V) \otimes E$ から $\overset{0}{\mathscr{S}'}(V') \otimes E$ の上への同型写像である．

次に任意の型の緩いカレントの Fourier 像を定義しよう．$\overset{k}{\omega}_V$ を，$\overset{k}{\Lambda}(V)$ の値をとる V の“恒等”[1] k 形式とする．これは V の各 k ベクトルにこの k ベクトル自身を対応させる形式である．そのとき，$\overset{p}{\underline{T}} \in \overset{p}{\underline{\mathscr{S}}'}(V)$ ならば，$\overset{p}{\underline{T}} \wedge \overset{n-p}{\omega}_V$ は $\overset{n-p}{\Lambda}(V)$ の値をとる奇 n カレント，すなわち $\overset{n}{\underline{\mathscr{S}}'}(V) \otimes \overset{n-p}{\Lambda}(V)$ の元である．したがって上のように $E = \overset{n-p}{\Lambda}(V)$ とのテンソル積を作れば，Fourier 像を作ることができる．したがって $\mathscr{F}(\overset{p}{\underline{T}} \wedge \overset{n-p}{\omega}_V)$ は $\overset{n-p}{\Lambda}(V)$ の値をとる V' 上の緩い偶0カレントである．ところが $\overset{0}{\mathscr{S}'}(V') \otimes \overset{n-p}{\Lambda}(V)$ は $\overset{n-p}{\mathscr{S}'}(V')$ と標準的に同型である；実際 $\overset{n-p}{\Lambda}(V)$ の値をとる V' 上の函数はちょうど V' 上の $(n-p)$ コベクトルの場，すなわち V' 上の $(n-p)$ 形式であり，この同一視は連続性により緩いカレントに拡張される(なお，327 頁，ベクトルをファイバーとするファイバー空間の超函数断面参照)．したがって，$\overset{n}{\underline{T}} \to \mathscr{F}(\overset{p}{\underline{T}} \wedge \overset{n-p}{\omega}_V)$ は $\overset{p}{\underline{\mathscr{S}}'}(V)$ から

1)〔訳注〕“identique”.

$\overset{n-p}{\mathscr{S}'}(V')$ の中への連続線型写像である．これを $\overset{p\to n-p}{\mathscr{F}_\omega}$ と呼ぼう；演算 $\overset{p\to n-p}{{}_\omega\mathscr{F}}$ は $\overset{p}{\underline{T}}\to\mathscr{F}(\overset{n-p}{\omega_V}\wedge\overset{p}{\underline{T}})$ により定義される．同様に $\overset{p\to n-p}{\overline{\mathscr{F}}_\omega}$ と $\overset{p\to n-p}{{}_\omega\overline{\mathscr{F}}}$ を定義する．こんどは，V の各振 k ベクトルにそれ自身を対応させる，$\overset{k}{\underline{\Lambda}}(V)$ の値をとる"恒等"振 k 形式を $\overset{k}{\underline{\omega}_V}$ と呼べば，$\overset{p}{\mathscr{S}'}(V)$ から $\overset{n-p}{\underline{\mathscr{S}'}}(V')$ の中への写像 $\overset{p}{T}\to\mathscr{F}(\overset{p}{T}\wedge\overset{n-p}{\underline{\omega}_V})$ として $\overset{p\to n-p}{\mathscr{F}_{\underline{\omega}}}$ が定義される；他の写像，${}_{\underline{\omega}}\mathscr{F}$ と $\overline{\mathscr{F}}$ についても同様である．

以上が偶と奇の緩いカレントに対する Fourier 変換の仕組である．これより容易にその主要な性質が導かれる．まず，これは同型写像であり，Fourier の反転公式は次の形に書かれる：

$$(9,6;3)\qquad {}_{\underline{\omega}_{V'}}\overset{n-p\to p}{\overline{\mathscr{F}}}\circ\overset{p\to n-p}{\mathscr{F}_{\underline{\omega}_V}}=\text{恒等写像}$$

および他の7つの同様な公式．換言すれば，Fourier 変換の逆を得るには，$\mathscr{F}$ と $\overline{\mathscr{F}}$ を交換し，ω と $\underline{\omega}$ を交換し，さらに $\mathscr{F}$ に関する ω の位置について右と左を交換する．

この公式を証明しよう．そのために V の1つの基底をとる，したがって $V=V'=R^n$．しかしすでに第7章を通して実際そうしたように，V と V' の区別をしよう；$V=R^n$ の基底を $\vec{e}_i$, $i=1,2,\cdots,n$, また V' の双対基底を $\vec{f}_i$, $i=1,2,\cdots,n$ と呼ぼう；V 上の座標函数を x_i, V' 上の座標函数を y_i と呼ぼう．R^n の標準的な向きにより，偶と奇のカレントを同一視することができるが，実際そうすることにしよう．

すると次のように書ける：

$$(9,6;4)\qquad \overset{p}{T}=\sum_I T_I dx_I,$$

I は p 箇の元をもつ $\{1,2,\cdots,n\}$ の順序づけられた部分集合；

$$(9,6;5)\qquad \overset{n-p}{\omega_V}=\sum_J \vec{e}_J dx_J,$$

J は $(n-p)$ 箇の元を持つ $\{1,2,\cdots,n\}$ の順序づけられた部分集合，

$$J=\{j_1,j_2,\cdots,j_{n-p}\},\quad j_1<j_2<\cdots<j_{n-p},\quad \vec{e}_J=\vec{e}_{j_1}\wedge\vec{e}_{j_2}\wedge\cdots\wedge\vec{e}_{j_{n-p}}\in\overset{n-p}{\Lambda}(V);$$

$$(9,6;6)\qquad \overset{p}{T}\wedge\overset{n-p}{\omega_V}=\sum_{J=\complement I}T_I\vec{e}_J dx_I\wedge dx_J=\sum_{J=\complement I}T_I\vec{e}_J(-1)^{\rho(I,J)}dx,$$

$\rho(I,J)$ は $\{1,2,\cdots,n\}$ の置換 $\{I,J\}$ の符号，dx は Lebesgue 測度；

$$(9,6;7)\qquad S=\mathscr{F}(\overset{p}{T}\wedge\overset{n-p}{\omega_V})=\sum_{I=\complement I}\mathscr{F}(T_I)\vec{e}_J(-1)^{\rho(I,J)},$$

ここで，T_I は R^n の Lebesgue 測度により $T_I dx$ に対応する超函数，$\mathscr{F}(T_I)$ は第7章で定義された Fourier 像であって，これを $R^n=V'$ 上の0カレントと同一視する；$\vec{e}_i$ を $V'=R^n$ 上の座標の微分と同一視して，S を V' 上の $(n-p)$ カレントと同一視する，したがって $\vec{e}_J$ を dy_J で置き換える：

$$(9,6;8) \qquad \overset{n-p}{S} = \sum_{J=\complement I} (\mathscr{F}T_I)_y (-1)^{\rho(I,J)} dy_J;$$

$$(9,6;9) \qquad \overset{p}{\omega}_{V'} = \sum_K \vec{f}_K dy_K,$$

K は p 箇の元をもつ $\{1, 2, \cdots, n\}$ の順序づけられた部分集合；

$$(9,6;10) \qquad \overset{p}{\omega}_{V'} \wedge \overset{n-p}{S} = \sum_{J=\complement I} \mathscr{F}(T_I)(-1)^{\rho(I,J)} dy_I \wedge dy_J \vec{f}_I$$
$$= \sum_I \mathscr{F}(T_I)\vec{f}_I dy;$$

$$(9,6;11) \qquad \overline{\mathscr{F}}(\omega_{V'} \wedge \overset{n-p}{S}) = \sum_I T_I \vec{f}_I = \sum_I T_I dx_I;$$

これで公式(9,6;3)が証明された．

上で調べた理論全体は自己同型写像，すなわち V の可逆線型作用素に関して不変である．したがって，H をそのような作用素，$\check{H}$ をそれの反傾写像[1]（すなわち，構造の転写により H を V' 上の作用素として移した $\check{H}=({}^tH)^{-1}$）とすれば，必然的に，すべての p とすべての $\overset{p}{\underline{T}} \in \overset{p}{\underline{\mathscr{S}}}'(V)$ について，

$$(9,6;12) \qquad \overset{p\to n-p}{\mathscr{F}_{\omega_V}} (H\overset{p}{\underline{T}}) = \check{H}(\overset{p\to n-p}{\mathscr{F}_{\omega_V}} \underline{T})$$

が成り立つ．また他の同様の式も成り立つ．

特に，$V=R^n=V'$, $p=n$ としたとき，偶あるいは奇の0カレントと n カレントを超函数と同一視すると，左辺においては H は奇 n カレントの順像であり，右辺においては $\check{H}$ は偶0カレントの順像であるから，357頁で指摘した困難に陥ることは避けられないということがわかる．$\overset{n}{\underline{T}}$ に対しては，$H\overset{n}{\underline{T}}$ は第1章，式(1,5;6)で定義されたものである；$\mathscr{F}\underline{T}$ **が連続函数** f **のときには，** $(\check{H}f)(y)=f(\check{H}^{-1}(y))=f({}^tHy)$ である；こうして式(7,6;10)が再び見出されたが，そこではこの式が一般化できるということを予告しておいた．

---

1)〔訳注〕 contragrédient.

文　献

ALBERTONI-CUGIANI

[1] 《*Sul problema del cambiamento di variabili nelle teoria delle distribuzioni*》. Nuovo Cimento, vol. VIII, n⁰ 11, 1951, p. 1-15 et vol. X, n⁰ 2, 1953, p. 1-17.

ARENS

[1] 《*Duality in linear spaces*》. Duke Math. Journal, 14 (1947), p. 787-794.

ARSAC

[1] 《*Transformation de Fourier et théorie des distributions*》. Paris, Dunod, 1961.

AUTHIER

[1] 《*Sur une classe d'ensembles convexes liés à la transformation de Laplace*》. Journal d'Analyse Math., Jérusalem.

BANACH

[1] 《*Théorie des opérations linéaires*》. Monografje Matematyczne, Varsovie-Lwow, 1932.

BANACH-STEINHAUS

[1] 《*Sur le principe de condensation des singularités*》. Fundamenta Mathematicae, tome IX (1927), p. 57.

DE BARROS-NETO

[1] 《*Analytic distribution kernels*》. Trans. Amer. Math. Soc., vol. 100 (1961), p. 425-438.

DE BARROS NETO-BROWDER

[1] 《*The analyticity of kernels*》. Canadian Journ. of Math., vol. 13 (1961), p. 645-649.

BERNSTEIN (S.)

[1] 《*Leçons sur les propriétés extrémales et la meilleure approximation des fonctions analytiques d'une variable réelle*》. Paris, Gauthier-Villars, 1926.

[2] 《*Sur l'analyticité des solutions des équations aux dérivées partielles elliptiques*》. Leipzig, Teubner, 1904.

BESICOVITCH

[1] 《*Almost periodic functions*》. Cambridge, 1932.

BEURLING

[1] 《*Sur les spectres des fonctions*》. Colloque Analyse Harmonique Nancy. CNRS, Paris, Gauthier-Villars, 1949, p. 9-30.

BOAS

[1] 《*Functions with positive derivatives*》. Duke Math. Journal, 8 (1941), p. 163-172.

[2] 《*Poissons's summation formula in* L^2》. Journal of London Math. Society, 21 (1946), p. 102-105.

BOCHNER

[1] 《*Vorlesungen über Fouriersche Integrale*》. Leipzig, 1932.

[2] 《*Linear partial differential equations, with constant coefficients*》. Annals of Math., 47 (1946), p. 202-212.

[3] 《*Several complex variables*》. Princeton, 1948.

[4] 《*Bounded analytic functions in several variables and multiple Laplace integrals*》. American Journal of Mathematics, 59 (1937), p. 732.

BORGEN

[1] 《*Note on Poissons' formula*》. Journal of London Math. Society, 19 (1944), p. 213-219.

BOURBAKI

[1] 《*Topologie générale. Structures topologiques et structures uniformes*》. Fascicule II, quatrième édition corrigée, Paris, Hermann, 1964.

[2] 《*Topologie générale. Utilisation des nombres réels en topologie générale*》. Fascicule VIII, deuxième édition, Paris, Hermann, 1958.

[3] 《*Sur les espaces de Banach*》. Comptes rendus Académie des Sciences, 206 (1938), p. 1701-1704.

[4] 《*Topologie générale. Groupes topologiques. Nombres réels*》. Fascicule III, troisième édition, Paris, Hermann, 1961.

[5] 《*Sur certains espaces vectoriels topologiques*》. Annales de l'Institut Fourier, tome II, 1950, p. 5-16.

[6] 《*Espaces vectoriels topologiques*》. Fascicules XV et XVIII, deuxièmes éditions, Paris, Hermann (1966, 1964).

[7] 《*Intégration*》. Fascicule XIII, deuxième édition corrigée, Paris, Hermann, 1965.

[8] 《*Topologie générale: Espaces fonctionnels. Dictionnaire*》. Fascicule X, deuxième édition, Paris, Hermann, 1961.

[9] 《*Algèbre multilinéaire*》. Paris, Hermann, 1958.

BRACONNIER

[1] 《*La convolution des courants*》. Comptes rendus Ac. Sciences, t. 252 (1961), p. 60-62.

BRAGA Carmen Lys

[1] 《*Transformation de Fourier des Distributions invariantes*》. Département de Physique de la Faculté des Sciences de Sao Paulo, 1960.

BRELOT

[1] 《*Étude de l'équation de la chaleur* $\Delta u = cu$, $c \geqslant 0$, *au voisinage d'un point singulier du coefficient*》. Annales École Norm. Sup., 48 (1931), p. 153-246.

[2] 《*Étude des fonctions sous-harmoniques au voisinage d'un point*》. Paris, Hermann, 1934.

[3] 《*Fonctions sous-harmoniques, presque sous-harmoniques ou sous-médianes*》. Annales Univ. Grenoble, 21 (1945), p. 75-90.

BROWDER-DE BARROS NETO

Voir DE BARROS NETO-BROWDER [1].

Bruhat

[1] 《*Distributions sur un groupe localement compact et applications à l'étude des représentations des groupes* p-*adiques*》. Bull. Soc. Math. de France, 89 (1961), p. 43-75.

[2] 《*Sur les représentations induites des groupes de Lie*》. Bull. Soc. Math. de France, t. 84 (1956), p. 97-205.

Bureau

[1] 《*Les solutions élémentaires des équations aux dérivées partielles totalement hyperboliques d'ordre plus grand que* 2 *et à un nombre impair de variables indépendantes*》. Comptes rendus Académie des Sciences, 225 (1947), p. 852-854.

[2] 《*Les solutions élémentaires des équations linéaires aux dérivées partielles totalement hyperboliques d'ordre plus grand que* 2 *et à* 4 *variables indépendantes*》. Comptes rendus Académie des Sciences, 226 (1948), p. 150-152.

[3] 《*Essai sur l'intégration des équations linéaires aux dérivées partielles*》. Mémoires Académie Royale Belgique, 15 (1936), p. 1-115.

[4] 《*Les solutions élémentaires des équations linéaires aux dérivées partielles*》. Mémoires Académie Royale Belgique, 15 (1936), p. 1-37.

Carleman

[1] 《*L'intégrale de Fourier et questions qui s'y rattachent*》. Uppsala, 1944.

Carson

[1] 《*The Heaviside operational calculus*》. Bull. Amer. Math. Soc., 32 (1926), p. 43-68.

Cartan-Schwartz

[1] 《*Théorème d'Atiyah-Singer sur l'indice d'un opérateur différentiel elliptique*》. (Séminaire Cartan 1963-64), École Norm. Sup., Paris, 1964.

Chevalley

[1] 《*Theory of Lie groups*》. Princeton, 1946.

Choquet

[1] 《*Différences d'ordre supérieur*》. Intermédiaire des recherches mathématiques, 1 (1945), p. 31.

Choquet-Deny

[1] 《*Sur quelques propriétés des moyennes, caractéristiques des fonctions harmoniques et polyharmoniques*》. Bull. Société Math. de France, 72 (1944), p. 118-141.

Courant-Hilbert

[1] 《*Methoden der Mathematischen Physik*》. Berlin, Springer, 1937.

Crum

[1] 《*On the resultant of two functions*》. Quarterly Journal Math., 12 (1941), p. 108-111.

Cugiani-Albertoni

Voir Albertoni-Cugiani [1].

DENY

[1] 《*Les potentiels d'énergie finie*》. Acta Mathematica, 82 (1950), p. 107–183.

DENY-CHOQUET

Voir CHOQUET-DENY [1].

DIEUDONNÉ

[1] 《*La dualité dans les espaces vectoriels topologiques*》. Annales École Norm. Sup., 59 (1942), p. 108–139.

[2] 《*Une généralisation des espaces compacts*》. Journal de Math. pures et appliquées, 23 (1944), p. 65–76.

[3] 《*Dérivées et différences de fonctions de variables réelles*》. Annales École Norm. Sup., 61 (1944), p. 231–248.

[4] 《*Sur les fonctions continues numériques définies dans un produit de 2 espaces compacts*》. Comptes rendus Académie Sciences, 205 (1937), p. 593–595.

DIEUDONNÉ-SCHWARTZ

[1] *La dualité dans les espaces $\mathcal{F}$ et $\mathcal{LF}$*》. Annales de l'Institut Fourier, tome I (1949), p. 61–101.

DIRAC

[1] 《*The physical interpretation of the quantum dynamics*》. Proc. of the Royal Society, London, section A, 113 (1926–27), p. 621–641.

DOETSCH

[1] 《*Theorie und Anwendung der Laplace-Transformation*》. Berlin, Springer, 1937.

DOLBEAULT

[1] 《*Formes différentielles et cohomologie sur une variété analytique complexe*》. Annals of Math., vol. 64 (1956), p. 83–130, et vol. 65 (1957), p. 282–330.

DUFRESNOY

[1] 《*Sur le produit de composition de 2 fonctions*》. Comptes rendus Académie des Sciences, 225 (1947), p. 857–859.

EDWARDS

[1] 《*Functional analysis, theory and applications*》. Holt, Rinehart and Wiston, Chicago, 1965.

EHRENPREIS

[1] 《*Solutions of some problems of division*》. Amer. Journal of Math., vol. 76, n° 4 (1954), p. 883–903.

[2] 《*The division problem for distributions*》. Proc. Nat. Acad. Sc., USA, 41–10 (1955), p. 756–758.

[3] 《*Completely inversible operators*》. Proc. Nat. Acad. Sc., USA, 41–11 (1955), p. 945–946.

FANTAPPIÉ

[1] 《*Theoria de los funcionales analyticos y sus aplicaciones*》. Barcelone, 1943.

FREDHOLM

[1] 《*Sur l'intégrale fondamentale d'une équation différentielle elliptique à coefficients constants*》. Rendiconti Circolo Mat. Palermo, 25, 1908.

FRIEDRICHS

[1] 《*On differential operators in Hilbert spaces*》. Amer. Journal Math., 61 (1939), p. 523–544.

[2] 《*Differentiability of the solutions of linear elliptic differential equations*》. Communications on pure and applied mathematics, vol. 6 (1953), p. 299–326.

FROSTMAN

[1] 《*Potentiel d'équilibre et capacité des ensembles*》. Lund, Univers. Matemat. Seminarium, 3 (1935), p. 1–115.

GÅRDING

[1] 《*Linear hyperbolic partial differential equations with constant coefficients*》. Acta-Mathematica, vol. 85 (1950), p. 1–62.

GARNIR

[1] 《*Sur la formulation des problèmes aux limites dans la théorie des distributions*》. Bull. Société Royale des Sciences de Liège (1954), p. 497–513.

[2] 《*Sur la formulation des problèmes aux limites dans la théorie des distributions*》. Bull. Société Royale des Sciences de Liège (1951), p. 639–649.

[3] 《*Sur deux équations de la théorie des distributions*》. Bull. Société Royale des Sciences de Liège (1951), p. 650–666.

[4] 《*Sur les distributions résolvantes des opérateurs de la physique mathématique*》. Bull. Société Royale des Sciences de Liège (1951), p. 174–296.

[5] 《*Sur la transformation de Laplace des distributions*》. C. R. Ac. Sci., tome 234 (1952), p. 583–585.

GEL'FAND et SHILOV

[1] 《*Fourier Transforms of rapidly increasing functions, and questions of uniqueness of the solution of Cauchy's problem*》. Uspehi Matem. Nauk (N. S.) 8, n° 6 (58), (1953), p. 3–54.

GEL'FAND, SHILOV, GRAEV, VILENKIN

[1] 《*Obobchennie Funktsii*》すなわち《一般化された函数》. 物理・数学出版所，モスクワ．1959年から現在までに5巻まで刊行されている．仏，米，独訳がある．

GILLIS

[1] 《*Sur les formes différentielles et la formule de Stokes*》. Mémoires de l'Académie royale de Belgique, 20 (1943), p. 1–95.

GODEMENT

[1] 《*Théorie des faisceaux*》. Deuxième édition, Hermann, Paris, 1965.

GROTHENDIECK

[1] 《*Produits tensoriels topologiques et espaces nucléaires*》. Memoirs of the American Mathematical Society, n° 16 (1955), p. 1–911 (chapitre I) et p. 1–140 (chapitre II).

[2] 《*Résumé des résultats essentiels dans la théorie des produits tensoriels topologiques et des espaces nucléaires*》. Annales de l'Institut Fourier, tome IV (1952), p. 73–112.

[3] 《*Sur les espaces de solutions d'une classe générale d'équation aux dérivées partielles*》. Journal d'Analyse Mathématique (Jérusalem), vol. II (1952–53),

p. 243-280.

[4] 《*Sur les espaces* $\mathcal{F}$ *et* $\mathcal{DF}$》. Summa Brasiliensis Mathematicae, vol. III (1954), p. 57-122.

[5] 《*Espaces vectoriels topologiques*》. Soc. Math. de Sào Paulo, Brésil, 1958.

GUILLEMOT-TESSIER Marianne

[1] 《*Convolution des courants sur un groupe de Lie*》. Ann. de l'École Norm. Sup., tome 79 (1962), p. 321-352.

HADAMARD

[1] 《*Le problème de Cauchy et les équations aux dérivées partielles linéaires hyperboliques*》. Paris, Hermann, 1932 (nouvelle édition).

HALPERIN

[1] 《*Introduction to the theory of distributions*》. University of Toronto Press, 1952.

HEAVISIDE

[1] 《*On operators in Mathematical Physics*》. Proc. of the Royal Society, London, 52 (1893), p. 504-529 et 54 (1894), p. 105-143.

HELGASON

[1] 《*Differential geometry and symmetric spaces*》. Acad. Press, New-York, 1962.

HERGLOTZ

[1] 《*Ueber die Integration linearer partieller Differential gleichungen mit konstanten Koeffizienten*》. Bericht Verhandlungen Sächsischen Akademie Wissenschaften, Leipzig, 78 (1926), p. 93-126 et 287-318.

HILBERT

[1] 《*Gründzüge einer allgemeinen Theorie der linearen Integralgleichungen*》. Göttinger Nachr., (1910), p. 1-65.

HILBERT-COURANT

Voir COURANT-HILBERT [1].

HOPF

[1] 《*Zur Algebra der Abbildungen von Mannigfaltigkeiten*》. Journal für die reine und angewandte Mathematik, 163, § 3 et 4, 1930.

HÖRMANDER

[1] 《*On the theory of general partial differential operators*》. Acta Mathematica, vol. 94 (1955), p. 162-248.

[2] 《*On the division of distributions by polynomials*》. Arkiv för Mat., Kungl. Svenska Vetenskapsakad., 3, n° 53 (1958), p. 555-568.

[3] 《*Linear partial differential operators*》. Springer, Berlin, 1963.

HORVATH

[1] 《*Topological vector spaces*》. University of Maryland, 1963.

HOVE (VAN)

[1] 《*Un prolongement de l'espace fonctionnel de Hilbert*》. Mémoires Académie Royale Belgique, 34 (1938), p. 604-616.

John

[1] 《*General properties of solution of linear elliptic partial differential equations*》. Symposium of spectral theory and differential problems, Oklahoma, p. 113-175.

Kodaira

[1] 《*Harmonic fields in Riemannian manifolds (generalized potential theory)*》. Annals of Math., 50 (1949), p. 587-665.

[2] 《*The theorem of Riemann-Roch on compact analytic surfaces*》. Amer. Journal of Mathematics, vol. 73, n° 4 (1951), p. 813-875.

Kodaira-de Rham

[1] 《*Harmonic Integrals*》. Lectures, Institute for Advanced Study, Princeton, 1950.

König

[1] 《*Neue Begründung der Theorie der Distributionen von L. Schwartz*》. Mathem. Nachrichten, vol. 9, fasc. 3 (1953), p. 129-148.

[2] 《*Multiplikation von Distributionen*》. Math. Annalen, vol. 128 (1955), p. 420-452.

Korevaar

[1] 《*Distributions defined by fundamental sequences*》. Ned. Akad. Wetenskap. Proc., vol. 58, 1955.

Köthe

[1] 《*Die Stufenräume, eine einfache Klasse linearer vollkommener Räume*》. Math. Zeit., 51 (1948), p. 317-345.

[2] 《*Ueber die Vollständigkeit einer Klasse lokalkonvexer Räume*》. Mathem. Zeitschrift, vol. 52, fasc. 5 (1950), p. 627-630.

Kryloff

[1] 《*Sur l'existence des dérivées généralisées des fonctions sommables*》. Comptes rendus Académie des Sciences URSS, 55 (1947), p. 375-378.

Lavoine

[1] 《*Transformation de Fourier des pseudo-fonctions*》. Centre Nat. Recherche Scient., Paris, 1963.

[2] 《*Calcul symbolique des distributions et pseudo-fonctions*》. Centre Nat. Recherche Scient., Paris, 1959.

Lax

[1] 《*On Cauchy problem for hyperbolic equations, and the differentiability of solutions of elliptic equations*》. Communications of pure and applied mathematics (1955), p. 615-631.

Leray

[1] 《*Sur le mouvement d'un liquide visqueux emplissant l'espace*》. Acta Math., 63 (1934), p. 193-248.

[2] 《*Hyperbolic differential equations*》. Lectures, Institute for Advanced Study, Princeton, 1954.

[3] Conférence au Séminaire Bourbaki, ou cours à l'Institute for Advanced

Study de Princeton, 1951.

LEVI (E.-E.)

[1] 《*Sulle equazione lineari totalmente ellittiche alle derivati parziali*》. Rendiconti Circolo Mat. Palermo, 24 (1907), p. 275-317.

LIGHTHILL

[1] 《*An introduction to Fourier Analysis and generalized functions*》. Cam. Univ. Press, New-York, 1958.

LIONS

[1] 《*Problèmes aux limites en théorie des distributions*》. Acta Mathematica 94 (1955), p. 13-153.

[2] 《*Supports dans la transformation de Laplace*》. Journal d'Analyse Mathématique, vol. 2 (1952-53), p. 369-380.

LIONS-SCHWARTZ

[1] 《*Problèmes aux limites sur des espaces fibrés*》. Acta Mathematica, vol. 94 (1955), p. 155-159.

LOJASIEWICZ

[1] 《*Division d'une distribution par une fonction analytique de variables réelles*》. C. R. Ac. R. Sc. Paris, 246 (1958), p. 683-686.

[2] 《*Sur le problème de la division*》. Studia Math., t. 18 (1959), p. 87-136.

MACKEY

[1] 《*On infinite dimensional linear spaces*》. Trans. Amer. Math. Soc., 57 (1945), p. 156-207.

[2] 《*On convex topological linear spaces*》. Transactions Amer. Math. Society, vol. 60 (1946), p. 519-537.

[3] 《*Laplace Transform for locally compact abelian groups*》. Proceedings of the National Academy of Sciences of the United States of America, 34 (1948), p. 156.

MALGRANGE

[1] 《*Existence et approximation des solutions des équations aux dérivées partielles et des équations de convolution*》. Annales de l'Institut Fourier, tome VI (1955-56), p. 271-354.

[2] 《*Équations aux dérivées partielles à coefficients constants. Solution élémentaire*》. C. R. Ac. Sc. Paris, t. 237 (1953), p. 1620-1622.

[3] 《*Équations aux dérives partielles à coefficients constants. Équations avec second membre*》. C. R. Ac. Sc. Paris, t. 238 (1954), p. 196-198.

[4] 《*Sur une classe d'opérateurs différentiels hypo-elliptiques*》. Bull. Soc. Math. France, t. 85 (1957), p. 283-306.

MARTINEAU

[1] 《*Sur les fonctionnelles analytiques et la transformation de Fourier-Borel*》. Journal d'analyse Math., Jérusalem, vol. 11 (1963), p. 1-164.

METHÉE

[1] 《*Sur les distributions invariantes dans le groupe des rotations de Lorentz*》. Commentarii Math. Helvetici, vol. 28 (1954), p. 1-49.

[2] 《*Transformées de Fourier de distributions invariantes liées à la résolution de l'équation des ondes*》. Colloques Internat. du CNRS, Paris, Colloque sur la Théorie des équations aux dérivées partielles (1956), p. 145-163.

[3] 《*Systèmes différentiels du type de Fuchs en théorie des distributions*》. Comm. Math. Helvet., vol. 33 (1959), p. 38-46.

MIKUSINSKI

[1] 《*Sur la méthode de généralisation de Laurent Schwartz et sur la convergence faible*》. Fundamenta Mathematicae, 35 (1948), p. 235-239.

[2] 《*Sur les fondements du calcul opératoire*》. Studia Mathematica, tome XI, 1949, p. 41-70.

[3] 《*L'anneau algébrique et ses applications dans l'analyse fonctionnelle*》. Annales Universitatis Mariae Curie-Sklodowska, Lublin, vol. 2, 1, section A, (1947), p. 1-48, et vol. 3, 1, section A, (1949), p. 1-82.

[4] 《*Une définition des distributions*》. Bull. Acad. Polon. Sci., t. III (1955), p. 589-591.

[5] 《*Une introduction élémentaire à la théorie des distributions de plusieurs variables*》. C. I. M. E., Institut Math. Univ., Rome, 1962.

[6] 《*Operational Calculus*》. Pergamon Press, New-York, 1959.

[7] 《*Une démonstration simple du théorème de Titchmarsh sur la convolution*》. Bull. Acad. Pol. Sc., vol. 7, n° 12 (1959), p. 715-717.

MIZOHATA

[1] 《*La théorie des équations aux dérivées partielles : hypoellipticité des opérateurs différentiels elliptiques*》. Centre Nat. Recherche Scient. 1956, Paris; p. 165-177.

NIRENBERG

[1] 《*Remarks on strongly elliptic partial differential equations*》. Communications on pure and applied mathematics, VIII (1955), p. 648-674.

NORGUET

[1] 《*Problèmes sur les formes différentielles et les courants*》. Ann. Inst. Fourier, Grenoble, vol. 11 (1960), p. 1-88.

ORNSTEIN

[1] 《*A non-inequality for differential operation in the L^1-norm*》. Arch. for Rat. Mechanics and Analysis, vol. 2 (1962), p. 40-49.

PALAIS

[1] 《*Seminar on the Atiyah-Singer index theorem*》. Princeton Univ. Press, 1965.

PALEY-WIENER

[1] 《*Fourier transforms in the complex domain*》. Amer. Math. Soc. Colloquium, New-York, 1934.

PALLU DE LA BARRIÈRE

[1] 《*Sur les formules de transformation des intégrales multiples*》. Kongelige Norske Vidensk, Selskab, 21 (1948), p. 28-31.

[2] 《*Sur une généralisation des formes différentielles extérieures*》. Kongelige

Norske Vidensk, Selskab, 21 (1948), p. 35–38.

PETROWSKY

[1] 《*Sur l'analyticité des solutions des systèmes d'équations différentielles*》. Recueil Math. (Mat. Sbornik), 5–47 (1939), p. 3–70.

[2] 《*Ueber das Cauchysche Problem für Systeme von partiellen Differentialgleichungen*》. Recueil Math. (Mat. Sbornik), 2–44 (1937), p. 815–868.

PLANCHEREL-POLYA

[1] 《*Fonctions entières et intégrales de Fourier multiples*》. Commentarii Math. Helvet, 9 (1936–37), p. 224–248.

POL (VAN DER) et NIESSEN

[1] 《*Symbolic calculus*》. Phil. Mag., 13 (1932), p. 537–577.

POLYA-PLANCHEREL

Voir PLANCHEREL-POLYA [1].

POPOVICIU

[1] 《*Sur quelques propriétés des fonctions d'une ou de deux variables réelles*》. Mathematica, Cluj, 8 (1934), p. 1–85.

RADO

[1] 《*Subharmonic functions*》. Ergebnisse, 5, Berlin, 1937.

RHAM (DE)

[1] 《*Ueber mehrfache Integrale*》. Abhandlungen Math. Seminar Hansischen Univ., 12 (1938), p. 313–339.

[2] 《*Relations entre la topologie et la théorie des intégrales multiples*》. Enseignement Math., n° 3–4 (1936), p. 213–228.

[3] 《*Variétés différentiables.* Formes, courants, formes harmoniques》. Paris, Hermann, 1955.

[4] 《*Solutions élémentaires d'équations aux dérivées partielles du second ordre à coefficients constants*》. Colloque Henri Poincaré, Paris, CNRS, 1955.

RHAM (DE)-KODAIRA

Voir KODAIRA-de RHAM [1].

RIESZ (Fr.)

[1] 《*Sur les opérations fonctionnelles linéaires*》. Comptes rendus Académie des Sciences, 149 (1909), p. 974–976.

[2] 《*Sur les fonctions subharmoniques et leur rapport à la théorie du potentiel*》. Acta Math., 48 (1926), p. 329–343 et 54 (1930), p. 321–360.

RIESZ (M.)

[1] 《*L'intégrale de Riemann-Liouville et le problème de Cauchy pour l'équation des ondes*》. Bull. Société Math. France, 66, 1938.

[2] 《*L'intégrale de Riemann-Liouville et le problème de Cauchy*》. Acta Math., 81 (1949), p. 1–223.

[3] 《*Sur les fonctions conjuguées*》. Math. Zeit., 27 (1927), p. 218–244.

[4] 《*Intégrales de Riemann-Liouville et potentiels*》. Acta Litter. Scient. regiae Univ. hungar., 9 (1938), p. 1–42.

RISS

[1] 《*Éléments de calcul différentiel et théorie des distributions sur les groupes abéliens localement compacts*》. Acta Mathematica, 89(1953), p. 45-150.

ROCHA DE BRITO Eliana

[1] 《*Separação de espaco e tempo nas distribucões invariantes da solucão da equacão das ondas*》. Universidade do Brasil, Rio de Janeiro, à paraître.

ROUMIEU

[1] 《*Sur quelques extensions de la notion de distribution*》. Ann. École Norm. Sup., t. 77(1960), p. 41-121.

SARD

[1] 《*The measure of the critical values of differentiable maps*》. Bull. Amer. Math. Soc., t. 48(1942), p. 883-890.

SATO

[1] 《*Theory of hyperfunctions*》. Journ. Fac. Sc. Univ. Tokyo, vol. 8(1959), p. 139-194, et vol. 8(1960), p. 387-437.

SCARFIELLO

[1] 《*Sur le changement de variables dans les distributions et leurs transformées de Fourier*》. Nuovo Cimento, 12(1954), p. 471-482.

SCHWARTZ

[1] 《*Généralisation de la notion de fonction, de dérivation, de transformation de Fourier, et applications mathématiques et physiques*》. Annales Univ. Grenoble, 21(1945), p. 57-74.

[2] 《*Généralisation de la notion de fonction et de dérivation ; théorie des distributions*》. Annales Télécommunications, 3(1948), p. 135-140.

[3] 《*Théorie des distributions et transformation de Fourier*》. Annales Univ. Grenoble, 23(1947-48), p. 7-24.

[4] 《*Théorie générale des fonctions moyenne-Périodiques*》. Annals of Math., 48 (1947), p. 857-929.

[5] 《*Sur certaines familles non fondamentales de fonctions continues*》. Bull. Société Math. France, 72(1944), p. 141-145.

[6] 《*Sur l'impossibilité de la multiplication des distributions*》. Comptes rendus Ac. Sciences, tome 239(1954), p. 847-848.

[7] 《*Théorie des noyaux*》. Proc. International Congress of Mathematicians, États-Unis, 1950.

[8] 《*Courant associé à une forme différentielle méromorphe sur une variété analytique complexe*》. Colloque de géométrie différentielle, Strasbourg, CNRS, 1953.

[9] 《*Espaces de fonctions différentiables à valeurs vectorielles*》. Jour. d'Analyse Math., Jérusalem, vol. 4(1954-55), p. 1-61, p. 88-148.

[10] 《*Distributions à valeurs vectorielles*》. Annales de l'Institut Fourier, tome 7, 1957 et tome 8, 1959.

[11] 《*Produits tensoriels topologiques d'espaces vectoriels topologiques. Espaces vectoriels topologiques nucléaires. Applications*》. Séminaire, Institut Henri

Poincaré, Paris, 1954.

[12] 《*Équations aux dérivées partielles*》. Séminaire, Institut Henri Poincaré, Paris, 1955.

[13] 《*Division par une fonction holomorphe sur une variété analytique complexe*》. Summa Brasiliensis Mathematicae, vol. 3 (1955), p. 181–209.

[14] 《*Cours de Méthodes Mathématiques de la Physique*》. Paris, C. D. U., 1955, et 《*Méthodes Mathématiques pour les Sciences Physiques*》. Paris, Hermann, 1965.

[15] 《*Analyse et synthèse harmonique dans les espaces de distributions*》. Canadian Journal of Mathematics, 3 (1951), p. 503–512.

[16] Séminaire 1959–60, Institut Henri-Poincaré. Paris, 1960.

[16 *bis*] 《*Ecuaciones diferenciales parciales elipticas*》. Univ. Nac. de Colombia, Bogota, 1956.

[17] 《*Applications of distributions to the study of elementary particles in relativistic quantum mechanics*》 à paraître, Gordon-Breach, New-York.

[18] 《*Functional Analysis*》. New-York University, 1964.

[19] 《*Convergence de distribution dont les dérivées convergent*》. Studies in Math. Analysis and related topics, Stanford Univ. Press, 1962.

SCHWARTZ-LIONS

Voir LIONS-SCHWARTZ [1].

SCHWARTZ-DIEUDONNÉ

Voir DIEUDONNÉ-SCHWARTZ [1].

SEBASTIÃO E SILVA

[1] 《*Sur une construction axiomatique de la théorie des distributions*》. Révista Fac. Ciencias Lisboa, 2e série, A, vol. 4 (1955), p. 79–186.

[2] 《*Sur l'axiomatique des distributions, et ses modèles possibles*》. C. I. M. E., Inst. Math. Uni., Rome, 1962.

[3] 《*Les fonctions analytiques comme ultra-distributions dans le calcul opérationnel*》. Math. Annalen, vol. 136 (1958), p. 58–96.

[4] 《*Sur l'espace des fonctions holomorphes à croissance lente à droite*》. Portugaliae Math., vol. 17 (1958), p. 1–17.

SEELEY

[1] 《*Extension of C^∞ functions defined in a half space*》. Bull. Amer. Math. Soc., vol. 69 (1963), p. 625.

[2] 《*Regularisation of singular integral operators on compact manifolds*》. Amer. Journ. of Math., vol. 83 (1961), p. 265–275.

SHILOV-GEL'FAND

Voir GEL'FAND-SHILOV [1].

SOBOLEFF

[1] 《*Sur quelques évaluations concernant les familles de fonctions ayant des dérivées à carré intégrable*》. Comptes rendus Académie des Sciences, URSS, 1 (1936), p. 279–282.

[2] 《*Sur un théorème d'analyse fonctionnelle*》. Recueil Mat. (Math. Sbornik),

4 (1938), p. 471–496.

[3] 《*Sur un théorème de l'analyse fonctionnelle*》. Comptes rendus Académie Sciences, URSS, 20 (1938), p. 5–9.

[4] 《*Méthode nouvelle à résoudre le problème de Cauchy pour les équations hyperboliques normales*》. Recueil Mat. (Math. Sbornik), 1 (1936), p. 39–71.

STEINHAUS-BANACH

Voir BANACH-STEINHAUS [1].

TEMPLE

[1] 《*Generalized functions*》. Proc. Roy. Soc., t. 228 (1955), p. 175–190.

TITCHMARSH

[1] 《*Theory of Fourier Integrals*》. Oxford, 1937.

TREVES

[1] 《*Lectures in functional analysis*》. Academic Press, New-York, 1966.

WATSON

[1] 《*Theory of Bessel functions*》. Cambridge, 1944 (2e édition).

WEIL (A.)

[1] 《*L'intégration dans les topologiques et ses applications*》. Paris, Hermann, 1940.

WEYL (H.)

[1] 《*The method of orthogonal projection in potential theory*》. Duke Journ., vol. 7 (1940), p. 411–444.

WHITNEY

[1] 《*Differentiable manifolds*》. Annals of Math., 37 (1936), p. 645–680.

[2] 《*Derivatives, difference quotients, and Taylor's formula*》. Bull. Amer. Math. Soc., 40 (1934), p. 89–94 et Annals of Math., 35 (1934), p. 476–481.

[3] 《*Functions differentiable on the boudaries of regions*》. Annals of Math., 35 (1934), p. 482–485.

[4] 《*Analytic extensions of differentiable functions defined in closed sets*》. Trans. Amer. Math. Soc., vol. 36 (1934), p. 63–89.

WIDDER

[1] 《*Laplace Transform*》. Princeton University Press, 1946.

WIENER

[1] 《*The Fourier integral and certain of its applications*》. Cambridge, 1933.

WIENER-PALEY

Voir PALEY-WIENER [1].

WIGHTMAN

[1] 《*PCT, spin, statistics, and all that*》. New-York, Benjamin, 1964.

YOSIDA

[1] 《*Functional Analysis*》. Springer, Berlin, 1965.

YOUNG (L.-G.)

[1] 《*Generalized curves and the existence of an attained absolute minimum in the calculus of variations*》. Comptes rendus Soc. Sc. Varsovie, 30 (1937), p. 212–234.

ZEILON

[1] 《*Das Fundamentalintegral der allgemeinen partiellen linearen Differentialgleichung mit konstanten Koeffizienten*》. Arkiv Mat., Astron. och Fysik, 6(1911), p. 1–32.

[2] 《*Sur les intégrales fondamentales des équations à caractéristiques réelles de la physique mathématique*》. Arkiv Mat., Astron. och Fysik, 9 (1913), p. 1–70.

ZYGMUND

[1] 《*Trigonometrical series*》. Dover Publication, New-York, 1955.

訳者のあとがき

位相ベクトル空間について少々解説を試みる.

X を普通の n 次元ベクトル空間として, 次の性質に着目しよう. X は“ベクトル”の集合であるが, 次の2通りの構造を持っている.

(i) X の要素について収束の概念が定義される.

(ii) 任意の数 α と任意の $x \in X, y \in X$ とに対して“積” αx と“和” $x+y$ が定義され, この両演算について周知の基本的恒等式が成り立つ(本来は“x が X に属する”と読むべき記号 $x \in X$ を, 上文では“Xに属する x”と読む. x の**後の記号** $\in X$ を x の**修飾語と解する**. この種の記号流用は頻繁に行なわれる).

一般に, (i)のような構造を持つ集合を, 或る条件の下で, 位相空間と呼び, その構造を位相(topologie)と呼ぶ. また(ii)のような構造を持つ集合を**ベクトル空間**と呼ぶが, 本書では上記の例以外のベクトル空間については係数 α として任意の複素数をとる.

収束概念から周知のようにして連続性が定義され, 上の例では**函数** $f(\alpha, x) = \alpha x$, $g(x, y) = x+y$ はいずれも**2変数の函数として連続**, すなわち

$$\alpha_j \to \alpha,\ x_j \to x,\ y_j \to y \quad \text{のとき} \quad \alpha_j x_j \to \alpha x,\ x_j + y_j \to x+y$$

である. 一般に, 位相をもつベクトル空間でこの性質をそなえているものを, **位相ベクトル空間**と呼ぶ. ここで収束が**列**(添字 j が自然数であるもの)の収束に限らないことに注意されたい; これについては後に再び述べる.

この意味でベクトル空間の構造に“整合する”位相は, 有限次元の場合には1通りに定まるが, 無限次元(たとえば函数空間)の場合にはそうでない. 1例として, 区間 $[a, b]$ 上で有界な ($|x(t)| \leqq C = \text{const}$, C は函数 x に依存する)複素数値函数 x の全体を考えよう; それは通常の加法 $x(t)+y(t)$, 乗法 $\alpha x(t)$ についてベクトル空間を成す. このベクトル空間の構造に整合する位相は種々考えられるが, 典型的なものとして, 収束 $x_j \to x$ を各点での収束 $x_j(t) \to x(t)$ とするものと, $[a, b]$ 上で一様な収束 $x_j(t) \to x(t)$(“すべての $t \in [a, b]$ に関

して一様” あるいは “t が $[a, b]$ を動くとき一様”) とするものが挙げられよう．後の位相は前者より **“強い”** (あるいは **“精しい** (fine)”)，すなわち後者について $x_j \to x$ ならば必ず前者についても $x_j \to x$ である．位相の強弱，精粗はこのような意味で言う．相互に他方より強い位相を同じ位相と考える．上記函数空間の両位相は同じでない；このように相異なる位相の一方が他方より精しいとき，真に (strictement) 精しいなどと言う．

有界函数 x に対して，t を動かしたときの $|x(t)|$ の上限 $\sup|x(t)|$ (“上界” C として取り得る最小値) を x の “ノルム” $\|x\|$ と呼べば，一様収束 $x_j \to x$ は $\|x_j - x\| \to 0$ で表わされる．このとき差のノルムを距離と考えてよいであろう．一般に**ノルム** (norme) とは1つのベクトル空間の上で定義されて条件

$$N(x) \geqq 0, N(\alpha x) = |\alpha| N(x),\ \ N(x) + N(y) \geqq N(x+y),$$

$$N(x) = 0 \quad \text{ならば必ず} \quad x = 0$$

を満たす実数値函数 $N(x)$ をいう；数の絶対値や有限次元の空間のベクトルの長さもこの性質を具えている．なお，最後の条件が満たされていても，いなくても，初めの3条件を満たす函数を半ノルム (semi-norme) という．また $N(\alpha x) = \alpha N(x)$ ($\alpha > 0$ のとき) と第3の条件を満たすものを凸函数ということがある．ノルムの定義された空間には上の方法で位相が入れられる；これをノルム空間という．ノルム空間では次のように近傍が定義される：$x \in X$ の近傍とは，“x からの距離” $N(y-x)$ が或る定数 $\varepsilon > 0$ 以下である $y \in X$ 全体の集合をいう．ε を変えるにしたがって近傍が無数に生ずる．

一般に，或る集合 X に位相を導入するには通常なんらかの方法で近傍を定義する；すなわち，各 $x \in X$ に X の部分集合を少くも1つ (通常は無数に) 対応させ，それを x の近傍と呼ぶ．これら対応する近傍全体を x の基本近傍系という．“近傍”の直観的内容は次の語法に示されよう：一定の条件 C が x の或る近傍のあらゆる要素に対して成り立つときに，“x に十分近い点では C が成り立つ” あるいは “x の近くでは C が成り立つ” という．

近傍概念を用いれば，収束は次のように定義される：

(iii)　$x_j \to x$ とは “x の近傍 V をいかに定めても，十分大きな j に対応する x_j がすべて V に属してしまう” ことである．

添字 j が自然数である場合には，“十分大きい” の意味は明らかであろう．一

般に自然数と限らない添字 j についても，“十分大きい”の意味が定まり．各 j に(あるいはもっと一般に十分大きい j に) x_j が少くも1箇ずつ対応しているならば，(iii)で収束を定義することができよう．たとえば Riemann 積分 $\int_b^a f(t)\,dt$ は，区間 $[a, b]$ の分割 $j: a=c_0<c_1<\cdots\cdots<c_n=b$ に対応する Darboux 和(あるいは Riemann 和)

$$x_j=\sum f(t_\nu)(c_\nu-c_{\nu-1}) \qquad (t_\nu\in|c_{\nu-1}, c_\nu|)$$

の極限として定義されるが，そのときの収束 $x_j\to x$ は“分割をさらに分割して行く向きに対する”収束である：すなわち“十分大きい j”は“或る分割 j_0 の任意の再分割 j”(再分割の方が大きい！)と解するのである；この j_0 は x の近傍 V に応じて選ばれるべきものである．

本書に折々現われる“フィルター”も列概念のこのような拡張と考えてよい；それは実は考える空間の部分集合を要素とする(後記の条件を満たす)集合である．フィルター Φ が x に収束するとは，x のどんな近傍 V にも或る(V に依存する) $A\in\Phi$ が含まれている($A\subset V$)ことをいう．これは容易に(iii)の形にも言いかえられる．Cauchy 列($x_j-x_{j'}\to 0$ となる $\{x_j\}$)にならって Cauchy フィルターが定義される．収束するフィルターは Cauchy フィルターである．その逆も成り立つような位相ベクトル空間を完備であるという．完備なノルム空間が Banach 空間である．

さて，近傍の概念が定義された空間 X の部分集合 A が x の或る近傍を含むときに，x を A の**内点**(そのような点全体の集合を A の内部)，A を x の広義の近傍という．近傍概念をこのように拡張しても位相は変わらない．拡張とは逆に，基本近傍系(あるいはフィルター) Φ の一部分 Ψ を取ったとき，どの $A\in\Phi$ も或る $B\in\Psi$ (B は A に依存する)を含むならば，Ψ を近傍の底(あるいはフィルター Φ の底)という．これを収束の定義において Φ に代用しても，位相(あるいは Φ の収束)に影響しない．たとえばノルム空間の近傍として自然数の逆数を半径とするものだけを取っても同じ位相が得られる．一般には，このように自然数で番号づけられる近傍の底(近傍の“可算底”)があるとは限らない；そのために，列の収束だけでは済まないのである．

Y が位相空間 X の部分集合であるとき，Y における収束 $y_j\to y$ が“$y_j\in Y$, $y\in Y$，かつ X において $y_j\to y$”と同等になるように，Y の位相を定めることができる．これを X から Y に**位相を導く** (induir) といい，この位相空間 Y を X の**部分位相空間**と呼ぶ．

Y がベクトル空間 X の部分集合で，任意の数 α と $x\in Y, y\in Y$ とに対して $\alpha x\in Y, x+y\in Y$ となるときには，Y もベクトル空間である．これを X の**部分ベクトル空間**という．ベクトル空間 X の部分集合 A が，任意の $x\in A$, $y\in A$ を結ぶ "線分" $\alpha x+(1-\alpha)y$ $(0\leqq\alpha\leqq1)$ を必ず含むときに，A を凸な集合という．以下 X を位相ベクトル空間とする．X の位相は 0 の近傍によって決定される (ここの 0 は $0x$ の形の要素であり，$x\in X$ の如何にかかわらず一定する)．凸集合だけを採って近傍の底が作れるときに (たとえばノルム空間!)，X を局所凸な空間という．これは次のように定義しなおすことができる．

X における半ノルムの或る集合 $\sum$ (空でないもの) を定めておき，X における収束 $x_j\to x$ とは "各 $N\in\sum$ に対して $N(x_j-x)\to0$" ということであるとする．この方法で収束が記述される空間 X を，局所凸な空間という．ただし，ノルムについての最後の条件 (400 頁) に相当して，

$$\text{すべての } N\in\textstyle\sum \text{ に対して } N(x)=0 \quad \text{ならば必ず} \quad x=0$$

という条件——後記の意味で分離的という条件——をつけるのがふつうである．上の $\sum$ を X の半ノルムの基本系という．$\sum$ に属する半ノルムはすべて連続である．

近傍の可算底をもつ完備で局所凸な空間を，Schwartz は $\mathscr{F}$ **空間**と呼ぶ．$\mathscr{F}$ 空間の列 $E_1, E_2, E_3, \cdots$ があって各 E_i が E_{i+1} の部分位相ベクトル空間 (部分位相空間でしかも部分ベクトル空間ということ) であったとする．それらの和集合 $E=\bigcup_{i=1}^{\infty}E_i$ は，各 E_i を部分ベクトル空間とするベクトル空間と考えられる．どの E_i との共通部分 $V\cap E_i$ も E_i における 0 の或る近傍を含むような，E における凸集合 V を考えよう．このような V を一般に 0 の近傍とすれば，E は完備で局所凸な空間となり，各 E_i は E の部分位相空間となる．この位相ベクトル空間 E を，列 E_i の狭義帰納的極限 (limite inductive stricte) と呼び，$\mathscr{F}$ 空間の列の狭義帰納的極限と考えられる空間を $\mathscr{LF}$ 空間という．もっと一般な帰納的極限は本書では不要である．$\mathscr{F}$ 空間，$\mathscr{LF}$ 空間はいずれも次の意味で有界型かつ樽型である．

局所凸空間 X における半ノルム N について，次の条件 (1) および (2) を考え

る.

(1) $x_j \to x$ ならば $\sup N(x_j) \geqq N(x)$.

(2) 各 有界集合(本文59頁参照)において $N(x)$ は有界である.

連続な半ノルムはこれらの条件を満たすが, 逆は必ずしも成立しない. 特に, 条件(1)を満たす半ノルムがすべて連続であるような局所凸空間 X を, 樽型(tonnelé)な空間という. 条件(2)を満たす半ノルムがすべて連続であるような局所凸空間 X を, 有界型(bornologique)な空間という.

説明し残した条件を念のためにここで明確にしておこう; 本書を読まれる際にいちいち気にとめるほどのことはあるまいが.

ベクトル空間の基本恒等式:

$x+y = y+x$(可換律), $\quad x+(y+z) = (x+y)+z$(結合律),

$\alpha(\beta x) = (\alpha\beta)x$(結合律),

$\alpha(x+y) = \alpha x+\alpha y, \quad (\alpha+\beta)x = \alpha x+\beta x, \quad 0x+y = y, \quad 1x = x$

フィルター Φ の条件: 考える空間を X とすれば——

Φ は空集合でない; Φ のどの要素も空集合でない; $A \in \Phi, B \in \Phi$ ならば $A \cap B$(A, B の共通部分) $\in \Phi$: $A \subset B \subset X, A \in \Phi$ ならば $B \in \Phi$.

位相空間の条件: x の近傍を $U(x), V(x), W(x)$ で表わせば——

$x \in U(x)$(任意の $U(x)$ に対し); 任意の $U(x), V(x)$ に対して, 或る $W(x)$ が $U(x) \cap V(x)$ に含まれる; 任意の $U(x)$ に対して, x に十分近い点は $U(x)$ の内点である.

なお, 本書で扱う位相空間はすべて次の意味で分離的(séparé)なものである: $x \neq y$ ならば, 或る $U(x)$ と或る $U(y)$ とに対して $U(x) \cap U(y)$ が空集合になる(Hausdorff の分離公理).

1990年修正箇所一覧

	正	誤
303頁4行目	それを避けるには	それを用いるには
303頁6行目	しかも，捩形式のとり扱いは非常に容易なのである．	捩形式のとり扱いは非常に容易であるにしても．
303頁7行目	さて，§2(213頁)では	§2(213頁)ではさらに
303頁8〜9行目	を述べる．向きづけされた多様体(326頁)の場合に，両種のカレントは差異がなくなる．この節の	を述べる．この節の
303頁9〜10行目	有限次元のベクトル空間をファイバーとするファイバー空間	有限次元のベクトルをファイバーとするファイバー空間
309頁2行目と脚注2)	$\omega \mathrm{L} \xi$	$\omega \mathbf{L} \xi$
327頁13行目	**n奇カレントとして**	**n奇形式として**

術語索引

B

Borel 函数(fonction borélienne) 3
Borel 集合(ensemble borélien) 3
ベクトル場(champ de vecteurs) 41
ベクトル値超函数(distribution vectorielle) 20
微分演算の多項式(polynôme de dérivation) 154
微分形式(forme différentielle) 304
微係数(超函数の)(dérivée d'une distribution) 25, 72, 79, 149
分離連続(séparément continu) x

C

Cauchy 問題(problème de Cauchy) 124, 169
Cauchy の主値(valeur principale de Cauchy) 33, 39

D

Dirac のカレント(courants de Dirac) 315
Dirac 測度(mesure de Dirac) 8
楕円型(微分作用素, 方程式)(elliptique) 133, 134, 207, 287
台(函数の, 超函数の)(support d'une fonction, d'une distribution) 6, 18, 79, 89, 91, 144, 146, 160, 167
台(正則な)(support régulier) 89

E

演算子法(calcul opérationnel, symbolique) 162, 167

F

Fourier 変換(transformation de Fourier) 215, 381
Fourier 級数(série de Fourier) 216
Fourier 積分(普通の)(intégrale de Fourier usuelle) 222
ファイバー上の偏積分(微分形式の)(intégrale partielle d'une forme différentielle sur les fibres) 369
フィルター(filtre) x

G

概周期超函数(distribution presque périodique) 197
概優調和函数(fonction presque-surharmonique) 212
原始超函数(超函数の)(primitive d'une distribution) 42, 45
擬函数(pseudo-fonction) 30
合成方程式(équation de convolution) 201, 274
合成不等式(inéquation de convolution) 211
合成積(函数の)(produit de convolution de fonctions) 140
合成積(超函数の)(produit de convolution des distributions) 143, 238, 260
偶カレント(courant pair) 312
偶形式(forme paire) 306
逆像(カレントの)(image réciproque d'un courant) 359
逆像(微分形式の)(image réciproque d'une forme) 310

H

Heavisideの函数(fonction d' Heaviside) 26, 106
Hermite 多項式(polynômes d' Hermite) 253
波動方程式(équations des ondes) 41, 169, 282
反転像(函数の)(image transposée d'une fonction) 22
平行移動(超函数の)(translation d'une distribution) 46, 70, 149, 151, 197, 231
偏微分方程式(équation aux dérivées partielles) 119, 201, 274
非整数階の微分演算(dérivée d'ordre non entier) 164
放物型偏微分方程式(équation aux dérivées partielles parabolique) 136, 281

I

位相, 位相ベクトル空間(topologie, espace vectoriel topologique) 5, 13, 55, 59
位相的次数(degré topologique) 355
位数(微分の)(rang d'une dérivée) 2

K

カレント(courant) 312
コホモロジー(cohomologie) 311, 340
可逆な超函数(distribution inversible) 203, 288
可積分函数(fonction sommable) 7
可積分超函数(R^n 上で) (distribution sommable sur R^n) 194
回帰性(réflexivité) 65
階数(微分の)(ordre d'une dérivée) 2
階数(超函数の) (ordre d'une distribution) 16, 76, 80, 83, 85, 88, 109, 182, 184
拡張(超函数の)(extension d'une distribution) 22, 93, 106, 260
完全可逆な超函数(distribution complètement inversible) 205, 288
緩増加無限回可微分函数(fonction indéfiniment dérivable à croissance lente) 235, 238, 260
緩増加超函数(distribution à croissance lente) 229
奇カレント(courant impair) 312
奇形式(forme impaire) 306
共役(位相ベクトル空間の)(dual d'un espace vectoriel topologique) 57
局所化の原理(principe de localisation) 16
急減少無限回可微分函数(fonction indéfiniment dérivable à décroissance rapide) 225
急減少超函数(distribution à décroissance rapide) 236, 237, 261
球面上の超函数(distribution sphérique) 230

L

Laplaceの方程式(équation de Laplace) 136, 207, 208, 276, 280
Laplace 変換(transformation de Laplace) 256, 291
ラプラシアン(laplacien) 136, 207, 208, 276, 280

M

無限遠で 0 に収束する超函数(distribution convergeant vers 0 à l'infini) 192
無限回可微分多様体 (variaété indéfiniment différentiable) 21, 303

無限小変換(transformation infinitésimale) 338

N

熱伝導の方程式(équation de la chaleur) 136, 281

P

Parseval 公式(formule de Parseval) 223
Poisson 公式(formule de Poisson) 37, 206
Poisson の総和公式(formule sommatoire de Poisson) 247
パラメタに依存する積分(intégrale dépendant d'un paramètre) 95
パラメトリックス(paramétrix) 135, 210
ポテンシャル(potentiel) 206

R

Riesz の分解(décomposition de Riesz) 211
捩形式(forme tordue) 306
連続線型汎函数(forme linéaire continue) 5, 14

S

スペクトル(超函数の)(spectre d'une distribution) 244, 264
左方で限られた台(support limité à gauche) 162, 167
鎖体(chaîne) 316
正の超函数, 測度(distribution positive, mesure positive) 19
正型超函数(distribution de type positif) 266
正則な台(support régulier) 89
正則化(régularisation) 155
正則解析函数(fonction holomorphe) 38, 208, 276
正則な連立常微分方程式(système différentiel régulier) 121
斉次方程式(équation homogène) 119, 121, 201, 275
積分(カレントの)(intégrale d'un courant) 315
積分(超函数の)(intégrale d'une distribution) 79, 109, 249
積分方程式(équation intégrale) 201, 274
指数函数-多項式 (exponentielle-polynôme) 160
素解(solution élémentaire) 127, 203, 278
素核(noyau élémentaire) 129
双曲型偏微分方程式(équation aux dérivées partielles hyperbolique) 40, 127, 168, 208, 282
双極子(doublet) 10
双対境界(cobord) 331
測度(mesure) 3
写像度(degré topologique) 355
主値(Cauchy の)(valeur principale de Cauchy) 33, 369
収束(超函数の)(convergence de distributions) 62, 67, 77
収束列(超函数の) (suite convergente de distributions) 77, 188
周期超函数(distribution périodique) 221
縮少(函数の)(restriction d'une fonction) 22

T

テンソル積(produit tensoriel) 95, 111, 125, 144, 148, 260
トーラス(tore) 216

トレース(trace)　158, 163, 249, 267
多様体(variété)　21, 303
多重層(couche multiple)　93, 119
単位の分解(1の分解)(partition de l'unité)　12
超函数(distribution)　14
超函数断面(ベクトルをファイバーとするファイバー空間(ベクトル束)の)(section-distribution d'un espace fibré à fibre vectorielle)　327
調和函数(fonction harmonique)　208

U

裏返し(symétrie)　158, 244

X

x_1に独立な超函数(distribution indépendante de x_1)　45, 104, 260

Y

寄せ集め(recollement des morceaux)　17
有限部分(partie finie)　28
有界な超函数(R^n上で)(distribution bornée sur R^n)　192
有界集合(超函数の)(ensemble borné de distributions)　63, 65, 77, 186
有理型函数(fonction méromorphe)　38
優調和超函数(distribution surharmonique)　212
緩い超函数(distribution tempérée)　229

Z

絶対連続函数(測度)(fonction (mesure) absolument continue)　7, 45
除法の問題(problème de division)　114, 274
乗法(超函数の)(multiplication de distributions)　107, 238, 260
常微分方程式(équation différentielle)　121
常形式(forme ordinaire)　306
重調和函数(fonction polyharmonique)　276, 280
従属する分解(partition subordonnée)　12
順像(カレントの)(image directe d'un courant)　348
順像(超函数の)(image directe d'une distribution)　22
準楕円型(hypoelliptique)　133

記号索引

δ　Dirac 測度　8

$\delta_{(x_\nu)}$　点 x_ν に置いた質量+1　8

$Y(x)$　Heaviside の函数　26, 106

$H_n(x)$　Hermite 多項式　253

Bessel 函数

$$\left\{\begin{aligned} J_\nu(x) &= \left(\frac{x}{2}\right)^\nu \sum_{k=0}^{k=\infty} (-1)^k \frac{\left(\frac{x}{2}\right)^{2k}}{k!\,\Gamma(\nu+k+1)} \\ I_\nu(x) &= \left(\frac{x}{2}\right)^\nu \sum_{k=0}^{k=\infty} \frac{\left(\frac{x}{2}\right)^{2k}}{k!\,\Gamma(\nu+k+1)} \\ Y_\nu(x) &= \frac{J_\nu(x)\cos\pi\nu - J_{-\nu}(x)}{\sin\pi\nu} \\ H_\nu^{(1)}(x) &= J_\nu(x) + iY_\nu(x) \\ H_\nu^{(2)}(x) &= J_\nu(x) - iY_\nu(x) \\ K_\nu(x) &= \pi\frac{[I_{-\nu}(x) - I_\nu(x)]}{2\sin\pi\nu} \end{aligned}\right.$$

単項擬函数　Y_m　33

擬函数　Pf. r^m　34

超函数　L_m　38

超函数　Z_m, 函数 s　40

$|x|, dx, \dfrac{\partial}{\partial x}, |p|, C_p{}^q, x^p, D^p$　2-3

$x\cdot y = x_1y_1 + x_2y_2 + \cdots + x_ny_n$　222

$$\Delta = \frac{\partial^2}{\partial x_1{}^2} + \frac{\partial^2}{\partial x_2{}^2} + \cdots + \frac{\partial^2}{\partial x_n{}^2}$$

$$\Box = \frac{\partial^2}{\partial x_n{}^2} - \frac{\partial^2}{\partial x_1{}^2} - \cdots - \frac{\partial^2}{\partial x_{n-1}{}^2}$$　40

$\gg 0$(正型)　266

演算 $\vee$ と $\sim$　158, 244

$V, \tilde{V}$　306

$\omega, \underline{\omega}, \tilde{\omega}$　306-307

$i(\xi)$(内積)　309

記法 $\beta^{-1}\wedge\alpha$, $\alpha\wedge\beta^{-1}$　310

$\theta(\xi)$(無限小変換)　338

双対境界 d, 境界 b　331

カレント　$\Gamma, \Gamma\wedge\omega$　316-317

函数空間と超函数の空間

記号	頁	記号	頁	記号	頁
$(\mathscr{C})$	4	$(\mathscr{D})_{V_n}$	22	$(\mathscr{B}'), (\dot{\mathscr{B}}')$	192
$(\mathscr{C}')$	6	$(\mathscr{D}')_{V_n}$	22	$(\mathscr{B}_{\mathrm{pp}}), (\mathscr{B}'_{\mathrm{pp}})$	198
$(\mathscr{C}_K)$	5	$(\mathscr{E}), (\mathscr{E}^m)$	80	$(\mathscr{S})$	225
$(\mathscr{C}_\Omega)$	9	$(\mathscr{E}'), (\mathscr{E}'^m)$	81	$(\mathscr{S}')$	229
$(\mathscr{C}'_\Omega)$	9	$(\mathscr{D})_x, (\mathscr{D}')_x$	98	$(\mathscr{O}_M)$	235
$(\mathscr{D})$	11, 56	$(\mathscr{D}_+), (\mathscr{D}_-), (\mathscr{D}'_+),$		$(\mathscr{O}'_C)$	236
$(\mathscr{D}')$	15, 62	$(\mathscr{D}'_-)$	162-163	$\mathscr{S}'(\Gamma), \mathscr{O}'_C(\Gamma)$	295
$(\mathscr{D}_K)$	13, 55	$(\mathscr{D}_{+\Gamma}), (\mathscr{D}_{-\Gamma}), (\mathscr{D}'_{+\Gamma}),$		$\overset{p}{\mathscr{D}}{}^m, \overset{p}{\mathscr{D}}, \mathscr{D}$	305
$(\mathscr{D}_\Omega)$	16	$(\mathscr{D}'_{-\Gamma})$	167	$\underline{\overset{p}{\mathscr{D}}{}^m}, \underline{\overset{p}{\mathscr{D}}}, \underline{\mathscr{D}}$	307
$(\mathscr{D}'_\Omega)$	16	$(\mathscr{D}_{L^p})$	191	$\overset{p}{\mathscr{D}}{}'^m, \overset{p}{\mathscr{D}}{}', \mathscr{D}'$	313
$(\mathscr{D}^m)$	11, 14	$(\mathscr{B}), (\dot{\mathscr{B}})$	191		
$(\mathscr{D}'^m)$	16	$(\mathscr{D}'_{L^p})$	191	$\underline{\overset{p}{\mathscr{D}}{}'^m}, \underline{\overset{p}{\mathscr{D}}{}'}, \underline{\mathscr{D}'}$	313

これらの空間の間の包含関係

記号 $E \subset F$ あるいは $\begin{matrix} E \\ \cap \\ F \end{matrix}$ は E が F に含まれ，E の位相は F の位相より精しいことを表わす．

$$
\begin{array}{ccccccccccccccc}
 & & & & & & p \leqq q & & & & & & & & \\
(\mathcal{D}) & \subset & (\mathcal{S}) & \subset & (\mathcal{D}_{L_p}) & \subset & (\mathcal{D}_{L_q}) & \subset & (\dot{\mathcal{B}}) & \subset & (\mathcal{B}) & \subset & (\mathcal{O}_M) & \subset & (\mathcal{E}) \\
\cap & & \cap & & \cap & & \cap & & \cap & & \cap & & \cap & & \cap \\
(\mathcal{E}') & \subset & (\mathcal{O}'_C) & \subset & (\mathcal{D}'_{L_p}) & \subset & (\mathcal{D}'_{L_q}) & \subset & (\dot{\mathcal{B}}') & \subset & (\mathcal{B}') & \subset & (\mathcal{S}') & \subset & (\mathcal{D}'). \\
 & & & & & & p \leqq q & & & & & & & &
\end{array}
$$

■岩波オンデマンドブックス■

超函数の理論 原書第3版　L. シュワルツ著

1971年 9月30日 第1刷発行
2010年 6月24日 第10刷発行
2018年11月13日 オンデマンド版発行

訳 者 岩村 聯(いわむら つらね)　石垣春夫(いしがきはるお)　鈴木文夫(すずきふみお)

発行者 岡本 厚

発行所 株式会社 岩波書店
〒101-8002 東京都千代田区一ツ橋2-5-5
電話案内 03-5210-4000
http://www.iwanami.co.jp/

印刷／製本・法令印刷

ISBN 978-4-00-730823-9　Printed in Japan